EUL VERLAG

Reihe: Rechnungslegung und Wirtschaftsprüfung · Band 67

Herausgegeben von Prof. (em.) Dr. Dr. h. c. Jörg Baetge, Münster, Prof. Dr. Hans-Jürgen Kirsch, Münster, und Prof. Dr. Stefan Thiele, Wuppertal

Dr. Frederik Engelke

# Kapitalkonsolidierung im mehrstufigen Konzern

## Die Behandlung indirekter Beteiligungsverhältnisse im IFRS-Konzernabschluss

Mit einem Geleitwort von Prof. Dr. Hans-Jürgen Kirsch,
Westfälische Wilhelms-Universität Münster

EUL VERLAG

**Bibliografische Information der Deutschen Nationalbibliothek**

Die Deutsche Nationalbibliothek verzeichnet diese Publikation in der Deutschen Nationalbibliografie; detaillierte bibliografische Daten sind im Internet über <http://dnb.d-nb.de> abrufbar.

**Dissertation, Westfälische Wilhelms-Universität Münster, 2017**

D 6

ISBN 978-3-8441-0564-3
1. Auflage November 2018



JOSEF EUL VERLAG GmbH
Zeithstr. 356
53721 Siegburg
Tel.: 0 22 05 / 90 10 6-80
Fax: 0 22 05 / 90 10 6-88
E-Mail: info@eul-verlag.de
https://www.eul-verlag.de

**Bei der Herstellung unserer Bücher möchten wir die Umwelt schonen. Dieses Buch ist daher auf säurefreiem, 100% chlorfrei gebleichtem, alterungsbeständigem Papier nach DIN 6738 gedruckt.**

## Geleitwort

Die Abbildung von Erwerbsvorgängen, die einen mehrstufigen Konzern begründen oder erweitern, ist eine im Fachschrifttum kontrovers diskutierte Fragestellung der Konzernrechnungslegung. Dies liegt bereits darin begründet, dass die einschlägigen Vorschriften der IFRS grundsätzlich nur auf einstufige Konzernstrukturen ausgerichtet sind und somit die mit der Entstehung bzw. Erweiterung mehrstufiger Konzerne verbundenen Besonderheiten nicht explizit regeln. Im Mittelpunkt des in diesem Zusammenhang für die Kapitalkonsolidierung nach der *partial goodwill method* geführten Meinungsstreits steht die Behandlung von Anteilen an einer mittelbaren Tochtergesellschaft des Konzernmutterunternehmens, die den nicht beherrschenden Gesellschaftern des Teilkonzernmutterunternehmens indirekt zuzuordnen sind. Strittig ist dabei vor allem, ob ein auf diese Anteile entfallender Unterschiedsbetrag gemäß der sogenannten additiven Methode als Geschäfts- oder Firmenwert bzw. Erfolg aus einem günstigen Gelegenheitskauf abzubilden oder entsprechend der sogenannten multiplikativen Methode erfolgsneutral mit den nicht beherrschenden Anteilen am Konzerneigenkapital zu verrechnen ist. Herr Engelke nimmt diese Diskussion zum Anlass, die gegenwärtig maßgebenden Regelungen für die Kapitalkonsolidierung nach IFRS mit Blick auf mehrstufige Konzernstrukturen auszulegen und kritisch zu würdigen, um schließlich die zu einer möglichst entscheidungsnützlichen Konzernfinanzberichterstattung führende Methode zu ermitteln.

Die Dissertation untergliedert der Verfasser dafür in sechs Kapitel. Im **ersten Kapitel** erläutert er zunächst die Problemstellung und leitet daraus das Ziel sowie den Gang seiner Untersuchung ab. Im sich anschließenden **zweiten Kapitel** konkretisiert Herr Engelke das Betrachtungsobjekt der Arbeit, indem er ausgehend vom Konzernbegriff der IFRS im Allgemeinen die grundlegenden Merkmale eines mehrstufigen Konzerns herausarbeitet. Neben typischen Elementen mehrstufiger Beteiligungsstrukturen wird erläutert, dass vor allem indirekte Beteiligungsverhältnisse der Gesellschafterstämme ein zentrales Charakteristikum sind, das naturgemäß in einstufigen Konzernen nicht auftritt. Derartige Beteiligungsverhältnisse können sowohl im Wege konzerninterner Umstrukturierungen als auch im Zuge der erstmaligen Konsolidierung eines mittelbaren Tochterunternehmens der Konzernobergesellschaft entstehen oder erweitert werden. Allerdings zeigt der Verfasser in diesem Zusammenhang sehr überzeugend, dass eine von anderen Rechnungslegungsproblemen möglichst unabhängige Untersuchung der spezifischen Herausforderungen im Kontext der Kapitalkonsolidierung in erster Linie nur anhand des Erwerbs eines einzelnen, bislang nicht konsolidierten mittelbaren Tochterunternehmens und der Akquisition eines zuvor nicht zum Konsolidierungskreis gehörenden Teilkonzerns möglich ist. Mithin werden diese beiden Erwerbskonstellationen im fünften Kapitel mit Blick auf die mit ihnen verbundenen Besonderheiten analysiert.

Im **dritten Kapitel** erläutert der Verfasser angemessen prägnant die Konzeption der Kapitalkonsolidierung nach der Erwerbsmethode im Allgemeinen sowie im Kontext mehrstufiger Konzernstrukturen. Dabei nutzt er die Grundideen konsolidierungstechnischer Verfahren, um deutlich zu machen, dass Unterschiedsbeträge verschiedener Konzernstufen grundsätzlich nicht miteinander zu verrechnen und nicht beherrschende Anteile einer Konzernstufe nicht Teil des Eigenkapitals sind, das mit der Beteiligung eines Konzernunternehmens der nächsthöheren Stufe aufzurechnen ist. Aufbauend auf der damit zumindest implizit erforderlichen stufenweisen Kapitalkonsolidierung werden die zur Abbildung indirekter nicht beherrschender Anteile diskutierten Bilanzierungspraktiken sowohl qualitativ als auch quantitativ kurz vorgestellt. Die Unterschiede der darunter zu subsumierenden multiplikativen und additiven Methode, die sich im Unterschiedsbetrag aus der Kapitalaufrechnung und im Wertansatz der nicht beherrschenden Anteile am Konzerneigenkapital widerspiegeln, arbeitet Herr Engelke sehr anschaulich in einem Vergleich der konsolidierten Abschlüsse eines Beispielkonzerns heraus.

Im **vierten Kapitel** legt der Verfasser wiederum angemessen kurz und prägnant die konzeptionellen Grundlagen, die ihm für seine Untersuchung als Analyse- und Würdigungsgrundlage dienen. Dieses sind zum einen die im *Conceptual Framework* formulierte Zielsetzung der IFRS-Finanzberichterstattung und die daran geknüpften qualitativen Anforderungen. Zum anderen umfassen sie die Regelungen des IAS 8 zum Umgang mit nicht hinreichend konkreten Bilanzierungsvorschriften und Lücken im IFRS-Regelungskanon.

Das **fünfte Kapitel** bildet den Kern der Untersuchung. Herr Engelke analysiert in diesem Teil der Arbeit die verschiedenen Möglichkeiten der Kapitalkonsolidierung im mehrstufigen Konzern in Bezug auf die zuvor abgegrenzten Erwerbswege. Im Anschluss an eine Vorbemerkung, die den Aufbau dieser Analyse skizziert (Abschnitt 51), wird in **Abschnitt 52** zunächst die Kapitalkonsolidierung beim Erwerb eines einzelnen mittelbaren Tochterunternehmens untersucht. Da die betrachteten nicht beherrschenden Gesellschafter in dieser Erwerbskonstellation am formalrechtlich erwerbenden Konzernunternehmen beteiligt sind, diskutiert der Verfasser in einem ersten Schritt, welche Partei als Erwerber im Sinne des IFRS 3 zu identifizieren ist (**Abschnitt 521.**). Dabei kommt er zwar zu dem Ergebnis, dass die dafür maßgebende Beherrschung des Erwerbsobjektes in einem mehrstufigen Konzern letztlich stets durch das oberste Mutterunternehmen ausgeübt werden kann und somit die multiplikative Methode anzuwenden wäre. Gleichwohl wird auch deutlich, dass der Regelungskanon dem bei der additiven Methode einzunehmenden Blickwinkel nicht zwingend entgegensteht. Nach der zutreffenden Auffassung des Verfassers sind die beiden Methoden daher in einem zweiten Schritt auf der Grundlage ihrer Abbildungen des Erwerbsvorgangs im Konzernabschluss zu beurteilen.

In **Abschnitt 522.** werden dazu die methodenbedingten Unterschiede in der Bilanzierung der Unterschiedsbeträge beleuchtet. Herr Engelke zeigt in diesem Kontext, dass ein positiver Unterschiedsbetrag nach der multiplikativen Methode zwar als „Mehrheiten-Goodwill" interpretiert werden kann. Da zu dessen Ermittlung unter regelungssystematischen Gesichtspunkten indes auf den beizulegenden Zeitwert nach IFRS 13 zurückzugreifen ist, spiegelt er aufgrund der strengen Marktorientierung dieses Bewertungsmaßstabes zum einen die auf das Konzernmutterunternehmen entfallenden Wertpotenziale grundsätzlich nur unvollständig wider. Zum anderen wird anhand möglicher Bewertungsverfahren ersichtlich, dass die Wertfindung gegebenenfalls stark ermessensbehaftet ist. Überdies verzerrt die von der multiplikativen Methode vorgesehene erfolgsneutrale Verrechnung des auf die indirekte Beteiligung der nicht beherrschenden Gesellschafter entfallenden Geschäfts- oder Firmenwertes mit den nicht beherrschenden Anteilen am Konzerneigenkapital nachhaltig die Vermögens- und Ertragslage des Konzerns. Ein nach der additiven Methode ermittelter positiver Unterschiedsbetrag ist dahingegen als gesellschafterstammübergreifender *purchased goodwill* zu verstehen. Dessen Wertansatz ist angesichts der unmittelbaren Ableitung aus der erbrachten Gegenleistung vergleichsweise objektiver und trägt wegen des zusätzlichen Ansatzes des Geschäfts- oder Firmenwertes der indirekten nicht beherrschenden Gesellschafter zu einem umfassenderen Vermögensausweis bei, der den Adressaten im Vergleich zur multiplikativen Methode relevantere Informationen vermitteln kann.

Im spiegelbildlichen Fall eines negativen Unterschiedsbetrages, der auf den Erfolg aus einer günstigen Akquisitionsgelegenheit zurückgeht, können zwar beide Methoden lediglich die Verhandlungsleistung des verantwortlichen Managements dem Grunde nach deutlich machen. Gleichwohl arbeitet Herr Engelke sehr anschaulich heraus, dass die negative Residualgröße entsprechend der additiven Methode anteilig erfolgswirksam zugunsten der indirekten nicht beherrschenden Gesellschafter vereinnahmt werden sollte, um sowohl in der Konzernbilanz die mit den Anteilstiteln dieser Gesellschafter verbundenen Ansprüche als auch in der Gesamtergebnisrechnung den Reinvermögenszuwachs als solchen nachzuzeichnen. Sofern ein negativer Unterschiedsbetrag allerdings auf antizipierten künftigen Verlustbeiträgen gründet, bedingen die Regelungen des IFRS 3 eine weder glaubwürdige noch relevante Abbildung der Residualgröße im Konzernabschluss. Daher unterbreitet Herr Engelke einen Vorschlag zur alternativen bilanziellen Behandlung eines solchen Unterschiedsbetrages.

**Abschnitt 523.** problematisiert sodann die Implikationen der Bilanzierung des Unterschiedsbetrages für die nicht beherrschenden Anteile am Eigenkapital des Konzerns. Dabei zeigt der Verfasser, dass die multiplikative Methode aufgrund der erfolgsneutralen Verrechnung der den indirekten nicht beherrschenden Gesellschaftern zuzurechnenden Residualgröße mit diesen Eigenkapitalanteilen eine konzernbilanzielle Abbildung nach sich zieht, die den tatsächlichen Transaktionsumständen oder Eigenschaften des Akquisitionsobjektes nicht genügt. Die additive Methode gibt in Verbindung mit den Vorschriften des IFRS 3 hingegen zum einen die Umschichtung des Konzernvermögens im Zuge des Erwerbsvorgangs sachgerecht als Aktivtausch bzw. als Bilanzverlängerung wieder und macht zum anderen bei der Zunahme der nicht beherrschenden Eigenkapitalanteile deutlich, dass der erhöhte Wertansatz auf einen etwaigen Reinvermögenszuwachs aus dem Unternehmenszusammenschluss zurückzuführen ist. Herr Engelke kommt daher insgesamt zu dem Ergebnis, dass die additive Methode beim Erwerb eines einzelnen mittelbaren Tochterunternehmens den Adressaten entscheidungsnützlichere Informationen als die multiplikative Methode bereitstellt.

In **Abschnitt 53** wird anschließend die Bilanzierung eines Teilkonzernerwerbs im Konzernabschluss beleuchtet. Da die Regelungen des IFRS 3 für die Ermittlung des Unterschiedsbetrages in dieser Erwerbskonstellation interpretationsbedürftig sind, diskutiert der Verfasser zunächst, ob für den erworbenen Teilkonzernverbund insgesamt nur eine einzige Residualgröße oder für die einzelnen Teilkonzerneinheiten individuelle Unterschiedsbeträge erfasst werden sollten (**Abschnitt 532.**). Bei der näheren Betrachtung dieser zwei Bilanzierungsmöglichkeiten zeigt sich, dass beide Alternativen – wenn auch zu unterschiedlichen Zeitpunkten – vergleichbare Ermessensspielräume eröffnen, die unter anderem bilanzpolitisch genutzt werden können und damit gegebenenfalls die Entscheidungsnützlichkeit der Berichterstattung beeinträchtigen. Während allerdings im Zuge der Ermittlung eines einzigen Unterschiedsbetrages für den gesamten Teilkonzern wertmäßig gegenläufige Ertragspotenziale der Teilkonzerneinheiten saldiert werden und infolgedessen ein schwer zu interpretierendes Wertekonglomerat entsteht, können die wertbildenden Faktoren mithilfe gesonderter (Teil-)Residualgrößen vergleichsweise differenzierter im Konzernabschluss erfasst werden. Angesichts der damit stärker an den tatsächlichen wirtschaftlichen Verhältnissen und am Kaufpreiskalkül des Erwerbers orientierten Bilanzierung präferiert Herr Engelke den Ansatz bzw. die Erfassung einheitenindividueller Unterschiedsbeträge. Da hierfür die Zuordnung der erbrachten Gegenleistung zu den Teilkonzerneinheiten erforderlich ist, erörtert er unter Berücksichtigung des gegenwärtigen Regelungskanons sodann verschiedene Verteilungsschlüssel und spricht sich in diesem Zusammenhang schließlich für den relativen beizulegenden Beteiligungszeitwert aus.

Nachfolgend wird in **Abschnitt 533.** die Behandlung indirekter nicht beherrschender Anteile an einem Tochterunternehmen des akquirierten Teilkonzerns betrachtet. Im Unterschied zum Erwerb einer einzelnen mittelbaren Tochtergesellschaft können die indirekten Anteile auch nicht beherrschenden Gesellschaftern zuzurechnen sein, die nicht am Erwerbssubjekt, sondern am Akquisitionsobjekt beteiligt sind. Für diese Anteile liegen zum Erwerbszeitpunkt indes keine Anschaffungskosten vor, sodass sich Herr Engelke mit deren Bewertung zum Zweck der Ermittlung des Unterschiedsbetrages befasst. Nach Abwägung der Vor- und Nachteile verschiedener Bewertungsmaßstäbe befürwortet er letztlich eine dem Gedankengut der additiven Methode entsprechende Bewertung der indirekten nicht beherrschenden Anteile zu ihrem teilkonzernbilanziellen Buchwert, sofern sich auf dieser Basis ein positiver Unterschiedsbetrag aus der Kapitalaufrechnung ergibt. Eine negative Residualgröße sollte nach der Auffassung des Verfassers aufgrund ihres technischen Charakters hingegen zum Zeitpunkt der Akquisition des Teilkonzerns unmittelbar erfolgsneutral durch eine Bewertung der indirekten Beteiligung zum Zeitwert des auf sie entfallenden Reinvermögens aufgeholt werden.

In einer Gegenüberstellung der Ergebnisse zu den beiden untersuchten Erwerbskonstellationen werden in **Abschnitt 54** die Spezifika des jeweiligen Erwerbsweges expliziert, die bei Anwendung der von Herrn Engelke präferierten additiven Methode zu beachten sind.

Im **sechsten Kapitel** fasst der Verfasser die wesentlichen Erkenntnisse seiner Untersuchung abschließend zusammen.

Insgesamt wird in der vorgelegten Arbeit durchweg stringent, differenziert und überzeugend argumentiert. Die inhaltliche Analyse ist dabei ausgesprochen gründlich, was gerade bei dem für die gewählte Fragestellung eher unscharfen Betrachtungsgegenstand der IFRS-Standards hoch einzuschätzen ist. Der Verfasser profitiert dabei von seinen profunden Kenntnissen sowohl des zugrundeliegenden Grundsatzsystems als auch der Spezifika der Konzernrechnungslegung. Neben der inhaltlichen Leistung ist besonders hervorzuheben, dass dem Verfasser eine ausgezeichnete Balance zwischen der Darstellung, Konkretisierung und Würdigung der betrachteten Regelungen gelingt. Die Argumentation ist stets konzeptionell anspruchsvoll, ohne auszuufern oder gar die „Bodenhaftung" zu realen Fragestellungen zu verlieren. Grundlagenabschnitte und Diskussion der gestellten Frage stehen in einem guten Verhältnis zueinander. Herr Engelke differenziert ausgezeichnet zwischen der themenspezifischen und der eher allgemeinen Kritik an den einschlägigen Standards (z. B. beim negativen Unterschiedsbetrag). Ferner überzeugt besonders, wie klar sich der rote Faden durch die Arbeit zieht. Der Leser wird sehr gut durch die naturgemäß teilweise sehr technisch anmutenden Detailfragen geführt.

Die (nicht zu ausführlich) gelegten Grundlagen werden konsequent für die Argumentation herangezogen. Dabei liegt der Argumentation an vielen Stellen eine ausgesprochen differenzierte und tiefgründige Analyse zugrunde, was man den dann wie selbstverständlich formulierten Ergebnissen nicht immer ansieht. Insgesamt ist die Gewichtung von Darstellung, Würdigung und eigenen Vorschlägen sehr ausgewogen und sorgt dafür, dass die Arbeit die eingangs gestellte Frage umfassend und „rund" abarbeitet. Ich bin daher sicher, dass die Arbeit von Herrn Engelke sowohl die praktische Anwendung als auch die Fortentwicklung der Regelungen zur Konsolidierung im mehrstufigen Konzern nachdrücklich beeinflussen wird.

Münster, im Oktober 2018 — Prof. Dr. Hans-Jürgen Kirsch

## Vorwort des Verfassers

Die vorliegende Arbeit entstand während meiner Tätigkeit als wissenschaftlicher Mitarbeiter am Institut für Rechnungslegung und Wirtschaftsprüfung (IRW) der Westfälischen Wilhelms-Universität Münster unter der Leitung von Herrn Prof. Dr. Hans-Jürgen Kirsch. Sie wurde von der Wirtschaftswissenschaftlichen Fakultät in Münster im November 2017 als Dissertation angenommen.

An dieser Stelle möchte ich all jenen ganz herzlich danken, die mich während der Zeit meiner Promotion begleitet und vielfältigst unterstützt haben. Vor allem meinem hoch geschätzten akademischen Lehrer und Doktorvater, Herrn Prof. Dr. Hans-Jürgen Kirsch, gilt mein ganz besonderer Dank für das mir stets entgegengebrachte Vertrauen und die zahlreichen Möglichkeiten, mich fachlich und persönlich bei der Mitarbeit an dem von ihm geleiteten Institut weiterzuentwickeln. Die durch seine aufgeschlossene, positive Art geprägte angenehme Atmosphäre am IRW, seine stete Diskussionsbereitschaft und seine wertvollen, kritisch konstruktiven Anregungen haben erheblich zum Gelingen meines Promotionsvorhabens beigetragen. Ferner möchte ich Herrn Prof. Dr. Peter Kajüter für die Übernahme des Zweitgutachtens und Frau Prof. Dr. Theresia Theurl für ihr Mitwirken in der Promotionskommission danken.

Ein ausgesprochen wichtiges Anliegen ist es mir zudem, mich bei meinen ehemaligen Kollegen am IRW zu bedanken. Die fachlichen Diskussionen in zahlreichen Doktorandenseminaren, die kollegiale, vertrauensvolle Zusammenarbeit und die vielen gemeinsamen außerfachlichen Aktivitäten haben dazu beigetragen, dass mir die Zeit am Institut stets in bester Erinnerung bleiben wird. Dabei sind Herr Dr. Michael Alkemeier, Herr Julian Höbener, M.Sc., Herr Marcel Faber, M.Sc., und Herr Dr. Florian Gallasch ganz besonders hervorzuheben. Ihre unbedingte Gesprächsbereitschaft, der äußerst wertvolle fachliche wie auch persönliche Gedanken- und Erfahrungsaustausch mit ihnen sowie ihre kritische Prüfung des Manuskripts haben nicht nur ohne jeden Zweifel die Qualität der vorliegenden Arbeit wesentlich gefördert, sondern mir auch über manch frustrierende Stunde im Schreibprozess hinweg geholfen. Nicht zuletzt aufgrund dieser großartigen Unterstützung meines Promotionsvorhabens bin ich mir sicher, dass mich zu diesen sehr geschätzten Herren auch weiterhin eine enge Freundschaft verbinden wird. Darüber hinaus danke ich den studentischen Hilfskräften des IRW, die meine unzähligen Literaturwünsche jederzeit mit außerordentlichem Einsatz erfüllt und so die Anfertigung meiner Dissertation bedeutend erleichtert haben.

Schließlich möchte ich auch meinen lieben Eltern und meinen beiden lieben Schwestern von ganzem Herzen danken, die mich sowohl in meiner Promotionszeit als auch in sämtlichen anderen Lebenslagen stets bedingungslos unterstützt haben. Ihr immerwährendes Vertrauen und ihr unerschöpflicher Zuspruch wie auch ihr Verständnis und ihre Geduld, die sie in den letzten Jahren in überreichem Maße aufbringen mussten, haben diese Arbeit überhaupt erst möglich gemacht.

Münster, im Oktober 2018 Frederik Engelke

## Inhaltsübersicht

## Inhaltsverzeichnis

## Abbildungsverzeichnis

## Tabellenverzeichnis

## Abkürzungsverzeichnis

**A**

| | |
|---|---|
| A | Appendix (i. V. m. IFRS-Fundstellen) |
| a. A. | anderer Auffassung, anderer Ansicht |
| Abacus | A Journal of Accounting, Finance and Business Studies (Zeitschrift) |
| Abs. | Absatz |
| ADS | Adler/Düring/Schmaltz |
| AG | Aktiengesellschaft, Die Aktiengesellschaft (Zeitschrift) |
| AktG | Aktiengesetz |
| Anm. d. Verf. | Anmerkung des Verfassers |
| Art. | Artikel |
| ASBJ | Accounting Standards Board of Japan |
| Aufl. | Auflage |

**B**

| | |
|---|---|
| BaFin | Bundesanstalt für Finanzdienstleistungsaufsicht |
| BB | Betriebs-Berater (Zeitschrift) |
| BBK | Buchführung, Bilanzierung, Kostenrechnung (Zeitschrift, Loseblattsammlung) |
| BC | Basis for Conclusion(s) (i. V. m. IFRS-Fundstellen) |
| Bd. | Band |
| beh. | beherrschende |
| BFuP | Betriebswirtschaftliche Forschung und Praxis (Zeitschrift) |
| BGBl. | Bundesgesetzblatt |
| Bilanzkomm. | Bilanz-Kommentar |
| BilMoG | Bilanzrechtsmodernisierungsgesetz |
| bspw. | beispielsweise |
| bzw. | beziehungsweise |

**C**

| | |
|---|---|
| CF | Conceptual Framework |
| CFO | Chief Financial Officer |
| c. p. | ceteris paribus (unter sonst gleichen Bedingungen) |

**D**

| | |
|---|---|
| d. h. | das heißt |
| DAX | Deutscher Aktienindex |
| DB | Der Betrieb (Zeitschrift) |
| DBW | Die Betriebswirtschaft (Zeitschrift) |
| DK | Der Konzern (Zeitschrift) |
| DO | Dissenting Opinion(s) (i. V. m. IFRS-Fundstellen) |

| | |
|---|---|
| DP | Discussion Paper |
| DRS | Deutscher Rechnungslegungsstandard |
| DRSC | Deutsches Rechnungslegungs Standards Committee e. V. |
| DStR | Deutsches Steuerrecht (Zeitschrift) |
| DStZ | Deutsche Steuer-Zeitung |

**E**

| | |
|---|---|
| e. V. | eingetragener Verein |
| ED | Exposure Draft |
| EFRAG | European Financial Reporting Advisory Group |
| EG | Europäische Gemeinschaft(en) |
| ESMA | European Securities and Markets Authority |
| EU | Europäische Union, Enkelunternehmen |

**F**

| | |
|---|---|
| F | Framework |
| f. | folgende (Randnummer, Seite) |
| FAQ | Frequently Asked Question(s) |
| FASB | Financial Accounting Standards Board (US-amerikanischer Standardsetzer) |
| FB | Finanz-Betrieb (Zeitschrift) |
| ff. | folgende (Jahre) |
| Fn. | Fußnote |

**G**

| | |
|---|---|
| GAAP | Generally Accepted Accounting Principle(s) |
| GE | Geldeinheit(en) |
| ggf. | gegebenenfalls |
| GmbHR | GmbH-Rundschau (Zeitschrift) |
| GoB | Grundsätze ordnungsmäßiger Buchführung |

**H**

| | |
|---|---|
| HB | Handbuch |
| HdK | Handbuch der Konzernrechnungslegung |
| HdR | Handbuch der Rechnungslegung |
| HFA | Hauptfachausschuss des IDW |
| HGB | Handelsgesetzbuch |
| Hrsg. | Herausgeber |
| hrsg. v. | herausgegeben von |

**I**

| | |
|---|---|
| i. d. R. | in der Regel |
| i. e. S. | im engeren Sinne |

| | |
|---|---|
| i. H. | in Höhe |
| i. H. v. | in Höhe von |
| i. S. d. | im Sinne der, des |
| i. S. e. | im Sinne einer, eines |
| i. V. m. | in Verbindung mit |
| i. w. S. | im weiteren Sinne |
| IAS | International Accounting Standard(s) |
| IASB | International Accounting Standards Board |
| IASC | International Accounting Standards Committee |
| IDW | Institut der Wirtschaftsprüfer in Deutschland e. V. |
| IDW FN | IDW Fachnachrichten (Zeitschrift) |
| IE | Illustrative Example(s) (i. V. m. IFRS-Fundstellen) |
| IFRS | International Financial Reporting Standard(s) |
| iGAAP | international GAAP |
| IN | Introduction (i. V. m. IFRS-Fundstellen) |
| IRZ | Zeitschrift für Internationale Rechnungslegung |

**K**

| | |
|---|---|
| KGaA | Kommanditgesellschaft auf Aktien |
| KoR | Zeitschrift für internationale und kapitalmarktorientierte Rechnungslegung |
| KPMG | Klynveld Peat Marwick Goerdeler |

**M**

| | |
|---|---|
| m. w. N. | mit weiteren Nachweisen |
| M&A | Mergers and Acquisitions |
| Mio. | Million(en) |
| MU | Mutterunternehmen |
| MüKo | Münchener Kommentar |

**N**

| | |
|---|---|
| NCI | Non-Controlling Interests |
| Nr. | Nummer(n) |

**O**

| | |
|---|---|
| OB | Objective (i. V. m. IFRS-Fundstellen) |
| OIC | Organismo Italiano di Contabilità (italienischer Standardsetzer) |

**P**

| | |
|---|---|
| PiR | Praxis der internationalen Rechnungslegung (Zeitschrift) |
| PwC | PricewaterhouseCoopers |

**Q**

| | |
|---|---|
| QC | Qualitative Characteristic(s) (i. V. m. IFRS-Fundstellen) |

**R**

| | |
|---|---|
| rev. | revised (i. V. m. IFRS-Fundstellen) |
| RGBl. | Reichsgesetzblatt |
| RIW | Recht der internationalen Wirtschaft (Zeitschrift) |
| Rn. | Randnummer(n) |
| RS | Stellungnahme(n) zur Rechnungslegung |

**S**

| | |
|---|---|
| S. | Seite(n) |
| S.A. | Société anonyme, Spółka akcyjna |
| SE | Societas Europaea (Europäische Aktiengesellschaft) |
| SFAS | Statement of Financial Accounting Standards |
| sic | sic erat scriptum |
| sog. | sogenannte(r/n) |
| sonst. | sonstige(s) |
| SP | Status and Purpose (i. V. m. IFRS-Fundstellen) |
| Sp. | Spalte(n) |
| ST | Der Schweizer Treuhänder (Zeitschrift) |
| StuB | Unternehmensteuern und Bilanzen (Zeitschrift) |
| StuW | Steuer und Wirtschaft (Zeitschrift) |

**T**

| | |
|---|---|
| TU | Tochterunternehmen |
| Tz. | Textziffer(n) |
| TK | Teilkonzern |

**U**

| | |
|---|---|
| u. a. | unter anderem, und andere |
| UmwG | Umwandlungsgesetz |
| US | United States |

**V**

| | |
|---|---|
| vgl. | vergleiche |
| vs. | versus |

**W**

| | |
|---|---|
| WiSt | Wirtschaftswissenschaftliches Studium (Zeitschrift) |
| WPg | Die Wirtschaftsprüfung (Zeitschrift) |
| WpHG | Wertpapierhandelsgesetz |

**Z**

| | |
|---|---|
| z. B. | zum Beispiel |
| ZfB | Zeitschrift für Betriebswirtschaft |
| zfbf | Zeitschrift für betriebswirtschaftliche Forschung |
| ZfCM | Zeitschrift für Controlling und Management |
| ZGR | Zeitschrift für Unternehmens- und Gesellschaftsrecht |

# 1 Problemstellung, Zielsetzung und Gang der Untersuchung

## 11 Problemstellung und Zielsetzung

Angesichts zunehmend globalisierter und dynamischer Marktumfelder gehen wirtschaftliche Unternehmungen häufig Verbindungen untereinander ein, um bspw. ihre Wettbewerbsposition behaupten oder ausbauen zu können.[1] Regelmäßig gründen solche Verbindungen auf gesellschaftsrechtlichen Kapitalbeteiligungen,[2] die einen bestimmten Einfluss z. B. auf die Geschäfts- und Finanzpolitik des Beteiligungsunternehmens ermöglichen.[3] Auch wenn die kapitalmäßig verbundenen Unternehmen dabei rechtlich selbständig bleiben, kann durch die Einflussmöglichkeiten ein Beherrschungs- und damit ein wirtschaftliches Abhängigkeitsverhältnis konstituiert werden.[4] Dadurch bedingt entsteht eine Über- bzw. Unterordnungsrelation, die im Kontext der Konzernrechnungslegung gemeinhin als Mutter-Tochter-Beziehung zwischen dem herrschenden und dem beherrschten Unternehmen gilt.[5] Oftmals ist das Mutterunternehmen einer Tochtergesellschaft in der Unternehmenspraxis jedoch nicht auf der hierarchisch höchsten Konzernstufe verortet, sondern kann seinerseits durch ein ihm übergeordnetes Mutterunternehmen beherrscht sein.[6] Ebenso ist es möglich, dass die beherrschte Tochtergesellschaft ihrerseits (Teilkonzern-)Mutterunternehmen eines nachgeordneten Tochterunternehmens ist.[7] Derartige Konzern(beteiligungs)strukturen werden als **mehrstufiger Konzern** bezeichnet.[8] Im Unterschied zum einstufigen Konzern, in dem das Konzernmutterunternehmen ausschließlich unmittelbar Anteile an seinen Tochtergesellschaften hält, ist das Mutterunternehmen eines mehrstufigen Konzerns auch indirekt über unmittelbare Tochterunternehmen an mittelbaren Tochtergesellschaften beteiligt.[9]

Im Rahmen der Aufstellung des konsolidierten IFRS-Abschlusses eines mehrstufigen Konzerns sind neben den direkten auch diese indirekten Kapitalverflechtungen bzw. Beteiligungsverhältnisse zu berücksichtigen. Schließlich treten im Zuge der **Kapitalkonsolidierung** die durch die jeweilige Beteiligung repräsentierten Vermögenswerte und Schulden an die Stelle der Kapitalanteile.[10] Nur so kann der IFRS-Konzernabschluss ein Bild der tatsächlichen wirtschaftlichen Lage des Konzerns als öko-

---

[1] Vgl. ACHLEITNER, A.-K./BASSEN, A./WAHL, S., Corporate Restructuring, S. 432; KAHLING, D., Bilanzierung bei konzerninternen Verschmelzungen, S. V. Vgl. vor dem Hintergrund unterschiedlicher Motive für Unternehmensakquisitionen auch BERENS, W./MERTES, M./STRAUCH, J., Unternehmensakquisitionen, S. 34–42.

[2] Vgl. KÜTING, K., Unternehmerische Zusammenarbeit, S. 16; HINZ, M., Informationsvermittlung und Ausschüttungsbemessung, S. 14 f.

[3] Vgl. KÜTING, K./WEBER, C.-P./KEßLER, M., Bilanzielle Auswirkungen des Übernahmeangebots, S. 625 f.

[4] Vgl. BAETGE, J./KIRSCH, H.-J./THIELE, S., Konzernbilanzen, S. 1; EBELING, R. M., Einheitsfiktion, S. 21 f.

[5] Vgl., wenn auch im handelsrechtlichen Kontext, KÜTING, K./WEBER, C.-P., Konzernabschluss, S. 37 f. und 54–56; EBELING, R. M., Einheitsfiktion, S. 21.

[6] Vgl. GÖRLING, H., Verbreitung zwei- und mehrstufiger Unternehmensverbindungen, S. 543 f.; LEINEN, M., Kapitalkonsolidierung im mehrstufigen Konzern, S. 2.

[7] Vgl. BUSSE VON COLBE, W. U. A., Konzernabschlüsse, S. 302.

[8] Vgl. BAUMANN, K. F., Konsolidierung mehrstufiger Konzerne, S. 10.

[9] Vgl. BAUMANN, K. F., Konsolidierung mehrstufiger Konzerne, S. 9 f.

[10] Vgl. stellvertretend THEILE, C./PAWELZIK, K. U., in: Heuser/Theile, IFRS-Handbuch, 5. Aufl., D VI, Rn. 5530 sowie bereits ARBEITSKREIS „EXTERNE UNTERNEHMENSRECHNUNG" DER SCHMALENBACH-GESELLSCHAFT (Hrsg.), Aufstellung von Konzernabschlüssen, S. 67.

nomische Einheit nachzeichnen, das nützliche Finanzinformationen für die Kapitalvergabeentscheidungen der gegenwärtigen und potenziellen Eigen- und Fremdkapitalgeber vermittelt.[11] Vor diesem Hintergrund wird die Kapitalkonsolidierung als „bedeutendste Konsolidierungsmaßnahme"[12] oder aber auch als das „Kernstück der gesamten Konzernrechnungslegung"[13] benannt.

Für die Vorgehensweise und die letztlich durch die Kapitalkonsolidierung zu bewirkende konzernbilanzielle Abbildung der Beteiligungsverhältnisse zwischen den beherrschten Tochterunternehmen und der Konzernobergesellschaft sind im Rahmen der (Konzern-)Rechnungslegung nach IFRS die Regelungen des IFRS 3 und des IFRS 10 einschlägig. Seit Abschluss der ersten Phase des *Business Combinations*-Projektes im Jahr 2004 sind Tochterunternehmen gemäß diesen Vorschriften ausschließlich im Wege der **Vollkonsolidierung nach der Neubewertungsmethode** in den Konzernabschluss einzubeziehen.[14] Dementsprechend sind die zum Akquisitionszeitpunkt einer Tochtergesellschaft identifizierbaren Vermögenswerte und Schulden grundsätzlich vollumfänglich zu ihrem beizulegenden Zeitwert in der Konzernbilanz anzusetzen.[15] Sofern das Konzernmutterunternehmen weder mittel- noch unmittelbar sämtliche Anteile an einer Tochtergesellschaft hält, sind folglich auch die Anteile anderer, nicht beherrschender Gesellschafter (*non-controlling interests*) am Reinvermögen zu erfassen.[16]

Diese Gleichbehandlung beherrschender und nicht beherrschender Anteile ist allerdings nicht unbedingt für einen aus der Aufrechnung des Beteiligungswertes mit dem (anteiligen) neubewerteten Reinvermögen resultierenden Unterschiedsbetrag vorgesehen. Während der IASB im Zuge der zweiten Phase des *Business Combinations*-Projektes noch uneingeschränkt beabsichtigte, dass die aus der Kapitalkonsolidierung hervorgehende Residualgröße entsprechend der sog. ***full goodwill method*** sowohl auf das Mutterunternehmen als auch auf die nicht beherrschenden Gesellschafter entfällt,[17] wurde schließlich mit Abschluss des Projektes und der Veröffentlichung der Regelungen des gegenwärtig gültigen IFRS 3 im Jahr 2008 ein Wahlrecht zwischen der *full goodwill method* und der sog. ***partial goodwill method*** kodifiziert.[18] Im Vergleich zum *full goodwill* ist der *partial goodwill* nicht den direkt an einem Tochterunternehmen beteiligten nicht beherrschenden Gesellschaftern zuzurechnen, sondern repräsentiert lediglich die über das neubewertete Reinvermögen hinausgehenden beteiligungsproportionalen Ertragspotenziale des Mutterunternehmens.[19]

---

11 Vgl. BAETGE, J./HAYN, S./STRÖHER, T., in: Baetge u. a., Rechnungslegung nach IFRS, 2. Aufl., IFRS 10, Rn. 11–13.

12 DUSEMOND, M., Mehrstufige Konsolidierung, S. 8101.

13 KÜTING, K., Aktuelle Fragen der Kapitalkonsolidierung (Teil I), S. 192. Ähnlich auch KÜTING, K./HAYN, B., Erst- und Endkonsolidierung, S. 1941.

14 Vgl. IFRS 3.BC121–BC128 (2004).

15 Vgl. IFRS 3.18.

16 Vgl. PAWELZIK, K. U., Prüfung des Konzerneigenkapitals, S. 102; GIMPEL-HENNING, N., Sukzessive Anteilserwerbe, S. 73; MÜLLER, S./KREIPL, M., Behandlung indirekter Anteile anderer Gesellschafter, S. 282.

17 Vgl. IASB (Hrsg.), ED/2005/June: Amendments to IFRS 3, Rn. 49 sowie IASB (Hrsg.), Project Summary Business Combinations Phase II, S. 16.

18 Vgl. IFRS 3.32 i. V. m. IFRS 3.19 sowie IASB (Hrsg.), Project Summary Business Combinations Phase II, S. 19.

19 Vgl. BADER, A./SCHREDER, M., Goodwill-Methoden nach IFRS 3, S. 277; PHILIPPI, B., Ermittlung des goodwill,

In der deutschen Bilanzierungspraxis wird das Wahlrecht überwiegend zugunsten der *partial goodwill method* ausgeübt.[20] Da sich die für die Kapitalkonsolidierung maßgebenden Regelungen am „Leitbild des einstufigen Konzerns“[21] orientieren, ist der Ermittlung des Unterschiedsbetrages für eine unmittelbare Tochtergesellschaft des Konzernmutterunternehmens dabei zweifellos die gesamte Beteiligung des Mutterunternehmens zugrunde zu legen. Die Behandlung **indirekter Beteiligungsverhältnisse** ist allerdings **nicht explizit geregelt,**[22] obgleich Konzerne häufig in mehrstufigen Beteiligungsstrukturen organisiert sind.[23] Während in diesem Zusammenhang Einigkeit darüber besteht, dass keine indirekte Beteiligung unkonsolidiert in den Konzernabschluss übernommen werden darf,[24] sind für die Ermittlung des Unterschiedsbetrages aus der Kapitalkonsolidierung eines mittelbaren Tochterunternehmens angesichts der fehlenden expliziten Regelungsgrundlage zwei mögliche Referenzpunkte in einem mehrstufigen Konzern denkbar. Einerseits könnte die Residualgröße aus der gesamten Beteiligung des unmittelbaren Mutterunternehmens der mittelbaren Tochtergesellschaft, d. h. aus dem Wert der Anteile des Teilkonzernmutterunternehmens abgeleitet werden (sog. additive Methode).[25] Andererseits bestünde ebenfalls die Möglichkeit, die Perspektive des den Konzernabschluss aufstellenden, hierarchisch höchsten Mutterunternehmens einzunehmen (sog. multiplikative Methode).[26] Aus diesem Blickwinkel wird zur Bestimmung des Unterschiedsbetrages nur der Teil der Beteiligung des Teilkonzernmutterunternehmens an der mittelbaren Tochtergesellschaft herangezogen, der dem Konzernmutterunternehmen zuzurechnen ist.

Besondere Problemstellungen ergeben sich für die Kapitalkonsolidierung eines mittelbaren Tochterunternehmens vor diesem Hintergrund immer dann, sofern **nicht beherrschende Gesellschafter** an dem Teilkonzernmutterunternehmen – also an einem Tochterunternehmen auf einer Zwischenstufe des mehrstufigen Konzerns – beteiligt sind und damit über die Teilkonzernobergesellschaft **indirekt Anteile** am mittelbaren Tochterunternehmen halten.[27] Denn bei einer auf der gesamten Beteiligung des unmittelbaren Mutterunternehmens basierenden Unterschiedsbetragsermittlung entfällt die schließlich entstehende Residualgröße sowohl auf die Konzernobergesellschaft als auch auf die indirekten nicht beherrschenden Gesellschafter.[28] Im Unterschied dazu ist der Unterschiedsbetrag, der ausschließlich aus der indirekten Beteiligung des Konzernmutterunternehmens abgeleitet wird, lediglich dem obersten Mutterunternehmen des Konzerns zuzurechnen. Die zentrale Fragestellung im Zu-

S. 61.

20 Vgl. KÜTING, K./WEBER, C.-P./WIRTH, J., Kapitalkonsolidierung im mehrstufigen Konzern, S. 43; LEITNER-HANETSEDER, S./REBHAN, E., Goodwill-Bilanzierung der DAX-30-Unternehmen, S. 162.

21 LEINEN, M., Kapitalkonsolidierung im mehrstufigen Konzern, S. 42 f., wenn auch im handelsrechtlichen Kontext.

22 Vgl. KÜTING, K./WEBER, C.-P., Konzernabschluss, S. 416 und 421; BUSSE VON COLBE, W. U. A., Konzernabschlüsse, S. 302.

23 Vgl. MANDL, G./KÖNIGSMAIER, H., Behandlung von Minderheitsanteilen im mehrstufigen Konzern, S. 241.

24 Vgl., wenn auch mit Blick auf die handelsrechtlichen Vorschriften, KÜTING, K./GÖTH, P., Minderheitenanteile im Konzernabschluss, S. 305 f. m. w. N.

25 Vgl. HAEGLER, O., Bilanzierung nicht beherrschender Anteile im mehrstufigen Konzern, S. 192 f.

26 Vgl. hierzu und im Folgenden PHILIPPI, B., Ermittlung des goodwill, S. 62.

27 Vgl. MANDL, G./KÖNIGSMAIER, H., Behandlung von Minderheitsanteilen im mehrstufigen Konzern, S. 242; BAUMANN, K. F., Konsolidierung mehrstufiger Konzerne, S. 69 und 90 f.

28 Vgl. hierzu und im Folgenden KÜTING, K./WEBER, C.-P., Konzernabschluss, S. 419; THEILE, C./PAWELZIK, K. U., in: Heuser/Theile, IFRS-Handbuch, 5. Aufl., D VI, Rn. 5831.

ge der Kapitalkonsolidierung eines mehrstufigen Konzerns besteht mithin in der Behandlung der indirekten Beteiligungen nicht beherrschender Gesellschafter und der diesen Beteiligungen zuzurechnenden Unterschiedsbeträge.[29]

Die Aktualität dieser Problematik wird nicht zuletzt durch die im Januar 2016 veröffentlichte Fehlerfeststellung der BaFin am Konzernabschluss der Axel Springer AG (gegenwärtig Axel Springer SE) zum 31.12.2012 deutlich.[30] In diesem Rahmen wurde beanstandet, dass der Geschäfts- oder Firmenwert bei der Abbildung dreier Unternehmenszusammenschlüsse, die von vollkonsolidierten Tochterunternehmen des Konzerns durchgeführt wurden, nur in Höhe des auf die Axel Springer AG entfallenden Teils in der Konzernbilanz angesetzt wurde. Wäre auch der den nicht beherrschenden Gesellschaftern der erwerbenden Tochterunternehmen zuzurechnende Anteil an den über das Reinvermögen hinausgehenden, vergüteten Ertragspotenzialen aktiviert worden – wie es nach Auffassung der BaFin erforderlich gewesen wäre –, hätte der aus den Unternehmenszusammenschlüssen resultierende Geschäfts- oder Firmenwert nicht 167,6 Mio. Euro, sondern 282,1 Mio. Euro betragen.[31] Damit wäre der anzusetzende Unterschiedsbetrag aus den Unternehmenszusammenschlüssen um rund 68 % höher ausgefallen und hätte nicht nur einen Wertansatz i. H. v. 63,7 %, sondern i. H. v. 107,2 % der in den Konzernabschluss zu übernehmenden kumulierten Reinvermögen der Akquisitionsobjekte, exklusive Geschäfts- oder Firmenwert, nach sich gezogen.[32]

Angesichts der erläuterten Problemstellung und der skizzierten Auswirkungen auf den Konzernabschluss besteht das **Ziel der vorliegenden Arbeit** darin, den gegenwärtigen auf einstufige Konzernstrukturen ausgerichteten Regelungskanon der IFRS-Rechnungslegung für die Kapitalkonsolidierung im mehrstufigen Konzern auszulegen und schließlich zu beurteilen, welche Form der konzernbilanziellen Abbildung indirekter Beteiligungsverhältnisse der von den IFRS angestrebten entscheidungsnützlichen Berichterstattung bestmöglich gerecht wird. Im Zuge einer konzeptionellen Analyse werden daher die konsolidierungsspezifischen Vorschriften anhand der qualitativen Anforderungen an eine für die wirtschaftlichen Entscheidungen der Abschlussadressaten nützliche Informationsvermittlung auf den Prüfstand gestellt. Der Schwerpunkt der Untersuchung liegt in diesem Zusammenhang auf der Behandlung indirekter Beteiligungen nicht beherrschender Gesellschafter und den auf diese Beteiligungen entfallenden Unterschiedsbeträgen. Darüber hinaus werden jedoch auch die Bewertung der indirekten Anteile des Konzernmutterunternehmens an dessen mittelbaren Tochtergesellschaften

---

29 Vgl. SENGER, T./DIERSCH, U., in: Driesch u. a., Beck IFRS HB, 5. Aufl., § 35, Rn. 75; LÜDENBACH, N./HOFFMANN, W.-D./FREIBERG, J., in: Lüdenbach/Hoffmann/Freiberg, Haufe IFRS-Kommentar, 16. Aufl., § 31, Rn. 186.

30 Vgl. AXEL SPRINGER SE (Hrsg.), Veröffentlichung nach § 37q Abs. 2 Satz 1 WpHG, S. 6.

31 Der Geschäfts- oder Firmenwert i. H. v. 167,6 Mio. Euro ergibt sich als Summe der Unterschiedsbeträge aus den Akquisitionen der allesklar.com AG (22,3 Mio. Euro), Immoweb S.A. (70,7 Mio. Euro) und Onet.pl S.A (74,6 Mio. Euro). Vgl. AXEL SPRINGER AG (Hrsg.), Geschäftsbericht 2012, S. 93–95. Der Fehlerfeststellung der BaFin ist zu entnehmen, dass dieser Wert um 114,5 Mio. Euro zu niedrig ist, sodass sich insgesamt ein zu bilanzierender Geschäfts- oder Firmenwert i. H. v. 282,1 Mio. Euro ergeben hätte. Vgl. AXEL SPRINGER SE (Hrsg.), Veröffentlichung nach § 37q Abs. 2 Satz 1 WpHG, S. 6.

32 Zur Berechnung der Relationen wurden die genannten Geschäfts- oder Firmenwerte einerseits zueinander und andererseits zum kumulierten Reinvermögen i. H. v. 263,1 Mio. Euro (allesklar.com AG: 25,9 Mio. Euro; Immoweb S.A.: 83,8 Mio. Euro; Onet.pl S.A.: 153,4 Mio. Euro) ins Verhältnis gesetzt. Vgl. AXEL SPRINGER AG (Hrsg.), Geschäftsbericht 2012, S. 93–95.

für Zwecke der Unterschiedsbetragsermittlung und die damit verbundenen Folgen für die Zuordnung von Unterschiedsbeträgen zu den einzelnen Konzernunternehmen untersucht. Darauf aufbauend werden die gewonnenen Erkenntnisse vor dem Hintergrund der Entscheidungsnützlichkeit der vermittelten Informationen aggregiert gewürdigt.

## 12 Gang der Untersuchung

Um das im vorangehenden Abschnitt gesetzte Ziel erreichen zu können, ist die Untersuchungskonzeption der vorliegenden Arbeit in sechs Kapitel gegliedert. Im Anschluss an die Problemstellung und Zielsetzung sowie den nachfolgend beschriebenen Gang der Untersuchung werden im **zweiten Kapitel** die konstitutiven Merkmale eines Konzerns i. S. d. IFRS-Rechnungslegung im Allgemeinen sowie eines mehrstufigen Konzernverbundes im Speziellen erläutert. Da den in diesem Kontext charakterisierten Beteiligungsstrukturen regelmäßig eine entsprechende Umstrukturierungs- oder Erwerbshistorie zugrunde liegt, werden außerdem typisierte Entstehungs- bzw. Erweiterungswege mehrstufiger Konzerne vorgestellt und kategorisiert. Die diesbezüglichen Ausführungen sind für die spätere Analyse vor allem von Bedeutung, um die Beteiligungsstrukturen und Erwerbskonstellationen zu identifizieren, die eine möglichst von anderen Bilanzierungssachverhalten losgelöste und hinreichend differenzierte Betrachtung der besonderen Charakteristika eines mehrstufigen Konzerns und der damit verbundenen Konsolidierungsfragestellungen ermöglichen.

Darauf aufbauend werden im **dritten Kapitel** die Grundlagen zur Kapitalkonsolidierung im mehrstufigen Konzern beschrieben. Ausgehend von der grundsätzlichen Konzeption der Erwerbsmethode werden zunächst die sachverhaltsspezifischen Problemstellungen für die Konsolidierung mittelbarer Tochterunternehmen gezeigt. Diese werden anschließend im Zusammenhang mit den möglichen technischen Konsolidierungsverfahren betrachtet, um die bei der Kapitalaufrechnung zu beachtenden Besonderheiten deutlich zu machen. Die dabei herausgearbeiteten Spezifika bilden wiederum die Basis dafür, dass die möglichen Alternativen zur Behandlung der bereits in Abschnitt 11 problematisierten indirekten Beteiligungen nicht beherrschender Gesellschafter sowohl qualitativ als auch anhand eines Beispiels quantitativ vorgestellt werden können. Eine besondere Bedeutung für die konzeptionelle Analyse hat schließlich der letzte Abschnitt des dritten Kapitels. In diesem Teil der Arbeit werden die alternativen konsolidierten Bilanzen des Beispielkonzerns vergleichend gegenübergestellt, um die konzernbilanziellen Unterschiede der möglichen Methoden zum Umgang mit indirekten nicht beherrschenden Anteilen zu identifizieren und damit die Schwerpunkte der Untersuchung festzulegen.

Im **vierten Kapitel** werden die konzeptionellen Grundlagen der IFRS-Rechnungslegung vorgestellt, die für die Untersuchung im Hauptteil der Arbeit als Analyse- und Würdigungsgrundlage dienen. Den Ausgangspunkt der Ausführungen in diesem Kapitel bildet das im März 2018 vom IASB veröffentlichte *Conceptual Framework for Financial Reporting*. Dabei werden zunächst die vom Standardsetzer im *Conceptual Framework* formulierte Zielsetzung der Aufstellung eines Konzernabschlusses beschrieben sowie die primären Konzernabschlussadressaten identifiziert, an deren Informationsbedürfnissen sich eine entscheidungsnützliche Berichterstattung in erster Linie zu orientieren hat. Sodann werden die qualitativen Anforderungen an eine für die Adressaten nützliche Berichterstattung erläutert und mit Blick auf ihre Bedeutung für eine zielkonforme Bilanzierung systematisiert. Abschließend werden die Regelungen des IAS 8 zur Behandlung von Regelungslücken und interpretationsbedürftigen Vorschriften dargestellt, um die am Leitbild des einstufigen Konzerns ausgerichteten Regelungen standardkonform auf mehrstufige Konzernstrukturen übertragen zu können.

Den Kern der Untersuchung bildet das **fünfte Kapitel**, in dem die Kapitalkonsolidierung im mehrstufigen Konzern auf der Grundlage der qualitativen Anforderungen an nützliche Finanzinformationen kritisch analysiert und vor dem Hintergrund einer entscheidungsnützlichen Konzernberichterstattung gewürdigt wird. Die in den vorangehenden Kapiteln beschriebenen und erarbeiteten Grundlagen werden dazu in der Form zusammengeführt, dass die Unterschiede der alternativen Bilanzierungsmöglichkeiten indirekter nicht beherrschender Anteile jeweils differenziert nach den zuvor abgegrenzten Erwerbssituationen beurteilt werden. Den Untersuchungsgegenstand stellen dabei insbesondere Akquisitionen von zuvor nicht konsolidierten Beteiligungen an einzelnen mittelbaren Tochterunternehmen sowie an Teilkonzernen dar, die mindestens eine neue Hierarchiestufe mit indirekt am Erwerbsobjekt beteiligten nicht beherrschenden Gesellschaftern begründen. Die Abbildung dieser Erwerbsvorgänge wird zum einen im Rahmen der *partial goodwill method* betrachtet, wenngleich Aspekte aus dem Kontext der *full goodwill method* die Argumentation stützen. Zum anderen richtet sich die Untersuchung vor allem auf die Abbildung der Vermögens-, Finanz- und Ertragslage bei der Erstkonsolidierung. Die Analyse wird allerdings an entsprechenden Stellen um relevante Aspekte der Folgekonsolidierung ergänzt, um eine möglichst ganzheitliche Betrachtung zu gewährleisten. Unter diesen Gesichtspunkten sind neben den im Mittelpunkt stehenden indirekten nicht beherrschenden Anteilen ebenso die in den unterschiedenen Erwerbskonstellationen auftretenden spezifischen Fragestellungen für die indirekten Beteiligungen des Konzernmutterunternehmens eingehend zu beleuchten. Die im Rahmen der Analyse gewonnenen Erkenntnisse in Bezug auf die verschiedenen Abbildungsmöglichkeiten beherrschender und nicht beherrschender Anteile werden schließlich im Hinblick auf die Entscheidungsnützlichkeit der vermittelten Informationen vergleichend gegenübergestellt. Die wesentlichen Ergebnisse der Untersuchung werden abschließend im **sechsten Kapitel** aggregiert zusammengefasst.

# 2 Grundlagen des mehrstufigen Konzerns

## 21 Begriff des mehrstufigen Konzerns

### 211. Konzernbegriff der IFRS im Allgemeinen

Ein Konzern (*group*) i. S. d. IFRS 10 besteht aus einem Konzernmutterunternehmen und seinen Tochterunternehmen.[33] Charakteristisch für die **Mutter-Tochter-Verhältnisse** ist die Möglichkeit des Konzernmutterunternehmens, seine Tochterunternehmen zu beherrschen.[34] Ein solches Beherrschungsverhältnis äußert sich darin, dass das Mutterunternehmen aufgrund seiner Bestimmungsmacht über die maßgeblichen Tätigkeiten des Tochterunternehmens dessen wirtschaftliche Erfolge beeinflussen kann, an denen es zugleich Rechte hat bzw. deren Risiken es trägt.[35] Ein so konstituiertes Beherrschungsverhältnis begründet die Pflicht des Konzernmutterunternehmens zur Aufstellung eines Konzernabschlusses,[36] in den neben dem Mutterunternehmen auch die Tochterunternehmen unabhängig von ihrem Sitz und ihrer Rechtsform einzubeziehen sind (sog. Weltabschlussprinzip).[37]

Neben Tochterunternehmen sind auch weitere Unternehmensverbindungen im Konzernabschluss abzubilden, denen vergleichsweise geringere Einflussmöglichkeiten des Konzernmutterunternehmens zugrunde liegen. Dazu gehören *joint operations*[38] und *joint ventures*[39] i. S. d. IFRS 11 sowie assoziierte Unternehmen[40] i. S. d. IAS 28, aber auch einfache Finanzbeteiligungen.[41] Die im Rahmen der konzernbilanziellen Abbildung anzuwendende Konsolidierungs- bzw. Bilanzierungsmethode hängt

---

33 Vgl. IFRS 10.A.

34 Vgl. IFRS 10.5; IFRS 10.A sowie KIRSCH, H.-J./EWELT-KNAUER, C., Abgrenzung des Vollkonsolidierungskreises, S. 1641–1643; MARTENS, S./OLDEWURTEL, C./KÜMPEL, K., Neuerungen der Konzernrechnungslegung, S. 43 f.

35 Vgl. IFRS 10.6 f. sowie Abschnitt 521.2.

36 Vgl. IFRS 10.4 sowie BRUNE, J. W., in: Driesch u. a., Beck IFRS HB, 5. Aufl., § 30, Rn. 3; BAETGE, J./HAYN, S./STRÖHER, T., in: Baetge u. a., Rechnungslegung nach IFRS, 2. Aufl., IFRS 10, Rn. 55. In Deutschland richtet sich die Pflicht zur Aufstellung eines Konzernabschlusses zwar nicht nach den Regelungen des IFRS 10, sondern nach den Vorschriften des HGB. Allerdings liegt der nationalen Regelung des § 290 Abs. 1 HGB ein mit dem Beherrschungsverhältnis nach IFRS 10 vergleichbares Kriterium zugrunde, das die Aufstellungspflicht begründet. Vgl. SENGER, T./RULFS, R., in: Driesch u. a., Beck IFRS HB, 5. Aufl., § 31, Rn. 1 sowie die Gemeinsamkeiten und Unterschiede der nationalen und internationalen Regelungen herausarbeitend OSER, P./MILANOVA, E., Aufstellungspflicht und Abgrenzung des Konsolidierungskreises, S. 2027–2032.

37 Vgl. BAETGE, J./HAYN, S./STRÖHER, T., in: Baetge u. a., Rechnungslegung nach IFRS, 2. Aufl., IFRS 10, Rn. 55; SENGER, T./RULFS, R., in: Driesch u. a., Beck IFRS HB, 5. Aufl., § 31, Rn. 26; BRUNE, J. W., in: Driesch u. a., Beck IFRS HB, 5. Aufl., § 32, Rn. 6. Gleichordnungskonzerne, bei denen kein Mutter-Tochter-Verhältnis zwischen den Konzernunternehmen besteht, fallen daher nicht in den Anwendungsbereich des IFRS 10 und sind nicht Gegenstand dieser Untersuchung. Vgl. MÖLLER, H. P. U. A., Konzern-Finanzberichte, S. 63; LORSON, P. U. A., Konzernrechnungslegung nach EU-IFRS 2012 (Teil 6), S. 619; LÜDENBACH, N., Combined statements, S. 210.

38 Eine *joint operation* ist eine gemeinschaftliche Tätigkeit, die aufgrund einer vertraglichen Vereinbarung gemeinschaftlich geführt wird. Die gemeinschaftlichen Betreiber haben dabei unmittelbare Rechte an den Vermögenswerten und Verpflichtungen für die Schulden. Vgl. IFRS 11.15 sowie BÖCKEM, H./ISMAR, M., Joint Arrangements nach IFRS 11, S. 823.

39 Im Unterschied zu einer *joint operation* haben die Gesellschafter eines gemeinschaftlich geführten *joint venture* Rechte an dessen Reinvermögen, indes nicht an einzelnen Vermögenswerten oder Schulden. Vgl. IFRS 11.16 sowie FUCHS, M./STIBI, B., Joint Arrangements, S. 1453.

40 Auf ein assoziiertes Unternehmen hat das Konzernmutterunternehmen maßgeblichen Einfluss, d. h. es kann an der Finanz- und Geschäftspolitik mitwirken, diese aber nicht bestimmen. Vgl. IAS 28.3.

41 Vgl. KÜTING, K./WEBER, C.-P., Konzernabschluss, S. 172 f.

unmittelbar vom Grad der Einflussmöglichkeiten des Konzernmutterunternehmens ab.[42] Der Konzernabschluss gibt deshalb nicht nur Beherrschungsverhältnisse i. S. d. IFRS 10 wieder, sondern zeichnet den **gesamten Einflussbereich des Konzernmutterunternehmens** nach.[43] Gleichwohl wird die Pflicht zur Aufstellung eines Konzernabschlusses nur durch Beherrschungsverhältnisse, nicht aber durch andere Unternehmensverbindungen begründet,[44] sodass eine entsprechende Differenzierung des Einflussbereiches erforderlich ist. Ein zur Konzernrechnungslegung verpflichtendes Beherrschungsverhältnis vorausgesetzt, kann somit beim Konzernmutterunternehmen sowie dessen Tochtergesellschaften vom Konzern i. e. S. und bei zusätzlicher Berücksichtigung der über die Beherrschungsverhältnisse hinausgehenden Einflusssphäre des Mutterunternehmens vom Konzern i. w. S. gesprochen werden.[45] Gemäß dieser Nomenklatur liegen dem Begriffsverständnis eines Konzernunternehmens im Folgenden sowohl das oberste Mutter- und dessen Tochterunternehmen als auch *joint operations*, *joint ventures* und assoziierte Unternehmen zugrunde.[46]

Die zwischen den Konzernunternehmen bestehenden Beherrschungsverhältnisse bzw. Möglichkeiten zur Einflussnahme werden durch Beteiligungen i. S. d. IFRS 12 begründet.[47] Darunter sind vertragliche und nicht vertragliche Engagements zu subsumieren, aufgrund derer das die Beteiligung haltende Unternehmen variablen Rückflüssen aus der Ertragskraft des Beteiligungsunternehmens ausgesetzt ist.[48] Wenngleich umgekehrt nicht jede Beteiligung mit Einflussmöglichkeiten auf die Geschäftstätigkeiten eines Konzernunternehmens verbunden ist,[49] sei jedoch im Folgenden von abweichenden **Einfluss- und Beteiligungsstrukturen** abstrahiert.[50] Darüber hinaus wird der Begriff der Beteiligung für Zwecke dieser Arbeit insoweit eingegrenzt, als dieser nur Eigenkapitalinstrumente umfasst, da lediglich das Eigenkapital eines Beteiligungsunternehmens in die Kapitalkonsolidierung einzubeziehen ist.[51]

---

42 Vgl. überblicksartig BAETGE, J./KIRSCH, H.-J./THIELE, S., Konzernbilanzen, S. 125; KUSTNER, C., Beteiligungsbewertung im Konzernabschluss, S. 26. Sofern für ein Unternehmen die Absicht zur Weiterveräußerung besteht, richtet sich dessen Bilanzierung nach den Regelungen des IFRS 5. Vgl. BRUNE, J. W., in: Driesch u. a., Beck IFRS HB, 5. Aufl., § 32, Rn. 31 und 33.

43 Vgl. BUSSE VON COLBE, W. U. A., Konzernabschlüsse, S. 59 f.

44 Vgl. IFRS 10.4 sowie SENGER, T./RULFS, R., in: Driesch u. a., Beck IFRS HB, 5. Aufl., § 31, Rn. 27; BRUNE, J. W., in: Driesch u. a., Beck IFRS HB, 5. Aufl., § 32, Rn. 34.

45 Vgl. BAETGE, J./HAYN, S./STRÖHER, T., in: Baetge u. a., Rechnungslegung nach IFRS, 2. Aufl., IFRS 10, Rn. 33; KÜTING, K./WEBER, C.-P., Konzernabschluss, S. 174–201. A. A. EBELING, R. M., Einheitsfiktion, S. 22.

46 Vgl., wenn auch im handelsrechtlichen Kontext, im Ergebnis LEINEN, M., Kapitalkonsolidierung im mehrstufigen Konzern, S. 17 f. A. A. EBELING, R. M., Einheitsfiktion, S. 22; so wohl auch KÜTING, K./WEBER, C.-P., Konzernabschluss, S. 171 f.

47 Vgl. IFRS 12.A.

48 Vgl. IFRS 12.A sowie MIßLER, P./DUHR, A., Konsolidierungskreis gemäß IFRS, S. 17 und 26.

49 Vgl. implizit IFRS 12.A sowie – wenn auch nur im Zusammenhang mit der Beurteilung von Beherrschungsverhältnissen – IFRS 10.5; MIßLER, P./DUHR, A., Konsolidierungskreis gemäß IFRS, S. 14 und 18; BAETGE, J./HAYN, S./STRÖHER, T., in: Baetge u. a., Rechnungslegung nach IFRS, 2. Aufl., IFRS 10, Rn. 56.

50 Dies ist insofern gerechtfertigt, als für die Beherrschungs- bzw. Einflussverhältnisse regelmäßig die mit den (Eigenkapital-)Beteiligungen verbundenen Stimmrechte maßgeblich sind. Vgl. MIßLER, P./DUHR, A., Konsolidierungskreis gemäß IFRS, S. 14; HINZ, M., Informationsvermittlung und Ausschüttungsbemessung, S. 14 f.; KÜTING, K., Unternehmerische Zusammenarbeit, S. 16.

51 Vgl. IFRS 10.B86 (b) sowie Abschnitt 31. Vgl. so auch im handelsrechtlichen Kontext LEINEN, M., Kapitalkonsolidierung im mehrstufigen Konzern, S. 26.

## 212. Mehrstufige Konzerne in der Konzernrechnungslegung

Da der Konzernabschluss die gesamte Einflusssphäre des Konzernmutterunternehmens wiedergeben soll, sind neben unmittelbaren auch mittelbare Beherrschungsverhältnisse bzw. Einflussmöglichkeiten zu berücksichtigen.[52] So sind z. B. Tochterunternehmen in den Konzernabschluss einzubeziehen, die in der Konzernbeteiligungsstruktur unterhalb eines anderen Tochterunternehmens, auf einer nachgeordneten Hierarchiestufe verortet sind und nur mittelbar von der Konzernobergesellschaft beherrscht werden können.[53] **Indirekte Beteiligungsverhältnisse** dieser Art begründen einerseits einen mehrstufigen Konzern und sind andererseits für konsolidierungstechnische Fragestellungen das maßgebende Abgrenzungsmerkmal zum einstufigen Konzern.[54]

Dabei müssen sich die aus der Perspektive des Konzernmutterunternehmens indirekten Beteiligungsverhältnisse indes nicht über mehrere Hierarchiestufen erstrecken, sondern entstehen bspw. bereits durch Kapitalbeteiligungen zwischen Tochterunternehmen einer Hierarchiestufe.[55] Daher ist es erforderlich, wie in Abbildung 2-1 zwischen den Beteiligungs- und den Hierarchiestufen eines mehrstufigen Konzerns zu differenzieren.

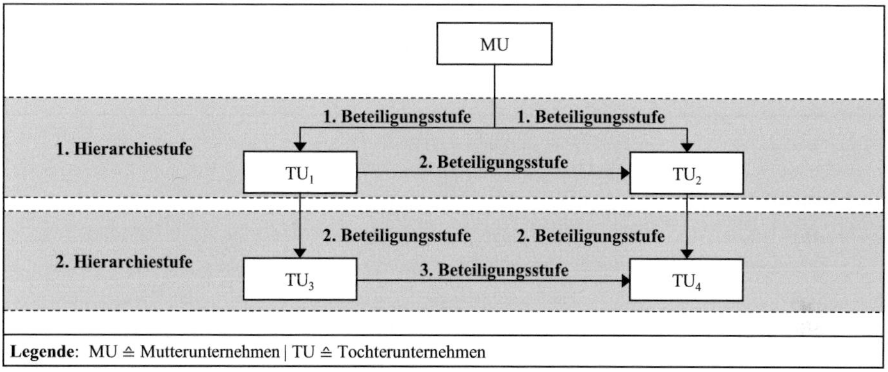


**Abbildung 2-1: Beteiligungs- und Hierarchiestufen in einem mehrstufigen Konzern**

Während sich die Quantität der Beteiligungsstufen nach der größtmöglichen Zahl der Kapitalverbindungen vom obersten Mutterunternehmen zu einem Tochterunternehmen bemisst und insgesamt der Grad der Mehrstufigkeit eines Konzerns durch die höchste Zahl an Beteiligungsstufen zu einer seiner

---

[52] Vgl. BRUNE, J. W., in: Driesch u. a., Beck IFRS HB, 5. Aufl., § 32, Rn. 6; HOMMEL, M./RAMMERT, S./WÜSTEMANN, J., Konzernbilanzierung nach HGB und IFRS, S. 23 und 25.

[53] Vgl., wenn auch im handelsrechtlichen Kontext, VON WYSOCKI, K./WOHLGEMUTH, M./BRÖSEL, G., Konzernrechnungslegung, S. 62; BAETGE, J., Erwerbsmethode im mehrstufigen Konzern, S. 20; ADS, 6. Aufl., § 290 HGB, Rn. 62; KLOOCK, J./SABEL, H., Kapitalkonsolidierung mehrstufiger Konzerne, S. 190 f.

[54] Vgl. BAUMANN, K. F., Konsolidierung mehrstufiger Konzerne, S. 10 und 15.

[55] Vgl. SCHERRER, G., Konzernrechnungslegung, S. 191 f.; LEINEN, M., Kapitalkonsolidierung im mehrstufigen Konzern, S. 24, 34–38 und 40; EBELING, R. M., Einheitsfiktion, S. 308.

Tochtergesellschaften determiniert ist, bestimmt die geringste Zahl dieser Verbindungen die Konzernhierarchiestufe des Tochterunternehmens.[56] So ist z. B. $TU_2$ in Abbildung 2-1 auf der zweiten Beteiligungs-, aber auf der ersten Hierarchiestufe des insgesamt dreistufigen Konzerns verortet.

Auf den einzelnen Hierarchiestufen können neben Tochterunternehmen auch die dem Konzern i. w. S. zuzurechnenden *joint operations*, *joint ventures* und assoziierten Unternehmen verortet sein.[57] Damit allerdings das oberste Unternehmen zur Aufstellung eines Konzernabschlusses verpflichtet ist, muss zumindest ein Mutter-Tochter-Verhältnis auf der höchsten bzw. ersten Hierarchiestufe bestehen.[58] Eine *joint operation*, ein *joint venture* oder ein assoziiertes Unternehmen kann dann entweder auf derselben oder einer nachgeordneten Hierarchiestufe lokalisiert sein. Voraussetzung für ein den mehrstufigen Konzern begründendes indirektes Beteiligungsverhältnis ist dabei lediglich eine Beteiligung zwischen den der Konzernobergesellschaft (mittel- oder unmittelbar) nachgeordneten Konzernunternehmen, wenngleich für Fragen der Kapitalkonsolidierung im mehrstufigen Konzern grundsätzlich nur von Tochterunternehmen gehaltene Beteiligungen relevant sind.[59]

Aufgrund der Vielzahl möglicher indirekter Beteiligungsverhältnisse können die Beteiligungsstrukturen mehrstufiger Konzerne vielfältig sein. Dennoch lassen sie sich mithilfe sog. **Strukturelemente** beschreiben.[60] Unter diese ist zum einen die Zahl der Beteiligungslinien, die die Kapitalverbindungen zwischen den Konzernunternehmen nachzeichnen, zu fassen. Dieser liegt die Zahl der unmittelbaren Tochterunternehmen des Konzernmutterunternehmens zugrunde. Während es bei mehreren Beteiligungslinien möglich ist, dass ein mehrstufiger Konzern angesichts mehrerer Kapitalverbindungen bzw. Beteiligungsstufen auf einer Hierarchiestufe besteht,[61] muss dafür bei lediglich einer Beteiligungslinie zwingend eine zweite Hierarchiestufe vorliegen.[62] Zum anderen wird die Struktur eines mehrstufigen Konzerns durch die Beteiligungsformen zwischen den Konzernunternehmen beeinflusst.[63] Innerhalb einer Beteiligungslinie ist dabei die einseitige Beteiligung an einem Konzernunternehmen die einfachste Form.[64] Darüber hinaus sind gegenseitige Beteiligungen der Konzernunternehmen denkbar.[65] Diesen ist auch die im Folgenden nicht weiter betrachtete Sonderform der sog. Rückbeteiligung zuzuordnen, bei der eine Tochtergesellschaft Anteile an einem mittel- oder unmittelbaren Teilkonzernmutterunternehmen hält.[66] Gegenseitige Beteiligungen können ferner zwischen

56 Vgl. EBELING, R. M., Einheitsfiktion, S. 308.

57 Vgl. implizit im Kontext der sog. Sprungkonsolidierung BUSSE VON COLBE, W. U. A., Konzernabschlüsse, S. 321 f.

58 Vgl. IFRS 10.4 f.

59 Vgl. LEINEN, M., Kapitalkonsolidierung im mehrstufigen Konzern, S. 25 f.

60 Vgl. hierzu und im Folgenden BAUMANN, K. F., Konsolidierung mehrstufiger Konzerne, S. 16 f.

61 Vgl. LEINEN, M., Kapitalkonsolidierung im mehrstufigen Konzern, S. 24.

62 Vgl. BAUMANN, K. F., Konsolidierung mehrstufiger Konzerne, S. 17.

63 Vgl. hierzu und im Folgenden mit beispielhaften Darstellungen BAUMANN, K. F., Konsolidierung mehrstufiger Konzerne, S. 16–24.

64 Vgl. KLOOCK, J./SABEL, H., Kapitalkonsolidierung mehrstufiger Konzerne, S. 191.

65 Vgl. DUSEMOND, M./WEBER, C.-P./ZÜNDORF, H., in: Küting/Weber, HdK, 2. Aufl., § 301 HGB, Rn. 347; EISELE, W./KRATZ, N., Ausweis von Anteilen außenstehender Gesellschafter, S. 303–305; BORES, W., Konsolidierte Erfolgsbilanzen, S. 106 f.

66 Vgl. WINKELJOHANN, N./HOFFMANN, K., in: Grottel u. a., Beck Bilanzkomm., 11. Aufl., § 301 HGB, Rn. 389.

Konzernunternehmen verschiedener Beteiligungslinien bestehen.[67] Dies gilt ebenso für sog. Quer- und Mehrlinienbeteiligungen, wenngleich mehrere Beteiligungslinien Grundvoraussetzung für diese Beteiligungsformen sind.[68] Denn bei einer Querbeteiligung hält ein Konzernunternehmen einer Beteiligungslinie Anteile an einem Konzernunternehmen einer anderen Beteiligungslinie und eine Mehrlinienbeteiligung ist nur dann gegeben, wenn an einem Konzernunternehmen mindestens zwei Konzerngesellschaften unterschiedlicher Beteiligungslinien beteiligt sind, ohne dass der Status des Konzernunternehmens durch eine der Beteiligungen alleine begründet wird.[69] Da solchen Konzernbeteiligungsstrukturen regelmäßig eine entsprechende Umstrukturierungs- oder Erwerbshistorie zugrunde liegt,[70] werden im nachfolgenden Abschnitt 22 typisierte Entstehungs- und Erweiterungswege mehrstufiger Konzerne vorgestellt und die im Rahmen dieser Untersuchung zu analysierenden Beteiligungsstrukturen eingegrenzt.

## 22 Typisierte Entstehungs- und Erweiterungswege eines mehrstufigen Konzerns

### 221. Konzerninterne Umstrukturierungen

Ein mehrstufiger Konzern kann durch konzerninterne Umstrukturierungen entstehen bzw. mit Blick auf die Zahl der Beteiligungs- bzw. Hierarchiestufen erweitert werden.[71] Ursächlich für solche Umstrukturierungen können bspw. Änderungen der gesellschafts- oder steuerrechtlichen Rahmenbedingungen sein (exogene Auslöser), die – um den Zielsetzungen des Konzerns gerecht zu werden – ggf. eine Anpassung der Organisationsstruktur erforderlich machen.[72] Aber auch die Änderung der strategischen Zielsetzung(en) des Konzerns selbst kann gemäß der Struktur-Folge-Hypothese CHANDLERS[73] eine konzerninterne Reorganisation bedingen (endogene Auslöser).[74] Das **realwirtschaftliche Reinvermögen des Konzerns** bleibt von den Umstrukturierungen jedoch **unberührt**.[75] Lediglich die rechtliche Beteiligungsstruktur innerhalb des Konzerns ändert sich.[76] Dabei kann im Kontext der Entstehung bzw. Erweiterung eines mehrstufigen Konzerns – wie in Abbildung 2-2 beispielhaft gezeigt – zwischen Änderungen der Beteiligungsstruktur aufgrund von konzerninternen Beteiligungstransfers und der Ausgliederung von Vermögensteilen eines Konzernunternehmens unterschieden werden.[77]

67 Vgl. EBELING, R. M., Einheitsfiktion, S. 324.
68 Vgl. BAUMANN, K. F., Konsolidierung mehrstufiger Konzerne, S. 22.
69 Vgl. EBELING, R. M., Einheitsfiktion, S. 322 f.
70 Vgl. MANDL, G./KÖNIGSMAIER, H., Behandlung von Minderheitsanteilen im mehrstufigen Konzern, S. 257.
71 Vgl. STRÖHER, T., Unternehmenszusammenschlüsse unter Common Control, S. 25; LEINEN, M., Kapitalkonsolidierung im mehrstufigen Konzern, S. 30 und 38.
72 Vgl. KÜTING, P., Konzerninterne Umstrukturierungen, S. 46–48 und 50–52; LEINEN, M., Kapitalkonsolidierung im mehrstufigen Konzern, S. 39.
73 Vgl. CHANDLER, A. D., Strategy and Structure, S. 15 f.
74 Vgl. THEISEN, M. R., Der Konzern, S. 153.
75 Vgl. KÜTING, P., Konzerninterne Umstrukturierungen, S. 58; KÜTING, K./WEBER, C.-P., Konzernabschluss, S. 467.
76 Vgl. TINNER, H., Konzernstruktur und Steuerplanung, S. 183.
77 Vgl. LEINEN, M., Kapitalkonsolidierung im mehrstufigen Konzern, S. 40 f.

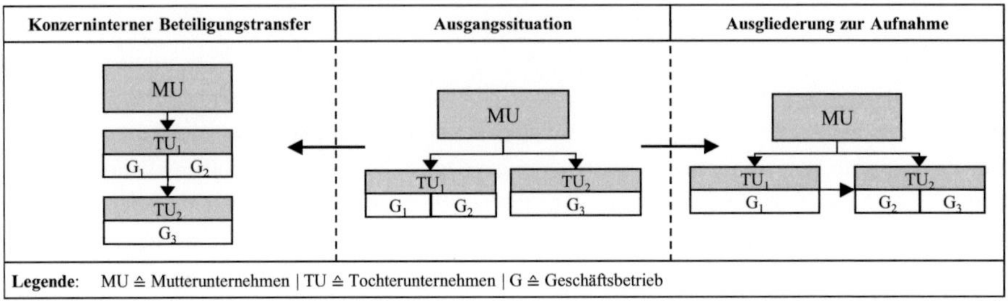


**Abbildung 2-2: Entstehung eines mehrstufigen Konzerns durch konzerninterne Umstrukturierungen**

Bei **konzerninternen Beteiligungstransfers** kann ein mehrstufiger Konzern entstehen bzw. erweitert werden, wenn die direkte Beteiligung des Konzernmutterunternehmens oder eines seiner Tochterunternehmen an einem Konzernunternehmen (teilweise) an ein anderes, auf der niedrigsten Hierarchiestufe verortetes Konzernunternehmen übertragen wird.[78] Dabei ist es unerheblich, ob das die Beteiligung aufnehmende Konzernunternehmen ein Tochterunternehmen, eine *joint operation*, ein *joint venture* oder ein assoziiertes Unternehmen ist.[79] Da allerdings nur die Beteiligungen vollkonsolidierter Konzernunternehmen zwingend in der Kapitalkonsolidierung zu berücksichtigen sind,[80] entstehen die für die Kapitalaufrechnung im mehrstufigen Konzern besonders zu beachtenden indirekten Beteiligungsverhältnisse ohne Weiteres nur bei einer Übertragung der Beteiligung an Tochterunternehmen.[81] Dementsprechend wird bei dem in Abbildung 2-2 gezeigten konzerninternen Beteiligungstransfer die direkte Beteiligung des Konzernmutterunternehmens MU am Tochterunternehmen $TU_2$ zu einer indirekten Beteiligung, indem das Konzernmutterunternehmen seine Beteiligung vollständig an das Tochterunternehmen $TU_1$ überträgt. Zugleich entsteht so auch eine weitere, den zweistufigen Konzern konstituierende Konzern(hierarchie)stufe.

---

78 Vgl. STRÖHER, T., Unternehmenszusammenschlüsse unter Common Control, S. 43 f.; ALKEMEIER, M., Konzerninterne Unternehmenszusammenschlüsse, S. 21 f.

79 Vgl. so wohl auch LEINEN, M., Kapitalkonsolidierung im mehrstufigen Konzern, S. 40.

80 Vgl. IFRS 10.B86 (b) sowie KÜTING, K./WEBER, C.-P., Konzernabschluss, S. 333 f.

81 Sofern die (gedanklich) den vollkonsolidierten Unternehmen zuzurechnende Beteiligung eines nicht vollkonsolidierten Konzernunternehmens an einer Tochtergesellschaft nicht in der Kapitalkonsolidierung des Tochterunternehmens berücksichtigt wird, werden die durch diese Beteiligung repräsentierten Vermögenswerte und Schulden des Tochterunternehmens doppelt im Konzernabschluss erfasst. Um die drohende Doppelerfassung zu vermeiden, scheint eine Konsolidierung der Beteiligung vorzugswürdig. Vgl., wenn auch im handelsrechtlichen Kontext, BUSSE VON COLBE, W. U. A., Konzernabschlüsse, S. 321 f. Während eine Konsolidierung der anteilmäßig in den Summenabschluss der Konzernunternehmen eingehenden Beteiligung einer *joint operation* denkbar ist, steht es im Fall eines gemäß der Equity-Methode im Konzernabschluss abgebildeten, beteiligungshaltenden Konzernunternehmens jedoch infrage, ob der Equity-Wert im Zuge der Kapitalkonsolidierung um den (anteiligen) Wert der Beteiligung gekürzt werden darf. So scheint der Wortlaut von IAS 28.27 i. V. m. IAS 28.26 bei analoger Anwendung auf den in Rede stehenden Sachverhalt nicht mit einer Konsolidierung der Beteiligung vereinbar. Vgl. implizit auch KPMG (Hrsg.), Insights into IFRS 2017/2018, Rn. 2.5.470.20 f. und 3.5.320.10. A. A., wenn auch mit Blick auf Rückbeteiligungen eines Equity-Unternehmens an vollkonsolidierten Konzernunternehmen, PWC (Hrsg.), Manual of Accounting 2017, Rn. FAQ 31.48.1.

Eine weitere Konzern(hierarchie)stufe kann bei konzerninternen Umstrukturierungen im deutschen Rechtsraum auch durch eine **Ausgliederung** gemäß § 123 Abs. 3 UmwG entstehen, bei der ein Tochterunternehmen einen Teil oder mehrere Teile seines Vermögens an ein anderes Konzernunternehmen überträgt.[82] Gegenstand der Ausgliederung sind regelmäßig Teilbetriebe oder Unternehmensbereiche des Tochterunternehmens.[83] Als Gegenleistung für das übertragene Vermögen erhält die Tochtergesellschaft Anteile an dem aufnehmenden Unternehmen.[84] Bei der in Abbildung 2-2 unterstellten Ausgliederung zur Aufnahme gewährt $TU_2$ aufgrund der Ausgliederung von $G_2$ daher Anteile an $TU_1$.[85] Das so entstehende Beteiligungsverhältnis begründet im Beispielsachverhalt einen mehrstufigen Konzern mit einer Hierarchie- und zwei Beteiligungsstufen; kann aber in abweichenden Ausgangssituationen auch einen bestehenden mehrstufigen Konzern um eine Stufe erweitern.[86]

Da aus der Perspektive des Gesamtkonzerns konzerninterne Umstrukturierungen keine Änderungen des Konzernvermögens, sondern nur der rechtlichen Beteiligungsstruktur bewirken, dürfen grundsätzlich weder konzerninterne Beteiligungstransfers noch Ausgliederungen Auswirkungen auf den Konzernabschluss und damit auf die Kapitalkonsolidierung haben.[87] Lediglich in den Fällen, in denen sich die Beteiligungsverhältnisse an Konzernunternehmen ändern, können Vermögensverschiebungen zwischen beherrschenden und nicht beherrschenden Gesellschaftern im Konzernabschluss nachzuzeichnen sein.[88] Gleichwohl sind die damit verbundenen Bilanzierungsprobleme keine originären Fragestellungen mehrstufiger Konzernstrukturen, sondern statuswahrender und statusändernder Anteilserwerbe und -veräußerungen.[89] Aus diesen Gründen werden konzerninterne Umstrukturierungen im Rahmen dieser Untersuchung nicht weiter betrachtet.

---

82 Vgl. SAGASSER, B., in: Sagasser/Bula/Brünger, Umwandlungen, 5. Aufl., § 18 Spaltungsrechtliche Regelungen, Rn. 16.

83 Vgl. WINKELJOHANN, N./HOFFMANN, K., in: Grottel u. a., Beck Bilanzkomm., 11. Aufl., § 272 HGB, Rn. 380; BEISEL, D., § 6 Umstrukturierungen durch Unternehmensübertragungen, Rn. 28; EVERLING, W., Betriebsabteilung oder Beteiligungsgesellschaft, S. 281–287.

84 Vgl. § 123 Abs. 3 UmwG sowie SAGASSER, B., in: Sagasser/Bula/Brünger, Umwandlungen, 5. Aufl., § 18 Spaltungsrechtliche Regelungen, Rn. 16.

85 Vgl. hierzu § 123 Abs. 3 Nr. 1 UmwG. Denkbar ist auch die Entstehung bzw. Erweiterung eines mehrstufigen Konzerns durch eine Ausgliederung zur Neugründung gemäß § 123 Abs. 3 Nr. 2 UmwG, bei der das Tochterunternehmen Teile seines Vermögens an ein neugegründetes Unternehmen überträgt. Das dadurch entstehende Beteiligungsverhältnis konstituiert im Gegensatz zu einer Ausgliederung zur Aufnahme nicht nur eine weitere Beteiligungs-, sondern auch eine weitere Hierarchiestufe. Vgl. WANNER, S., Konzernrechtliche Probleme mehrstufiger Unternehmensverbindungen, S. 21; LEINEN, M., Kapitalkonsolidierung im mehrstufigen Konzern, S. 40 f.

86 Aus Auf- oder Abspaltungen gemäß § 123 Abs. 1 und 2 UmwG entstehen keine neuerlichen, einen mehrstufigen Konzern begründenden oder erweiternden Konzernstufen, da im Unterschied zur Ausgliederung die Anteile nicht dem übertragenden Unternehmen, sondern dessen Gesellschaftern zugehen. Vgl. so auch LEINEN, M., Kapitalkonsolidierung im mehrstufigen Konzern, S. 41.

87 Vgl. KÜTING, P., Common Control vs. Separate Reporting Entity Approach, S. 155; KÜTING, K./WEBER, C.-P., Konzernabschluss, S. 468; EBELING, R. M., Einheitsfiktion, S. 240; KÜTING, K./HAYN, B./HÜTTEN, C., Abbildung konzerninterner Spaltungen, S. 570; ALKEMEIER, M., Konzerninterne Unternehmenszusammenschlüsse, S. 203 f. m. w. N.

88 Vgl. ALKEMEIER, M., Konzerninterne Unternehmenszusammenschlüsse, S. 204 f. sowie, wenn auch im handelsrechtlichen Kontext, LEINEN, M., Kapitalkonsolidierung im mehrstufigen Konzern, S. 267–269.

89 Vgl. KÜTING, K./WEBER, C.-P., Konzernabschluss, S. 468 sowie ausführlich zu statuswahrenden und statusändernden Anteilserwerben und -veräußerungen z. B. BAETGE, J./HAYN, S./STRÖHER, T., in: Baetge u. a., Rechnungslegung nach IFRS, 2. Aufl., IFRS 10, Rn. 326–407.

### 222. Beteiligungserwerb

Neben konzerninternen Umstrukturierungen kann ein mehrstufiger Konzern auch durch den Erwerb von (zusätzlichen) Anteilen an einem (Konzern-)Unternehmen, über die das Konzernmutterunternehmen vor der Akquisition weder mittel- noch unmittelbar verfügen konnte, entstehen oder erweitert werden (sog. *share deal*[90]).[91] Eine Kapitalbeteiligung wird regelmäßig deshalb erworben, um außer organischen auch externe Wachstumspotenziale nutzen zu können.[92] Die dadurch veränderte Beteiligungsstruktur des Konzerns führt – im Unterschied zu konzerninternen Beteiligungstransfers und Ausgliederungen – zu einer Erweiterung des Konsolidierungskreises oder zumindest zu einer Aufstockung der Beteiligungsquote an einem Konzernunternehmen, die das dem Konzern **realwirtschaftlich** zur Verfügung stehende **Reinvermögen** und damit auch die Vermögens-, Finanz- und ggf. auch die Ertragslage des Konzerns **beeinflusst**.[93] Dabei sind Anteilserwerbe dahin gehend zu unterscheiden, ob durch sie die Zahl der Konzernhierarchiestufen erhöht wird oder unverändert bleibt. Abbildung 2-3 zeigt Fallkonstellationen, in denen ein zuvor einstufiger Konzern (Ausgangssituation) in-folge eines Anteilserwerbs zu einem mehrstufigen Konzern wird, **ohne** dass eine **neue Hierarchiestufe** entsteht.

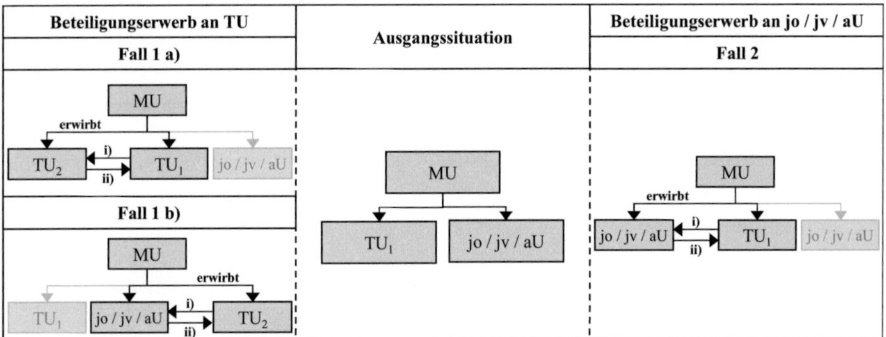


**Legende**: aU ≙ assoziiertes Unternehmen | jo ≙ *joint operation* | jv ≙ *joint venture* | MU ≙ Mutterunternehmen | TU ≙ Tochterunternehmen

**Abbildung 2-3: Entstehung eines mehrstufigen Konzerns ohne neue Hierarchiestufe**[94]

[90] Im Unterschied zu einem *share deal* werden im Zuge eines *asset deal* keine Unternehmensanteile, sondern lediglich Vermögenswerte erworben und bzw. oder Schulden übernommen. Vgl. BECK, R./KLAR, M., Asset Deal versus Share Deal, S. 2819. Daher entstehen keine (neuerlichen) Beteiligungsverhältnisse respektive Konzernstufen, die einen mehrstufigen Konzern begründen oder erweitern könnten. Vgl. HAYN, S./STRÖHER, T., in: Baetge u. a., Rechnungslegung nach IFRS, 2. Aufl., IFRS 3, Rn. 27.

[91] Vgl. EISELE, W./KRATZ, N., Ausweis von Anteilen außenstehender Gesellschafter, S. 292.

[92] Vgl. HINZ, M., Informationsvermittlung und Ausschüttungsbemessung, S. 14 f.

[93] Vgl. WINKELJOHANN, N./HOFFMANN, K., in: Grottel u. a., Beck Bilanzkomm., 11. Aufl., § 301 HGB, Rn. 373 f.; LEINEN, M., Kapitalkonsolidierung im mehrstufigen Konzern, S. 38 sowie zur Bilanzierung Abschnitt 31.

[94] In Anlehnung an LEINEN, M., Kapitalkonsolidierung im mehrstufigen Konzern, S. 34. In den gezeigten Fallkonstellationen repräsentieren i) und ii) jeweils Unterfälle, die indes nicht zugleich auftreten.

Die in den beiden äußeren Spalten der Abbildung 2-3 gezeigten Konzernstrukturen sind aufgrund mehrerer Kapitalverbindungen bzw. Beteiligungsstufen vom Mutterunternehmen MU zu einem der Konzernunternehmen als mehrstufige Konzerne zu klassifizieren. In diesem Zusammenhang ist es unerheblich, ob auf einer Beteiligungszwischenstufe ein Tochterunternehmen oder ein nicht vollzukonsolidierendes Konzernunternehmen – wie eine *joint operation*, ein *joint venture* oder ein assoziiertes Unternehmen – verortet ist.[95] Für Zwecke der Kapitalkonsolidierung ist allerdings zum einen zu berücksichtigen, dass Beteiligungen nicht vollkonsolidierter Unternehmen an anderen Konzerngesellschaften lediglich in Höhe des dem Konzern zuzurechnenden Anteils an den beteiligungshaltenden Unternehmen in den Konzernabschluss eingehen.[96] Dementsprechend können sich für die anderen Gesellschafter einer *joint operation*, eines *joint venture* oder eines assoziierten Unternehmens keine im Rahmen der Kapitalaufrechnung zu berücksichtigenden indirekten Beteiligungsverhältnisse ergeben. Zum anderen besteht angesichts des fehlenden beherrschenden Einflusses auf nicht vollkonsolidierte Konzernunternehmen keine Konsolidierungspflicht für die (gedanklich) dem Konzern zuzurechnenden Anteile dieser Unternehmen an anderen Gesellschaften, die im Wege der Vollkonsolidierung im Konzernabschluss abzubilden sind.[97] Mithin entstehen in den Fällen 1 b) ii) und 2 ii) nicht zwingend indirekte Beteiligungsverhältnisse, die bei der Kapitalkonsolidierung zu beachten sind, und somit nicht unbedingt zusätzliche Problemstellungen im Vergleich zu einstufigen Konzernstrukturen. Im Unterschied dazu werden in den Fallkonstellationen mit einem Tochterunternehmen auf der Zwischenstufe der Beteiligungskette (Fälle 1 a) i) und ii); 1 b) i); 2 i)) derartige Beteiligungsverhältnisse vorbehaltlos begründet. Gleichwohl ergeben sich zugleich Fragestellungen sukzessiver Anteilserwerbe, d. h. statuswahrender Aufstockungen oder Übergangskonsolidierungen mit sog. Aufwärtswechsel, die bereits in einstufigen Konzernen auftreten können und die Komplexität des den mehrstufigen Konzern konstituierenden oder erweiternden Erwerbsvorgangs nochmals erhöhen.[98] Daher lassen sich die im Zusammenhang mit indirekten Beteiligungsverhältnissen in mehrstufigen Konzernstrukturen kontrovers diskutierten Bilanzierungsprobleme in den Erwerbskonstellationen der Abbildung 2-3 unter Umständen nicht bzw. nicht isoliert betrachten. Aus diesen Gründen sind Anteilserwerbe, bei denen keine neuen Hierarchiestufen entstehen, nicht Gegenstand der weiteren Untersuchung.

95 Vgl., wenn auch in Bezug auf Gemeinschaftsunternehmen und assoziierte Unternehmen der handelsrechtlichen Stufenkonzeption, LEINEN, M., Kapitalkonsolidierung im mehrstufigen Konzern, S. 26.

96 Vgl. IFRS 11.20 f.; IAS 28.32 i. V. m. IAS 28.10.

97 Vgl. KÜTING, K./WEBER, C.-P., Konzernabschluss, S. 333 f. Vgl. zu der damit verbundenen Problemstellung der Konsolidierung von Beteiligungen nicht vollkonsolidierter Konzernunternehmen an Tochtergesellschaften des Konzernmutterunternehmens bereits Fn. 81 in dieser Arbeit.

98 Vgl. LEINEN, M., Kapitalkonsolidierung im mehrstufigen Konzern, S. 243.

Eine in jedem Fall isolierte Betrachtung der bei der Kapitalkonsolidierung im mehrstufigen Konzern diskutierten Fragestellungen ist nur bei Anteilserwerben möglich, die **neue Hierarchiestufen** begründen. Dabei wird im Wesentlichen zwischen den in Abbildung 2-4 gezeigten Fällen des Erwerbs eines einzelnen Unternehmens und des Erwerbs einer Unternehmensgruppe differenziert.[99]

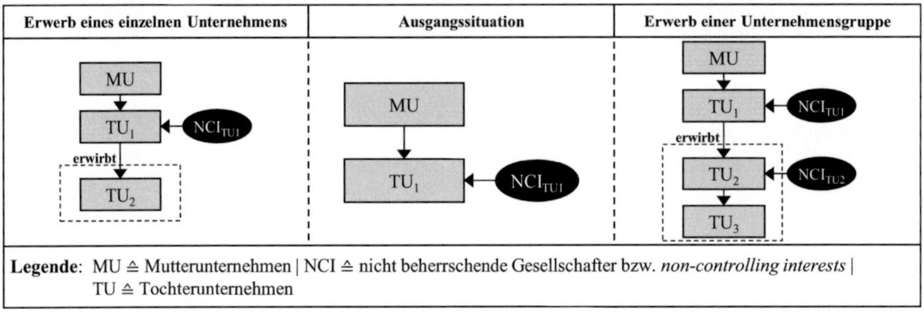


**Abbildung 2-4: Entstehung eines mehrstufigen Konzerns durch neue Hierarchiestufen**

Im Beispiel der linken Spalte aus Abbildung 2-4 erwirbt $TU_1$ eine Beteiligung an einem Unternehmen, das dadurch zum mittelbaren Tochterunternehmen $TU_2$ des Konzernmutterunternehmens MU in einem sodann zweistufigen Konzern mit einer Beteiligungslinie wird. In Abhängigkeit von den mit der Beteiligung verbundenen (mittelbaren) Einflussmöglichkeiten des Konzernmutterunternehmens könnte das erworbene Unternehmen aber auch zu einer *joint operation* bzw. einem *joint venture* i. S. d. IFRS 11 oder einem assoziierten Unternehmen i. S. d. IAS 28 werden.[100] Infolge eines solchen **Erwerbs eines einzelnen Unternehmens** durch eine Tochtergesellschaft wird ein bestehender Konzern um eine Beteiligungs- wie auch eine Hierarchiestufe erweitert und somit ein (weiteres) indirektes Beteiligungsverhältnis konstituiert. Sofern sich das erwerbende Tochterunternehmen jedoch mittel- und bzw. oder unmittelbar vollständig im Besitz des Konzernmutterunternehmens befindet, ergeben sich im Vergleich zu einstufigen Konzernstrukturen keine zusätzlich zu beachtenden Aspekte bei der Bilanzierung des Erwerbsvorgangs.[101] Besondere Fragestellungen ergeben sich nur dann, wenn nicht beherrschende Gesellschafter – wie die $NCI_{TU1}$ in Abbildung 2-4 – am erwerbenden Tochterunternehmen beteiligt sind und über dieses (gedanklich) eine indirekte Beteiligung an dem hierarchisch nachgeordneten Konzernunternehmen halten.[102] Vor allem die Behandlung dieser indirekten Beteiligungsverhältnisse hinsichtlich der zweckmäßigen Kapitalkonsolidierung der indirekten Beteiligungen nicht beherrschender Gesellschafter steht im Mittelpunkt der im Schrifttum kontrovers geführten Diskussion.[103]

---

[99] Vgl. hierzu erstmalig MANDL, G./KÖNIGSMAIER, H., Behandlung von Minderheitsanteilen im mehrstufigen Konzern, S. 257 f. sowie BREIDENBACH, K., Kapitalkonsolidierung bei Erwerb eines Teilkonzerns, S. 1120.

[100] Vgl. LEINEN, M., Kapitalkonsolidierung im mehrstufigen Konzern, S. 34 f.

[101] Vgl. BAETGE, J./KIRSCH, H.-J./THIELE, S., Konzernbilanzen, S. 400.

[102] Vgl. WIRTH, J./DUSEMOND, M./KÜTING, P., Kapitalkonsolidierung im mehrstufigen Konzern, S. 2494 sowie Abschnitt 32 und 34.

[103] Vgl. stellvertretend BAETGE, J./KIRSCH, H.-J./THIELE, S., Konzernbilanzen, S. 400 f.

Indirekte Beteiligungsverhältnisse können auch durch den **Erwerb einer Unternehmensgruppe** begründet werden.[104] Dabei erwirbt das Konzernmutterunternehmen oder eines seiner Tochterunternehmen – wie $TU_1$ in der rechten Spalte der Abbildung 2-4 – eine Beteiligung an der Obergesellschaft einer Unternehmensgruppe. Sofern die Obergesellschaft wie im Beispielsachverhalt durch den Beteiligungserwerb zum Tochterunternehmen des Konzernmutterunternehmens ($TU_2$) wird und somit mindestens zwei neue Beteiligungs- bzw. Hierarchiestufen entstehen, sind auch die der Obergesellschaft hierarchisch nachgeordneten Unternehmen ($TU_3$) im Konzernabschluss abzubilden.[105] Im Vergleich zum Erwerb eines einzelnen Unternehmens sind dann zusätzliche Problemstellungen zu beachten.[106] Diese gehen zum einen darauf zurück, dass für die Beteiligungen der Obergesellschaft an den ihr hierarchisch nachgeordneten Unternehmen keine expliziten Anschaffungskosten im Erwerbszeitpunkt vorliegen.[107] Zum anderen können an der Obergesellschaft oder auf Zwischenstufen der Unternehmensgruppe nicht beherrschende Gesellschafter – wie die $NCI_{TU2}$ – beteiligt sein, die allerdings nicht an dem Erwerbsvorgang teilgenommen haben, sodass für deren (indirekte) Beteiligungen keine (neuerlichen) Anschaffungskosten vorliegen.[108]

Aus den genannten Gründen liegen den weiteren Ausführungen ausschließlich Beteiligungsstrukturen zugrunde, die zum einen durch den Erwerb eines einzelnen Unternehmens oder einer Unternehmensgruppe entstanden und zum anderen durch eine einzige Beteiligungslinie mit mehreren Hierarchiestufen gekennzeichnet sind. Innerhalb dieser Beteiligungslinie sind Konzernunternehmen verortet, die – wenn nicht explizit anders angegeben – nur direkte Beteiligungen an unmittelbar hierarchisch nachgeordneten Unternehmen halten. Dabei werden auf den entsprechenden hierarchischen Zwischenstufen nicht beherrschende Gesellschafter angenommen, die – wie auch die Gesellschafterstämme höherer Konzernhierarchiestufen – indirekt an den hierarchisch nachgeordneten Unternehmen beteiligt sind. Während es für die betrachteten indirekten Beteiligungsverhältnisse notwendige Voraussetzung ist, dass sich auf den Zwischenstufen Tochterunternehmen befinden, muss das hierarchisch niedrigste Konzernunternehmen nicht zwingend ein Tochterunternehmen sein, sondern kann auch den Status einer *joint operation*, eines *joint venture* oder eines assoziierten Unternehmens haben. Um die Problemstellungen indirekter Beteiligungsverhältnisse allerdings losgelöst von etwaigen Besonderheiten der für diese nicht vollkonsolidierten Unternehmen im Konzernabschluss vorgesehenen

---

104 Vgl. hierzu und im Folgenden MANDL, G./KÖNIGSMAIER, H., Behandlung von Minderheitsanteilen im mehrstufigen Konzern, S. 257 f.; WANNER, S., Konzernrechtliche Probleme mehrstufiger Unternehmensverbindungen, S. 21; LEINEN, M., Kapitalkonsolidierung im mehrstufigen Konzern, S. 34 f.

105 Vgl. WIRTH, J./ALPER, R./NEIS, T., Abbildung eines Teilkonzernerwerbs, S. 441; BRUNE, J. W., in: Driesch u. a., Beck IFRS HB, 5. Aufl., § 32, Rn. 6 sowie – wenn auch im handelsrechtlichen Kontext – HOMMEL, M./RAMMERT, S./WÜSTEMANN, J., Konzernbilanzierung nach HGB und IFRS, S. 25; VON WYSOCKI, K./WOHLGEMUTH, M./BRÖSEL, G., Konzernrechnungslegung, S. 62; BAETGE, J., Erwerbsmethode im mehrstufigen Konzern, S. 20; ADS, 6. Aufl., § 290 HGB, Rn. 62; KLOOCK, J./SABEL, H., Kapitalkonsolidierung mehrstufiger Konzerne, S. 190 f.

106 Sofern die Obergesellschaft zu einer *joint operation*, einem *joint venture* oder einem assoziierten Unternehmen wird, stellen sich (lediglich) dieselben Bilanzierungsfragen wie beim Erwerb eines einzelnen Unternehmens.

107 Vgl. WINKELJOHANN, N./HOFFMANN, K., in: Grottel u. a., Beck Bilanzkomm., 11. Aufl., § 301 HGB, Rn. 377; implizit WIRTH, J./ALPER, R./NEIS, T., Abbildung eines Teilkonzernerwerbs, S. 444 f.

108 Vgl. ADS, 6. Aufl., § 307 HGB, Rn. 47–49; LEINEN, M., Kapitalkonsolidierung im mehrstufigen Konzern, S. 195–198.

Bilanzierungsmethoden – wie z. B. der Equity-Methode – untersuchen zu können, wird der im nachfolgenden dritten Kapitel erläuterten Vorgehensweise der Kapitalkonsolidierung eine mehrstufige Konzernstruktur zugrunde gelegt, die neben dem Konzernmutterunternehmen ausschließlich vollkonsolidierte Tochterunternehmen umfasst. Infolge des Anteilserwerbs erlangt ein einzelnes Unternehmen daher den Status eines Konzerntochterunternehmens und eine erworbene Unternehmensgruppe wird zum Teilkonzern.

# 3 Kapitalkonsolidierung bei indirekten Beteiligungsverhältnissen

## 31 Konzeption der Erwerbsmethode und allgemeine Aufgabe der Kapitalkonsolidierung

Die Akquisition eines einzelnen mittelbaren Tochterunternehmens bzw. eines Teilkonzerns durch den Erwerb einer auf Eigenkapitalinstrumenten basierenden Beteiligung[109] ist im Konzernabschluss nach der **Erwerbsmethode** (*acquisition method*) gemäß IFRS 3 abzubilden.[110] Dabei ist nicht die Beteiligung, sondern das durch die Beteiligung repräsentierte Reinvermögen des jeweiligen Erwerbsobjektes in der Konzernbilanz auszuweisen.[111] Letztlich wird der Beteiligungserwerb dadurch konzernbilanziell wie der Erwerb bzw. die Übernahme einzelner Vermögenswerte und Schulden erfasst (sog. Einzelerwerbsfiktion).[112]

Für die Abbildung im Konzernabschluss ist dafür in einem ersten Schritt das erwerbende Unternehmen zu identifizieren.[113] Da hierfür die Leitlinien des IFRS 10 zu berücksichtigen sind, ist als Erwerber i. S. d. IFRS 3 das Unternehmen anzusehen, das durch den Unternehmenszusammenschluss das jeweils andere bzw. die jeweils anderen Unternehmen beherrschen kann.[114] Der Zeitpunkt, ab dem die Möglichkeit der Beherrschung des Erwerbsobjektes besteht, ist der im zweiten Schritt zu bestimmende Erwerbszeitpunkt.[115] Die Mengen- und Wertverhältnisse zu diesem Zeitpunkt sind der Erstkonsolidierung des Erwerbsobjektes zugrunde zu legen.[116] Daher sind im dritten Schritt sämtliche im Erwerbszeitpunkt identifizierbaren Vermögenswerte und Schulden entsprechend der Einzelerwerbsfiktion sowie alle nicht beherrschenden Anteile[117] in der Konzernbilanz anzusetzen (sog. Vollkonsolidierung).[118] Während die anzusetzenden Vermögenswerte und Schulden grundsätzlich mit dem bei-

---

109 Hier und im Folgenden wird mit einem solchen Beteiligungserwerb stets ein Beherrschungsverhältnis begründet, sodass ein Unternehmen einen beherrschenden Einfluss i. S. d. IFRS 10.7 über ein anderes Unternehmen ausüben kann. Vgl. zu diesem Begriffsverständnis auch Abschnitt 211.

110 Vgl. IFRS 3.4. Obgleich IFRS 3 zur Anwendung der Erwerbsmethode auf die Geschäftsbetriebseigenschaft eines Akquisitionsobjektes abstellt, stehen die Begriffe des Tochterunternehmens i. S. e. rechtlichen Einheit und des Geschäftsbetriebs i. S. d. IFRS 3 in dieser Arbeit grundsätzlich synonym füreinander, da sich die weiteren Ausführungen gleichermaßen auf beide Termini beziehen.

111 Vgl. GIMPEL-HENNING, N., Sukzessive Anteilserwerbe, S. 73 sowie im handelsrechtlichen Kontext WINKELJOHANN, N./KRONER, M., in: Grottel u. a., Beck Bilanzkomm., 11. Aufl., § 300 HGB, Rn. 12.

112 Vgl. stellvertretend THEILE, C./PAWELZIK, K. U., in: Heuser/Theile, IFRS-Handbuch, 5. Aufl., D VI, Rn. 5530 sowie bereits ARBEITSKREIS „EXTERNE UNTERNEHMENSRECHNUNG" DER SCHMALENBACH-GESELLSCHAFT (Hrsg.), Aufstellung von Konzernabschlüssen, S. 67; ORDELHEIDE, D., Kapitalkonsolidierung nach der Erwerbsmethode, S. 240.

113 Vgl. IFRS 3.6.

114 Vgl. IFRS 3.7. Dabei kommt es auf die tatsächliche Ausübung der Beherrschung durch den Erwerber indes nicht an. Bereits die Möglichkeit, das Erwerbsobjekt beherrschen zu können, ist ausreichend. Vgl. IFRS 10.12 sowie BEYHS, O./BUSCHHÜTER, M./SCHURBOHM, A., Neue IFRS zum Konsolidierungskreis, S. 663.

115 Vgl. IFRS 3.8 f. Im weiteren Verlauf der Untersuchung wird grundsätzlich davon ausgegangen, dass der Erwerbszeitpunkt dem der Erstkonsolidierung entspricht.

116 Vgl. IFRS 3.10 sowie THEILE, C./PAWELZIK, K. U., in: Heuser/Theile, IFRS-Handbuch, 5. Aufl., D VI, Rn. 5550; BRUNE, J. W., in: Driesch u. a., Beck IFRS HB, 5. Aufl., § 32, Rn. 10.

117 Nicht beherrschende Anteile sind die Kapitalanteile eines Tochterunternehmens, die dem Mutterunternehmen weder mittel- noch unmittelbar zuzurechnen sind. Vgl. IFRS 10.A.

118 Vgl. IFRS 3.10 sowie PAWELZIK, K. U., Konsolidierung von Minderheiten, S. 677. Dabei können auch Vermögenswerte aktiviert und Schulden passiviert werden, die im Einzelabschluss des Erwerbsobjektes nicht angesetzt sind. Vgl. IFRS 3.13 sowie PELLENS, B. U. A., Internationale Rechnungslegung, S. 855. Vgl. zu den Ausnahmen vom

zulegenden Zeitwert zu bewerten sind (sog. Neubewertungsmethode),[119] können die nicht beherrschenden Anteile im Rahmen eines unbedingten Wahlrechtes entweder mit ihrem beizulegenden Zeitwert oder mit dem beizulegenden Zeitwert des anteiligen erworbenen Reinvermögens bewertet werden.[120]

Die vorangehenden Schritte sind zwingende Voraussetzung für den vierten und letzten Schritt der Erwerbsmethode, die Ermittlung des Unterschiedsbetrages aus einem Unternehmenszusammenschluss. Der Unterschiedsbetrag ergibt sich aus der Verrechnung des beizulegenden Zeitwertes der für den Erwerb der Beteiligung entrichteten Gegenleistung zuzüglich des Wertes der nicht beherrschenden Anteile mit dem beizulegenden Zeitwert des erworbenen Reinvermögens.[121] In Abhängigkeit davon, wie das Wahlrecht zur Bewertung der nicht beherrschenden Anteile ausgeübt wird, können sich die Höhe und die Zuordnung des aus dem Unternehmenszusammenschluss resultierenden Unterschiedsbetrages zu den Gesellschafterstämmen unterscheiden. Bei Bewertung der nicht beherrschenden Anteile mit dem beizulegenden Zeitwert des anteiligen Reinvermögens ergibt sich ein Unterschiedsbetrag, der ausschließlich dem Erwerber zuzuordnen ist (sog. *partial goodwill method*). Werden die nicht beherrschenden Anteile zum Erwerbszeitpunkt hingegen mit ihrem beizulegenden Zeitwert bewertet, kann der Unterschiedsbetrag auch auf die nicht beherrschenden Gesellschafter entfallen (sog. *full goodwill method*).[122] Sofern aus der Verrechnung insgesamt ein positiver Unterschiedsbetrag resultiert, ist dieser als Geschäfts- oder Firmenwert in der Konzernbilanz zu aktivieren.[123] Ein negativer Unterschiedsbetrag wird nach einem *reassessment* als Erfolg aus einem günstigen Gelegenheitskauf (*bargain purchase*) ertragswirksam erfasst.[124]

Da Konzernabschlüsse regelmäßig derivativ aus den Einzelabschlüssen der Konzernunternehmen abgeleitet werden,[125] ist die Erwerbsmethode im Rahmen der **Kapitalkonsolidierung** anzuwenden.[126]

---

Ansatzgrundsatz IFRS 3.22–28B.

119 Vgl. IFRS 3.18. Eine entsprechend der Beteiligungsquote des Erwerbers anteilige Neubewertung der erworbenen Vermögenswerte und übernommenen Schulden (sog. Buchwertmethode) – wie sie nach IAS 22.33 präferiert wurde – ist seit Inkrafttreten von IFRS 3 (2004) nicht mehr zulässig. Vgl. KUNATH, O., Bilanzierung erworbener immaterieller Vermögenswerte, S. 111. Vgl. zu den Gründen IFRS 3.BC198–BC204. Gleichwohl enthält IFRS 3.29–31 für bestimmte Vermögenswerte und Schulden Ausnahmen vom Bewertungsgrundsatz.

120 Vgl. IFRS 3.19 sowie Abschnitt 522.1.

121 Vgl. IFRS 3.32. Sofern am Erwerbsobjekt bereits vor dem Unternehmenszusammenschluss Anteile gehalten wurden, ist deren beizulegender Zeitwert dem Wert der Gegenleistung und dem Wert der nicht beherrschenden Anteile bei der Ermittlung des Unterschiedsbetrages hinzuzurechnen. Im Rahmen dieser Untersuchung wird allerdings unterstellt, dass der Erwerber vor dem Beteiligungserwerb weder mittel- noch unmittelbar Anteile am Erwerbsobjekt gehalten hat.

122 Sofern sich im Rahmen der *full goodwill method* insgesamt ein negativer Unterschiedsbetrag ergibt, ist dieser allerdings nur dem Erwerber und nicht den nicht beherrschenden Gesellschaftern zuzuordnen. Vgl. IFRS 3.34.

123 Vgl. IFRS 3.32 sowie ausführlich Abschnitt 522.21.

124 Vgl. IFRS 3.34–36 sowie ausführlich Abschnitt 522.31.

125 Vgl. GIMPEL-HENNING, N., Sukzessive Anteilserwerbe, S. 72.

126 Vgl. LEINEN, M., Kapitalkonsolidierung im mehrstufigen Konzern, S. 68 und 74. Alternativ ist auch eine originäre Konzernbuchführung denkbar, bei der die im Rahmen der derivativen Konzernabschlusserstellung notwendigen Konsolidierungsmaßnahmen nicht erforderlich sind, da Geschäftsvorfälle zwischen Konzernunternehmen buchungstechnisch unberücksichtigt bleiben. Vgl. ausführlich zur originären Konzernbuchführung RICHTER, H./SÄGLITZ, H.-J., Originäre Konzernbuchführung, S. 311–336; RUHNKE, K., Konzernbuchführung, S. 107–117.

Dafür werden die Einzelabschlüsse der Konzernunternehmen zum Erstkonsolidierungszeitpunkt zunächst entsprechend den Anforderungen des IFRS 10 vereinheitlicht,[127] an die Ansatz- und Bewertungsgrundsätze des IFRS 3 angepasst und anschließend durch (horizontale) Addition in einem Summenabschluss zusammengefasst.[128] Der Summenabschluss enthält damit auch Beziehungen zwischen den Konzernunternehmen, wie z. B. konzerninterne Kapitalverflechtungen.[129] Die Kapitalverflechtungen der Konzernunternehmen werden dadurch deutlich, dass die Wertansätze der Beteiligungen, die u. a. die neubewerteten Reinvermögen bzw. Eigenkapitalien der Beteiligungsunternehmen repräsentieren,[130] wie auch die Reinvermögen bzw. Eigenkapitalien der Beteiligungsunternehmen selbst im Summenabschluss enthalten und insofern doppelt erfasst sind.[131]

Die im Summenabschluss erfassten konzerninternen Verflechtungen sind indes durch entsprechende Konsolidierungsmaßnahmen zu eliminieren,[132] da der Konzernabschluss die wirtschaftliche Lage des Konzerns so wiedergeben soll, als sei dieser ein einheitliches Unternehmen (sog. Einheitsfiktion[133]).[134] Zu den Konsolidierungsmaßnahmen zählt u. a. die Kapitalkonsolidierung,[135] deren Aufgabe es ist, die beschriebene Doppelerfassung von Reinvermögen bzw. Eigenkapitalien im Konzernabschluss zu vermeiden.[136] Dazu sind buchungstechnisch die Wertansätze der Beteiligungen mit den auf die Beteiligungen entfallenden (neubewerteten) Eigenkapitalien der Beteiligungsunternehmen zu verrechnen.[137] Im Ergebnis werden im Konzernabschluss so nur die im Rahmen der Erwerbsmethode identifizierten, neubewerteten Vermögenswerte und Schulden eines Beteiligungsunternehmens angesetzt.[138] Ein ggf. aus der Kapitalkonsolidierung resultierender Unterschiedsbetrag entspricht dem bei

---

127 Die Einzelabschlüsse werden vereinheitlicht, indem sie grundsätzlich auf denselben Stichtag aufgestellt und dabei konzerneinheitliche Bilanzierungs- und Bewertungsmethoden angewendet werden. Vgl. IFRS 10.B87 und IFRS 10.B92 f. sowie BAETGE, J./HAYN, S./STRÖHER, T., in: Baetge u. a., Rechnungslegung nach IFRS, 2. Aufl., IFRS 10, Rn. 236–247. Bei auf fremden Währungen lautenden Einzelabschlüssen ist darüber hinaus auch eine Fremdwährungsumrechnung nach Maßgabe des IAS 21 erforderlich. Vgl. BAETGE, J./KIRSCH, H.-J./THIELE, S., Konzernbilanzen, S. 177–179.

128 Vgl. IFRS 10.B86 (a).

129 Vgl. BAETGE, J./KIRSCH, H.-J./THIELE, S., Konzernbilanzen, S. 11. Darüber hinaus kann der Summenabschluss auch konzerninterne Schuldverhältnisse oder Erfolge aus konzerninternen Lieferungs- und Leistungsbeziehungen enthalten.

130 Vgl. zu den Bestandteilen einer Beteiligung Abschnitt 32.

131 Vgl. PELLENS, B. U. A., Internationale Rechnungslegung, S. 854; KÜTING, K./WEBER, C.-P., Konzernabschluss, S. 280 f.

132 Vgl. BAETGE, J./KIRSCH, H.-J./THIELE, S., Konzernbilanzen, S. 11.

133 Vgl. zu diesem Begriff, wenn auch im handelsrechtlichen Kontext, stellvertretend BAETGE, J./KIRSCH, H.-J./THIELE, S., Konzernbilanzen, S. 62 f.

134 Vgl. IFRS 10.A; CF.3.15 sowie BAETGE, J./HAYN, S./STRÖHER, T., in: Baetge u. a., Rechnungslegung nach IFRS, 2. Aufl., IFRS 10, Rn. 11 und 50.

135 Neben der Kapitalkonsolidierung können in Abhängigkeit von den im Summenabschluss enthaltenen konzerninternen Beziehungen auch eine Schuldenkonsolidierung, eine Zwischenergebniseliminierung und eine Aufwands- und Ertragskonsolidierung erforderlich sein. Vgl. IFRS 10.B86 (c).

136 Vgl. stellvertretend BAETGE, J./KIRSCH, H.-J./THIELE, S., Konzernbilanzen, S. 181; KÜTING, K./WEBER, C.-P., Konzernabschluss, S. 281; WIRTH, J./DUSEMOND, M./KÜTING, P., Kapitalkonsolidierung im mehrstufigen Konzern, S. 2493.

137 Vgl. IFRS 10.B86 (b).

138 Vgl. PELLENS, B. U. A., Internationale Rechnungslegung, S. 854.

der Erwerbsmethode ermittelten Geschäfts- oder Firmenwert bzw. Erfolg aus einem günstigen Gelegenheitskauf.[139]

## 32 Aufgabe und besondere Problemstellungen der Kapitalkonsolidierung im mehrstufigen Konzern

Auch in mehrstufigen Konzernstrukturen hat die Kapitalkonsolidierung die Aufgabe, konzerninterne Kapitalverflechtungen zu eliminieren.[140] Im Unterschied zu dem den Regelungen des IFRS 10 und IFRS 3 zugrundeliegenden Betrachtungsobjekt des einstufigen Konzerns ergibt sich in mehrstufigen Konzernstrukturen zusätzlich die Problemstellung, nicht nur Doppel-, sondern auch **Mehrfacherfassungen von Reinvermögen** mittelbarer Tochterunternehmen[141] bei der (derivativen) Erstellung des Konzernabschlusses zu beseitigen.[142] Abbildung 3-1 zeigt, dass im einfachsten Fall eines mehrstufigen Konzerns, dem zweistufigen Konzern, das Reinvermögen des mittelbaren Tochterunternehmens $TU_2$ sowohl durch die Beteiligung des unmittelbaren Mutterunternehmens $TU_1$ an $TU_2$ als auch durch die Beteiligung des Konzernmutterunternehmens MU an $TU_1$ repräsentiert wird. Im Summenabschluss ist das Reinvermögen von $TU_2$ also selbst sowie zusätzlich als Bestandteil der jeweiligen, ebenfalls in den Summenabschluss aufgenommenen Beteiligung des MU und des $TU_1$ enthalten und somit dreifach erfasst.[143]

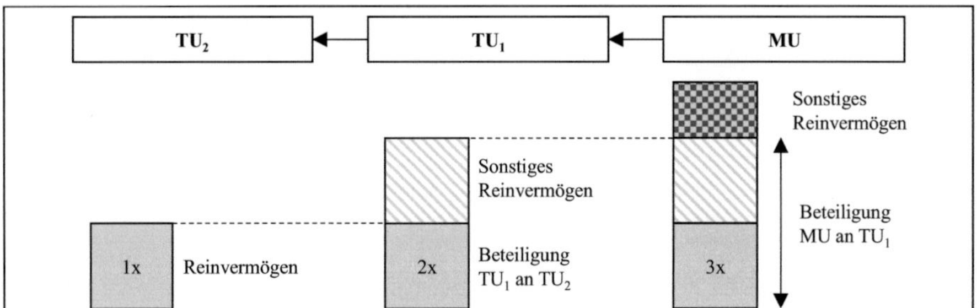


**Legende**: MU ≙ Mutterunternehmen | TU ≙ Tochterunternehmen

**Abbildung 3-1: Mehrfacherfassung von Reinvermögen eines mittelbaren Tochterunternehmens**

Solche Mehrfacherfassungen eines Reinvermögens im Summenabschluss können konsolidierungstechnisch durch stufenweise Kapitalaufrechnungen wie bei der Kettenkonsolidierung, d. h. im Bei-

139 Vgl. WIRTH, J./ALPER, R./NEIS, T., Abbildung eines Teilkonzernerwerbs, S. 442.

140 Vgl. LEINEN, M., Kapitalkonsolidierung im mehrstufigen Konzern, S. 70.

141 Unter einem mittelbaren Tochterunternehmen werden in dieser Arbeit alle Tochterunternehmen verstanden, die in der Beteiligungsstruktur des Konzerns hierarchisch unter einem anderen Tochterunternehmen (Teilkonzernmutterunternehmen) verortet sind und an denen das Konzernmutterunternehmen somit nur mittelbar beteiligt ist.

142 Vgl. BUSSE VON COLBE, W. U. A., Konzernabschlüsse, S. 193 f.

143 Die Mehrfacherfassung bei Tochterunternehmen, die ihrerseits (Teilkonzern-)Mutterunternehmen sind, bezieht sich lediglich auf deren Reinvermögen exklusive ihrer Beteiligungen an anderen Tochtergesellschaften.

spiel aus Abbildung 3-1 zunächst auf der Stufe $TU_1/TU_2$ und anschließend auf der Stufe $MU/TU_1$, oder auch in einem Prozessschritt entsprechend der Simultankonsolidierung eliminiert werden.[144]

Unabhängig vom konsolidierungstechnischen Verfahren entspricht die Kapitalaufrechnung auf jeder einzelnen Konzernstufe der Kapitalkonsolidierung im einstufigen Konzern, sofern das Konzernmutterunternehmen mittel- und bzw. oder unmittelbar sämtliche Anteile an seinen Tochterunternehmen hält, die ihrerseits Teilkonzernmutterunternehmen eines oder mehrerer (mittelbarer) Tochterunternehmen sind.[145] Wenn indes dem Konzernmutterunternehmen nicht alle Anteile an einem Teilkonzernmutterunternehmen zuzurechnen sind, ergeben sich bei der Kapitalkonsolidierung im mehrstufigen Konzern im Vergleich zum einstufigen Konzern zusätzliche Fragestellungen.[146] Diese Fragestellungen liegen darin begründet, dass aus Konzernsicht nicht beherrschende Gesellschafter (direkt) an dem Teilkonzernmutterunternehmen und über dessen Beteiligungen auch indirekt an mittelbaren Tochterunternehmen beteiligt sind.[147] Gedanklich lässt sich eine Beteiligung des Teilkonzernmutterunternehmens daher in eine **indirekte Beteiligung der nicht beherrschenden Gesellschafter** und in eine indirekte Beteiligung des Konzernmutterunternehmens, das über das Teilkonzernmutterunternehmen ebenfalls indirekt an mittelbaren Tochterunternehmen beteiligt ist, aufspalten.[148]

Beide Teile der Beteiligung und das auf sie entfallende (neubewertete) Eigenkapital sind im Rahmen der Kapitalkonsolidierung zu berücksichtigen und zu eliminieren,[149] damit das Reinvermögen eines mittelbaren Tochterunternehmens nicht doppelt bzw. mehrfach im Konzernabschluss erfasst wird. Eine Nichtkonsolidierung und Übernahme dieser Beteiligungen bzw. des Eigenkapitals in den Konzernabschluss widersprächen der Einheitsfiktion. Gleichwohl sind die Bestandteile der indirekten Beteiligungen angesichts der im Schrifttum – vor allem hinsichtlich der indirekten Beteiligung der nicht beherrschenden Gesellschafter – geführten Diskussion differenziert zu betrachten.[150] Die Bestandteile der indirekten Beteiligungen zeigt Abbildung 3-2.

---

144 Vgl. ADS, 6. Aufl., § 301 HGB, Rn. 220 f.; DUSEMOND, M., Mehrstufige Konsolidierung, S. 753 f. Neben diesen beiden technischen Verfahren kann für die Kapitalkonsolidierung auch die Methode der integrierten Konsolidierungstechnik angewendet werden, die im Rahmen dieser Arbeit jedoch nicht näher betrachtet wird. Vgl. hierzu ausführlich BAUMANN, K. F., Konsolidierung mehrstufiger Konzerne, S. 207–228.

145 Vgl. BAETGE, J./KIRSCH, H.-J./THIELE, S., Konzernbilanzen, S. 400.

146 Vgl. stellvertretend KÜTING, K./WEBER, C.-P., Konzernabschluss, S. 416; BAETGE, J./KIRSCH, H.-J./THIELE, S., Konzernbilanzen, S. 395; LEINEN, M., Kapitalkonsolidierung im mehrstufigen Konzern, S. 72.

147 Vgl. KÜTING, K./WEBER, C.-P./WIRTH, J., Kapitalkonsolidierung im mehrstufigen Konzern, S. 44; KÜTING, K./WEBER, C.-P., Konzernabschluss, S. 417; FORSTER, K.-H./HAVERMANN, H., Anteile konzernfremder Gesellschafter, S. 3.

148 Vgl. LEINEN, M., Kapitalkonsolidierung im mehrstufigen Konzern, S. 78 sowie im Kontext der noch vorzustellenden multiplikativen Methode JANSCHEK, O., Konzernrechnungslegung, S. 246.

149 Vgl. KÜTING, K./GÖTH, P., Minderheitenanteile im Konzernabschluss, S. 305 f. m. w. N.

150 Vgl. KÜTING, K./WEBER, C.-P., Konzernabschluss, S. 417. Vgl. stellvertretend und überblicksartig zur Diskussion im Schrifttum BAETGE, J./KIRSCH, H.-J./THIELE, S., Konzernbilanzen, S. 400 f.

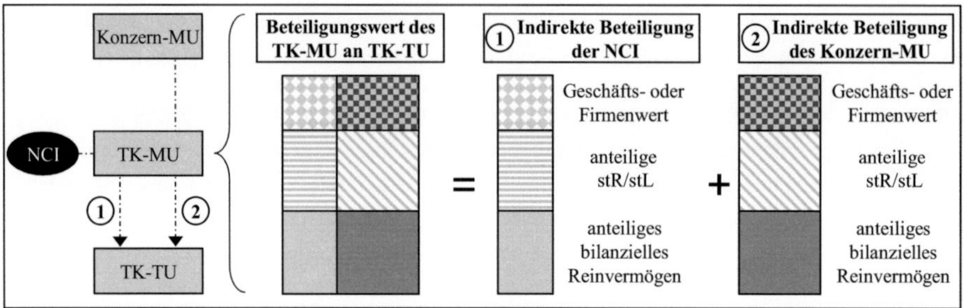


**Legende**: MU ≙ Mutterunternehmen | NCI ≙ nicht beherrschende Gesellschafter bzw. *non-controlling interests* | stL ≙ stille Lasten | stR ≙ stille Reserven | TK ≙ Teilkonzern | TU ≙ Tochterunternehmen

**Abbildung 3-2: Bestandteile indirekter Beteiligungen der Gesellschafterstämme**[151]

Aufgrund der Vollkonsolidierung eines Tochterunternehmens nach der Neubewertungsmethode ist es unumstritten, dass das durch die indirekten Beteiligungen repräsentierte Reinvermögen, mithin die einzelnen identifizierbaren Vermögenswerte und Schulden, vollständig, d. h. einschließlich sämtlicher auf die Gesellschafterstämme entfallenden stillen Reserven und stillen Lasten, anzusetzen ist.[152] Auch ein dem Konzernmutterunternehmen zuzurechnender Unterschiedsbetrag ist zweifellos gemäß den Regelungen des IFRS 3 als Geschäfts- oder Firmenwert bzw. Erfolg aus einem günstigen Gelegenheitskauf anzusetzen bzw. zu erfassen.[153] Allerdings besteht Uneinigkeit darüber, ob ein auf die indirekte Beteiligung der nicht beherrschenden Gesellschafter entfallender Unterschiedsbetrag davon ggf. abweichend zu behandeln ist.[154] In diesem Zusammenhang werden im Schrifttum die sog. multiplikative Methode und die sog. additive Methode diskutiert.

Die vorangehend beschriebenen Problemstellungen bei der Kapitalkonsolidierungen im mehrstufigen Konzern werden in den folgenden Abschnitten dieses Kapitels näher betrachtet. Dabei werden in Abschnitt 33 zunächst bei der Kapitalaufrechnung zu beachtende Aspekte anhand der auf den ersten Blick vor allem technischen Diskussion um die Simultan- und Kettenkonsolidierung herausgearbeitet. Diese Aspekte bilden sodann die Grundlage für die Betrachtung der multiplikativen bzw. der additiven Methode, deren Vorgehensweise und Behandlung einer indirekten Beteiligung nicht beherrschender Gesellschafter anschließend in Abschnitt 34 vorgestellt werden. Aus den wesentlichen Unterschieden der beiden Methoden werden abschließend die Schwerpunkte der Untersuchung und die

151 In Anlehnung an LEINEN, M., Kapitalkonsolidierung im mehrstufigen Konzern, S. 78.

152 Vgl. SENGER, T./DIERSCH, U., in: Driesch u. a., Beck IFRS HB, 5. Aufl., § 35, Rn. 75; KÜTING, K./WEBER, C.-P., Konzernabschluss, S. 418 f.; MÜLLER, S./KREIPL, M., Behandlung indirekter Anteile anderer Gesellschafter, S. 280. Bei Erstkonsolidierungen nach der gemäß IAS 22.33 noch zulässigen und präferierten anteiligen Neubewertung des Reinvermögens eines Erwerbsobjektes war der Ansatz von stillen Reserven und stillen Lasten, die auf indirekte Beteiligungen nicht beherrschender Gesellschafter entfielen, keineswegs unumstritten. Vgl. hierzu, wenn auch im handelsrechtlichen Kontext, LEINEN, M., Kapitalkonsolidierung im mehrstufigen Konzern, S. 78.

153 Vgl., wenn auch im handelsrechtlichen Kontext, LEINEN, M., Kapitalkonsolidierung im mehrstufigen Konzern, S. 78.

154 Vgl. LÜDENBACH, N./HOFFMANN, W.-D./FREIBERG, J., in: Lüdenbach/Hoffmann/Freiberg, Haufe IFRS-Kommentar, 16. Aufl., § 31, Rn. 185; KÜTING, K./WEBER, C.-P./WIRTH, J., Kapitalkonsolidierung im mehrstufigen Konzern, S. 43 f.

dabei grundsätzlich zu betrachtende Konzernstufe abgeleitet, auf der die Unterschiede im Konsolidierungsprozess originär entstehen.

## 33 Eliminierung von Mehrfacherfassungen des Konzernvermögens

### 331. Simultankonsolidierung

Die Simultankonsolidierung ist in der Praxis das vorherrschende technische Verfahren zur Konsolidierung in mehrstufigen Konzernstrukturen.[155] Im Rahmen dieses Verfahrens werden zunächst die Einzelabschlüsse aller Tochterunternehmen und des Konzernmutterunternehmens zum Abschlussstichtag in einem Summenabschluss zusammengefasst.[156] Anschließend werden die konzerninternen Verflechtungen **in einem Schritt** eliminiert.[157] Die Aufstellung von Zwischenabschlüssen für einzelne Konzernstufen ist dabei zumindest nicht aus technischen Gründen erforderlich.[158] Zur Ermittlung des Unterschiedsbetrages aus der Kapitalkonsolidierung und der nicht beherrschenden Anteile wurde für die Simultankonsolidierung das sog. **Gleichungsverfahren**[159] entwickelt,[160] das Abbildung 3-3 – entsprechend an die Ermittlungssystematik eines Unterschiedsbetrages nach IFRS 3 angepasst – zeigt.

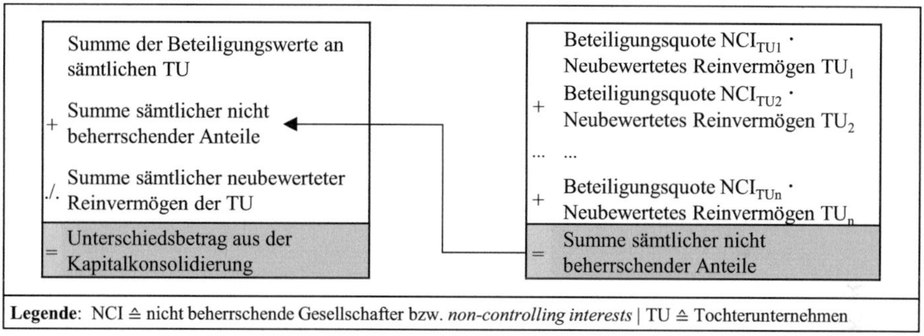


**Abbildung 3-3: Gleichungsverfahren zur Ermittlung eines Unterschiedsbetrages und der nicht beherrschenden Anteile**[161]

---

155 Vgl. KÜTING, K./WEBER, C.-P./WIRTH, J., Kapitalkonsolidierung im mehrstufigen Konzern, S. 46.

156 Vgl. KÜTING, K./WEBER, C.-P., Konzernabschluss, S. 421; LEINEN, M., Kapitalkonsolidierung im mehrstufigen Konzern, S. 75 und 89; KÜTING, K./WEBER, C.-P./DUSEMOND, M., Kapitalkonsolidierung im mehrstufigen Konzern, S. 1082.

157 Vgl. KÜTING, K./WEBER, C.-P./WIRTH, J., Kapitalkonsolidierung im mehrstufigen Konzern, S. 46; FORSTER, K.-H./HAVERMANN, H., Anteile konzernfremder Gesellschafter, S. 2; ADS, 6. Aufl., § 301 HGB, Rn. 236.

158 Vgl. KÜTING, K./WEBER, C.-P./WIRTH, J., Kapitalkonsolidierung im mehrstufigen Konzern, S. 46; KÜTING, K./WEBER, C.-P./DUSEMOND, M., Kapitalkonsolidierung im mehrstufigen Konzern, S. 1082; EBELING, R. M., Einheitsfiktion, S. 331.

159 Das Gleichungsverfahren haben FORSTER/HAVERMANN ursprünglich für die Kapitalkonsolidierung im Kontext des AktG 1965 vorgestellt. Vgl. FORSTER, K.-H./HAVERMANN, H., Anteile konzernfremder Gesellschafter, S. 1–6.

160 Vgl. VON WYSOCKI, K./WOHLGEMUTH, M./BRÖSEL, G., Konzernrechnungslegung, S. 160–163; ADS, 6. Aufl., § 301 HGB, Rn. 221 und 237; DUSEMOND, M./WEBER, C.-P./ZÜNDORF, H., in: Küting/Weber, HdK, 2. Aufl., § 301 HGB, Rn. 239–244; DUSEMOND, M., Mehrstufige Konsolidierung, S. 753 f.; LÜHRMANN, V./SCHRUFF, L., Minderheitenanteile im Konzernabschluss, S. 262.

161 Ein nach den hier abgebildeten Gleichungen ermittelter Unterschiedsbetrag entspricht einem *partial goodwill* nach

Da beim Gleichungsverfahren die Summe der Beteiligungswerte mit den Reinvermögen aller Tochterunternehmen aufgerechnet wird, entspricht der Unterschiedsbetrag aus der Kapitalkonsolidierung einem über sämtliche Konzernstufen hinweg ermittelten Gesamtunterschiedsbetrag für den mehrstufigen Konzern.[162] **Unterschiedsbeträge einzelner Konzernstufen** werden also miteinander **saldiert**.[163] Bei erstmaliger Konsolidierung eines Tochterunternehmens ist es daher möglich, dass ein aus dessen (günstigem) Erwerb resultierender Erfolg mit Geschäfts- oder Firmenwerten anderer Konzernstufen verrechnet wird.[164] Im Fall eines positiven Gesamtunterschiedsbetrages ist dementsprechend ein Geschäfts- oder Firmenwert zu aktivieren, der bei differenzierter Betrachtung der Unterschiedsbeträge in Höhe des Erfolgs zu niedrig bewertet ist. Durch die erfolgsneutrale Verrechnung des Erfolgs im Gesamtunterschiedsbetrag wird außerdem das Konzernergebnis und infolgedessen das Konzerneigenkapital im Erwerbszeitpunkt zu niedrig ausgewiesen. Die gleichen Auswirkungen auf das Eigenkapital des Konzerns und ggf. auch auf das Konzernergebnis ergeben sich bei einem negativen Gesamtunterschiedsbetrag, in dem Geschäfts- oder Firmenwerte einzelner Konzernstufen enthalten sind. Im Ergebnis werden durch das Gleichungsverfahren somit weder die Vermögens- noch die Ertragslage des Konzerns den tatsächlichen wirtschaftlichen Verhältnissen entsprechend abgebildet, wenn in den Gesamtunterschiedsbetrag dem Grunde nach verschiedene Unterschiedsbeträge einzelner Konzernstufen eingegangen sind.[165]

Gleichwohl zeigen die erläuternden Beispiele zu IFRS 3, dass eine Saldierung von dem Grunde nach verschiedenen Unterschiedsbeträgen nicht zwangsläufig unzulässig ist. So ist bei Anwendung der *full goodwill method* ein auf den Erwerber entfallender Erfolg aus einem günstigen Gelegenheitskauf mit einem der direkten Beteiligung nicht beherrschender Gesellschafter zuzuordnenden Geschäfts- oder Firmenwert am Erwerbsobjekt zu verrechnen.[166] Allerdings liegt dem Beispiel zu den Regelungen des IFRS 3 ein einzelner Unternehmenszusammenschluss zugrunde, während bei der Ermittlung eines Gesamtunterschiedsbetrages nach dem Gleichungsverfahren Unterschiedsbeträge miteinander saldiert werden, die aus mehreren unterschiedlichen Unternehmenszusammenschlüssen stammen

---

der sog. additiven Methode (Abschnitt 343.). Das heißt, dass der Unterschiedsbetrag nicht nur auf das Konzernmutterunternehmen, sondern auch auf indirekte Beteiligungen nicht beherrschender Gesellschafter entfällt. Vgl. hierzu auch, wenngleich im handelsrechtlichen Kontext, KÜTING, K./WEBER, C.-P., Konzernabschluss, S. 421; LEINEN, M., Kapitalkonsolidierung im mehrstufigen Konzern, S. 92. Dabei sind die im gezeigten Gleichungsverfahren zur Ermittlung des Wertes sämtlicher nicht beherrschender Anteile heranzuziehenden Reinvermögen der einzelnen Tochterunternehmen exklusive etwaiger Beteiligungen dieser Unternehmen an hierarchisch nachgeordneten Tochtergesellschaften zu verstehen. Im Unterschied zu Abbildung 3-3 liegt den ursprünglichen Gleichungen von FORSTER/HAVERMANN indes die sog. multiplikative Methode (Abschnitt 342.) zugrunde. Vgl. zu den ursprünglichen Gleichungen im Kontext des AktG 1965 FORSTER, K.-H./HAVERMANN, H., Anteile konzernfremder Gesellschafter, S. 4 f.

162 Vgl. LEINEN, M., Kapitalkonsolidierung im mehrstufigen Konzern, S. 90 f.

163 Vgl. VON WYSOCKI, K./WOHLGEMUTH, M./BRÖSEL, G., Konzernrechnungslegung, S. 161; LEINEN, M., Kapitalkonsolidierung im mehrstufigen Konzern, S. 86; EBELING, R. M., Einheitsfiktion, S. 331.

164 Dies stellen auch FORSTER/HAVERMANN in Bezug auf die Ermittlung eines Unterschiedsbetrages gemäß ihren Gleichungen fest. Vgl. FORSTER, K.-H./HAVERMANN, H., Anteile konzernfremder Gesellschafter, S. 4. So auch BAETGE, J./KIRSCH, H.-J./THIELE, S., Konzernbilanzen, S. 424; KÜTING, K./WEBER, C.-P., Konzernabschluss, S. 421; DUSEMOND, M./WEBER, C.-P./ZÜNDORF, H., in: Küting/Weber, HdK, 2. Aufl., § 301 HGB, Rn. 243.

165 Vgl. im Ergebnis auch LEINEN, M., Kapitalkonsolidierung im mehrstufigen Konzern, S. 82.

166 Vgl. IFRS 3.IE45–IE49. Vgl. kritisch zu einer solchen Verrechnung PHILIPPI, B., Ermittlung des goodwill, S. 65 f.

können. Da die Erwerbsmethode indes auf jeden (einzelnen) Unternehmenszusammenschluss anzuwenden ist,[167] steht die Ermittlung eines Unterschiedsbetrages nach dem Gleichungsverfahren aufgrund der möglichen Saldierung von Unterschiedsbeträgen aus verschiedenen Unternehmenszusammenschlüssen nicht mit den Regelungen des IFRS 3 im Einklang.[168]

Damit also die Vermögens- und die Ertragslage des Konzerns den tatsächlichen wirtschaftlichen Verhältnissen und den Regelungen des IFRS 3 entsprechend abgebildet werden können, muss das angewendete technische Verfahren gewährleisten, dass Unterschiedsbeträge aus der Kapitalkonsolidierung nicht nur **stufenweise ermittelt**, sondern grundsätzlich auf der jeweiligen Konzernstufe auch **charakterisiert** und **bilanziert** werden.[169] Dies spricht zwar – wie gezeigt – gegen die Simultankonsolidierung nach dem Gleichungsverfahren, aber nicht gegen die Simultankonsolidierung per se. Vielmehr ist bei ihrer Anwendung durch entsprechende Maßnahmen – wie z. B. Nebenrechnungen – die Bilanzierung stufenweise ermittelter Unterschiedsbeträge sicherzustellen.[170] Dabei ist es unerheblich, dass keine (technischen) Teilkonzernabschlüsse aufgestellt werden (müssen).[171]

### 332. Kettenkonsolidierung

Neben der Simultankonsolidierung können im Summenabschluss mehrfach erfasste Reinvermögen von Konzerntochterunternehmen technisch auch mit der Kettenkonsolidierung[172] eliminiert werden. Dabei werden die Tochtergesellschaften entsprechend der Beteiligungsstruktur des Konzerns konsolidiert.[173] Zunächst wird also der Einzelabschluss des hierarchisch am weitesten vom Konzernmutterunternehmen entfernten Tochterunternehmens mit dem Einzelabschluss des unmittelbaren Teilkonzernmutterunternehmens in einem Summenabschluss dieser beiden Unternehmen zusammenge-

167 Vgl. IFRS 3.4 f. sowie FIECHTER, P./MEYER, C., Full Goodwill Accounting, S. 216.

168 Vgl. KÜTING, K./WEBER, C.-P., Konzernabschluss, S. 421. So auch im handelsrechtlichen Kontext LEINEN, M., Kapitalkonsolidierung im mehrstufigen Konzern, S. 82. A. A. VON WYSOCKI, K./WOHLGEMUTH, M./BRÖSEL, G., Konzernrechnungslegung, S. 161.

169 Vgl. THEILE, C./PAWELZIK, K. U., in: Heuser/Theile, IFRS-Handbuch, 5. Aufl., D VI, Rn. 5831 sowie, wenn auch im handelsrechtlichen Kontext, BAETGE, J., Erwerbsmethode im mehrstufigen Konzern, S. 30 f.; DUSEMOND, M./WEBER, C.-P./ZÜNDORF, H., in: Küting/Weber, HdK, 2. Aufl., § 301 HGB, Rn. 256; LEINEN, M., Kapitalkonsolidierung im mehrstufigen Konzern, S. 85. Sofern allerdings mehrere in einem Konzernverbund organisierte Unternehmen bzw. Geschäftsbetriebe im Rahmen eines Unternehmenszusammenschlusses erworben werden, ist die Ermittlung eines einzigen Unterschiedsbetrages für das gesamte Erwerbsobjekt diskussionswürdig. Vgl. hierzu Abschnitt 532.

170 Vgl. KÜTING, K./WEBER, C.-P./WIRTH, J., Kapitalkonsolidierung im mehrstufigen Konzern, S. 46 f.; SCHILDBACH, T./FELDHOFF, P., Konzernabschluss, S. 165; LEINEN, M., Kapitalkonsolidierung im mehrstufigen Konzern, S. 92 und 99; BAETGE, J., Erwerbsmethode im mehrstufigen Konzern, S. 42.

171 Vgl. EBELING, R. M., Fallstudien zur Konzernrechnungslegung, S. 334; LEINEN, M., Kapitalkonsolidierung im mehrstufigen Konzern, S. 99.

172 Die Kettenkonsolidierung wird vielfach auch als „Sukzessivkonsolidierung, sukzessive Konsolidierung, Stufenkonsolidierung oder stufenweise Konsolidierung“ (LEINEN, M., Kapitalkonsolidierung im mehrstufigen Konzern, S. 75) bezeichnet.

173 Vgl. KÜTING, K./WEBER, C.-P./WIRTH, J., Kapitalkonsolidierung im mehrstufigen Konzern, S. 46; KÜTING, K./WEBER, C.-P./DUSEMOND, M., Kapitalkonsolidierung im mehrstufigen Konzern, S. 1082. Möglich wäre auch der Beginn an der Konzernspitze und damit verbunden eine sukzessive, abwärtsgerichtete (technische) Ausweitung des Konsolidierungskreises. Vgl. BAUMANN, K. F., Konsolidierung mehrstufiger Konzerne, S. 168; EBELING, R. M., Fallstudien zur Konzernrechnungslegung, S. 326–328.

fasst.[174] Durch die sich u. a. anschließende Kapitalkonsolidierung werden die zwischen den beiden Unternehmen bestehenden Kapitalverflechtungen eliminiert.[175] Das Resultat ist ein sog. Kettenzwischenabschluss des Teilkonzerns, der wiederum mit dem Einzelabschluss des hierarchisch nächsthöheren (Mutter-)Unternehmens zu konsolidieren ist.[176] Sofern dieses Mutterunternehmen das hierarchisch höchste Unternehmen des Konzerns, also das Konzernmutterunternehmen ist, dann entspricht der konsolidierte Abschluss dem Konzernabschluss.[177] Anderenfalls ist der konsolidierte Abschluss ein weiterer Kettenzwischenabschluss, der wiederum mit dem Einzelabschluss des unmittelbaren Mutterunternehmens zusammengeführt wird, bis sich der Konzernabschluss ergibt.[178] Im Unterschied zur Simultankonsolidierung sind der Kettenkonsolidierung damit **(explizite) stufenweise Kapitalaufrechnungen inhärent**. Abbildung 3-4 zeigt die Vorgehensweise bei der Kettenkonsolidierung für einen zweitstufigen Konzern, bestehend aus dem Konzernmutterunternehmen MU sowie dessen Tochterunternehmen $TU_1$ und Enkelunternehmen $TU_2$.

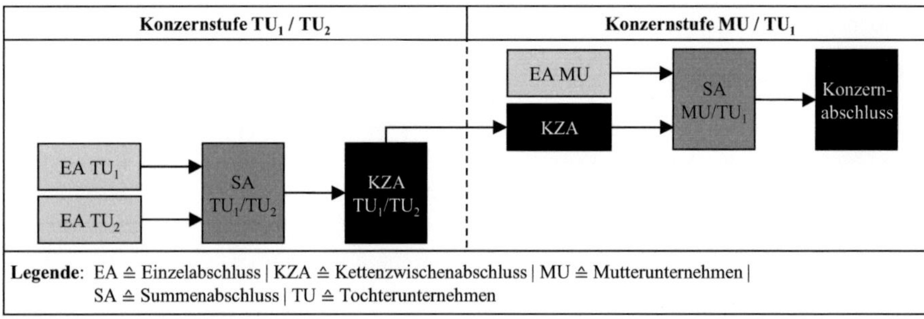


**Abbildung 3-4: Vorgehensweise bei der Kettenkonsolidierung in einem zweistufigen Konzern**

Bei einem mehrstufigen Konzern, in dem sich die Konzernunternehmen in einer Beteiligungslinie befinden und nur direkte Beteiligungen an unmittelbar hierarchisch nachgeordneten Tochterunternehmen halten, ist die Anwendung der Kettenkonsolidierung unproblematisch. Sie wird indes mit einer zunehmenden Zahl der Konzernstufen und zusammenzuführender Beteiligungslinien komplexer.[179]

174 Vgl. HOLZMEIER, M./HACHMEISTER, D., Anteile nicht beherrschender Gesellschafter im mehrstufigen Konzern, S. 21; SCHILDBACH, T./FELDHOFF, P., Konzernabschluss, S. 161; FORSTER, K.-H./HAVERMANN, H., Anteile konzernfremder Gesellschafter, S. 2; SIMONS, D., Bestimmung der effektiven Anteilsquoten für die Kapitalkonsolidierung, S. 774. Bei der Bewertung der Vermögenswerte und Schulden des Teilkonzernmutterunternehmens können stille Reserven und stille Lasten wahlweise im Kettenzwischenabschluss oder im konsolidierten Abschluss der nächsthöheren Stufe aufgedeckt werden. Aus Gesamtkonzernsicht führen beide Alternativen dazu, dass die Vermögenswerte und Schulden entsprechend den Regelungen des IFRS 3 im Konzernabschluss neu bewertet werden.

175 Vgl. LEINEN, M., Kapitalkonsolidierung im mehrstufigen Konzern, S. 75.

176 Vgl. BAETGE, J./KIRSCH, H.-J./THIELE, S., Konzernbilanzen, S. 398; LEINEN, M., Kapitalkonsolidierung im mehrstufigen Konzern, S. 75.

177 Vgl. BAETGE, J./KIRSCH, H.-J./THIELE, S., Konzernbilanzen, S. 398.

178 Vgl. BUSSE VON COLBE, W. U. A., Konzernabschlüsse, S. 302; SIMONS, D., Bestimmung der effektiven Anteilsquoten für die Kapitalkonsolidierung, S. 774.

179 Vgl. BAETGE, J./KIRSCH, H.-J./THIELE, S., Konzernbilanzen, S. 423; KÜTING, K./WEBER, C.-P./WIRTH, J., Kapitalkonsolidierung im mehrstufigen Konzern, S. 46; KÜTING, K./WEBER, C.-P./DUSEMOND, M., Kapitalkonsolidierung im mehrstufigen Konzern, S. 1082. Gegenseitige Beteiligungen oder Rückbeteiligungen erschweren außerdem die

Abgesehen von den technischen Herausforderungen, die mit der Kettenkonsolidierung verbunden sein können, ergeben sich vor allem mit Blick auf den Kettenzwischenabschluss besondere materielle Fragestellungen. Diesem Abschluss darf keinesfalls undifferenziert der Status eines Teilkonzernabschlusses zugesprochen werden. Vielmehr wird er bei der sukzessiven, stufenweisen Kapitalkonsolidierung aus technischen Gründen aufgestellt,[180] sodass ggf. Anpassungen bspw. mit Blick auf die Wertansätze der Vermögenswerte und Schulden erforderlich sind, um einen den Regelungen des IFRS 10 i. V. m. IFRS 3 entsprechenden Teilkonzernabschluss abzuleiten.[181] Fraglich ist, ob Anpassungen des Kettenzwischenabschlusses auch für Zwecke der Kapitalkonsolidierung auf der nächsthöheren Konzernstufe angezeigt sind. Dabei ist insbesondere die Berücksichtigung von auf einzelnen Konzern(zwischen)stufen entstehenden Unterschiedsbeträgen und nicht beherrschenden Anteilen im **konsolidierungspflichtigen Eigenkapital des Kettenzwischenabschlusses**, das mit der Beteiligung des nächsthöheren Mutterunternehmens zu verrechnen ist, zu betrachten.[182]

Sofern der **Geschäfts- oder Firmenwert bzw. Erfolg aus einem günstigen Gelegenheitskauf** einer Konzern(zwischen)stufe in das konsolidierungspflichtige Eigenkapital einbezogen würde, ginge dieser im Zuge der Kapitalkonsolidierung im Unterschiedsbetrag auf der nächsthöheren Konzernstufe auf.[183] Wie bei der Simultankonsolidierung nach dem Gleichungsverfahren ergäbe sich für den gesamten Konzern letztlich nur ein Unterschiedsbetrag.[184] Dies ist vor allem dann kritisch zu beurteilen, wenn dem Grunde nach verschiedene Unterschiedsbeträge aus mehreren Unternehmenszusammenschlüssen miteinander verrechnet werden, da dadurch weder die wirtschaftliche Lage des Konzerns den tatsächlichen wirtschaftlichen Verhältnissen entsprechend wiedergegeben noch den Regelungen des IFRS 3 entsprochen wird.[185] Die auf Konzern(zwischen)stufen entstehenden Unterschiedsbeträge sind daher nicht dem konsolidierungspflichtigen Eigenkapital zuzurechnen, sondern in den Konzernabschluss zu übernehmen.[186]

---

Bestimmung der Beteiligungsquote, die für die Kapitalkonsolidierung einer Konzernstufe heranzuziehen ist. Vgl. WINKELJOHANN, N./HOFFMANN, K., in: Grottel u. a., Beck Bilanzkomm., 11. Aufl., § 301 HGB, Rn. 387–389. Die Kettenkonsolidierung aus diesem Grund sogar als ungeeignet einstufend vgl. SIMONS, D., Bestimmung der effektiven Anteilsquoten für die Kapitalkonsolidierung, S. 774. Allerdings besteht mit der sog. Matrizenrechnung ein möglicher Ansatz zur Lösung dieser Problemstellung. Vgl. KÜTING, K./WEBER, C.-P./WIRTH, J., Kapitalkonsolidierung im mehrstufigen Konzern, S. 47 sowie stellvertretend zur Matrizenrechnung HAASE, K. D., Mehrstufige Konzernverflechtung (Teil 1), S. 713–718; HAASE, K. D., Mehrstufige Konzernverflechtung (Teil 2), S. 760–763.

180 Vgl. KÜTING, K./WEBER, C.-P./WIRTH, J., Kapitalkonsolidierung im mehrstufigen Konzern, S. 46; EBELING, R. M., Einheitsfiktion, S. 329.

181 Vgl. zur Eignung eines Kettenzwischenabschlusses als Teilkonzernabschluss und zu ggf. erforderlichen Anpassungen, wenn auch im handelsrechtlichen Kontext, BAETGE, J./KIRSCH, H.-J./THIELE, S., Konzernbilanzen, S. 408–412; LEINEN, M., Kapitalkonsolidierung im mehrstufigen Konzern, S. 95–97.

182 Vgl., wenn auch im handelsrechtlichen Kontext, LEINEN, M., Kapitalkonsolidierung im mehrstufigen Konzern, S. 76 f. und 88.

183 Vgl. VON WYSOCKI, K./WOHLGEMUTH, M./BRÖSEL, G., Konzernrechnungslegung, S. 155.

184 Vgl. Abschnitt 331. sowie VON WYSOCKI, K./WOHLGEMUTH, M./BRÖSEL, G., Konzernrechnungslegung, S. 155.

185 Vgl., wenn auch im handelsrechtlichen Kontext, LEINEN, M., Kapitalkonsolidierung im mehrstufigen Konzern, S. 87 sowie Abschnitt 331.

186 Vgl. so auch BAETGE, J., Erwerbsmethode im mehrstufigen Konzern, S. 30 f.; DUSEMOND, M./WEBER, C.-P./ZÜNDORF, H., in: Küting/Weber, HdK, 2. Aufl., § 301 HGB, Rn. 256. VON WYSOCKI, K./WOHLGEMUTH, M./BRÖSEL,

Bereits Teil des Eigenkapitals im Kettenzwischenabschluss sind die **nicht beherrschenden Anteile** an mittel- und unmittelbaren Tochterunternehmen der hierarchisch höchsten in den Kettenzwischenabschluss einbezogenen Tochtergesellschaft.[187] Gemäß IFRS 10 sind die Teile des Eigenkapitals eines Tochterunternehmens in die Kapitalaufrechnung einzubeziehen, die auf die Beteiligung des Mutterunternehmens entfallen.[188] Die nicht beherrschenden Anteile sind allerdings kein Eigenkapitalbestandteil des höchsten in den Kettenzwischenabschluss einbezogenen Tochterunternehmens.[189] Daher stünde eine Verrechnung der nicht beherrschenden Anteile mit der Beteiligung des Mutterunternehmens der nächsthöheren Konzernstufe der Regelung des IFRS 10 entgegen.[190]

Würden die nicht beherrschenden Anteile dennoch dem konsolidierungspflichtigen Teil des Eigenkapitals zugerechnet, wird ihr Wertansatz im Rahmen der Kapitalkonsolidierung auf der nächsthöheren Konzernstufe entsprechend der Beteiligungsquote des unmittelbaren Mutterunternehmens am höchsten in den Kettenzwischenabschluss einbezogenen Tochterunternehmen gemindert.[191] Dies zeigt sich besonders deutlich, wenn das Konzernmutterunternehmen an dem unmittelbaren, d. h. hierarchisch höchsten, Tochterunternehmen sämtliche Anteile hält. In diesem Fall würden jegliche nicht beherrschenden Anteile bei der letzten im Rahmen der Kettenkonsolidierung erforderlichen Kapitalkonsolidierung vollständig verrechnet und der Konzernabschluss suggerieren, dass keine nicht beherrschenden Gesellschafter an den Tochtergesellschaften beteiligt sind.[192] Im Zuge der Konsolidierung des Kettenzwischenabschlusses mit dem Einzelabschluss des Mutterunternehmens der nächsthöheren Konzernstufe ändern sich die Beteiligungsverhältnisse der in den Kettenzwischenabschluss einbezo-

G., Konzernrechnungslegung, S. 155 sowie ADS, 6. Aufl., § 301 HGB, Rn. 224–226 halten alternativ eine Verrechnung von Unterschiedsbeträgen einzelner Konzernstufen, mithin aus unterschiedlichen Unternehmenszusammenschlüssen für zulässig, solange der entstehende Gesamtunterschiedsbetrag entsprechend seiner Teilunterschiedsbeträge differenziert in der Konzernbilanz erfasst wird. Letztlich führen beide Vorgehensweisen konzeptionell zum selben Ergebnis.

187 Vgl. IFRS 10.22 sowie zum Charakter und zur Bewertung nicht beherrschender Anteile Abschnitt 523.1.

188 Vgl. IFRS 10.B86 (b).

189 Vgl. WINKELJOHANN, N./HOFFMANN, K., in: Grottel u. a., Beck Bilanzkomm., 11. Aufl., § 301 HGB, Rn. 371; BAETGE, J., Erwerbsmethode im mehrstufigen Konzern, S. 31.

190 Abweichend ist jedoch vorzugehen, wenn z. B. ein hierarchisch über dem Mutterunternehmen des höchsten in den Kettenzwischenabschluss einbezogenen Tochterunternehmens stehendes Konzernunternehmen neben seiner indirekten auch eine direkte Beteiligung an einem in den Kettenzwischenabschluss einbezogenen Tochterunternehmen hält. Das auf diese direkte Beteiligung entfallende Eigenkapital wird im Kettenzwischenabschluss zunächst als nicht beherrschende Anteile ausgewiesen. Vgl. KÜTING, K./WEBER, C.-P./DUSEMOND, M., Kapitalkonsolidierung im mehrstufigen Konzern, S. 1082. Bei der Konsolidierung des entsprechenden Kettenzwischenabschlusses mit dem Einzelabschluss des hierarchisch höheren Konzernunternehmens ist die in Rede stehende Beteiligung mit den auf sie entfallenden nicht beherrschenden Anteilen zu verrechnen. Dies entspricht nicht nur der Regelung des IFRS 10, sondern ist auch erforderlich, da das auf die Beteiligung entfallende Eigenkapital keine Anteile nicht beherrschender Gesellschafter repräsentiert. Vgl. VON WYSOCKI, K./WOHLGEMUTH, M./BRÖSEL, G., Konzernrechnungslegung, S. 154 sowie zu einem ähnlichen Beispiel mit zwei Beteiligungslinien LEINEN, M., Kapitalkonsolidierung im mehrstufigen Konzern, S. 97 f. Solche Beteiligungsstrukturen werden im Folgenden jedoch nicht weiter (explizit) betrachtet. Vielmehr liegen den Ausführungen dieser Arbeit ausschließlich Beteiligungsstrukturen zugrunde, die durch eine Beteiligungslinie gekennzeichnet sind, in der die Konzernunternehmen ausschließlich direkte Beteiligungen an unmittelbar hierarchisch nachgeordneten Tochterunternehmen halten. Vgl. Abschnitt 222.

191 Vgl. KÜTING, K./WEBER, C.-P./DUSEMOND, M., Kapitalkonsolidierung im mehrstufigen Konzern, S. 1085.

192 Vgl. KÜTING, K./WEBER, C.-P./DUSEMOND, M., Kapitalkonsolidierung im mehrstufigen Konzern, S. 1085; BAETGE, J., Erwerbsmethode im mehrstufigen Konzern, S. 31.

genen Tochterunternehmen indes nicht. Dementsprechend bleiben auch die Anteile nicht beherrschender Gesellschafter an den Reinvermögen dieser Tochterunternehmen unberührt. Ein niedrigerer Wertansatz derselben nicht beherrschenden Anteile im konsolidierten Abschluss der nächsthöheren Konzernstufe im Vergleich zu deren Wertansatz im Kettenzwischenabschluss würde folglich dazu führen, dass die Beteiligungsverhältnisse und damit die Vermögenslage des Konzerns verzerrt abgebildet werden.[193] Daher lässt sich die Berücksichtigung nicht beherrschender Anteile im konsolidierungspflichtigen Eigenkapital nicht rechtfertigen. Diese sind vielmehr stufenweise zu ermitteln und letztlich kumuliert in den Konzernabschluss zu übernehmen.[194]

Im Ergebnis sind also – unabhängig von der angewandten Konsolidierungstechnik – nicht nur die **Unterschiedsbeträge** aus verschiedenen Erwerbsvorgängen, sondern auch die **nicht beherrschenden Anteile** zwingend **auf der jeweiligen Konzern(zwischen)stufe** zu **ermitteln** und zu **bilanzieren.**[195] Bei den im folgenden Abschnitt 34 beschriebenen möglichen Methoden zur Behandlung indirekter Beteiligungen nicht beherrschender Gesellschafter können so etwaige Unterschiede konzernstufenspezifisch betrachtet werden. Dabei wird die Technik der Kettenkonsolidierung zugrunde gelegt, weil es diese im Vergleich zur Simultankonsolidierung ermöglicht, Auswirkungen der Methoden auf einzelnen Konzernstufen explizit und isoliert anhand des jeweils zu erstellenden Kettenzwischenabschlusses zu zeigen.

## 34 Methoden zur Abbildung indirekter Anteile nicht beherrschender Gesellschafter im Konzernabschluss

### 341. Vorbemerkungen

Die **zentrale Fragestellung** der Kapitalkonsolidierung im mehrstufigen Konzern ist die Behandlung indirekter Beteiligungen nicht beherrschender Gesellschafter.[196] Solche Beteiligungen bestehen, wenn nicht beherrschende Gesellschafter Anteile an einem Tochterunternehmen halten, das wiederum Teilkonzernmutterunternehmen (mittelbarer) Tochterunternehmen ist.[197] Über die Beteiligung des Teilkonzernmutterunternehmens sind die nicht beherrschenden Gesellschafter dann indirekt am Reinvermögen des Tochterunternehmens beteiligt.[198] Während der Anteil der indirekt beteiligten

[193] Vgl., wenn auch im handelsrechtlichen Kontext, DUSEMOND, M./WEBER, C.-P./ZÜNDORF, H., in: Küting/Weber, HdK, 2. Aufl., § 301 HGB, Rn. 257; EBELING, R. M., Einheitsfiktion, S. 325 f.

[194] Vgl. SENGER, T./DIERSCH, U., in: Driesch u. a., Beck IFRS HB, 5. Aufl., § 35, Rn. 75; FORSTER, K.-H./HAVERMANN, H., Anteile konzernfremder Gesellschafter, S. 2.

[195] Im Unterschied zur Akquisition eines einzelnen mittelbaren Tochterunternehmens besteht für den Erwerb eines Teilkonzerns zum einen die Möglichkeit, diesen im Konzernabschluss wie den Erwerb mehrerer einzelner Unternehmen abzubilden. Zum anderen ist ebenso die Abbildung als singulärer Unternehmenszusammenschluss denkbar, aus dem schließlich nur ein einziger Unterschiedsbetrag hervorgeht. Letztere Abbildungsalternative führt dazu, dass die Unterschiedsbeträge der Teilkonzern(zwischen)stufen miteinander verrechnet werden. Vgl. Abschnitt 532.1 sowie zur diesbezüglichen Diskussion um die Zulässigkeit und der Implikationen für die Vermögens-, Finanz- und Ertragslage des Konzerns Abschnitte 532.2 und 532.3.

[196] Vgl. LEINEN, M., Kapitalkonsolidierung im mehrstufigen Konzern, S. 101.

[197] Vgl. KÜTING, K./WEBER, C.-P./WIRTH, J., Kapitalkonsolidierung im mehrstufigen Konzern, S. 44; FORSTER, K.-H./HAVERMANN, H., Anteile konzernfremder Gesellschafter, S. 3.

[198] Vgl. KÜTING, K./WEBER, C.-P., Konzernabschluss, S. 417; WIRTH, J./DUSEMOND, M./KÜTING, P., Kapitalkonsoli-

nicht beherrschenden Gesellschafter an den identifizierbaren Vermögenswerten und Schulden des Tochterunternehmens aufgrund der Vollkonsolidierung nach der Neubewertungsmethode vollständig, d. h. einschließlich sämtlicher stiller Reserven und stiller Lasten, anzusetzen ist,[199] steht vor allem bei der *partial goodwill method* der auf die **indirekte Beteiligung der nicht beherrschenden Gesellschafter entfallende Unterschiedsbetrag** im Mittelpunkt der Diskussion.[200] Zu dessen Behandlung bestehen mit der multiplikativen Methode und der additiven Methode zwei mögliche Ansätze.[201] Beide Methoden werden im Folgenden allgemein und auf der Grundlage des in Abbildung 3-5 gezeigten zweistufigen Beispielkonzerns qualitativ und quantitativ mit dem Ziel vorgestellt, anhand ihrer Unterschiede die Schwerpunkte der Untersuchung sowie die primär zu betrachtende Konzernstufe zu identifizieren, auf der sich die Unterschiede originär ergeben.

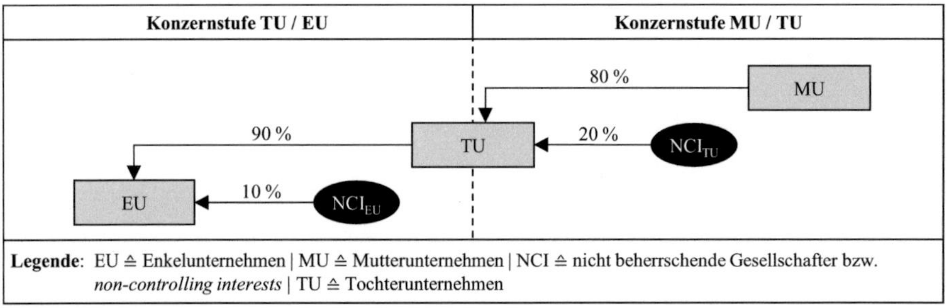


**Abbildung 3-5: Beteiligungsverhältnisse des zweistufigen Beispielkonzerns**

## 342. Multiplikative Methode

### 342.1 Vorgehensweise

Bei der multiplikativen Methode wird für Zwecke der Kapitalkonsolidierung die **Perspektive des hierarchisch höchsten Konzernunternehmens** eingenommen.[202] Im Rahmen einer nach der Erwerbsmethode des IFRS 3 abgebildeten Akquisition ist damit also das Konzernmutterunternehmen (MU) als Erwerber anzusehen.[203] Aus dessen Blickwinkel sind folglich auch die Unterschiedsbeträge aus der Kapitalkonsolidierung zu bestimmen.[204] Da diese bei Anwendung der Kettenkonsolidierung

dierung im mehrstufigen Konzern, S. 2494; HOLZMEIER, M./HACHMEISTER, D., Anteile nicht beherrschender Gesellschafter im mehrstufigen Konzern, S. 20.

199 Vgl. SENGER, T./DIERSCH, U., in: Driesch u. a., Beck IFRS HB, 5. Aufl., § 35, Rn. 75; KÜTING, K./WEBER, C.-P., Konzernabschluss, S. 418 f.

200 Vgl. KÜTING, K./WEBER, C.-P./WIRTH, J., Kapitalkonsolidierung im mehrstufigen Konzern, S. 51 f.

201 Vgl. KÜTING, K./WEBER, C.-P., Konzernabschluss, S. 417 und 421.

202 Vgl. KÜTING, K./WEBER, C.-P./WIRTH, J., Kapitalkonsolidierung im mehrstufigen Konzern, S. 45; KÜTING, K./WEBER, C.-P., Konzernabschluss, S. 418.

203 Vgl. IFRS 3.6 f. sowie LÜDENBACH, N./HOFFMANN, W.-D./FREIBERG, J., in: Lüdenbach/Hoffmann/Freiberg, Haufe IFRS-Kommentar, 16. Aufl., § 31, Rn. 187.

204 Vgl. KÜTING, K./WEBER, C.-P./WIRTH, J., Kapitalkonsolidierung im mehrstufigen Konzern, S. 45; LÜDENBACH, N./HOFFMANN, W.-D./FREIBERG, J., in: Lüdenbach/Hoffmann/Freiberg, Haufe IFRS-Kommentar, 16. Aufl., § 31, Rn. 187.

stufenweise ermittelt werden, ist für die Kapitalkonsolidierung des zunächst zu erstellenden Kettenzwischenabschlusses der niedrigsten Konzernstufe die Höhe der indirekten Beteiligung des Konzernmutterunternehmens am hierarchisch niedrigsten Tochterunternehmen (EU) festzustellen.[205] Der Wertansatz dieser indirekten Beteiligung entspricht dem Teil des Beteiligungswertes des unmittelbaren Teilkonzernmutterunternehmens (TU) am hierarchisch niedrigsten Tochterunternehmen, der dem Konzernmutterunternehmen entsprechend seiner effektiven Beteiligungsquote am Teilkonzernmutterunternehmen zuzuordnen ist.[206] Die effektive Beteiligungsquote am Teilkonzernmutterunternehmen berechnet sich, indem ausgehend vom Konzernmutterunternehmen die Beteiligungsquoten der Teilkonzernmutterunternehmen, die zugleich Tochterunternehmen des Konzernmutterunternehmens sind, am jeweils unmittelbar hierarchisch nachgeordneten Tochterunternehmen bis zum Teilkonzernmutterunternehmen des hierarchisch niedrigsten Tochterunternehmens multipliziert werden.[207]

Der so ermittelte Wert der indirekten Beteiligung des Konzernmutterunternehmens ist dann zusammen mit den nicht beherrschenden Anteilen ($NCI_{EU}$ und $NCI_{TU}$), die gemäß der *partial goodwill method* zum beizulegenden Zeitwert des anteiligen Reinvermögens des mittelbaren Tochterunternehmens bewertet werden,[208] gegen das gesamte (neubewertete) Eigenkapital der mittelbaren Tochtergesellschaft aufzurechnen.[209] Dadurch wird die Doppelerfassung des Reinvermögens im Summenabschluss eliminiert, das auf die indirekte Beteiligung des Konzernmutterunternehmens entfällt,[210] und ein etwaiger **Unterschiedsbetrag aus der Kapitalkonsolidierung** bestimmt.[211]

205 Vgl. LÜDENBACH, N./HOFFMANN, W.-D./FREIBERG, J., in: Lüdenbach/Hoffmann/Freiberg, Haufe IFRS-Kommentar, 16. Aufl., § 31, Rn. 185 und 187; KÜTING, K./WEBER, C.-P./WIRTH, J., Kapitalkonsolidierung im mehrstufigen Konzern, S. 45.

206 Vgl. WIRTH, J./DUSEMOND, M./KÜTING, P., Kapitalkonsolidierung im mehrstufigen Konzern, S. 2495; LÜDENBACH, N./HOFFMANN, W.-D./FREIBERG, J., in: Lüdenbach/Hoffmann/Freiberg, Haufe IFRS-Kommentar, 16. Aufl., § 31, Rn. 187; KÜTING, K./WEBER, C.-P., Konzernabschluss, S. 419; LEINEN, M., Kapitalkonsolidierung im mehrstufigen Konzern, S. 79.

207 Vgl. SENGER, T./DIERSCH, U., in: Driesch u. a., Beck IFRS HB, 5. Aufl., § 35, Rn. 74; KÜTING, K./WEBER, C.-P., Konzernabschluss, S. 418; BAETGE, J./KIRSCH, H.-J./THIELE, S., Konzernbilanzen, S. 400; HOLZMEIER, M./HACHMEISTER, D., Anteile nicht beherrschender Gesellschafter im mehrstufigen Konzern, S. 20. Bei nicht streng hierarchischen Beteiligungsstrukturen, z. B. in Fällen von gegenseitigen Beteiligungen oder Rückbeteiligungen, können mithilfe der Matrizenrechnung die effektiven Beteiligungsquoten ermittelt werden. Vgl. KÜTING, K./WEBER, C.-P./WIRTH, J., Kapitalkonsolidierung im mehrstufigen Konzern, S. 47. Das Schrifttum beschreibt im handelsrechtlichen Kontext analog zu der hier vorgestellten Ermittlung der effektiven Anteilsquote des Konzernmutterunternehmens an der Beteiligung des unmittelbaren Teilkonzernmutterunternehmens an der mittelbaren Tochtergesellschaft die Bestimmung der effektiven Anteilsquote der Konzernobergesellschaft am konsolidierungspflichtigen Eigenkapital des mittelbaren Tochterunternehmens. Vor dem Hintergrund der Ermittlungssystematik eines Unterschiedsbetrages nach IFRS 3, die eine Aufrechnung sämtlicher – also sowohl die dem Konzernmutterunternehmen als auch die den nicht beherrschenden Gesellschaftern zuzurechnenden – Anteile mit dem gesamten Reinvermögen respektive Eigenkapital des Erwerbsobjektes vorsieht, wird an dieser Stelle bewusst von der im handelsrechtlichen Schrifttum erläuterten Vorgehensweise abgewichen. Vgl. zur Ermittlungssystematik des IFRS 3 unter Berücksichtigung der Methoden zur Kapitalkonsolidierung im mehrstufigen Konzern Abschnitt 522.1.

208 Vgl. IFRS 3.19 (b) sowie Abschnitt 31.

209 Vgl. LEINEN, M., Kapitalkonsolidierung im mehrstufigen Konzern, S. 79.

210 Vgl., wenn auch im Zusammenhang mit einstufigen Konzernstrukturen, BAETGE, J./KIRSCH, H.-J./THIELE, S., Konzernbilanzen, S. 181.

211 Vgl., wenn auch mit Bezug zur Ermittlungssystematik nach IFRS 10.B86 (b), LÜDENBACH, N./HOFFMANN, W.-D./FREIBERG, J., in: Lüdenbach/Hoffmann/Freiberg, Haufe IFRS-Kommentar, 16. Aufl., § 31, Rn. 185 und 187.

Im Zuge der Bewertung der **nicht beherrschenden Anteile** wird konsolidierungstechnisch auch der Posten für die Anteile nicht beherrschender Gesellschafter in Höhe ihrer direkten und indirekten Anteile am (neubewerteten) Eigenkapital bzw. am Reinvermögen des mittelbaren Tochterunternehmens gebildet.[212] Der indirekte Anteil der nicht beherrschenden Gesellschafter am Eigenkapital bzw. am Reinvermögen ($NCI_{TU}$) werden indes nicht nur durch den gebildeten Posten für nicht beherrschende Anteile, sondern ebenso durch den (noch) nicht verrechneten Teil des Beteiligungswertes des Teilkonzernmutterunternehmens repräsentiert.[213] Dieser Teil des Beteiligungswertes – mithin die indirekte Beteiligung[214] der nicht beherrschenden Gesellschafter des Teilkonzernmutterunternehmens ($NCI_{TU}$) am mittelbaren Tochterunternehmen – wird bei der multiplikativen Methode nicht in die Ermittlung des Unterschiedsbetrages aus der Kapitalkonsolidierung einbezogen.[215] Damit das auf diese indirekte Beteiligung entfallende Reinvermögen jedoch nicht doppelt im Kettenzwischenabschluss bzw. mehrfach im Konzernabschluss erfasst wird, ist diese Beteiligung erfolgsneutral mit den nicht beherrschenden Anteilen am Konzerneigenkapital zu verrechnen.[216] Infolgedessen wird jedoch nicht nur eine Doppel- bzw. Mehrfacherfassung des Reinvermögens verhindert, sondern – „[d]em Leitgedanken der multiplikativen Methode folgend"[217] – implizit auch ein der indirekten Beteiligung der nicht beherrschenden Gesellschafter zuzurechnender Unterschiedsbetrag mit den nicht beherrschenden Anteilen saldiert.[218] Im Konzernabschluss wird also letztlich nur ein auf das Konzernmutterunternehmen entfallender Unterschiedsbetrag gemäß den Regelungen des IFRS 3 behandelt.[219]

Die indirekten nicht beherrschenden Anteile am mittelbaren Tochterunternehmen werden im Kettenzwischenabschluss zwar letztlich vollständig eliminiert.[220] Auf der **nächsthöheren Konzernstufe** gehen sie allerdings als Bestandteil der direkten Anteile der nicht beherrschenden Gesellschafter am

212 Vgl. SENGER, T./DIERSCH, U., in: Driesch u. a., Beck IFRS HB, 5. Aufl., § 35, Rn. 74; KÜTING, K./WEBER, C.-P./WIRTH, J., Kapitalkonsolidierung im mehrstufigen Konzern, S. 46; BAETGE, J./KIRSCH, H.-J./THIELE, S., Konzernbilanzen, S. 399.

213 Vgl. MANDL, G./KÖNIGSMAIER, H., Behandlung von Minderheitsanteilen im mehrstufigen Konzern, S. 251.

214 Wenngleich sich dieser Beteiligungswert bei der hier gewählten Vorgehensweise als Residualgröße ergibt, kann er auch analog zur indirekten Beteiligung des Konzernmutterunternehmens bestimmt werden.

215 Alternativ kann in rein technischer Hinsicht bei Anwendung der multiplikativen Methode auch ein auf die indirekte Beteiligung der nicht beherrschenden Gesellschafter entfallender Unterschiedsbetrag ermittelt werden. Dazu ist die indirekte Beteiligung mit dem ihr zuzurechnenden Eigenkapital des hierarchisch nachgeordneten Tochterunternehmens zu verrechnen. Der so ermittelte Unterschiedsbetrag kann entweder noch vor der Aufstellung des Kettenzwischenabschlusses oder auf einer höheren Konzernstufe vor der Aufstellung des Konzernabschlusses mit den nicht beherrschenden Anteilen verrechnet werden. Vgl. hierzu ausführlich EWERT, R./SCHENK, G., Kapitalkonsolidierung im mehrstufigen Konzern, S. 6; LEINEN, M., Kapitalkonsolidierung im mehrstufigen Konzern, S. 125–127.

216 Vgl. MANDL, G./KÖNIGSMAIER, H., Behandlung von Minderheitsanteilen im mehrstufigen Konzern, S. 251; BAETGE, J./KIRSCH, H.-J./THIELE, S., Konzernbilanzen, S. 404.

217 LEINEN, M., Kapitalkonsolidierung im mehrstufigen Konzern, S. 126.

218 Vgl. KÜTING, K./WEBER, C.-P., Konzernabschluss, S. 418; LEINEN, M., Kapitalkonsolidierung im mehrstufigen Konzern, S. 79 f.; BAETGE, J./KIRSCH, H.-J./THIELE, S., Konzernbilanzen, S. 400; KÜTING, K./WEBER, C.-P./WIRTH, J., Kapitalkonsolidierung im mehrstufigen Konzern, S. 46; WIRTH, J./DUSEMOND, M./KÜTING, P., Kapitalkonsolidierung im mehrstufigen Konzern, S. 2495.

219 Vgl. THEILE, C./PAWELZIK, K. U., in: Heuser/Theile, IFRS-Handbuch, 5. Aufl., D VI, Rn. 5830; LÜDENBACH, N./HOFFMANN, W.-D./FREIBERG, J., in: Lüdenbach/Hoffmann/Freiberg, Haufe IFRS-Kommentar, 16. Aufl., § 31, Rn. 186; WIRTH, J./DUSEMOND, M./KÜTING, P., Kapitalkonsolidierung im mehrstufigen Konzern, S. 2495.

220 Vgl. LEINEN, M., Kapitalkonsolidierung im mehrstufigen Konzern, S. 125.

Teilkonzernmutterunternehmen in den Bilanzposten für nicht beherrschende Anteile ein.[221] Sofern auf dieser Konzernstufe wiederum nicht beherrschende Gesellschafter einer höheren Konzernstufe indirekt beteiligt sind, ist das vorstehend beschriebene Vorgehen zu wiederholen.[222] Anderenfalls ist die Kapitalkonsolidierung wie im einstufigen Konzern durchzuführen.

### 342.2 Beispielhafte Darstellung

Das folgende Konsolidierungsbeispiel gibt einen systematischen Überblick über die Kapitalkonsolidierung bei Anwendung der multiplikativen Methode. Dabei wird der bereits in Abschnitt 341. Vorgestellte Beispielkonzern zugrunde gelegt, dessen Tochter- und Enkelunternehmen erstmalig in den Konzernabschluss einbezogen werden. Neben den Kapitalverflechtungen bestehen annahmegemäß keine anderen konzerninternen Geschäftsbeziehungen zwischen den Konzernunternehmen, sodass außer der Kapitalkonsolidierung keine weiteren Konsolidierungsmaßnahmen erforderlich sind, um den Konzernabschluss aufzustellen. Die im Konzernabschluss zusammenzuführenden vereinheitlichten IFRS-Einzelbilanzen der Konzernunternehmen zeigt die nachstehende Tabelle 3-1.

| (Alle Zahlenangaben in GE) | MU IFRS-Bilanz II | TU IFRS-Bilanz II/III | EU IFRS-Bilanz III |
|---|---|---|---|
| **Aktiva** | | | |
| Beteiligungen | | | |
| MU an TU | 350 | | |
| TU an EU | | 300 | |
| Sonstige Aktiva | 225 | 360 | 675 |
| Summe Aktiva | 575 | 660 | 675 |
| **Passiva** | | | |
| Eigenkapital | 300 | 400 | 300 |
| Sonstige Passiva | 275 | 260 | 375 |
| Summe Passiva | 575 | 660 | 675 |
| **Legende:** EU ≙ Enkelunternehmen \| GE ≙ Geldeinheiten \| MU ≙ Mutterunternehmen \| TU ≙ Tochterunternehmen | | | |

**Tabelle 3-1: Unkonsolidierte Bilanzen der Konzernunternehmen zum Erstkonsolidierungszeitpunkt**

Gemäß dem Vorgehen der Kettenkonsolidierung sind im ersten Schritt die beiden Einzelabschlüsse des Enkel- und des Tochterunternehmens zum Kettenzwischenabschluss$_{TU/EU}$ zu konsolidieren. Dabei wird vereinfachend unterstellt, dass die Buchwerte der einzelnen Bilanzposten des Tochter- und des Enkelunternehmens bereits deren beizulegenden Zeitwerten zum Erstkonsolidierungszeitpunkt entsprechen. Die ansonsten grundsätzlich erforderliche (vollständige) Aufdeckung der stillen Reserven

[221] Vgl., wenn auch im Kontext der additiven Methode, KÜTING, K./WEBER, C.-P./WIRTH, J., Kapitalkonsolidierung im mehrstufigen Konzern, S. 45. Vgl. implizit auch EBELING, R. M./BAUMANN, K. F., Konsolidierung mehrstufiger Konzerne, S. 8.

[222] Vgl. Abschnitt 332.

und stillen Lasten braucht daher in diesem Fall nicht beachtet werden. Im zweiten Schritt ist der Kettenzwischenabschluss$_{TU/EU}$ mit dem Einzelabschluss des Konzernmutterunternehmens zum Konzernabschluss zusammenzuführen. Tabelle 3-2 zeigt die dafür notwendigen Konsolidierungsbuchungen, die anschließend erläutert werden.

| (Alle Zahlenangaben in GE) | **TU** | **EU** | **SB** | **Konsolidierungs-spalte I** | | **KZA** | **MU** | **SB** | **Konsolidierungs-spalte II** | | **KB** |
|---|---|---|---|---|---|---|---|---|---|---|---|
| | IFRS II/III | IFRS III | | Soll | Haben | TU/ EU | IFRS II | | Soll | Haben | |
| **Aktiva** | | | | | | | | | | | |
| GoF | | | | (1a) 24 | | 24 | | 24 | (3a) 30 | | 54 |
| Beteiligungen | | | | | | | | | | | |
| MU an TU | | | | | | | 350 | 350 | | (3a) 350 | |
| TU an EU | 300 | | 300 | | (1a) 240<br>(2) 60 | | | | | | |
| Sonstige Aktiva | 360 | 675 | 1.035 | | | 1.035 | 225 | 1.260 | | | 1.260 |
| Summe Aktiva | 660 | 675 | 1.335 | | | 1.059 | 575 | 1.634 | | | 1.314 |
| **Passiva** | | | | | | | | | | | |
| Eigenkapital | | | | | | | | | | | |
| Sonstiges Eigenkapital | 400 | 300 | 700 | (1a) 216<br>(1b) 84 | | 400 | 300 | 700 | (3a) 320<br>(3b) 80 | | 300 |
| Nicht beh. Anteile | | | | (2) 60 | (1b) 84 | 24 | | 24 | | (3b) 80 | 104 |
| Sonstige Passiva | 260 | 375 | 635 | | | 635 | 275 | 910 | | | 910 |
| Summe Passiva | 660 | 675 | 1.335 | 384 | 384 | 1.059 | 575 | 1.634 | 430 | 430 | 1.314 |

**Legende**: EU ≙ Enkelunternehmen | GE ≙ Geldeinheiten | GoF ≙ Geschäfts- oder Firmenwert | KB ≙ Konzernbilanz | KZA ≙ Kettenzwischenabschluss | MU ≙ Mutterunternehmen | Nicht beh. Anteile ≙ Nicht beherrschende Anteile | SB ≙ Summenbilanz | TU ≙ Tochterunternehmen

**Tabelle 3-2: Aufstellung des Konzernabschlusses bei Anwendung der multiplikativen Methode**

Da bei der Kapitalkonsolidierung nach der multiplikativen Methode die Perspektive des Konzernmutterunternehmens eingenommen wird, ist für die Erstellung des **Kettenzwischenabschlusses$_{TU/EU}$** zunächst dessen **indirekte Beteiligung am Enkelunternehmen** – also der auf das Konzernmutterunternehmen entfallende Teil der Beteiligung des Tochterunternehmens am Enkelunternehmen – zu bestimmen. Dazu ist der Beteiligungswert des Tochterunternehmens mit der effektiven Beteiligungsquote des Konzernmutterunternehmens am Tochterunternehmen zu multiplizieren. Da das Konzernmutterunternehmen unmittelbar am Tochterunternehmen beteiligt ist, entspricht die effektive Beteiligungsquote der direkten Beteiligungsquote von 80 %. Die indirekte Beteiligung des Konzernmutterunternehmens am Enkelunternehmen beträgt somit 240 GE (= 300 GE · 80 %).

Anschließend ist die Höhe der **nicht beherrschenden Anteile** zu ermitteln, die bei Anwendung der *partial goodwill method* mit dem beizulegenden Zeitwert des anteiligen Reinvermögens des Enkelunternehmens bewertet werden. Der Anteil der nicht beherrschenden Gesellschafter am Reinvermögen richtet sich nach deren effektiver Beteiligungsquote am Enkelunternehmen. Diese setzt sich im Rahmen der multiplikativen Methode einerseits aus der direkten ($NCI_{EU}$: 10 %) und andererseits aus der indirekten Beteiligungsquote der nicht beherrschenden Gesellschafter ($NCI_{TU}$: 18 % = 20 % · 90 %) zusammen und entspricht damit 28 % (= 10 % + 18 %). Der beizulegende Zeitwert des auf die nicht beherrschenden Gesellschafter entfallenden Reinvermögens beträgt folglich 84 GE (= 300 GE · 28 %).

Die so ermittelten nicht beherrschenden Anteile sind zusammen mit der indirekten Beteiligung des Konzernmutterunternehmens gegen das zum Erstkonsolidierungszeitpunkt neubewerte Reinvermögen des Enkelunternehmens i. H. v. 300 GE aufzurechnen, um den **Unterschiedsbetrag aus der Kapitalkonsolidierung** zu bestimmen.

| | | |
|---|---|---|
| | Wert der indirekten Beteiligung des MU am EU | 240 GE |
| + | Wert der direkten und indirekten nicht beherrschenden Anteile am EU | 84 GE |
| ./. | Neubewertetes Reinvermögen des EU | 300 GE |
| **=** | **Unterschiedsbetrag aus der Kapitalkonsolidierung** | **24 GE** |

**Tabelle 3-3: Ermittlung des Unterschiedsbetrages aus der Kapitalkonsolidierung nach der multiplikativen Methode (TU/EU)**

Der Unterschiedsbetrag aus der Kapitalkonsolidierung entspricht einem Geschäfts- oder Firmenwert und ist als solcher auf der Aktivseite der Konzernbilanz anzusetzen.[223] Dabei ist zu beachten, dass er aufgrund des Ermittlungsschemas der multiplikativen Methode ausschließlich auf das Konzernmutterunternehmen entfällt.

Die Verrechnung bzw. Ermittlung der vorstehenden Größen ist **konsolidierungstechnisch** nachzuzeichnen. Dabei wird mit Buchung (1a) – entsprechend der Vorgehensweise der Kapitalkonsolidierung nach IFRS 10 – die (indirekte) Beteiligung des Konzernmutterunternehmens am Enkelunternehmen gegen das anteilige (neubewertete) Eigenkapital des Enkelunternehmens (216 GE = 300 GE · 80 % · 90 %) aufgerechnet,[224] um eine Doppelerfassung des auf diese Beteiligung entfallenden Reinvermögens im $Kettenzwischenabschluss_{TU/EU}$ zu verhindern. Der aus der Kapitalaufrechnung resultierende positive Unterschiedsbetrag ist als Geschäfts- oder Firmenwert zu aktivieren.[225]

---

223 Vgl. IFRS 3.32.
224 Vgl. IFRS 10.B86 (b).
225 Vgl. IFRS 3.32.

| **(1a)** | Geschäfts- oder Firmenwert | 24 GE | *an* | Beteiligung TU an EU | 240 GE |
|---|---|---|---|---|---|
| | Sonst. Eigenkapital | 216 GE | | | |

Mit Buchung (1b) werden anschließend die indirekten und direkten nicht beherrschenden Anteile am Reinvermögen des Enkelunternehmens in den Bilanzposten für die Anteile nicht beherrschender Gesellschafter eingestellt.[226]

| **(1b)** | Sonst. Eigenkapital | 84 GE | *an* | Nicht beh. Anteile | 84 GE |
|---|---|---|---|---|---|

Die so angesetzten indirekten nicht beherrschenden Anteile werden allerdings (noch) durch die im Summenabschluss erfasste **indirekte Beteiligung der nicht beherrschenden Gesellschafter ($NCI_{TU}$)**, also den auf diese Gesellschafter entfallenden Teil der Beteiligung am Enkelunternehmen, repräsentiert. Ohne weitere Konsolidierungsbuchungen würde das entsprechende Reinvermögen des Enkelunternehmens im $Kettenzwischenabschluss_{TU/EU}$ doppelt berücksichtigt. Daher ist die indirekte Beteiligung der $NCI_{TU}$ i. H. v. 60 GE (= 300 GE · 20 %) durch Buchung (2) mit dem zuvor gebildeten Bilanzposten für die Anteile nicht beherrschender Gesellschafter zu verrechnen, sodass die in Rede stehenden indirekten Anteile am Reinvermögen zunächst vollständig eliminiert werden.

| **(2)** | Nicht beh. Anteile | 60 GE | *an* | Beteiligung TU an EU | 60 GE |
|---|---|---|---|---|---|

Buchung (2) eliminiert allerdings nicht nur eine Doppelerfassung von Teilen des Reinvermögens des Enkelunternehmens, sondern mindert den Bilanzposten für die Anteile nicht beherrschender Gesellschafter auch über den Wert des Reinvermögens, der auf die indirekten nicht beherrschenden Anteile entfällt (54 GE = 300 GE · 20 % · 90 %), i. H. v. 6 GE (= 60 GE ./. 54 GE) hinaus. Dies liegt darin begründet, dass der Wert der indirekten Beteiligung der nicht beherrschenden Gesellschafter neben dem anteiligen Reinvermögen ebenfalls einen Geschäfts- oder Firmenwert umfasst.[227] Dieser Geschäfts- oder Firmenwert ist jedoch nicht Teil des vor der Kapitalkonsolidierung anzusetzenden identifizierbaren Reinvermögens des Enkelunternehmens und dementsprechend nicht Teil der mit Buchung (1b) erfassten indirekten nicht beherrschenden Anteile. Folglich übersteigt der Wert der indirekten Beteiligung den Wert der indirekten nicht beherrschenden Anteile. Für die nicht beherrschenden Anteile auf der Konzernstufe TU/EU bedeutet dies in der Konsequenz, dass deren Wertansatz

[226] In technischer Hinsicht wäre es alternativ zur Vorgehensweise nach IFRS 10.B86 (b) auch möglich, die nicht beherrschenden Anteile entsprechend den Schritten der Erwerbsmethode nach IFRS 3 zunächst zu bewerten, bevor anschließend der Unterschiedsbetrag aus der Kapitalkonsolidierung ermittelt wird. Außerdem können die beiden Buchungen (1a) und (1b) auch in einer Buchung zusammengefasst werden. So würde die Ermittlungssystematik des Unterschiedsbetrages nach IFRS 3 nicht nur zur Bestimmung des Wertgerüstes genutzt, sondern explizit auch konsolidierungstechnisch umgesetzt. Vgl. hierzu auch KÜTING, K./WEBER, C.-P./WIRTH, J., Kapitalkonsolidierung im mehrstufigen Konzern, S. 44 f.

[227] Vgl. Abschnitt 32.

den direkten Anteilen der nicht beherrschenden Gesellschafter am Reinvermögen des Enkelunternehmens abzüglich des in der indirekten Beteiligung enthaltenen Geschäfts- oder Firmenwertes entspricht.[228]

Das Ergebnis der auf den Summenabschluss des Tochter- und des Enkelunternehmens angewendeten Konsolidierungsbuchungen ist der Kettenzwischenabschluss$_{TU/EU}$. Dieser ist im nächsten Schritt mit dem Einzelabschluss des Konzernmutterunternehmens zu konsolidieren, um schließlich den **Konzernabschluss** aufzustellen. Dafür ist zunächst der Wertansatz des **Unterschiedsbetrages aus der Kapitalkonsolidierung** zu bestimmen, indem der Beteiligungsbuchwert des Konzernmutterunternehmens am Tochterunternehmen (350 GE) zuzüglich der nicht beherrschenden Anteile (80 GE = 400 GE · 20 %) – wie in Tabelle 3-4 – gegen das (neubewertete) Reinvermögen des Tochterunternehmens (400 GE) aufgerechnet wird.

| | | |
|---|---|---|
| | Wert der Beteiligung des MU am TU | 350 GE |
| + | Wert der nicht beherrschenden Anteile am TU | 80 GE |
| ./. | Neubewertetes Reinvermögen des TU | 400 GE |
| **=** | **Unterschiedsbetrag aus der Kapitalkonsolidierung** | **30 GE** |

**Tabelle 3-4: Ermittlung des Unterschiedsbetrages aus der Kapitalkonsolidierung nach der multiplikativen Methode (MU/TU)**

Da der Unterschiedsbetrag aus der Kapitalkonsolidierung positiv ist, entspricht er einem auf der Aktivseite der Konzernbilanz anzusetzenden Geschäfts- oder Firmenwert.[229] Bei der hier angewendeten *partial goodwill method* wird kein auf die direkten Anteile nicht beherrschender Gesellschafter entfallender Unterschiedsbetrag ermittelt, sodass der Geschäfts- oder Firmenwert ausschließlich dem Konzernmutterunternehmen zuzuordnen ist.

**Konsolidierungstechnisch** wird der zuvor ermittelte Geschäfts- oder Firmenwert durch die Aufrechnung des Beteiligungsbuchwertes mit dem anteiligen (neubewerteten) Eigenkapital des Tochterunternehmens (320 GE = 400 GE · 80 %) in der Konzernbilanz aktiviert.[230] Zugleich wird dadurch die Doppelerfassung des Reinvermögens des Tochterunternehmens im Summenabschluss eliminiert. Buchung (3a) lautet daher wie folgt:

| | | | | | |
|---|---|---|---|---|---|
| **(3a)** | Geschäfts- oder Firmenwert | 30 GE | *an* | Beteiligung MU an TU | 350 GE |
| | Sonst. Eigenkapital | 320 GE | | | |

[228] Vgl. ähnlich KÜTING, K./WEBER, C.-P./WIRTH, J., Kapitalkonsolidierung im mehrstufigen Konzern, S. 45 f.
[229] Vgl. IFRS 3.32.
[230] Vgl. IFRS 10.B86 (b).

Darauf folgend werden mit Buchung (3b) die nicht beherrschenden Anteile am Reinvermögen des Tochterunternehmens i. H. v. 80 GE (= 400 GE · 20 %) in den Bilanzposten für die Anteile nicht beherrschender Gesellschafter eingestellt.[231]

| **(3b)** | Sonst. Eigenkapital | 80 GE | *an* | Nicht beh. Anteile | 80 GE |
|---|---|---|---|---|---|

Diese **nicht beherrschenden Anteile** umfassen zum einen die (direkten) Anteile der nicht beherrschenden Gesellschafter an den Vermögenswerten und Schulden des Tochterunternehmens ohne dessen Beteiligung am Enkelunternehmen i. H. v. 20 GE (= (360 GE ./. 260 GE) · 20 %). Zum anderen repräsentieren sie auch die indirekten Anteile nicht beherrschender Gesellschafter am Reinvermögen und am Geschäfts- oder Firmenwert des Enkelunternehmens i. H. v. 60 GE (= 300 GE · 20 %). Mit der Buchung (3b) werden also die zunächst im Kettenzwischenabschluss$_{TU/EU}$ durch Buchung (2) vollständig eliminierten indirekten Anteile der nicht beherrschenden Gesellschafter am Reinvermögen des Enkelunternehmens im Bilanzposten für nicht beherrschende Anteile erfasst. Zugleich wird die Minderung der nicht beherrschenden Anteile i. H. ihres indirekten Anteils am Geschäfts- oder Firmenwert wieder aufgeholt. Im Konzernabschluss werden so – wie bei der multiplikativen Methode beabsichtigt – keine auf die nicht beherrschenden Gesellschafter entfallenden Anteile am Geschäfts- oder Firmenwert ausgewiesen. Das Ergebnis der erläuterten Konsolidierungsbuchungen ist schließlich die in Tabelle 3-2 gezeigte Konzernbilanz zum Erstkonsolidierungszeitpunkt des Tochter- und des Enkelunternehmens.

## 343. Additive Methode

### 343.1 Vorgehensweise

Im Unterschied zur multiplikativen Methode ist der Kapitalkonsolidierung nach der additiven Methode die **Perspektive der wirtschaftlichen Einheit** zugrunde zu legen, die für Zwecke der Kapitalkonsolidierung mit der des erwerbenden Teilkonzernmutterunternehmens (TU im Beispielkonzern aus Abschnitt 341.) übereinstimmt.[232] Sofern die wirtschaftliche Einheit ein einzelnes Tochterunternehmen bzw. einen Teilkonzern akquiriert,[233] ist sie als Erwerber i. S. d. IFRS 3 zu identifizieren.[234] Dementsprechend ist bei den stufenweisen Kapitalaufrechnungen – analog zu einstufigen Konzernstrukturen – jeweils der gesamte Beteiligungswert des Teilkonzernmutterunternehmens am hierar-

---

[231] Auch an dieser Stelle wäre es möglich, die Buchungen (3a) und (3b) zusammenzufassen, sodass die Ermittlungssystematik des Unterschiedsbetrages nach IFRS 3 explizit konsolidierungstechnisch nachgezeichnet würde.

[232] Vgl. KÜTING, K./WEBER, C.-P., Konzernabschluss, S. 417; THEILE, C./PAWELZIK, K. U., in: Heuser/Theile, IFRS-Handbuch, 5. Aufl., D VI, Rn. 5830; PAWELZIK, K. U./THEILE, C., Eigenkapitalvernichtung im mehrstufigen Konzern, S. 2389.

[233] Innerhalb des erworbenen Teilkonzerns können nicht beherrschende Gesellschafter ebenfalls indirekte Beteiligungen halten. Diese sind bei Anwendung der additiven Methode – vorbehaltlich der in Abschnitt 533. untersuchten Besonderheiten – grundsätzlich wie die indirekten Beteiligungen nicht beherrschender Gesellschafter des (formalrechtlich) erwerbenden Tochterunternehmens zu behandeln.

[234] Vgl. IFRS 3.6 f. sowie KÜTING, K./WEBER, C.-P./WIRTH, J., Kapitalkonsolidierung im mehrstufigen Konzern, S. 44.

chisch unmittelbar nachgeordneten, aus Sicht des Konzernmutterunternehmens mittelbaren Tochterunternehmen (EU) heranzuziehen.[235] Implizit werden damit die Wertansätze der indirekten Beteiligungen des Konzernmutterunternehmens (MU) und der nicht beherrschenden Gesellschafter ($NCI_{TU}$), die entweder direkt oder indirekt Anteile am Teilkonzernmutterunternehmen halten,[236] summiert.[237]

Zusammen mit den direkten nicht beherrschenden Anteilen ($NCI_{EU}$) sind die indirekten Beteiligungen der Gesellschafterstämme dann gleichermaßen als Teile des gesamten Beteiligungswertes gegen das (neubewertete) Eigenkapital des hierarchisch unmittelbar nachgeordneten mittelbaren Tochterunternehmens aufzurechnen.[238] Dadurch wird zum einen verhindert, dass die auf das Konzernmutterunternehmen und die indirekt beteiligten nicht beherrschenden Gesellschafter entfallenden Anteile am Reinvermögen des Tochterunternehmens doppelt im Kettenzwischenabschluss bzw. mehrfach im Konzernabschluss erfasst werden.[239] Zum anderen wird der **Unterschiedsbetrag aus der Kapitalkonsolidierung** ermittelt, der – entsprechend den in die Kapitalaufrechnung einbezogenen indirekten Beteiligungen – sowohl auf das Konzernmutterunternehmen als auch auf die indirekt beteiligten nicht beherrschenden Gesellschafter entfällt und in seiner Gesamtheit gemäß den Regelungen des IFRS 3 als Geschäfts- oder Firmenwert bzw. Erfolg aus einem günstigen Gelegenheitskauf zu behandeln ist.[240]

Der bei der Kapitalkonsolidierung gebildete Bilanzposten für **nicht beherrschende Anteile** umfasst im Rahmen der additiven Methode auf der niedrigsten Konzernstufe ausschließlich die direkten Anteile nicht beherrschender Gesellschafter am mittelbaren Tochterunternehmen.[241] Die indirekten Anteile dieser Gesellschafter werden – wie auch bei der multiplikativen Methode – als Bestandteil ihrer direkten Anteile am hierarchisch höheren Teilkonzernmutterunternehmen auf der entsprechenden Konzernstufe in den Posten für nicht beherrschende Anteile eingestellt. Die stufenweise Konsolidierung nach der additiven Methode ist letztlich solange zu wiederholen, bis auf der höchsten Konzernstufe der Konzernabschluss aufgestellt wird.[242]

235 Vgl. KÜTING, K./WEBER, C.-P./WIRTH, J., Kapitalkonsolidierung im mehrstufigen Konzern, S. 44; KÜTING, K./WEBER, C.-P., Konzernabschluss, S. 418.

236 Vgl. KÜTING, K./WEBER, C.-P., Konzernabschluss, S. 417.

237 Vgl. KIRSCH, H.-J./ENGELKE, F., in: Baetge/Kirsch/Thiele, Bilanzrecht, § 307 HGB, Rn. 34.28.

238 Vgl. IFRS 3.32 i. V. m. IFRS 3.19 sowie KÜTING, K./WEBER, C.-P./WIRTH, J., Kapitalkonsolidierung im mehrstufigen Konzern, S. 44; THEILE, C./PAWELZIK, K. U., in: Heuser/Theile, IFRS-Handbuch, 5. Aufl., D VI, Rn. 5831; SENGER, T./DIERSCH, U., in: Driesch u. a., Beck IFRS HB, 5. Aufl., § 35, Rn. 75.

239 Vgl., wenn auch im Zusammenhang mit einstufigen Konzernstrukturen, BAETGE, J./KIRSCH, H.-J./THIELE, S., Konzernbilanzen, S. 181.

240 Vgl. KÜTING, K./WEBER, C.-P., Konzernabschluss, S. 417 f.; THEILE, C./PAWELZIK, K. U., in: Heuser/Theile, IFRS-Handbuch, 5. Aufl., D VI, Rn. 5831; SENGER, T./DIERSCH, U., in: Driesch u. a., Beck IFRS HB, 5. Aufl., § 35, Rn. 75; KÜTING, K./WEBER, C.-P./WIRTH, J., Kapitalkonsolidierung im mehrstufigen Konzern, S. 45; .

241 Vgl. hierzu und im Folgenden KÜTING, K./WEBER, C.-P./WIRTH, J., Kapitalkonsolidierung im mehrstufigen Konzern, S. 45.

242 Vgl. Abschnitt 332.

### 343.2 Beispielhafte Darstellung

Auf der Grundlage der Einzelbilanzen der Konzernunternehmen des Beispielkonzerns in Abschnitt 342.2 zeigt Tabelle 3-5 die Aufstellung des Konzernabschlusses nach der additiven Methode bei Anwendung der Kettenkonsolidierung. Die darin enthaltenen Konsolidierungsbuchungen werden im Folgenden erläutert.

| (Alle Zahlenangaben in GE) | TU | EU | SB | Konsolidierungsspalte I | | KZA | MU | SB | Konsolidierungsspalte II | | KB |
|---|---|---|---|---|---|---|---|---|---|---|---|
| | IFRS II/III | IFRS III | | Soll | Haben | TU/EU | IFRS II | | Soll | Haben | |
| **Aktiva** | | | | | | | | | | | |
| GoF | | | | (1a) 30 | | 30 | | 30 | (2a) 30 | | 60 |
| Beteiligungen | | | | | | | | | | | |
| MU an TU | | | | | | | 350 | 350 | | (2a) 350 | |
| TU an EU | 300 | | 300 | | (1a) 300 | | | | | | |
| Sonstige Aktiva | 360 | 675 | 1.035 | | | 1.035 | 225 | 1.260 | | | 1.260 |
| Summe Aktiva | 660 | 675 | 1.335 | | | 1.065 | 575 | 1.640 | | | 1.320 |
| **Passiva** | | | | | | | | | | | |
| Eigenkapital | | | | | | | | | | | |
| Sonstiges Eigenkapital | 400 | 300 | 700 | (1a) 270<br>(1b) 30 | | 400 | 300 | 700 | (2a) 320<br>(2b) 80 | | 300 |
| Nicht beh. Anteile | | | | | (1b) 30 | 30 | | 30 | | (2b) 80 | 110 |
| Sonstige Passiva | 260 | 375 | 635 | | | 635 | 275 | 910 | | | 910 |
| Summe Passiva | 660 | 675 | 1.335 | 330 | 330 | 1.065 | 575 | 1.640 | 430 | 430 | 1.320 |

**Legende**: EU ≙ Enkelunternehmen | GE ≙ Geldeinheiten | GoF ≙ Geschäfts- oder Firmenwert | KB ≙ Konzernbilanz | KZA ≙ Kettenzwischenabschluss | MU ≙ Mutterunternehmen | Nicht beh. Anteile ≙ Nicht beherrschende Anteile | SB ≙ Summenbilanz | TU ≙ Tochterunternehmen

**Tabelle 3-5: Aufstellung des Konzernabschlusses bei Anwendung der additiven Methode**

Bei dem nach der Kettenkonsolidierung in einem ersten Schritt zu erstellenden **Kettenzwischenabschluss$_{TU/EU}$** ist gemäß der additven Methode die Perspektive des unmittelbaren Mutterunternehmens des Enkelunternehmens, also die des Tochterunternehmens, einzunehmen. Für die Kapitalkonsolidierung ist dementsprechend der gesamte **Beteiligungswert des Tochterunternehmens** am Enkelunternehmen heranzuziehen. Dieser Wert setzt sich zum einen aus der indirekten Beteiligung des Konzernmutterunternehmens i. H. v. 240 GE (= 300 GE · 80 %) und zum anderen aus der indirekten Beteiligung der nicht beherrschenden Gesellschafter des Tochterunternehmens ($NCI_{TU}$) i. H. v. 60 GE (= 300 GE · 20 %) zusammen.

Gemeinsam mit den direkten **nicht beherrschenden Anteilen** am Reinvermögen ($NCI_{EU}$), die bei der *partial goodwill method* mit dem beizulegenden Zeitwert des anteiligen Reinvermögens des Enkelunternehmens i. H. v. 30 GE (= 300 GE · 10 %) bewertet werden, ist der Beteiligungswert des Tochterunternehmens gegen das neubewerte Reinvermögen des Enkelunternehmens (300 GE) aufzurechnen, um den Wertansatz des **Unterschiedsbetrages aus der Kapitalkonsolidierung** zu ermitteln.

| | | |
|---|---|---|
| | Wert der Beteiligung des TU am EU | 300 GE |
| + | Wert der direkten nicht beherrschenden Anteile am EU | 30 GE |
| ./. | Neubewertetes Reinvermögen des EU | 300 GE |
| = | **Unterschiedsbetrag aus der Kapitalkonsolidierung** | **30 GE** |

**Tabelle 3-6: Ermittlung des Unterschiedsbetrages aus der Kapitalkonsolidierung nach der additiven Methode (TU/EU)**

Da der Unterschiedsbetrag positiv ist, wird er als Geschäfts- oder Firmenwert aktiviert.[243] Entsprechend der in seine Ermittlung einbezogenen (indirekten) Beteiligungen entfällt er sowohl auf das Konzernmutterunternehmen als auch auf die indirekt am Enkelunternehmen beteiligten nicht beherrschenden Gesellschafter des Tochterunternehmens.

**Konsolidierungstechnisch** wird der für die Konzernstufe TU/EU ermittelte Geschäfts- oder Firmenwert aktiviert, indem der Wertansatz der Beteiligung des Tochterunternehmens am Enkelunternehmen in Buchung (1a) mit dem anteiligen (neubewerteten) Eigenkapital des Enkelunternehmens i. H. v. 270 GE (= 300 GE · 90 %) verrechnet wird. Zugleich wird durch diese Konsolidierungsbuchung auch die Doppelerfassung des Reinvermögens des Enkelunternehmens im Summenabschluss eliminiert.

| | | | | | |
|---|---|---|---|---|---|
| **(1a)** | Geschäfts- oder Firmenwert | 30 GE | *an* | Beteiligung TU an EU | 300 GE |
| | Sonst. Eigenkapital | 270 GE | | | |

Mit Buchung (1b) werden anschließend die (direkten) nicht beherrschenden Anteile am Reinvermögen des Enkelunternehmens im Bilanzposten für die Anteile nicht beherrschender Gesellschafter erfasst.[244]

---

243 Vgl. IFRS 3.32.

244 In technischer Hinsicht wäre es alternativ zur Vorgehensweise nach IFRS 10.B86 (b) auch möglich, die nicht beherrschenden Anteile entsprechend den Schritten der Erwerbsmethode nach IFRS 3 zunächst zu bewerten, bevor anschließend der Unterschiedsbetrag aus der Kapitalkonsolidierung ermittelt wird. Außerdem können die beiden Buchungen (1a) und (1b) auch in einer Buchung zusammengefasst werden. So würde die Ermittlungssystematik des Unterschiedsbetrages nach IFRS 3 nicht nur zur Bestimmung des Wertgerüstes genutzt, sondern explizit auch konsolidierungstechnisch umgesetzt. Vgl. hierzu auch KÜTING, K./WEBER, C.-P./WIRTH, J., Kapitalkonsolidierung im

| **(1b)** | Sonst. Eigenkapital | 30 GE | *an* | Nicht beh. Anteile | 30 GE |
|---|---|---|---|---|---|

Das Ergebnis der beiden Konsolidierungsbuchungen ist der Kettenzwischenabschluss$_{TU/EU}$. Im zweiten Schritt ist dieser Kettenzwischenabschluss dann mit dem Einzelabschluss des Konzernmutterunternehmens zu konsolidieren, um den **Konzernabschluss** aufzustellen. Dabei unterscheidet sich das Vorgehen nach der additiven Methode nicht von dem Vorgehen nach der multiplikativen Methode, da auf dieser Konzernstufe keine indirekten Beteiligungsverhältnisse nicht beherrschender Gesellschafter bestehen. Zunächst ist daher der Wertansatz des **Unterschiedsbetrages aus der Kapitalkonsolidierung** zu bestimmen. Dazu wird – wie Tabelle 3-7 zeigt – der Beteiligungsbuchwert des Konzernmutterunternehmens (350 GE) zusammen mit den nicht beherrschenden Anteilen i. H. v. 80 GE (= 400 GE · 20 %) gegen das neubewertete Reinvermögen des Tochterunternehmens (400 GE) aufgerechnet.

| | | |
|---|---|---|
| | Wert der Beteiligung des MU am TU | 350 GE |
| + | Wert der nicht beherrschenden Anteile am TU | 80 GE |
| ./. | Neubewertetes Reinvermögen des TU | 400 GE |
| **=** | **Unterschiedsbetrag aus der Kapitalkonsolidierung** | **30 GE** |

**Tabelle 3-7: Ermittlung des Unterschiedsbetrages aus der Kapitalkonsolidierung nach der additiven Methode (MU/TU)**

Auch auf dieser Konzernstufe ist der Unterschiedsbetrag i. H. v. 30 GE positiv und somit als Geschäfts- oder Firmenwert auf der Aktivseite der Konzernbilanz anzusetzen.[245] Im Unterschied zum Geschäfts- oder Firmenwert der Konzernstufe TU/EU entfällt er jedoch – zumindest bei der hier angewendeten *partial goodwill method* – ausschließlich auf die Beteiligung des Konzernmutterunternehmens. Die Aktivierung des Geschäfts- oder Firmenwertes wird dann in der Kapitalkonsolidierung durch Buchung (2a) umgesetzt, mit der außerdem eine Doppelerfassung des Reinvermögens des Tochterunternehmens verhindert wird, das der Beteiligung des Konzernmutterunternehmens zuzuordnen ist.

| **(2a)** | Geschäfts- oder Firmenwert | 30 GE | *an* | Beteiligung MU an TU | 350 GE |
|---|---|---|---|---|---|
| | Sonst. Eigenkapital | 320 GE | | | |

mehrstufigen Konzern, S. 44 f.

245 Vgl. IFRS 3.32.

Schließlich werden für die Aufstellung des Konzernabschlusses mit Buchung (2b) die nicht beherrschenden Anteile am Reinvermögen des Tochterunternehmens i. H. v. 80 GE (= 400 GE · 20 %) in den Bilanzposten für die Anteile nicht beherrschender Gesellschafter eingestellt.[246]

| **(2b)** | Sonst. Eigenkapital | 80 GE | *an* | Nicht beh. Anteile | 80 GE |
|---|---|---|---|---|---|

Diese **nicht beherrschenden Anteile** umfassen – wie auch bei der multiplikativen Methode – einerseits die (direkten) Anteile der nicht beherrschenden Gesellschafter an den Vermögenswerten und Schulden des Tochterunternehmens ohne dessen Beteiligung am Enkelunternehmen i. H. v. 20 GE (= (360 GE ./. 260 GE) · 20 %). Andererseits werden mit Buchung (2b) aber auch die indirekten Anteile nicht beherrschender Gesellschafter am Reinvermögen und am Geschäfts- oder Firmenwert des Enkelunternehmens i. H. v. 60 GE (= 300 GE · 20 %) erfasst, die bei der Erstellung des Kettenzwischenabschluss$_{TU/EU}$ durch Buchung (1a) noch vollständig eliminiert wurden.

### 344. Wesentliche Unterschiede der Methoden

Die zusammenfassende Tabelle 3-8 zeigt die wesentlichen quantitativen Gemeinsamkeiten wie auch Unterschiede der multiplikativen und der additiven Methode bei der Aufstellung des Kettenzwischenabschlusses des Tochter- und des Enkelunternehmens sowie der Aufstellung des Konzernabschlusses für den Beispielkonzern.

| (Alle Zahlenangaben in GE) | Kettenzwischenabschluss$_{TU/EU}$ | | | Konzernabschluss | | |
|---|---|---|---|---|---|---|
| | Additive Methode | Multiplikative Methode | Abweichung | Additive Methode | Multiplikative Methode | Abweichung |
| **Aktiva** | | | | | | |
| GoF | 30 | 24 | 6 | 60 | 54 | 6 |
| Sonstige Aktiva | 1.035 | 1.035 | - | 1.260 | 1.260 | - |
| Summe Aktiva | 1.065 | 1.059 | 6 | 1.320 | 1.314 | 6 |
| **Passiva** | | | | | | |
| Eigenkapital | | | | | | |
| Sonstiges Eigenkapital | 400 | 400 | - | 300 | 300 | - |
| Nicht beh. Anteile | 30 | 24 | 6 | 110 | 104 | 6 |
| Sonstige Passiva | 635 | 635 | - | 910 | 910 | - |
| Summe Passiva | 1.065 | 1.059 | 6 | 1.320 | 1.314 | 6 |
| **Legende**: EU ≙ Enkelunternehmen \| GE ≙ Geldeinheiten \| GoF ≙ Geschäfts- oder Firmenwert \| Nicht beh. Anteile ≙ Nicht beherrschende Anteile \| TU ≙ Tochterunternehmen | | | | | | |

**Tabelle 3-8: Vergleich der Auswirkungen von multiplikativer und additiver Methode bei der Aufstellung des Konzernabschlusses**

[246] Auch an dieser Stelle wäre es möglich, die Buchungen (3a) und (3b) zusammenzufassen, sodass die Ermittlungssystematik des Unterschiedsbetrages nach IFRS 3 explizit konsolidierungstechnisch nachgezeichnet würde.

Aus dem Vergleich der konsolidierten Abschlüsse wird deutlich, dass die beiden Methoden mit Blick auf den anzusetzenden Geschäfts- oder Firmenwert und den Wertansatz der nicht beherrschenden Anteile zu abweichenden Ergebnissen führen.[247] Im Beispielkonzern betragen die Unterschiede in den Wertansätzen dieser beiden Posten jeweils 6 GE. Ausschlaggebend dafür ist die der Kapitalkonsolidierung zugrunde gelegte Perspektive und die damit eng verbundene Behandlung indirekter Beteiligungsverhältnisse. Während bei der Kapitalkonsolidierung nach der multiplikativen Methode der Blickwinkel des Konzernmutterunternehmens eingenommen wird, wählt die additive Methode die Sicht der wirtschaftlichen Einheit.[248]

Aus beiden Perspektiven wird zwar der Geschäfts- oder Firmenwert, der der indirekten Beteiligung des Konzernmutterunternehmens am Enkelunternehmen zuzuordnen ist, i. H. v. 24 GE (= 300 GE · 80 % ./. 300 GE · 80 % · 90 %) aktiviert. Abweichungen zwischen der multiplikativen und der additiven Methode resultieren aber aus der unterschiedlichen Behandlung der indirekten Beteiligung der nicht beherrschenden Gesellschafter des Tochterunternehmens. Bei der additiven Methode wird der auf diese Beteiligung entfallende Geschäfts- oder Firmenwert i. V. m. den Regelungen des IFRS 3 i. H. v. 6 GE (= 300 GE · 20 % ./. 300 GE · 20 % · 90 %) – wie auch der dem Konzernmutterunternehmen zuzurechnende Unterschiedsbetrag – aktiviert.[249] Im Unterschied dazu sieht die multiplikative Methode vor, den indirekt am Enkelunternehmen beteiligten **nicht beherrschenden Gesellschaftern zuzuordnenden Unterschiedsbetrag** als Bestandteil ihrer indirekten Beteiligung erfolgsneutral mit dem Posten für **nicht beherrschende Anteile** zu verrechnen.[250] Demzufolge sind im Konzernabschluss des Beispielkonzerns die Wertansätze des Geschäfts- oder Firmenwertes und der nicht beherrschenden Anteile nach der multiplikativen Methode in Höhe des auf die indirekte Beteiligung der nicht beherrschenden Gesellschafter entfallenden Geschäfts- oder Firmenwertes niedriger als bei der additiven Methode.[251] Aus diesem Grund stehen zum einen der aus der Kapitalkonsolidierung resultierende Unterschiedsbetrag und zum anderen die Anteile der nicht beherrschenden Gesellschafter am Konzerneigenkapital sowohl beim Erwerb eines einzelnen mittelbaren Tochterunternehmens als auch beim Erwerb eines Teilkonzerns **im Mittelpunkt** der Analyse.

Der Vergleich der konsolidierten Abschlüsse zeigt darüber hinaus, dass die Unterschiede beider Methoden nicht erst auf der Konzernstufe MU/TU, sondern bereits im Kettenzwischenabschluss auf der Konzernstufe TU/EU ihren Ursprung haben. Dies ist zum einen dadurch zu erklären, dass die Unterschiedsbeträge stufenweise zu bilanzieren sind und nicht in einem Gesamtunterschiedsbetrag auf der

---

247 Vgl. HOLZMEIER, M./HACHMEISTER, D., Anteile nicht beherrschender Gesellschafter im mehrstufigen Konzern, S. 20; WIRTH, J./DUSEMOND, M./KÜTING, P., Kapitalkonsolidierung im mehrstufigen Konzern, S. 2494; KÜTING, K./WEBER, C.-P., Konzernabschluss, S. 419; BAETGE, J./KIRSCH, H.-J./THIELE, S., Konzernbilanzen, S. 398 f. und 400.

248 Vgl. MANDL, G./KÖNIGSMAIER, H., Behandlung von Minderheitsanteilen im mehrstufigen Konzern, S. 260.

249 Vgl. Abschnitt 343.1.

250 Vgl. Abschnitt 342.1.

251 Vgl. BREIDENBACH, K., Kapitalkonsolidierung bei Erwerb eines Teilkonzerns, S. 1121; HOLZMEIER, M./HACHMEISTER, D., Anteile nicht beherrschender Gesellschafter im mehrstufigen Konzern, S. 22 f.; EISELE, W./KRATZ, N., Ausweis von Anteilen außenstehender Gesellschafter, S. 301; KÜTING, K./WEBER, C.-P., Konzernabschluss, S. 419.

höchsten Konzernstufe aufgehen.[252] Zum anderen werden die nicht beherrschenden Anteile einer Konzernstufe nicht in das konsolidierungspflichtige Eigenkapital der nächsthöheren Konzernstufe einbezogen, sodass deren Wertansatz in den Konzernabschluss übernommen wird.[253] Die Unterschiede der beiden Methoden können somit auf **einer einzelnen (typisierten) Konzern(zwischen)stufe** untersucht werden. Charakteristisch für eine solche Stufe ist es, dass an dem Teilkonzernmutterunternehmen des mittelbaren Tochterunternehmens aus Gesamtkonzernsicht nicht beherrschende Gesellschafter beteiligt sind.[254]

---

252 Vgl. Abschnitt 331.

253 Vgl. Abschnitt 332.

254 Vgl. BAETGE, J./KIRSCH, H.-J./THIELE, S., Konzernbilanzen, S. 395 und 400.

# 4 Konzeptionelle Grundlagen der IFRS-Konzernrechnungslegung

## 41 Vorbemerkungen

Die zuvor in Abschnitt 344. identifizierten Unterschiede zwischen der multiplikativen und der additiven Methode werden im Rahmen dieser Untersuchung vor allem auf der Grundlage des ***Conceptual Framework for Financial Reporting***[255] analysiert und gewürdigt. Das *Conceptual Framework* ist der theoretische, konzeptionelle Unterbau[256] der IFRS-Rechnungslegung im Allgemeinen sowie der Konzernrechnungslegung im Speziellen[257] und dient dazu, gegenwärtige Standards zu beurteilen und prinzipienorientierte, konsistente Regelungen zu entwickeln (Deduktionsfunktion).[258] Überdies soll es dabei unterstützen, die IFRS zu verstehen und zu interpretieren.[259] Dafür werden sowohl das Ziel als auch die qualitativen Anforderungen der Finanzberichterstattung im Rahmenkonzept festgelegt. Das *Conceptual Framework* selbst hat indes nicht den Status eines eigenständigen IFRS, sondern ist den Rechnungslegungsstandards untergeordnet.[260] Insofern nehmen dessen Inhalte nicht die Stellung von *overriding principles* ein.[261] In der Finanzberichterstattung abzubildende Sachverhalte sind daher – ohne Rückgriff auf das Rahmenkonzept – ausschließlich gemäß den für sie vorgesehenen Vorschriften der einschlägigen Standards abzubilden.[262]

Falls jedoch für einen zu bilanzierenden Sachverhalt keine spezifische Norm oder keine eindeutigen Regelungen vorhanden sind, ist die in IAS 8 festgelegte Vorgehensweise zur **Schließung von Regelungslücken** und **Auslegung von Rechnungslegungsvorschriften** heranzuziehen.[263] Diese Vorgehensweise greift wiederum auf die im *Conceptual Framework* formulierten Anforderungen an die IFRS-Finanzberichterstattung zurück, die somit zumindest einen mittelbaren Verbindlichkeitscharakter haben.[264] Zugleich ist aber auch der bestehende Regelungskanon im Wege eines möglichen Analo-

---

255 Den nachfolgenden Ausführungen wird das im März 2018 veröffentlichte *Conceptual Framework* zugrunde gelegt, dessen Textstellen mithilfe der Kurzzitierweise „CF“ zuzüglich Randnummer deutlich gemacht werden. Diese Fassung ist das Ergebnis des Projektes zur Überarbeitung des Rahmenkonzeptes von 1989, welches der IASB zunächst gemeinsam mit dem US-amerikanischen Standardsetzer FASB begonnen, schließlich jedoch eigenständig fortgeführt und abgeschlossen hat. Vgl. überblicksartig zum Projektverlauf GIMPEL-HENNING, N., Sukzessive Anteilserwerbe, S. 10 m. w. N. Sofern auf vorherige Stände des Rahmenkonzeptes zurückgegriffen wird, ist dies explizit kenntlich gemacht.

256 Vgl. KAMPMANN, H./SCHWEDLER, K., Gemeinsames Rahmenkonzept von FASB und IASB, S. 522 sowie zum Begriff WOLLMERT, P./ACHLEITNER, A.-K., Grundlagen der IAS-Rechnungslegung, S. 209.

257 Die Rechnungslegung nach IFRS ist auf sämtliche Abschlüsse anzuwenden und differenziert insofern nicht zwischen Einzel- und Konzernabschlüssen. Vgl. IASB (Hrsg.), Preface to IFRS, Rn. 10 sowie THEILE, C., in: Heuser/Theile, IFRS-Handbuch, 5. Aufl., B I, Rn. 202.

258 Vgl. CF.SP1.1 (a)–(b); IASB (Hrsg.), Preface to IFRS, Rn. 8 sowie PELGER, C., Rechnungslegungszweck und qualitative Anforderungen, S. 910 und 914; STREIM, H./BIEKER, M./LEIPPE, B., Theoretische Fundierung der IAS, S. 182.

259 Vgl. CF.SP1.1 (c).

260 Vgl. CF.SP1.2 sowie PELLENS, B. U. A., Internationale Rechnungslegung, S. 97.

261 Vgl. GASSEN, J./FISCHKIN, M./HILL, V., Rahmenkonzept-Projekt des IASB und des FASB, S. 875; SCHÖLLHORN, T./MÜLLER, M., Relevanz des Rahmenkonzepts, S. 1624. Der daraus resultierende (vermeintlich) geringe(re) Verbindlichkeitsgrad des Rahmenkonzeptes wird indes dadurch relativiert, dass die Inhalte zum Teil in einzelne Rechnungslegungsstandards – wie z. B. IAS 1 – übernommen wurden.

262 Vgl. IAS 8.7–9.

263 Vgl. IAS 8.10–12 sowie RUHNKE, K./NERLICH, C., Behandlung von Regelungslücken innerhalb der IFRS, S. 390.

264 Vgl. IAS 8.10; IAS 8.11 (b) sowie HOFFMANN, S./DETZEN, D., Joint Conceptual Framework, S. 53; PELGER, C.,

gieschlusses zu berücksichtigen.[265] Da mit IFRS 3 und IFRS 10 Vorschriften zur Kapitalkonsolidierung – wenngleich explizit nur für einstufige Konzernstrukturen – existieren, wird ein wesentlicher Schwerpunkt der Analyse darauf liegen, diese Regelungen für mehrstufige Konzernstrukturen unter Berücksichtigung des *Conceptual Framework* und dessen Zielsetzung auszulegen und darüber hinaus ggf. zu modifizieren.[266] Dafür sollen in den Abschnitten 42 und 43 zunächst die als Deduktionsbasis dienenden konzeptionellen Grundlagen der IFRS-Finanzberichterstattung beschrieben und konkretisiert werden, bevor anschließend in Abschnitt 44 die Vorgehensweise zur Lückenschließung und Auslegung nach IAS 8 vorgestellt wird.

## 42 Ziel und Adressaten des IFRS-Konzernabschlusses

### 421. Ziel der IFRS-Konzernrechnungslegung

Die Aufgabe der IFRS-Finanzberichterstattung besteht darin, die Transparenz sowie Effizienz der Kapitalmärkte zu fördern und damit die Kapitalkosten der Marktteilnehmer zu senken.[267] Dafür ist es allgemein erforderlich, Informationsasymmetrien mit Blick auf das Berichtsobjekt abzubauen.[268] Der Schwerpunkt der IFRS-Finanzberichterstattung liegt dabei vor allem auf Informationsasymmetrien zwischen dem Management und den Kapitalgebern des berichterstattenden Unternehmens bzw. des Konzerns.[269] Das Ziel der IFRS-Konzernrechnungslegung im Allgemeinen und der Kapitalkonsolidierung im mehrstufigen Konzern im Speziellen ist es daher, gegenwärtigen und potenziellen Kapitalgebern **entscheidungsnützliche Informationen** über das Unternehmen zu vermitteln, dem sie (potenziell) Kapital bereitstellen.[270]

Im Mittelpunkt der (zukunftsgerichteten) Entscheidungen von Kapitalgebern steht die Allokation der ihnen zur Verfügung stehenden Ressourcen.[271] Die Allokationsentscheidungen umfassen z. B. den Erwerb, die Veräußerung oder das Halten einer Beteiligung an einem einzelnen Tochterunternehmen bzw. an einem Teilkonzernmutterunternehmen (Vergabe von Eigenkapital) oder die Bereitstellung von Darlehen (Vergabe von Fremdkapital).[272] Maßgeblich für solche Entscheidungen ist die von den Kapitalgebern erwartete Rendite der jeweiligen Kapitalinvestition.[273] Diese gründet zum einen auf Einschätzungen hinsichtlich der **Höhe**, des **Zeitpunktes** und der **Unsicherheit** künftiger **Zahlungsmittelflüsse** und zum anderen auf der Beurteilung des Managements bezüglich eines **effizienten** und

Rechnungslegungszweck und qualitative Anforderungen, S. 910; MERKT, H., Das IFRS Conceptual Framework aus regelungsmethodischer Sicht, S. 492 f.

265 Vgl. IAS 8.11 (a).

266 Dabei werden die jeweils aktuellen Fassungen der IFRS sowie gegenwärtige Entwicklungen des Standardsetzungsprozesses berücksichtigt. Unterschiede zu den in der EU indossierten Standards werden indes nicht betrachtet.

267 Vgl. CF.SP1.5; CF.2.41.

268 Vgl. HINZ, M., Informationsvermittlung und Ausschüttungsbemessung, S. 59.

269 Vgl. CF.SP1.5 (b); COENENBERG, A. G./STRAUB, B., Rechenschaft versus Entscheidungsunterstützung, S. 17. Dabei wird unterstellt, dass das berichterstattende Unternehmen nicht eigentümergeführt ist. Vgl. CF.BC1.8. Vgl. stellvertretend zu der den Informationsasymmetrien zugrunde liegenden Prinzipal-Agenten-Beziehung RICHTER, R./FURUBOTN, E. G., Neue Institutionenökonomik, S. 225–266.

270 Vgl. CF.1.2 sowie WAGENHOFER, A./EWERT, R., Externe Unternehmensrechnung, S. 5 f.

271 Vgl. CF.1.2.

272 Vgl. CF.1.2 sowie WAGENHOFER, A./EWERT, R., Externe Unternehmensrechnung, S. 5 und 144.

273 Vgl. CF.1.3 sowie FISCHER, D. T., Entwurf eines neugefassten Rahmenkonzepts, S. 224.

**effektiven Ressourceneinsatzes.**[274] Sofern eine Finanzinformation diese Einschätzungen oder Beurteilungen ermöglicht, ist sie für zukunftsgerichtete Entscheidungen der Kapitalgeber nützlich. Dies gilt auch für vergangenheitsorientierte Informationen über den Ressourceneinsatz des Managements. Auf deren Grundlage können die Kapitalgeber nicht nur Rückschlüsse auf das künftige Verhalten des Managements und damit wiederum auf künftige Zahlungsmittelflüsse ziehen,[275] sondern auch die ihnen zustehenden Kontrollrechte bei Bedarf so auszuüben, dass das Verhalten des Managements und letztlich die Zahlungsmittelflüsse in ihrem Sinne beeinflusst werden.[276]

Aus diesen allgemeinen Informationsbedürfnissen der Kapitalgeber leiten sich die beiden der Entscheidungsnützlichkeit untergeordneten Teilziele der **Bewertungsnützlichkeit** (*valuation usefulness*), die vor allem auf die Beurteilung künftiger Zahlungsmittelflüsse gerichtet ist, und der **Rechenschaft** (*stewardship*), die besonders die Leistungseinschätzung des Managements ermöglichen soll, ab.[277] In der überwiegenden Zahl der Fälle werden rechenschaftsfördernde Informationen auch bewertungsnützlich sein.[278] Gleichwohl müssen die dem jeweiligen Teilziel entsprechenden Informationen nicht deckungsgleich sein und können unter bestimmten Umständen sogar konfliktär zueinander stehen.[279] Dessen ist sich der IASB offenbar bewusst,[280] dennoch enthält das *Conceptual Framework* keine Leitlinien zum Umgang mit etwaigen Konflikten zwischen den Teilzielen.[281] Eine entscheidungsnützliche IFRS-Finanzberichterstattung wird dementsprechend in bestimmten Fällen einen Kompromiss zwischen den Teilzielen erfordern.[282]

Dieser Kompromiss richtet sich dann auf eine Abwägung zwischen einer eher bewertungsnützlichen und einer tendenziell rechenschaftsfördernden (konzern-)bilanziellen Abbildung der wirtschaftlichen Ressourcen und Ansprüche gegen das berichterstattende Unternehmen sowie der entsprechenden

---

274 Vgl. CF.1.3 f. sowie, wenn auch nur in Bezug auf künftige Zahlungsmittelflüsse, PELGER, C., Entscheidungsnützlichkeit in neuem Gewand, S. 158. Beispiele für einen effektiven und effizienten Ressourceneinsatz sind der Schutz des Unternehmens bzw. Konzerns vor unvorteilhaften wirtschaftlichen Entwicklungen, wie z. B. Preis- und Technologieänderungen, oder die Wahrung gesetzlicher, regulatorischer und vertraglicher Vorschriften. Vgl. CF.1.23.

275 Vgl. CF.1.16; CF.1.22 sowie WHITTINGTON, G., Fair Value and the Conceptual Framework, S. 144 f.

276 Vgl. CF.1.22 f. sowie WAGENHOFER, A./EWERT, R., Externe Unternehmensrechnung, S. 144; GALLASCH, F., Bilanzierung von Versicherungsverträgen, S. 34.

277 Vgl. CF.1.4; CF.BC1.34 sowie KOELEN, P., Investitionstheoretische Bewertungskalküle, S. 28 f. Vgl. zu den Begriffen *valuation usefulness* und *stewardship* auch GASSEN, J., Stewardship and valuation usefulness, S. 1–56.

278 Vgl. COENENBERG, A. G./STRAUB, B., Rechenschaft versus Entscheidungsunterstützung, S. 25; HETTICH, S., Zweckadäquate Gewinnermittlungsregeln, S. 12.

279 Vgl. SCHRUFF, W., Spannungsfeld zwischen Cash-Flow-Prognose und Rechenschaft, S. 859 f.; BALLWIESER, W., Ökonomische Analyse des Rahmenkonzepts, S. 466–470; GASSEN, J./FISCHKIN, M./HILL, V., Rahmenkonzept-Projekt des IASB und des FASB, S. 876 f.; LENNARD, A., Stewardship and the Objectives of Financial Statements, S. 51–66; GJESDAL, F., Accounting for Stewardship, S. 208–231.

280 Vgl. CF.BC1.39.

281 Vgl. GIMPEL-HENNING, N., Sukzessive Anteilserwerbe, S. 13.

282 Vgl. BALLWIESER, W., Ökonomische Analyse des Rahmenkonzepts, S. 469; COENENBERG, A. G./STRAUB, B., Rechenschaft versus Entscheidungsunterstützung, S. 22 f.; PELGER, C., Rechnungslegungszweck und qualitative Anforderungen, S. 913. Aufgrund der expliziten Wiederaufnahme der Rechenschaft als gesondertem Teilziel durch die Überarbeitung des *Conceptual Framework* wird nachfolgend davon ausgegangen, dass die beiden Teilziele hierarchisch gleichgestellt sind. So auch GIMPEL-HENNING, N., Sukzessive Anteilserwerbe, S. 13; KRAFT, A., Extractive Activities, S. 46; ALKEMEIER, M., Konzerninterne Unternehmenszusammenschlüsse, S. 36.

Veränderung der Zusammensetzung dieser Ressourcen und Ansprüche im Zeitverlauf.[283] Dabei vermittelt die qualitative und quantitative Zusammensetzung der wirtschaftlichen Ressourcen und Ansprüche Informationen zur **Vermögens**- aber auch zur **Finanzlage**.[284] Anhand dieser Informationen können die Kapitalgeber einerseits wirtschaftliche Stärken und Schwächen des Berichtsobjektes identifizieren und andererseits einschätzen, wie und ggf. wann dieses Zahlungsmittel generiert.[285] Darüber hinaus erhalten die Kapitalgeber aus der Veränderung der Zahlungsmittel bzw. Zahlungsmitteläquivalente weitere Informationen zur Finanzlage. Diese sind für die Beurteilung der Solvenz und das Verständnis der Finanzierungs- und Investitionsaktivitäten des berichterstattenden Unternehmens relevant.[286]

Allerdings spiegelt die auf Ein- und Auszahlungen zurückzuführende Veränderung der Vermögens- und Finanzlage nicht unbedingt die tatsächliche wirtschaftliche Leistung der Berichtseinheit wider.[287] Diese Leistung geht vielmehr aus der **Ertragslage** hervor, die den Kapitalgebern anzeigt, inwieweit das berichterstattende Unternehmen die ihm zur Verfügung stehenden wirtschaftlichen Ressourcen mehren bzw. Ansprüche gegen sich mindern konnte.[288] Davon zu unterscheiden sind Änderungen in der Zusammensetzung der wirtschaftlichen Ressourcen und der Ansprüche gegen das berichterstattende Unternehmen, die auf **Transaktionen mit Kapitalgebern** beruhen.[289] Informationen über solche Transaktionen sind erforderlich, um die Veränderungen der Vermögens- und Finanzlage abschließend verstehen zu können.[290]

Da jedoch sowohl die Vermögens- und Finanz- als auch die Ertragslage eines konzernzugehörigen Unternehmens aufgrund seiner wirtschaftlichen Abhängigkeit gezielt durch konzerninterne Transaktionen beeinflusst sein kann, ist der Einzelabschluss eines solchen Unternehmens nur eingeschränkt aussagekräftig.[291] Hieraus wird sowohl gemäß dem *Conceptual Framework* als auch nach den konkreten Vorschriften des IFRS 10 die Pflicht zur (zusätzlichen) Aufstellung eines Konzernabschlusses i. S. e. konsolidierten Abschlusses des Konzernverbundes abgeleitet.[292] Dieser soll die Mängel der Einzelabschlüsse beheben, um den Konzernabschlussadressaten[293] entscheidungsnützliche Informationen i. S. d. konzeptionellen Grundpfeiler der IFRS-(Konzern-)Rechnungslegung vermitteln zu können (sog. **Kompensationsfunktion**[294]).[295] Im Rahmen der derivativen Konzernabschlusserstellung

283 Vgl. CF.1.12.

284 Vgl. auch GIMPEL-HENNING, N., Sukzessive Anteilserwerbe, S. 12.

285 Vgl. CF.1.13 f.

286 Vgl. CF.1.13; CF.1.20.

287 Vgl. CF.1.17.

288 Vgl. CF.1.17 f.

289 Vgl. CF.1.15.

290 Vgl. CF.1.21.

291 Vgl. BUSSE VON COLBE, W. U. A., Konzernabschlüsse, S. 22–24; PELLENS, B., Der Informationswert von Konzernabschlüssen, S. 35 f.; BORES, W., Konsolidierte Erfolgsbilanzen, S. 20. Zu Beispielen für solche konzerninternen Transaktionen vgl. VON WYSOCKI, K./WOHLGEMUTH, M./BRÖSEL, G., Konzernrechnungslegung, S. 9; KLOSE, N.-C., Kapitalkonsolidierungs- und Bewertungsmethoden, S. 36–38; EBELING, R. M., Einheitsfiktion, S. 55–73.

292 Vgl. CF.3.15 i. V. m. CF.3.18; IFRS 10.4.

293 Vgl. Abschnitt 422.

294 Vgl. hierzu BAETGE, J./KIRSCH, H.-J./THIELE, S., Konzernbilanzen, S. 46–50.

295 Vgl. CF.3.15 i. V. m. CF.3.18 sowie VON WYSOCKI, K./WOHLGEMUTH, M./BRÖSEL, G., Konzernrechnungslegung,

bedeutet dies, dass sämtliche zwischen den Konzernunternehmen bestehenden Kapitalverflechtungen und Schuldverhältnisse sowie Ergebnisse aus konzerninternen Transaktionen durch entsprechende Konsolidierungsmaßnahmen zu eliminieren sind.[296] Vor allem mit Blick auf den Erwerb einer Beteiligung an einer einzelnen Tochtergesellschaft bzw. an einem Teilkonzernmutterunternehmen erhalten die Kapitalgeber erst durch die Kapitalkonsolidierung Informationen, mit denen sie die Auswirkungen des Unternehmenserwerbs auf die wirtschaftliche Lage des Konzerns erkennen und beurteilen können. Im Ergebnis entspricht ein so ermittelter Konzernabschluss einem quasi Einzelabschluss der wirtschaftlichen Einheit Konzern (sog. **Einheitsfiktion**[297]).[298]

### 422. Adressaten des IFRS-Konzernabschlusses

Damit die IFRS-Rechnungslegung entscheidungsnützliche Informationen vermitteln kann, legt der IASB mit gegenwärtigen und potenziellen Investoren (**Eigenkapitalgeber**), Kreditgebern sowie anderen Gläubigern (**Fremdkapitalgeber**) einen primären Adressatenkreis (*primary users*) der Finanzberichterstattung fest.[299] Diese Wertungsentscheidung des Standardsetzers gründet zum einen darauf, dass sich die Entscheidungen der Kapitalgeber regelmäßig auf die öffentlich zugängliche Finanzberichterstattung stützen müssen, da einem Großteil dieser Interessengruppe Unternehmensinformationen nicht unmittelbar zugänglich sind.[300] Zum anderen unterliegen (potenzielle) Kapitalinvestitionen besonderen (Ausfall-)Risiken,[301] sodass die Eigen- und Fremdkapitalgeber „*the most critical and immediate need for the information in financial reports*“[302] haben. Zwar können die vermittelten Finanzinformationen auch für andere Interessengruppen – wie das Management, Regulatoren oder die Öffentlichkeit – nützlich sein, allerdings sind sie nicht auf deren Informationsbedürfnisse ausgerichtet.[303]

Im Unterschied zu einem einzelnen Unternehmen treten im Konzernverbund neben die Eigen- und Fremdkapitalgeber des berichterstattenden Konzernmutterunternehmens zusätzlich die nicht beherr-

S. 9; ALKEMEIER, M., Konzerninterne Unternehmenszusammenschlüsse, S. 57 f.

296 Vgl. hierzu Abschnitt 31 sowie IFRS 10.B86; HAYN, B., Konsolidierungstechnik, S. 19; BAETGE, J./KIRSCH, H.-J./THIELE, S., Konzernbilanzen, S. 47 f.

297 Vgl. zu diesem Begriff, wenn auch im handelsrechtlichen Kontext, stellvertretend BAETGE, J./KIRSCH, H.-J./THIELE, S., Konzernbilanzen, S. 62 f. Die Einheitsfiktion ist indes nicht mit der Einheitstheorie gleichzusetzen. Vgl. SCHWARZKOPF, A.-S., Anteile nicht beherrschender Gesellschafter, S. 37 f.

298 Vgl. CF.3.15; IFRS 10.A sowie, wenn auch in Bezug auf die handelsrechtlichen Vorschriften, EBELING, R. M., Einheitsfiktion, S. 5–8; ORDELHEIDE, D., Konzern als Forschungsgegenstand, S. 308.

299 Vgl. CF.1.5. Vgl. allgemein zur Notwendigkeit der Abgrenzung des Adressatenkreises MOXTER, A., Bilanzlehre, S. 418 f.; MOXTER, A., Fundamentalgrundsätze, S. 94 f. Der Standardsetzer weist indes darauf hin, dass die Finanzberichterstattung nicht sämtliche Informationsbedürfnisse aller Kapitalgeber vollumfänglich erfüllen kann, sodass diese einerseits auch andere Quellen im Rahmen ihrer Entscheidungsfindung heranziehen müssen. Vgl. CF.1.6. Andererseits kann aber auch die berichterstattende Einheit zusätzliche Informationen bereitstellen. Vgl. CF.1.8.

300 Vgl. CF.1.5; CF.BC1.16 (a).

301 Vgl. HAAKER, A., Goodwill-Bilanzierung nach IFRS, S. 41; ähnlich HARTUNG, S., Bilanztheorie und Bilanzpolitik, S. 13–15.

302 CF.BC1.16 (a).

303 Vgl. CF.1.9 f. sowie ausführlich CF.BC1.22–BC1.26. Vgl. hierzu kritisch FÜLBIER, R. U./GASSEN, J., Bilanzrechtsregulierung, S. 137.

schenden Gesellschafter und Fremdkapitalgeber der Tochterunternehmen.[304] Da die Interessen dieser Kapitalgebergruppen weder innerhalb eines Konzernunternehmens noch unternehmensübergreifend gleichgerichtet sein müssen,[305] stellt sich mit Blick auf die Konzernrechnungslegung die Frage, welche Kapitalgeber die primären Adressaten des Konzernabschlusses sind. Grundsätzlich sind die Kapitalgeber zunächst an Informationen über das Konzernunternehmen interessiert, dem sie (potenziell) Kapital bereitstellen.[306] Für die **nicht beherrschenden Gesellschafter** und die **Fremdkapitalgeber der Tochterunternehmen** sind aber auch Informationen zu ihrer Risikoposition im Konzern relevant, die maßgeblich durch den beherrschenden Einfluss des Konzernmutterunternehmens auf die Geschäftstätigkeit und die Gewinnverwendung des Tochterunternehmens beeinflusst werden kann.[307] Es wäre bspw. möglich, dass das Konzernmutterunternehmen einem Tochterunternehmen den Erwerb eines Enkelunternehmens diktiert.[308] Damit die aus Sicht der Konzernobergesellschaft nicht beherrschenden Gesellschafter und Fremdkapitalgeber des Tochterunternehmens u. a. ihre Nachteile bzw. korrespondierenden Vorteile gegenüber anderen Kapitalgebern aus solchen vom Konzernmutterunternehmen bestimmten Transaktionen identifizieren und beurteilen können, benötigen sie sowohl Informationen zum Tochterunternehmen als auch zur wirtschaftlichen Lage des Gesamtkonzernverbundes.[309]

Der dem **Konzernmutterunternehmen** zufließende Nutzen aus diesen Transaktionen ist auch **dessen Kapitalgebern** ggf. nicht unmittelbar aus der im Einzelabschluss der Konzernobergesellschaft vermittelten Ertragslage ersichtlich.[310] Diese zeigt zwar die Beteiligungserträge des Konzernmutterunternehmens. Gleichwohl entspricht der von den Tochterunternehmen ausgeschüttete Betrag erstens nicht zwangsläufig dem Anteil am Gewinn eines Tochterunternehmens, der auf die Beteiligung des Konzernmutterunternehmens entfällt. Zweitens werden – die Bilanzierung der Beteiligungen zu (fortgeführten) Anschaffungskosten vorausgesetzt – Beteiligungserträge aufgrund phasenverschobener Ausschüttungen erst in Berichtsperioden nach der tatsächlichen Realisation des Erfolgs erfasst.[311] Darüber hinaus zeigt der Einzelabschluss des Konzernmutterunternehmens – vorbehaltlich der Abschreibung von Beteiligungsbuchwerten – weder etwaige Verluste der Tochterunternehmen noch das

---

304 Vgl. GIMPEL-HENNING, N., Sukzessive Anteilserwerbe, S. 14 f.

305 Vgl. CF.1.8; CF.BC1.18 (b) sowie BAETGE, J./THIELE, S., Gesellschafterschutz versus Gläubigerschutz, S. 15; BRINKMANN, J., Zweckadäquanz der Rechnungslegung nach IFRS, S. 41. Vgl. auch ALKEMEIER, M., Konzerninterne Unternehmenszusammenschlüsse, S. 61 m. w. N.

306 Vgl. ALKEMEIER, M., Konzerninterne Unternehmenszusammenschlüsse, S. 62.

307 Vgl. PANZER, A., Statusändernde Anteilsveräußerungen im IFRS-Konzernabschluss, S. 17; HINZ, M., Informationsvermittlung und Ausschüttungsbemessung, S. 68–82.

308 Vgl. KÜTING, K./WEBER, C.-P./WIRTH, J., Kapitalkonsolidierung im mehrstufigen Konzern, S. 45.

309 Vgl. SCHWARZKOPF, A.-S., Anteile nicht beherrschender Gesellschafter, S. 44 f.; PAWELZIK, K. U., Konsolidierung von Minderheiten, S. 678; IASB (Hrsg.), Staff Paper 10B (September 2016), Rn. 40 (a). A. A. in Bezug auf faktische Konzernverhältnisse SCHILDBACH, T./FELDHOFF, P., Konzernabschluss, S. 43 f.

310 Vgl. hierzu und im Folgenden LÜDENBACH, N./HOFFMANN, W.-D./FREIBERG, J., in: Lüdenbach/Hoffmann/Freiberg, Haufe IFRS-Kommentar, 16. Aufl., § 33, Rn. 36; HINZ, M., Informationsvermittlung und Ausschüttungsbemessung, S. 98.

311 Vgl. IAS 27.12 sowie ERNST & YOUNG (Hrsg.), International GAAP 2018, S. 515; LÜDENBACH, N./HOFFMANN, W.-D./FREIBERG, J., in: Lüdenbach/Hoffmann/Freiberg, Haufe IFRS-Kommentar, 16. Aufl., § 33, Rn. 36; SCHILDBACH, T./FELDHOFF, P., Konzernabschluss, S. 44.

durch die Beteiligungen repräsentierte Vermögen.[312] Sofern Beteiligungen im Einzelabschluss nicht zu (fortgeführten) Anschaffungskosten, sondern nach der Equity-Methode gemäß IAS 28 oder mit ihrem beizulegenden Zeitwert nach IFRS 9 abgebildet werden,[313] spiegeln sich hingegen zumindest die auf das Konzernmutterunternehmen entfallenden Gewinne und Verluste des Tochterunternehmens grundsätzlich periodengerecht in der Gesamtergebnisrechnung wider.[314] Allerdings können bzw. werden dabei bspw. Zwischenerfolge aus konzerninternen Transaktionen nicht eliminiert oder die Zusammensetzung des Erfolgs des Konzernverbundes nicht deutlich und infolgedessen Einzelabschlüsse von Mutterunternehmen in dieser Hinsicht der Kompensationsfunktion des Konzernabschlusses nicht gerecht.[315] Insofern kommt der Einzelabschluss den Informationsbedürfnissen der Kapitalgeber der Konzernobergesellschaft ebenfalls nicht nach, sodass sie auf zusätzliche Informationen aus dem Konzernabschluss angewiesen sind.[316]

Insgesamt gewichtet der IASB die Informationsbedürfnisse der Kapitalgeber des Konzernmutterunternehmens höher als die anderer Kapitalgeber und legt damit zugleich den **primären Adressatenkreis des Konzernabschlusses** fest.[317] Die nicht beherrschenden Gesellschafter und die Fremdkapitalgeber der Tochterunternehmen werden hingegen in erster Linie an dem Einzel- bzw. Teilkonzernabschluss des jeweiligen Tochterunternehmens interessiert sein und ziehen den Konzernabschluss im Rahmen der Entscheidungsfindung nur als ergänzendes Informationsmedium heran.[318] Diese Wertungsentscheidung wird vor allem damit gerechtfertigt, dass die Kapitalgeber der Tochterunterneh-

---

312 Vgl. SCHILDBACH, T./FELDHOFF, P., Konzernabschluss, S. 44 f.; SCHEFFLER, E., in: Böcking u. a., Beck HdR, B 213, Rn. 185–194 i. V. m. Rn. 137.

313 Vgl. zum diesbezüglichen Wahlrecht IAS 27.10 sowie ERNST & YOUNG (Hrsg.), International GAAP 2018, S. 514.

314 Vgl. HINZ, M., Informationsvermittlung und Ausschüttungsbemessung, S. 98.

315 Vgl. HINZ, M., Informationsvermittlung und Ausschüttungsbemessung, S. 98 f. Zwar sieht IAS 28.28 i. V. m. IAS 27.10 eine anteilige Eliminierung der Erfolge aus Transaktionen des Mutterunternehmens mit einem gemäß der Equity-Methode im Einzelabschluss abgebildeten Tochterunternehmen vor. Allerdings ergeben sich methodenbedingte Problemstellungen, die nicht unbedingt eine vollständige Zwischenergebniseliminierung zulassen. Vgl. stellvertretend KÖSTER, O., in: Hennrichs/Kleindiek/Watrin, MüKo Bilanzrecht Bd. 1, IAS 28, Rn. 67–72.

316 Vgl. CF.3.18.

317 Vgl. implizit CF.3.15 f. i. V. m. CF.BC3.25 sowie GIMPEL-HENNING, N., Sukzessive Anteilserwerbe, S. 15; ALKEMEIER, M., Konzerninterne Unternehmenszusammenschlüsse, S. 62. Diese eher an der Interessentheorie orientierte Beurteilung seitens des Standardsetzers wird allerdings dadurch relativiert, dass – i. S. e. einheitstheoretischen Interpretation des Konzernabschlusses – zu Bilanzierungszwecken stets die Perspektive der wirtschaftlichen Einheit einzunehmen ist. Vgl. CF.3.8 sowie GIMPEL-HENNING, N., Sukzessive Anteilserwerbe, S. 15. Im Rahmen dieser Untersuchung wird den Konzernbilanztheorien indes nach hier vertretener Auffassung keine besondere Bedeutung zuteil, sodass sie nicht als Analyse- bzw. Würdigungsgrundlage herangezogen werden. Dies liegt zum einen darin begründet, dass die IFRS-Konzernfinanzberichterstattung nicht ausschließlich an einer der Theorien ausgerichtet ist. Eine Auslegung der Vorschriften zur Konzernrechnungslegung ist vor diesem Hintergrund mithin nicht zielführend. Zum anderen können die Methoden zur Kapitalkonsolidierung im mehrstufigen Konzern nicht unbedingt eindeutig einer der Theorien zugeordnet werden. So führt bspw. die additive Methode zur Bilanzierung eines auf die indirekten nicht beherrschenden Gesellschafter entfallenden Unterschiedsbetrages. Gleichwohl bedingt sie im Rahmen der *partial goodwill method* nicht den Ansatz eines Geschäfts- oder Firmenwertes oder die Erfassung eines negativen Unterschiedsbetrages der direkten nicht beherrschenden Gesellschafter. Die additive Methode umfasst damit sowohl interessen- als auch einheitstheoretische Elemente bzw. lässt solche vermissen. Vgl. im Ergebnis so auch LÜDENBACH, N./HOFFMANN, W.-D./FREIBERG, J., in: Lüdenbach/Hoffmann/Freiberg, Haufe IFRS-Kommentar, 16. Aufl., § 31, Rn. 189; PAWELZIK, K. U., Konsolidierung von Minderheiten, S. 682.

318 Vgl. CF.BC3.25; deutlicher noch ED.CF.3.24 sowie IASB (Hrsg.), Staff Paper 10B (September 2016), Rn. 40 (b); GÖTH, P., Eigenkapital im Konzernabschluss, S. 52; PANZER, A., Statusändernde Anteilsveräußerungen im

men, exklusive des Konzernmutterunternehmens, Informationen über ihre anteiligen Ressourcen und Ansprüche verlangen,[319] die nur der Einzel- bzw. Teilkonzernabschluss bereitstellen kann.[320] Mit Blick auf die Problemstellung der Kapitalkonsolidierung im mehrstufigen Konzern werden dementsprechend im Rahmen dieser Untersuchung die beiden Bilanzierungsmethoden vor allem aus Sicht der Kapitalgeber des Konzernmutterunternehmens beurteilt und konkretisiert.

## 43 Qualitative Anforderungen an die (Konzern-)Rechnungslegung

### 431. Vorbemerkungen

Um die Vermittlung entscheidungsnützlicher Informationen an die Kapitalgeber als Ziel der IFRS-Konzernrechnungslegung im Allgemeinen sowie bei der Kapitalkonsolidierung im Speziellen zu **operationalisieren**, beschreibt das *Conceptual Framework* in Form qualitativer Anforderungen, welche Charakteristika eine Finanzinformation aufweisen muss.[321] Dabei wird zwischen fundamentalen (*fundamental qualitative characteristics*) und fördernden qualitativen Anforderungen (*enhancing qualitative characteristics*) differenziert.[322]

Unter den **fundamentalen Anforderungen**, die an die durch die Kapitalkonsolidierung im mehrstufigen Konzern vermittelten Finanzinformationen gestellt werden, sind die Relevanz (*relevance*) und die glaubwürdige Darstellung (*faithful representation*) zu verstehen.[323] Diese Anforderungen müssen kumulativ erfüllt sein, damit eine Information entscheidungsnützlich ist.[324] Das heißt, dass weder eine glaubwürdige Abbildung eines nicht relevanten Sachverhaltes, noch ein relevanter Sachverhalt, der nicht glaubwürdig abgebildet werden kann, nützlich für die wirtschaftlichen Entscheidungen der Abschlussadressaten ist.[325] Um eine relevante und glaubwürdige Information möglichst effizient und effektiv zu identifizieren und auszuwählen, ist ein standardisierter Prozess vorgesehen.[326] Im Rahmen dieses Prozesses ist zunächst ein ökonomisches Phänomen – wie z. B. der Erwerb eines einzelnen Tochterunternehmens oder eines Teilkonzerns – zu identifizieren, dessen Abbildung im (Konzern-)Abschluss für die Adressaten entscheidungsnützlich sein könnte (Sachverhaltsebene[327]). In einem zweiten Schritt ist die Form der Abbildung des identifizierten Sachverhaltes zu ermitteln, die den Adressaten die relevanteste Information – z. B. bei der Kapitalkonsolidierung im mehrstufigen

---

IFRS-Konzernabschluss, S. 17 f. Vgl. hierzu ausführlich ALKEMEIER, M., Konzerninterne Unternehmenszusammenschlüsse, S. 60–64.

319 Vgl. IASB (Hrsg.), Staff Paper 10B (September 2016), Rn. 46.

320 Vgl. PANZER, A., Statusändernde Anteilsveräußerungen im IFRS-Konzernabschluss, S. 18; KÜTING, K./GATTUNG, A./KEẞLER, M., Konzernrechnungslegungspflicht (Teil I), S. 532; KASPERZAK, R./LIECK, H., Unternehmenszusammenschlüssen unter gemeinsamer Beherrschung, S. 772 f.

321 Vgl. CF.2.1 sowie HOFFMANN, S./DETZEN, D., Joint Conceptual Framework, S. 53.

322 Vgl. CF.2.4.

323 Vgl. CF.2.5. Vgl. zur Relevanz CF.2.6–2.11. Vgl. zur glaubwürdigen Darstellung CF.2.12–2.19.

324 Vgl. CF.2.20 sowie GASSEN, J./FISCHKIN, M./HILL, V., Rahmenkonzept-Projekt des IASB und des FASB, S. 878. Gleichwohl weist der IASB darauf hin, dass die beiden Anforderungen in einem konfliktären Spannungsverhältnis stehen können. Vgl. IASB (Hrsg.), Staff Paper 10E (May 2016), Rn. 40. Daher ist auf ein ausgewogenes Verhältnis von glaubwürdiger Darstellung und Relevanz zu achten. Vgl. BAETGE, J./KIRSCH, H.-J./THIELE, S., Bilanzen, S. 148.

325 Vgl. CF.2.20.

326 Vgl. zu den Aspekten dieses Prozesses insgesamt CF.2.21.

327 Vgl. hierzu GIMPEL-HENNING, N., Sukzessive Anteilserwerbe, S. 15.

Konzern mit Blick auf die Wertansätze des Unterschiedsbetrages und der nicht beherrschenden Anteile – vermitteln kann (Bilanzierungsebene[328]). Im dritten Schritt ist zu prüfen, ob diese Information verfügbar ist und glaubwürdig dargestellt werden kann.[329] Ist dies nicht möglich, wird der Prozess mit der Abbildungsform wiederholt, die die nächstrelevante Information generiert. Wenngleich die Relevanz einer Information somit grundsätzlich zuerst zu beurteilen ist,[330] sind die beiden fundamentalen Anforderungen dennoch gleichbedeutend.[331]

Im Unterschied zu den fundamentalen Anforderungen ist für die **fördernden qualitativen Anforderungen** kein bestimmter Prüfprozess vorgesehen.[332] Vielmehr soll eine relevante und glaubwürdige Information den fördernden Anforderungen der Vergleichbarkeit (*comparability*), Nachprüfbarkeit (*verifiability*), Zeitnähe (*timeliness*) und Verständlichkeit (*understandability*) bestmöglich entsprechen,[333] um die Entscheidungsnützlichkeit für die Abschlussadressaten zu erhöhen.[334] Der IASB weist allerdings darauf hin, dass zwischen einzelnen fördernden Anforderungen bisweilen Zielkonflikte bestehen können.[335] Da diese Anforderungen hierarchisch gleichgestellt sind,[336] dürfte es folglich dem Ermessen des Bilanzierenden obliegen, bei gleichermaßen relevanten und glaubwürdigen Informationen die entscheidungsnützlichste Abbildungsform eines Sachverhaltes auszuwählen.[337] Dabei ist jedoch zu betonen, dass die fördernden qualitativen Anforderungen die Entscheidungsnützlichkeit weder begründen noch widerlegen können,[338] sodass den Adressaten in jedem Fall entscheidungsnützliche Informationen zu vermitteln sind. Die fördernden qualitativen Anforderungen sind den fundamentalen qualitativen Anforderungen somit untergeordnet.[339]

Schließlich ist zu beurteilen, ob die potenziell zu vermittelnde Information die Kosten-Nutzen-Restriktion erfüllt.[340] Diese ist indes nicht als weitere Anforderung, sondern als (nachgeordnete) **Nebenbedingung** zu verstehen.

328 Vgl. hierzu GIMPEL-HENNING, N., Sukzessive Anteilserwerbe, S. 15.
329 Vgl. NOBACH, K., in: Brönner u. a., Bilanz nach Handels- und Steuerrecht, 11. Aufl., Teil A: Kapitel II, Rn. 295.
330 Vgl. CF.2.21.
331 Vgl. LORSON, P./GATTUNG, A., Faithful representation, S. 556.
332 Vgl. CF.2.38.
333 Vgl. CF.2.23–2.36.
334 Vgl. CF.2.4, CF.2.23 sowie CF.2.37.
335 Vgl. CF.2.38.
336 Vgl. SCHOO, L., Umsatzrealisierung nach IFRS, S. 13; DETTENRIEDER, D., Hedge Accounting nach IFRS 9, S. 13.
337 Vgl. so wohl auch vom IASB intendiert CF.2.23. Dabei sind die fördernden Anforderungen sachverhaltsspezifisch abzuwägen und zu gewichten. Vgl. GASSEN, J./FISCHKIN, M./HILL, V., Rahmenkonzept-Projekt des IASB und des FASB, S. 878; PELGER, C., Rechnungslegungszweck und qualitative Anforderungen, S. 914 f.
338 Vgl. CF.2.37 sowie GALLASCH, F., Bilanzierung von Versicherungsverträgen, S. 41.
339 Vgl. DETTENRIEDER, D., Hedge Accounting nach IFRS 9, S. 13; LORSON, P./GATTUNG, A., Faithful representation, S. 556.
340 Vgl. CF.2.39.

### 432. Fundamentale qualitative Anforderungen

#### 432.1 Relevanz

Eine Finanzinformation ist i. S. d. *Conceptual Framework* relevant, wenn sie die wirtschaftlichen Entscheidungen der Abschlussadressaten beeinflussen kann.[341] In diesem Zusammenhang ist es unerheblich, ob tatsächlich alle Adressaten die Information in ihren Entscheidungsprozess einbeziehen oder diese bereits aus einer anderen Quelle erhalten haben. Vielmehr ist auf das grundsätzliche entscheidungsbeeinflussende Potenzial in Form eines Prognose- (*predictive value*) und bzw. oder Bestätigungswertes (*confirmatory value*) einer Finanzinformation für die Abschlussadressaten abzustellen.[342]

Einer Information wird **Prognosewert** zugesprochen, wenn sie den Adressaten Aufschluss über künftige wirtschaftliche Ergebnisse – wie z. B. die Höhe, den zeitlichen Anfall oder die Unsicherheit künftiger Zahlungsmittelüberschüsse aus einer Unternehmensakquisition, die einen mehrstufigen Konzern begründet oder erweitert – geben kann.[343] Dafür muss die Information selbst allerdings keine Prognose oder Vorhersage repräsentieren, sondern lediglich dazu geeignet sein, aus ihr allein oder in Zusammenhang mit anderen Informationen eine Prognose abzuleiten. Im Unterschied zum zukunftsorientierten Prognosewert ist der **Bestätigungswert** eher vergangenheitsorientiert.[344] Dementsprechend ist einer Information ein bestätigender Wert zu eigen, wenn sie vergangene Einschätzungen der Adressaten zur Unternehmensentwicklung bestätigen oder korrigieren kann.[345] Beide Werteigenschaften einer relevanten Information konkretisieren die in Abschnitt 421. beschriebenen untergeordneten Teilziele der IFRS-Konzernrechnungslegung. Während der Prognosewert einer Information allerdings in erster Linie der Bewertungsnützlichkeit zuträglich ist, fördert ein bestätigender Informationswert vor allem die Rechenschaft.[346] Gleichwohl ist zu beachten, dass zwischen dem Prognose- und Bestätigungswert einer Information Wechselbeziehungen bestehen können.[347] Beispielsweise ist es den Adressaten mithilfe von Zeitreihenvergleichen möglich, vergangene und gegenwärtige Einschätzungen zu überprüfen, um die Güte ihrer (künftigen) Prognosen zu verbessern. Ob einer Information eher voraussagender oder vielmehr bestätigender Wert beizumessen ist, kann daher nur unter Berücksichtigung der sachverhaltsspezifischen Umstände und keineswegs pauschal beurteilt werden.

341 Vgl. hierzu und im Folgenden CF.2.6 sowie MAIER, A., Abwägung von Kosten und Nutzen im Standardsetzungsprozess, S. 39.

342 Vgl. CF.2.7. Im Sinne des entscheidungstheoretischen Informationsbegriffes ist eine rein bestätigende Information indes nicht relevant. Vgl. BRINKMANN, J., Zweckadäquanz der Rechnungslegung nach IFRS, S. 41.

343 Vgl. hierzu und im Folgenden CF.2.8 sowie GALLASCH, F., Bilanzierung von Versicherungsverträgen, S. 37.

344 Vgl. ALKEMEIER, M., Konzerninterne Unternehmenszusammenschlüsse, S. 39.

345 Vgl. CF.2.9.

346 Vgl. EWELT-KNAUER, C., Konzernabschluss als Berichtsinstrument der wirtschaftlichen Einheit, S. 17.

347 Vgl. hierzu und im Folgenden CF.2.10.

Da nahezu alle unternehmensinternen Finanzinformationen einen gewissen Bestätigungs- und bzw. oder Prognosewert haben, müssten sie den Adressaten – vorbehaltlich einer glaubwürdigen Darstellung – theoretisch annähernd vollumfänglich bereitgestellt werden.[348] Eine derart umfassende Berichterstattung ist indes aus Gründen der Erfassungs- und Analysekosten weder im Interesse der Adressaten noch des Bilanzierenden.[349] Daher stellt die **Wesentlichkeit** als weiteres Kriterium der Relevanz einen Mindestgrad des Informationswertes dar, der für einen gesonderten Ausweis bzw. eine gesonderte Angabe der jeweiligen Finanzinformation im IFRS-Konzernabschluss erforderlich ist.[350] Demzufolge ist eine Prognose- bzw. Bestätigungswert verkörpernde Information explizit in der Finanzberichterstattung zu berücksichtigen, wenn ihr Weglassen oder ihre fehlerhafte Wiedergabe die wirtschaftlichen Entscheidungen der primären Adressaten des Abschlusses des berichterstattenden Unternehmens beeinflussen würde. Aufgrund dieser Verbindung zur berichterstattenden Einheit und deren Abschluss ist die Wesentlichkeit ein unternehmens- bzw. konzernspezifischer Aspekt der Relevanz, der an die Höhe und bzw. oder Art des mit der zu vermittelnden Finanzinformation verbundenen Abschlusspostens geknüpft ist.[351]

### 432.2 Glaubwürdige Darstellung

Damit durch die Kapitalkonsolidierung im mehrstufigen Konzern vermittelte Finanzinformationen nicht nur relevant, sondern auch entscheidungsnützlich sind, müssen sie im IFRS-Konzernabschluss glaubwürdig dargestellt werden.[352] Dabei ist die glaubwürdige Darstellung weniger an die rechtliche Gestaltung als vielmehr an den tatsächlichen wirtschaftlichen Gehalt eines Erwerbsvorgangs geknüpft (**Grundsatz der wirtschaftlichen Betrachtungsweise**).[353]

Um eine den tatsächlichen wirtschaftlichen Verhältnissen entsprechende Abbildung der Entstehung bzw. Erweiterung eines mehrstufigen Konzerns zu gewährleisten, sind im *Conceptual Framework* mit der Vollständigkeit, Neutralität und Fehlerfreiheit drei Charakteristika der glaubwürdigen Dar-

---

348 Vgl. PELLENS, B. U. A., Internationale Rechnungslegung, S. 106.

349 Vgl. BRINKMANN, J., Zweckadäquanz der Rechnungslegung nach IFRS, S. 47; PELLENS, B. U. A., Internationale Rechnungslegung, S. 106.

350 Vgl. hierzu und im Folgenden CF.2.11; CF.BC2.20 sowie GIMPEL-HENNING, N., Sukzessive Anteilserwerbe, S. 16 f. Die Wesentlichkeit ist indes kein Maß, das festlegt, „ob und in welchem Umfang unwesentliche Geschäftsvorfälle wegzulassen oder nicht zu buchen sind" (BAETGE, J. U. A., in: Baetge u. a., Rechnungslegung nach IFRS, 2. Aufl., Teil A: Kapitel II, Rn. 44).

351 Vgl. FISCHER, D. T., Entwurf eines neugefassten Rahmenkonzepts, S. 224; PELLENS, B. U. A., Internationale Rechnungslegung, S. 106 f. Aufgrund der bei der Beurteilung der Wesentlichkeit zu berücksichtigenden Unternehmensspezifika gibt der IASB keine (quantitative) Wesentlichkeitsgrenze vor. Vgl. CF.2.11. Es kann jedoch auf Konkretisierungen im nationalen und internationalen Schrifttum zurückgegriffen werden, wenngleich diese nur als Anhaltspunkt bei der Bestimmung der unternehmens- bzw. konzernspezifischen Wesentlichkeit dienen können. Vgl. WAWRZINEK, W./LÜBBIG, M., in: Driesch u. a., Beck IFRS HB, 5. Aufl., § 2, Rn. 65; BAETGE, J. U. A., in: Baetge u. a., Rechnungslegung nach IFRS, 2. Aufl., Teil A: Kapitel II, Rn. 46 m. w. N.

352 Vgl. CF.2.12; WAWRZINEK, W./LÜBBIG, M., in: Driesch u. a., Beck IFRS HB, 5. Aufl., § 2, Rn. 68.

353 Vgl. BUSCH, J./BOECKER, C., Conceptual Framework for Financial Reporting, S. 271; THEILE, C., in: Heuser/Theile, IFRS-Handbuch, 5. Aufl., B II, Rn. 278; BAETGE, J./KIRSCH, H.-J./THIELE, S., Bilanzen, S. 148 sowie im Kontext der Kapitalkonsolidierung im mehrstufigen Konzern LÜDENBACH, N./HOFFMANN, W.-D./FREIBERG, J., in: Lüdenbach/Hoffmann/Freiberg, Haufe IFRS-Kommentar, 16. Aufl., § 31, Rn. 188.

stellung festgelegt.[354] Eine Finanzinformation wird diese drei Eigenschaften jedoch nur in Ausnahmefällen im idealtypischen Umfang aufweisen.[355] Aus diesem Grund soll ihnen nach Ansicht des IASB für einen möglichst hohen Grad an Glaubwürdigkeit bestmöglich entsprochen werden.[356] Vollständigkeit, Neutralität und Fehlerfreiheit sind somit als **Gütekriterien** einer glaubwürdigen Darstellung zu verstehen.[357] Offen bleibt indes, wie die Glaubwürdigkeit gleich relevanter Informationen im Fall unterschiedlicher Ausprägungen der Gütekriterien zu beurteilen ist. Aufgrund einer fehlenden hierarchischen Ordnung liegt es wohl – wie auch bei Zielkonflikten zwischen den fundamentalen Anforderungen – im Ermessen des Bilanzierenden, auf die Ausgewogenheit der Kriterien bei der Auswahl einer Abbildungsform zu achten.[358]

Die **vollständige** (*complete*) Abbildung eines Sachverhaltes umfasst alle Informationen, einschließlich sämtlicher Beschreibungen und Erläuterungen, die erforderlich sind, damit die Adressaten den zu bilanzierenden Sachverhalt verstehen können.[359] So ist bei der Kapitalkonsolidierung im mehrstufigen Konzern nicht nur der Unterschiedsbetrag eines Unternehmenszusammenschlusses quantitativ im (Konzern-)Abschluss zu erfassen, sondern z. B. auch zu erläutern, welcher Bewertungsmaßstab für eine (indirekte) Beteiligung zur Ermittlung des Unterschiedsbetrages gewählt wurde.[360] Dementsprechend ist das Gütekriterium der Vollständigkeit zwar vor allem für Fragen des Ausweises, aber auch für die Beurteilung des Ansatzes in der (Konzern-)Bilanz maßgeblich.[361]

Eine in den (Konzern-)Abschluss aufzunehmende Finanzinformation ist außerdem **neutral** (*neutral*), d. h. möglichst objektiv und wertungsfrei, auszuwählen und wiederzugeben.[362] Dadurch soll sichergestellt werden, dass die Entscheidungsfindung der Adressaten nicht durch unzulässige Bilanzpolitik zielgerichtet beeinflusst wird.[363] Da allerdings auch eine unbewusste Beeinflussung die Neutralität einer Finanzinformation schwächt,[364] ist ein entsprechend vorsichtiges Vorgehen des Bilanzierenden bei der Abbildung eines Geschäftsvorfalls angezeigt.[365] Dabei ist Vorsicht nicht i. S. e. mit den handelsrechtlichen Regelungen vergleichbaren imparitätischen Bewertung von Vermögenswerten und

---

354 Vgl. CF.2.13.

355 Vgl. CF.2.13 sowie LORSON, P./GATTUNG, A., Faithful Representation, S. 659 f.

356 Vgl. CF.2.13.

357 Vgl. so wohl auch im Ergebnis BAETGE, J./KIRSCH, H.-J./THIELE, S., Bilanzen, S. 148.

358 Vgl. GALLASCH, F., Bilanzierung von Versicherungsverträgen, S. 38.

359 Vgl. CF.2.14.

360 Vgl. CF.2.14 sowie im Kontext der Bewertung einer indirekten Beteiligung nicht beherrschender Gesellschafter beim Erwerb eines Teilkonzerns Abschnitt 533.22.

361 Vgl. BAETGE, J. U. A., in: Baetge u. a., Rechnungslegung nach IFRS, 2. Aufl., Teil A: Kapitel II, Rn. 53 f. mit Blick auf IAS 1.13.

362 Vgl. CF.2.15.

363 Vgl. CF.BC2.38; CF.BC2.44 sowie LORSON, P./GATTUNG, A., Faithful representation, S. 560. Die Ausübung expliziter Wahlrechte sowie legale Bilanzpolitik widerstreben einer neutralen Berichterstattung indes nicht. Vgl. SCHÖLLHORN, T./MÜLLER, M., Relevanz des Rahmenkonzepts, S. 1626; LORSON, P./GATTUNG, A., Faithful representation, S. 560. A. A. WINKELJOHANN, N., Rechnungslegung nach IFRS, S. 38.

364 Vgl. CF.2.15 i. V. m. CF.BC2.38 sowie GIMPEL-HENNING, N., Sukzessive Anteilserwerbe, S. 18. A. A. wohl LORSON, P./GATTUNG, A., Faithful representation, S. 561.

365 Vgl. CF.2.16; CF.BC2.39 f.

Schulden bzw. Erfassung von Erträgen und Aufwendungen auszulegen (sog. *asymmetric prudence*).[366] Eine solche Interpretation wäre nämlich nicht mit dem Ideal einer neutralen Finanzinformation vereinbar.[367] Vorsicht i. S. d. *Conceptual Framework* ist vielmehr als sorgfältige Ermessensausübung unter Unsicherheit aufzufassen (sog. *cautious prudence*),[368] die der natürlichen Neigung der Unternehmens- bzw. Konzernleitung zu einer zu positiven Einschätzung der gegenwärtigen und künftigen wirtschaftlichen Entwicklung entgegenwirken soll.[369]

Neben der vollständigen und neutralen Darstellung der mit einem Erwerbsvorgang verbundenen Finanzinformationen ist es außerdem erforderlich, dass diese im (Konzern-)Abschluss **fehlerfrei** (*free from error*) abgebildet werden.[370] Dies bedeutet allerdings nicht, dass die Informationen in jeglicher Hinsicht exakt sein müssen.[371] Vor allem mit Blick auf die Bestimmung eines (zukunftsgerichteten) beizulegenden Zeitwertes – wie bspw. der nicht beherrschender Anteile im Rahmen der Kapitalkonsolidierung eines mehrstufigen Konzerns – ist dies nahezu unmöglich, wenn der Preis bzw. Wert nicht direkt beobachtbar ist.[372] Für eine fehlerfreie Abbildung ist es bereits ausreichend, eine Finanzinformation fehlerfrei und ohne Auslassungen zu beschreiben sowie den zu ihrer Ermittlung genutzten Rechnungslegungsprozess korrekt auszuwählen und anzuwenden.[373] Die Abbildung einer geschätzten Wertgröße ist daher trotz der mit ihr verbundenen Unsicherheiten grundsätzlich glaubwürdig, sofern den Abschlussadressaten der Charakter als Schätzung deutlich gemacht wird und der Rechnungslegungsprozess zum einen fehlerfrei ausgewählt und angewendet wurde sowie zum anderen seine Art und Einschränkungen im (Konzern-)Abschluss erläutert werden.[374]

Wenngleich die mit Schätzungen verbundene **Bewertungsunsicherheit** einer glaubwürdigen Darstellung grundsätzlich nicht entgegensteht,[375] kann sie dennoch Auswirkungen auf den Grad der Glaubwürdigkeit einer Finanzinformation haben.[376] So ist c. p. eine mit einer vergleichsweise geringeren Bewertungsunsicherheit behaftete Schätzung glaubwürdiger als eine solche, die durch eine vergleichsweise höhere Bewertungsunsicherheit gekennzeichnet ist. Unbestimmt ist indes, welches Maß an Bewertungsunsicherheit höchstens bestehen darf bzw. welcher Grad der glaubwürdigen Darstellung mindestens vorliegen muss, bevor auf die nächstrelevante Abbildungsform eines Sachverhaltes

---

366 Vgl. CF.BC2.41–BC2.45; indirekt CF.2.16. Vgl. stellvertretend zum handelsrechtlichen Imparitätsprinzip BAETGE, J./KIRSCH, H.-J./THIELE, S., Bilanzen, S. 137–139.

367 Vgl. CF.BC2.34 f.; implizit CF.2.16 i. V. m. CF.BC2.41–BC2.45 sowie WAWRZINEK, W./LÜBBIG, M., in: Driesch u. a., Beck IFRS HB, 5. Aufl., § 2, Rn. 73; PELGER, C., Rechnungslegungszweck und qualitative Anforderungen, S. 914. Der IASB betont allerdings auch, dass eine asymmetrische Erfassung bzw. Bewertung nicht per se unvereinbar mit der Neutralität ist. Vgl. CF.BC2.44 f.

368 Vgl. CF.2.16; CF.BC2.39 f. sowie BUSCH, J./BOECKER, C., Conceptual Framework for Financial Reporting, S. 271; THEILE, C./GOY, K., Entwurf ED/2015/3, S. 619.

369 Vgl. CF.BC2.39 (a) sowie BEINSEN, B./WAGENHOFER, A., Verhältnis des IASB zum Vorsichtsprinzip, S. 416; ALKEMEIER, M., Konzerninterne Unternehmenszusammenschlüsse, S. 41 f.

370 Vgl. CF.2.18.

371 Vgl. CF.2.18 sowie THEILE, C., in: Heuser/Theile, IFRS-Handbuch, 5. Aufl., B II, Rn. 277.

372 Vgl. CF.2.18 sowie KIRSCH, H.-J. U. A., Bedeutung der Verlässlichkeit, S. 769.

373 Vgl. CF.2.18 sowie BAETGE, J./KIRSCH, H.-J./THIELE, S., Bilanzen, S. 148.

374 Vgl. CF.2.18 sowie PELLENS, B. U. A., Internationale Rechnungslegung, S. 107 f.

375 Vgl. CF.2.19 sowie GALLASCH, F., Bilanzierung von Versicherungsverträgen, S. 40.

376 Vgl. hierzu und im Folgenden CF.2.22 sowie KIRSCH, H.-J. U. A., Bedeutung der Verlässlichkeit, S. 769.

zurückzugreifen ist.[377] Diese Entscheidung obliegt daher – wie auch an anderen Stellen im Kriterienkatalog einer entscheidungsnützlichen Information – im Einzelfall dem Bilanzierenden.[378]

### 433. Fördernde qualitative Anforderungen

#### 433.1 Vergleichbarkeit

Im Sinne der Vergleichbarkeit sind ökonomisch gleichartige Sachverhalte auf die gleiche Weise und verschiedene Sachverhalte auf eine unterschiedliche Weise im (Konzern-)Abschluss abzubilden.[379] Dadurch soll es den Adressaten ermöglicht werden, Gemeinsamkeiten sowie Unterschiede in der Berichterstattung zu identifizieren und zu verstehen.[380] Voraussetzung dafür ist zum einen, dass Finanzinformationen **im Zeitverlauf** vergleichbar sind,[381] um die Entwicklung der wirtschaftlichen Lage des berichterstattenden Unternehmens bzw. des Konzerns erkennen und beurteilen zu können.[382] Zum anderen müssen Finanzinformationen **unternehmens- bzw. konzernübergreifend** verglichen werden können,[383] damit die Adressaten auf der Grundlage einer Beurteilung alternativer Kapitalanlagemöglichkeiten entscheiden können, eine Unternehmensbeteiligung weiterhin zu halten oder zu veräußern bzw. überhaupt erst zu erwerben.[384] Beide Dimensionen der Vergleichbarkeit werden durch eine sowohl sachlich als auch zeitlich grundsätzlich stetige Anwendung von Rechnungslegungsmethoden gefördert.[385] So ist bspw. bei der Kapitalkonsolidierung im mehrstufigen Konzern entweder die multiplikative oder die additive Methode im Rahmen der Erst- und Folgekonsolidierung von Tochterunternehmen anzuwenden, die auf demselben (typisierten) Erwerbsweg akquiriert wurden.

---

[377] Vgl. KIRSCH, H.-J. U. A., Bedeutung der Verlässlichkeit, S. 769; LORSON, P./GATTUNG, A., Faithful Representation, S. 664.

[378] Vgl. GALLASCH, F., Bilanzierung von Versicherungsverträgen, S. 40. Dabei darf die Glaubwürdigkeit allerdings nicht als zu widerlegende Annahme gelten, sondern ist plausibel abzuleiten. Vgl. LORSON, P./GATTUNG, A., Faithful Representation, S. 665.

[379] Vgl. CF.2.27. In diesem Zusammenhang grenzt der IASB den Begriff der Einheitlichkeit von der Vergleichbarkeit ab. Darüber hinaus macht er deutlich, dass Bilanzierungswahlrechte einer vergleichbaren Finanzberichterstattung entgegenstehen und diese daher grundsätzlich zu vermeiden sind. Vgl. IASB (Hrsg.), Preface to IFRS, Rn. 12.

[380] Vgl. CF.2.25. Ein gewisser Grad an Vergleichbarkeit wird den vermittelten Finanzinformationen seitens des IASB bereits bei Erfüllung der fundamentalen qualitativen Anforderungen zugesprochen. Vgl. CF.2.28.

[381] Vgl. CF.2.24 sowie BAETGE, J./KIRSCH, H.-J./THIELE, S., Bilanzen, S. 149.

[382] Vgl. F.39 (1989); GALLASCH, F., Bilanzierung von Versicherungsverträgen, S. 41; KOELEN, P., Investitionstheoretische Bewertungskalküle, S. 30.

[383] Vgl. CF.2.24. Dabei kann ein unternehmens- bzw. konzernübergreifender Vergleich sich einerseits auf einen Zeitpunkt, andererseits aber auch auf einen Zeitraum beziehen. Die beiden Dimensionen der Vergleichbarkeit i. S. d. *Conceptual Framework* können dementsprechend auch in einer Wechselbeziehung zueinander stehen.

[384] Vgl. BAETGE, J. U. A., in: Baetge u. a., Rechnungslegung nach IFRS, 2. Aufl., Teil A: Kapitel II, Rn. 58; GIMPEL-HENNING, N., Sukzessive Anteilserwerbe, S. 20.

[385] Vgl. CF.2.26; IAS 8.13. Neben der sachlichen und zeitlichen Stetigkeit ist auch die Stetigkeit des Ausweises der Vergleichbarkeit zuträglich, wenngleich diese im *Conceptual Framework* nicht explizit genannt wird. Vgl. zur Ausweisstetigkeit IAS 1.45 f. Der Stetigkeitsgrundsatz darf nur dann durchbrochen werden, wenn der Wechsel einer Rechnungslegungsmethode durch einen IFRS gefordert wird oder den fundamentalen qualitativen Anforderungen durch eine andere Methode besser entsprochen werden kann. Vgl. IAS 8.14 sowie PELLENS, B. U. A., Internationale Rechnungslegung, S. 109.

### 433.2 Nachprüfbarkeit

Sofern eine Finanzinformation nachgeprüft werden kann, sinkt vor allem die mit ihr verbundene Unsicherheit,[386] sodass das Vertrauen der Adressaten in die Finanzberichterstattung gestärkt wird.[387] Nachprüfbar ist eine Information i. S. d. *Conceptual Framework* dann, wenn sowohl voneinander als auch vom berichterstattenden Unternehmen bzw. Konzern unabhängige Sachverständige einen Konsens über ihre glaubwürdige Darstellung erzielen können (sog. **intersubjektive Nachprüfbarkeit**[388]).[389] Dabei ist es nicht erforderlich, dass die Sachverständigen zum selben Ergebnis wie der Bilanzierende gelangen.[390] Allerdings muss der vom Bilanzierenden ermittelte Wert oder dessen Angabe zumindest in der durch die Einschätzungen der Sachverständigen festgelegten Bandbreite vertretbarer Ergebnisse liegen.[391] Insofern fördert die Nachprüfbarkeit die Objektivierung und steht daher in engem Zusammenhang mit der glaubwürdigen Darstellung.[392]

Die Glaubwürdigkeit einer Finanzinformation kann direkt oder indirekt (intersubjektiv) nachgeprüft werden.[393] Die **direkte** Nachprüfbarkeit stellt auf unmittelbar quantitativ bzw. qualitativ beobachtbare Informationen ab.[394] Während eine solche Beobachtung für die indirekte Beteiligung nicht beherrschender Gesellschafter in einem mehrstufigen Konzern unter bestimmten Umständen bspw. anhand eines Marktpreises möglich ist,[395] kann der auf diese Beteiligung entfallende Geschäfts- oder Firmenwert aufgrund seiner fehlenden selbständigen Bewertbarkeit nicht unmittelbar nachgeprüft werden.[396] Gleichwohl lässt sich sein Wertansatz **indirekt** verifizieren, indem einerseits die für seine Ermittlung verwendeten Eingangsparameter – wie der Beteiligungswert – direkt beobachtet oder zumindest plausibilisiert werden können und andererseits das Bilanzierungs- bzw. Bewertungsergebnis mithilfe des vom Bilanzierenden angewendeten Verfahrens reproduziert werden kann.[397]

Während im Kontext der indirekten Nachprüfbarkeit vergangenheitsorientierte Informationen – wie entrichtete Gegenleistungen, Beteiligungsbuchwerte oder der Wertansatz eines historischen Ge-

---

386 Vgl. CF.2.30 sowie LORSON, P./GATTUNG, A., Faithful representation, S. 561.

387 Vgl. CF.BC2.60 sowie ALKEMEIER, M., Konzerninterne Unternehmenszusammenschlüsse, S. 44.

388 Vgl. BAETGE, J./KIRSCH, H.-J./THIELE, S., Bilanzen, S. 149.

389 Vgl. CF.2.30 sowie IJIRI, Y./JAEDICKE, R. K., Reliability and Objectivity, S. 476 f.

390 Vgl. CF.2.30.

391 Vgl. CF.2.30 sowie KÜTING, K., Objektivierungsgrundsatz, S. 1405; LORSON, P./GATTUNG, A., Faithful representation, S. 562; HENDRIKSEN, E. S./VAN BREDA, M. F., Accounting Theory, S. 139. Gleichwohl kann eine glaubwürdige Darstellung durch die Einschätzungen der Sachverständigen nicht mit letzter Sicherheit gewährleistet werden. Vgl. SOLOMONS, D., Guidelines for Financial Reporting Standards, S. 45.

392 Vgl. BAETGE, J./KIRSCH, H.-J./THIELE, S., Bilanzen, S. 149; WHITTINGTON, G., Fair Value and the Conceptual Framework, S. 147; KÜTING, K., Objektivierungsgrundsatz, S. 1405.

393 Vgl. CF.2.31.

394 Vgl. CF.2.31 sowie PELLENS, B. U. A., Internationale Rechnungslegung, S. 109; LORSON, P./GATTUNG, A., Faithful representation, S. 562. Wenngleich die direkte Nachprüfbarkeit grundsätzlich zu präferieren ist, können Informationen oftmals nur indirekt verifiziert werden. Vgl. KAMPMANN, H./SCHWEDLER, K., Gemeinsames Rahmenkonzept von FASB und IASB, S. 528; GALLASCH, F., Bilanzierung von Versicherungsverträgen, S. 42.

395 Vgl. SOLOMONS, D., Guidelines for Financial Reporting Standards, S. 45; STOREY, R. K./STOREY, S., Framework of Financial Accounting, S. 109.

396 Vgl. MUJKANOVIC, R., Abschreibung des Geschäfts- oder Firmenwerts, S. 293; GELHAUSEN, H. F./FEY, G./KÄMPFER, G., Rechnungslegung nach dem BilMoG, Abschnitt Q, Rn. 422.

397 Vgl. CF.2.31 sowie PELLENS, B. U. A., Internationale Rechnungslegung, S. 109.

schäfts- oder Firmenwertes – vergleichsweise einfach zu verifizieren sind, kann dies vor allem mit Blick auf zukunftsorientierte Angaben oder Wertansätze schwierig bzw. nicht möglich sein.[398] Beispielsweise können aufgrund eines hohen Grades an Unsicherheit bezüglich der künftigen wirtschaftlichen Entwicklung eines Beteiligungsunternehmens einzelne Parameter zur Ermittlung des beizulegenden Zeitwertes der (indirekten) Unternehmensbeteiligung an einem (mittelbaren) Tochterunternehmen nicht intersubjektiv nachgeprüft werden.[399] Gleichwohl ist den Adressaten auch in einem solchen Fall eine Finanzinformation nicht vorzuenthalten, da eine mangelnde Nachprüfbarkeit die Entscheidungsnützlichkeit dieser Information nicht widerlegen kann.[400] Damit die Adressaten ihrerseits jedoch entscheiden können, ob sie eine nicht oder nur äußerst eingeschränkt nachprüfbare Finanzinformation in ihrem Entscheidungskalkül berücksichtigen, sind i. S. d. Vollständigkeit und Fehlerfreiheit regelmäßig die der Informationsermittlung zugrunde liegenden Annahmen, Verfahren sowie andere bedeutsame Fakten und Umstände offenzulegen.[401]

### 433.3 Zeitnähe

Im Sinne einer zeitnahen Berichterstattung sind Finanzinformationen dann bereitzustellen, wenn sie den größtmöglichen Nutzen für die Entscheidungsfindung der Adressaten haben.[402] In der Regel ist dies unter Relevanzgesichtspunkten bei einer **möglichst frühzeitigen** Informationsvermittlung gegeben.[403] Dabei ist jedoch trotz der gebotenen Zeitnähe zu beachten, dass eine Finanzinformation glaubwürdig – und in diesem Zusammenhang vor allem fehlerfrei – dargestellt werden muss.[404] Zwar können die qualitativen Anforderungen zur Verbesserung der Entscheidungsnützlichkeit in einem gewissen Maß gegeneinander abgewogen werden,[405] jedoch ist zunächst die Glaubwürdigkeit einer relevanten Information sicherzustellen, bevor diese (unverzüglich) berichtet wird.[406] Obgleich diese Forderung impliziert, dass die Entscheidungsnützlichkeit einer Information im Zeitverlauf regelmäßig abnimmt,[407] muss sie mit zunehmendem zeitlichen Abstand zum zugrunde liegenden Sachverhalt nicht gänzlich nutzlos für die Adressaten werden.[408] Zum Beispiel können Informationen über zu-

---

398 Vgl. CF.2.32 sowie BALLWIESER, W., Informations-GoB, S. 118.

399 Vgl., wenn auch nicht im Kontext von Unternehmenszusammenschlüssen, BALLWIESER, W., Informations-GoB, S. 118.

400 Vgl. CF.BC2.11 sowie DETTENRIEDER, D., Hedge Accounting nach IFRS 9, S. 13. Würde der Nachprüfbarkeit einer höherer Stellenwert zuteil, dann könnte dies ggf. dazu führen, dass die Adressaten bestimmte entscheidungsnützliche Informationen nicht erhalten. Vgl. CF.BC2.62 sowie THEILE, C., in: Heuser/Theile, IFRS-Handbuch, 5. Aufl., B II, Rn. 280.

401 Vgl. CF.2.32 sowie HOFFMANN, S./DETZEN, D., Joint Conceptual Framework, S. 54.

402 Vgl. CF.2.33 sowie PEEMÖLLER, V. H., in: Ballwieser u. a., Handbuch IFRS, 7. Aufl., Abschnitt 1, Rn. 59; WAWRZINEK, W./LÜBBIG, M., in: Driesch u. a., Beck IFRS HB, 5. Aufl., § 2, Rn. 83.

403 Vgl. implizit WAWRZINEK, W./LÜBBIG, M., in: Driesch u. a., Beck IFRS HB, 5. Aufl., § 2, Rn. 83.

404 Der IASB betont, dass eine zeitnahe Berichterstattung „*very desirable*" (CF.BC2.65) ist, allerdings nicht so bedeutend wie die Anforderungen der Relevanz und glaubwürdigen Darstellung. Vgl. CF.BC2.65 sowie WAWRZINEK, W./LÜBBIG, M., in: Driesch u. a., Beck IFRS HB, 5. Aufl., § 2, Rn. 83.

405 Vgl. SCHÖLLHORN, T./MÜLLER, M., Relevanz des Rahmenkonzepts, S. 1627; PELLENS, B. U. A., Internationale Rechnungslegung, S. 110.

406 Vgl. CF.BC2.65.

407 Vgl. CF.2.33 sowie PELLENS, B. U. A., Internationale Rechnungslegung, S. 109 f.; FISCHER, D. T., Entwurf eines neugefassten Rahmenkonzepts, S. 225.

408 Vgl. CF.2.33.

rückliegende Geschäftsvorfälle genutzt werden, um i. V. m. vergleichsweise gegenwartsnahen Informationen Entwicklungen zu identifizieren und zu beurteilen.[409]

### 433.4 Verständlichkeit

Damit die (Konzern-)Abschlussadressaten eine Information in der Finanzberichterstattung verstehen können, ist sie **klar**, **eindeutig** sowie **prägnant** wiederzugeben.[410] Auch wenn dies für naturgemäß komplexe Sachverhalte – wie der Kapitalkonsolidierung eines den mehrstufigen Konzern begründenden oder erweiternden Teilkonzerns – mit Herausforderungen sowohl bei der Informationsaufbereitung für den Bilanzierenden als auch bei der Analyse seitens der Adressaten verbunden ist, dürfen Informationen nicht nur aus Gründen einer vermeintlich besseren Verständlichkeit des (Konzern-)Abschlusses von der Berichterstattung ausgeschlossen werden.[411] Derartige Auslassungen wären zudem nicht mit einer vollständigen sowie neutralen Informationsvermittlung vereinbar.[412] Im Sinne einer glaubwürdigen Darstellung sind den Adressaten – vor allem bei komplexen Geschäftsvorfällen – vielmehr sämtliche Informationen klar und prägnant bereitzustellen, die für das Verständnis eines Sachverhaltes erforderlich sind.[413] Dabei ist anzunehmen, dass der (typisierte) Adressat ökonomischen und geschäftlichen Sachverstand besitzt sowie die ihm vermittelten Informationen gewissenhaft analysiert und beurteilt.[414] Ein gelegentlicher Rückgriff auf die Expertise eines Beraters steht dieser Hypothese grundsätzlich nicht entgegen.[415]

### 434. Abwägung von Kosten und Nutzen als Nebenbedingung

Da die Ermittlung, Auswahl und Analyse einer den qualitativen Anforderungen bestmöglich genügenden Information sowohl Kosten beim Bilanzierenden als auch für die Adressaten verursacht,[416] ist schließlich zu beurteilen, ob der Informationsnutzen die verursachten Kosten rechtfertigt.[417] Diese Abwägung von Kosten und Nutzen ist allerdings keine eigenständige Anforderung, sondern als Nebenbedingung i. S. e. **wirtschaftlichen Berichterstattung** zu verstehen.[418] Damit eine Finanzinformation aus der Kapitalkonsolidierung im mehrstufigen Konzern also in den (Konzern-)Abschluss aufgenommen werden kann, muss die mit ihr verbundene Entscheidungsnützlichkeit letztlich die Kosten rechtfertigen, die dem Bilanzierenden im Rahmen der Informationsvermittlung[419] und den

409 Vgl. CF.2.33 sowie PELLENS, B. U. A., Internationale Rechnungslegung, S. 109; BAETGE, J./KIRSCH, H.-J./THIELE, S., Bilanzen, S. 149.

410 Vgl. CF.2.34 sowie DOBLER, M./HETTICH, S., Geplante Änderungen der Rahmenkonzepte, S. 33.

411 Vgl. CF.2.35 sowie BAETGE, J. U. A., in: Baetge u. a., Rechnungslegung nach IFRS, 2. Aufl., Teil A: Kapitel II, Rn. 63.

412 Vgl. CF.2.35.

413 Vgl. CF.2.14 sowie BAETGE, J. U. A., in: Baetge u. a., Rechnungslegung nach IFRS, 2. Aufl., Teil A: Kapitel II, Rn. 63.

414 Vgl. CF.2.36 sowie PICKER, R. U. A., Applying IFRS Standards, S. 9; PELLENS, B. U. A., Internationale Rechnungslegung, S. 110; PEEMÖLLER, V. H., in: Ballwieser u. a., Handbuch IFRS, 7. Aufl., Abschnitt 1, Rn. 59.

415 Vgl. CF.2.36.

416 Vgl. BAETGE, J./KIRSCH, H.-J./THIELE, S., Bilanzen, S. 150.

417 Vgl. CF.2.39.

418 Vgl. PELLENS, B. U. A., Internationale Rechnungslegung, S. 110.

419 Diese Kosten umfassen bspw. die Erhebung, Aufbereitung, Prüfung und Verbreitung von Informationen. Vgl. CF.2.40.

Adressaten bei der Informationsverarbeitung[420] entstehen (würden).[421] Die Kosten der Finanzberichterstattung sind daher auf den mit ihr erzielten Nutzen zu begrenzen, der sich angesichts fundierter Entscheidungen der Adressaten allgemein in effizienteren Kapitalmärkten und dadurch sinkenden Kapitalkosten manifestiert (sog. Nebenbedingung der Kostenbegrenzung[422]).[423] Kann die nützlichste Information diese Nebenbedingung nicht erfüllen, ist auf die nächstbeste entscheidungsnützlichste Abbildungsform zurückzugreifen, die der Kostenrestriktion gerecht wird.[424]

Aufgrund der Subjektivität, die mit der Beurteilung des Nutzens und der Kosten vermittelter Finanzinformationen verbunden ist,[425] obliegt es primär dem IASB, auf eine dem (gesamtwirtschaftlichen) Nutzen entsprechende Kostenbegrenzung bei der Entwicklung und Überarbeitung von Rechnungslegungsstandards zu achten.[426] In den Standardsetzungsprozess bezieht der IASB gleichwohl verschiedene Interessengruppen – wie Abschlussersteller, -adressaten, -prüfer oder Wissenschaftler – mit ein, um deren Anliegen und Bedenken zu berücksichtigen.[427] Bilanzierende können infolgedessen wohl nur in Ausnahmefällen auf die Kostenbegrenzung rekurrieren, wenn sie vorgeschriebene Bilanzierungs- und Bewertungsmethoden nicht anwenden.[428]

## 44 Schließung von Regelungslücken und Auslegung von Vorschriften nach IAS 8

### 441. Vorbemerkungen

Da die IFRS nach wie vor nicht für sämtliche Sachverhalte Bilanzierungs- und Bewertungsmethoden vorsehen,[429] bilden die Verlautbarungen des IASB kein vollständiges, in sich geschlossenes Normensystem.[430] Für bestimmte Geschäftsvorfälle – bspw. im Bereich der Konzernrechnungslegung – bestehen daher **Regelungslücken**. Damit diese Lücken vom Bilanzierenden bei der Abschlusserstellung geschlossen werden können, sieht IAS 8 ein entsprechendes Vorgehen zur Auswahl und Anwendung einer geeigneten Rechnungslegungsmethode vor.[431] Die **Kapitalkonsolidierung im mehrstufigen**

---

420 Hierunter sind z. B. Kosten der Analyse und Interpretation vermittelter Informationen zu subsumieren. Vgl. CF.2.40. Die Adressaten tragen darüber hinaus indirekt auch die Kosten der Informationsvermittlung in Form geringerer Renditen. Vgl. CF.2.40 sowie SCHOO, L., Umsatzrealisierung nach IFRS, S. 15 f.

421 Vgl. CF.2.39 sowie FISCHER, D. T., Entwurf eines neugefassten Rahmenkonzepts, S. 225.

422 Vgl. CF.2.39. Die Kostenbegrenzung selbst ist keine qualitative Anforderung an eine entscheidungsnützliche Information, sondern eine Anforderung an den Prozess der Bereitstellung solcher Informationen und daher als Nebenbedingung der Berichterstattung zu verstehen. Vgl. CF.BC2.73.

423 Vgl. CF.2.41.

424 Vgl. HOFFMANN, S./DETZEN, D., Joint Conceptual Framework, S. 55.

425 Vgl. CF.2.43.

426 Vgl. CF.2.42.

427 Vgl. CF.2.42.

428 Vgl. WAWRZINEK, W./LÜBBIG, M., in: Driesch u. a., Beck IFRS HB, 5. Aufl., § 2, Rn. 95. Der IASB macht jedoch auch deutlich, dass die Abwägung von Kosten und Nutzen der Berichterstattung nicht in jedem Fall den Charakteristika einer einzelnen berichterstattenden Einheit gerecht werden kann. Vgl. CF.2.43.

429 Vgl. WAWRZINEK, W./LÜBBIG, M., in: Driesch u. a., Beck IFRS HB, 5. Aufl., § 2, Rn. 115.

430 Vgl. hierzu und im Folgenden BAETGE, J. U. A., in: Baetge u. a., Rechnungslegung nach IFRS, 2. Aufl., Teil A: Kapitel II, Rn. 28.

431 Vgl. IAS 8.10–12.

**Konzern** ist zwar in den IFRS nicht explizit geregelt.[432] Allerdings werden mehrstufige Beteiligungsverhältnisse einerseits nicht vom Anwendungsbereich der (allgemeinen) Vorschriften des IFRS 3 sowie des IFRS 10 ausgeschlossen und andererseits widerstrebt die Anwendung dieser Vorschriften offenbar nicht deren Sinn und Zweck.[433] Insofern ist in diesem Kontext zumindest auf den ersten Blick keine Regelungslücke zu identifizieren. Gleichwohl zeigt der Meinungsstreit im Schrifttum, dass die in den IFRS enthaltenen Regelungen nicht eindeutig und daher **auslegungsbedürftig** sind.[434]

Im Rahmen der **Auslegung** bringt sich der Bilanzierende „den Sinn eines Textes, der ihm problematisch geworden ist, zum Verständnis“[435], um eine diesem Sinn entsprechende Abbildung eines Sachverhaltes im (Konzern-)Abschluss abzuleiten.[436] Die Auslegung einer nicht eindeutigen Vorschrift ist ihrem Wesen nach mithin nicht von der Schließung einer Regelungslücke zu unterscheiden, sondern lediglich eine andere, durch den Wortsinn abgegrenzte „Stufe[.] desselben gedanklichen Verfahrens“[437].[438] Daher kann die in IAS 8 beschriebene Vorgehensweise – obgleich diese grundsätzlich zur Schließung von Regelungslücken konzipiert ist – mit gewissen Anpassungen auf die Auslegung nicht eindeutiger Vorschriften übertragen werden.[439]

Grundsätzlich ist dabei die nationale Gesetzgebung bzw. ggf. das Rechtssystem einer Staatengemeinschaft zu beachten,[440] da die vom IASB veröffentlichten Verlautbarungen für den bilanzierenden Rechtsanwender zunächst unverbindlich sind.[441] In der Europäischen Union und damit in Deutschland erlangen die IFRS erst im Zuge des auf der IAS-Verordnung[442] basierenden Indossierungsprozesses (*endorsement*) einen rechtsverbindlichen Charakter – zumindest für konsolidierte Abschlüsse kapitalmarktorientierter Mutterunternehmen.[443] Dementsprechend liegt das „Auslegungsmonopol“[444]

---

432 Vgl. stellvertretend HOLZMEIER, M./HACHMEISTER, D., Anteile nicht beherrschender Gesellschafter im mehrstufigen Konzern, S. 19; KÜTING, K./WEBER, C.-P., Konzernabschluss, S. 421.

433 Vgl. PAWELZIK, K. U., Konsolidierung von Minderheiten, S. 679; THEILE, C./PAWELZIK, K. U., in: Heuser/Theile, IFRS-Handbuch, 5. Aufl., D VI, Rn. 5830 sowie im Allgemeinen in Bezug auf offene Regelungslücken CASSEL, J., Unternehmensbewertung im IFRS-Abschluss, S. 85.

434 Vgl. stellvertretend sowohl zum Meinungsstreit als auch zu einer entsprechenden Auslegung der Vorschriften zur Kapitalkonsolidierung KÜTING, K./WEBER, C.-P./WIRTH, J., Kapitalkonsolidierung im mehrstufigen Konzern, S. 44–46 und 51 f.

435 LARENZ, K./CANARIS, C.-W., Methodenlehre der Rechtswissenschaft, S. 133.

436 Vgl. NERLICH, C., Auslegungsmethodik für IFRS, S. 271–276.

437 LARENZ, K./CANARIS, C.-W., Methodenlehre der Rechtswissenschaft, S. 187.

438 Vgl. hierzu LARENZ, K./CANARIS, C.-W., Methodenlehre der Rechtswissenschaft, S. 187 sowie zur Grenze der Auslegung stellvertretend ENGISCH, K., Einführung in das juristische Denken, S. 250 f.

439 Vgl. eine angepasste Übertragung befürwortend NERLICH, C., Auslegungsmethodik für IFRS, S. 270 f.; GIMPEL-HENNING, N., Sukzessive Anteilserwerbe, S. 29 und 32 f. Vgl. eine analoge Anwendung der Regelungen des IAS 8 im Rahmen der Auslegung für zulässig erachtend METZ, C., Unternehmenskauf, S. 40–43; RUHNKE, K./SIMONS, D., Rechnungslegung nach IFRS und HGB, S. 336 f. und 348; CASSEL, J., Unternehmensbewertung im IFRS-Abschluss, S. 91 f.; dies ablehnend NERLICH, C., Auslegungsmethodik für IFRS, S. 220–223.

440 Vgl. METZ, C., Unternehmenskauf. S. 17.

441 Vgl. WOJCIK, K.-P., IAS/IFRS als europäisches Recht, S. 38.

442 Vgl. Verordnung (EG) Nr. 1606/2002 des Europäischen Parlaments vom 19. Juli 2002.

443 Vgl. Art. 4 i. V. m. Art. 6 Abs. 2 der Verordnung (EG) Nr. 1606/2002 des Europäischen Parlaments vom 19. Juli 2002 sowie ALVAREZ, M./KLEEKÄMPER, H./KUHLEWIND, A.-M., in: Baetge u. a., Rechnungslegung nach IFRS, 2. Aufl., Teil A: Kapitel I, Rn. 129 f.; BUCHHEIM, R./KNORR, L./SCHMIDT, M., Endorsement-Verfahren, S. 337–341.

444 METZ, C., Unternehmenskauf. S. 17.

der IFRS im europäischen Rechtsrahmen beim Europäischen Gerichtshof, sodass dessen Rechtsanwendung zur Lückenschließung und Auslegung innerhalb der indossierten IFRS heranzuziehen ist.[445] In der sich an dieses Kapitel anschließenden Analyse der Vorschriften, die für die Kapitalkonsolidierung im IFRS-Konzernabschluss maßgebend sind, wird allerdings von den Besonderheiten der Auslegung europäischer Rechtsnormen abgesehen. Dies liegt darin begründet, dass der Untersuchung nicht der in das europäische Gemeinschaftsrecht übernommene, sondern der gegenwärtige (aktuellere) vom IASB verlautbarte IFRS-Regelungskanon zugrunde gelegt wird. Aus diesem Grund orientiert sich die Auslegung der Regelungen des IFRS 3 und des IFRS 10 für die Kapitalkonsolidierung im mehrstufigen Konzern an den nachfolgend vorgestellten Vorschriften des IAS 8 zur Schließung von Regelungslücken (Abschnitt 442.) sowie der in diesem Zusammenhang zu berücksichtigenden Spezifika der Auslegung von Rechnungslegungsvorschriften (Abschnitt 443.).

## 442. Grundsätzliche Vorgehensweise bei der Schließung von Regelungslücken

Die im Rahmen der Lückenschließung zu entwickelnde Bilanzierungs- bzw. Bewertungsmethode hat grundsätzlich den **fundamentalen qualitativen Anforderungen** des *Conceptual Framework* zu genügen.[446] Dadurch beabsichtigt der Standardsetzer sicherzustellen, dass die durch den Bilanzierenden zu entwickelnden Rechnungslegungsmethoden auf denselben theoretischen Grundlagen wie die Verlautbarungen des IASB basieren und den Adressaten somit entscheidungsnützliche Informationen vermitteln.[447] Dementsprechend haben die den einschlägigen Standards und Interpretationen grundsätzlich untergeordneten Inhalte des *Conceptual Framework* in diesem Kontext einen mittelbaren Verbindlichkeitscharakter.[448] Allerdings bezieht sich die gegenwärtige Fassung des IAS 8 auf die fundamentalen qualitativen Anforderungen der Relevanz und der Verlässlichkeit aus dem *Framework* (1989).[449] Der IASB ist sich dieser Inkonsistenz zum überarbeiteten Rahmenkonzept bewusst und gedenkt die Vorschriften zur Schließung von Regelungslücken daher anzupassen.[450] Dabei soll vor allem die Anforderung der Verlässlichkeit zugunsten der glaubwürdigen Darstellung und der zugehörigen Gütekriterien ersetzt sowie ein klarerer Bezug zum Ziel der IFRS-Finanzberichterstattung hergestellt werden.[451] Nach Auffassung des Mitarbeiterstabs des IASB ist diese Anpassung jedoch wohl weniger als materielle, sondern vielmehr als redaktionelle Änderung zu verstehen.[452] Auch aus

445 Vgl. METZ, C., Unternehmenskauf, S. 34.

446 Vgl. IAS 8.10.

447 Vgl. WAWRZINEK, W./LÜBBIG, M., in: Driesch u. a., Beck IFRS HB, 5. Aufl., § 2, Rn. 115; BLAUM, U./HOLZWARTH, J./WENDLANDT, G., in: Baetge u. a., Rechnungslegung nach IFRS, 2. Aufl., IAS 8, Rn. 55.

448 Vgl. MERKT, H., Das IFRS Conceptual Framework aus regelungsmethodischer Sicht, S. 492 f.; ähnlich BLAUM, U./HOLZWARTH, J./WENDLANDT, G., in: Baetge u. a., Rechnungslegung nach IFRS, 2. Aufl., IAS 8, Rn. 55.

449 Vgl. zu dieser Inkonsistenz zwischen IAS 8 und dem überarbeiteten *Conceptual Framework* auch HOFFMANN, S./DETZEN, D., Joint Conceptual Framework, S. 54.

450 Vgl. IASB (Hrsg.), Staff Paper 10C (February 2017), Rn. BCE.21 i. V. m. IASB (Hrsg.), Staff Paper 10E (January 2017), Rn. B2 f. sowie bereits IASB (Hrsg.), Staff Paper 10G (October 2014), Rn. 2.

451 Vgl. IASB (Hrsg.), Staff Paper 10G (October 2014), Rn. 2 (d), 7 und Appendix B sowie zur glaubwürdigen Darstellung Abschnitt 432.2.

452 Vgl. IASB (Hrsg.), Staff Paper 10C (October 2014), Rn. 5. Zudem weist der IASB in den *basis for conclusions* zum *Conceptual Framework* darauf hin, dass die Substitution der „Verlässlichkeit“ durch die „glaubwürdige Darstellung“ Missverständnisse der qualitativen Anforderungen auf Seiten der Bilanzierenden beheben sollte, damit aber aus Sicht des IASB keine materielle Änderung beabsichtigt war. Vgl. CF.BC2.28–BC2.31.

diesem Grund werden dieser Untersuchung bei etwaigen Auslegungen und Lückenschließungen die qualitativen Anforderungen des überarbeiteten Rahmenkonzeptes zugrunde gelegt.

Vor einer Beurteilung anhand der qualitativen Anforderungen ist bei Bestehen einer Regelungslücke jedoch zunächst eine Auswahl möglicher Abbildungsalternativen per Analogieschluss abzuleiten,[453] da „in den maßgebenden Hinsichten übereinstimmen[de, Anm. d. Verf.]“[454] Sachverhalte im (Konzern-)Abschluss gleich abzubilden sind (sog. Gleichheitsgrundsatz).[455] Dementsprechend hat der Bilanzierende in erster Linie auf **bestehende Vorschriften** für ähnliche und verwandte Fragestellungen zurückzugreifen.[456] Dabei kann er diese Vorschriften einerseits im Wege der Einzelanalogie von einem geregelten auf einen ähnlichen, aber ungeregelten Sachverhalt übertragen.[457] Andererseits ist es ihm auch möglich, mithilfe einer Gesamtanalogie zuerst einen allgemeinen Bilanzierungsgrundsatz aus mehreren Standards induktiv zu ermitteln und diesen Grundsatz anschließend auf den ungeregelten Sachverhalt anzuwenden.

Sofern jedoch kein analogiefähiger Sachverhalt identifiziert werden kann bzw. auch ein solcher nicht geregelt ist, sind die **Inhalte des *Conceptual Framework*** heranzuziehen.[458] In diesem Zusammenhang nennt IAS 8 zwar explizit nur die im Rahmenkonzept enthaltenen Definitions- und Ansatzkriterien sowie Bewertungskonzeptionen für Vermögenswerte, Schulden, Erträge und Aufwendungen.[459] Gleichwohl ist davon auszugehen, dass eine Regelungslücke nicht nur mithilfe von Teilen, sondern anhand des Rahmenkonzeptes als Ganzem zu schließen ist.[460]

Darüber hinaus kann der Bilanzierende bei der Schließung einer Regelungslücke weitere in IAS 8 benannte Quellen berücksichtigen, soweit diese nicht im Konflikt mit Regelungen zu vergleichbaren bzw. verwandten Sachverhalten und den Inhalten des *Conceptual Framework* stehen.[461] Zu diesen Quellen zählen u. a. **Verlautbarungen anderer Standardsetzer**, die anhand eines dem *Conceptual Framework* ähnlichen konzeptionellen Rahmens entwickelt wurden und zum Zeitpunkt der Lückenschließung in der Jurisdiktion des jeweiligen Standardsetzers anzuwenden sind. Diese an die Verlautbarungen gestellten Anforderungen sollen sicherstellen, dass zum einen keine dem Ziel und den quali-

---

453 Vgl. WOJCIK, K.-P., IAS/IFRS als europäisches Recht, S. 286; RUHNKE, K./NERLICH, C., Behandlung von Regelungslücken innerhalb der IFRS, S. 393.

454 LARENZ, K./CANARIS, C.-W., Methodenlehre der Rechtswissenschaft, S. 202.

455 Vgl. IASB (Hrsg.), Preface to IFRS, Rn. 12.

456 Vgl. IAS 8.11 (a). Eine Rangordnung von Standards und Interpretationen besteht in diesem Kontext indes nicht. Vgl. IAS 8.BC13–BC15. Ferner ist die Ähnlichkeit zweier bzw. mehrerer Sachverhalte keineswegs mit der vollständigen Gleichheit dieser Sachverhalte zu verwechseln. Vgl. RUHNKE, K./NERLICH, C., Behandlung von Regelungslücken innerhalb der IFRS, S. 391.

457 Vgl. hierzu und im Folgenden LARENZ, K./CANARIS, C.-W., Methodenlehre der Rechtswissenschaft, S. 204 f.; RUHNKE, K./NERLICH, C., Behandlung von Regelungslücken innerhalb der IFRS, S. 391.

458 Vgl. IAS 8.11 (b).

459 Vgl. IAS 8.11 (b). Dies gilt auch, nachdem im Zuge der Überarbeitung des Rahmenkonzeptes die Verweise auf das *Conceptual Framework* u. a. in IAS 8 angepasst wurden.

460 Vgl. IASB (Hrsg.), Staff Paper 10G (October 2014), Rn. 7 (c), aus dem hervorgeht, dass nach einer neuerlichen Anpassung des IAS 8 künftig explizit auf die Konzepte des *Conceptual Framework* insgesamt verwiesen werden soll. Vgl. ebenso GIMPEL-HENNING, N., Sukzessive Anteilserwerbe, S. 31; ALKEMEIER, M., Konzerninterne Unternehmenszusammenschlüsse, S. 49.

461 Vgl. hierzu und im Folgenden IAS 8.12; IAS 8.BC17.

tativen Anforderungen der IFRS widersprechenden Bilanzierungslösungen und zum anderen keine bereits überholten Konzepte bei der Aufstellung eines IFRS-Konzernabschlusses angewendet werden.[462] Denkbar ist in diesem Kontext daher besonders der Rückgriff auf Vorschriften angelsächsisch geprägter Rechnungslegungsregime, allen voran der US-GAAP.[463] Aber auch kontinentaleuropäische Regelungen – wie die Deutschen Rechnungslegungs Standards des DRSC – sind als zusätzliche Erkenntnisquelle vorstellbar.[464] Eine besondere Hilfestellung im Rahmen dieser Untersuchung kann somit der durch das DRSC verabschiedete DRS 23 leisten, der im Februar 2016 durch das Bundesministerium der Justiz und für Verbraucherschutz bekanntgemacht wurde und erstmalig konkrete Regelungen zur Kapitalkonsolidierung im mehrstufigen Konzern für den handelsrechtlichen Konzernabschluss enthält.[465]

Überdies können bei der Entwicklung einer Rechnungslegungsmethode anerkannte **Branchenpraktiken** und das **Fachschrifttum** unterstützen.[466] Dazu zählen bspw. Veröffentlichungen des IDW, einschlägige IFRS-Kommentierungen, Beiträge in Fachzeitschriften oder konzeptionelle bzw. empirische Forschungsergebnisse.[467] Aber auch über den verpflichtend anzuwendenden Regelungskanon hinausgehende Verlautbarungen des IASB – wie z. B. Standardentwürfe, Diskussionspapiere oder *staff papers* – können bei der Lückenschließung hilfreich sein,[468] wenngleich deren Indizwirkung vor allem bei kontrovers diskutierten Standardvorhaben des IASB besonders sorgfältig zu prüfen ist.[469]

Insgesamt gibt IAS 8 dem Bilanzierenden zwar Leitlinien vor,[470] um im Fall einer Regelungslücke eine nicht der IFRS-Konzeption entsprechende und ggf. bilanzpolitisch motivierte Methodenauswahl zu verhindern.[471] Gleichwohl ist die Anwendung der Leitlinien aufgrund der einzelfallspezifischen Besonderheiten und der damit verbundenen Ermessensspielräume keine „formal-logische Gedankenoperation"[472], die stets zum selben Ergebnis führt.[473] Dementsprechend kann bei der Schließung einer

---

462 Vgl. IAS 8.BC18 sowie Blaum, U./Holzwarth, J./Wendlandt, G., in: Baetge u. a., Rechnungslegung nach IFRS, 2. Aufl., IAS 8, Rn. 62.

463 Vgl. Ruhnke, K./Nerlich, C., Behandlung von Regelungslücken innerhalb der IFRS, S. 393.

464 Vgl. Kleinmanns, H., Offene Gesellschaft der IFRS-Interpreten, S. 1327 f.; Wawrzinek, W./Lübbig, M., in: Driesch u. a., Beck IFRS HB, 5. Aufl., § 2, Rn. 115.

465 Vgl., wenn auch zum Entwurf des DRS 23, Stibi, B./Kirsch, H.-J./Engelke, F., Der Standardentwurf E-DRS 30, S. 411. Vgl. zu den die Kapitalkonsolidierung im mehrstufigen Konzern betreffenden Regelungen DRS 23.191–206.

466 Vgl. IAS 8.12.

467 Vgl. Wawrzinek, W./Lübbig, M., in: Driesch u. a., Beck IFRS HB, 5. Aufl., § 2, Rn. 115; Blaum, U./Holzwarth, J./Wendlandt, G., in: Baetge u. a., Rechnungslegung nach IFRS, 2. Aufl., IAS 8, Rn. 64.

468 Vgl. Zülch, H., Die Rechnungslegungsnormen des IASB, S. 5.

469 Vgl. Ruhnke, K./Simons, D., Rechnungslegung nach IFRS und HGB, S. 342 f.; Baetge, J. u. a., in: Baetge u. a., Rechnungslegung nach IFRS, 2. Aufl., Teil A: Kapitel II, Rn. 32 f.; Wawrzinek, W./Lübbig, M., in: Driesch u. a., Beck IFRS HB, 5. Aufl., § 2, Rn. 115.

470 Vgl. Metz, C., Unternehmenskauf, S. 42.

471 Vgl. vor allem hinsichtlich anerkannter Branchenpraktiken Ruhnke, K./Nerlich, C., Behandlung von Regelungslücken innerhalb der IFRS, S. 393 sowie implizit Wojcik, K.-P., IAS/IFRS als europäisches Recht, S. 286.

472 Ruhnke, K./Nerlich, C., Behandlung von Regelungslücken innerhalb der IFRS, S. 391.

473 Vgl. Ruhnke, K./Simons, D., Rechnungslegung nach IFRS und HGB, S. 344.

Regelungslücke nicht die Richtigkeit einer entwickelten Rechnungslegungsmethode, sondern nur deren Vertretbarkeit beurteilt werden.[474]

### 443. Besonderheiten der Auslegung von Vorschriften

Die Auslegung einer nicht eindeutigen Vorschrift ist ihrem Wesen nach nicht von der Schließung einer Regelungslücke zu unterscheiden. Dabei ergründet der Bilanzierende „den **Sinn eines Textes** [ohne Hervorhebung im Original], der ihm problematisch geworden ist“[475], um einen Sachverhalt im (Konzern-)Abschluss letztlich diesem Sinn entsprechend abbilden zu können.[476] Dafür ist es förderlich, die Vorgehensweise zur Schließung von Regelungslücken für Zwecke der Auslegung hermeneutisch zu fundieren.[477]

Die Hermeneutik ist ein in der Rechtswissenschaft anerkannter, ganzheitlicher Ansatz zur Auslegung von Gesetzen.[478] Ausgangspunkt ist dabei der Wortlaut der zu untersuchenden Vorschrift (sog. **semantische Auslegung**).[479] Wenngleich der IASB seine Verlautbarungen nur in englischer Sprache verabschiedet,[480] müssten für Anhaltspunkte des Sinns und Zwecks der Vorschrift auch sämtliche von ihm genehmigten Sprachfassungen analysiert werden.[481] Aufgrund der damit verbundenen praktischen Probleme sollte es für eine semantische Auslegung grundsätzlich ausreichen, primär die englische Originalfassung und zusätzlich die genehmigte Übersetzung in die jeweilige Landessprache des Bilanzierenden heranzuziehen, um Fehlinterpretationen auf der Grundlage einer einzelnen Fassung vorzubeugen.[482]

Die durch die Auslegung des Wortlautes möglichen Abbildungsalternativen eines Sachverhaltes sind durch die Berücksichtigung der Entstehungs- und Entwicklungsgeschichte der Vorschrift einzugrenzen (sog. **historische Auslegung**).[483] In diesem Zusammenhang sind vor allem etwaige den Vor-

---

[474] Vgl. LÜDENBACH, N./HOFFMANN, W.-D./FREIBERG, J., in: Lüdenbach/Hoffmann/Freiberg, Haufe IFRS-Kommentar, 16. Aufl., § 1, Rn. 79.

[475] LARENZ, K./CANARIS, C.-W., Methodenlehre der Rechtswissenschaft, S. 133.

[476] Vgl. NERLICH, C., Auslegungsmethodik für IFRS, S. 271–276.

[477] Vgl. NERLICH, C., Auslegungsmethodik für IFRS, S. 270 f.; RUHNKE, K./SIMONS, D., Rechnungslegung nach IFRS und HGB, S. 348.

[478] Vgl. BAETGE, J./KIRSCH, H.-J./THIELE, S., Bilanzen, S. 109 f.; RUHNKE, K./SIMONS, D., Rechnungslegung nach IFRS und HGB, S. 344.

[479] Vgl. RUHNKE, K./SIMONS, D., Rechnungslegung nach IFRS und HGB, S. 346.

[480] Vgl. IASB (Hrsg.), Preface to IFRS, Rn. 22 sowie KÜTING, K./RANKER, D., Auslegung der endorsed IFRS, S. 2511.

[481] Vgl. GROßFELD, B./LUTTERMANN, C., Bilanzrecht, S. 46; HAUCK, A./PRINZ, U., Auslegung von IAS/IFRS, S. 639; KÜTING, K./RANKER, D., Auslegung der endorsed IFRS, S. 2511, die aufgrund des Problems der Vielsprachigkeit der semantischen Auslegung eine im Vergleich zur systematischen und teleologischen Auslegung untergeordnete Bedeutung zuerkennen.

[482] Vgl. WOJCIK, K.-P., IAS/IFRS als europäisches Recht, S. 269 f.; GROH, T., Methodenrelevante Normtexte im Gemeinschaftsrecht, S. 270; NERLICH, C., Auslegungsmethodik für IFRS, S. 278 f.; METZ, C., Unternehmenskauf, S. 37–40 m. w. N.

[483] Vgl. RÜTHERS, B./FISCHER, C./BIRK, A., Rechtstheorie, § 22, Rn. 778–795; WANK, R., Die Auslegung von Gesetzen, S. 67 f. A. A. HAUCK, A./PRINZ, U., Auslegung von IAS/IFRS, S. 640; SCHÖN, W., Kompetenzen der Gerichte zur Auslegung von IAS/IFRS, S. 766, die der Entstehungsgeschichte zumindest bei der Auslegung der indossierten IFRS durch den Europäischen Gerichtshof keine große Bedeutung beimessen.

schriften beigefügte erläuternde Materialien zu berücksichtigen.[484] Unter diese sind bspw. die Anwendungsleitlinien (*implementation guidances*), die Grundlagen für die Schlussfolgerungen (*basis for conclusions*), die erläuternden Beispiele (*illustrative examples*) und abweichende Meinungen einzelner Mitglieder des IASB (*dissenting opinions*) zu subsumieren. Darüber hinaus können bei der historischen Auslegung die Inhalte von Standardentwürfen (*exposure drafts*), Diskussionspapieren (*discussion papers*), Arbeitspapieren der Mitarbeiter des IASB (*staff papers*) oder das Verständnis der Vorschriften eines Vorgängerstandards hilfreich sein.[485] Aus der Entstehungs- und Entwicklungshistorie gewonnene Argumente können jedoch keine gegen die Vorschrift verstoßene Auslegung rechtfertigen.[486]

Daher ist die auszulegende Vorschrift ferner in das Normgefüge einzuordnen und in dessen Kontext zu interpretieren (sog. **systematische Auslegung**).[487] Dabei ist einerseits auf andere Vorschriften desselben IFRS sowie andererseits auch auf die bei bestehenden Regelungslücken zu berücksichtigenden Verfahren des Analogieschlusses und die Inhalte des *Conceptual Framework* zurückzugreifen.[488] Zu beachten ist, dass die zur systematischen Auslegung herangezogenen Vorschriften ihrerseits auslegungsbedürftig sein können.[489] Der Bilanzierende muss dementsprechend zwischen den Auslegungen der Vorschriften vermitteln, um eine konsistente Anwendung des Regelungskanons sicherzustellen.[490]

Die Auslegung ist im Rahmen der hermeneutischen Methode außerdem um **objektiv-teleologische Aspekte** zu ergänzen, indem der Sinn und Zweck einer Vorschrift deduktiv mithilfe des Ziels der IFRS-Finanzberichterstattung bestimmt wird.[491] Bei der auf die Auslegung zu übertragenden Vorgehensweise des IAS 8 zur Schließung von Regelungslücken spiegelt sich dies in der allgemeinen Voraussetzung wider, dass die zu entwickelnde Rechnungslegungsmethode bzw. Abbildungsvariante den fundamentalen qualitativen Anforderungen des *Conceptual Framework* entsprechen muss, die die Entscheidungsnützlichkeit einer Finanzinformation konstituieren.[492] Da grundsätzlich angenommen wird, dass die IFRS entscheidungsnützliche Informationen vermitteln,[493] steht die teleologische Auslegung in engem Zusammenhang mit der systematischen Auslegung.[494] Wie die Erkenntnisse der

---

484 Vgl. hierzu und im Folgenden, wenn auch im Kontext der indossierten IFRS, CASSEL, J., Unternehmensbewertung im IFRS-Abschluss, S. 80.

485 Vgl. NERLICH, C., Auslegungsmethodik für IFRS, S. 289–293.

486 Vgl. CASSEL, J., Unternehmensbewertung im IFRS-Abschluss, S. 94.

487 Vgl. FLOWER, J./EBBERS, G., Global Financial Reporting, S. 337; SCHÖN, W., Kompetenzen der Gerichte zur Auslegung von IAS/IFRS, S. 766.

488 Vgl. NERLICH, C., Auslegungsmethodik für IFRS, S. 283 f.; RUHNKE, K./SIMONS, D., Rechnungslegung nach IFRS und HGB, S. 347; CASSEL, J., Unternehmensbewertung im IFRS-Abschluss, S. 93 f. sowie Abschnitt 442.

489 Vgl. NERLICH, C., Auslegungsmethodik für IFRS, S. 282.

490 Vgl. CASSEL, J., Unternehmensbewertung im IFRS-Abschluss, S. 93.

491 Vgl. FEY, G./SCHRUFF, W., Standing Interpretations Committee, S. 588; RUHNKE, K./SIMONS, D., Rechnungslegung nach IFRS und HGB, S. 345.

492 Vgl. NERLICH, C., Auslegungsmethodik für IFRS, S. 294–299.

493 Vgl. IAS 1.17. Nur in seltenen Ausnahmefällen wird der Bilanzierende von einschlägigen Vorschriften der IFRS abweichen können. Vgl. IAS 1.19.

494 Vgl. KÜTING, K./GATTUNG, A., Principle Override nach IFRS, S. 36 f.; NERLICH, C., Auslegungsmethodik für IFRS, S. 296.

einzelnen hermeneutischen Auslegungsmethoden zu gewichten sind, ist von den Umständen des Einzelfalls abhängig zu machen.[495] Sofern mehrere alternative Auslegungsmöglichkeiten verbleiben, dürfen – wie bei der Schließung von Regelungslücken – ergänzend die Verlautbarungen anderer Standardsetzer, Branchenpraktiken oder Beiträge im Fachschrifttum berücksichtigt werden.[496]

495 Vgl. LARENZ, K./CANARIS, C.-W., Methodenlehre der Rechtswissenschaft, S. 166 f.

496 Vgl. CASSEL, J., Unternehmensbewertung im IFRS-Abschluss, S. 92 und 94.

# 5 Kritische Analyse der Kapitalkonsolidierung bei indirekten Beteiligungsverhältnissen im mehrstufigen Konzern

## 51 Vorbemerkungen

Die im vorangehenden vierten Kapitel erläuterten konzeptionellen Grundlagen der IFRS-Finanzberichterstattung sowie der Umgang mit Regelungslücken bzw. nicht hinreichend konkreten Bilanzierungsvorschriften gemäß den Regelungen des IAS 8 bilden die Analyse- und Würdigungsgrundlage der nachfolgenden Untersuchung indirekter Beteiligungsverhältnisse des Konzernmutterunternehmens und nicht beherrschender Gesellschafter bei der Kapitalkonsolidierung im mehrstufigen Konzern. Im **Mittelpunkt** steht dabei die Frage, ob die **multiplikative oder die additive Methode** zu einer vergleichsweise entscheidungsnützlicheren Abbildung der in Rede stehenden Beteiligungsverhältnisse im Konzernabschluss führt.

Zur Beantwortung dieser Frage wird zunächst der Erwerb einer Beteiligung an einem einzelnen, aus Sicht des Konzernmutterunternehmens **mittelbaren Tochterunternehmen** durch eine bereits vollkonsolidierte Tochtergesellschaft und anschließend gesondert die **Akquisition eines Teilkonzerns** betrachtet. Dies ermöglicht es zum einen, die Besonderheiten der Kapitalkonsolidierung im mehrstufigen Konzern möglichst losgelöst von anderen Bilanzierungsfragestellungen zu untersuchen, und zum anderen, die Spezifika der jeweiligen Erwerbskonstellation hinreichend differenziert zu beurteilen.[497]

Der Vergleich der im Fachschrifttum diskutierten multiplikativen und additiven Methode, die in diesen beiden Erwerbsfällen zur Abbildung **indirekter Beteiligungsverhältnisse nicht beherrschender Gesellschafter** potenziell angewendet werden können, hat gezeigt, dass sich die unterschiedliche Behandlung etwaiger indirekter nicht beherrschender Anteile auf die Residualgröße aus der Kapitalkonsolidierung und auf den Wertansatz der Anteile nicht beherrschender Gesellschafter am Konzerneigenkapital auswirkt.[498] Dementsprechend werden in der jeweiligen Erwerbskonstellation sowohl die Bilanzierung eines positiven Unterschiedsbetrages als auch die Erfassung einer negativen Residualgröße sowie die damit eng verbundenen Implikationen für die Höhe der nicht beherrschenden Eigenkapitalanteile untersucht. Neben den im Zentrum der Betrachtung stehenden indirekten nicht beherrschenden Anteilen werden in diesem Zusammenhang ebenso die spezifischen Fragestellungen für die **indirekten Beteiligungen des Konzernmutterunternehmens** eingehend beleuchtet.

Da die unterschiedliche Ermittlung der Residualgrößen nach der multiplikativen und der additiven Methode die Interpretation der aus der Kapitalkonsolidierung entstehenden Unterschiedsbeträge und des zugrunde liegenden Sachverhalts beeinflussen kann, geht den jeweiligen Analyseabschnitten eine **allgemeine Charakterisierung** der Residualgrößen und der außerdem betroffenen nicht beherrschenden Eigenkapitalanteile voraus. Die sich anschließende Untersuchung richtet sich dann vor al-

[497] Vgl. Abschnitt 22.
[498] Vgl. Abschnitt 34.

lem auf die Abbildung der Vermögens-, Finanz- und Ertragslage bei der **Erstkonsolidierung**. An entsprechenden Stellen wird die Analyse allerdings um relevante Aspekte der Folgekonsolidierung ergänzt, um eine möglichst ganzheitliche Betrachtung zu gewährleisten. Die dabei gewonnenen Erkenntnisse in Bezug auf die verschiedenen Abbildungsmöglichkeiten beherrschender und nicht beherrschender Anteile werden schließlich im Hinblick auf die **Entscheidungsnützlichkeit** der vermittelten Informationen **vergleichend gegenübergestellt**.

Im Unterschied zum Erwerb eines Teilkonzerns müssen nicht beherrschende Gesellschafter bei der Akquisition eines einzelnen mittelbaren Tochterunternehmens zwingend (direkt oder indirekt) an dem zumindest formal erwerbenden Konzernunternehmen beteiligt sein, damit die zu untersuchenden indirekten Beteiligungsverhältnisse entstehen können. Vor diesem Hintergrund ist der Analyse der Unterschiedsbeträge und des Wertansatzes der nicht beherrschenden Eigenkapitalanteile gemäß den Schritten der Erwerbsmethode nach IFRS 3 nachfolgend die Diskussion voranzustellen, ob die indirekten nicht beherrschenden Gesellschafter als (Mit-)Erwerber i. S. d. IFRS 3 bei der Akquisition einer mittelbaren Tochtergesellschaft identifiziert werden können.

## 52 Kapitalkonsolidierung beim Erwerb eines einzelnen mittelbaren Tochterunternehmens

### 521. Identifizierung des Erwerbers

#### 521.1 Leitlinien zur Identifizierung des Erwerbers

Wie bei jedem Unternehmenszusammenschluss ist auch bei der Akquisition eines einzelnen potenziellen Tochterunternehmens, das einen mehrstufigen Konzern begründet oder erweitert, ein Erwerber zu identifizieren.[499] Dieser erste Schritt der Erwerbsmethode bestimmt maßgeblich die bei der Kapitalkonsolidierung einzunehmende Perspektive und damit regelungssystematisch auch, ob im mehrstufigen Konzern die multiplikative oder die additive Methode angewendet wird.[500] Um den Erwerber zu identifizieren, sieht IFRS 3 einen **zweistufigen Prüfprozess** vor,[501] der sich nicht an den rein formalrechtlichen, sondern an den ökonomischen Gegebenheiten des Erwerbsvorgangs orientiert.[502]

Da das Unternehmen als Erwerber zu identifizieren ist, das die aus dem Unternehmenszusammenschluss hervorgehende wirtschaftliche Einheit beherrschen kann, sind in einem ersten Schritt die in IFRS 10 kodifizierten **Merkmale eines Beherrschungsverhältnisses** zu untersuchen.[503] Diese umfassen erstens die Bestimmungsmacht, mit der ein (potenzieller) Erwerber auf der Grundlage beste-

---

499 Vgl. IFRS 3.6 sowie SENGER, T./BRUNE, J. W., in: Driesch u. a., Beck IFRS HB, 5. Aufl., § 34, Rn. 46.

500 Vgl. HACHMEISTER, D., Auswirkungen der Goodwill-Bilanzierung, S. 425; STRÖHER, T., Unternehmenszusammenschlüsse unter Common Control, S. 97; QIN, S., Bilanzierung des Excess nach IFRS 3, S. 36 sowie Abschnitt 342.1 und 343.1.

501 Vgl. IFRS 3.7 i. V. m. IFRS 3.B13–B18.

502 Vgl. SENGER, T./BRUNE, J. W., in: Driesch u. a., Beck IFRS HB, 5. Aufl., § 34, Rn. 45; KÜTING, K./WIRTH, J., Bilanzierung von Unternehmenszusammenschlüssen, S. 169. Vgl. hierzu kritisch PAWELZIK, K. U., Bilanzierung von Interessenzusammenschlüssen, S. 2574.

503 Vgl. IFRS 3.6 f. i. V. m. IFRS 10.5–18; IFRS 10.BC71 sowie SENGER, T./BRUNE, J. W., in: Driesch u. a., Beck IFRS HB, 5. Aufl., § 34, Rn. 47.

hender Rechte die für die wirtschaftlichen Erfolge maßgeblichen Tätigkeiten eines Beteiligungsunternehmens bestimmen kann.[504] Zweitens muss der (potenzielle) Erwerber Rechte an den variablen Rückflüssen aus seinem Engagement beim Beteiligungsunternehmen haben oder entsprechende Risiken tragen und drittens die ihm zustehenden variablen Rückflüsse durch seine Bestimmungsmacht beeinflussen können.[505] Dabei sind dem (potenziellen) Erwerber auch solche Entscheidungsbefugnisse zuzurechnen, die von in seinem Interesse handelnden Dritten ausgeübt werden können (sog. Agenten).[506] Eine dafür erforderliche Prinzipal-Agenten-Beziehung wird dann unwiderlegbar angenommen, wenn der Agent ohne Grund abberufen und ihm somit seine Entscheidungsbefugnis entzogen werden kann.[507]

Sofern das akquirierende Unternehmen jedoch nicht eindeutig anhand der Merkmale eines Beherrschungsverhältnisses identifiziert werden kann, sind im zweiten Schritt zusätzlich die in den Anwendungsleitlinien des IFRS 3 enthaltenen **Indikatoren** zur Bestimmung des Erwerbers zu berücksichtigen.[508] In diesem Zusammenhang ist bspw. zu analysieren, welches der am Zusammenschluss beteiligten Unternehmen

- die Gegenleistung in Form von Barmitteln, anderen Vermögenswerten oder durch die Übernahme von Schulden erbringt[509] oder
- signifikant größer[510] als die anderen Unternehmen ist.[511]

Im Folgenden wird anhand dieser Regelungen des IFRS 3 untersucht, welcher Blickwinkel für die konzernbilanzielle Abbildung einer Unternehmensakquisition einzunehmen ist, die einen mehrstufigen Konzern konstituiert bzw. erweitert. Dabei sind das Teilkonzernmutterunternehmen, das bereits vor dem Erwerbsvorgang zum bestehenden Konzern gehört und nach dem Unternehmenszusammenschluss die Beteiligung am mittelbaren Tochterunternehmen hält, das Konzernmutterunternehmen und die wirtschaftliche Einheit dieser Unternehmen als Erwerber denkbar.[512] Während die Kapital-

---

504 Vgl. IFRS 10.7 (a) i. V. m. IFRS 10.10 f. Sofern mehrere Parteien die maßgeblichen Tätigkeiten bestimmen können, ist derjenigen Partei die Bestimmungsmacht zuzurechnen, die gegenwärtig die den wirtschaftlichen Erfolg am signifikantesten beeinflussenden Tätigkeiten bestimmen kann. Vgl. IFRS 10.13.

505 Vgl. IFRS 10.7 (b) i. V. m. IFRS 10.15; IFRS 10.7 (c) i. V. m. IFRS 10.17. Eine perfekte Korrelation zwischen dem Umfang der Bestimmungsmacht des Erwerbers und seinen variablen Rückflüssen muss indes nicht gegeben sein, da auch andere Parteien – wie nicht beherrschende Gesellschafter – an den durch die Bestimmungsmacht des Erwerbers beeinflussten Rückflüssen partizipieren können. Vgl. IFRS 10.BC68.

506 Vgl. IFRS 10.B58 f.; IFRS 10.BC146 sowie KÜTING, K./MOJADADR, M., Control-Konzept nach IFRS 10, S. 281; BÖCKEM, H./STIBI, B./ZOEGER, O., Consolidated Financial Statements, S. 405; DIETRICH, A./KRAKUHN, J./SIERLEJA, L., Prinzipal-Agenten-Beziehungen nach IFRS 10, S. 520.

507 Vgl. IFRS 10.B61; IFRS 10.B65; IFRS 10.BC134 sowie CHRIST, A. D., Verbriefungsplattformen nach IFRS, S. 180.

508 Vgl. IFRS 3.7; IFRS 3.B13 i. V. m. IFRS 3.B14–B18 sowie HENDLER, M./ZÜLCH, H., Beteiligungsverhältnisse bei Tochterunternehmen, S. 485.

509 Vgl. IFRS 3.B14. Vom Erwerb eines Unternehmens durch Anteilstausch und den damit verbundenen Besonderheiten bei der Kapitalkonsolidierung wird im Rahmen dieser Untersuchung abstrahiert.

510 Die Größe eines Unternehmens kann in diesem Zusammenhang bspw. anhand der Bilanzsumme, den Umsatzerlösen oder den Gewinnen gemessen werden. Vgl. IFRS 3.B16. Denkbar wäre es ebenso, die Unternehmenswerte zueinander ins Verhältnis zu setzen. Vgl. RÖMGENS, T., Goodwill im mehrstufigen Konzernabschluss, S. 21.

511 Vgl. IFRS 3.B16.

512 Vgl. RÖMGENS, T., Goodwill im mehrstufigen Konzernabschluss, S. 20 f.

konsolidierung nach der Erwerbsmethode jedoch aus der Perspektive des Teilkonzernmutterunternehmens oder der wirtschaftlichen Einheit im Ergebnis eine der additiven Methode entsprechende Abbildung im Konzernabschluss nach sich zieht, würde der Blickwinkel des Konzernmutterunternehmens die Anwendung der multiplikativen Methode bedeuten.[513]

### 521.2 Teilkonzernmutterunternehmen als formalrechtlicher Erwerber

Im Rahmen der hier betrachteten Akquisition erwirbt eine bereits zu einem bestehenden Konzern gehörende Tochtergesellschaft eine auf Eigenkapitalinstrumenten basierende gesellschaftsrechtliche Unternehmensbeteiligung an einem einzelnen Unternehmen gegen eine entsprechende Gegenleistung.[514] Die **Übertragung der Gegenleistung** deutet gemäß den Indikatoren des IFRS 3 auf das Tochterunternehmen als Erwerber und potenzielles Teilkonzernmutterunternehmen hin.[515] Dieses ist angesichts der erworbenen Eigenkapitalinstrumente außerdem den **variablen Rückflüssen** – bspw. in Form von Dividenden – aus seinem Engagement beim (potenziellen) aus Sicht des Konzernmutterunternehmens mittelbaren Tochterunternehmen ausgesetzt.[516]

Damit sich die konzernzugehörige Tochtergesellschaft als Erwerber i. S. d. IFRS 3 qualifiziert und damit zum Teilkonzernmutterunternehmen wird, muss sie außerdem die **Bestimmungsmacht** über die maßgeblichen Tätigkeiten des potenziellen mittelbaren Tochterunternehmens ausüben können. Die **maßgeblichen Tätigkeiten** sind solche Aktivitäten, die den wirtschaftlichen Erfolg eines Beteiligungsunternehmens signifikant beeinflussen.[517] Darunter können u. a. Beschaffungs-, Absatz-, Verwaltungs-, Forschungs- und Entwicklungs- sowie Finanzierungstätigkeiten verstanden werden.[518] Diese können z. B. unmittelbar durch Entscheidungen bestimmt werden, die die Geschäfts- oder Finanzpolitik des Beteiligungsunternehmens betreffen.[519] Aber auch eine mittelbare Einflussnahme – bspw. durch die Möglichkeit, das geschäftsführende Management zu ernennen, umzubesetzen oder abzuberufen – ist in diesem Zusammenhang vorstellbar.[520]

---

513 Vgl. Anders, G., Strittige Fragen der Konsolidierung, S. 40; Kessler, H./Leinen, M./Strickmann, M., Rechte für Minderheiten, S. 334.

514 Vgl. hierzu auch Abschnitt 222.

515 Vgl. IFRS 3.B14 sowie Küting, K./Weber, C.-P./Wirth, J., Goodwillbilanzierung, S. 140; Lopatta, K., Goodwillbilanzierung und Informationsvermittlung, S. 69.

516 Vgl. Gimpel-Henning, N., Sukzessive Anteilserwerbe, S. 39. Der Begriff der Rückflüsse schließt jedoch nicht nur direkte Rückflüsse aus einem Beteiligungsunternehmen in Form von Dividenden ein. So sind darunter bspw. ebenso Synergien zu verstehen, die das (potenzielle) Teilkonzernmutterunternehmen bzw. der Erwerber aus der Unternehmensverbindung mit dem Beteiligungsunternehmen realisieren kann. Vgl. IFRS 10.B56 f.; IFRS 10.BC63 sowie Beyhs, O./Buschhüter, M./Schurbohm, A., Neue IFRS zum Konsolidierungskreis, S. 665; Böckem, H./Stibi, B./Zoeger, O., Consolidated Financial Statements, S. 402.

517 Vgl. IFRS 10.10.

518 Vgl. IFRS 10.B11.

519 Vgl. IFRS 10.B12 (a). Im Unterschied zu der Definition beherrschenden Einflusses gemäß IAS 27 (*rev.* 2008) macht der Standardsetzer deutlich, dass die Bestimmungsmacht über die Geschäfts- oder Finanzpolitik lediglich eine Möglichkeit ist, die Tätigkeiten eines Beteiligungsunternehmens zu bestimmen. Vgl. IFRS 10.B12; IFRS 10.BC42.

520 Vgl. IFRS 10.B12 (b).

Derartige Entscheidungen bedürfen entsprechender, zum Zeitpunkt der Abschlusserstellung **bestehender Rechte**.[521] Darunter sind bspw. Stimmrechte in der Haupt- oder Gesellschafterversammlung des potenziellen mittelbaren Tochterunternehmens zu subsumieren, die üblicherweise die Bestimmungsmacht über Beteiligungsunternehmen mit zahlreichen für den wirtschaftlichen Erfolg relevanten Geschäfts- und Finanztätigkeiten begründen.[522] Vereint das potenzielle Teilkonzernmutterunternehmen – wie beim Erwerb einer Mehrheitsbeteiligung – mehr als die Hälfte der Stimmrechte auf sich, wird dadurch regelmäßig ein Beherrschungsverhältnis i. S. d. IFRS 10 entstehen.[523] Allerdings ist die formale Stimmrechtsmehrheit dafür weder erforderlich noch ausreichend.[524] So kann bereits ein beherrschender Einfluss bestehen, wenn ein Investor über (marginal) weniger als 50 % der Stimmrechte verfügt und der übrige Stimmrechtsanteil von einem hinreichend großen Kreis unabhängiger Anteilseigner gehalten wird (sog. *de-facto-control*).[525] Umgekehrt muss die Mehrheit der Stimmrechte nicht zwingend ein Beherrschungsverhältnis nach sich ziehen, da die maßgeblichen Tätigkeiten bspw. nur mit einer über den Stimmrechtsanteil des potenziellen Teilkonzernmutterunternehmens hinausgehenden Stimmrechtsmehrheit oder ausschließlich durch andere Parteien – wie z. B. staatlichen Behörden – bestimmt werden können.[526]

In einer solchen Fallkonstellation, aber auch grundsätzlich ist dann zwischen **substanziellen**[527] **Rechten** zur Einflussnahme auf die maßgeblichen Tätigkeiten und Schutzrechten zu unterscheiden.[528] Während ein beherrschender Einfluss substanzielle Rechte voraussetzt, haben etwaige nicht beherrschende Gesellschafter des (potenziellen) Tochterunternehmens – wenn überhaupt – lediglich **Schutzrechte**, die ihre Interessen wahren sollen.[529] Zu den Schutzrechten zählen bspw. Zustimmungsvorbehalte mit Blick auf über die gewöhnliche Geschäftstätigkeit hinausgehende, außergewöhnliche Aktivitäten.[530] Solche Rechte stehen der Bestimmungsmacht des (potenziellen) Teilkonzernmutterunternehmens indes nicht entgegen.[531]

521 Vgl. IFRS 10.10 i. V. m. IFRS 10.B9.

522 Vgl. IFRS 10.B16 sowie FREIBERG, J./TEUFEL, C., Herausforderungen in der Abgrenzung des Konsolidierungskreises, S. 10; PAWELZIK, K. U., Bilanzierung von Interessenzusammenschlüssen, S. 2572. Darüber hinaus können u. a. Rechte, das geschäftsführende Management zu besetzen, andere Unternehmen als Entscheidungsträger einzusetzen bzw. abzuberufen oder Transaktionen zu veranlassen, einem Investor die Bestimmungsmacht über ein Beteiligungsunternehmen verleihen. Vgl. IFRS 10.11 i. V. m. IFRS 10.B15 (b)–(e).

523 Vgl. IFRS 10.B35 sowie BRUNE, J. W., in: Driesch u. a., Beck IFRS HB, 5. Aufl., § 30, Rn. 34. Dabei sind den Stimmrechten auch potenzielle Stimmrechte hinzuzurechnen, sofern diese zum Zeitpunkt der zu treffenden Entscheidung ausgeübt werden können. Vgl. IFRS 10.B47–B50.

524 Vgl. GIMPEL-HENNING, N., Sukzessive Anteilserwerbe, S. 41.

525 Vgl. IFRS 10.B38 f. sowie RÜHL, J./ALTHOFF, F., Faktische Beherrschung durch Präsenzmehrheit, S. 559–562; EHSEN-RÜHL, J./ALTHOFF, F., Konsolidierungspflicht ohne Stimmrechtsmehrheit, S. 497–506.

526 Vgl. IFRS 10.B36 f.

527 Ein Recht ist dann substanziell, wenn der Inhaber dieses praktisch und zum Zeitpunkt der zu treffenden Entscheidung ausüben kann. Vgl. IFRS 10.B22–B25.

528 Vgl. IFRS 10.B22–B28 sowie LÜDENBACH, N./FREIBERG, J., Beherrschungsbegriff des IFRS 10, S. 44.

529 Vgl. IFRS 10.14 i. V. m. IFRS 10.B27 sowie BAETGE, J./HAYN, S./STRÖHER, T., in: Baetge u. a., Rechnungslegung nach IFRS, 2. Aufl., IFRS 10, Rn. 84.

530 Vgl. IFRS 10.B26; IFRS 10.B28 sowie MEYER, M., Abgrenzung von Schutz- und substanziellen Rechten, S. 272.

531 Vgl. IFRS 10.14 i. V. m. IFRS 10.B27; IFRS 10.BC44; IFRS 10.BC70 sowie KIRSCH, H.-J./EWELT-KNAUER, C., Abgrenzung des Vollkonsolidierungskreises, S. 1642.

Sofern das (potenzielle) Teilkonzernmutterunternehmen – wie hier angenommen – die Möglichkeit hat, die maßgeblichen Tätigkeiten zu bestimmen, kann es auf dieser Grundlage in der betrachteten Erwerbskonstellation grundsätzlich auch die ihm zustehenden variablen Rückflüsse beeinflussen.[532] In Verbindung mit der Übertragung der Gegenleistung ist das Teilkonzernmutterunternehmen daher zumindest als formalrechtlicher Erwerber des Tochterunternehmens anzusehen.[533] Fraglich ist jedoch, ob es in der durch die Akquisition entstandenen oder erweiterten mehrstufigen Konzernstruktur „auf eigene Rechnung"[534] oder im Interesse des Konzernmutterunternehmens handelt.

### 521.3 Konzernmutterunternehmen als Erwerber i. S. d. multiplikativen Methode

Die Frage, ob das formalrechtlich erwerbende (spätere) Teilkonzernmutterunternehmen im eigenen oder im Interesse bzw. auf Veranlassung der Konzernleitung handelt, ist insofern von Bedeutung, als der Erwerber nach den Regelungen des IFRS 3 nicht ausschließlich auf der Grundlage einer rein formalrechtlichen Betrachtung der Akquisition zu identifizieren ist.[535] Vielmehr wäre schließlich das Konzernmutterunternehmen als akquirierende Partei anzusehen, sofern es die mittelbare Tochtergesellschaft nach dem Unternehmenszusammenschluss über das Teilkonzernmutterunternehmen beherrschen kann.[536] Daher sind auch die **Beherrschungs- bzw. Einflussstrukturen** innerhalb des Konzernverbundes, dem der formalrechtliche Erwerber angehört, nicht zu vernachlässigen.[537]

Da das Konzernmutterunternehmen indes keine direkte Beteiligung am Erwerbsobjekt hält und somit die maßgeblichen Tätigkeiten des Tochterunternehmens nicht unmittelbar bestimmen kann, müssen dafür vor allem die dem Teilkonzernmutterunternehmen (formal) zustehenden Entscheidungsbefugnisse – wie im Rahmen einer **Prinzipal-Agenten-Beziehung**[538] – der Konzernobergesellschaft zugerechnet werden können. Eine Prinzipal-Agenten-Beziehung wird unwiderlegbar konstituiert, wenn die Bestimmungsmacht des Konzernmutterunternehmens über die maßgeblichen Tätigkeiten des Teilkonzernmutterunternehmens auf dem substanziellen Recht basiert, das Leitungsgremium der Obergesellschaft des Teilkonzerns ohne Grund von seinen Aufgaben abzuberufen.[539] In einer derartigen Fallkonstellation wird angenommen, dass das Teilkonzernmutterunternehmen seine (vertraglich zugesicherten) Entscheidungsbefugnisse – wie ggf. den Erwerb eines Tochterunternehmens – nicht

---

532 Vgl. IFRS 10.17.

533 Vgl. KÜTING, K./WEBER, C.-P./WIRTH, J., Kapitalkonsolidierung im mehrstufigen Konzern, S. 45.

534 GIMPEL-HENNING, N., Sukzessive Anteilserwerbe, S. 39.

535 Vgl. SENGER, T./BRUNE, J. W., in: Driesch u. a., Beck IFRS HB, 5. Aufl., § 34, Rn. 45; KÜTING, K./WIRTH, J., Bilanzierung von Unternehmenszusammenschlüssen, S. 169.

536 Vgl. IFRS 3.6 f. i. V. m. IFRS 10.5–18; IFRS 10.BC71 sowie SENGER, T./BRUNE, J. W., in: Driesch u. a., Beck IFRS HB, 5. Aufl., § 34, Rn. 47.

537 Vgl., wenn auch allgemein im Kontext der Beziehung zu anderen Parteien, KÜTING, K./MOJADADR, M., Control-Konzept nach IFRS 10, S. 282.

538 Den Regelungen des IFRS 10 liegt das Verständnis einer Prinzipal-Agenten-Beziehung nach JENSEN/MECKLING zugrunde, die eine solche definieren als „*contract under which one or more persons (the principal(s)) engage another person (the agent) to perform some service on their behalf which involves delegating some decision making authority to the agent*" (JENSEN, M./MECKLING, W. H., Theory of the Firm, S. 308). Vgl. IFRS 10.BC129 f.

539 Vgl. IFRS 10.B61; IFRS 10.B65; IFRS 10.BC134 sowie CHRIST, A. D., Verbriefungsplattformen nach IFRS, S. 180.

gegen die Interessen der Konzernobergesellschaft ausüben wird.[540] Dies liegt nicht zuletzt auch darin begründet, dass das Konzernmutterunternehmen regelmäßig die Akquisitionsstrategie des Konzerns überwacht.[541] Die Entscheidungsbefugnisse bzw. der beherrschende Einfluss des Teilkonzernmutterunternehmens auf das mittelbare Tochterunternehmen sind dann dem Konzernmutterunternehmen zuzurechnen.[542]

Hat die Konzernobergesellschaft indes kein solches Abberufungsrecht, dürfte das Teilkonzernmutterunternehmen im Rahmen einer gewöhnlichen Prinzipal-Agenten-Beziehung – wie einem Treuhänderverhältnis – mithilfe seiner Entscheidungsbefugnisse zwar den wirtschaftlichen Erfolg des mittelbaren Tochterunternehmens, indes nicht die eigenen variablen Rückflüsse signifikant beeinflussen können.[543] In dem hier betrachteten Sachverhalt hat das Teilkonzernmutterunternehmen jedoch aufgrund seiner Kapitalbeteiligung Rechte an solchen Rückflüssen – bspw. in Form von Dividenden –, sodass ein Eigeninteresse vermutet werden könnte.[544] Allerdings wäre es möglich, dass das Konzernmutterunternehmen kraft seines beherrschenden Einflusses zum einen wiederum eine (phasenverschobene) Ausschüttung dieser Dividenden veranlasst, sodass das Teilkonzernmutterunternehmen lediglich eine Durchleitungsfunktion wahrnimmt und sein Eigeninteresse insofern fraglich ist.[545] Zum anderen wären diese Aspekte nicht ausreichend, um eine Prinzipal-Agenten-Beziehung zu begründen oder zu widerlegen. Vielmehr müssten weitere Faktoren berücksichtigt werden, die die Beziehung zwischen der Konzernobergesellschaft und dem Teilkonzernmutterunternehmen kennzeichnen.[546] Insbesondere bei einem weitestgehend unabhängig agierenden Teilkonzernmutterunternehmen wäre zu beurteilen, inwieweit der Umfang seiner Entscheidungsbefugnisse der (indirekten) Bestimmungsmacht des Konzernmutterunternehmens über das mittelbare Tochterunternehmen entgegenstünde.[547]

---

540 Vgl. IFRS 10.B15 (b); IFRS 10.B58; IFRS 10.BC126 (a); IFRS 10.BC130 sowie CHRIST, A. D., Verbriefungsplattformen nach IFRS, S. 180 f; ZÜLCH, H./ERDMANN, M.-K./POPP, M., IFRS 10 im Vergleich zu IAS 27 sowie SIC-12, S. 589. Dabei muss die Möglichkeit, das Leitungsgremium abzuberufen, zwar gegenwärtig bestehen. Gleichwohl bedeutet dies nicht, dass das Recht umgehend ausgeübt werden können muss. Gegebenenfalls sind vorab gewisse Maßnahmen erforderlich – wie die Einberufung einer (außerordentlichen) Haupt- oder Gesellschafterversammlung. Eine dadurch bedingte Verzögerung steht der Bestimmungsmacht eines Investors indes nicht entgegen. Vgl. IFRS 10.BC53.

541 Vgl. KÜTING, K./WEBER, C.-P./WIRTH, J., Kapitalkonsolidierung im mehrstufigen Konzern, S. 45.

542 Vgl. IFRS 10.B58 f.; IFRS 10.BC146 sowie KÜTING, K./MOJADADR, M., Control-Konzept nach IFRS 10, S. 281; BÖCKEM, H./STIBI, B./ZOEGER, O., Consolidated Financial Statements, S. 405.

543 Vgl. IFRS 10.B71 f.; IFRS 10.BC133.

544 Vgl. KÜTING, K./MOJADADR, M., Control-Konzept nach IFRS 10, S. 282; CHRIST, A. D., Verbriefungsplattformen nach IFRS, S. 180; DIETRICH, A./KRAKUHN, J./SIERLEJA, L., Prinzipal-Agenten-Beziehungen nach IFRS 10, S. 520 sowie Abschnitt 521.2.

545 Vgl. implizit THEISEN, M. R., Der Konzern, S. 483 f. Vor allem bei einem zwischen dem Konzernmutter- und dem Teilkonzernmutterunternehmen in der Rechtsform einer AG oder KGaA bestehenden Ergebnisabführungsvertrag gemäß § 291 Abs. 1 AktG wäre dies denkbar.

546 Vgl. IFRS 10.B60; IFRS 10.BC136 f. sowie KÜTING, K./MOJADADR, M., Control-Konzept nach IFRS 10, S. 282; REILAND, M., Abgrenzung des Konsolidierungskreises, S. 2731.

547 Vgl. IFRS 10.B62 f.; IFRS 10.BC138 sowie, wenn auch im aktienrechtlichen Kontext, WANNER, S., Konzernrechtliche Probleme mehrstufiger Unternehmensverbindungen, S. 22.

Aufgrund des Abhängigkeitsverhältnisses bzw. der Nähebeziehung zum Konzernmutterunternehmen wird jedoch angenommen, dass das Teilkonzernmutterunternehmen als sog. ***de-facto-agent***[548] im Interesse der Konzernobergesellschaft handeln und seine Entscheidungsbefugnisse mit Blick auf das mittelbare Tochterunternehmen entsprechend ausüben wird.[549] Dabei ist es unerheblich, inwieweit das Teilkonzernmutterunternehmen in den Grenzen seines Abhängigkeitsverhältnisses selbständig operiert und ob das Konzernmutterunternehmen tatsächlich einen beherrschenden Einfluss auf das Teilkonzernmutterunternehmen ausübt.[550] Allein die Möglichkeit der Beherrschung ist ausreichend.[551] Daher ist der beherrschende Einfluss des Teilkonzernmutterunternehmens auf das mittelbare Tochterunternehmen in jedem Fall dem Konzernmutterunternehmen zuzurechnen.[552] Dies steht schließlich auch im Einklang mit der Ansicht des Standardsetzers, dass die Möglichkeit der **Beherrschung nicht** zwischen dem Konzernmutter- und dem Teilkonzernmutterunternehmen **geteilt** werden kann.[553]

Im Ergebnis kann das Konzernmutterunternehmen ob seiner unmittelbaren beherrschenden Einflussmöglichkeiten auf das Teilkonzernmutterunternehmen in einem mehrstufigen Konzern auch mittelbar das erworbene Tochterunternehmen beherrschen.[554] Unter Berücksichtigung dieser Einflussstruktur ist die Konzernobergesellschaft daher als Erwerber i. S. d. IFRS 3 zu identifizieren, sodass dieser Schritt der Erwerbsmethode die Anwendung der multiplikativen Methode bei der Kapitalkonsolidierung im mehrstufigen Konzern anzeigt.[555]

### 521.4 Wirtschaftliche Einheit als Erwerber i. S. d. additiven Methode

Wenngleich allein das Konzernmutterunternehmen die Möglichkeit zur Beherrschung der mittelbaren Tochtergesellschaft i. S. d. IFRS 10 hat, sollten für eine ganzheitliche Betrachtung der Erwerbskonstellation neben den Beherrschungsverhältnissen innerhalb eines mehrstufigen Konzerns auch die ökonomischen Beweggründe, das Teilkonzernmutterunternehmen als formalrechtlichen Erwerber des

---

548 Der Beziehung eines Prinzipals zu einem *de-facto-agent* liegt im Unterschied zu einer gewöhnlichen Prinzipal-Agenten-Beziehung nicht zwangsläufig eine vertragliche Vereinbarung zugrunde. Vgl. IFRS 10.B74 sowie KÜTING, K./MOJADADR, M., Control-Konzept nach IFRS 10, S. 282.

549 Vgl. IFRS 10.B74 i. V. m. IFRS 10.B75 (a) und IAS 24.9 (b) (i) sowie REILAND, M., Abgrenzung des Konsolidierungskreises, S. 18. So wohl auch BRUNE, J. W., in: Driesch u. a., Beck IFRS HB, 5. Aufl., § 30, Rn. 34; WANNER, S., Konzernrechtliche Probleme mehrstufiger Unternehmensverbindungen, S. 22. A. A. im Kontext der Einbeziehung der erworbenen mittelbaren Tochtergesellschaft in den konsolidierten Abschluss des Teilkonzernmutterunternehmens KPMG (Hrsg.), Consolidated financial statements, S. 42.

550 Vgl. IFRS 10.12; IFRS 10.BC52 sowie PwC (Hrsg.), Manual of Accounting 2017, Rn. FAQ 26.40.3; GIMPEL-HENNING, N., Sukzessive Anteilserwerbe, S. 40.

551 Vgl. stellvertretend KIRSCH, H.-J./EWELT-KNAUER, C., Abgrenzung des Vollkonsolidierungskreises, S. 1642.

552 Vgl. IFRS 10.B58 f.; IFRS 10.BC146; implizit IFRS 10.33 sowie REILAND, M., Abgrenzung des Konsolidierungskreises, S. 2734. Vgl. zuvor bereits auch IAS 27.13 (*rev.* 2008). Ähnlich WIRTH, J./DUSEMOND, M./KÜTING, P., Kapitalkonsolidierung im mehrstufigen Konzern, S. 2497.

553 Vgl. IFRS 10.16; IFRS 10.B69 f. sowie KÜTING, K./WEBER, C.-P./WIRTH, J., Kapitalkonsolidierung im mehrstufigen Konzern, S. 45. So bereits ähnlich im handelsrechtlichen Kontext ADS, 6. Aufl., § 290 HGB, Rn. 73.

554 Vgl. so wohl auch LÜDENBACH, N./HOFFMANN, W.-D./FREIBERG, J., in: Lüdenbach/Hoffmann/Freiberg, Haufe IFRS-Kommentar, 16. Aufl., § 31, Rn. 189.

555 Vgl. ANDERS, G., Strittige Fragen der Konsolidierung, S. 40; LÜDENBACH, N./HOFFMANN, W.-D./FREIBERG, J., in: Lüdenbach/Hoffmann/Freiberg, Haufe IFRS-Kommentar, 16. Aufl., § 31, Rn. 187.

mittelbaren Tochterunternehmens einzusetzen, beachtet werden.[556] Die Motivation dürfte dabei u. a. in den Erwartungen begründet liegen, dass die mit der Akquisition verbundenen Zielsetzungen bestmöglich oder überhaupt erst durch eine Integration des Tochterunternehmens in die Beteiligungsstruktur hierarchisch unterhalb des Teilkonzernmutterunternehmens erreicht werden können. **Wirtschaftlich betrachtet** agieren bzw. erwerben das Konzernmutter- und das Teilkonzernmutterunternehmen somit im Verbund.[557] Auf diese Betrachtungsweise konnte auch aus der in IFRS 3 (2004) enthaltenen Definition eines Unternehmenszusammenschlusses geschlossen werden, gemäß der unter einem solchen Sachverhalt eine Zusammenführung *„of separate entities or businesses into one reporting entity“*[558] zu verstehen war.[559] Diesem Verständnis folgend geht aus dem zeitlich vorgelagerten Unternehmenszusammenschluss der **Konzernobergesellschaft und des Teilkonzernmutterunternehmens** eine berichterstattende **Einheit** hervor,[560] aus deren (Einheits-)Perspektive der anschließende Erwerb eines einzelnen mittelbaren Tochterunternehmens zu beurteilen wäre.[561] Im Rahmen der Erwerbsmethode wäre mithin weder das formalrechtlich erwerbende Teilkonzernmutterunternehmen noch die beherrschende Konzernobergesellschaft, sondern der aus diesen Unternehmen bestehende Konzernverbund als Erwerber zu identifizieren.[562]

Die Definition eines Unternehmenszusammenschlusses gemäß IFRS 3 (2004) wurde allerdings im Zuge des *Business Combinations – Phase II*-Projektes[563] nicht in die Vorschriften des gegenwärtigen IFRS 3 übernommen.[564] Die *basis for conclusions* zu IFRS 3 zeigen in diesem Zusammenhang, dass der IASB mit dieser Änderung indes nicht die aus einem Unternehmenszusammenschluss hervorgehende *entity* im Blick hatte. Vielmehr beabsichtigte der Standardsetzer eine gemäß der vorherigen Definition mögliche, aber nicht intendierte Anwendung der Erwerbsmethode auf Gleichordnungskonzerne zu verhindern.[565] So finden sich auch in der gegenwärtigen Fassung des IFRS 3 an mehreren Stellen Hinweise darauf, dass aus einem Unternehmenszusammenschluss eine mit der *reporting en-*

---

[556] Vgl. Abschnitt 521.1. Derartige ökonomische Beweggründe können bspw. organisatorische, finanzielle und steuerliche Erwägungen umfassen. Vgl. WIRTH, J./DUSEMOND, M./KÜTING, P., Kapitalkonsolidierung im mehrstufigen Konzern, S. 2497.

[557] Vgl. MANDL, G./KÖNIGSMAIER, H., Behandlung von Minderheitsanteilen im mehrstufigen Konzern, S. 260.

[558] IFRS 3.4 (2004).

[559] Gleichwohl ist zu beachten, dass auch nach IFRS 3 (2004) bereits die Partei als Erwerber zu identifizieren war, die das Akquisitionsobjekt letztlich beherrschen kann. Vgl. IFRS 3.17–19 (2004).

[560] Vgl. HAYN, S./STRÖHER, T., in: Baetge u. a., Rechnungslegung nach IFRS, 2. Aufl., IFRS 3, Rn. 62.

[561] Vgl. KESSLER, H./LEINEN, M./STRICKMANN, M., Rechte für Minderheiten, S. 335 f.

[562] Vgl. RÖMGENS, T., Goodwill im mehrstufigen Konzernabschluss, S. 21. So auch schon im handelsrechtlichen Kontext MANDL, G./KÖNIGSMAIER, H., Behandlung von Minderheitsanteilen im mehrstufigen Konzern, S. 260 sowie wohl auch DUSEMOND, M./WEBER, C.-P./ZÜNDORF, H., in: Küting/Weber, HdK, 2. Aufl., § 301 HGB, Rn. 3.

[563] Im Rahmen der zweiten Phase des *Business Combinations*-Projektes, deren Ergebnis der im Jahr 2008 veröffentlichte und gegenwärtig gültige IFRS 3 war, er- und überarbeitete der IASB in Zusammenarbeit mit dem US-amerikanischen FASB Regelungen zur Abbildung eines Unternehmenszusammenschlusses. Ziel des Projektes war es, theoretisch fundierte Prinzipien für die Konzernrechnungslegung zu entwickeln und auf deren konsistente Anwendung hinzuwirken. Vgl. IASB (Hrsg.), ED/2005/June: Amendments to IFRS 3, Rn. BC18 sowie KÜTING, K./WEBER, C.-P./WIRTH, J., Goodwillbilanzierung, S. 139.

[564] Nunmehr wird ein Unternehmenszusammenschluss als eine *„transaction or other event in which an acquirer obtains control of one or more businesses“* (IFRS 3.A) definiert.

[565] Vgl. IFRS 3.BC10 sowie HAYN, S./STRÖHER, T., in: Baetge u. a., Rechnungslegung nach IFRS, 2. Aufl., IFRS 3, Rn. 64.

*tity* i. S. d. IFRS 3 (2004) vergleichbare *combined entity* hervorgeht.[566] Auch IFRS 10 macht deutlich, dass die aus dem Zusammenschluss von Konzernmutter- und Teilkonzernmutterunternehmen entstehende *combined entity* – wenngleich diese als *group* bezeichnet wird – für die Konzernberichterstattung als wirtschaftliche Einheit (*single economic entity*) zu behandeln ist.[567] Diese der Einheitsfiktion folgende Perspektive ist ebenso bei der Aufstellung des (konsolidierten) Abschlusses der aus dem Konzernmutterunternehmen und seinen Tochtergesellschaften bestehenden *reporting entity* i. S. d. *Conceptual Framework* einzunehmen.[568]

Überdies zeigt sich z. B. mit Blick auf den ggf. subsidiär heranzuziehenden Indikator der **relativen Größen der sich zusammenschließenden Unternehmen** bzw. Einheiten, dass weder das Konzernmutterunternehmen noch das formalrechtlich erwerbende Teilkonzernmutterunternehmen isoliert betrachtet werden können. So ist es denkbar, dass das Teilkonzernmutterunternehmen vonseiten des Konzernmutterunternehmens bzw. der im Konzernverbund organisierten Unternehmen die für den Erwerb erforderlichen Mittel erhält und dennoch signifikant kleiner als das Erwerbsobjekt ist.[569] Auch die relative Größe der Konzernobergesellschaft lässt sich – vorbehaltlich der Wesentlichkeit – nur unter Berücksichtigung der von ihr gehaltenen Beteiligungen, mithin der zum Konzernverbund gehörenden Unternehmen beurteilen.[570] Eine Identifizierung des Erwerbers anhand der relativen Größen der sich zusammenschließenden Einheiten ist daher bei Unternehmensgruppen nur auf Grundlage der wirtschaftlichen Einheit möglich.[571] Bei hinreichender Größe zeigt der Indikator dementsprechend an, dass der Konzernverbund aus Konzern- und Teilkonzernmutterunternehmen als Erwerber des mittelbaren Tochterunternehmens anzusehen ist.[572]

Im Ergebnis zeigt sich, dass der gegenwärtige Regelungskanon und das *Conceptual Framework* – obgleich die Identifizierung des Erwerbers maßgeblich an die Möglichkeit der Beherrschung des Erwerbsobjektes anknüpft und das Konzernmutterunternehmen daher als akquirierende Partei i. S. d. IFRS 3 anzusehen ist – dennoch Elemente enthalten, die auf die Beurteilung der Akquisition eines einzelnen mittelbaren Tochterunternehmens aus dem Blickwinkel der wirtschaftlichen Einheit hinweisen. Mithin scheint die additive Methode, die der Kapitalkonsolidierung diese Perspektive zugrunde legt, den aktuellen Vorschriften zur Erwerberidentifikation zumindest nicht entgegen zu stehen.[573]

---

566 Vgl. IFRS 3.38; IFRS 3.52; IFRS 3.B6 sowie KESSLER, H./LEINEN, M./STRICKMANN, M., Rechte für Minderheiten, S. 336.

567 Vgl. IFRS 10.A sowie, wenn auch noch mit Bezug auf IAS 27 (*rev.* 2008), HAEGLER, O., Bilanzierung nicht beherrschender Anteile im mehrstufigen Konzern, S. 192.

568 Vgl. CF.3.8 sowie RÖMGENS, T., Goodwill im mehrstufigen Konzernabschluss, S. 21.

569 Vgl. THEISEN, M. R., Der Konzern, S. 440.

570 Vgl. MEICHELBECK, A., Unternehmensbewertung im Konzern, S. 835.

571 Vgl. im Ergebnis auch RÖMGENS, T., Goodwill im mehrstufigen Konzernabschluss, S. 21 sowie KESSLER, H./LEINEN, M./STRICKMANN, M., Rechte für Minderheiten, S. 335 f.

572 Sofern der Konzernverbund nicht der Erwerber, sondern selbst das Erwerbsobjekt ist, handelt es sich um einen Teilkonzernerwerb. Vgl. hierzu Abschnitt 53.

573 Vgl. ähnlich KESSLER, H./LEINEN, M./STRICKMANN, M., Rechte für Minderheiten, S. 336.

### 521.5 Zwischenfazit

Da die Identifizierung des Erwerbers nach den gegenwärtigen Vorschriften des IFRS 3 auf die Beherrschungsstrukturen innerhalb eines mehrstufigen Konzerns abstellt, ist allein das letztlich die erworbene mittelbare Tochtergesellschaft beherrschende Konzernmutterunternehmen als akquirierende Partei anzusehen und damit die Anwendung der multiplikativen Methode angezeigt. Der aktuelle Regelungskanon enthält indes ebenso Elemente, die eine Kapitalkonsolidierung des erworbenen Tochterunternehmens aus der Perspektive des bestehenden Konzernverbundes als wirtschaftliche Einheit möglich erscheinen lassen. Dementsprechend steht auch die additive Methode nicht im Widerspruch zu den für die Kapitalaufrechnung einschlägigen Vorschriften. Aufgrund dieser Ergebnisse ist aus der Identifizierung des Erwerbers nicht unmittelbar die Methode abzuleiten, die zur Kapitalkonsolidierung im mehrstufigen Konzern heranzuziehen ist.[574] Schließlich muss sich die jeweilige Erwerberperspektive stets an den Auswirkungen auf den Konzernabschluss messen lassen, um schließlich beurteilen zu können, ob und wieweit relevante wie auch glaubwürdige, mithin entscheidungsnützliche Informationen vermittelt werden können.[575] Entsprechend der in Abschnitt 344. identifizierten Unterschiede zwischen der multiplikativen und additiven Methode sind daher im Weiteren einerseits die Auswirkungen auf die Bilanzierung des aus der Kapitalkonsolidierung resultierenden Unterschiedsbetrages (Abschnitt 522.) und andererseits die Implikationen für den Wertansatz der nicht beherrschenden Anteile (Abschnitt 523.) zu untersuchen.

## 522. Ermittlung und Bilanzierung eines Unterschiedsbetrages

### 522.1 Ermittlungssystematik

Im Rahmen der derivativen Konzernabschlusserstellung sind die im Summenabschluss enthaltenen konzerninternen Kapitalverflechtungen mithilfe der Kapitalkonsolidierung zu eliminieren.[576] Da sich der zu verrechnende Beteiligungswert und das Eigenkapital regelmäßig nicht in gleicher Höhe gegenüberstehen, resultiert aus dieser Konsolidierungsmaßnahme ein Unterschiedsbetrag.[577] Dieser Unterschiedsbetrag muss zum Erwerbszeitpunkt eines Tochterunternehmens dem Grunde und der Höhe nach dem Unterschiedsbetrag entsprechen, der nach der Erwerbsmethode – um das in den Konzernabschluss zu übernehmende Mengen- und Wertgerüst der erworbenen Vermögenswerte und übernommenen Schulden zu vervollständigen – im letzten Schritt zu ermitteln ist.[578]

---

574 Vgl., wenn auch nicht im Kontext des mehrstufigen Konzerns, SENGER, T./BRUNE, J. W., in: Driesch u. a., Beck IFRS HB, 5. Aufl., § 34, Rn. 53.

575 Vgl., wenn auch nur im Zusammenhang mit der Vermittlung glaubwürdiger Informationen bei Ansatz eines Vermögenswertes oder einer Schuld, CF.5.25.

576 Vgl. stellvertretend BAETGE, J./KIRSCH, H.-J./THIELE, S., Konzernbilanzen, S. 181; KÜTING, K./WEBER, C.-P., Konzernabschluss, S. 281.

577 Vgl. SENGER, T./DIERSCH, U., in: Driesch u. a., Beck IFRS HB, 5. Aufl., § 35, Rn. 17; HAYN, S./STRÖHER, T., in: Baetge u. a., Rechnungslegung nach IFRS, 2. Aufl., IFRS 3, Rn. 258 sowie, wenn auch im handelsrechtlichen Kontext, BAETGE, J./KIRSCH, H.-J./THIELE, S., Konzernbilanzen, S. 185 und 227–234. Zur konsolidierungstechnischen Umsetzung der folgenden Ausführungen zur multiplikativen und additiven Methode vgl. Abschnitt 342. und 343.

578 Vgl. WIRTH, J./ALPER, R./NEIS, T., Abbildung eines Teilkonzernerwerbs, S. 442.

Für die Ermittlung des Unterschiedsbetrages nach der Erwerbsmethode ist die in Abbildung 5-1 gezeigte **Ermittlungssystematik** heranzuziehen. Diese sieht vor, sämtliche Kapitalanteile gegen das Reinvermögen des erworbenen Tochterunternehmens aufzurechnen.[579] Die zu verrechnenden Größen sind dabei durchweg mit ihrem beizulegenden Zeitwert zum Akquisitionszeitpunkt zu bewerten, um eine zeitlich konsistente Wertbasis zu schaffen.[580]

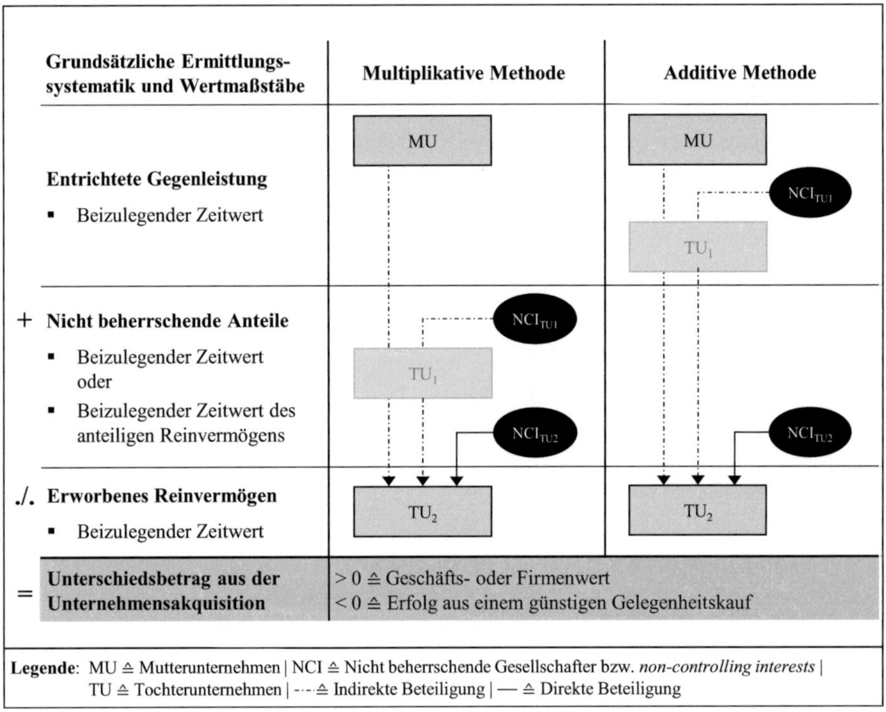


**Abbildung 5-1: Ermittlung eines Unterschiedsbetrages nach IFRS 3.32 beim Erwerb eines mittelbaren Tochterunternehmens**

Während im Rahmen einer den mehrstufigen Konzern konstituierenden bzw. erweiternden Unternehmensakquisition der beizulegende Zeitwert des Reinvermögens wie auch bei anderen Unternehmenszusammenschlüssen zu ermitteln ist, sind bei der Bewertung der Kapitalanteile in dieser Hinsicht die im Folgenden skizzierten Besonderheiten zu beachten. Ausgangspunkt ist dabei – wie in Abbildung 5-1 gezeigt – die Ermittlung des **beizulegenden Zeitwertes der Gegenleistung** (*consideration*

579 Vgl. GIMPEL-HENNING, N., Sukzessive Anteilserwerbe, S. 79.

580 Vgl. GIMPEL-HENNING, N., Sukzessive Anteilserwerbe, S. 79 f. Sofern jedoch Wertansätze von Kapitalanteilen und Reinvermögen miteinander verrechnet werden, denen zeitlich unterschiedliche Wertverhältnisse zugrunde liegen, können sich – zumindest teilweise – sog. technische Unterschiedsbeträge ergeben. Vgl. hierzu, wenn auch im handelsrechtlichen Kontext, BAETGE, J./KIRSCH, H.-J./THIELE, S., Konzernbilanzen, S. 233 f.

*transferred*[581]), die für die an einem Tochterunternehmen erworbene Beteiligung übertragen wird.[582] Im Unterschied zur Akquisition eines Unternehmens unmittelbar durch die Konzernobergesellschaft kann beim Erwerb einer Beteiligung durch eines seiner Tochterunternehmen, das sodann den Status des (Teilkonzern-)Mutterunternehmens der erworbenen mittelbaren Tochtergesellschaft erlangt, ein Teil der entrichteten Gegenleistung für die indirekte Beteiligung etwaig an diesem Teilkonzernmutterunternehmen beteiligter nicht beherrschender Gesellschafter erbracht werden.[583] Die der Unterschiedsbetragsermittlung zugrunde zu legende Gegenleistung bestimmt sich dann nach Maßgabe der eingenommenen Erwerberperspektive.[584] Bei der multiplikativen Methode wird damit ausschließlich der Anteil der Gegenleistung herangezogen, der für die indirekten Anteile des Konzernmutterunternehmens entrichtet wird.[585] Im Unterschied dazu legt die additive Methode der Ermittlung des Unterschiedsbetrages die Perspektive der wirtschaftlichen Einheit zugrunde und greift daher auf die insgesamt erbrachte Gegenleistung zurück, die sowohl die indirekte Beteiligung des Konzernmutterunternehmens als auch die indirekten Anteile der nicht beherrschenden Gesellschafter vergütet.[586]

Dem Wert der übertragenen Gegenleistung ist anschließend der **Wertansatz der nicht beherrschenden Anteile** hinzuzurechnen.[587] Im Unterschied zur übertragenen Gegenleistung besteht für die nicht beherrschenden Anteile ein unbedingtes Bewertungswahlrecht.[588] Aufgrund dieses Wahlrechtes ist für die nicht beherrschenden Anteile im Allgemein zwischen einem Wertansatz zum beizulegenden Zeitwert des anteiligen erworbenen Reinvermögens (sog. *partial goodwill method*) und einem Wert-

---

581 Dieser für die Gegenleistung seitens des IASB verwendete Begriff soll deutlich machen, dass die erworbene Beteiligung – zumindest für Zwecke der Konzernrechnungslegung – nicht zwangsläufig mit den für den Erwerb angefallenen Kosten zu bewerten ist. Vgl. SENGER, T./BRUNE, J. W., in: Driesch u. a., Beck IFRS HB, 5. Aufl., § 34, Rn. 172; FINK, C., Unternehmenszusammenschlüsse, S. 115.

582 Vgl. IFRS 3.32 (a) (i) i. V. m. IFRS 3.37–40. Bei einem Erwerb gegen Barmittel entspricht der beizulegende Zeitwert der übertragenden Gegenleistung dem Nominalwert der entrichteten Zahlungsmittel bzw. Zahlungsmitteläquivalente. Wird die Gegenleistung hingegen in anderer Form bewirkt – bspw. durch die Hingabe von nicht monetären Vermögenswerten –, sind regelmäßig geeignete Bewertungsverfahren heranzuziehen, die mit besonderen Anforderungen an die Ermittlung des beizulegenden Zeitwertes verbunden sind. Vgl. IFRS 3.37 sowie FINK, C., Unternehmenszusammenschlüsse, S. 115 f.; SENGER, T./BRUNE, J. W., in: Driesch u. a., Beck IFRS HB, 5. Aufl., § 34, Rn. 176 und Abschnitt 522.231.2. Sofern der beizulegende Zeitwert nicht direkt, sondern ausgehend vom Beteiligungswertansatz im Einzelabschluss des erwerbenden Unternehmens bestimmt wird, können vor der Aufrechnung bestimmte Anpassungsbuchungen erforderlich sein. Dies betrifft vor allem etwaige im Einzelabschluss aktivierte Anschaffungsnebenkosten, die aus Konzernsicht aufwandswirksam zu erfassen sind. Vgl. IFRS 3.53 i. V. m. IFRS 3.BC365 sowie KÜTING, K./WEBER, C.-P./WIRTH, J., Goodwillbilanzierung, S. 143; GIMPEL-HENNING, N., Sukzessive Anteilserwerbe, S. 79.

583 Vgl. LEINEN, M., Kapitalkonsolidierung im mehrstufigen Konzern, S. 142 f. sowie Abschnitt 522.221.23.

584 Vgl. ähnlich KÜTING, K./WEBER, C.-P./WIRTH, J., Kapitalkonsolidierung im mehrstufigen Konzern, S. 45.

585 Vgl. ähnlich LÜDENBACH, N./HOFFMANN, W.-D./FREIBERG, J., in: Lüdenbach/Hoffmann/Freiberg, Haufe IFRS-Kommentar, 16. Aufl., § 31, Rn. 187; KÜTING, K./WEBER, C.-P./WIRTH, J., Kapitalkonsolidierung im mehrstufigen Konzern, S. 45. Im Rahmen der multiplikativen Methode wird ausschließlich das Konzernmutterunternehmen als Erwerber angesehen. Vgl. Abschnitt 342.1 und 521.3.

586 Gemäß der additiven Methode ist der aus Konzernmutter- und Tochterunternehmen bestehende Konzernverbund, mithin die wirtschaftliche Einheit als Erwerber zu identifizieren. Vgl. Abschnitt 343.1 und 521.4.

587 Vgl. IFRS 3.32 (a) (ii) sowie HENDLER, M./ZÜLCH, H., Beteiligungsverhältnisse bei Tochterunternehmen, S. 491; FINK, C., Unternehmenszusammenschlüsse, S. 117 f. Von bereits zuvor am Akquisitionsobjekt gehaltenen Anteilen wird hier abstrahiert, da sukzessive Unternehmenserwerbe nicht Gegenstand der Untersuchung sind. Vgl. Abschnitt 222.

588 Vgl. IFRS 3.19 sowie BADER, A./SCHREDER, M., Goodwill-Methoden nach IFRS 3, S. 277–279; PELLENS, B./BASCHE, K./SELLHORN, T., Full Goodwill Method, S. 1–4; FINK, C., Unternehmenszusammenschlüsse, S. 117.

ansatz zu ihrem beizulegenden Zeitwert (sog. *full goodwill method*[589]) zu unterscheiden.[590] In mehrstufigen Konzernstrukturen ist darüber hinaus zwischen direkten und indirekten nicht beherrschenden Anteilen zu differenzieren.[591]

**Direkte nicht beherrschende Anteile** werden von nicht beherrschenden Gesellschaftern gehalten, die unmittelbar an dem aus Sicht des Konzernmutterunternehmens mittelbaren Tochterunternehmen beteiligt sind. Werden diese Anteile mit dem beizulegenden Zeitwert des anteiligen erworbenen Reinvermögens – so wie es im Rahmen der *partial goodwill method* vorgesehen ist – bewertet, stehen diese dem auf sie entfallenden Reinvermögen in gleicher Höhe gegenüber.[592] Folglich resultiert aus der impliziten Verrechnung dieser Größen kein Unterschiedsbetrag. Sofern der Bilanzierende allerdings zur *full goodwill method* optiert und die direkten nicht beherrschenden Anteile mit ihrem beizulegenden Zeitwert bewertet, kann sich aus der impliziten Aufrechnung der Anteile und des anteiligen Reinvermögens ein Unterschiedsbetrag ergeben.

Die **indirekten nicht beherrschenden Anteile** am Reinvermögen eines mittelbaren Tochterunternehmens entfallen auf die (direkten und indirekten) nicht beherrschenden Gesellschafter des unmittelbaren Teilkonzernmutterunternehmens.[593] Die Behandlung dieser indirekten Anteile bei der Ermittlung des Unterschiedsbetrages richtet sich – wie in Abbildung 5-1 gezeigt – maßgeblich nach der eingenommenen Erwerberperspektive, mithin der für die Kapitalkonsolidierung im mehrstufigen Konzern angewendeten Methode.[594] Sofern der Ermittlung des Unterschiedsbetrages die **multiplikative Methode** zugrunde gelegt wird, sind die indirekten wie auch die direkten nicht beherrschenden Anteile zum beizulegenden Zeitwert des auf sie entfallenden Reinvermögens zu bewerten. Im Rahmen der *partial goodwill method* ergibt sich daher nach der multiplikativen Methode insgesamt kein auf die Anteile nicht beherrschender Gesellschafter entfallender Unterschiedsbetrag.[595] Im Rahmen der *full goodwill method* wären neben den direkten auch die indirekten nicht beherrschenden Anteile mit ihrem beizulegenden Zeitwert zu bewerten. Infolgedessen könnte auf sie ein Teil des ermittelten Un-

---

589 Dabei handelt es sich indes nicht um einen *full goodwill* im eigentlichen Sinn. Zum einen wird der Geschäfts- oder Firmenwert des Erwerbsobjektes nicht vollständig angesetzt, da die vom akquirierenden Unternehmen erworbenen Anteile nicht mit ihrem, sondern mit dem beizulegenden Zeitwert der hingegebenen Gegenleistung bewertet werden. Vgl. IASB (Hrsg.), Project Summary Business Combinations Phase II, S. 16; EBERT, M./SIMONS, D., Bilanzpolitisches Potenzial der Goodwillbilanzierung, S. 623. Zum anderen wird auch der originäre Geschäfts- oder Firmenwert des Erwerbers – wie es für einen *full goodwill* i. S. d. sog. *fresh start method* erforderlich wäre – nicht aktiviert. Vgl. HAAKER, A., Einheitstheorie und Fair Value-Orientierung, S. 454 f. Vgl. zur Abgrenzung eines derivativen und eines originären Geschäfts- oder Firmenwertes Abschnitt 522.211.

590 Vgl. IFRS 3.19 (a) und (b) sowie HACHMEISTER, D., Unternehmenszusammenschlüsse, S. 120; HENDLER, M./ZÜLCH, H., Beteiligungsverhältnisse bei Tochterunternehmen, S. 488.

591 Vgl. stellvertretend BAETGE, J./KIRSCH, H.-J./THIELE, S., Konzernbilanzen, S. 403 f.

592 Vgl. hierzu und im Folgenden KÜTING, K./WEBER, C.-P./WIRTH, J., Goodwillbilanzierung, S. 142 f.; HACHMEISTER, D., Unternehmenszusammenschlüsse, S. 120; LÜDENBACH, N./HOFFMANN, W.-D./FREIBERG, J., in: Lüdenbach/Hoffmann/Freiberg, Haufe IFRS-Kommentar, 16. Aufl., § 31, Rn. 136.

593 Vgl. LEINEN, M., Kapitalkonsolidierung im mehrstufigen Konzern, S. 72 f.

594 Vgl. hierzu Abschnitt 521.

595 Vgl. implizit BADER, A./SCHREDER, M., Goodwill-Methoden nach IFRS 3, S. 277. Grundlegend a. A. sind KÜTING/WEBER/WIRTH, die die Ermittlung eines der multiplikativen Methode entsprechenden Unterschiedsbetrages nach der in IFRS 3 geregelten Ermittlungssystematik für nicht möglich erachten. Vgl. KÜTING, K./WEBER, C.-P./WIRTH, J., Kapitalkonsolidierung im mehrstufigen Konzern, S. 45.

terschiedsbetrages entfallen. Da jedoch gerade dies durch die multiplikative Methode vermieden werden soll, ist sie mit der *full goodwill method* nicht vereinbar.[596] Bei Anwendung der **additiven Methode** gehen die indirekten Anteile nicht beherrschender Gesellschafter hingegen bereits implizit mit dem Wert der für sie (anteilig) erbrachten Gegenleistung in die Unterschiedsbetragsermittlung ein. Eine nochmalige Berücksichtigung bzw. Hinzurechnung dieser Anteile zur entrichteten Gegenleistung mit einem der *partial goodwill method* oder *full goodwill method* entsprechenden Wertmaßstab würde zu einer doppelten Erfassung bei der Bestimmung der Residualgröße führen und ist insofern nicht angezeigt.

Der sich nach der Bewertung der Kapitalanteile und deren Verrechnung mit dem neubewerteten Reinvermögen schließlich für das mittelbare Tochterunternehmen ergebende Unterschiedsbetrag ist als betragliche Einheit und damit unabhängig davon zu behandeln, auf welche Anteile er entfällt.[597] Im Fall eines positiven Vorzeichens ist er als **Geschäfts- oder Firmenwert** in der Konzernbilanz zu aktivieren.[598] Resultiert aus der in Abbildung 5-1 gezeigten Ermittlungssystematik indes ein negativer Unterschiedsbetrag, ist dieser gemäß den Regelungen des IFRS 3 nach einem *reassessment* seiner Ermittlung stets als Erfolg aus einem günstigen Gelegenheitskauf (***bargain purchase***) ertragswirksam zugunsten des Erwerbers in der Gewinn- und Verlustrechnung zu erfassen.[599]

Entsprechend dieser (asymmetrischen) Abbildungslogik eines Unterschiedsbetrages im Konzernabschluss werden die Implikationen der multiplikativen und additiven Methode in Abschnitt 522.2 zunächst für die Bilanzierung eines Geschäfts- oder Firmenwertes und anschließend in Abschnitt 522.3 für die Erfassung eines *bargain purchase* untersucht. Dabei wird den Ausführungen die *partial goodwill method* zugrunde gelegt. Die *full goodwill method* wird indes nicht weiter betrachtet, da ihre Konzeption nicht mit der multiplikativen Methode kompatibel ist und somit die im Rahmen dieser Arbeit zu untersuchende Problemstellung der Behandlung indirekter Anteile bzw. Beteiligungen nicht beherrschender Gesellschafter eindeutig zugunsten der additiven Methode beantwortet werden kann.[600]

596 Vgl. stellvertretend SENGER, T./DIERSCH, U., in: Driesch u. a., Beck IFRS HB, 5. Aufl., § 35, Rn. 75; LÜDENBACH, N./HOFFMANN, W.-D./FREIBERG, J., in: Lüdenbach/Hoffmann/Freiberg, Haufe IFRS-Kommentar, 16. Aufl., § 31, Rn. 185 und 187.

597 Vgl. IFRS 3.BC328 sowie KÜTING, K./WEBER, C.-P./WIRTH, J., Goodwillbilanzierung, S. 143; HACHMEISTER, D., Unternehmenszusammenschlüsse, S. 120.

598 Vgl. IFRS 3.32.

599 Vgl. IFRS 3.34–36.

600 Vgl. SENGER, T./DIERSCH, U., in: Driesch u. a., Beck IFRS HB, 5. Aufl., § 35, Rn. 75; LÜDENBACH, N./HOFFMANN, W.-D./FREIBERG, J., in: Lüdenbach/Hoffmann/Freiberg, Haufe IFRS-Kommentar, 16. Aufl., § 31, Rn. 185 und 187; MÜLLER, S./KREIPL, M., Behandlung indirekter Anteile anderer Gesellschafter, S. 283 f.; KÜTING, P., Konzerninterne Umstrukturierungen, S. 147. Darüber hinaus wird die *full goodwill method* in der Praxis nur selten angewendet und ist daher von untergeordneter Bedeutung. Vgl. BITTERLI, C./GISLER, M. G./WENGER, R., Partial- oder Full-Goodwill-Methode, S. 536–541; LEITNER-HANETSEDER, S./REBHAN, E., Goodwill-Bilanzierung der DAX-30-Unternehmen, S. 162; BADER, A./SCHREDER, M., Goodwill-Methoden nach IFRS 3, S. 281.

### 522.2 Ermittlung und Bilanzierung eines positiven Unterschiedsbetrages

### 522.21 Allgemeiner Charakter und Bestandteile eines Geschäfts- oder Firmenwertes

### 522.211. Abgrenzung von derivativem und originärem Geschäfts- oder Firmenwert

Der im Rahmen eines Unternehmenszusammenschlusses erworbene und auf der Grundlage der Ermittlungssystematik des IFRS 3 bestimmte Geschäfts- oder Firmenwert gilt als derivativer Geschäfts- oder Firmenwert. Dieser ist vom **selbst geschaffenen, originären Geschäfts- oder Firmenwert** zu unterscheiden,[601] der eine positive Differenz zwischen dem Gesamtwert[602] und dem Substanzwert eines Unternehmens repräsentiert.[603] Während der Gesamtwert sämtliche künftig erwarteten, auf den Bewertungszeitpunkt diskontierten Zahlungsmittelflüsse umfasst, spiegelt der Substanzwert lediglich den Saldo der zum beizulegenden Zeitwert bewerteten Vermögenswerte und Schulden wider.[604] Die Differenz zwischen diesen beiden Wertgrößen zeigt dementsprechend die Wertpotenziale, die über die bilanziell abgebildete Ertragskraft eines Unternehmens hinausgehen.[605] Ursächlich für solche Wertpotenziale sind wertbildende Faktoren wie Standortvorteile, das Humankapital, Lieferantenbeziehungen, der Kundenstamm oder allgemeine Prozess- und Technologievorteile eines Unternehmens.[606] Diese Faktoren können für sich genommen Wertpotenziale darstellen und bzw. oder im Rahmen des betrieblichen Kombinationsprozesses mit dem bilanzierten Reinvermögen Werte generieren (sog. Kapitalisierungsmehrwert).[607] Da indes weder die im originären Geschäfts- oder Firmenwert enthaltenen wertbildenden Faktoren noch der Kapitalisierungsmehrwert als immaterielle Vermögenswerte i. S. d. IAS 38 identifiziert und somit auch nicht einzeln bewertet werden können, darf der originäre Geschäfts- oder Firmenwert nicht in der (Konzern-)Bilanz angesetzt werden.[608]

Im Unterschied zum originären besteht für einen **derivativen Geschäfts- oder Firmenwert** in der Konzernbilanz eine Ansatzpflicht.[609] Während zwar beide Werte aufgrund ihrer mangelnden selb-

---

601 Vgl. stellvertretend SCHMIDT, I. M., Rechnungslegung zur Zahlungsbemessung und Informationsvermittlung, S. 72–76; LORSON, P. C./HEIDEN, M., Intellectual Capital Statement und Goodwill-Impairment, S. 386.

602 Der Gesamtwert ist dabei i. S. e. Zukunftserfolgswertes zu verstehen, der bspw. ein Ertragswert sein kann. Vgl. SCHMIDT, I. M., Rechnungslegung zur Zahlungsbemessung und Informationsvermittlung, S. 56; PANZER, A., Statusändernde Anteilsveräußerungen im IFRS-Konzernabschluss, S. 127.

603 Vgl. MOXTER, A., Geschäftswertbilanzierung, S. 743; LOPATTA, K., Goodwillbilanzierung und Informationsvermittlung, S. 91 f.; SCHMIDT, I. M., Rechnungslegung zur Zahlungsbemessung und Informationsvermittlung, S. 56; LORSON, P. C./HEIDEN, M., Intellectual Capital Statement und Goodwill-Impairment, S. 386; KAHLE, H., Goodwill-Bilanzierung nach US-GAAP, S. 849.

604 Vgl. HINZ, M., Goodwillbilanzierung, S. 349.

605 Vgl. HAAS, C., Goodwill-Bilanzierung nach IFRS, S. 279 f.; ALKEMEIER, M., Konzerninterne Unternehmenszusammenschlüsse, S. 125; ähnlich auch BALLWIESER, W./HACHMEISTER, D., Unternehmensbewertung, S. 206 und 215.

606 Vgl. KAHLE, H., Goodwill-Bilanzierung nach US-GAAP, S. 849; LOPATTA, K., Goodwillbilanzierung und Informationsvermittlung, S. 92; HAAS, C., Goodwill-Bilanzierung nach IFRS, S. 279.

607 Vgl. HAAKER, A., Goodwill-Bilanzierung nach IFRS, S. 132.

608 Vgl. IAS 38.48 f. sowie KAHLE, H., Goodwill-Bilanzierung nach US-GAAP, S. 849; LOPATTA, K., Goodwillbilanzierung und Informationsvermittlung, S. 92; KAJÜTER, P., Bilanzierung von Kundenbeziehungen, S. 483. Diese Auffassung bestätigt der IASB implizit im *Conceptual Framework* mit der Begründung, dass es nicht das Ziel der IFRS-Finanzberichterstattung sei, den Wert eines Unternehmens wiederzugeben. Vgl. CF.1.7; CF.BC2.44 (a) sowie DEHMEL, I., Definitions- und Ansatzkriterien für Vermögenswerte, S. 1774.

609 Vgl. IFRS 3.32 sowie KLOSE, N.-C., Kapitalkonsolidierungs- und Bewertungsmethoden, S. 107; KAJÜTER, P., Bilanzierung von Kundenbeziehungen, S. 482 f.

ständigen Bewertbarkeit als Residualgrößen zu ermitteln sind,[610] leitet sich ein derivativer Geschäfts- oder Firmenwert nicht aus einem Gesamtunternehmenswert ab, sondern grundsätzlich aus der für eine Unternehmensbeteiligung **entrichteten Gegenleistung**.[611] Ein so bestimmter positiver Unterschiedsbetrag ist im Vergleich zum originären Geschäfts- oder Firmenwert stärker objektiviert,[612] sodass der Standardsetzer ihm nicht zuletzt aus diesem Grund die Eigenschaften eines zu bilanzierenden Vermögenswertes zuspricht.[613] Dabei kann der derivative Geschäfts- oder Firmenwert in Abhängigkeit von der für die Unternehmensbeteiligung entrichteten Gegenleistung eine Teilmenge des originären Geschäfts- oder Firmenwertes repräsentieren, diesem entsprechen oder über ihn hinausgehen.[614] Vor allem Letzteres zeigt, dass der derivative Geschäfts- oder Firmenwert neben den Bestandteilen eines originären Geschäfts- oder Firmenwertes weitere Komponenten – wie bspw. aus dem Unternehmenszusammenschluss erwartete und vergütete Synergiepotenziale – umfassen kann.[615]

Die Regelungen des IFRS 3 zu unentgeltlichen Unternehmenserwerben, die Möglichkeit, zur *full goodwill method* zu optieren, oder auch die Umbenennung der Erwerbsmethode in der englischen Fassung von *purchase method* in *acquisition method* deuten jedoch darauf hin, dass die Komponenten eines derivativen Geschäfts- oder Firmenwertes nicht zwangsläufig auf einer entrichteten Gegenleistung gründen müssen.[616] Vielmehr scheint einer positiven Residualgröße bereits ein derivativer Charakter zu eigen zu sein, wenn sie nicht selbsterstellt, sondern **im Rahmen eines Erwerbsvorgangs akquiriert** wurde.[617] Wird z. B. der originäre Geschäfts- oder Firmenwert im Rahmen eines Unternehmenszusammenschlusses vom Erwerber nicht vollständig vergütet,[618] ist zwar ein Teil dieses Wertes nicht pagatorisch abgesichert. Gleichwohl ist dieser vom Erwerber nicht selbst geschaffen und daher im Umkehrschluss als derivativ zu klassifizieren.[619] Dabei beschränkt sich dieser von einer

610 Vgl. IFRS 3.BC312; IFRS 3.BC328 sowie HAYN, S./STRÖHER, T., in: Baetge u. a., Rechnungslegung nach IFRS, 2. Aufl., IFRS 3, Rn. 262; MUJKANOVIC, R., Abschreibung des Geschäfts- oder Firmenwerts, S. 293; GELHAUSEN, H. F./FEY, G./KÄMPFER, G., Rechnungslegung nach dem BilMoG, Abschnitt Q, Rn. 422; LOPATTA, K., Goodwillbilanzierung und Informationsvermittlung, S. 97.

611 Vgl. IFRS 3.BC330 f. sowie HAAS, C., Goodwill-Bilanzierung nach IFRS, S. 164; CASSEL, J., Unternehmensbewertung im IFRS-Abschluss, S. 233. Vgl. auch Abschnitt 522.1.

612 Vgl. HOMMEL, M., Bilanzierung von Goodwill und Badwill, S. 802; KLOSE, N.-C., Kapitalkonsolidierungs- und Bewertungsmethoden, S. 107. Vgl. hierzu kritisch BRÖSEL, G./KLASSEN, T., Auswirkungen des IFRS 3 und des IAS 36, S. 469.

613 Vgl. IFRS 3.BC312; IFRS 3.BC322 f. sowie JOHNSON, T./PETRONE, K., Is Goodwill an Asset, S. 296–298. Die Argumentation des IASB basiert in diesem Zusammenhang zwar noch auf der Definition eines Vermögenswertes nach dem *Framework* (1989). Gleichwohl wird der Geschäfts- oder Firmenwert auch als Vermögenswert i. S. d. überarbeiteten *Conceptual Framework* angesehen. Vgl. BEYER, B., Goodwill nach IFRS, S. 144–146.

614 Vgl. WÖHE, G., Bilanzierung und Bewertung des Firmenwertes, S. 92; LORSON, P. C./HEIDEN, M., Intellectual Capital Statement und Goodwill-Impairment, S. 386; DUHR, A., Grundsätze ordnungsmäßiger Geschäftswertbilanzierung, S. 112; ESSER, M., Goodwillbilanzierung, S. 15.

615 Vgl. Abschnitt 522.212.

616 Vgl. so auch ALKEMEIER, M., Konzerninterne Unternehmenszusammenschlüsse, S. 126; PELLENS, B./SELLHORN, T./AMSHOFF, H., Reform der Konzernbilanzierung, S. 1750 f.

617 Vgl. BUSSE VON COLBE, W. U. A., Konzernabschlüsse, S. 239.

618 Vgl. WÖHE, G., Bilanzierung und Bewertung des Firmenwertes, S. 92; DUHR, A., Grundsätze ordnungsmäßiger Geschäftswertbilanzierung, S. 112.

619 Vgl. ähnlich BUSSE VON COLBE, W., Einheitstheorie für den Konzernabschluss, S. 57; HAAKER, A., Goodwill-Bilanzierung nach IFRS, S. 66.

Gegenleistung losgelöste Charakter nicht nur auf einen nicht vergüteten Teil des originären Geschäfts- oder Firmenwertes. Da die derivative Residualgröße über einen originären Geschäfts- oder Firmenwert hinausgehende Komponenten enthalten kann, sind bspw. auch nicht vergütete Synergiepotenziale und damit letztlich die gesamte Differenz zwischen dem Grenzpreis[620] des Erwerbers und dessen tatsächlich entrichteter Gegenleistung – neben den vergüteten, also pagatorisch abgesicherten Elementen – Bestandteile eines derivativen Geschäfts- oder Firmenwertes.[621] Sofern nicht beherrschende Gesellschafter direkt oder indirekt am Erwerbsobjekt beteiligt sind, haben ebenso die auf sie entfallenden Wertpotenziale derivativen Charakter, da auch diese nicht selbsterstellt sind.[622]

Angesichts der somit zum Teil fehlenden pagatorischen Grundlage ist der Bilanzierende mit **Herausforderungen** im Rahmen der **Bewertung** des derivativen Geschäfts- oder Firmenwertes konfrontiert, die mit denen bei der Ermittlung eines originären Geschäfts- oder Firmenwertes vergleichbar sind. So müsste auch in diesem Zusammenhang auf einen ggf. von subjektiven Einflüssen geprägten Zukunftserfolgswert zurückgegriffen werden, der evtl. eine glaubwürdige Finanzberichterstattung einschränkt.[623] Während der Standardsetzer u. a. vor diesem Hintergrund den Ansatz eines originären Geschäfts- oder Firmenwertes untersagt, spricht er dem derivativen Geschäfts- oder Firmenwert dennoch den Status eines aktivierungspflichtigen Vermögenswertes zu.[624] Mithin wird die Problematik der Wertfindung im Fall eines Geschäfts- oder Firmenwertes aus einem Unternehmenszusammenschluss konzeptionell von der Ansatz- auf die Bewertungsebene verlagert.

### 522.212. Bestandteile eines derivativen Geschäfts- oder Firmenwertes

Aufgrund der Vielzahl möglicher, sich zum Teil entgegenstehender und vom konkreten Erwerbsobjekt abhängiger wertbildender Faktoren, die maßgeblich für eine sich aus der Kapitalkonsolidierung nach der Erwerbsmethode ergebende Residualgröße sind, repräsentiert der derivative Geschäfts- oder Firmenwert ein im Vergleich zu den sonstigen bilanzierten Vermögenswerten intransparentes **Wertekonglomerat**.[625] Dieses quantitativ willkürfrei und vollständig, mithin glaubwürdig in seine einzelnen Elemente aufzuspalten, ist kaum möglich.[626] Gleichwohl bestehen im Schrifttum zumindest in qualitativer Hinsicht Ansätze, den derivativen Geschäfts- oder Firmenwert in seine ökonomischen Komponenten zu zerlegen.[627] Der IASB zieht dafür die Konzeption von JOHNSON/PETRONE heran, die diese im Rahmen des damaligen *Business Combinations*-Projektes des US-amerikanischen FASB

620 Der Grenzpreis spiegelt in diesem Zusammenhang die maximale Zahlungsbereitschaft des Erwerbers für das Erwerbsobjekt wider.

621 Vgl. LÜCKE, W., Unternehmenswachstum, S. 14 f.; HAAKER, A., Goodwill-Bilanzierung nach IFRS, S. 66. A. A. BRÖSEL, G./MÜLLER, S., Goodwillbilanzierung nach IFRS, S. 35.

622 Vgl. BUSSE VON COLBE, W. U. A., Konzernabschlüsse, S. 239; HAAKER, A., Goodwill-Bilanzierung nach IFRS, S. 66 f. A. A. TEITLER, E., Aktivierung des Minderheits-Goodwills, S. 629.

623 Vgl. ALKEMEIER, M., Konzerninterne Unternehmenszusammenschlüsse, S. 126.

624 Vgl. IAS 38.48 f.; IFRS 3.BC312–BC327.

625 Vgl. SELLHORN, T., Bilanzielle Behandlung des Goodwill, S. 888.

626 Vgl. WÖHE, G., Bilanzierung und Bewertung des Firmenwertes, S. 92 und 99; MOXTER, A., Geschäftswertbilanzierung, S. 746; LORSON, P. C./HEIDEN, M., Intellectual Capital Statement und Goodwill-Impairment, S. 388; ZIMMERMANN, J., Goodwillbilanzierung, S. 386.

627 Grundlegend a. A. sind BRÖSEL/KLASSEN, die einem Geschäfts- oder Firmenwert keine ökonomische Substanz beimessen. Vgl. BRÖSEL, G./KLASSEN, T., Auswirkungen des IFRS 3 und des IAS 36, S. 470.

im Jahr 1998 vorstellten.[628] Demzufolge besteht der in einem Unternehmenszusammenschluss erworbene derivative Geschäfts- oder Firmenwert zum einen aus dem *going concern goodwill* und zum anderen aus dem *combination goodwill*, die gemeinsam den sog. Kern-Geschäfts- oder Firmenwert (*core goodwill*) bilden.[629]

Der ***going concern goodwill*** spiegelt in diesen Zusammenhang die Wertpotenziale wider, die das erworbene Unternehmen bei einer nicht vom Erwerber beeinflussten Fortführung der Geschäftstätigkeiten künftig realisieren könnte.[630] Einer solchen *stand alone*-Betrachtung folgend umfasst diese Komponente des derivativen Geschäfts- oder Firmenwertes die nicht bilanzierungsfähigen immateriellen Werttreiber sowie den Kapitalisierungsmehrwert, der aus dem Kombinationsprozess der bilanziell nicht erfassten wertbildenden Faktoren untereinander und bzw. oder mit dem bilanzierten Reinvermögen resultiert.[631] Der aus diesen beiden Elementen bestehende originäre Geschäfts- oder Firmenwert des Erwerbsobjektes ist somit zum Akquisitionszeitpunkt Teil des *going concern goodwill*.[632] Darüber hinaus kann ein bereits vor dem betrachteten Unternehmenszusammenschluss vom Beteiligungsunternehmen erworbener derivativer Geschäfts- oder Firmenwert dem *going concern goodwill* zugerechnet werden,[633] wenngleich dabei zum Zeitpunkt des Unternehmenszusammenschlusses nicht objektiv zwischen dessen nicht vergüteten Teilen und dem originären Geschäfts- oder Firmenwert des Erwerbsobjektes differenziert werden kann.[634]

---

628 Vgl. IFRS 3.BC313–BC318 sowie JOHNSON, T./PETRONE, K., Is Goodwill an Asset, S. 294–296; BEYER, B., Goodwill nach IFRS, S. 95 und 128. Neben der Konzeption von JOHNSON/PETRONE existieren weitere Ansätze, die Komponenten des Geschäfts- oder Firmenwertes zu erläutern. Vgl. hierzu u. a. WÖHE, G., Bilanzierung und Bewertung des Firmenwertes, S. 89–108; SELLHORN, T., Bilanzielle Behandlung des Goodwill, S. 885–892; ALVAREZ, M./BIBERACHER, J., Goodwill-Bilanzierung nach US-GAAP, S. 346–353.

629 Vgl. IAS 38.11; IFRS 3.BC316 sowie ursprünglich JOHNSON, T./PETRONE, K., Is Goodwill an Asset, S. 296. Keine Bestandteile des *core goodwill* sind indes stille Reserven und stille Lasten der im Rahmen eines Unternehmenszusammenschlusses erworbenen Vermögenswerte und übernommenen Schulden, bislang vom erworbenen Unternehmen nicht bilanzierte, im konsolidierten Abschluss aber anzusetzende Vermögenswerte und Schulden, Überbewertungen sowie Überzahlungen. Vgl. IFRS 3.BC314 f. i. V. m. IFRS 3.BC313 sowie HACHMEISTER, D./KUNATH, O., Bilanzierung des Geschäfts- oder Firmenwerts, S. 65.

630 Vgl. IFRS 3.BC316 sowie SELLHORN, T., Bilanzielle Behandlung des Goodwill, S. 889; RICHTER, M., Bewertung des Goodwill, S. 31; WIRTH, J., Firmenwertbilanzierung nach IFRS, S. 187 f.

631 Vgl. IFRS 3.BC313 sowie JOHNSON, T./PETRONE, K., Is Goodwill an Asset, S. 295; LOPATTA, K., Goodwillbilanzierung und Informationsvermittlung, S. 96. HAAKER, A., Goodwill-Bilanzierung nach IFRS, S. 126 f. weist in diesem Kontext zutreffend darauf hin, dass die Bilanzierungsfähigkeit immaterieller Werttreiber gänzlich unbedeutend für den Wertschaffungsprozess ist. Somit können auch die im Rahmen des Kombinationsprozesses aus nicht bilanzierungsfähigen Werten hervorgehenden wirtschaftlichen Vorteile als Teil des Kapitalisierungsmehrwertes verstanden werden. Vgl. hierzu auch PANZER, A., Statusändernde Anteilsveräußerungen im IFRS-Konzernabschluss, S. 127; ALKEMEIER, M., Konzerninterne Unternehmenszusammenschlüsse, S. 128. A. A. wohl WÖHE, G., Bilanzierung und Bewertung des Firmenwertes, S. 99.

632 Vgl. IFRS 3.BC316 sowie VELTE, P., Intangible Assets und Goodwill, S. 425 f.; RICHTER, M., Bewertung des Goodwill, S. 31. Vgl. auch Abschnitt 522.211. Dabei unterstellt der IASB, dass ein Erwerber den originären Geschäfts- oder Firmenwert des Erwerbsobjektes vollständig vergütet respektive der Veräußerer seinem Grenzpreiskalkül sämtliche Wertpotenziale des zu veräußernden Beteiligungsunternehmens zugrunde legt. Vgl. PANZER, A., Statusändernde Anteilsveräußerungen im IFRS-Konzernabschluss, S. 127. Sofern der originäre Geschäfts- oder Firmenwert erst nach dem Erwerbszeitpunkt geschaffen wird bzw. entsteht, kann ihm indessen kein derivativer Charakter zugesprochen werden. Sein Ansatz ist daher nach IAS 38.48 f. grundsätzlich nicht gestattet.

633 Vgl. IFRS 3.BC316; LOPATTA, K., Goodwillbilanzierung und Informationsvermittlung, S. 96.

634 Vgl. IAS 36.BC134 sowie wohl auch WINKELJOHANN, N./DEUBERT, M., in: Grottel u. a., Beck Bilanzkomm.,

In Abgrenzung zum *going concern goodwill* repräsentiert der ***combination goodwill*** die erst durch einen Unternehmenszusammenschluss entstehenden Wertpotenziale.[635] Diese sind vor allem auf künftig erwartete Synergien zurückzuführen, die sich aus dem Zusammenwirken der bilanzierungs- und bzw. oder nicht bilanzierungsfähigen Werttreiber des Erwerbers und des Akquisitionsobjektes ergeben.[636] Dabei hängt die Höhe der Synergiepotenziale maßgeblich davon ab, wie das Beteiligungsunternehmen in den Wertschöpfungsprozess des Konzernverbundes integriert wird.[637] Darüber hinaus sind auch sonstige aus dem Unternehmenszusammenschluss resultierende finanzielle Vorteile unter dem *combination goodwill* zu subsumieren.[638] Auch wenn der Standardsetzer diese nicht näher konkretisiert, dürften darunter u. a. Wertpotenziale, die aus erwerberspezifischen Restrukturierungsmaßnahmen des Beteiligungsunternehmens entstehen, und mit dem Beteiligungserwerb verbundene strategische Handlungsoptionen zu fassen sein.[639]

Obgleich die durch den *combination goodwill* und *going concern goodwill* repräsentierten Wertpotenziale auf unterschiedliche Gesellschafterstämme – wie z. B. bei der additiven Methode auf die Gesellschafter des Konzernmutterunternehmens und die indirekt an einem mittelbaren Tochterunternehmen beteiligten nicht beherrschenden Gesellschafter – entfallen können,[640] ist der bilanzierte derivative Geschäfts- oder Firmenwert als **einheitlicher Vermögenswert** und damit nicht differenziert nach den Gesellschaftergruppen zu behandeln.[641] Auf der Grundlage dieses Verständnisses eines derivativen Geschäfts- oder Firmenwertes soll im Folgenden untersucht werden, ob und wieweit die zuvor beschriebenen Wertpotenziale im konsolidierten Abschluss eines mehrstufigen Konzerns abgebildet werden können und eine entscheidungsnützliche Finanzberichterstattung fördern. Dabei wird zunächst die Bilanzierung eines Geschäfts- oder Firmenwertes nach der multiplikativen (Abschnitt 522.22) und anschließend nach der additiven Methode (Abschnitt 522.23) betrachtet.

11. Aufl., § 301 HGB, Rn. 68; WINKELJOHANN, N./HOFFMANN, K., in: Grottel u. a., Beck Bilanzkomm., 11. Aufl., § 301 HGB, Rn. 373. Vgl. hierzu auch Abschnitt 533.223.

635 Vgl. JOHNSON, T./PETRONE, K., Is Goodwill an Asset, S. 296; HACHMEISTER, D./KUNATH, O., Bilanzierung des Geschäfts- oder Firmenwerts, S. 65; ALVAREZ, M./BIBERACHER, J., Goodwill-Bilanzierung nach US-GAAP, S. 350.

636 Vgl. IFRS 3.BC313.

637 Vgl. WIRTH, J., Firmenwertbilanzierung nach IFRS, S. 189 f.; BUSSE VON COLBE, W., Synergien versus Stand-alone-Prinzip, S. 602 f.; SELLHORN, T., Bilanzielle Behandlung des Goodwill, S. 889.

638 Vgl. IFRS 3.BC313.

639 Vgl. PANZER, A., Statusändernde Anteilsveräußerungen im IFRS-Konzernabschluss, S. 128; SELLHORN, T., Bilanzielle Behandlung des Goodwill S. 890.

640 Vgl., wenn auch nicht im Kontext des mehrstufigen Konzerns, PHILIPPI, B., Ermittlung des goodwill, S. 61.

641 Vgl. IFRS 3.BC328 sowie KÜTING, K./WEBER, C.-P./WIRTH, J., Goodwillbilanzierung, S. 143; HACHMEISTER, D., Unternehmenszusammenschlüsse, S. 120. Im Rahmen der Überarbeitung der Regelungen des IFRS 3 (2004) hat der Standardsetzer zwischenzeitlich noch eine nach den Gesellschafterstämmen differenzierte Behandlung eines Geschäfts- oder Firmenwertes angedacht. Vgl. IASB (Hrsg.), ED/2005/June: Amendments to IFRS 3, Rn. 58 i. V. m. Rn. A62 f.

### 522.22 Behandlung eines positiven Unterschiedsbetrages nach der multiplikativen Methode

#### 522.221. Indirekte Beteiligung des Konzernmutterunternehmens als Referenzgröße zur Ermittlung des Geschäfts- oder Firmenwertes

##### 522.221.1 Abgrenzung des Bewertungsobjektes und Ableitung eines Bewertungsmaßstabes

Im Allgemeinen sehen die Regelungen des IFRS 3 vor, den Geschäfts- oder Firmenwert aus dem beizulegenden Zeitwert der **erbrachten Gegenleistung** zu ermitteln.[642] Dabei unterstellt der Standardsetzer eine Tauschtransaktion, in der der Wert der erbrachten Gegenleistung mit dem Wert der erworbenen Vermögenswerte und übernommenen Schulden übereinstimmt.[643] Diese Annahme geht auf den grundlegenden wirtschaftlichen Gedanken zurück, dass die an einer Preisverhandlung beteiligten (unabhängigen) Parteien entgegengesetzte Interessen haben.[644] Während der (potenzielle) Erwerber an einem möglichst niedrigen Transaktionspreis interessiert ist, versucht die veräußernde Partei einen möglichst hohen Transaktionspreis zu erzielen. Zumindest theoretisch können die Verhandlungen zwischen den Parteien letztlich nur zu einem Austausch von Leistung und Gegenleistung führen, wenn die maximale Zahlungsbereitschaft des Käufers mindestens dem Preis entspricht, zu dem die veräußernde Partei den Transaktionsgegenstand gerade noch bereit ist abzugeben.[645] Wenngleich die jeweiligen (Grenz-)Preise auf subjektiven Einschätzungen der Verhandlungspartner gründen, wird die bei der Akquisition eines mittelbaren Tochterunternehmens entrichtete Gegenleistung der Teilkonzernobergesellschaft durch die entgegengesetzten Interessen der (ehemaligen) Anteilseigner zumindest in einem gewissen Maß objektiviert.[646] Aus diesen Überlegungen heraus repräsentiert der beizulegende Zeitwert der erbrachten Gegenleistung nach Auffassung des Standardsetzers den bestmöglichen Nachweis (*best evidence*) für den **beizulegenden Zeitwert der erworbenen Kapitalbeteiligung** am mittelbaren Tochterunternehmen.[647] Im Allgemeinen legt IFRS 3 für Zwecke der Geschäfts- oder Firmenwertermittlung mithin den als Gegenleistung hingegebenen Vermögenswert oder die übernommene Schuld als das Bewertungsobjekt fest, dessen bzw. deren beizulegender Zeitwert nach Maßgabe der Regelungen des IFRS 13 zu ermitteln ist.

Im Rahmen der multiplikativen Methode wird allerdings nicht der auf die gesamte Beteiligung des Teilkonzernmutterunternehmens an der mittelbaren Tochtergesellschaft entfallende Geschäfts- oder Firmenwert ermittelt und in der Konzernbilanz angesetzt, sondern nur der Teil dieses Unterschiedsbetrages, der der indirekten Beteiligung des Konzernmutterunternehmens zuzurechnen ist.[648] Da die in-

---

642 Vgl. IFRS 3.32 i. V. m. IFRS 3.37 f. sowie bereits Abschnitt 522.1.

643 Vgl. IFRS 3.BC331 sowie CASSEL, J., Unternehmensbewertung im IFRS-Abschluss, S. 232 f.

644 Vgl. hierzu und im Folgenden LÖCKE, J., Konzernintern erworbene immaterielle Vermögensgegenstände, S. 416; ALKEMEIER, M., Konzerninterne Unternehmenszusammenschlüsse, S. 130.

645 Vgl. KÜTING, K./WEBER, C.-P./KEßLER, M., Bilanzielle Auswirkungen des Übernahmeangebots, S. 634; MA, R./HOPKINS, R., Goodwill, S. 80 f.

646 Vgl. HAAKER, A., Goodwill-Bilanzierung nach IFRS, S. 123; LÖCKE, J., Konzernintern erworbene immaterielle Vermögensgegenstände, S. 416.

647 Vgl. IFRS 3.BC330 f. i. V. m. IFRS 13.77 sowie HAAS, C., Goodwill-Bilanzierung nach IFRS, S. 164; HOEHNE, F., Veräußerung von Anteilen an Tochterunternehmen im IFRS-Konzernabschluss, S. 198.

648 Vgl. Abschnitt 342. und 522.1.

direkten Anteile der Konzernobergesellschaft lediglich eine Teilmenge der Gesamtbeteiligung repräsentieren,[649] kann daher die insgesamt vom Teilkonzernmutterunternehmen erbrachte Gegenleistung nicht unmittelbar zur Bewertung dieser Anteile und der Ermittlung des entsprechenden Geschäfts- oder Firmenwertes herangezogen werden. Angesichts des auf die „***consideration*** [...] ***transferred by the acquirer*** [ohne Hervorhebung im Original]“[650] abstellenden Wortlauts des IFRS 3 könnte sie gleichwohl als Ausgangspunkt für die Bestimmung des der Konzernobergesellschaft zuzuordnenden Unterschiedsbetrages dienen. Schließlich entfallen die vom Teilkonzernmutterunternehmen als Gegenleistung übertragenen Vermögenswerte bzw. übernommenen Schulden (gedanklich) beteiligungsproportional auf das Konzernmutterunternehmen und die nicht beherrschenden Gesellschafter der Teilkonzernobergesellschaft.[651] Dies gilt auch für die an die Stelle der Gegenleistung tretende Beteiligung des Teilkonzernmutterunternehmens an der mittelbaren Tochtergesellschaft. Denn bevor das Akquisitionsobjekt letztlich im Wege der Vollkonsolidierung in den Konzernabschluss einbezogen wird, führt die Hingabe und ausschließliche Aufnahme von Vermögenswerten zunächst zu einem Aktivtausch bzw. die Übernahme von Schulden zu einer Bilanzverlängerung.[652] Die Anteilsquoten der Gesellschaftergruppen am Teilkonzernmutterunternehmen bleiben davon unberührt, sodass die erworbene Beteiligung wie auch die dafür entrichtete Gegenleistung den Gesellschafterstämmen (gedanklich) gemäß ihrer jeweiligen (effektiven) Beteiligungsquote an der Teilkonzernobergesellschaft zuzurechnen sind. Aus dem Blickwinkel des Konzernmutterunternehmens als erwerbende Partei i. S. d. multiplikativen Methode werden somit die anteiligen Vermögenswerte bzw. die anteiligen Schulden gegen die indirekte Beteiligung im Rahmen einer Markttransaktion mit den konzernfremden (ehemaligen) Anteilseignern der mittelbaren Tochtergesellschaft getauscht bzw. übernommen.[653] Vor diesem Hintergrund könnte der Ermittlung des Geschäfts- oder Firmenwertes der beteiligungsproportionale Anteil des Konzernmutterunternehmens an der Gegenleistung, die für die gesamte Beteiligung des Teilkonzernmutterunternehmens an der mittelbaren Tochtergesellschaft erbracht wird, zugrunde gelegt werden.[654]

Aus der Argumentation des IASB zur angenommenen Ausgeglichenheit von Leistung und Gegenleistung im Rahmen eines Unternehmenszusammenschlusses ließe sich jedoch auch ableiten, dass die Bestimmung des Geschäfts- oder Firmenwertes nicht auf der vom Erwerber übertragenen, sondern auf der **für die erworbene Kapitalbeteiligung entrichteten Gegenleistung** basiert. Schließlich

---

649 Vgl. hierzu bereits Abschnitt 32.

650 IFRS 3.37.

651 Vgl. PAWELZIK, K. U., Konsolidierung von Minderheiten, S. 678 f.; HAAKER, A., Goodwill-Bilanzierung nach IFRS, S. 263 f. m. w. N. sowie, wenn auch im handelsrechtlichen Kontext, KESSLER, H./LEINEN, M./STRICKMANN, M., Rechte für Minderheiten, S. 332. Da die Besonderheiten beim Erwerb durch die Hingabe eigener Anteile (Anteilstausch) kein Charakteristikum des mehrstufigen Konzerns sind, werden sie im Rahmen dieser Untersuchung nicht weiter betrachtet. Vgl. hierzu bspw. REICHELT, D., Unternehmenszusammenschluss durch Anteilstausch.

652 Vgl. hierzu und im Folgenden LEINEN, M., Kapitalkonsolidierung im mehrstufigen Konzern, S. 142; PAWELZIK, K. U., Konsolidierung von Minderheiten, S. 679 sowie KLOSE, N.-C., Kapitalkonsolidierungs- und Bewertungsmethoden, S. 113 f.

653 Vgl. zur Identifikation des Erwerbers Abschnitt 521.3.

654 Vgl. LÜDENBACH, N./HOFFMANN, W.-D./FREIBERG, J., in: Lüdenbach/Hoffmann/Freiberg, Haufe IFRS-Kommentar, 16. Aufl., § 31, Rn. 187; KÜTING, K./WEBER, C.-P./WIRTH, J., Kapitalkonsolidierung im mehrstufigen Konzern, S. 45.

„spiegelt dieser Betrag [der beizulegende Zeitwert der hingegebenen Vermögenswerte bzw. übernommenen Schulden, Anm. d. Verf.] die Anschaffungskosten der Beteiligung wider.“[655] Während beide Perspektiven beim Erwerb eines Tochterunternehmens unmittelbar durch die Konzernobergesellschaft dieselben Bilanzierungskonsequenzen, d. h. im Ergebnis denselben Wertansatz des Geschäfts- oder Firmenwertes im Konzernabschluss, nach sich ziehen, ist dies bei der Abbildung des Erwerbs eines einzelnen mittelbaren Tochterunternehmens nach der multiplikativen Methode nicht zwingend. So ist zu berücksichtigen, dass infolge der beteiligungsproportionalen Zuordnung der für die gesamte Kapitalbeteiligung am mittelbaren Tochterunternehmen entrichteten Gegenleistung auch der insgesamt vergütete Geschäfts- oder Firmenwert entsprechend den (effektiven) Beteiligungsquoten zwischen den Gesellschaftergruppen verteilt würde. Allerdings müssen die nicht separat bilanzierungsfähigen Ertragspotenziale dem Konzernmutterunternehmen und den indirekten nicht beherrschenden Gesellschaftern erwartungsgemäß nicht unbedingt in Höhe ihres relativen Anteils am Teilkonzernmutterunternehmen zufließen.[656] Dies wird u. a. in der Fallkonstellation deutlich, in der die Konzernobergesellschaft ihren beherrschenden Einfluss nutzt, um die (gedanklich anteilig) von den nicht beherrschenden Gesellschaftern vergüteten Wertpotenziale in einem bestimmten Umfang innerhalb des Konzernverbundes auf eine andere rechtliche Ebene zu verlagern,[657] auf der dem obersten Mutterunternehmen überwiegend oder gar ausschließlich diese erwarteten künftigen Zahlungsmittelzuflüsse zufallen (sog. *private benefits of control*[658]).[659] Mithin wäre der indirekten Beteiligung des obersten Mutterunternehmens ggf. ein über den beteiligungsproportionalen Anteil an der Gegenleistung hinausgehender Betrag der vergüteten Wertpotenziale zuzurechnen, um den Geschäfts- oder Firmenwert der Konzernobergesellschaft aus dem Unternehmenszusammenschluss zu bestimmen.

Angesichts der beiden denkbaren Alternativen zur Ermittlung des Geschäfts- oder Firmenwertes sind die Regelungen des IFRS 3 bei Anwendung der multiplikativen Methode nicht hinreichend konkret. Entsprechend den Vorschriften des IAS 8 ist unter diesen Umständen vorzugsweise auf Regelungen zurückzugreifen, die ähnliche Fragestellungen behandeln, um u. a. eine konsistente Anwendung des IFRS-Regelungskanons zu gewährleisten.[660] Eine **analoge Problematik** kann in diesem Zusammenhang bei der Bestimmung des Geschäfts- oder Firmenwertes im Rahmen von **sukzessiven Anteilserwerben** mit Aufwärtswechsel zum Tochterunternehmen identifiziert werden. So ist nach den Vorschriften des IFRS 3 bei einer solchen Erwerbskonstellation nicht auf die vom Erwerber entrichtete

655 KÜTING, K./WEBER, C.-P./WIRTH, J., Goodwillbilanzierung, S. 143. Ähnlich auch HAYN, S./STRÖHER, T., in: Baetge u. a., Rechnungslegung nach IFRS, 2. Aufl., IFRS 3, Rn. 131; PELLENS, B. U. A., Internationale Rechnungslegung, S. 871. Dabei ist zu berücksichtigen, dass in den Anschaffungskosten ggf. enthaltene Anschaffungsnebenkosten nicht in die Wertfindung des Geschäfts- oder Firmenwertes eingehen dürfen. Vgl. IFRS 3.53 i. V. m. IFRS 3.BC365.

656 Vgl. HOMMEL, M./FRANKE, F./RÖßLER, B., Minderheitengoodwill, S. 160; HAAKER, A., Goodwill-Bilanzierung nach IFRS, S. 263 f.

657 Vgl. PELLENS, B./NEUHAUS, S./NÖLTE, U., Konzernergebnis und Earnings per Share; PELLENS, B./NEUHAUS, S./NÖLTE, U., Konzernergebnis und Earnings per Share, S. 45 f.; HINZ, M., Informationsvermittlung und Ausschüttungsbemessung, S. 69–74.

658 Vgl. DYCK, A./ZINGALES, L., Private Benefits of Control, S. 537 f.

659 Vgl. PwC (Hrsg.), Manual of Accounting 2017, Rn. 5.129; KLEIN, I., Full-Goodwill-Methode, S. 136. A. A. wohl IASB (Hrsg.), Staff Paper 4 (March 2013), Rn. 35 (b). Vgl. hierzu ausführlicher Abschnitt 522.232.22.

660 Vgl. IAS 8.11 (a); IASB (Hrsg.), Preface to IFRS, Rn. 12.

(kumulierte) Gegenleistung für die (gesamte) Kapitalbeteiligung bei der Ermittlung des Geschäfts- oder Firmenwertes abzustellen.[661] Vielmehr sind dafür zumindest die Anteile, die der Erwerber bereits vor dem Erwerb der Kontrolltranche gehalten hat, mit dem beizulegenden Zeitwert als fiktiven Anschaffungswert zum Zeitpunkt der Beherrschungserlangung zu bewerten.[662] Infolgedessen kann der Wertansatz des Geschäfts- oder Firmenwertes über den Unterschiedsbetrag hinausgehen, der sich aus der Aufrechnung der zu den kumulierten Kaufpreisen der Anteilstranchen bewerteten Gesamtbeteiligung mit dem Reinvermögen des Akquisitionsobjektes ergeben würde. Auch bei sog. **unentgeltlichen Unternehmenserwerben** ist unter der Voraussetzung einer bestehenden Kapitalbeteiligung, für deren Erwerb vor dem Zeitpunkt der Beherrschungserlangung i. d. R. ein Kaufpreis gezahlt wurde, der beizulegende Zeitwert zur Bewertung der Anteile an einem Tochterunternehmen heranzuziehen,[663] sodass der zu bilanzierende Geschäfts- oder Firmenwert die Differenz zwischen der ursprünglich vom Erwerber erbrachten Gegenleistung und dem (anteiligen) Reinvermögen überschießen kann.

Damit wird deutlich, dass nicht zwingend der Wert der vom Erwerber übertragenen Vermögenswerte bzw. übernommenen Schulden maßgebend für die Geschäfts- oder Firmenwertbilanzierung zum Zeitpunkt des Beherrschungsübergangs ist. Stattdessen ist dazu in den Fällen, in denen sich die zum Akquisitionszeitpunkt etwaig erbrachte Gegenleistung nicht unmittelbar auf die der Unterschiedsbetragsermittlung zugrunde zu legende Beteiligung bezieht, auf den (hypothetischen) Kaufpreis zurückzugreifen, der für die Kapitalbeteiligung des Erwerbers entrichtet wird bzw. werden müsste. In Analogie zu den Abbildungsvorschriften sukzessiver und unentgeltlicher Unternehmenserwerbe ist demnach für die konzernbilanzielle Abbildung der Akquisition eines einzelnen mittelbaren Tochterunternehmens nach der multiplikativen Methode zum einen die **indirekte Beteiligung des Konzernmutterunternehmens** und nicht der (anteilig) als Gegenleistung übertragene Vermögenswert oder die (anteilig) übernommene Schuld als **Bewertungsobjekt** festzulegen. Zum anderen ist der auf diese Beteiligung entfallende Geschäfts- oder Firmenwert aus dem **beizulegenden Zeitwert** des indirekten Anteilspakets abzuleiten. Dabei ist allerdings zu beachten, dass die indirekten Anteile des obersten Konzernunternehmens nur eine Teilmenge der insgesamt von der Teilkonzernobergesellschaft an dem mittelbaren Tochterunternehmen erworbenen Beteiligung repräsentieren. Aus diesem Grund darf der beizulegende Zeitwert der indirekten Anteile die insgesamt erbrachte Gegenleistung, die nach Auffassung des Standardsetzers den bestmöglichen Nachweis des beizulegenden Zeitwertes der erworbenen Gesamtbeteiligung liefert,[664] abzüglich des Zeitwertes des auf die indirekten nicht beherrschenden Anteile entfallenden Reinvermögens des Erwerbsobjektes nicht überschreiten. Da die einschlägigen Vorschriften des IFRS 13 zur Bestimmung des beizulegenden Zeitwertes jedoch weitest-

661 Vgl. so noch IFRS 3.58 (2004).

662 Vgl. hierzu und im Folgenden IFRS 3.41 f. i. V. m. IFRS 3.32 (a) (iii) sowie ausführlich GIMPEL-HENNING, N., Sukzessive Anteilserwerbe, S. 81–128.

663 Vgl. IFRS 3.B46 i. V. m. IFRS 3.33 und IFRS 3.43 f. sowie LÜDENBACH, N., Erlangung von Kontrolle ohne Erwerb (weiterer) Anteile, S. 70 f.

664 Vgl. IFRS 3.BC331.

gehend nur allgemeine Leitlinien vorgeben, werden sie für die Bewertung der indirekten Beteiligung des Konzernmutterunternehmens im Folgenden konkretisiert und ausgelegt.

#### 522.221.2 Bewertung der indirekten Beteiligung des Konzernmutterunternehmens zum beizulegenden Zeitwert

##### 522.221.21 Bewertungskonzeption des IFRS 13

Unter dem beizulegenden Zeitwert, der als Wertmaßstab zur Bestimmung des der indirekten Beteiligung des Konzernmutterunternehmens zuzurechnenden Anteils an der insgesamt für die Kapitalbeteiligung an der mittelbaren Tochtergesellschaft erbrachten Gegenleistung heranzuziehen ist,[665] wird der **Preis** verstanden, den voneinander unabhängige, sachverständige und vertragswillige Marktteilnehmer bei der Veräußerung der Beteiligung im Rahmen einer gewöhnlichen Transaktion zu diesem Zeitpunkt zahlen bzw. erhalten würden.[666] Aufgrund der einzunehmenden **Perspektive eines typischen Marktteilnehmers** dürfen bei der Ermittlung des beizulegenden Zeitwertes nur solche Eigenschaften des Bewertungsobjektes berücksichtigt werden, die für dieses charakteristisch sind und die der in Rede stehende Marktteilnehmer erwartungsgemäß in sein (Grenz-)Preiskalkül einbeziehen würde – wie z. B. die Möglichkeit, das mittelbare Tochterunternehmen zu beherrschen.[667] Infolge der strengen Marktorientierung ist somit von transaktions- bzw. unternehmensspezifischen Umständen zu abstrahieren.[668]

Ob die Beteiligung tatsächlich im Rahmen einer Transaktion übertragen wird, ist dabei unerheblich (**Abgangsfiktion**).[669] Vielmehr ist auf einen hypothetischen **Veräußerungspreis** abzustellen, dem das (Grenz-)Preiskalkül eines typischen Marktteilnehmers zugrunde liegt.[670] Das Bewertungsobjekt darf daher grundsätzlich nicht mit einem Erwerbspreis oder einem unternehmensspezifischen Nutzungswert bewertet werden.[671] Dies gilt auch dann, wenn der Veräußerungspreis nicht mithilfe von beobachtbaren Marktpreisen bestimmt werden kann.[672] In diesen Fällen ist der beizulegende Zeitwert

---

665 Vgl. Abschnitt 522.221.1.

666 Vgl. IFRS 13.9; IFRS 13.A sowie KIRSCH, H.-J. U. A., in: Baetge u. a., Rechnungslegung nach IFRS, 2. Aufl., IFRS 13, Rn. 14; GROßE, J.-V., Fair Value Measurement, S. 287. Sofern das Bewertungsobjekt an mehreren Märkten gehandelt wird, ist auf den Preis des Hauptmarkts zurückzugreifen, der im Vergleich zu den anderen Märkten das größte Handelsvolumen bzw. die höchste Marktaktivität aufweist. Kann kein Hauptmarkt identifiziert werden, ist auf den Preis des vorteilhaftesten Markts abzustellen. Vgl. IFRS 13.16 i. V. m. IFRS 13.A sowie FLICK, P./GEHRER, J./MEYER, S., Fair Value-Ermittlung von Finanzinstrumenten, S. 389.

667 Vgl. IFRS 13.22 f. und IFRS 13.69 i. V. m. IFRS 13.11.

668 Vgl. LÜDENBACH, N./HOFFMANN, W.-D./FREIBERG, J., in: Lüdenbach/Hoffmann/Freiberg, Haufe IFRS-Kommentar, 16. Aufl., § 8a, Rn. 17 f.; ZWIRNER, C./BOECKER, C., Fair Value Measurement, S. 8.

669 Vgl. GIMPEL-HENNING, N., Sukzessive Anteilserwerbe, S. 98; WAWRZINEK, W./LÜBBIG, M., in: Driesch u. a., Beck IFRS HB, 5. Aufl., § 2, Rn. 238.

670 Vgl. IFRS 13.24 sowie CASTEDELLO, M./KLINGBEIL, C., Anwendungsfragen zu IFRS 13, S. 483 f.; WAWRZINEK, W./LÜBBIG, M., in: Driesch u. a., Beck IFRS HB, 5. Aufl., § 2, Rn. 240.

671 Vgl. LÜDENBACH, N./HOFFMANN, W.-D./FREIBERG, J., in: Lüdenbach/Hoffmann/Freiberg, Haufe IFRS-Kommentar, 16. Aufl., § 8a, Rn. 13.

672 Vgl. hierzu und im Folgenden IFRS 13.24; IFRS 13.21 sowie WAWRZINEK, W./LÜBBIG, M., in: Driesch u. a., Beck IFRS HB, 5. Aufl., § 2, Rn. 238 und 254.

auf der Grundlage von Bewertungsverfahren zu ermitteln, die die gegenwärtigen Marktbedingungen aus Sicht eines typischen Marktteilnehmers berücksichtigen.

Als **Bewertungsverfahren** sind prinzipiell marktpreis-, kapitalwert- oder auch kostenorientierte Ansätze denkbar.[673] Wenngleich keiner der Ansätze vom Standardsetzer präferiert oder per se abgelehnt wird,[674] sind kostenorientierte Verfahren für die Bewertung von Beteiligungen von untergeordneter Bedeutung und daher nicht Gegenstand der weiteren Untersuchung.[675]

Die Auswahl einer der übrigen Ansätze richtet sich maßgeblich nach der **Qualität** der im Einzelfall verfügbaren **Eingangsparameter**.[676] Grundsätzlich ist das Verfahren zur Ermittlung des beizulegenden Zeitwertes anzuwenden, das das größtmögliche Maß relevanter beobachtbarer Eingangsparameter und in möglichst geringem Maß nicht beobachtbare Eingangsgrößen in die Wertermittlung einfließen lässt.[677] Bevor jedoch eine solche Beurteilung möglich ist, sind zunächst die in das jeweilige Verfahren eingehenden Parameter anhand einer **dreistufigen Hierarchie**, die sich am Grad der Marktobjektivierung der Eingangsgrößen orientiert, zu klassifizieren.[678]

Das höchste Maß an Objektivität wird Preisen für identische Bewertungsobjekte auf einem aktiven Markt[679] zugesprochen (***Level 1 inputs***).[680] Da solche Preise nach Auffassung des IASB am verlässlichsten auf den beizulegenden Zeitwert des Bewertungsobjektes hinweisen, sind sie unverändert zu übernehmen.[681] Damit sind Preise für identische Bewertungsobjekte indes faktisch keine Parameter, sondern bereits das Ergebnis eines Bewertungsverfahrens – d. h. der Wert selbst.[682] Sofern ein unmittelbar am Markt beobachtbarer Preis modifiziert wird, ist dieser ausnahmslos der zweiten Hierarchiestufe zuzuordnen.[683]

Eingangsparameter der zweiten Hierarchiestufe sind solche Größen, die an einem Markt direkt oder indirekt beobachtet werden können, indes nicht der ersten Hierarchiestufe zuzuordnen sind (***Le-***

---

673 Vgl. IFRS 13.62 sowie BAETGE, J./KIRSCH, H.-J./THIELE, S., Bilanzen, S. 221; FISCHER, D. T., Fair Value Measurement, S. 237.

674 Vgl. IFRS 13.74; IFRS 13.BC142 sowie WAWRZINEK, W./LÜBBIG, M., in: Driesch u. a., Beck IFRS HB, 5. Aufl., § 2, Rn. 258; ALKEMEIER, M., Konzerninterne Unternehmenszusammenschlüsse, S. 114 f.

675 Vgl. JÄGER, R./HIMMEL, H., Fair Value-Bewertung immaterieller Vermögenswerte, S. 428; KLOSE, N.-C., Kapitalkonsolidierungs- und Bewertungsmethoden, S. 163 f.

676 Vgl. KIRSCH, H.-J. U. A., in: Baetge u. a., Rechnungslegung nach IFRS, 2. Aufl., IFRS 13, Rn. 44; WIELAND-BLÖSE, H./ANDRÉ, J., in: Thiele/von Keitz/Brücks, Internationales Bilanzrecht, IFRS 13, Rn. 263.

677 Vgl. IFRS 13.61; IFRS 13.67 sowie IDW (Hrsg.), IDW RS HFA 47, Rn. 56.

678 Vgl. IFRS 13.72 sowie HITZ, J.-M., Diskussionspapier Fair Value Measurements, S. 363; HITZ, J.-M./ZACHOW, J., Beizulegender Zeitwert nach IFRS 13, S. 969; WIELAND-BLÖSE, H./ANDRÉ, J., in: Thiele/von Keitz/Brücks, Internationales Bilanzrecht, IFRS 13, Rn. 264.

679 Ein aktiver Markt gewährleistet durch ein hinreichend hohes Handelsvolumen und eine ausreichende Zahl an Transaktionen eine kontinuierliche Bereitstellung von Preisinformationen für das Bewertungsobjekt. Vgl. IFRS 13.A.

680 Vgl. IFRS 13.76 i. V. m. IFRS 13.72.

681 Vgl. IFRS 13.69; IFRS 13.77.

682 Vgl. GROßE, J.-V., Fair Value Measurement, S. 290; THEILE, C., in: Heuser/Theile, IFRS-Handbuch, 5. Aufl., B IV, Rn. 476.

683 Vgl. HITZ, J.-M./ZACHOW, J., Beizulegender Zeitwert nach IFRS 13, S. 969.

***vel 2 inputs***).[684] Darunter sind insbesondere Preise für identische Bewertungsobjekte an inaktiven Märkten und Preise für ähnliche Bewertungsobjekte zu fassen.[685] Ferner sind auch andere Eingangsparameter als Preise – wie bspw. Zinssätze oder Renditekurven –, die aus entsprechenden Marktdaten abgeleitet werden, der zweiten Hierarchiestufe zuzuordnen. Im Unterschied zu Parametern der ersten Stufe können *Level 2 inputs* an die spezifischen Charakteristika des Bewertungsobjektes angepasst werden, ohne dass sie dadurch zwangsläufig zu Eingangsgrößen der dritten Stufe zu degradieren sind.[686]

Auf der dritten und letzten Hierarchiestufe sind solche Eingangsparameter zu verorten, die nicht am Markt beobachtet werden können und daher vom Bilanzierenden selbständig ermittelt werden müssen (***Level 3 inputs***).[687] Diese sind nur dann heranzuziehen, sofern keine beobachtbaren Marktparameter verfügbar sind.[688] Im Zusammenhang mit der Bewertung einer (indirekten) Beteiligung anhand kapitalwertorientierter Bewertungsverfahren sind darunter vor allem die zu schätzenden künftigen Zahlungsströme zu verstehen.[689] Obgleich dies ggf. den Rückgriff auf eine unternehmensinterne Datengrundlage erfordert, sind stets die Perspektive des typischen Marktteilnehmers und somit dessen Annahmen bzw. Einschätzungen maßgebend.[690] Unternehmensspezifische Gegebenheiten sind dementsprechend zu vernachlässigen und dürfen nicht in die Ermittlung der *Level 3 inputs* eingehen.[691]

Die **Güte** bzw. Gesamteinstufung des ermittelten beizulegenden Zeitwertes entspricht insgesamt der Eingangsgröße auf der niedrigsten Hierarchiestufe, die für die Wertermittlung von signifikanter Bedeutung ist.[692] Mit abnehmender Marktobjektivierung sinkt dabei die Güte, während zugleich der Umfang der Anhangangaben zunimmt.[693] Dies ist auf die steigende Bewertungsunsicherheit zurückzuführen, die durch höhere Berichtsanforderungen für die Abschlussadressaten zumindest transparent gemacht werden soll.[694] Ob durch die bei der Ermittlung des beizulegenden Zeitwertes einzunehmende Perspektive eines typischen Marktteilnehmers etwaige Bewertungsunsicherheiten zumindest reduziert werden können und wie dabei die Prognosekraft der vermittelten Informationen zum Erwerbszeitpunkt beeinflusst wird, soll in den nachfolgenden Abschnitten 522.221.22 bis 522.221.25 untersucht werden.

---

684 Vgl. IFRS 13.81 sowie IDW (Hrsg.), IDW RS HFA 47, Rn. 84 f.

685 Vgl. hierzu und im Folgenden IFRS 13.82 sowie FLICK, P./GEHRER, J./MEYER, S., Fair Value-Ermittlung von Finanzinstrumenten, S. 390.

686 Vgl. IFRS 13.83 f. sowie FISCHER, D. T., Fair Value Measurement, S. 238.

687 Vgl. IFRS 13.86 i. V. m. IFRS 13.89 sowie HITZ, J.-M., Diskussionspapier Fair Value Measurements, S. 364.

688 Vgl. IFRS 13.87 sowie GIMPEL-HENNING, N., Sukzessive Anteilserwerbe, S. 107.

689 Vgl. IFRS 13.B36 (e) sowie KÜTING, K./CASSEL, J., Unternehmensbewertungsverfahren bei der Fair Value-Bewertung, S. 327; ALKEMEIER, M., Konzerninterne Unternehmenszusammenschlüsse, S. 116.

690 Vgl. IFRS 13.87; IFRS 13.89 sowie KIRSCH, H.-J. U. A., in: Baetge u. a., Rechnungslegung nach IFRS, 2. Aufl., IFRS 13, Rn. 87; WAWRZINEK, W./LÜBBIG, M., in: Driesch u. a., Beck IFRS HB, 5. Aufl., § 2, Rn. 265.

691 Vgl. IFRS 13.89.

692 Vgl. IFRS 13.73 sowie ZWIRNER, C./BOECKER, C., Fair Value Measurement, S. 9.

693 Vgl. FISCHER, D. T., Fair Value Measurement, S. 238. Vgl. zu den Anhangangaben IFRS 13.91–99.

694 Vgl. KIRSCH, H.-J. U. A., in: Baetge u. a., Rechnungslegung nach IFRS, 2. Aufl., IFRS 13, Rn. 153.

### 522.221.22 Implikationen der Bewertungsperspektive

Angesichts der streng marktorientierten Ermittlung eines hypothetischen Veräußerungspreises für den der Konzernobergesellschaft zuzuordnenden Teil der erworbenen Gesamtbeteiligung am mittelbaren Tochterunternehmen ist entsprechend der Bewertungskonzeption des IFRS 13 die **Veräußerungsperspektive eines typischen Marktteilnehmers** einzunehmen.[695] Aus diesem Blickwinkel dürfen im Rahmen der Bewertung ausschließlich die der indirekten Beteiligung am mittelbaren Tochterunternehmen anhaftenden Charakteristika berücksichtigt werden.[696] Zu diesen sind die Werttreiber des Tochterunternehmens zu zählen, die den Wertpotenzialen des *going concern goodwill* zugrunde liegen.[697] Da diese – zumindest konzeptionell – in das (Grenz-)Preiskalkül sowohl eines typischen Marktteilnehmers als auch des Konzernmutterunternehmens eingehen, resultieren in dieser Hinsicht keine Unterschiede aus den beiden Bewertungsperspektiven.[698] Allerdings sind **konzern- und transaktionsspezifische Gegebenheiten** zu **vernachlässigen,**[699] sodass der beizulegende Zeitwert, den ein typischer Marktteilnehmer der indirekten Beteiligung beimisst, von dem Zeitwert aus Sicht des Konzernmutterunternehmens abweichen kann. In diesem Zusammenhang ist einerseits eine negative und andererseits eine positive Abweichung vorstellbar.

Ein **niedrigerer beizulegender Zeitwert** kann in diesem Zusammenhang auf erwartete Wertpotenziale aus der Integration des Erwerbsobjektes in den Konzernverbund zurückgehen,[700] die von einem typischen Marktteilnehmer erwartungsgemäß nicht realisiert werden können.[701] Dies betrifft vor allem Synergieeffekte, die nur aus dem Zusammenwirken der bilanzierungs- und nicht bilanzierungsfähigen Werttreiber des mittelbaren Tochterunternehmens und der übrigen Konzerngesellschaften resultieren.[702] Aber auch ein erwerber-, mithin integrationsspezifischer Restrukturierungsmehrwert kann ausschlaggebend für eine Differenz zwischen dem Wert der (indirekten) Beteiligung aus Sicht des Konzernmutterunternehmens und des typischen Marktteilnehmers sein.[703] Die Höhe des Unterschiedes zwischen den konzernspezifischen und marktorientierten Wertpotenzialen hängt in diesem Kontext einerseits von etwaigen bestehenden Ineffizienzen in den Geschäftstätigkeiten des mittelbaren Tochterunternehmens und andererseits von der Kompetenz des Konzern- bzw. Teilkonzernmutterunternehmens im Vergleich zum typischen Marktteilnehmer ab, diese Ineffizienzen durch Restrukturierungen zu reduzieren oder gar zu beseitigen.[704] Der niedrigere beizulegende Zeitwert der

---

695 Vgl. IFRS 13.22 i. V. m. IFRS 13.24 sowie KIRSCH, H.-J. U. A., in: Baetge u. a., Rechnungslegung nach IFRS, 2. Aufl., IFRS 13, Rn. 39–43c; GROßE, J.-V., Fair Value Measurement, S. 288; FISCHER, D. T., Fair Value Measurement, S. 236; HITZ, J.-M./ZACHOW, J., Beizulegender Zeitwert nach IFRS 13, S. 966.

696 Vgl. IFRS 13.11 sowie LÜDENBACH, N./HOFFMANN, W.-D./FREIBERG, J., in: Lüdenbach/Hoffmann/Freiberg, Haufe IFRS-Kommentar, 16. Aufl., § 8a, Rn. 17 f.

697 Vgl. Abschnitt 522.212.

698 Vgl. ALKEMEIER, M., Konzerninterne Unternehmenszusammenschlüsse, S. 140.

699 Vgl. KIRSCH, H.-J. U. A., in: Baetge u. a., Rechnungslegung nach IFRS, 2. Aufl., IFRS 13, Rn. 17–19a.

700 Vgl. WIRTH, J., Firmenwertbilanzierung nach IFRS, S. 189 f.

701 Vgl. ALKEMEIER, M., Konzerninterne Unternehmenszusammenschlüsse, S. 139.

702 Vgl. PFAUTH, A., Goodwillbilanzierung nach US-GAAP, S. 123; SELLHORN, T., Bilanzielle Behandlung des Goodwill, S. 889.

703 Vgl. ALKEMEIER, M., Konzerninterne Unternehmenszusammenschlüsse, S. 140.

704 Vgl. CHERIDITO, Y./SCHNELLER, T., Discounts und Premia, S. 418; DAMODARAN, A., Damodaran on Valuation,

indirekten Beteiligung gründet somit auf einer unvollständigen Erfassung der dem *combination goodwill* zuzuordnenden Wertpotenziale.[705] Da somit letztlich der Geschäfts- oder Firmenwert zu niedrig in der Konzernbilanz angesetzt wird, ist zum Erwerbszeitpunkt insbesondere die Prognosegüte der Höhe künftig erwarteter Zahlungsmittelzuflüsse eingeschränkt.[706]

Neben einem zu niedrigeren ist spiegelbildlich auch ein **zu hoher Wertansatz** des Geschäfts- oder Firmenwertes aufgrund der Veräußerungsperspektive eines typischen Marktteilnehmers denkbar. Dies ist bspw. bei einem Erwerb des mittelbaren Tochterunternehmens möglich, der ausschließlich dazu dient, die Wettbewerbsposition der Konzernunternehmen zu sichern.[707] Das durch die Unternehmensbeteiligung repräsentierte Reinvermögen wird in solchen Fallkonstellationen in erster Linie nicht dazu genutzt, die zuvor beschriebenen Synergie- und Restrukturierungspotenziale zu realisieren, sondern Wettbewerber daran zu hindern, eben diese aus der Nutzung der Werttreiber des mittelbaren Tochterunternehmens zu generieren (*defensive use*).[708] Bei der Bewertung der indirekten Beteiligung aus dem Blickwinkel eines typischen Marktteilnehmers ist nach IFRS 13 gleichwohl ein nutzenmaximierender Einsatz der wertbildenden Faktoren, d. h. eine bestmögliche Integration des mittelbaren Tochterunternehmens in den Wertschöpfungsprozess des Konzernverbundes, zu unterstellen (*highest and best use*-Konzeption).[709] Dementsprechend sind im beizulegenden Zeitwert auch solche dem *combination goodwill* zuzurechnenden Wertpotenziale zu berücksichtigen, deren Realisation durch den typischen Marktteilnehmer zwar möglich, aber vom Konzernmutterunternehmen auf-

S. 481. Solche Wertpotenziale, die auch ein typischer Marktteilnehmer realisieren kann, sind allerdings bei der Ermittlung des beizulegenden Zeitwertes zu berücksichtigen. Vgl. IFRS 13.BC39 sowie PFAUTH, A., Goodwillbilanzierung nach US-GAAP, S. 127; GIMPEL-HENNING, N., Sukzessive Anteilserwerbe, S. 99; PANZER, A., Statusändernde Anteilsveräußerungen im IFRS-Konzernabschluss, S. 133. Mithin ist zwischen erwerberspezifischen und erwerberunspezifischen Wertpotenzialen zu differenzieren. Vgl. ähnlich PRATT, S. P., Business Valuation, S. 398.

705 Vgl. GIMPEL-HENNING, N., Sukzessive Anteilserwerbe, S. 98 f.; ALKEMEIER, M., Konzerninterne Unternehmenszusammenschlüsse, S. 139. Eine unvollständige Erfassung der dem *combination goodwill* zuzuordnenden Wertpotenziale kann bei einer hinreichend großen Zahl an Konzernstufen weiterhin darauf gründen, dass angesichts der multiplikativen Bestimmung der dem Konzernmutterunternehmen zuzurechnende Anteil der Beteiligung am mittelbaren Tochterunternehmen bzw. die damit verbundene indirekte Beteiligungsquote isoliert betrachtet keinen beherrschenden Einfluss auf dieses Tochterunternehmen ermöglicht. Schließlich ist in einer solchen Fallkonstellation bei der Ermittlung des beizulegenden Zeitwertes der indirekten Beteiligung aufgrund der in IFRS 13 vorgesehenen Bewertungskonzeption von solchen Wertpotenzialen zu abstrahieren, die aus der Möglichkeit zur (alleinigen) Beherrschung des akquirierten mittelbaren Tochterunternehmens erwachsen, obgleich das Konzernmutterunternehmen mindestens (kapital-)proportional an den über das separat bilanzierungsfähige Reinvermögen und den *going concern goodwill* der mittelbaren Tochtergesellschaft hinausgehenden Wertpotenzialen partizipieren wird, soweit diese Potenziale mithilfe der beherrschungsvermittelnden Gesamtbeteiligung an der erworbenen Tochtergesellschaft gehoben werden. Vgl. ähnlich im Kontext sukzessiver Anteilserwerbe GIMPEL-HENNING, N., Sukzessive Anteilserwerbe, S. 105 f. sowie Abschnitt 522.221.1. Im Folgenden sei davon indes losgelöst stets angenommen, dass die indirekte Beteiligung der Konzernobergesellschaft auch isoliert betrachtet einen beherrschenden Einfluss auf das mittelbare Tochterunternehmen ermöglicht.

706 Vgl. ähnlich, wenn auch in anderem Kontext, STREIM, H./BIEKER, M./LEIPPE, B., Theoretische Fundierung der IAS, S. 202; STREIM, H./BIEKER, M./ESSER, M., Fair Value Accounting, S. 100.

707 Vgl. hierzu und im Folgenden ALKEMEIER, M., Konzerninterne Unternehmenszusammenschlüsse, S. 139 f. sowie CASSEL, J., Unternehmensbewertung im IFRS-Abschluss, S. 225; MA, R./HOPKINS, R., Puzzle-Solving in Accounting, S. 114.

708 Vgl. IFRS 13.30 sowie KIRSCH, H.-J. U. A., in: Baetge u. a., Rechnungslegung nach IFRS, 2. Aufl., IFRS 13, Rn. 113; RICHTER, F., Highest and best use, S. 88–90.

709 Vgl. IFRS 13.30 sowie BALZER, A., Auswirkungen eines Unternehmenszusammenschlusses auf den IFRS-Abschluss, S. 132.

grund der defensiven Nutzung nicht beabsichtigt ist.[710] Infolgedessen liegen der Beteiligungswert und schließlich auch der Wertansatz des Geschäfts- oder Firmenwertes oberhalb des Zeitwertes, der sich aus der Bewertungsperspektive der Konzernobergesellschaft im Rahmen der Erstkonsolidierung ergeben würde. Auf dieser Grundlage könnten die Abschlussadressaten die künftig erwarteten Zahlungsmittelzuflüsse überschätzen, sodass die Prognosekraft der vermittelten Informationen auch in dieser Fallkonstellation eingeschränkt wird.

Da jedoch zumindest die durch den *going concern goodwill* repräsentierten Wertpotenziale aus beiden Bewertungsperspektiven berücksichtigt werden, ist dem nach der Bewertungskonzeption des IFRS 13 ermittelten beizulegenden Zeitwert der indirekten Beteiligung und dem daraus abgeleiteten Wertansatz des Geschäfts- oder Firmenwertes die Prognosekraft nicht gänzlich abzusprechen. Gleichwohl vermitteln diese Werte **vergleichsweise weniger relevante** Informationen.[711] Wieweit die Relevanz dabei eingeschränkt wird, hängt letztlich maßgeblich davon ab, wie hoch die konzernspezifischen Wertpotenziale sind. Um neben der Relevanz auch die glaubwürdige Darstellung des beizulegenden Zeitwertes der indirekten Beteiligung und dem daraus abgeleiteten Geschäfts- oder Firmenwert beurteilen zu können, sind im Folgenden die dafür anwendbaren Bewertungsverfahren zu untersuchen.

### 522.221.23 Kaufpreisgestützte Bewertung

Auch wenn die beteiligungsproportionale Gegenleistung nicht unbedingt den beizulegenden Zeitwert der indirekten Beteiligung der Konzernobergesellschaft widerspiegelt, könnte sie dennoch einen Ausgangspunkt zur Bestimmung dieses Wertes darstellen. Dabei ist zu berücksichtigen, dass der (kapitalanteilige) Kaufpreis einen **unternehmensspezifischen Zugangswert** repräsentiert.[712] Dieser ist zum einen maßgeblich durch konzernspezifische Wertvorstellungen und zum anderen durch die Charakteristika der Verhandlungssituation – wie das Verhandlungsgeschick und die Kompromissbereitschaft der Verhandlungspartner – geprägt.[713] Gemäß der Bewertungskonzeption des IFRS 13 sind solche subjektiven Einflüsse bei der Ermittlung des beizulegenden Zeitwertes jedoch zu vernachlässigen, da sie keine dem Bewertungsobjekt anhaftenden Charakteristika darstellen.[714] Der beteiligungsproportionale beizulegende Zeitwert der Gegenleistung müsste daher an die Gegebenheiten einer gewöhnlichen Markttransaktion angepasst und aus der Perspektive eines typischen Marktteilnehmers beurteilt

710 In einem solchen Fall, in dem die tatsächliche von der bestmöglichen Nutzung abweicht, muss das Konzernmutterunternehmen im Konzernanhang die Tatsache und Gründe für die abweichende Nutzung offenlegen. Vgl. IFRS 13.93 (i) sowie RICHTER, F., Highest and best use, S. 90; KIRSCH, H.-J. U. A., in: Baetge u. a., Rechnungslegung nach IFRS, 2. Aufl., IFRS 13, Rn. 181.

711 Vgl. so auch, wenngleich nicht im sachverhaltsspezifischen Kontext, FRANKE, F., Behandlung von Synergiepotenzialen, S. 200 f.; ALKEMEIER, M., Konzerninterne Unternehmenszusammenschlüsse, S. 141.

712 Vgl. GIMPEL-HENNING, N., Altanteile bei sukzessiven Unternehmenserwerben, S. 120; KLOSE, N.-C., Kapitalkonsolidierungs- und Bewertungsmethoden, S. 162.

713 Vgl. BALLWIESER, W., Bewertung von Unternehmen und Kaufpreisgestaltung, S. 98; KÜTING, K./WEBER, C.-P./KEßLER, M., Bilanzielle Auswirkungen des Übernahmeangebots, S. 634 f.; KLOSE, N.-C., Kapitalkonsolidierungs- und Bewertungsmethoden, S. 178; PANZER, A., Statusändernde Anteilsveräußerungen im IFRS-Konzernabschluss, S. 141.

714 Vgl. hierzu und im Folgenden Abschnitt 522.221.21 und 522.221.22.

werden. Letztlich ist er aus diesem Grund lediglich als Preis für einen vergleichbaren Vermögenswert anzusehen und bestenfalls als Eingangsparameter der zweiten Hierarchiestufe zu klassifizieren.[715]

Darüber hinaus wäre sachverhaltsspezifisch zu untersuchen, ob eine **beteiligungsproportionale Aufteilung** des beizulegenden Zeitwertes der insgesamt vom Teilkonzernmutterunternehmen entrichteten Gegenleistung letztlich zu einem Wertansatz des Geschäfts- oder Firmenwertes führt, der i. S. d. multiplikativen Methode die auf das Konzernmutterunternehmen entfallenden Wertpotenziale aus dem Unternehmenszusammenschluss zutreffend widerspiegelt.[716] Eine beteiligungsproportionale Aufteilung unterstellt schließlich, dass diese Potenziale den Gesellschafterstämmen erwartungsgemäß in Höhe ihrer (effektiven) Beteiligungsquote an der Teilkonzernobergesellschaft zufließen.[717] Diese Annahme ist jedoch nur dann begründet, wenn die künftig erwarteten Erträge voraussichtlich ausschließlich innerhalb des Teilkonzernverbundes realisiert werden.[718] Sofern sie zumindest teilweise außerhalb des Teilkonzerns bspw. bei einer anderen Tochtergesellschaft oder dem Konzernmutterunternehmen anfallen,[719] ist die (effektive) Beteiligungsquote am Teilkonzernmutterunternehmen allein kein geeigneter Maßstab, um den für die indirekte Beteiligung des Konzernmutterunternehmens erbrachten Teil der Gegenleistung zu bestimmen.[720] In diesen Fallkonstellationen wird es aufgrund einer überproportionalen Nutzenziehung der Konzernobergesellschaft regelmäßig erforderlich sein, den beteiligungsproportionalen Wert um einen **Paketzuschlag** anzupassen.[721] Dabei sind wiederum nur solche Wertpotenziale zu berücksichtigen, die auch ein typischer Marktteilnehmer in sein (Grenz-)Preiskalkül einbeziehen würde.[722]

Praktisch dürfte es indes kaum möglich sein, die in der Gegenleistung enthaltenen ausschließlich konzernspezifischen Potenziale zu identifizieren und aus der Wertfindung der indirekten Beteiligung zu eliminieren.[723] Dementsprechend wird eine objektive und nachvollziehbare Bestimmung des beizulegenden Zeitwertes auf der Grundlage der entrichteten Gegenleistung den Bilanzierenden vor nahezu unüberwindbare Herausforderungen stellen. In Anbetracht der **Bewertungsunsicherheiten** und den damit verbundenen erheblichen **Ermessensspielräumen** sowohl im Fall von innerhalb als auch bei außerhalb des Teilkonzernverbundes anfallender Wertpotenziale dürfte eine kaufpreisgestützte Bewertung der indirekten Beteiligung der Konzernobergesellschaft am mittelbaren Tochterunternehmen

715 Vgl. so auch GIMPEL-HENNING, N., Altanteile bei sukzessiven Unternehmenserwerben, S. 120; PANZER, A., Statusändernde Anteilsveräußerungen im IFRS-Konzernabschluss, S. 141.

716 Vgl., wenn auch im Kontext der Bewertung einer Restbeteiligung im Zusammenhang mit einer statusändernden Anteilsveräußerung, PANZER, A., Statusändernde Anteilsveräußerungen im IFRS-Konzernabschluss, S. 141.

717 Vgl. PELLENS, B./SELLHORN, T./AMSHOFF, H., Reform der Konzernbilanzierung, S. 1754; PELLENS, B./BASCHE, K./SELLHORN, T., Full Goodwill Method, S. 4.

718 Vgl., wenn auch im Kontext der *full goodwill method*, STREIM, H. U. A., Regelungen zur Goodwill-Bilanzierung nach IFRS, S. 21; PELLENS, B./SELLHORN, T./AMSHOFF, H., Reform der Konzernbilanzierung, S. 1754.

719 Vgl. IASB (Hrsg.), Staff Paper 2A (December 2006), Rn. A3 f.

720 Vgl. HOMMEL, M./FRANKE, F./RÖßLER, B., Minderheitengoodwill, S. 160.

721 Vgl. IFRS 13.69 sowie ähnlich auch HOMMEL, M./FRANKE, F./RÖßLER, B., Minderheitengoodwill, S. 160; PANZER, A., Statusändernde Anteilsveräußerungen im IFRS-Konzernabschluss, S. 141 f. und bereits Abschnitt 522.221.1.

722 Vgl. Abschnitt 522.221.21 und 522.221.22.

723 Vgl. HOEHNE, F., Veräußerung von Anteilen an Tochterunternehmen im IFRS-Konzernabschluss, S. 205 f.; PANZER, A., Statusändernde Anteilsveräußerungen im IFRS-Konzernabschluss, S. 142 f.

nur auf der dritten Hierarchiestufe in der Bewertungskonzeption des IFRS 13 zu verorten sein.[724] Daher sollte dieses Bewertungsverfahren lediglich herangezogen werden, um die Ergebnisse anderer Bewertungsmethoden zu plausibilisieren.[725]

#### 522.221.24 Börsenpreisgestützte Bewertung

Sofern die Anteile des mittelbaren Tochterunternehmens an einer Börse gehandelt werden und die indirekte Beteiligung des Konzernmutterunternehmens aus einer hinreichend großen Zahl einzelner Aktien besteht, kann der beizulegende Zeitwert dieser Beteiligung aus der (anteiligen) Marktkapitalisierung des mittelbaren Tochterunternehmens abgeleitet werden.[726] Dafür ist der Aktienkurs (*price*) mit der der indirekten Beteiligung zugrunde liegenden Zahl der Anteile (*quantity*) zu multiplizieren (sog. **P x Q-Bewertung**).[727] Zu- oder Abschläge auf den Marktpreis, die der Verkäufer einer größeren Zahl identischer Finanzinstrumente bspw. aufgrund der Unausgeglichenheit von Angebot und Nachfrage am relevanten Markt zum (hypothetischen) Veräußerungszeitpunkt realisieren würde, sind indes nicht zulässig.[728] Demensprechend wird von transaktionsspezifischen Gegebenheiten bzw. im Allgemeinen von volumenbedingten Einflüssen bei der Bestimmung des hypothetischen Veräußerungspreises der aus identischen Finanzinstrumenten bestehenden Gesamtposition abstrahiert. Dies zeigt, dass der Standardsetzer vor allem das einzelne Finanzinstrument als Bewertungsobjekt und dessen Charakteristika im Blick hat.[729]

Im Rahmen der Beteiligungsbewertung ist allerdings nicht der einzelne Anteil, sondern die (indirekte) **Beteiligung als Ganze Bewertungsobjekt** i. S. d. IFRS 13.[730] Zwar gewähren sowohl ein einzelner Anteil als auch eine Unternehmensbeteiligung dem Anteilseigner gewisse Mitbestimmungsrechte. Während jedoch mit dem einzelnen Anteil grundsätzlich kein wesentlicher Einfluss auf die maßgeblichen Tätigkeiten des emittierenden Unternehmens möglich ist (nicht beherrschender Anteil),[731] kann das Konzernmutterunternehmen auf der Grundlage der mit seiner indirekten Beteiligung zusammenhängenden Einflussmöglichkeiten das mittelbare Tochterunternehmen beherrschen.[732] Obgleich die Möglichkeit der Beherrschung für sich genommen keinen Wert hat,[733] kann der Anteilseigner durch

---

724 Vgl. so auch im Kontext sukzessiver Anteilserwerbe GIMPEL-HENNING, N., Sukzessive Anteilserwerbe, S. 121.

725 Vgl. HOEHNE, F., Veräußerung von Anteilen an Tochterunternehmen im IFRS-Konzernabschluss, S. 206.

726 Vgl. IFRS 13.80 sowie MATSCHKE, M. J./BRÖSEL, G., Unternehmensbewertung, S. 676; BUCHNER, R./ENGLERT, J., Bewertung von Unternehmen, S. 1573.

727 Vgl. FREIBERG, J., Fair Value-Bewertung im Spannungsverhältnis, S. 42; MATSCHKE, M. J./BRÖSEL, G., Unternehmensbewertung, S. 676.

728 Vgl. hierzu und im Folgenden KIRSCH, H.-J. U. A., in: Baetge u. a., Rechnungslegung nach IFRS, 2. Aufl., IFRS 13, Rn. 98; KÜTING, K./CASSEL, J., Anteilige Marktkapitalisierung, S. 2635.

729 Vgl. GIMPEL-HENNING, N., Sukzessive Anteilserwerbe, S. 110; PFAUTH, A., Goodwillbilanzierung nach US-GAAP, S. 127.

730 Vgl. so auch PANZER, A., Statusändernde Anteilsveräußerungen im IFRS-Konzernabschluss, S. 139; IASB (Hrsg.), Staff Paper 5 (February 2013), Rn. 18.

731 Vgl. KUHNER, C./MALTRY, H., Unternehmensbewertung, S. 314 f.; PFAUTH, A., Goodwillbilanzierung nach US-GAAP, S. 127. Vgl. zur Behandlung nicht beherrschender Anteile im mehrstufigen Konzern Abschnitt 523.

732 Vgl. Abschnitt 521.3.

733 Vgl. HACHMEISTER, D./RUTHARDT, F., Vom Unternehmenswert zum Anteilswert, S. 429; CORNELL, B., Company Valuation and Control Premiums, S. 5.

die damit verbundenen Handlungsoptionen Wertpotenziale – wie einen Restrukturierungsmehrwert oder Synergieeffekte – realisieren und damit letztlich die Höhe, den zeitlichen Anfall und die Unsicherheit der Zahlungsströme aus der Beteiligung beeinflussen.[734] Die unmittelbare Ableitung des Wertes einer Unternehmensbeteiligung aus dem Börsenpreis der einzelnen Anteile vernachlässigt diese Wertpotenziale allerdings weitestgehend.[735] Der Börsenkurs ist in diesem Zusammenhang somit lediglich ein Preis für einen ähnlichen Vermögenswert und als Eingangsparameter der zweiten Hierarchiestufe der Bewertungskonzeption des IFRS 13 zu klassifizieren.[736]

Um schließlich einen börsenkursgestützten beizulegenden Zeitwert der indirekten Beteiligung zu ermitteln, ist als weiterer Parameter des Bewertungsverfahrens ein **Paket- bzw. Kontrollzuschlag** auf die anteilige Marktkapitalisierung erforderlich.[737] Dieser Zuschlag sollte möglichst aus vergleichbaren Transaktionen derselben Branche abgeleitet werden.[738] Bei der Ermittlung des Zuschlags dürfen jedoch nur die Wertpotenziale berücksichtigt werden, die auch ein typischer Marktteilnehmer auf Basis des beherrschenden Einflusses generieren könnte.[739] Wenngleich damit die Wertfindung objektiviert werden soll, ist die konkrete Ermittlung des Zuschlags ermessensbehaftet und zwangsläufig subjektiv durch den Bilanzierenden beeinflusst.[740] Das mit einem unmittelbar aus der anteiligen Marktkapitalisierung abgeleiteten Beteiligungswert angestrebte Maß einer neutralen Berichterstattung wird daher nicht erreicht. In Abhängigkeit von den zur Ermittlung des Zuschlags verwendeten Parametern ist eine börsenpreisgestützte Bewertung letztlich der zweiten oder dritten Hierarchiestufe zuzuordnen.[741]

### 522.221.25 Kapitalwertgestützte Bewertung

Bei einem nicht börsennotierten Tochterunternehmen ist auf alternative Bewertungsverfahren zurückzugreifen, um die indirekte Beteiligung des Konzernmutterunternehmens bewerten zu können. In diesem Zusammenhang sind vor allem kapitalwertgestützte Bewertungsverfahren – wie das *Discounted Cash-Flow-* oder Ertragswertverfahren – in Betracht zu ziehen.[742] Da im Rahmen dieser Ver-

---

734 Vgl. PFAUTH, A., Goodwillbilanzierung nach US-GAAP, S. 126 f.; PWC (Hrsg.), Business combinations and non-controlling interests, Rn. 5.4.4.

735 Vgl. hierzu auch KUHNER, C./MALTRY, H., Unternehmensbewertung, S. 314 f.; FREIBERG, J., Fair Value-Bewertung im Spannungsverhältnis, S. 43 f.

736 Vgl. ALKEMEIER, M., Konzerninterne Unternehmenszusammenschlüsse, S. 142.

737 Vgl. IFRS 13.69 sowie MATSCHKE, M. J./BRÖSEL, G., Unternehmensbewertung, S. 676; OLBRICH, M., Bedeutung des Börsenkurses für Unternehmensbewertungen, S. 455; KÜTING, K./CASSEL, J., Anteilige Marktkapitalisierung, S. 2636; CHERIDITO, Y./HADEWICZ, T., Marktorientierte Unternehmensbewertung, S. 322. Vgl. ausführlich zu Paket- und Kontrollzuschlägen in diesem Zusammenhang GIMPEL-HENNING, N., Sukzessive Anteilserwerbe, S. 109–112.

738 Vgl. KPMG (Hrsg.), Insights into IFRS 2017/2018, Rn. 2.4.840.20. Pauschale Wertaufschläge sind indes nicht zulässig. Vgl. KPMG (Hrsg.), Insights into IFRS 2017/2018, Rn. 2.4.840.30.

739 Vgl. KÜTING, K./CASSEL, J., Anteilige Marktkapitalisierung, S. 2637 sowie bereits Abschnitt 522.221.21 und 522.221.22.

740 Vgl. hierzu und im Folgenden PFAUTH, A., Goodwillbilanzierung nach US-GAAP, S. 130.

741 Vgl. ALKEMEIER, M., Konzerninterne Unternehmenszusammenschlüsse, S. 142; PANZER, A., Statusändernde Anteilsveräußerungen im IFRS-Konzernabschluss, S. 145; GIMPEL-HENNING, N., Sukzessive Anteilserwerbe, S. 116 f.

742 Vgl. LÜDENBACH, N./HOFFMANN, W.-D./FREIBERG, J., in: Lüdenbach/Hoffmann/Freiberg, Haufe IFRS-Kommen-

fahren künftig erwartete Zahlungsströme bzw. Ertragsüberschüsse mit einem risikoadjustierten Zinssatz diskontiert werden, wird ein stichtagsbezogener, barwertorientierter Zukunftserfolgswert ermittelt.[743] Der Wert der indirekten Beteiligung kann in diesem Kontext sowohl direkt als auch indirekt über den Gesamtwert des mittelbaren Tochterunternehmens ermittelt werden.[744] Bei einer indirekten Ermittlung darf indes nicht ohne Weiteres auf einen der (effektiven) Beteiligungsquote entsprechenden anteiligen Unternehmenswert abgestellt werden.[745] Vielmehr ist für die indirekte Beteiligung des Konzernmutterunternehmens auch in diesem Fall ein Paket- bzw. Kontrollzuschlag erforderlich, um die erwartungsgemäß außerhalb des Unternehmensverbundes, bestehend aus der Teilkonzernobergesellschaft und dem mittelbaren Tochterunternehmen, anfallenden Wertpotenziale zu berücksichtigen.[746]

Nicht nur die Ermittlung eines solchen Zuschlags, sondern die Bestimmung der künftigen Zahlungsströme bzw. Ertragsüberschüsse sowie des Diskontierungszinssatzes im Allgemeinen ist regelmäßig nur unter Rückgriff auf unternehmensinterne und damit subjektive Informationen möglich.[747] Da IFRS 13 keine spezifischen Leitlinien bereithält, welche Anpassungen für die externe Berichterstattung in diesem Zusammenhang erforderlich sind, kann letztlich eine große Bandbreite unterschiedlicher Werte für die Eingangsparameter und den zu bestimmenden Zukunftserfolgswert vertretbar sein.[748] Kapitalwertorientierte Verfahren sind daher besonders ermessensbehaftet und von Bewertungsunsicherheiten begleitet sowie gemeinhin der dritten Hierarchiestufe zuzuordnen.[749]

Um die mit den Bewertungsunsicherheiten verbundenen, bilanzpolitisch nutzbaren Ermessensspielräume einzuschränken, sind auch kapitalwertbasierte Verfahren an den Gegebenheiten des Marktes zu orientieren.[750] Dementsprechend sind nur die dem Bewertungsobjekt anhaftenden Eigenschaften zu berücksichtigen, die auch ein typischer Marktteilnehmer in sein (Grenz-)Preiskalkül einbeziehen würde.[751] Unternehmensinterne bzw. subjektive Prämissen des Bilanzierenden sind daher bei der Be-

---

tar, 16. Aufl., § 8a, Rn. 41 f.; KUHNER, C./MALTRY, H., Unternehmensbewertung, S. 226 f.; BALLWIESER, W., Ertragswert- und Discounted-Cashflow-Verfahren, S. 511; HOEHNE, F., Veräußerung von Anteilen an Tochterunternehmen im IFRS-Konzernabschluss, S. 209. Unter die kapitalwertorientierten Verfahren subsumiert der IASB zudem vorrangig für die Bewertung von Finanzinstrumenten heranzuziehende Optionspreismodelle sowie die Residualwertmethode, auf die für die Ermittlung des beizulegenden Zeitwertes für gewisse immaterielle Vermögenswerte zurückzugreifen ist. Vgl. IFRS 13.B11.

743 Vgl. IFRS 13.B10 sowie FISCHER, D. T., Fair Value Measurement, S. 237.

744 Vgl. WIECHERS, K., Bewertung von Anteilen an Unternehmen, S. 913 f.

745 Vgl. so auch im Kontext von statusändernden Anteilsveräußerungen PANZER, A., Statusändernde Anteilsveräußerungen im IFRS-Konzernabschluss, S. 147.

746 Vgl. hierzu auch Abschnitt 522.221.1.

747 Vgl. WAWRZINEK, W./LÜBBIG, M., in: Driesch u. a., Beck IFRS HB, 5. Aufl., § 2, Rn. 228.

748 Vgl. KIRSCH, H.-J., Fair Value – quo vadis, S. I; BALLWIESER, W./KÜTING, K./SCHILDBACH, T., Fair value im Handelsrecht, S. 537 f.; SCHILDBACH, T., Fair Value, S. 20 f.

749 Vgl. PANZER, A., Statusändernde Anteilsveräußerungen im IFRS-Konzernabschluss, S. 148; KÜTING, K./CASSEL, J., Unternehmensbewertungsverfahren bei der Fair Value-Bewertung, S. 327; CASTEDELLO, M./KLINGBEIL, C., Anwendungsfragen zu IFRS 13, S. 486. Vgl. vor allem hinsichtlich der mit kapitalwertorientierten Bewertungsverfahren verbundenen Bewertungsunsicherheiten BAETGE, J., Verwendung von Discounted Cash-Flow-Kalkülen, S. 13–23.

750 Vgl. IFRS 13.87 sowie PANZER, A., Statusändernde Anteilsveräußerungen im IFRS-Konzernabschluss, S. 148.

751 Vgl. hierzu und im Folgenden IFRS 13.87–89 sowie KIRSCH, H.-J. U. A., in: Baetge u. a., Rechnungslegung nach

teiligungsbewertung zu vernachlässigen, soweit sie nicht mit den zu simulierenden Annahmen eines repräsentativen Marktteilnehmers übereinstimmen. Ebenso sind die konzernspezifischen Wertpotenziale in der internen Unternehmensplanung zu identifizieren und vom Bewertungskalkül auszuschließen. Dafür muss der Bilanzierende jedoch wiederum Annahmen bezüglich des typischen Marktteilnehmers treffen, die Zweifel an der auf den ersten Blick höheren Objektivität der vermittelten Informationen aufkommen lassen.[752] Im Einzelfall könnten sogar gerade diese für die hypothetische Marktperspektive erforderlichen Annahmen dazu genutzt werden, ein vom Abschlussersteller erwünschtes Bewertungsergebnis zu rechtfertigen.[753] Insgesamt ist die Neutralität der mit kapitalwertorientierten Bewertungsverfahren ermittelten Informationen damit vergleichsweise gering.[754]

#### 522.221.3 Zwischenfazit

Im Ergebnis werden mit Blick auf die Bewertung der indirekten Beteiligung des Konzernmutterunternehmens die mit der Bewertungskonzeption des IFRS 13 avisierten Zielsetzungen nicht erreicht. Denn obgleich der IASB den beizulegenden Zeitwert grundsätzlich als den relevantesten Wertmaßstab ansieht,[755] **schränkt** die bei dessen Ermittlung einzunehmende Perspektive eines typischen Marktteilnehmers die **Relevanz** der vermittelten Informationen **ein**. So werden bei einer beabsichtigten Integration des mittelbaren Tochterunternehmens in den Wertschöpfungsprozess des Konzerns die künftig aus dem Unternehmenszusammenschluss erwarteten Wertpotenziale letztlich nicht vollständig durch den Geschäfts- oder Firmenwert wiedergegeben, der aus der indirekten Beteiligung abgeleitet wird. Dies liegt darin begründet, dass konzernspezifische Synergieeffekte und ein etwaiger erwerberspezifischer Restrukturierungsmehrwert aufgrund der von IFRS 13 vorgesehenen strengen Marktobjektivierung nicht in das Bewertungskalkül eingehen dürfen. Im Unterschied dazu werden bei einer beabsichtigten defensiven Nutzung des Tochterunternehmens die erwarteten Wertpotenziale aus der Akquisition zwar nicht unvollständig erfasst. Gleichwohl spiegeln der Beteiligungswert und damit letztlich der Geschäfts- oder Firmenwert Wertkomponenten wider, die der Bilanzierende nicht beabsichtigt zu realisieren.

Darüber hinaus ist die Ermittlung des beizulegenden Zeitwertes mit umfangreichen **Bewertungsunsicherheiten** und **Ermessensspielräumen** verbunden, da für die indirekte Beteiligung der Konzernobergesellschaft keine Preise an einem aktiven Markt (*Level 1 input*) beobachtet werden können. Selbst der Wert der anteiligen Gegenleistung, die dem Konzernmutterunternehmen entsprechend seiner (effektiven) Beteiligungsquote an der Teilkonzernobergesellschaft (gedanklich) zuzurechnen ist,

IFRS, 2. Aufl., IFRS 13, Rn. 87; CASTEDELLO, M./KLINGBEIL, C., Anwendungsfragen zu IFRS 13, S. 484 f.; SCHILDBACH, T., Fair Value Accounting, S. 121.

752 Vgl. BALLWIESER, W./KÜTING, K./SCHILDBACH, T., Fair value im Handelsrecht, S. 536; STREIM, H./BIEKER, M./ESSER, M., Fair Value Accounting, S. 103; FRANKE, F., Behandlung von Synergiepotenzialen, S. 195 sowie implizit KÜTING, K./DAWO, S., Gestaltungspotenziale im Rahmen der IFRS, S. 1212.

753 Vgl. SCHILDBACH, T., Fair Value, S. 18 f.; SCHILDBACH, T., Fair Value Accounting, S. 123; GIMPEL-HENNING, N., Altanteile bei sukzessiven Unternehmenserwerben, S. 43 f.

754 Vgl. ähnlich KIRSCH, H.-J. U. A., in: Baetge u. a., Rechnungslegung nach IFRS, 2. Aufl., IFRS 13, Rn. 90.

755 Vgl., wenn auch mit Bezug zu den identifizierbaren Vermögenswerten und Schulden, IFRS 3.BC198; IFRS 3.BC203 sowie HAYN, S./STRÖHER, T., in: Baetge u. a., Rechnungslegung nach IFRS, 2. Aufl., IFRS 3, Rn. 200.

kann nicht ohne subjektive Anpassungen des Bilanzierenden herangezogen werden. Dies gilt ebenso für die der indirekten Beteiligung entsprechende anteilige Marktkapitalisierung eines börsennotierten Tochterunternehmens, da diese nicht die Wertpotenziale umfasst, die aus den mit der Beteiligung verbundenen Einflussmöglichkeiten erwachsen. Bei Bewertungsverfahren – wie der kapitalwertgestützten Beteiligungsbewertung –, in die zahlreiche nicht beobachtbare Parameter eingehen, vergrößern sich die Ermessensfreiräume nochmals signifikant.

Dem wirkt selbst die vom Standardsetzer primär aus Objektivierungsgründen vorgegebene Leitperspektive des typischen Marktteilnehmers bei der Ermittlung des beizulegenden Zeitwertes nach IFRS 13 nicht wesentlich entgegen. Vielmehr muss der Rechnungslegende auch in diesem Zusammenhang Annahmen treffen, um die in das marktorientierte (Grenz-)Preiskalkül eingehenden Faktoren zu bestimmen. Diese Annahmen könnten im Rahmen von Bewertungsverfahren, die maßgeblich auf einer internen Datengrundlage basieren, sogar aus **bilanzpolitischen Motiven** heraus genutzt werden, um zielgerichtet von den internen Informationen abzuweichen und einen gewünschten Wertansatz des Geschäfts- oder Firmenwertes zu bewirken.[756] Den Konzernabschlussadressaten wird dadurch der Eindruck eines objektiv ermittelten Wertes vermittelt, der diesem Maßstab indes nicht gerecht wird.[757]

Obgleich die Wertermittlung nicht bilanzpolitisch beeinflusst sein muss, besteht jedoch potenziell die Gefahr, den Geschäfts- oder Firmenwert aufgrund der zahlreichen Bewertungsunsicherheiten – wenn auch unbewusst – **fehlerhaft** zu bestimmen.[758] Aus diesem Grund ist es zu empfehlen, nicht ausschließlich auf das Ergebnis eines einzelnen Bewertungsverfahrens abzustellen, sondern die Resultate mehrerer geeigneter Verfahren den Umständen des Einzelfalls entsprechend zu gewichten.[759] Dabei sind allerdings wiederum subjektive Ermessensentscheidungen des Bilanzierenden erforderlich.[760] Um die damit ggf. verbundene beeinträchtigte Neutralität der vermittelten Informationen für die Konzernabschlussadressaten zumindest transparent zu machen, sollte die Ermittlung des Beteiligungswertes hinreichend dokumentiert und erläutert werden.[761] Dennoch kann die Bewertungskonzeption des IFRS 13 insgesamt die Relevanz wie auch die Glaubwürdigkeit des für die indirekte Beteiligung der Konzernobergesellschaft ermittelten Wertes erheblich einschränken.

---

756 Vgl. zu möglichen bilanzpolitischen Anreizen im Rahmen der Bewertung einer neu erworbenen Beteiligung PFINGSTEN, A./KAMP, A., Bewertung von Beteiligungen, S. 21–24.

757 Vgl., wenn auch nicht im spezifischen Kontext der zu bewertenden indirekten Beteiligung der Konzernobergesellschaft eines mehrstufigen Konzerns, FRANKE, F., Behandlung von Synergiepotenzialen, S. 195 f.; SCHILDBACH, T., Fair Value, S. 19; KÜTING, K./CASSEL, J., Anschaffungs- und Herstellungskosten nach HGB und IFRS, S. 284.

758 Vgl. PANZER, A., Statusändernde Anteilsveräußerungen im IFRS-Konzernabschluss, S. 135.

759 Vgl. GIMPEL-HENNING, N., Sukzessive Anteilserwerbe, S. 127; WIELAND-BLÖSE, H./ANDRÉ, J., in: Thiele/von Keitz/Brücks, Internationales Bilanzrecht, IFRS 13, Rn. 246.

760 Vgl. PANZER, A., Statusändernde Anteilsveräußerungen im IFRS-Konzernabschluss, S. 150.

761 Vgl. WIELAND-BLÖSE, H./ANDRÉ, J., in: Thiele/von Keitz/Brücks, Internationales Bilanzrecht, IFRS 13, Rn. 246.

### 522.222. Interpretation und Bilanzierung des Geschäfts- oder Firmenwertes im Rahmen der multiplikativen Methode

#### 522.222.1 Interpretation des entstehenden Geschäfts- oder Firmenwertes

Aus dem nach der Bewertungskonzeption des IFRS 13 ermittelten beizulegenden Zeitwert der indirekten Beteiligung des Konzernmutterunternehmens am mittelbaren Tochterunternehmen ist schließlich der Geschäfts- oder Firmenwert abzuleiten.[762] Zwar sind der indirekten Beteiligung nach der Ermittlungssystematik des IFRS 3 noch die Anteile der nicht beherrschenden Gesellschafter hinzuzurechnen, bevor diese mit dem neubewerteten Reinvermögen verrechnet wird.[763] Allerdings sind bei der Ermittlung eines *partial goodwill* nach der multiplikativen Methode sowohl die Anteile der direkt am mittelbaren Tochterunternehmen beteiligten nicht beherrschenden Gesellschafter als auch die indirekten nicht beherrschenden Anteile mit dem beizulegenden Zeitwert des auf sie entfallenden Reinvermögens zu bewerten. Da sich somit die Werte der nicht beherrschenden Anteile und des anteiligen Reinvermögens in gleicher Höhe gegenüberstehen, resultiert aus ihrer (impliziten) Verrechnung kein Unterschiedsbetrag. Der entsprechend der multiplikativen Methode bestimmte Geschäfts- oder Firmenwert aus dem Erwerb des mittelbaren Tochterunternehmens spiegelt damit im Ergebnis ausschließlich die über das Reinvermögen hinausgehenden Wertpotenziale wider, die auf die indirekte Beteiligung der Konzernobergesellschaft entfallen, und kann daher als **„Mehrheiten-Goodwill“**[764] interpretiert werden. Den Kapitalgebern des Konzernmutterunternehmens wird es so möglich, die auf sie entfallenden künftigen Wertpotenziale aus dem Unternehmenszusammenschluss direkt in der Konzernbilanz zu erkennen.[765]

Auch bei der Akquisition eines Tochterunternehmens unmittelbar durch das Konzernmutterunternehmen sind nach der *partial goodwill method* die nicht beherrschenden Anteile mit dem beizulegenden Zeitwert des anteiligen Reinvermögens zu bewerten und infolgedessen nur ein auf die Konzernobergesellschaft entfallender Unterschiedsbetrag zu erfassen.[766] Dementsprechend ist es für die konzernbilanzielle Abbildung bei Anwendung der multiplikativen Methode nicht von Bedeutung, ob formal das Konzernmutterunternehmen selbst oder eine seiner Tochtergesellschaften eine Kapitalbeteiligung an einem erstmalig zu konsolidierenden Tochterunternehmen erwirbt.[767] Dadurch scheint einerseits die wirtschaftliche Betrachtungsweise und andererseits die **Vergleichbarkeit** von Akquisitionen mittel- und unmittelbarer Tochterunternehmen gefördert zu werden.[768] Letzteres begünstigt es auf den

---

762 Grundsätzlich ist zwar der beizulegende Zeitwert der entrichteten Gegenleistung heranzuziehen. Da sich dieser in der hier betrachteten Erwerbskonstellation indes nicht unmittelbar auf die heranzuziehende indirekte Kapitalbeteiligung bezieht, ist auf den beizulegenden Zeitwert der Beteiligung selbst abzustellen. Vgl. auch Abschnitt 522.221.1.

763 Vgl. hierzu und im Folgenden IFRS 3.32 (a) (ii) i. V. m IFRS 3.19 (b) sowie bereits Abschnitt 522.1.

764 HAAKER, A., Goodwill-Bilanzierung nach IFRS, S. 72.

765 Vgl. HAAKER, A., Einheitstheorie und Fair Value-Orientierung, S. 453.

766 Vgl. BITTERLI, C./GISLER, M. G./WENGER, R., Partial- oder Full-Goodwill-Methode, S. 536; BADER, A./SCHREDER, M., Goodwill-Methoden nach IFRS 3, S. 277; MÜLLER, S./KREIPL, M., Behandlung indirekter Anteile anderer Gesellschafter, S. 283 sowie im handelsrechtlichen Kontext KÜTING, K./WEBER, C.-P./DUSEMOND, M., Kapitalkonsolidierung im mehrstufigen Konzern, S. 1087 f.; ADS, 6. Aufl., § 301 HGB, Rn. 231.

767 Vgl. LÜDENBACH, N./HOFFMANN, W.-D./FREIBERG, J., in: Lüdenbach/Hoffmann/Freiberg, Haufe IFRS-Kommentar, 16. Aufl., § 31, Rn. 188.

768 Vgl. hierzu kritisch Abschnitt 522.232.1.

ersten Blick darüber hinaus, die Wertansätze der Geschäfts- oder Firmenwerte in den konsolidierten Abschlüssen ein- und mehrstufiger Konzerne miteinander zu vergleichen.

Beim Vergleich der Wertansätze ist allerdings in sachlicher und auch in zwischenbetrieblicher Hinsicht zu beachten, dass der Geschäfts- oder Firmenwert im Rahmen einer direkt vom Konzernmutterunternehmen durchgeführten Unternehmensakquisition grundsätzlich aus dem beizulegenden Zeitwert der erbrachten Gegenleistung abgeleitet wird,[769] da diese nach Auffassung des Standardsetzers den bestmöglichen Nachweis für den Wert der Beteiligung zum Erwerbszeitpunkt bietet.[770] Mithin umfasst die entstehende Residualgröße unternehmens- bzw. konzernspezifische Wertpotenziale, soweit diese von der Konzernobergesellschaft vergütet wurden. Beim Erwerb eines mittelbaren Tochterunternehmens bezieht sich die vom (späteren) Teilkonzernmutterunternehmen entrichtete Gegenleistung hingegen nicht ausschließlich auf die nach der multiplikativen Methode maßgebende indirekte Beteiligung der Konzernobergesellschaft,[771] sodass für die Ermittlung des Geschäfts- oder Firmenwertes in Analogie zu sukzessiven und unentgeltlichen Unternehmenserwerben auf den beizulegenden Zeitwert dieser Beteiligung zurückzugreifen ist.[772] Dabei sind gemäß der dafür einschlägigen Bewertungskonzeption des IFRS 13 indes (konzernindividuelle) Wertpotenziale zu vernachlässigen, die ein typischer Marktteilnehmer nicht in seinem Wertkalkül berücksichtigen würde.[773] Neben den daraus resultierenden Einschränkungen der Relevanz des letztlich zu bilanzierenden Geschäfts- oder Firmenwertes zeigt sich im hier betrachteten Zusammenhang auch, dass die qualitativen Zusammensetzungen eines marktorientierten Unterschiedsbetrages nach IFRS 13 und des aus einer entrichteten Gegenleistung abgeleiteten Geschäfts- oder Firmenwertes regelmäßig voneinander abweichen werden.[774] Infolgedessen wird die Vergleichbarkeit sowohl zwischen dem Erwerb eines Tochterunternehmens unmittelbar durch die Konzernobergesellschaft und mittelbar durch eine andere vollkonsolidierte Tochtergesellschaft als auch zwischen konsolidierten Abschlüssen ein- und mehrstufiger Konzerne beeinträchtigt.

### 522.222.2 Bilanzierung des Geschäfts- oder Firmenwertes indirekter nicht beherrschender Gesellschafter

Die – wenn auch eingeschränkte – Vergleichbarkeit der Geschäfts- oder Firmenwerte aus Akquisitionen mittel- und unmittelbarer Tochterunternehmen wird im Rahmen der multiplikativen Methode dadurch erreicht, dass sämtliche nicht beherrschenden Anteile an der mittelbaren Tochtergesellschaft mit dem beizulegenden Zeitwert des anteiligen Reinvermögens dieses Unternehmens bewertet wer-

[769] Vgl. IFRS 3.32 (a) (i) i. V. m. IFRS 13.57 f.

[770] Vgl. IFRS 3.BC331 sowie CASSEL, J., Unternehmensbewertung im IFRS-Abschluss, S. 232 f.

[771] Neben der indirekten Beteiligung der Konzernobergesellschaft wird mit der erbrachten Gegenleistung auch der Anteil der nicht beherrschenden Gesellschafter des Teilkonzernmutterunternehmens an der Gesamtbeteiligung vergütet. Vgl. Abschnitt 32 und 522.221.1. Zur Behandlung des auf die nicht beherrschenden Gesellschafter entfallenden Teils, mithin deren indirekter Beteiligung am mittelbaren Tochterunternehmen vgl. Abschnitt 522.222.2.

[772] Vgl. hierzu Abschnitt 522.221.1.

[773] Vgl. IFRS 13.22; IFRS 13.A sowie KIRSCH, H.-J. U. A., in: Baetge u. a., Rechnungslegung nach IFRS, 2. Aufl., IFRS 13, Rn. 32; GROßE, J.-V., Fair Value Measurement, S. 287 f.

[774] Vgl. zu den Beeinträchtigungen der Relevanz der vermittelten Informationen Abschnitt 522.221.22.

den und somit kein auf sie entfallender Unterschiedsbetrag ermittelt wird.[775] Zwar entrichtet das Teilkonzernmutterunternehmen für die indirekte Beteiligung der nicht beherrschenden Gesellschafter einen Teil der Gegenleistung, der den beizulegenden Zeitwert des auf diese Beteiligung entfallenden Reinvermögens übersteigen kann. Dem Leitgedanken der multiplikativen Methode folgend wird der überschießende Betrag indes nicht als ein den nicht beherrschenden Gesellschaftern (gedanklich) zuzuordnender Geschäfts- oder Firmenwert in der Konzernbilanz angesetzt, sondern im Zuge der Kapitalkonsolidierung erfolgsneutral mit dem Eigenkapitalposten für nicht beherrschende Anteile verrechnet.[776] Insofern bestimmt der Wert der hingegebenen Vermögenswerte bzw. übernommenen Schulden, der ansonsten grundsätzlich zur Bewertung des im Wege eines Kaufs oder Tausches erworbenen Vermögens heranzuziehen ist,[777] nicht den Wertansatz des zu bilanzierenden Geschäfts- oder Firmenwertes. Die multiplikative Methode durchbricht somit offenbar das „Prinzip der Maßgeblichkeit der Gegenleistung"[778] zugunsten einer zielgerichteten Bilanzierung der aus dem Unternehmenszusammenschluss erwarteten Wertpotenziale.[779]

Zum einen ist allerdings aus dem Blickwinkel dieser Methode lediglich das Konzernmutterunternehmen als Erwerber zu identifizieren und somit nach der Ermittlungssystematik des IFRS 3 bei Anwendung der *partial goodwill method* auch nur dessen Anteil an der insgesamt entrichteten Gegenleistung respektive der Wert seiner indirekten Beteiligung maßgebend für den anzusetzenden Geschäfts- oder Firmenwert.[780] Zum anderen wird mit Blick auf die Bewertung der Anteile nicht beherrschender Gesellschafter zum Zeitpunkt des Erwerbs eines Tochterunternehmens im Allgemeinen deutlich, dass die Neubewertungsmethode nicht auf die tatsächlich für diese Anteile erbrachte Gegenleistung abstellt.[781] Vielmehr wird zu diesem Zeitpunkt eine Einlage der nicht beherrschenden Anteile in Höhe des beizulegenden Zeitwertes des anteiligen erworbenen Reinvermögens unterstellt.[782] Beim Erwerb eines mittelbaren Tochterunternehmens im Speziellen ist eine solche Fiktion indes nur insofern erfor-

775 Vgl. IFRS 3.32 (a) (ii) i. V. m. IFRS 3.19 (b) sowie bereits Abschnitt 522.1.

776 Vgl. KÜTING, K./WEBER, C.-P., Konzernabschluss, S. 418; LEINEN, M., Kapitalkonsolidierung im mehrstufigen Konzern, S. 79 f.; BAETGE, J./KIRSCH, H.-J./THIELE, S., Konzernbilanzen, S. 400; KÜTING, K./WEBER, C.-P./WIRTH, J., Kapitalkonsolidierung im mehrstufigen Konzern, S. 46. Vgl. zu den Implikationen der multiplikativen Methode auf den Eigenkapitalposten für nicht beherrschende Anteile Abschnitt 523.21.

777 Vgl. KAHLE, H./HILLER, M., Anschaffungs- und Herstellungskosten, S. 466 f.; BAETGE, J./KIRSCH, H.-J./THIELE, S., Bilanzen, S. 223.

778 WOHLGEMUTH, M./RADDE, J., Anschaffungskosten nach HGB und IAS, S. 906.

779 Vgl. THEILE, C./PAWELZIK, K. U., in: Heuser/Theile, IFRS-Handbuch, 5. Aufl., D VI, Rn. 5831 sowie, wenn auch im handelsrechtlichen Kontext, LEINEN, M., Kapitalkonsolidierung im mehrstufigen Konzern, S. 145; KÜTING, K./GÖTH, P., Minderheitenanteile im Konzernabschluss, S. 307 f.; GÖTH, P., Eigenkapital im Konzernabschluss, S. 459–461; EISELE, W./KRATZ, N., Ausweis von Anteilen außenstehender Gesellschafter, S. 302 f.; PAWELZIK, K. U./THEILE, C., Eigenkapitalvernichtung im mehrstufigen Konzern, S. 2388.

780 Vgl. IFRS 3.32 sowie hierzu bereits Abschnitt 521.3 und 522.1.

781 Vgl. KÜTING, K./WEBER, C.-P./WIRTH, J., Kapitalkonsolidierung im mehrstufigen Konzern, S. 51; STRÖHER, T., Unternehmenszusammenschlüsse unter Common Control, S. 214.

782 Vgl. IFRS 3.19 (b) sowie HOMMEL, M./FRANKE, F./RÖßLER, B., Minderheitengoodwill, S. 159; KESSLER, H./LEINEN, M./STRICKMANN, M., Rechte für Minderheiten, S. 331; WIRTH, J., Firmenwertbilanzierung nach IFRS, S. 263; KÜTING, P., Konzerninterne Umstrukturierungen, S. 148. Auch bei Anwendung der *full goodwill method* würde eine Einlage der nicht beherrschenden Anteile am Vermögen eines Tochterunternehmens fingiert. Im Unterschied zur *partial goodwill method* entspräche deren Wert dann indes dem beizulegenden Zeitwert der Anteile. Vgl. IFRS 3.19 (a).

derlich, als für die Anteile der direkt an dieser Tochtergesellschaft beteiligten nicht beherrschenden Gesellschafter realiter keine Gegenleistung vorliegt.[783] Die indirekten nicht beherrschenden Anteile werden hingegen mit einem Teil der gesamten Gegenleistung des Teilkonzernmutterunternehmens vergütet, sodass es für sie keiner Bewertungsfiktion bedarf.[784] Die nach der multiplikativen Methode vorgesehene undifferenzierte Bewertung sämtlicher nicht beherrschender Anteile mit einem Wertmaßstab, der von der entrichteten Gegenleistung losgelöst ist, vernachlässigt dementsprechend die tatsächlichen wirtschaftlichen Gegebenheiten des Sachverhaltes.

Zudem ist die mit der pauschalen Gleichbehandlung der nicht beherrschenden Anteile verbundene erfolgsneutrale Verrechnung eines Teils des vergüteten Geschäfts- oder Firmenwertes mit dem Eigenkapitalposten für die Anteile nicht beherrschender Gesellschafter nicht explizit durch einen IFRS vorgesehen.[785] Die Historie der Regelungen zur konzernbilanziellen Abbildung von Unternehmenszusammenschlüssen zeigt vielmehr, dass seit der Überarbeitung des IAS 22[786] im Jahr 1993 der aus einer Unternehmensakquisition resultierende Unterschiedsbetrag nicht mehr unmittelbar erfolgsneutral vom Konzerneigenkapital abgesetzt werden darf.[787] Insoweit steht die Behandlung eines den nicht beherrschenden Gesellschaftern (gedanklich) zuzurechnenden Geschäfts- oder Firmenwertes nach der multiplikativen Methode nicht mit dem Saldierungsverbot von Aktiva und Passiva im Einklang.[788] Da folglich das Vermögen, das dem Konzern beim Erwerb eines mittelbaren Tochterunternehmens zugeht, nicht vollständig in der Konzernbilanz ausgewiesen wird,[789] können die Abschlussadressaten letztlich nicht erkennen, für welche Vermögenswerte und Schulden die Gegenleistung im Einzelnen entrichtet wurde.[790]

Darüber hinaus bleibt die Gesamtergebnisrechnung aufgrund der erfolgsneutralen Verrechnung des Geschäfts- oder Firmenwertes der indirekten nicht beherrschenden Gesellschafter mit den nicht beherrschenden Anteilen am Konzerneigenkapital von etwaigen Abschreibungen des positiven Unterschiedsbetrages in Folgeperioden unberührt.[791] Sobald also die ursprünglich vergüteten Ertragspotenziale realisiert werden oder diese nicht mehr werthaltig sind, können – zumindest teilweise – keine

---

783 Vgl. THEILE, C./PAWELZIK, K. U., in: Heuser/Theile, IFRS-Handbuch, 5. Aufl., D VI, Rn. 5832 sowie implizit auch im handelsrechtlichen Kontext LEINEN, M., Kapitalkonsolidierung im mehrstufigen Konzern, S. 138 f.

784 Vgl., wenn auch im handelsrechtlichen Kontext, KESSLER, H./LEINEN, M./STRICKMANN, M., Rechte für Minderheiten, S. 331; LEINEN, M., Kapitalkonsolidierung im mehrstufigen Konzern, S. 143.

785 Vgl., wenn auch mit Bezug auf IFRS 3 (2004), RÖMGENS, T., Goodwill im mehrstufigen Konzernabschluss, S. 21.

786 Die Regelungen des IAS 22 zur konzernbilanziellen Abbildung von Unternehmenszusammenschlüssen wurden im Jahr 2004 durch die Vorschriften des IFRS 3 (2004) ersetzt. Vgl. hierzu auch KÜTING, K./WIRTH, J., Bilanzierung von Unternehmenszusammenschlüssen, S. 167.

787 Vgl. RÖMGENS, T., Goodwill im mehrstufigen Konzernabschluss, S. 21; ADS, 6. Aufl., § 309 HGB, Rn. 31.

788 Vgl. IAS 1.32 f. sowie, wenn auch mit Blick auf die gemäß § 309 Abs. 1 Satz 3 HGB in der Fassung vor dem BilMoG handelsrechtlich noch zulässige Verrechnung eines Geschäfts- oder Firmenwertes mit dem Konzerneigenkapital, SAUTHOFF, J.-P., Firmenwert im Konzernabschluss, S. 204; KÜTING, K., Der Geschäfts- oder Firmenwert als Schlüsselgröße der Analyse, S. 170. Vgl. im handelsrechtlichen Kontext auch THEILE, C., Anschaffungskosten und Grundsatz der Pagatorik, S. 528.

789 Vgl. RÖMGENS, T., Goodwill im mehrstufigen Konzernabschluss, S. 21; PAWELZIK, K. U./THEILE, C., Eigenkapitalvernichtung im mehrstufigen Konzern, S. 2387 f.

790 Vgl. implizit LOPATTA, K., Goodwillbilanzierung und Informationsvermittlung, S. 6.

791 Vgl. OHMS, V., Bilanzierung des Goodwill im Konzernabschluss, S. 202; EBELING, R. M., Einheitsfiktion, S. 317;

dann konzeptionell angezeigten Wertminderungen des Geschäfts- oder Firmenwertes erfasst werden.[792] Dies gilt auch, wenn sich nachträglich die Beteiligungsquoten der Gesellschafterstämme sowohl am Teilkonzernmutterunternehmen als auch an der mittelbaren Tochtergesellschaft ändern, ohne dass das Konzernmutterunternehmen dabei den beherrschenden Einfluss auf diese Konzernunternehmen verliert.[793] Denn obgleich der Konzernobergesellschaft die indirekten nicht beherrschenden Anteile im Zuge einer Aufstockung der Beteiligung am Teilkonzernmutterunternehmen zugehen können, ist nachträglich kein Geschäfts- oder Firmenwert zu aktivieren, dessen Wertminderungen bspw. den realisierten Ertragspotenzialen gegenübergesellt werden könnten.[794] Der IASB spricht solchen Transaktionen nämlich nicht den Charakter eines Erwerbsvorganges zu, in dessen Rahmen ein zusätzlicher Geschäfts- oder Firmenwert ermittelt werden könnte,[795] sondern sieht darin aufgrund der unveränderten Beherrschungsverhältnisse eine (Eigen-)Kapitaltransaktion zwischen dem Konzernmutterunternehmen und den nicht beherrschenden Gesellschaftern.[796] Während der Konzernzugehörigkeit des mittelbaren Tochterunternehmens wird daher bei Anwendung der multiplikativen Methode das Konzernergebnis zu positiv dargestellt.[797] Da aber auch bei der Endkonsolidierung eines Beteiligungsunternehmens ein zuvor mit dem Eigenkapital verrechneter Geschäfts- oder Firmenwert nicht erfolgsmindernd in die Ermittlung des Veräußerungsgewinns eingehen darf und damit nicht einmal

DUSEMOND, M., Endkonsolidierung und erfolgsneutrale Verrechnung des Geschäfts- oder Firmenwerts, S. 54; KÜTING, K., Der Geschäfts- oder Firmenwert als Schlüsselgröße der Analyse, S. 170.

792 Vgl. PAWELZIK, K. U./THEILE, C., Eigenkapitalvernichtung im mehrstufigen Konzern, S. 2389; KLEIN, I., Full-Goodwill-Methode, S. 144 f.; KÜTING, K., Geschäfts- oder Firmenwert, S. 1801. Vgl. hierzu kritisch SCHILDBACH, T., Externe Rechnungslegung und Kongruenz, S. 1816. Da im Rahmen des Wertminderungstests eines Geschäfts- oder Firmenwertes bei der Bestimmung des erzielbaren Betrages immaterielle nicht bilanzierungsfähige, selbstgeschaffene Werttreiber berücksichtigt werden, kann trotz eines tatsächlich bestehenden Abschreibungsbedarfs des derivativen Geschäfts- oder Firmenwertes eine Wertminderung verhindert werden (sog. *backdoor capitalization*). Vgl. IAS 36.BC131E sowie SAELZLE, R./KRONNER, M., Informationsfunktion des Jahresabschlusses, S. 161; POTTGIEßER, G./VELTE, P./WEBER, S. C., Ermessensspielräume des Impairment-Only-Approach, S. 1751; HOMMEL, M., Neue Goodwillbilanzierung, S. 1948. Vgl. auch Abschnitt 533.223.

793 Vgl. implizit KLEIN, I., Full-Goodwill-Methode, S. 55; ANDREJEWSKI, K. C./FLADUNG, H.-D./KÜHN, S., Abbildung von Unternehmenszusammenschlüssen, S. 87; BRÜCKS, M./RICHTER, M., Business Combinations, S. 411 f.

794 Vgl. IFRS 10.B96 i. V. m. IFRS 10.BCZ168 sowie KLEIN, I., Full-Goodwill-Methode, S. 54; HOMMEL, M./FRANKE, F./RÖßLER, B., Minderheitengoodwill, S. 162; HUSMANN, R./HETTICH, S., Aufkauf von Minderheitenanteilen, S. 154. Sofern eine Gegenleistung erbracht wird, die den Buchwert der übergehenden Anteile übersteigt, ist der überschießende Betrag grundsätzlich erfolgsneutral mit den Eigenkapitalanteilen des Konzernmutterunternehmens zu verrechnen. Vgl. stellvertretend KLEIN, I., Full-Goodwill-Methode, S. 54. Eine solche Behandlung statuswahrender Anteilserwerbe ist u. a. insofern gerechtfertigt, als sich ein noch bestehender, ursprünglich vergüteter positiver Unterschiedsbetrag seit dem Erwerbszeitpunkt des mittelbaren Tochterunternehmens untrennbar mit einem zwischenzeitlich entstandenen, nicht bilanzierungsfähigen originären Geschäfts- oder Firmenwert verbunden haben kann. Vgl. HOMMEL, M./FRANKE, F./RÖßLER, B., Minderheitengoodwill, S. 163 und 165; PAWELZIK, K. U., Konsolidierung von Minderheiten, S. 686 f.

795 Vgl. KLOSE, N.-C., Kapitalkonsolidierungs- und Bewertungsmethoden, S. 324.

796 Vgl. IFRS 10.23 sowie KLEIN, I., Full-Goodwill-Methode, S. 54; HOMMEL, M./FRANKE, F./RÖßLER, B., Minderheitengoodwill, S. 162; SCHWARZKOPF, A.-S., Anteile nicht beherrschender Gesellschafter, S. 88 f.

797 Vgl. EFRAG/ASBJ/OIC (Hrsg.), Goodwill amortization, Rn. 72; EBELING, R. M., Einheitsfiktion, S. 317; FOCKEN, E. M. T., Bilanzierung des Goodwill nach SFAS 141/142, S. 44; implizit PFAUTH, A., Goodwillbilanzierung nach US-GAAP, S. 214.

zum Abgangszeitpunkt eine den zu positiven Erfolgsbeiträgen entgegengerichtete Erfolgswirkung erfasst werden kann,[798] wird die Ertragslage des Konzerns dauerhaft einseitig verzerrt.[799]

Neben dem eigenkapitalmindernden Effekt der erfolgsneutralen Verrechnung des den nicht beherrschenden Gesellschaftern zuzurechnenden Geschäfts- oder Firmenwertes zum Erwerbszeitpunkt spiegelt sich auch diese dauerhaft zu positive Abbildung der Ertragslage in vergleichsweise vorteilhaften Rentabilitätskennzahlen wider (sog. doppelter Renditeeffekt[800]).[801] Bei der Beurteilung eines Unternehmens auf der Grundlage dieser Kennzahlen besteht damit auf der einen Seite potenziell die Gefahr, die wirtschaftliche Leistungsfähigkeit der Gesellschaft zu überschätzen. Auf der anderen Seite steigt c. p. der Verschuldungsgrad bzw. sinkt die Eigenkapitalquote, sodass vor allem die wirtschaftliche Lage eines ohnehin krisenbehafteten Unternehmens noch prekärer erscheint.

Insgesamt zeigt sich nicht zuletzt durch die Kennzahlenauswirkungen, dass die Geschäftswertbilanzierung nach der multiplikativen Methode Informationen mit zum Teil erheblich eingeschränkter Relevanz und Glaubwürdigkeit bereitstellt. Gleichwohl ist fraglich, ob eine alternative Behandlung der indirekten Beteiligung nicht beherrschender Gesellschafter nach der additiven Methode in diesen Hinsichten zu vergleichsweise besseren Informationen führen kann. Dieser Problemstellung soll im folgenden Abschnitt nachgegangen werden.

### 522.23 Behandlung eines positiven Unterschiedsbetrages nach der additiven Methode

#### 522.231. Beteiligung des formal erwerbenden Unternehmens als Referenzgröße zur Ermittlung des Geschäfts- oder Firmenwertes

##### 522.231.1 Beizulegender Zeitwert der entrichteten Gegenleistung als bestmöglicher Nachweis des Beteiligungswertes

Im Unterschied zur multiplikativen Methode ist nach der additiven Methode nicht das Konzernmutterunternehmen, sondern die wirtschaftliche Einheit der Konzernunternehmen als Erwerber im Rahmen des Unternehmenszusammenschlusses anzusehen.[802] Aus dieser Perspektive ist die gesamte, formal vom Teilkonzernmutterunternehmen gehaltene Beteiligung am mittelbaren Tochterunternehmen – bestehend aus den indirekten Beteiligungen des Konzernmutterunternehmens und der nicht beherrschenden Gesellschafter der Teilkonzernobergesellschaft – als Referenzgröße zur Ermittlung

---

798 Vgl. IFRS 3.B69 sowie KÜTING, K./WIRTH, J., Bilanzierung von Unternehmenszusammenschlüssen, S. 176; PAWELZIK, K. U., Konsolidierung von Minderheiten, S. 689; WIRTH, J., Firmenwertbilanzierung nach IFRS, S. 304.

799 Vgl. KÜTING, K./GÖTH, P., Minderheitenanteile im Konzernabschluss, S. 308 f.; GÖTH, P., Eigenkapital im Konzernabschluss, S. 461; wohl auch ADS, 6. Aufl., § 301 HGB, Rn. 263.

800 Vgl. zum Begriff HAIL, L., Pooling of Interests als Alternative zum Purchase Accounting?, S. 707. Ähnlich auch KÜHNBERGER, M., Firmenwerte in der Bilanz, S. 677 f.

801 Vgl. BREIDENBACH, K., Kapitalkonsolidierung bei Erwerb eines Teilkonzerns, S. 1121; LOPATTA, K./MÜßIG, A., Bilanzierung von Business Combinations, S. 15 f.; PELLENS, B./SELLHORN, T., Kapitalkonsolidierung nach der Fresh-Start-Methode, S. 2129 f. sowie hierzu und im Folgenden implizit auch HAAKER, A., Wahlrecht zur Anwendung der full goodwill method, S. 192 f.; RÖMGENS, T., Goodwill im mehrstufigen Konzernabschluss, S. 21; PAWELZIK, K. U./THEILE, C., Eigenkapitalvernichtung im mehrstufigen Konzern, S. 2386.

802 Vgl. Abschnitt 521.4.

des Geschäfts- oder Firmenwertes heranzuziehen.[803] Der IASB unterstellt in diesem Kontext, dass die im Wege eines *share deal* erworbene Kapitalbeteiligung Gegenstand eines **Tauschgeschäftes** ist, in dem unabhängige, sachverständige Verhandlungspartner Werte in gleicher Höhe tauschen.[804] Dementsprechend repräsentiert nach Ansicht des Standardsetzers der beizulegende Zeitwert der übertragenen Vermögenswerte bzw. übernommenen Schulden den bestmöglichen Nachweis für den beizulegenden Zeitwert der Beteiligung.[805] Obgleich die nachfolgend diskutierten Aspekte mit Blick auf die erbrachte Gegenleistung keine Spezifika der Kapitalkonsolidierung im mehrstufigen Konzern sind, ist eine Untersuchung dennoch angezeigt, da basierend auf der grundlegenden Annahme des IASB der Unterschiedsbetragsermittlung nach der additiven Methode im Unterschied zur Geschäfts- oder Firmenwertbilanzierung gemäß der multiplikativen Methode nicht die Kapitalbeteiligung selbst, sondern mit dem hingegebenen Vermögenswert bzw. der übernommenen Schuld ein davon abweichendes Bewertungsobjekt zugrunde gelegt wird.

Der Wert der Gegenleistung stellt in diesem Zusammenhang einen unternehmens- bzw. **konzernindividuellen Zugangswert** der erworbenen Kapitalbeteiligung dar, der konzernspezifische Synergieeffekte oder auch einen erwerberspezifischen Restrukturierungsmehrwert umfassen kann.[806] Nach den grundsätzlich maßgebenden Regelungen des IFRS 13 zur Zeitwertermittlung ist der beizulegende Zeitwert indes ein Preis, den ein typischer Marktteilnehmer im Zuge einer hypothetischen Veräußerung der Kapitalbeteiligung erhalten würde.[807] Konzernspezifische Wertpotenziale, die aus keinen der Beteiligung anhaftenden Charakteristika erwachsen oder die der typische Marktteilnehmer nicht realisieren könnte, dürften bei der Wertermittlung daher nicht berücksichtigt werden.[808] Aufgrund der Annahme des Standardsetzers, dass der beizulegende Zeitwert der entrichteten Gegenleistung unmittelbar den besten Nachweis für den Beteiligungswert bietet, ist jedoch nicht auf den beizulegenden Zeitwert der Kapitalbeteiligung selbst, sondern auf den der hingegebenen Vermögenswerte bzw. den der übernommenen Schulden zurückzugreifen.[809] Somit können neben den nicht bilanzierungsfähigen Werttreibern und einem Kapitalisierungsmehrwert des mittelbaren Tochterunternehmens (*going concern goodwill*) sowie den erwartungsgemäß vom typischen Marktteilnehmer realisierbaren Synergien und Restrukturierungspotenzialen auch konzernspezifische Wertpotenziale im Geschäfts- oder Firmenwert erfasst werden.[810] Die künftig erwarteten Zahlungsmittelzuflüsse aus dem Unternehmenszusammenschluss werden folglich umfassender in der Konzernbilanz abgebildet als aus der Per-

803 Vgl. KÜTING, K./WEBER, C.-P./WIRTH, J., Kapitalkonsolidierung im mehrstufigen Konzern, S. 44; KÜTING, K./WEBER, C.-P., Konzernabschluss, S. 418 sowie Abschnitt 343.

804 Vgl. IFRS 3.BC331 sowie CASSEL, J., Unternehmensbewertung im IFRS-Abschluss, S. 232 f. Vgl. hierzu bereits Abschnitt 522.221.1.

805 Vgl. IFRS 3.BC331.

806 Vgl. GIMPEL-HENNING, N., Altanteile bei sukzessiven Unternehmenserwerben, S. 120; KLOSE, N.-C., Kapitalkonsolidierungs- und Bewertungsmethoden, S. 162 und 178; BALLWIESER, W., Bewertung von Unternehmen und Kaufpreisgestaltung, S. 98; KÜTING, K./WEBER, C.-P./KEßLER, M., Bilanzielle Auswirkungen des Übernahmeangebots, S. 634 f.; PANZER, A., Statusändernde Anteilsveräußerungen im IFRS-Konzernabschluss, S. 141.

807 Vgl. IFRS 13.9; IFRS 13.A.

808 Vgl. Abschnitt 522.221.21 und 522.221.22.

809 Vgl. hierzu Abschnitt 522.221.21.

810 Vgl. zu den Bestandteilen eines derivativen Geschäfts- oder Firmenwertes Abschnitt 522.212.

spektive des typischen Marktteilnehmers,[811] sodass den Abschlussadressaten bei einer angestrebten Integration des Erwerbsobjektes in den Konzernverbund Informationen mit einer höheren Prognosekraft vermittelt werden können.

Erwirbt die wirtschaftliche Einheit die Unternehmensbeteiligung allerdings ausschließlich dazu, die Wettbewerbsposition der Konzernunternehmen zu wahren (***defensive use***) und das mittelbare Tochterunternehmen nicht in die Geschäftstätigkeiten des Konzernverbundes zu integrieren,[812] wäre der Beteiligungswert aus ihrer Sicht auf Basis einer isolierten Going-Concern-Betrachtung des Beteiligungsunternehmens zu ermitteln.[813] Andere Marktteilnehmer hingegen, die beabsichtigen das mittelbare Tochterunternehmen in den eigenen Wertschöpfungsprozess einzubinden und über den Going-Concern-Wert hinausgehende Wertpotenziale zu realisieren, dürften erwartungsgemäß eine über diesem Wert liegende Zahlungsbereitschaft haben. Damit die wirtschaftliche Einheit dennoch den Zuschlag für die Beteiligung erhalten kann, müsste sie einen Kaufpreis zahlen, der sich nicht nach der konzernspezifischen (defensiven) Nutzungsabsicht, sondern nach der höheren Zahlungsbereitschaft anderer Marktteilnehmer richtet.[814] Der aus der mit diesem Kaufpreis bewerteten Beteiligung abgeleitete Geschäfts- oder Firmenwert spiegelt somit Wertpotenziale wider, die die wirtschaftliche Einheit unter den beschriebenen Umständen nicht beabsichtigt zu realisieren.[815] Infolgedessen würden die Abschlussadressaten auf Grundlage der Konzernbilanz die künftig erwarteten Zahlungsmittelzuflüsse überschätzen. Die damit verbundene Minderung der Prognosegüte dürfte angesichts des über der Zahlungsbereitschaft anderer Marktteilnehmer liegenden Kaufpreises zudem tendenziell stärker sein als bei einer Beteiligungsbewertung aus der Perspektive eines typischen Marktteilnehmers, der – wie auch andere potenzielle Erwerber – die wertbildenden Faktoren des mittelbaren Tochterunternehmens annahmegemäß nutzenmaximierend einsetzen würde (*highest and best use*-Konzeption).[816]

Der Erwerb einer Kapitalbeteiligung, der allein auf der Motivation einer defensiven Nutzung des Beteiligungsunternehmens gründet, wird gleichwohl die Ausnahme sein.[817] Zum Erwerbszeitpunkt ist

811 Aufgrund der dem Erwerbsvorgang zugrunde liegenden Verhandlungssituation müssen indes nicht sämtliche künftigen Ertragspotenziale mit der Gegenleistung vergütet worden sein. Vgl. HAAKER, A., Wahlrecht zur Anwendung der full goodwill method, S. 191.

812 Vgl. CASSEL, J., Unternehmensbewertung im IFRS-Abschluss, S. 225.

813 Vgl. hierzu und im Folgenden allgemein HAAKER, A., Goodwill-Bilanzierung nach IFRS, S. 124 sowie KÜTING, K., Bedeutung und Analyse von Verbundeffekten bei Unternehmungsbewertungen, S. 186. Der Going-Concern-Wert ist dabei von einem Stand-Alone-Wert zu unterscheiden, der den Wert bei optimaler Geschäftsführung des Beteiligungsunternehmens repräsentiert. Vgl. HAAKER, A., Goodwill-Bilanzierung nach IFRS, S. 124.

814 Vgl. ähnlich GIMPEL-HENNING, N., Sukzessive Anteilserwerbe, S. 120.

815 Der IASB ist sich dieser Problematik der Bilanzierung des Geschäfts- oder Firmenwertes bewusst. Gleichwohl ist er der Auffassung, dass sich zum Erwerbszeitpunkt eine Überzahlung regelmäßig nicht nachweisen bzw. erkennen lässt. Ein zu hoher Wertansatz des Geschäfts- oder Firmenwertes ist daher Gegenstand von Wertminderungstests im Rahmen der Folgebewertung. Vgl. IFRS 3.BC382 sowie EBERT, M./SIMONS, D., Bilanzpolitisches Potenzial der Goodwillbilanzierung, S. 623; STREIM, H. U. A., Regelungen zur Goodwill-Bilanzierung nach IFRS, S. 23; HAAKER, A., Zweckadäquanz der Goodwill-Bilanzierung, S. 133.

816 Vgl. IFRS 13.30 sowie bereits im Kontext der multiplikativen Methode Abschnitt 522.221.22.

817 Vgl. ALKEMEIER, M., Konzerninterne Unternehmenszusammenschlüsse, S. 141; KÜTING, K./WIRTH, J., Bilanzierung von Unternehmenszusammenschlüssen, S. 174.

daher die Prognosekraft des Beteiligungs- bzw. des Geschäfts- oder Firmenwertes, der anhand des beizulegenden Zeitwertes der entrichteten Gegenleistung bestimmt wird, insgesamt höher einzuschätzen als der aus der Perspektive eines typischen Marktteilnehmers ermittelte Wertansatz.[818] Um neben der Relevanz auch die Glaubwürdigkeit der Informationen zu beurteilen, die durch den beizulegenden Zeitwert der entrichteten Gegenleistung vermittelt werden, sind im Folgenden die Arten möglicher Gegenleistungen zu betrachten.

#### 522.231.2 Arten entrichteter Gegenleistungen

Sofern die Gegenleistung in **bar bzw. mit Bargeldäquivalenten** erbracht wird, ist sie und damit auch die erworbene Kapitalbeteiligung am mittelbaren Tochterunternehmen mit dem **Nominalwert** des entrichteten Betrages zu bewerten.[819] Obgleich dieser Wert zunächst auf ein subjektives Preiskalkül der wirtschaftlichen Einheit zurückgeht,[820] wird er zum einen im Zuge der Markttransaktion mit den ehemaligen Anteilseignern des Erwerbsobjektes bestätigt. Zum anderen ist er unmittelbar auf einen Zahlungsvorgang zurückzuführen und somit pagatorisch abgesichert.[821] Ein auf dieser Grundlage ermittelter Geschäfts- oder Firmenwert ist damit vergleichsweise[822] objektiv und glaubwürdig.[823]

Entrichtet die wirtschaftliche Einheit als Gegenleistung für die Unternehmensbeteiligung hingegen (zum Teil) **nicht monetäre Vermögenswerte**, sind diese grundsätzlich mit ihrem **beizulegenden Zeitwert** zum Erwerbszeitpunkt unter Rückgriff auf die Bewertungskonzeption des IFRS 13 neu zu bewerten.[824] Dabei ist möglicherweise eine Anpassung des Konzernbuchwertes erforderlich, die ertrags- bzw. aufwandswirksam zu erfassen ist.[825] Infolgedessen gründet der Wert der hingegebenen Gegenleistung nicht mehr zwingend (vollständig) auf einem pagatorischen Zahlungsvorgang.[826] Eine glaubwürdige Ermittlung des Beteiligungswertes ist dadurch gleichwohl nicht zwangsläufig einge-

---

818 Wie sich die – im Vergleich zur multiplikativen Methode zusätzliche – Berücksichtigung der Wertpotenziale, die der indirekten Beteiligung der nicht beherrschenden Gesellschafter zugerechnet werden können, auf die Relevanz des Geschäfts- oder Firmenwertes auswirkt, wird in Abschnitt 522.232.22 untersucht.

819 Vgl. Senger, T./Brune, J. W., in: Driesch u. a., Beck IFRS HB, 5. Aufl., § 34, Rn. 176. Sofern die Gegenleistung (zum Teil) nicht zum Erwerbszeitpunkt erbracht wird, ist sie nicht mit dem Nominal-, sondern mit dem Barwert zu bewerten. Vgl. Hayn, S./Ströher, T., in: Baetge u. a., Rechnungslegung nach IFRS, 2. Aufl., IFRS 3, Rn. 133; Krimpmann, A., Konsolidierung nach IFRS/HGB, S. 77.

820 Vgl. Haaker, A., Goodwill-Bilanzierung nach IFRS, S. 123. Vgl. aus diesem Grund kritisch zur Ermittlung des Geschäfts- oder Firmenwertes auf der Grundlage der entrichteten Gegenleistung Klose, N.-C., Kapitalkonsolidierungs- und Bewertungsmethoden, S. 264–271.

821 Vgl. zum Prinzip der Pagatorik, wenn auch im handelsrechtlichen Kontext, Baetge, J./Kirsch, H.-J./Thiele, S., Bilanzen, S. 126 f.

822 Einschränkungen der glaubwürdigen Darstellung können sich dennoch aus der ermessensbehafteten Neubewertung des erworbenen Reinvermögens ergeben. Vgl. hierzu stellvertretend Balzer, A., Auswirkungen eines Unternehmenszusammenschlusses auf den IFRS-Abschluss, S. 132.

823 Vgl. ähnlich Zelger, H., Purchase Price Allocation nach IFRS und HGB, S. 148.

824 Vgl. IFRS 3.38 sowie Zelger, H., Purchase Price Allocation nach IFRS und HGB, S. 148; Hendler, M./Zülch, H., Beteiligungsverhältnisse bei Tochterunternehmen, S. 490. Vgl. zur Bewertungskonzeption des IFRS 13 Abschnitt 522.221.21.

825 Vgl. IFRS 3.38 sowie Balzer, A., Auswirkungen eines Unternehmenszusammenschlusses auf den IFRS-Abschluss, S. 131; Beyhs, O./Wagner, B., Abbildung von Unternehmenszusammenschlüssen, S. 78.

826 Vgl. Hüning, M., Kongruenzprinzip und Rechnungslegung von Sachanlagen, S. 103; Gimpel-Henning, N., Sukzessive Anteilserwerbe, S. 120.

schränkt. Vielmehr ist dafür zu beurteilen, welche Parameter in das jeweils anzuwendende Bewertungsverfahren eingehen.[827] So ist der beizulegende Zeitwert eines Vermögenswertes, der anhand des Preises für einen identischen Vermögenswert an einem aktiven Markt bestimmt wird *(Level 1 input)*, nicht von subjektiven Einschätzungen des Bilanzierenden beeinflusst. Sofern für die hingegebenen Vermögenswerte indes keine Marktpreise existieren und z. B. auf Preise für ähnliche Vermögenswerte (*Level 2 inputs)* bzw. auf konzerninterne Bewertungsparameter (*Level 3 inputs)* im Rahmen eines einkommens- oder kostenorientierten Bewertungsverfahrens zurückgegriffen werden muss,[828] sind mit der Ermittlung des beizulegenden Zeitwertes Ermessensspielräume und ggf. auch Bewertungsunsicherheiten verbunden, die die Neutralität der letztlich mit dem Geschäfts- oder Firmenwert vermittelten Informationen beeinträchtigen können.[829]

Unter solchen Umständen ist bei Unternehmenszusammenschlüssen im Zuge eines Anteilstausches auf den ggf. verlässlicheren beizulegenden Zeitwert der erworbenen Kapitalbeteiligung zu rekurrieren.[830] Für Unternehmenszusammenschlüsse, die durch die Hingabe nicht monetärer Vermögenswerte bewirkt werden, ist diese Möglichkeit nach den Regelungen des IFRS 3 nicht explizit gegeben. Die *basis for conclusions* zu IFRS 3 deuten indes darauf hin, dass der Geschäfts- oder Firmenwert allgemein auf Basis des beizulegenden Zeitwertes der erworbenen Kapitalbeteiligung zu ermitteln ist, „*if the fair value of the acquiree is more reliably measurable than the fair value of the consideration transferred*“[831].[832] Dabei dürften in diesem Zusammenhang nicht nur eigene Anteile, sondern auch nicht monetäre Vermögenswerte unter der entrichteten Gegenleistung subsumiert werden.[833] Auch die in IAS 16 und IAS 38 kodifizierten Tauschprinzipien stellen in Fällen der verlässlicheren Bestimmbarkeit unmittelbar auf den beizulegenden Zeitwert des erhaltenen Vermögenswertes ab.[834] Ein möglicher Rückgriff auf einen vergleichsweise verlässlicheren beizulegenden Zeitwert der Kapitalbeteiligung würde damit nicht nur eine glaubwürdigere Ermittlung des Geschäfts- oder Firmenwertes, sondern zudem eine konsistente Anwendung der Tauschprinzipien im Kontext von Unternehmenserwerben fördern.

Die Bewertung der erworbenen Kapitalbeteiligung mit ihrem beizulegenden Zeitwert bzw. dem beizulegenden Zeitwert der entrichteten Gegenleistung ist grundsätzlich verpflichtend.[835] Wird die Gegenleistung jedoch nicht an die (ehemaligen) Anteilseigner, sondern an das mittelbare Tochterunternehmen selbst übertragen, verbleiben die hingegebenen Vermögenswerte in der Verfügungsmacht

---

827 Vgl. ähnlich ALKEMEIER, M., Konzerninterne Unternehmenszusammenschlüsse, S. 120.

828 Vgl. FREIBERG, J., Gewinnrealisation bei Tauschgeschäften, S. 173.

829 Vgl. LÜDENBACH, N./HOFFMANN, W.-D./FREIBERG, J., in: Lüdenbach/Hoffmann/Freiberg, Haufe IFRS-Kommentar, 16. Aufl., § 8a, Rn. 32; KALANTARY, A., Fair Value-Bewertung immaterieller Vermögenswerte nach IFRS, S. 88; PFAFF, D./KUKULE, W., Fair Value, S. 546–548; KRIMPMANN, A., Konsolidierung nach IFRS/HGB, S. 74.

830 Vgl. IFRS 3.33 sowie THEILE, C./PAWELZIK, K. U., in: Heuser/Theile, IFRS-Handbuch, 5. Aufl., D VI, Rn. 5562.

831 IFRS 3.BC330.

832 Vgl. IFRS 3.BC330 i. V. m. IFRS 3.33.

833 Vgl. IFRS 3.37.

834 Vgl. IAS 16.26; IAS 38.47 sowie FREIBERG, J., Gewinnrealisation bei Tauschgeschäften, S. 172.

835 Vgl. IFRS 3.38 sowie PELLENS, B. U. A., Internationale Rechnungslegung, S. 871; KRIMPMANN, A., Konsolidierung nach IFRS/HGB, S. 71.

der wirtschaftlichen Einheit.[836] Dementsprechend ist ihr bisheriger **Konzernbuchwert** fortzuführen und für die Ermittlung des Geschäfts- oder Firmenwertes heranzuziehen.[837] Dabei ist der Buchwert eines hingegebenen nicht monetären Vermögenswertes pagatorisch substantiiert und durch eine Markttransaktion objektiviert, wenn der Wertansatz in einem Zahlungsvorgang vollständig vergütet wurde. Sofern der in Rede stehende Vermögenswert bspw. in der zeitlich vorgelagerten Akquisition des Teilkonzernmutterunternehmens erworben wurde, ist der Wertansatz allerdings ggf. nicht (vollständig) pagatorisch abgesichert.[838] Dies gilt nicht nur für den (gedanklich) auf die am Teilkonzernmutterunternehmen beteiligten nicht beherrschenden Gesellschafter entfallenden Anteil, der im Wege einer Anschaffungskostenfiktion bestimmt wird.[839] Auch der dem Konzernmutterunternehmen zuzurechnende Anteil an dem als Gegenleistung übertragenen Vermögenswert wurde bei der erstmaligen Vollkonsolidierung der späteren Teilkonzernobergesellschaft nach der Neubewertungsmethode losgelöst vom tatsächlich entrichteten Kaufpreis mit dem beizulegenden Zeitwert bewertet.[840] Wie glaubwürdig der Konzernbuchwert des hingegebenen Vermögenswertes letztlich ist, hängt dabei – wie schon zuvor erläutert – maßgeblich von den in das angewendete Bewertungsverfahren eingegangenen Parametern ab. Mit Blick auf den Erwerbszeitpunkt des mittelbaren Tochterunternehmens entstehen allerdings bei einer Buchwertfortführung im Vergleich zu einer Neubewertung zumindest keine neuerlichen Ermessens- und Bewertungsspielräume, die sich negativ auf die glaubwürdige Darstellung auswirken könnten.

### 522.232. Interpretation und Bilanzierung des Geschäfts- oder Firmenwertes im Rahmen der additiven Methode

#### 522.232.1 Interpretation des entstehenden Geschäfts- oder Firmenwertes

Die insgesamt vom Teilkonzernmutterunternehmen entrichtete Gegenleistung ist schließlich der Ermittlung des Geschäfts- oder Firmenwertes nach der additiven Methode zugrunde zu legen.[841] Da diese Gegenleistung die indirekten Beteiligungen sowohl des Konzernmutterunternehmens als auch der nicht beherrschenden Gesellschafter der Teilkonzernobergesellschaft vergütet, ist ihr entsprechend der Ermittlungssystematik eines Unterschiedsbetrages gemäß IFRS 3 lediglich der Wert der Anteile hinzuzurechnen, die auf die direkt an dem mittelbaren Tochterunternehmen beteiligten nicht beherrschenden Gesellschafter entfallen.[842] Diese Anteile werden gemäß der *partial goodwill method* mit

---

836 Vgl. HAYN, S./STRÖHER, T., in: Baetge u. a., Rechnungslegung nach IFRS, 2. Aufl., IFRS 3, Rn. 132.

837 Vgl. IFRS 3.38 i. V. m. IFRS 3.32 (a) (i) sowie KRIMPMANN, A., Konsolidierung nach IFRS/HGB, S. 71; BEYHS, O./WAGNER, B., Abbildung von Unternehmenszusammenschlüssen, S. 78.

838 Vgl. BALZER, A., Auswirkungen eines Unternehmenszusammenschlusses auf den IFRS-Abschluss, S. 132 sowie, wenn auch im handelsrechtlichen Kontext, OSER, P., Kapitalkonsolidierung nach DRS 23, S. 280.

839 Vgl., wenn auch im handelsrechtlichen Kontext, LEINEN, M., Kapitalkonsolidierung im mehrstufigen Konzern, S. 60 f.

840 Vgl. KÜTING, K./WIRTH, J., Bilanzierung von Unternehmenszusammenschlüssen, S. 170 f.; THEILE, C./PAWELZIK, K. U., Erfolgswirksamkeit des Anschaffungsvorgang beim Unternehmenserwerb, S. 320.

841 Vgl. IFRS 3.32 (a) (i) sowie KÜTING, K./WEBER, C.-P./WIRTH, J., Kapitalkonsolidierung im mehrstufigen Konzern, S. 44; KÜTING, K./WEBER, C.-P., Konzernabschluss, S. 418.

842 Vgl. IFRS 3.32 i. V. m. IFRS 3.19 sowie KÜTING, K./WEBER, C.-P./WIRTH, J., Kapitalkonsolidierung im mehrstufigen Konzern, S. 44; THEILE, C./PAWELZIK, K. U., in: Heuser/Theile, IFRS-Handbuch, 5. Aufl., D VI, Rn. 5831; SENGER, T./DIERSCH, U., in: Driesch u. a., Beck IFRS HB, 5. Aufl., § 35, Rn. 75.

dem beizulegenden Zeitwert des anteiligen erworbenen Reinvermögens bewertet und stehen damit dem Saldo der beizulegenden Zeitwerte der erworbenen Vermögenswerte und übernommenen Schulden in gleicher Höhe gegenüber.[843] Aus der (impliziten) Verrechnung der direkten nicht beherrschenden Anteile mit dem ihnen zuzuordnenden Anteil am Reinvermögen kann daher kein Unterschiedsbetrag entstehen. Ein etwaig aus dem Unternehmenszusammenschluss resultierender Geschäfts- oder Firmenwert ist mithin ausschließlich dem Konzernmutterunternehmen und den indirekt am mittelbaren Tochterunternehmen beteiligten nicht beherrschenden Gesellschaftern des Teilkonzernmutterunternehmens zuzurechnen.

Da somit weder das voraussichtlich allein dem Konzernmutterunternehmen zufließende noch das vollständig erworbene Wertpotenzial aller Gesellschafterstämme in der Konzernbilanz abgebildet wird, kritisieren Teile des Schrifttums den offenbar mit der additiven Methode verbundenen „**hybriden Goodwillausweis** [ohne Hervorhebung im Original]“[844]. Infolgedessen entzieht sich der Wertansatz des Geschäfts- oder Firmenwertes einer gesellschafterstammspezifischen Interpretation. Den Kapitalgebern der Konzernobergesellschaft als primären Adressaten des Konzernabschlusses ist es dementsprechend nicht wie bei der multiplikativen Methode möglich, die ihnen erwartungsgemäß künftig zufließenden, über den Substanzwert des Erwerbsobjektes hinausgehenden Ertragspotenziale unmittelbar aus der Konzernbilanz abzulesen.[845] Die vermittelten Informationen scheinen daher vergleichsweise weniger verständlich zu sein.

Zudem zeigt sich darin offenbar auch ein Unterschied zu einer Akquisition des mittelbaren Tochterunternehmens direkt durch die Konzernobergesellschaft. In einer solchen Erwerbskonstellation wäre bei Anwendung der *partial goodwill method* – wie auch bei Anwendung der multiplikativen Methode im mehrstufigen Konzern – nur das den Wert des Reinvermögens überschießende Wertpotenzial als Geschäfts- oder Firmenwert anzusetzen, das auf das Konzernmutterunternehmen entfällt.[846] Ein Geschäfts- oder Firmenwert, der wie bei der additiven Methode den nicht beherrschenden Gesellschaftern zuzuordnen wäre, wird nicht aktiviert.[847] Aus dem Blickwinkel einer gesellschafterstammspezifischen Geschäfts- oder Firmenwertbilanzierung ist damit die **Vergleichbarkeit von Akquisitionen mittel- und unmittelbarer Tochterunternehmen** einerseits und dadurch von konsolidierten Abschlüssen ein- und mehrstufiger Konzerne andererseits beeinträchtigt.

Diese scheinbaren Defizite der additiven Methode könnten darauf hindeuten, dass bei der Akquisition eines mittelbaren Tochterunternehmens nur die multiplikative Methode im Rahmen der *partial good-*

---

843 Vgl. IFRS 3.19 (b).

844 KÜTING, K./WEBER, C.-P./WIRTH, J., Kapitalkonsolidierung im mehrstufigen Konzern, S. 52. Ähnlich auch PHILIPPI, B., Ermittlung des goodwill, S. 64; WIRTH, J./DUSEMOND, M./KÜTING, P., Kapitalkonsolidierung im mehrstufigen Konzern, S. 2497; HOLZMEIER, M./HACHMEISTER, D., Anteile nicht beherrschender Gesellschafter im mehrstufigen Konzern, S. 25.

845 Vgl. Abschnitt 522.222.1.

846 Vgl. LÜDENBACH, N./HOFFMANN, W.-D./FREIBERG, J., in: Lüdenbach/Hoffmann/Freiberg, Haufe IFRS-Kommentar, 16. Aufl., § 31, Rn. 188.

847 Vgl. KESSLER, H./LEINEN, M./STRICKMANN, M., Rechte für Minderheiten, S. 330 f.; MÜLLER, S./KREIPL, M., Behandlung indirekter Anteile anderer Gesellschafter, S. 283.

*will method* zu einer konsistenten Abbildung des Unternehmenszusammenschlusses im Konzernabschluss führt. Die additive Methode wäre hingegen (lediglich) dann anzuwenden, wenn der Bilanzierende mit der *full goodwill method* auch die mit den direkten nicht beherrschenden Anteilen verbundenen Ertragspotenziale in der Konzernbilanz ansetzt und somit zu einem gesellschafterstammübergreifenden, vollständigen Ausweis der Wertpotenziale aus einer Unternehmensakquisition optiert.[848]

Wenngleich die Regelungen des IFRS 3 eine derartige gesellschafterstammspezifische Interpretation der Bilanzierung eines positiven Unterschiedsbetrages zulassen, ist dies aufgrund des multivalenten Charakters des Geschäfts- oder Firmenwertes indes nur ein möglicher Blickwinkel, aus dem dessen konzernbilanzieller Wertansatz beurteilt werden kann.[849] Eine andere Sichtweise rückt den der Wertermittlung der Residualgröße **zugrunde liegenden Erwerbsvorgang** in den Mittelpunkt.[850] Im Zuge dessen gehen dem Konzern zum einen die bereits im mittelbaren Tochterunternehmen bestehenden, das Reinvermögen übersteigenden Wertpotenziale (*going concern goodwill*) und zum anderen erst durch die Akquisition begründete nicht separat bilanzierungsfähige Ertragspotenziale – wie z. B. erwartete Synergieeffekte aus der Zusammenlegung der Vermögensmassen (*combination goodwill*) – zu.[851] Angesichts des zugrunde liegenden Erwerbsvorgangs ist diesen Potenzialen gemein, dass sie aus der Perspektive des Konzerns nicht selbsterstellt sind und ihnen daher – einschließlich des auf die nicht beherrschenden Gesellschafter entfallenden Anteils – ein derivativer Charakter zuzusprechen ist. Im Unterschied zum selbst geschaffenen, originären Geschäfts- oder Firmenwert besteht für die derivativen Wertpotenziale grundsätzlich kein Aktivierungsverbot. Gleichwohl stellen sowohl die Identifizierung als auch die Bewertung sämtlicher im derivativen Geschäfts- oder Firmenwert enthaltenen Wertkomponenten den Bilanzierenden vor unüberwindbare Herausforderungen, die sich in erheblichen Objektivierungsproblemen widerspiegeln.[852]

An diese Problematik knüpft die Geschäfts- oder Firmenwertbilanzierung der additiven Methode an und greift mit der (insgesamt) entrichteten Gegenleistung nur auf die vergüteten Wertpotenziale zurück („Prinzip der Maßgeblichkeit der Gegenleistung"[853]).[854] Diese gelten durch die Transaktion mit den (ehemaligen) Anteilseignern des mittelbaren Tochterunternehmens gemeinhin als hinreichend objektiviert und vermitteln – wie in Abschnitt 522.231. herausgearbeitet wurde – grundsätzlich

848 Vgl. zum diesbezüglichen Vorschlag KÜTING, K./WEBER, C.-P./WIRTH, J., Kapitalkonsolidierung im mehrstufigen Konzern, S. 52.

849 Vgl. HAAKER, A., Full-Goodwill-Wahlrecht nach IFRS 3, S. 240; HAAKER, A., Wahlrecht zur Anwendung der full goodwill method, S. 192.

850 Vgl. IASB (Hrsg.), Project Summary Business Combinations Phase II, S. 16; HAAKER, A., Wahlrecht zur Anwendung der full goodwill method, S. 190.

851 Vgl. hierzu und im Folgenden Abschnitt 522.212.

852 Vgl. ähnlich ALKEMEIER, M., Konzerninterne Unternehmenszusammenschlüsse, S. 125; KÜTING, K., Geschäfts- oder Firmenwert in der deutschen Konsolidierungspraxis, S. 1802; HAAKER, A., Goodwill-Bilanzierung nach IFRS, S. 230 m. w. N.

853 WOHLGEMUTH, M./RADDE, J., Anschaffungskosten nach HGB und IAS, S. 906.

854 Vgl. RÖMGENS, T., Goodwill im mehrstufigen Konzernabschluss, S. 21 f.; KAHLE, H./HILLER, M., Anschaffungs- und Herstellungskosten, S. 466 f. sowie, wenn auch im handelsrechtlichen Kontext, KESSLER, H./LEINEN, M./STRICKMANN, M., Rechte für Minderheiten, S. 331 f.; GÖTH, P., Eigenkapital im Konzernabschluss, S. 460 f.; BUSSE VON COLBE, W. U. A., Konzernabschlüsse, S. 306.

glaubwürdige sowie im Allgemeinen relevante Informationen.[855] Die unentgeltlich zugegangenen Wertpotenziale, die über das Reinvermögen des Erwerbsobjektes hinausgehen, werden im Rahmen der *partial goodwill method* hingegen nicht in der Konzernbilanz aktiviert.[856] Der Wertansatz des Geschäfts- oder Firmenwertes nach der additiven Methode kann daher i. S. e. (gesellschafterstammübergreifenden) „***purchased goodwill***“[857] interpretiert werden. Der Methode selbst kann mithin nicht das Potenzial abgesprochen werden, den Abschlussadressaten verständliche Informationen zu vermitteln.[858]

Vor dem Hintergrund der an der Gegenleistung orientierten Interpretation des Geschäfts- oder Firmenwertes zeigt sich ferner, dass auch beim Erwerb einer Tochtergesellschaft direkt durch das Konzernmutterunternehmen nur die vergüteten, das Reinvermögen übersteigenden Wertpotenziale in der Konzernbilanz nach der *partial goodwill method* abgebildet werden. Entgegen dem gesellschafterstammspezifischen Blickwinkel kann daher kein Unterschied hinsichtlich der Wertpotenziale festgestellt werden, die der Geschäfts- oder Firmenwert nach der additiven Methode repräsentiert.[859] Im Umkehrschluss können daher nicht nur die **Akquisitionen mittel- und unmittelbarer Tochterunternehmen** in sachlicher Hinsicht, sondern auch die konsolidierten Abschlüsse ein- und mehrstufiger Konzerne in zwischenbetrieblicher Hinsicht miteinander **verglichen** werden.

Gleichwohl kann weder aus der möglichen Interpretation noch aus der Vergleichbarkeit der mit der additiven Methode vermittelten Informationen darauf geschlossen werden, dass für die Geschäfts- oder Firmenwertbilanzierung allein die – auch anteilig den nicht beherrschenden Gesellschaftern zuzuordnende – Gegenleistung maßgebend ist. Vielmehr zeigen die daran aus dem gesellschafterstammspezifischen Blickwinkel vorgebrachten Zweifel, dass der Regelungskanon dahin gehend zu untersuchen ist, ob ein auf die nicht beherrschenden Anteile entfallender und vergüteter Geschäfts- oder Firmenwert im Rahmen der *partial goodwill method* angesetzt werden kann. Diese Problemstellung ist Gegenstand der Untersuchung im nachfolgenden Abschnitt.

---

855 Vgl. HAAKER, A., Goodwill-Bilanzierung nach IFRS, S. 123; SCHWARZKOPF, A.-S., Anteile nicht beherrschender Gesellschafter, S. 88 f.; HOMMEL, M./FRANKE, F./RÖßLER, B., Minderheitengoodwill, S. 158. Inwieweit ein auf die nicht beherrschenden Gesellschafter entfallender vergüteter Geschäfts- oder Firmenwert im Speziellen relevante Informationen vermitteln kann, ist Gegenstand der Untersuchung in Abschnitt 522.232.22.

856 Vgl. Abschnitt 522.1.

857 KLEIN, I., Full-Goodwill-Methode, S. 130.

858 Ähnlich SAUTHOFF, J.-P., Firmenwert im Konzernabschluss, S. 244; KERNER, M., Full-Goodwill-Methode, S. 105 f.

859 Vgl. so wohl auch PAWELZIK, K. U./THEILE, C., Eigenkapitalvernichtung im mehrstufigen Konzern, S. 2389.

#### 522.232.2 Bilanzierung des Geschäfts- oder Firmenwertes indirekter nicht beherrschender Gesellschafter

##### 522.232.21 Zulässigkeit des Ansatzes eines Geschäfts- oder Firmenwertes indirekter nicht beherrschender Gesellschafter

Die Möglichkeit, die Geschäfts- oder Firmenwertbilanzierung nach IFRS 3 sowohl aus einem vorrangig[860] gesellschafterstammspezifischen Blickwinkel als auch anhand der entrichteten Gegenleistung zu beurteilen, ist maßgeblich durch das **Leitbild des einstufigen Konzerns** bedingt.[861] Der Entstehung einer solchen Konzernstruktur liegt der direkte Erwerb einer Tochtergesellschaft durch das Konzernmutterunternehmen zugrunde, bei dem ein Geschäfts- oder Firmenwert im Rahmen der *partial goodwill method* nur auf das als Erwerber i. S. d. IFRS 3 zu identifizierende Mutterunternehmen entfällt.[862] Den (direkten) nicht beherrschenden Gesellschaftern ist hingegen kein Unterschiedsbetrag zuzuordnen, da sie definitionsgemäß nicht an der erwerbenden Konzernobergesellschaft beteiligt sein können.[863] Dies deutet zwar auf den ersten Blick eine nach den Gesellschaftergruppen differenzierende Konzeption der Geschäfts- oder Firmenwertbilanzierung an. Allerdings ist zu beachten, dass zum Erwerbszeitpunkt ausschließlich die Konzernobergesellschaft eine Gegenleistung für die Kapitalbeteiligung am Tochterunternehmen erbringt. Die Anschaffungskosten der übrigen (nicht beherrschenden) Anteile sind in Höhe des beizulegenden Zeitwertes des anteiligen Reinvermögens zu fingieren.[864] Mithin leitet sich der Unterschiedsbetrag der Akquisition nur aus den vom Konzernmutterunternehmen hingegebenen Vermögenswerten und übernommenen Schulden ab.[865] Die beiden in Rede stehenden Sichtweisen führen also schließlich zu übereinstimmenden Wertansätzen des Geschäfts- oder Firmenwertes, sodass eine isolierte Betrachtung der *partial goodwill method* im einstufigen Konzern keine Hilfestellung für die korrespondierende Problematik im mehrstufigen Konzern bietet.

Erst vor dem Hintergrund der Differenzen zur wahlweise anwendbaren ***full goodwill method*** ergeben sich Hinweise darauf, welche Perspektive für die Geschäfts- oder Firmenwertbilanzierung nach der *partial goodwill method* maßgebend ist. Zwar scheint zunächst auch in diesem Zusammenhang eine nach den Gesellschafterstämmen differenzierte Geschäfts- oder Firmenwertbilanzierung angezeigt.[866] Schließlich wird aufgrund der im Rahmen der *full goodwill method* vorgesehenen Bewertung der nicht beherrschenden Anteile zum beizulegenden Zeitwert (zusätzlich) ein den nicht beherrschenden Gesellschaftern zuzurechnender Geschäfts- oder Firmenwert aktiviert, dessen Ansatz nach der *partial*

---

860 Auch bei einem aus der Perspektive des Konzernmutterunternehmens ermittelten Geschäfts- oder Firmenwert wird letztlich auf die (anteiligen) vergüteten Wertpotenziale und nicht auf die umfassenderen dem Grenzpreiskalkül der Konzernobergesellschaft entsprechenden Ertragspotenziale abgestellt. Vgl. IFRS 3.32 (a) (i).

861 Vgl. so bereits im handelsrechtlichen Kontext SCHENK, G., Negative Minderheitenanteile, S. 444; FAß, J., Indirekte Beteiligungsverhältnisse bei der Kapitalkonsolidierung, S. 1162.

862 Vgl. KÜTING, K./WEBER, C.-P./WIRTH, J., Goodwillbilanzierung, S. 142,

863 Vgl. IFRS 3.A; IFRS 10.A sowie KUNATH, O., Bilanzierung erworbener immaterieller Vermögenswerte, S. 111; GLAUM, M./VOGEL, S., Bilanzierung von Unternehmenszusammenschlüssen, S. 47.

864 Vgl. IFRS 3.19 (b).

865 Vgl. hierzu bereits Abschnitt 522.1.

866 Vgl. IASB (Hrsg.), Project Summary Business Combinations Phase II, S. 16.

*goodwill method* unterbleibt.[867] Allerdings konzentrieren sich die Vorbehalte einzelner Mitglieder des Standardsetzers und vor allem die im Schrifttum vorgebrachte Kritik gegenüber der *full goodwill method* weniger auf die Rolle der nicht beherrschenden Gesellschafter.[868] Vielmehr stehen die (zum Teil erheblichen) Ermessensspielräume und Bewertungsunsicherheiten im Mittelpunkt, die mangels einer entrichteten Gegenleistung mit der Ermittlung des auf die nicht beherrschenden Gesellschafter entfallenden Unterschiedsbetrages verbunden sein können.[869] Demgemäß ist beim Erwerb eines mittelbaren Tochterunternehmens eine ablehnende Haltung gegenüber einem den nicht beherrschenden Anteilen zuzuordnenden Geschäfts- oder Firmenwert insofern gerechtfertigt, als die unmittelbar an dem erworbenen Tochterunternehmen beteiligten nicht beherrschenden Gesellschafter zum Erwerbszeitpunkt tatsächlich keine Gegenleistung entrichten.[870] Die indirekten nicht beherrschenden Anteile werden hingegen durch das formalrechtlich erwerbende Teilkonzernmutterunternehmen vergütet, sodass die Bewertungsunsicherheiten bei der Wertermittlung des diesen Anteilen zuzurechnenden Unterschiedsbetrages zumindest nicht in größerem Umfang bestehen als für die ebenfalls bezahlte indirekte Beteiligung des Konzernmutterunternehmens.[871] Eine pauschale Ablehnung der Bilanzierung eines Geschäfts- oder Firmenwertes für nicht beherrschende Gesellschafter ist im Rahmen der *partial goodwill method* damit nicht zu rechtfertigen.[872]

Stattdessen deutet zum einen die Erstkonsolidierung gemäß der in **IFRS 3** verankerten **Vollkonsolidierung nach der Neubewertungsmethode** darauf hin, dass der IASB nicht nur eine möglichst vollständige Aufnahme des Mengen-, sondern auch des Wertgerüstes der erworbenen Vermögenswerte und übernommenen Schulden in den Konzernabschluss beabsichtigt.[873] So ist neben dem anteiligen

867 Vgl. KÜTING, K./WEBER, C.-P./WIRTH, J., Goodwillbilanzierung, S. 141; KUNATH, O., Bilanzierung erworbener immaterieller Vermögenswerte, S. 111; GLAUM, M./VOGEL, S., Bilanzierung von Unternehmenszusammenschlüssen, S. 47.

868 Vgl. zur vergleichbaren Diskussion im handelsrechtlichen Kontext GIMPEL-HENNING, N./EWELT-KNAUER, C., Bilanzierung des Geschäfts- oder Firmenwerts im Rahmen der Abstockung, S. 948.

869 Vgl. IFRS 3.DO10 sowie HOMMEL, M./FRANKE, F./RÖßLER, B., Minderheitengoodwill, S. 157 f. und 160 f.; PELLENS, B./AMSHOFF, H./SELLHORN, T., Einheitstheorie in der M&A-Bilanzierung, S. 603; KESSLER, H./LEINEN, M./STRICKMANN, M., Rechte für Minderheiten, S. 337; GÖDDE, D., Goodwill-Bilanzierung, S. 39; THEILE, C./PAWELZIK, K. U., in: Heuser/Theile, IFRS-Handbuch, 5. Aufl., D VI, Rn. 5832. A. A. wohl SIGLE, H./FREIBERG, J., Goodwill für Minderheitenanteile, S. 301. Dieser Kritikpunkt dürfte mithin auch maßgeblich dazu beigetragen haben, dass von der noch im Standardentwurf zu IFRS 3 vorgesehenen verpflichtenden Anwendung der *full goodwill method* abgesehen und regelungssystematisch ein Bilanzierungswahlrecht als Kompromiss verankert wurde. Vgl. IASB (Hrsg.), Project Summary Business Combinations Phase II, S. 18 f. sowie HAEGLER, O., Bilanzierung nicht beherrschender Anteile im mehrstufigen Konzern, S. 192. Im Unterschied zu den Inhalten des Standardentwurfes sehen die finalen Regelungen des IFRS 3 vor, den *full goodwill* aus der vom Erwerber erbrachten Gegenleistung zuzüglich der zum beizulegenden Zeitwert bewerteten nicht beherrschenden Anteile und nicht aus einer Gesamtbewertung des akquirierten Unternehmens abzuleiten. Vgl. HAAKER, A., Zweckadäquanz der Goodwill-Bilanzierung, S. 134.

870 Vgl. THEILE, C./PAWELZIK, K. U., in: Heuser/Theile, IFRS-Handbuch, 5. Aufl., D VI, Rn. 5832.

871 Vgl. THEILE, C./PAWELZIK, K. U., in: Heuser/Theile, IFRS-Handbuch, 5. Aufl., D VI, Rn. 5831 sowie bereits Abschnitt 522.231.

872 Vgl. so auch im handelsrechtlichen Kontext LEINEN, M., Kapitalkonsolidierung im mehrstufigen Konzern, S. 143; GIMPEL-HENNING, N./EWELT-KNAUER, C., Bilanzierung des Geschäfts- oder Firmenwerts im Rahmen der Abstockung, S. 948.

873 Vgl. IFRS 3.10; IFRS 3.18 sowie KÜTING, K./WIRTH, J., Bilanzierung von Unternehmenszusammenschlüssen, S. 170 f.; THEILE, C./PAWELZIK, K. U., Erfolgswirksamkeit des Anschaffungsvorgang beim Unternehmenserwerb,

Reinvermögen eines akquirierten Tochterunternehmens, das auf die Kapitalbeteiligung der Konzernobergesellschaft entfällt, auch jener Anteil der nicht beherrschenden Gesellschafter zum beizulegenden Zeitwert anzusetzen.[874] Eine lediglich quotale Aufnahme des Vermögens nebst Schulden in Höhe der (effektiven) Beteiligungsquote des Konzernmutterunternehmens – wie sie bei einer konsequenten gesellschafterstammspezifischen Bilanzierung aus dem Blickwinkel des obersten Mutterunternehmens angezeigt wäre (sog. *proprietary perspective*[875]) – ist indessen nicht zulässig.[876] Zum anderen macht die in **IFRS 10** geregelte Abbildung einer **statuswahrenden Abstockung** der Beteiligung an einem Tochterunternehmen deutlich, dass ein Geschäfts- oder Firmenwert zumindest in der Folgekonsolidierung auf die nicht beherrschenden Gesellschafter entfallen kann.[877] Eine Ausbuchung des Geschäfts- oder Firmenwertes relativ zu den aus Sicht des Konzernmutterunternehmens abgegangenen Anteilen ist explizit ausgeschlossen.[878] Dies liegt einerseits darin begründet, dass die Möglichkeit zur Beherrschung des im Konzernabschluss ausgewiesenen Vermögens von der Abstockung unberührt bleibt.[879] Andererseits sind die auf die nicht beherrschenden Gesellschafter übergehenden Wertpotenziale in doppelter Hinsicht „pagatorisch abgesichert“[880], da sie vom Konzernmutterunternehmen zum ursprünglichen Erwerbszeitpunkt (direkt oder indirekt) vergütet wurden und ihre Werthaltigkeit zum Zeitpunkt der Abstockung durch die Gegenleistung der nicht beherrschenden Gesellschafter neuerlich bestätigt wird.[881]

Zudem betont der IASB im bei Auslegungsfragen subsidiär heranzuziehenden ***Conceptual Framework***, dass *„[f]inancial statements provide information about transactions and other events viewed from the perspective of the reporting entity as a whole, not from the perspective of any particular*

S. 320. Eine entsprechend der Beteiligungsquote des Erwerbers anteilige Neubewertung der erworbenen Vermögenswerte und übernommenen Schulden (sog. Buchwertmethode) – wie sie nach IAS 22.33 präferiert wurde – ist seit Inkrafttreten von IFRS 3 (2004) nicht mehr zulässig. Vgl. KUNATH, O., Bilanzierung erworbener immaterieller Vermögenswerte, S. 111; GLAUM, M./VOGEL, S., Bilanzierung von Unternehmenszusammenschlüssen, S. 47 f.

874 Vgl. BRÜCKS, M./WIEDERHOLD, P., Business Combinations, S. 179; GLAUM, M./VOGEL, S., Bilanzierung von Unternehmenszusammenschlüssen, S. 47; KÜTING, K./WIRTH, J., Bilanzierung von Unternehmenszusammenschlüssen, S. 170.

875 Vgl. hierzu stellvertretend IASB (Hrsg.), Staff Paper 10E (May 2014), Rn. 20–24; IASB (Hrsg.), DP/2006/July: Preliminary Views on the Conceptual Framework, Rn. BC1.9–13.

876 Vgl. PAWELZIK, K. U./THEILE, C., Eigenkapitalvernichtung im mehrstufigen Konzern, S. 2387; HAAKER, A., Wahlrecht zur Anwendung der full goodwill method, S. 189 f.

877 Vgl. HOMMEL, M./FRANKE, F./RÖßLER, B., Minderheitengoodwill, S. 164; KESSLER, H./LEINEN, M./STRICKMANN, M., Rechte für Minderheiten, S. 337.

878 Vgl. IFRS 10.B96 i. V. m. IFRS 10.23 f.; IFRS 10.BCZ168. Vgl. so aber noch in Zusammenhang mit den Regelungen des IFRS 3 (2004) MILLA, A./BUTOLLO, B., Sonderfälle der Übergangskonsolidierung nach IFRS, S. 176.

879 Vgl. BUSSE VON COLBE, W./FALKENHAHN, G., Methoden der Kapitalkonsolidierung, S. 23.

880 BUSSE VON COLBE, W./FALKENHAHN, G., Methoden der Kapitalkonsolidierung, S. 23. So auch im handelsrechtlichen Kontext GIMPEL-HENNING, N./EWELT-KNAUER, C., Bilanzierung des Geschäfts- oder Firmenwerts im Rahmen der Abstockung, S. 949.

881 Vgl. THEILE, C./PAWELZIK, K. U., in: Heuser/Theile, IFRS-Handbuch, 5. Aufl., D VI, Rn. 5832; HOMMEL, M./FRANKE, F./RÖßLER, B., Minderheitengoodwill, S. 165. Auch wenn der Kaufpreis für die auf die nicht beherrschenden Gesellschafter übergehenden Anteile unterhalb des auf diese Anteile entfallenden Vermögens zu Buchwerten ist, wird der Wertansatz des bilanzierten Geschäfts- oder Firmenwertes beibehalten. Gleichwohl könnte damit ein Wertminderungsbedarf angezeigt sein. Vgl. BUSSE VON COLBE, W./FALKENHAHN, G., Methoden der Kapitalkonsolidierung, S. 23.

*group of the entity's existing or potential investors, lenders or other creditors.*“[882] Mit Blick auf die damit vor allem adressierte Konzernfinanzberichterstattung wird nach Auffassung des Standardsetzers eine Abbildung der ausschließlich den bestehenden Kapitalgebern der Konzernobergesellschaft zuzuordnenden Vermögenswerte, Schulden, Erträge und Aufwendungen bspw. den Informationsinteressen der ebenso zum Kreis der Hauptadressaten zählenden potenziellen Kapitalgeber nicht hinreichend gerecht.[883] Demgemäß sind u. a. Unternehmensakquisitionen aus der Perspektive der berichterstattenden wirtschaftlichen Einheit und nicht aus dem Blickwinkel einzelner Anteilseigner- oder Gläubigergruppen abzubilden.[884]

Im Ergebnis kann daher weder aus dem Bedeutungszusammenhang der relevanten Regelungen für die Bilanzierung des Geschäfts- oder Firmenwertes noch aus den konzeptionellen Grundlagen der IFRS abgeleitet werden, dass der Ermittlung des Unterschiedsbetrages die Perspektive des Konzernmutterunternehmens zugrunde zu legen ist. Vielmehr deuten die untersuchten Zusammenhänge darauf hin, dass sich die Geschäfts- oder Firmenwertbilanzierung nach der *partial goodwill method* vorrangig an den mit der Gegenleistung vergüteten Wertpotenzialen orientiert und somit auch den nicht beherrschenden Gesellschaftern zuzurechnende Ertragserwartungen in der Konzernbilanz erfasst werden können, soweit diese mit dem Kaufpreis entgolten werden.[885] Mit Blick auf den Erwerb eines mittelbaren Tochterunternehmens scheint vor diesem Hintergrund die ungleiche Behandlung der indirekten Beteiligungen des Konzernmutterunternehmens und der nicht beherrschenden Gesellschafter bzw. eine unbedingte Gleichbehandlung sämtlicher nicht beherrschender Anteile nicht vom Standardsetzer beabsichtigt zu sein.[886] Obgleich damit der Ansatz eines nach der additiven Methode ermittelten Geschäfts- oder Firmenwertes nicht per se abzulehnen ist,[887] kann daraus nicht ohne Weiteres auf eine vorzugsweise Anwendung dieser Methode geschlossen werden. Dafür ist das Postulat der Entscheidungsnützlichkeit maßgebend. Nachfolgend ist daher zu untersuchen, ob die mit der additiven Methode vermittelten Informationen nicht nur – wie bereits in Abschnitt 522.231. herausgearbeitet – glaubwürdig, sondern für die Konzernabschlussadressaten auch relevant sind.

#### 522.232.22 Implikationen des Ansatzes eines Geschäfts- oder Firmenwertes indirekter nicht beherrschender Gesellschafter für die Vermögens- und Ertragslage

Der konzernbilanzielle Wertansatz eines Aktivums stellt den Adressaten im Allgemeinen relevante Informationen für ihre wirtschaftlichen Entscheidungen bereit, sofern auf dessen Grundlage u. a.

---

882 CF.3.8.

883 Vgl. IASB (Hrsg.), Staff Paper 10E (May 2014), Rn. 24 (a); IASB (Hrsg.), DP/2006/July: Preliminary Views on the Conceptual Framework, Rn. BC1.9 f.

884 Vgl. CF.3.8. A. A. hinsichtlich der damit verbundenen Auswirkungen auf die Bilanzierung eines Geschäfts- oder Firmenwertes SINGAPORE MANAGEMENT UNIVERSITY (Hrsg.), Comment Letter (ED/2015/3), S. 6.

885 Vgl. im Ergebnis so auch KESSLER, H./LEINEN, M./STRICKMANN, M., Rechte für Minderheiten, S. 337.

886 Vgl., wenn auch im handelsrechtlichen Kontext, LEINEN, M., Kapitalkonsolidierung im mehrstufigen Konzern, S. 143; MANDL, G./KÖNIGSMAIER, H., Behandlung von Minderheitsanteilen im mehrstufigen Konzern, S. 263; EBELING, R. M., Anteile fremder Gesellschafter, S. 334. Ähnlich in Bezug auf die im Rahmen der Neubewertungsmethode für die nicht beherrschenden Gesellschafter aufzudeckenden stillen Reserven und stillen Lasten im Reinvermögen des erworbenen Tochterunternehmens, OHMS, V., Bilanzierung des Goodwill im Konzernabschluss, S. 211.

887 Vgl. so auch KESSLER, H./LEINEN, M./STRICKMANN, M., Rechte für Minderheiten, S. 337.

künftige Zahlungsmittelzuflüsse prognostiziert werden können.[888] Dabei ist es unerheblich, ob der Vermögenswert allein oder – wie ein Geschäfts- oder Firmenwert – i. V. m. anderen Vermögenswerten zu den Zahlungsmittelzuflüssen des Konzerns beiträgt.[889] In Teilen des Schrifttums wird indes bezweifelt, dass mit der anteilig auf die nicht beherrschenden Gesellschafter des Teilkonzernmutterunternehmens entfallenden Gegenleistung für die Kapitalbeteiligung am mittelbaren Tochterunternehmen tatsächlich über den Substanzwert hinausgehende Einzahlungspotenziale vergütet werden, die diesen Gesellschaftern erwartungsgemäß zufließen.[890] Diese Zweifel sind insofern berechtigt, als die nicht beherrschenden Gesellschafter der Teilkonzernobergesellschaft nicht an solchen Wertpotenzialen partizipieren, die außerhalb des Teilkonzernverbundes realisiert werden.[891] Aufgrund dessen eine erfolgsneutrale Verrechnung ihrer das anteilige Reinvermögen übersteigenden Gegenleistung zu fordern, scheint indes nicht hinreichend differenziert.[892]

Zum einen kann sich zumindest ein Teil der wertbildenden Faktoren des (gedanklich) von den nicht beherrschenden Gesellschaftern vergüteten Geschäfts- oder Firmenwertes auf das mittelbare Tochterunternehmen oder die Teilkonzernobergesellschaft richten. Dementsprechend profitieren auch die nicht beherrschenden Gesellschafter in einem gewissen Maß von den Wertpotenzialen, die aus den Absichten und Möglichkeiten der Nutzung des Beteiligungsunternehmens bspw. in Form von Restrukturierungs- und Synergieeffekten erwachsen.[893] Zum anderen zeigt eine im Verhältnis zur anteiligen Gegenleistung unterproportionale Teilhabe der nicht beherrschenden Gesellschafter an den erwarteten Zahlungsmittelzuflüssen aus dem Unternehmenszusammenschluss nicht zwingend eine Überzahlung und eine damit verbundene mangelnde Werthaltigkeit des auf diese Gesellschafter entfallenden Unterschiedsbetrages an.[894] Vielmehr dürfte darin der beherrschende Einfluss des Konzernmutterunternehmens deutlich werden. Schließlich stehen einerseits die in der Residualgröße aufgehenden nicht bilanzierungsfähigen immateriellen Werttreiber in der Verfügungsmacht der Konzernobergesellschaft und andererseits sind die sonstigen im Geschäfts- oder Firmenwert erfassten Wertpo-

---

888 Vgl. KERNER, M., Full-Goodwill-Methode, S. 78.

889 Vgl. STREIM, H. U. A., Regelungen zur Goodwill-Bilanzierung nach IFRS, S. 21 f.

890 Vgl. WIRTH, J./DUSEMOND, M./KÜTING, P., Kapitalkonsolidierung im mehrstufigen Konzern, S. 2497; KÜTING, P., Konzerninterne Umstrukturierungen, S. 150 f.; WIRTH, J., Firmenwertbilanzierung nach IFRS, S. 264 f.; STRÖHER, T., Unternehmenszusammenschlüsse unter Common Control, S. 214.

891 Vgl. IASB (Hrsg.), Staff Paper 2A (December 2006), Rn. A3 f.

892 Vgl. so aber WIRTH, J., Firmenwertbilanzierung nach IFRS, S. 265; STRÖHER, T., Unternehmenszusammenschlüsse unter Common Control, S. 214. Vgl. zu den mit der erfolgsneutralen Verrechnung eines (Teils des) Geschäfts- oder Firmenwertes verbundenen negativen Implikationen für die konzernbilanzielle Abbildung eines Unternehmenszusammenschlusses Abschnitt 522.222.2.

893 Vgl. GIMPEL-HENNING, N., Sukzessive Anteilserwerbe, S. 104 und 121; PWC (Hrsg.), Business combinations and noncontrolling interests, Rn. 5.4.4; KLOSE, N.-C., Kapitalkonsolidierungs- und Bewertungsmethoden, S. 26 f.; EPPINGER, C. T. G., Bewertung von Beteiligungen, S. 202; IASB (Hrsg.), Staff Paper 4 (March 2013), Rn. 35 (c); IASB (Hrsg.), Staff Paper 2A (December 2006), Rn. A3 f. A. A. wohl BADER, A./SCHREDER, M., Goodwill-Methoden nach IFRS 3, S. 278.

894 Nach Auffassung des IASB ist eine Überzahlung zum Erwerbszeitpunkt außerdem regelmäßig nicht identifizierbar. Ein in der Folge zu hoher Wertansatz des Geschäfts- oder Firmenwertes ist daher Gegenstand von Wertminderungstests im Rahmen der Folgebewertung. Vgl. IFRS 3.BC382 sowie EBERT, M./SIMONS, D., Bilanzpolitisches Potenzial der Goodwillbilanzierung, S. 623; STREIM, H. U. A., Regelungen zur Goodwill-Bilanzierung nach IFRS, S. 23; HAAKER, A., Zweckadäquanz der Goodwill-Bilanzierung, S. 133.

tenziale – wie ein etwaiger Restrukturierungsmehrwert oder Synergiepotenziale – untrennbar mit dem vom Konzernmutterunternehmen beherrschten Reinvermögen verbunden.[895] Unter anderem durch konzerninterne Lieferungs- und Leistungsbeziehungen kann das oberste Mutterunternehmen somit die anteilig von den nicht beherrschenden Gesellschaftern vergüteten Wertpotenziale (in einem bestimmten Umfang) innerhalb des Konzernverbundes auf eine andere rechtliche Ebene verlagern,[896] auf der hauptsächlich oder gar ausschließlich dem Konzernmutterunternehmen die erwarteten künftigen Zahlungsmittelzuflüsse zufallen (sog. *private benefits of control*[897]).[898] Daher dürften für die Kapitalgeber der Konzernobergesellschaft auch Informationen über den Teil des Geschäfts- oder Firmenwertes relevant sein, der mit der anteiligen Gegenleistung der nicht beherrschenden Gesellschafter des Teilkonzernmutterunternehmens vergütet wird.[899]

Da der Geschäfts- oder Firmenwert als einheitlicher Vermögenswert respektive betragliche Einheit bilanziert wird, ist den Adressaten aus der Konzernbilanz indes nicht ersichtlich, zu welchen Anteilen der vom Teilkonzernmutterunternehmen vergütete Unterschiedsbetrag auf das Konzernmutterunternehmen und die nicht beherrschenden Gesellschafter entfällt.[900] Erst entsprechende zusätzliche Angaben im Konzernanhang könnten die Informationsdefizite zumindest reduzieren.[901] Wenngleich dadurch der grundsätzlich glaubwürdige konzernbilanzielle Wertansatz des Geschäfts- oder Firmenwertes nach der additiven Methode nicht beeinflusst wird, ist dessen quantitative Zuordnung zu den erwartungsgemäß an den Wertpotenzialen partizipierenden Gesellschafterstämmen gleichwohl mit (zum Teil erheblichen) Ermessensspielräumen und Bewertungsunsicherheiten verbunden.[902] Erschwert wird die Allokation zudem dadurch, dass die Gegenleistung des Teilkonzernmutterunternehmens i. d. R. nicht sämtliche über das Reinvermögen hinausgehenden erwarteten Zahlungsmittelzuflüsse vergütet und daher nicht eindeutig festgestellt werden kann, welche den Gesellschaftergruppen

---

895 Vgl. KERNER, M., Full-Goodwill-Methode, S. 104 und 126; HAAKER, A., Goodwill-Bilanzierung nach IFRS, S. 73; TEITLER, E., Aktivierung des Minderheits-Goodwills, S. 629; GÖDDE, D., Goodwill-Bilanzierung, S. 38; BUSSE VON COLBE, W./FALKENHAHN, G., Methoden der Kapitalkonsolidierung, S. 23; KLEIN, I., Full-Goodwill-Methode, S. 136.

896 Vgl. PELLENS, B./NEUHAUS, S./NÖLTE, U., Konzernergebnis und Earnings per Share; PELLENS, B./NEUHAUS, S./NÖLTE, U., Konzernergebnis und Earnings per Share, S. 45 f.; HINZ, M., Informationsvermittlung und Ausschüttungsbemessung, S. 69–74.

897 Vgl. DYCK, A./ZINGALES, L., Private Benefits of Control, S. 537 f.

898 Vgl. PwC (Hrsg.), Manual of Accounting 2017, Rn. 5.129; KLEIN, I., Full-Goodwill-Methode, S. 136. A. A. wohl IASB (Hrsg.), Staff Paper 4 (March 2013), Rn. 35 (b). Dabei werden diese Wertpotenziale, soweit sie von einem typischen Marktteilnehmer realisiert werden könnten, im beizulegenden Zeitwert der indirekten Beteiligung des Konzernmutterunternehmens berücksichtigt sein, sodass sie sich schließlich auch in einem nach der multiplikativen Methode ermittelten Unterschiedsbetrag widerspiegeln.

899 Vgl. so wohl auch HAAKER, A., Goodwill-Bilanzierung nach IFRS, S. 76 sowie, wenn auch im Kontext der *full goodwill method*, KLEIN, I., Full-Goodwill-Methode, S. 136; HAAKER, A., Einheitstheorie und Fair Value-Orientierung, S. 453 f. A. A. wohl PAWELZIK, K. U., Konsolidierung von Minderheiten, S. 684.

900 Vgl. KLEIN, I., Full-Goodwill-Methode, S. 136 f.; SCHULTZE, W./KAFADAR, K./THIERICKE, S., Kaufpreisallokation, S. 1349; ähnlich KÜTING, K./WEBER, C.-P./WIRTH, J., Goodwillbilanzierung, S. 143.

901 Vgl. HAAKER, A., Einheitstheorie und Fair Value-Orientierung, S. 453; HAAKER, A., Goodwill-Bilanzierung nach IFRS, S. 76; HENDLER, M./ZÜLCH, H., Beteiligungsverhältnisse bei Tochterunternehmen, S. 1163.

902 Vgl. HENDLER, M./ZÜLCH, H., Beteiligungsverhältnisse bei Tochterunternehmen, S. 1163 sowie bereits IASB (Hrsg.), ED/2005/June: Amendments to IFRS 3, Rn. AV4 f. Dabei ähneln die Ermessensspielräume und Bewertungsunsicherheiten denen, die bei der Bewertung der indirekten Beteiligung des Konzernmutterunternehmens mit dem beizulegenden Zeitwert im Rahmen der multiplikativen Methode bestehen.

zuzuordnenden Ertragspotenziale der *purchased goodwill* im Einzelnen repräsentiert.[903] Vor diesem Hintergrund sollte der Bilanzierende die Aufteilung des vergüteten Geschäfts- oder Firmenwertes auf die Gesellschaftergruppen i. V. m. der verpflichtenden qualitativen Beschreibung der maßgebenden wertbildenden Faktoren im Konzernanhang hinreichend dokumentieren und erläutern.[904] Darauf aufbauend hätten die Konzernabschlussadressaten im Unterschied zu einer erfolgsneutralen Verrechnung des den nicht beherrschenden Gesellschaftern zuzurechnenden Geschäfts- oder Firmenwertes immerhin die Möglichkeit, die Aufteilung nachzuvollziehen und ggf. entsprechend eigener Einschätzungen zu adjustieren.[905]

Wenngleich die Kapitalgeber des obersten Mutterunternehmens als primäre Adressaten dabei in erster Linie an den der Konzernobergesellschaft voraussichtlich zufließenden Wertpotenzialen interessiert sein dürften,[906] trägt der (zusätzliche) Ansatz eines exklusiv den nicht beherrschenden Gesellschaftern zuzuordnenden Geschäfts- oder Firmenwertes dazu bei, die dem Konzern im Zuge des Unternehmenszusammenschlusses zugegangenen Vermögenswerte und Schulden möglichst vollständig in der Konzernbilanz zu erfassen.[907] Damit wird zum einen ein vergleichsweise umfassenderes Bild hinsichtlich der Höhe und der Zusammensetzung des vom Konzernmutterunternehmen beherrschten Vermögens vermittelt und infolgedessen eine an den tatsächlichen wirtschaftlichen Verhältnissen orientierte Abbildung der Vermögenslage gefördert.[908] Zum anderen wird aus der Konzernbilanz deutlich, für welche Vermögenswerte und Schulden das Teilkonzernmutterunternehmen die Gegenleistung entrichtet hat. Sowohl die Kapitalgeber der Konzernobergesellschaft als auch die nicht beherrschenden Gesellschafter können zum Erwerbszeitpunkt auf dieser Grundlage die Auswirkungen der Unternehmensakquisition auf die gegenwärtige und künftige wirtschaftliche Lage des Konzerns sowie die damit korrelierenden Implikationen für die mit ihrem Investment jeweils verbundene Risikoposition[909] besser beurteilen als bei erfolgsneutraler Verrechnung des in Rede stehenden Geschäfts- oder Firmenwertes.[910]

Nach dem Erwerbszeitpunkt löst sich der auf die Konzernobergesellschaft und die über das Teilkonzernmutterunternehmen indirekt am mittelbaren Tochterunternehmen beteiligten nicht beherrschenden Gesellschafter entfallende Geschäfts- oder Firmenwert von dem Erwerbsobjekt und ist gemäß

903 Vgl. MA, R./HOPKINS, R., Goodwill, S. 80–82; MA, R./HOPKINS, R., Puzzle-Solving in Accounting, S. 114.

904 Vgl. zu den obligatorischen Angaben im Konzernanhang mit Bezug zu einem erworbenen Geschäfts- oder Firmenwert IFRS 3.B64 (e).

905 Vgl. wohl auch HAAKER, A., Einheitstheorie und Fair Value-Orientierung, S. 453; HAAKER, A., Full-Goodwill-Wahlrecht nach IFRS 3, S. 240.

906 Vgl. HAAKER, A., Wahlrecht zur Anwendung der full goodwill method, S. 192.

907 Vgl. KLEIN, I., Full-Goodwill-Methode, S. 136.

908 Vgl. IASB (Hrsg.), Staff Paper 2A (December 2006), Rn. A5. Vgl. auch, wenngleich nur mit Blick auf die nach der Neubewertungsmethode auch für die nicht beherrschenden Gesellschafter aufzudeckenden stillen Reserven und stillen Lasten, OHMS, V., Bilanzierung des Goodwill im Konzernabschluss, S. 211 sowie bereits IFRS 3.BC127 (2004).

909 Vgl. hierzu Abschnitt 422.

910 Vgl. ähnlich HAAKER, A., Einheitstheorie und Fair Value-Orientierung, S. 453; HINZ, M., Informationsvermittlung und Ausschüttungsbemessung, S. 94 und 96–99; KLEIN, I., Full-Goodwill-Methode, S. 138. So wohl auch im Kontext der im Allgemeinen bei der Konzernfinanzberichterstattung einzunehmenden Perspektive IASB (Hrsg.), DP/2006/July: Preliminary Views on the Conceptual Framework, Rn. BC1.11. A. A. FRÖHLICH, C., Non-Controlling Interest im IFRS-Abschluss, S. 420; KÜTING, P., Konzerninterne Umstrukturierungen, S. 148.

IAS 36 in die Struktur der zahlungsmittelgenerierenden Einheiten[911] zu integrieren.[912] Wird im Zuge des jährlichen Wertminderungstests für eine zahlungsmittelgenerierende Einheit, der ein Teil dieses Geschäfts- oder Firmenwertes zugeordnet wird, ein außerplanmäßiger Abschreibungsbedarf festgestellt, ist dieser (zumindest teilweise) zwischen dem Konzernmutterunternehmen und den indirekten nicht beherrschenden Gesellschaftern zu verteilen.[913] Sofern die zahlungsmittelgenerierende Einheit lediglich den aus der Akquisition des mittelbaren Tochterunternehmens stammenden Geschäfts- oder Firmenwert umfasst, ist dafür ausschließlich die (effektive) Ergebnisbeteiligungsquote der Gesellschafterstämme an der Tochtergesellschaft respektive dem Teilkonzernmutterunternehmen maßgebend.[914] Eine solche Allokation des Abschreibungsbedarfs unterstellt, dass die Wertminderung innerhalb des Teilkonzernverbundes begründet wird und damit sowohl dem Konzernmutterunternehmen als auch den indirekten nicht beherrschenden Gesellschafter zuzurechnen ist. Geht die Wertminderung allerdings auf realisierte oder nicht (mehr) werthaltige Ertragspotenziale zurück, die ausschließlich auf das Konzernmutterunternehmen entfallen, ist eine Verteilung nach Maßgabe der Ergebnisbeteiligungsquote nicht verursachungsgerecht.[915]

Dies gilt gleichermaßen für eine im Wert geminderte zahlungsmittelgenerierende Einheit, der weitere Geschäfts- oder Firmenwerte aus anderen Unternehmenszusammenschlüssen zugeordnet sind.[916] Schließlich ist auf Basis der relativen Buchwerte der in der zahlungsmittelgenerierenden Einheit erfassten Unterschiedsbeträge ein Teil des Abschreibungsbedarfs auch dem Geschäfts- oder Firmenwert aus dem Erwerb des mittelbaren Tochterunternehmens zuzurechnen,[917] obgleich dieser nicht ursächlich für die angezeigte Wertminderung gewesen sein muss. Verzerrt wird die Verteilung der Wertminderung in einer derartigen Fallkonstellation u. a. dann, wenn der die Abschreibung auslösende Unterschiedsbetrag zu anderen Anteilen auf die Gesellschafterstämme entfällt als der Geschäfts- oder Firmenwert aus der Akquisition des mittelbaren Tochterunternehmens. Die gemäß IAS 1 in der

[911] „Eine zahlungsmittelgenerierende Einheit ist die kleinste identifizierbare Gruppe von Vermögenswerten, die Mittelzuflüsse erzeugt, die weitgehend unabhängig von den Mittelzuflüssen anderer Vermögenswerte oder anderer Gruppen von Vermögenswerten sind“ (IAS 36.6).

[912] Vgl. IAS 36.80 sowie KÜTING, K./WEBER, C.-P./WIRTH, J., Kapitalkonsolidierung im mehrstufigen Konzern, S. 52.

[913] Vgl. IAS 36.C6 f. sowie KESSLER, H./LEINEN, M./STRICKMANN, M., Rechte für Minderheiten, S. 337; KÜTING, K./DAWO, S./WIRTH, J., Konzeption der außerplanmäßigen Abschreibung, S. 188–190; GÖTH, P., Eigenkapital im Konzernabschluss, S. 461; KÜTING, K./LEINEN, M., Kapitalkonsolidierung bei Erwerb eines Teilkonzerns, S. 1204. Die Aufholung einer Wertminderung in Folgeperioden ist allerdings nicht zulässig, da dabei nicht zwischen der Wertaufholung eines derivativen Geschäfts- oder Firmenwertes und einem zwischenzeitlich neu geschaffenen originären Geschäfts- oder Firmenwert differenziert werden kann. Vgl. IAS 36.124 f. sowie KLEIN, I., Full-Goodwill-Methode, S. 67.

[914] Vgl. IAS 36.C6 sowie KÜTING, K./WEBER, C.-P./WIRTH, J., Kapitalkonsolidierung im mehrstufigen Konzern, S. 52. Wenngleich der Geschäfts- oder Firmenwert für Zwecke des Wertminderungstests auch auf die direkten nicht beherrschenden Gesellschafter des mittelbaren Tochterunternehmens linear hochgerechnet wird, ist für diese Gesellschafter kein Abschreibungsaufwand zu erfassen. Schließlich sind sie nicht an dem bilanzierten Geschäfts- oder Firmenwert beteiligt. Vgl. KÜTING, K./WEBER, C.-P./WIRTH, J., Goodwillbilanzierung, S. 146–148.

[915] Vgl. KÜTING, K./WEBER, C.-P./WIRTH, J., Kapitalkonsolidierung im mehrstufigen Konzern, S. 45 sowie wohl auch KLEIN, I., Full-Goodwill-Methode, S. 68. Gleichwohl ist die Verwendung eines Verteilungsschlüssels zwingend, da ein Geschäfts- oder Firmenwert nicht (willkürfrei) in seine Komponenten zerlegt und damit nicht objektiv festgestellt werden kann, welche konkreten Wertpotenziale nicht mehr werthaltig sind.

[916] Vgl. KÜTING, K./WEBER, C.-P./WIRTH, J., Kapitalkonsolidierung im mehrstufigen Konzern, S. 52.

[917] Vgl. IAS 36.C7 (a) sowie KLEIN, I., Full-Goodwill-Methode, S. 68.

Gesamtergebnisrechnung zu zeigende Ergebnisverteilung zwischen den beherrschenden und nicht beherrschenden Gesellschaftern ist dementsprechend im Fall einer Wertminderung des Geschäfts- oder Firmenwertes nicht willkürfrei möglich.[918]

Wenngleich eine erfolgsneutrale Verrechnung des den indirekten nicht beherrschenden Gesellschaftern zuzurechnenden Geschäfts- oder Firmenwertes zum Erwerbszeitpunkt eine willkürliche Ergebnisverteilung zwischen den Gesellschafterstämmen in der Folgekonsolidierung verhindern könnte, steht eine solche Behandlung dem Investitionscharakter des *purchased goodwill* entgegen.[919] Auch die Ausgaben für den Anteil der nicht beherrschenden Gesellschafter an den Wertpotenzialen müssen sich letztlich einschließlich einer entsprechenden Verzinsung amortisieren.[920] Um dies im Konzernabschluss hinreichend transparent machen zu können, muss zumindest die Möglichkeit bestehen, die Ausgaben in der Ergebnisentstehung der Folgeperioden zu berücksichtigen. Mithin ist es erforderlich, dass der vergütete Geschäfts- oder Firmenwert zum Erwerbszeitpunkt aktiviert und bei einer (später) angezeigten Wertminderung aufwandswirksam in der Gewinn- und Verlustrechnung erfasst wird.[921] Damit besteht einerseits für das Management der Anreiz, die ursprünglich antizipierten (Mindest-)Ertragspotenziale tatsächlich zu erwirtschaften.[922] Andererseits können die Konzernabschlussadressaten auf der Grundlage des Konzernergebnisses c. p. vergleichsweise besser beurteilen, wie rentabel die Investition in das mittelbare Tochterunternehmen ist bzw. ob und wieweit die für die Kapitalbeteiligung erbrachte Gegenleistung angemessen war.[923] Neben der mit dem Konzernergebnis indizierten Zu- bzw. Abnahme des Konzernvermögens können die Kapitalgeber mit Blick auf die Konzernbilanz zudem eher nachvollziehen,[924] in welchen Vermögenswerten sich der Geschäfts- oder Firmenwert im Fall der Realisation der ursprünglich vergüteten Wertpotenziale konkretisiert hat. Diese Informationen über die veränderte Vermögenslage dürften vor allem von Bedeutung sein, um in der Vergangenheit getroffene Einschätzungen in Bezug auf die Höhe, den zeitlichen Anfall und die Unsicherheit künftiger Zahlungsmittelzuflüsse zu überprüfen respektive in diesen Hinsichten neuerliche Prognosen zu treffen.[925]

---

918 Vgl. KÜTING, K./WEBER, C.-P./WIRTH, J., Kapitalkonsolidierung im mehrstufigen Konzern, S. 52; KÜTING, K./WEBER, C.-P./WIRTH, J., Goodwillbilanzierung, S. 147. So auch der IASB, wenngleich im Zusammenhang mit der Endkonsolidierung eines Beteiligungsunternehmens: „*goodwill could not be identified or associated with an asset group at a level lower than the cash-generating unit to which the goodwill is allocated, except arbitrarily*" (IAS 36.BC155). Vgl. zur Anforderung der Ergebnisverteilung IAS 1.81B.

919 Vgl. KÜTING, P./WEBER, C.-P., Bilanzanalyse, S. 569; HAAKER, A., Goodwill-Bilanzierung nach IFRS, S. 65.

920 Vgl. GUTSCHE, R., Goodwill in der Bilanz, S. 371 sowie implizit PELLENS, B./SELLHORN, T./AMSHOFF, H., Reform der Konzernbilanzierung, S. 1754 f.; HAAKER, A., Wahlrecht zur Anwendung der full goodwill method, S. 193.

921 Vgl. KÜTING, P./WEBER, C.-P., Bilanzanalyse, S. 569; STREIM, H./ESSER, M., IAS/IFRS als Instrument zur Informationsvermittlung, S. 840.

922 Vgl. BLOME, M./REUTER, M., Auswirkungen von Unternehmenserwerben auf die Unternehmenssteuerung, S. 630; GUTSCHE, R., Goodwill in der Bilanz, S. 373.

923 Vgl. SAUTHOFF, J.-P., Firmenwert im Konzernabschluss, S. 246; HAX, H., Bilanzgewinn als Erfolgsmaßstab, S. 646 sowie, wenn auch im Kontext der *full goodwill method*, KLEIN, I., Full-Goodwill-Methode, S. 144.

924 Vgl. HAAKER, A., Goodwill-Bilanzierung nach IFRS, S. 271.

925 Vgl. ähnlich SAUTHOFF, J.-P., Firmenwert im Konzernabschluss, S. 247 sowie mit Blick auf die *full goodwill method*, HOMMEL, M./FRANKE, F./RÖßLER, B., Minderheitengoodwill, S. 158. A. A. wohl HAAKER, A., Wahlrecht zur Anwendung der full goodwill method, S. 193.

### 522.3 Ermittlung und Erfassung eines negativen Unterschiedsbetrages

#### 522.31 Allgemeiner Charakter eines negativen Unterschiedsbetrages

Neben einem als Geschäfts- oder Firmenwert zu bilanzierenden positiven Unterschiedsbetrag kann aus der Akquisition eines mittelbaren Tochterunternehmens auch ein negativer Unterschiedsbetrag resultieren.[926] Da nach Auffassung des IASB eine negative Residualgröße allerdings nur in Ausnahmefällen das Ergebnis der Unterschiedsbetragsermittlung sein wird,[927] führt der Standardsetzer diese u. a. auf bewusst oder unbewusst **fehlerhaft ermittelte Eingangsparameter** zurück.[928] Zunächst ist daher ein sog. *reassessment* der Identifizierung und Bewertung des erworbenen Reinvermögens sowie der Bewertung nicht beherrschender Anteile und der entrichteten Gegenleistung erforderlich, um etwaige Bewertungsfehler zu minimieren bzw. gänzlich zu eliminieren.[929]

Sofern nach der Überprüfung der in die Unterschiedsbetragsermittlung eigehenden Größen weiterhin ein negativer Saldo verbleibt, sieht der Board darin einen auf ungewöhnlichen Transaktionsumständen basierenden Erwerbsvorgang.[930] Schließlich würde ein sachverständiger, vom Erwerber unabhängiger und vor allem ökonomisch rational handelnder Investor seine Unternehmensbeteiligung grundsätzlich nicht unter deren beizulegendem Zeitwert veräußern.[931] Unter anderem in Fällen der zwangsweisen Liquidation eines Unternehmens oder eines Notverkaufs des Veräußerers ist eine unter dem anteiligen Substanzwert liegende Gegenleistung des Erwerbers indes denkbar, da die veräußernde Partei bspw. angesichts zeitlicher Restriktionen nicht mit weiteren potenziellen Erwerbern in Verhandlungen eintreten kann.[932] Dem Erwerber gehen damit im Zuge des Unternehmenszusammenschlusses wertmäßig mehr Nettovermögenswerte zu als er dem Veräußerer überträgt (sog. ***bargain***

---

926 Vgl. SCHMIDT, I. M., Rechnungslegung zur Zahlungsbemessung und Informationsvermittlung, S. 61; KÜTING, K./WIRTH, J., Bilanzierung eines negativen Unterschiedsbetrags, S. 143 f.; BACHEM, R. G., Negative Geschäftswerte, S. 967.

927 Vgl. IFRS 3.BC371. Im Zuge des *post implementation review* zu IFRS 3 wurde allerdings deutlich, dass negative Unterschiedsbeträge nicht nur eine Ausnahmeerscheinung darstellen. Vgl. IASB (Hrsg.), Staff Paper 12F (September 2014), Rn. 53 f. Vielmehr zeigt bspw. eine von der ESMA durchgeführte Untersuchung, dass in 11 % der betrachteten Unternehmenszusammenschlüsse ein negativer Unterschiedsbetrag bilanziert wurde. Vgl. ESMA (Hrsg.), Report on the application of IFRS 3, Rn. 70–74. Vgl. hierzu ebenso ZÜLCH, H., Badwill, S. 313 f.

928 Vgl. IFRS 3.BC372–BC375 sowie PwC (Hrsg.), Manual of Accounting 2017, Rn. 29.176 und FAQ 29.176.1; ERNST & YOUNG (Hrsg.), International GAAP 2018, S. 628 f.

929 Vgl. IFRS 3.36; IFRS 3.BC375 sowie ausführlich QIN, S., Bilanzierung des Excess nach IFRS 3, S. 55–98. Obgleich ein negativer Unterschiedsbetrag auch nach dem *reassessment* noch auf Fehler des Bilanzierenden beim Ansatz und bei der Bewertung der erworbenen Vermögenswerte und übernommenen Schulden zurückgehen kann (vgl. hierzu auch QIN, S., Bilanzierung des Excess nach IFRS 3, S. 164), soll davon im Folgenden abstrahiert werden.

930 Vgl. IFRS 3.BC371 sowie FINK, C., Unternehmenszusammenschlüsse, S. 118. Daneben können auch die von den Ansatz- und Bewertungsgrundsätzen abweichenden Ausnahmevorschriften für bestimmte Bilanzposten ursächlich für einen negativen Unterschiedsbetrag sein. Vgl. IFRS 3.35. Gleichwohl können die abweichenden Regelungen nach Ansicht des IASB nur geringe Teile der negativen Residualgröße erklären. Vgl. LÜDENBACH, N./VÖLKNER, B., Abgrenzung des Kaufpreises von sonstigen Vergütungen, S. 1440; HAAKER, A./FREIBERG, J., Sofortige Vereinnahmung eines negativen goodwill, S. 325.

931 Vgl. LÜDENBACH, N./VÖLKNER, B., Abgrenzung des Kaufpreises von sonstigen Vergütungen, S. 1440; SIEGEL, T./BAREIS, P., Negativer Geschäftswert, S. 1478.

932 Vgl. IFRS 3.35; IFRS 3.BC371 sowie KASPERZAK, R./LIECK, H., Bedeutung des Reassessment, S. 1018; PETERSEN, K./BANSBACH, F./DORNBACH, E., IFRS Praxishandbuch, S. 531; HAEGLER, O., Bilanzierung nicht beherrschender Anteile im mehrstufigen Konzern, S. 194.

***purchase***[933]).[934] Gemäß den Regelungen des IFRS 3 ist daher der gesamte negative Unterschiedsbetrag als wirtschaftlicher Gewinn des Erwerbers im Akquisitionszeitpunkt zu werten und unmittelbar zu seinen Gunsten ertragswirksam zu vereinnahmen.[935]

Ein negativer Unterschiedsbetrag muss jedoch nicht zwingend auf eine günstige Akquisitionsgelegenheit zurückgehen, sondern kann auch das Resultat bereits vom Erwerber antizipierter künftiger Aufwendungen sein (sog. ***badwill***[936]).[937] Ob des weitgehenden Ansatzes sämtlicher Schulden zum Erwerbszeitpunkt und deren grundsätzlicher Bewertung zum beizulegenden Zeitwert spiegeln sich mit dem Erwerbsobjekt verbundene Verlustkomponenten nach Ansicht des IASB indes in einem entsprechend niedrigeren Wert des erworbenen Reinvermögens wider.[938] Ein *badwill* wird deshalb als Entstehungsursache eines negativen Unterschiedsbetrages explizit ausgeschlossen.[939] Allerdings dürfen u. a. antizipierte (erwerberspezifische) Restrukturierungsaufwendungen, die zum Erwerbszeitpunkt (noch) keine Verpflichtung gegenüber Dritten begründen, sowie künftig erwartete Verluste des Beteiligungsunternehmens nicht passiviert werden,[940] während sie bei der Kaufpreisverhandlung berücksichtigt worden sein können und in einer geringeren Gegenleistung deutlich werden.[941] Ein negativer Unterschiedsbetrag ist dann (zumindest teilweise) nicht auf eine günstige Gelegenheitsakquisition zurückzuführen. Daher scheint es konzeptionell nicht überzeugend, vom Erwerber bereits zum Erwerbszeitpunkt antizipierte Aufwendungen als Ursache einer negativen Residualgröße pauschal abzulehnen. Vor dem Hintergrund der herausgearbeiteten möglichen Charakterisierungen soll in den nachfolgenden Abschnitten die jeweilige Behandlung eines negativen Unterschiedsbetrages nach der multiplikativen und der additiven Methode untersucht werden.

---

933 In diesem Zusammenhang wird im Schrifttum auch die Bezeichnung des *lucky buy* verwendet. Vgl. bspw. BIEKER, M./ESSER, M., Impairment-Only-Ansatz des IASB, S. 457; KÜTING, K./WEBER, C.-P., Konzernabschluss, S. 375.

934 Vgl. IFRS 3.BC372.

935 Vgl. IFRS 3.34; IFRS 3.BC372 sowie HENDLER, M./ZÜLCH, H., Beteiligungsverhältnisse bei Tochterunternehmen, S. 489.

936 Vgl. BAETGE, J./KIRSCH, H.-J./THIELE, S., Konzernbilanzen, S. 232; KÜTING, K./DUSEMOND, M./NARDMANN, B., Ausgewählte Probleme der Kapitalkonsolidierung, S. 15 f.; HOMMEL, M., Bilanzierung von Goodwill und Badwill, S. 804 f.

937 Vgl. HAAKER, A., Goodwill-Bilanzierung nach IFRS, S. 346 f.

938 Vgl. IFRS 3.BC379 sowie SENGER, T./BRUNE, J. W., in: Driesch u. a., Beck IFRS HB, 5. Aufl., § 34, Rn. 237; WIRTH, J., Firmenwertbilanzierung nach IFRS, S. 176.

939 Vgl. IFRS 3.BC380 f. sowie HAAKER, A./FREIBERG, J., Sofortige Vereinnahmung eines negativen goodwill, S. 325; HACHMEISTER, D., Unternehmenszusammenschlüsse, S. 121.

940 Vgl. IFRS 3.BC380 i. V. m. IFRS 3.11 sowie PwC (Hrsg.), Manual of Accounting 2017, Rn. 29.149, FAQ 29.149.1 und FAQ 29.176.1; LÜDENBACH, N./HOFFMANN, W.-D./FREIBERG, J., in: Lüdenbach/Hoffmann/Freiberg, Haufe IFRS-Kommentar, 16. Aufl., § 31, Rn. 144; KASPERZAK, R./LIECK, H., Bedeutung des Reassessment, S. 1018; BRÜCKS, M./WIEDERHOLD, P., Business Combinations, S. 180.

941 Vgl. LÜDENBACH, N./VÖLKNER, B., Abgrenzung des Kaufpreises von sonstigen Vergütungen, S. 1440; HAAKER, A., Goodwill-Bilanzierung nach IFRS, S. 346.

### 522.32 Behandlung eines negativen Unterschiedsbetrages nach der multiplikativen Methode

#### 522.321. Erfassung eines dem Konzernmutterunternehmen zuzurechnenden negativen Unterschiedsbetrages

Da im Rahmen der multiplikativen Methode sowohl die Anteile der direkt als auch indirekt am mittelbaren Tochterunternehmen beteiligten nicht beherrschenden Gesellschafter mit dem beizulegenden Zeitwert des auf sie entfallenden Reinvermögens bewertet werden und somit letztlich kein Unterschiedsbetrag für diese Anteile entsteht,[942] entfällt eine etwaige **negative Residualgröße ausschließlich auf die Konzernobergesellschaft**. Dabei entspricht der ertragswirksam zu erfassende Unterschiedsbetrag der Differenz zwischen dem Anteil des obersten Mutterunternehmens an der vom Teilkonzernmutterunternehmen erbrachten Gegenleistung und dem erworbenen Reinvermögen, das auf die indirekte Beteiligung des Konzernmutterunternehmens entfällt. Dementsprechend haben die primären Konzernabschlussadressaten die Möglichkeit, den ihnen zuzurechnenden Erfolg – soweit es sich um einen günstigen Gelegenheitskauf handelt – bereits unmittelbar aus der Ergebnisentstehung in der Gesamtergebnisrechnung zu erkennen.[943]

Die tatsächliche Höhe des **Verhandlungserfolgs** für die Anteile des Konzernmutterunternehmens an der mittelbaren Tochtergesellschaft wird bedingt durch die Vorschriften des IFRS 3 damit indes nicht wiedergegeben.[944] Dafür müsste die gesamte Differenz zwischen der anteiligen Gegenleistung und dem Käufergrenzpreis für die indirekte Beteiligung ertragswirksam vereinnahmt werden.[945] In der Konzernbilanz wären neben den erworbenen Vermögenswerten und übernommenen Schulden mithin die darüber hinausgehenden erwarteten Wertpotenziale anzusetzen.[946] Da die Adressaten einen günstigen Gelegenheitskauf daher lediglich dem Grunde, nicht aber der Höhe nach beurteilen können, sind die vermittelten Informationen nur eingeschränkt relevant.[947] Gleichwohl darf vor allem in diesem Zusammenhang nicht vernachlässigt werden, dass der Grenzpreis des Käufers und die sich darin widerspiegelnden, über den Substanzwert hinausgehenden Wertpotenziale maßgeblich durch subjektive Einschätzungen geprägt sind.[948] Während diese Potenziale im Rahmen einer gewöhnlichen Unternehmensakquisition, in der Erwerber und Veräußerer annahmegemäß Leistungen gleichen Wertes

---

942 Vgl. hierzu und im Folgenden IFRS 3.32 (a) (ii) i. V. m IFRS 3.19 (b) sowie bereits Abschnitt 522.1.

943 Vgl., wenn auch im Kontext eines positiven Unterschiedsbetrages, HAAKER, A., Einheitstheorie und Fair Value-Orientierung, S. 453.

944 Vgl. hierzu und im Folgenden IFRS 3.BC376 sowie HAAKER, A., Goodwill-Bilanzierung nach IFRS, S. 405. Darüber hinaus wird der Verhandlungserfolg auch angesichts der erfolgsneutralen Erfassung des auf die nicht beherrschenden Gesellschafter entfallenden negativen Unterschiedsbetrages nicht vollständig in der Konzerngewinn- und -verlustrechnung erfasst. Vgl. hierzu Abschnitt 522.322.

945 Vgl. ähnlich BAETGE, J., Akquisitionscontrolling, S. 458. Ein Akquisitionserfolg ist demnach im Grunde bereits gegeben, wenn die entrichtete Gegenleistung den Grenzpreis des Erwerbers unterschreitet. Vgl. MA, R./HOPKINS, R., Goodwill, S. 80; HAAKER, A., Goodwill-Bilanzierung nach IFRS, S. 406.

946 Vgl. IASB (Hrsg.), Staff Paper 2C (March 2007), Rn. 13.

947 Vgl. HAAKER, A., Goodwill-Bilanzierung nach IFRS, S. 406 und 408.

948 Vgl. implizit auch IFRS 3.BC377 sowie HAAKER, A., Goodwill-Bilanzierung nach IFRS, S. 123; KLOSE, N.-C., Kapitalkonsolidierungs- und Bewertungsmethoden, S. 265 m. w. N.

erbringen,[949] durch die für die Kapitalbeteiligung entrichtete Gegenleistung zumindest in Teilen bestätigt und hinreichend objektiviert werden,[950] kann dies für einen günstigen Gelegenheitskauf indessen nicht unterstellt werden.[951] Schließlich macht der unterhalb des anteiligen Substanzwertes liegende Kaufpreis deutlich, dass sich die jeweiligen Leistungen der Transaktionsparteien nicht in gleicher Höhe gegenüberstehen. Da die anteilige Gegenleistung somit keinen geeigneten Nachweis für den Wert der indirekten Beteiligung des Konzernmutterunternehmens bietet,[952] ist die gemäß IFRS 3 auf die Differenz zwischen dem anteiligen Kaufpreis und dem anteiligen Reinvermögen begrenzte Erfolgserfassung einer vergleichsweise neutraleren Finanzberichterstattung gegenüber einer Ertragsrealisation in Höhe des Unterschiedsbetrages zwischen der anteiligen Gegenleistung und dem (subjektiven) Beteiligungswert zuträglich.

Im Fall eines ***badwill*** hat der negative Unterschiedsbetrag indes nicht den Charakter eines wirtschaftlichen Vorteils, sondern antizipierter künftiger Aufwendungen.[953] Die pauschale ertragswirksame Erfassung der Differenz zwischen der anteiligen Gegenleistung und dem auf die vergütete Beteiligung entfallenden Reinvermögen, die nicht methodenbedingt ist, sondern ausschließlich auf die Regelungen des IFRS 3 zurückgeht, würde nach dem obligatorischen *reassessment* zum Erwerbszeitpunkt eine der wirtschaftlichen Substanz nicht entsprechende Akquisition des mittelbaren Tochterunternehmens unter Marktwert anzeigen.[954] In den Folgeperioden ist es bei tatsächlichem Eintritt der negativen Erfolgsbeiträge aufgrund der verfrühten ertragswirksamen Erfassung des Unterschiedsbetrages technisch nicht möglich, die Aufwendungen – soweit sie antizipiert wurden – durch entsprechende Erträge auszugleichen.[955] Eine zuvor als günstiger Gelegenheitskauf interpretierte Akquisition könnte sodann irrtümlich als Fehlinvestition des Managements gewertet werden.[956] Daher kann die auf Erwerbe unter Marktwert ausgerichtete Behandlung eines negativen Unterschiedsbetrages gemäß den Vorschriften des IFRS 3 im Fall eines *badwill* weder glaubwürdige noch relevante Informationen bereitstellen,[957] auch wenn die ertragswirksame Erfassung im Rahmen der multiplikativen Methode zumindest der Höhe nach auf den Anteil des Konzernmutterunternehmens beschränkt ist.

---

949 Vgl. IFRS 3.BC330 f. sowie KÜTING, K./WIRTH, J., Bilanzierung eines negativen Unterschiedsbetrags, S. 144; GROS, S., Bilanzierung eines bargain purchase, S. 1957.

950 Vgl. IFRS 3.BC331 sowie LÖCKE, J., Konzernintern erworbene immaterielle Vermögensgegenstände, S. 416; SCHWARZKOPF, A.-S., Anteile nicht beherrschender Gesellschafter, S. 88 f.; HOMMEL, M./FRANKE, F./RÖßLER, B., Minderheitengoodwill, S. 158.

951 Vgl. hierzu und im Folgenden OPPERMANN, M./PILHOFER, J./MÜLLER, R., Zweifelsfragen bei negativen Unterschiedsbeträgen nach IFRS, S. 291; ALKEMEIER, M., Konzerninterne Unternehmenszusammenschlüsse, S. 147; HAAKER, A./FREIBERG, J., Lucky-Buy-Fiktion, S. 345; KASPERZAK, R./LIECK, H., Bedeutung des Reassessment, S. 1017.

952 Vgl. LOPATTA, K., Goodwillbilanzierung und Informationsvermittlung, S. 142.

953 Vgl. HAAKER, A., Goodwill-Bilanzierung nach IFRS, S. 346 f.; OPPERMANN, M./PILHOFER, J./MÜLLER, R., Zweifelsfragen bei negativen Unterschiedsbeträgen nach IFRS, S. 291.

954 Vgl. GROS, S., Bilanzierung eines bargain purchase, S. 1957; HAAKER, A., Goodwill-Bilanzierung nach IFRS, S. 407 f.

955 Vgl. TETTENBORN, M./ROHLEDER, S., Passiver Unterschiedsbetrag aus der Kapitalkonsolidierung, S. 421 f.

956 Vgl. HAAKER, A., Goodwill-Bilanzierung nach IFRS, S. 408.

957 Vgl. ähnlich GROS, S., Bilanzierung eines bargain purchase, S. 1957.

### 522.322. Erfassung eines den indirekten nicht beherrschenden Gesellschaftern zuzurechnenden negativen Unterschiedsbetrages

Da sämtliche nicht beherrschenden Anteile im Rahmen der multiplikativen Methode mit dem anteiligen beizulegenden Zeitwert des erworbenen Reinvermögens bewertet werden, stehen sie nach der Systematik zur Ermittlung eines Unterschiedsbetrages dem anteiligen Reinvermögen des mittelbaren Tochterunternehmens implizit in gleicher Höhe gegenüber.[958] Damit wird dem Leitgedanken der multiplikativen Methode folgend ein negativer Unterschiedsbetrag zwischen der anteiligen Gegenleistung für die indirekte Beteiligung der nicht beherrschenden Gesellschafter des Teilkonzernmutterunternehmens und dem auf diese Beteiligung entfallenden Reinvermögen nicht ertragswirksam erfasst. Vielmehr wird ein solcher Unterschiedsbetrag im Zuge der Kapitalkonsolidierung erfolgsneutral mit dem Eigenkapitalposten für nicht beherrschende Anteile verrechnet.[959]

Dies geht zum einen darauf zurück, dass aus dem Blickwinkel der multiplikativen Methode lediglich das Konzernmutterunternehmen als Erwerber zu identifizieren und somit nach der Ermittlungssystematik des IFRS 3 bei Anwendung der *partial goodwill method* auch nur dessen Anteil an der insgesamt entrichteten Gegenleistung maßgebend für den zu ermittelnden Unterschiedsbetrag ist.[960] Zum anderen werden die Anteile nicht beherrschender Gesellschafter nach der Neubewertungsmethode im Allgemeinen zum **Zeitpunkt des Erwerbs eines Tochterunternehmens** unabhängig von der tatsächlich für diese Anteile erbrachten Gegenleistung bewertet.[961] Vielmehr werden ihre **Anschaffungskosten** zu diesem Zeitpunkt in Höhe des beizulegenden Zeitwertes des anteiligen erworbenen Reinvermögens **fingiert**.[962] Beim Erwerb eines mittelbaren Tochterunternehmens im Speziellen ist eine solche Fiktion indes für die indirekte Beteiligung der nicht beherrschenden Gesellschafter nicht erforderlich, da sie mit einem Teil der insgesamt entrichteten Gegenleistung vergütet wird und ihre Anschaffungskosten zum Erwerbszeitpunkt daher bekannt sind.[963] Dementsprechend vernachlässigt ein von der entrichteten Gegenleistung losgelöster Wertmaßstab für die indirekten nicht beherrschenden Anteile die tatsächlichen Gegebenheiten der Erwerbskonstellation.

---

[958] Vgl. IFRS 3.32 (a) (ii) i. V. m. IFRS 3.19 (b) sowie bereits Abschnitt 522.1.

[959] Vgl., wenn auch in erster Linie mit Bezug zur erfolgsneutralen Verrechnung eines den indirekten nicht beherrschenden Gesellschaftern zuzurechnenden Geschäfts- oder Firmenwertes, KÜTING, K./WEBER, C.-P., Konzernabschluss, S. 418; LEINEN, M., Kapitalkonsolidierung im mehrstufigen Konzern, S. 79 f.; BAETGE, J./KIRSCH, H.-J./THIELE, S., Konzernbilanzen, S. 400; KÜTING, K./WEBER, C.-P./WIRTH, J., Kapitalkonsolidierung im mehrstufigen Konzern, S. 46. Vgl. zu den Implikationen der multiplikativen Methode auf die nicht beherrschenden Anteile Abschnitt 523.3.

[960] Vgl. IFRS 3.32 sowie hierzu bereits Abschnitt 521.3 und 522.1.

[961] Vgl. KÜTING, K./WEBER, C.-P./WIRTH, J., Kapitalkonsolidierung im mehrstufigen Konzern, S. 51; STRÖHER, T., Unternehmenszusammenschlüsse unter Common Control, S. 214.

[962] Vgl. IFRS 3.19 (b) sowie HOMMEL, M./FRANKE, F./RÖßLER, B., Minderheitengoodwill, S. 159; KESSLER, H./LEINEN, M./STRICKMANN, M., Rechte für Minderheiten, S. 331; WIRTH, J., Firmenwertbilanzierung nach IFRS, S. 263; KÜTING, P., Konzerninterne Umstrukturierungen, S. 148. Auch bei Anwendung der *full goodwill method* würden die Anschaffungskosten der nicht beherrschenden Anteile fingiert. Im Unterschied zur *partial goodwill method* entsprächen diese dann indes dem beizulegenden Zeitwert der Anteile. Vgl. IFRS 3.19 (a).

[963] Vgl., wenn auch im handelsrechtlichen Kontext, KESSLER, H./LEINEN, M./STRICKMANN, M., Rechte für Minderheiten, S. 331; LEINEN, M., Kapitalkonsolidierung im mehrstufigen Konzern, S. 143.

Gleichwohl berücksichtigt die damit verbundene erfolgsneutrale Verrechnung des den nicht beherrschenden Gesellschaftern zuzurechnenden negativen Unterschiedsbetrages im Fall eines **günstigen Gelegenheitskaufs**, dass der Erfolg aus der Unternehmensakquisition zum Erwerbszeitpunkt (noch) nicht realisiert ist.[964] Dieser dürfte sich gemäß dem Realisationsprinzip erst dann in einem c. p. höheren Periodenergebnis widerspiegeln, sobald bspw. die mithilfe des erworbenen Reinvermögens im Wertschöpfungsprozess des Konzerns erstellten Güter und Dienstleistungen in einer Transaktion mit Konzernaußenstehenden den „Sprung zum Absatzmarkt“[965] schaffen.[966] Allerdings ist das Realisationsprinzip nach der den IFRS zugrunde liegenden Erfolgskonzeption nicht maßgebend für den Zeitpunkt, zu dem Erträge in der Gesamtergebnisrechnung zu erfassen sind.[967] So können künftig realisierbare Erfolge bereits vor dem Gefahrenübergang das Gesamtergebnis beeinflussen.[968] Dies liegt darin begründet, dass die Erfolgskonzeption die Ertragserfassung an die Änderung der Wertansätze von Vermögenswerten und Schulden knüpft (sog. *asset liability approach*[969]).[970] Erträge repräsentieren demzufolge eine Zunahme wirtschaftlicher Nutzenpotenziale, die u. a. auf Zuflüsse oder Wertsteigerungen der in der Konzernbilanz anzusetzenden bzw. angesetzten Vermögenswerte zurückzuführen ist.[971] Da das im Zuge eines günstigen Gelegenheitskaufs des mittelbaren Tochterunternehmens (anteilig) erworbene Reinvermögen im Saldo den Wert der entrichteten Gegenleistung übersteigt, ist der negative Unterschiedsbetrag Ausdruck einer solchen Zunahme des Konzernvermögens.[972] Vor dem Hintergrund der konzeptionellen Grundpfeiler der IFRS-Rechnungslegung ist daher eine erfolgswirksame[973] Erfassung des den indirekt am mittelbaren Tochterunternehmen beteiligten nicht beherrschenden Gesellschaftern zuzurechnenden negativen Unterschiedsbetrages angezeigt.[974] Die Behandlung des in Rede stehenden Unterschiedsbetrages nach der multiplikativen Methode steht dem indes entgegen.[975]

---

964 Vgl. HOFMANN, U./TRILTZSCH, J., Bilanzieller Ausweis negativer Unterschiedsbeträge, S. 732; KÜTING, K./HARTH, H.-J., Behandlung negativer Aufrechnungsdifferenzen, S. 497; EPSTEIN, B./MIRZA, A. A., Wiley IAS 2002,S. 485.

965 BAETGE, J./KIRSCH, H.-J./THIELE, S., Bilanzen, S. 132 und 134.

966 Vgl. STREIM, H., Vermittlung von entscheidungsnützlichen Informationen, S. 117.

967 Vgl. CF.BC2.42 (a) sowie BAETGE, J. U. A., in: Baetge u. a., Rechnungslegung nach IFRS, 2. Aufl., Teil A: Kapitel II, Rn. 111.

968 Vgl. ANTONAKOPOULOS, N., Gewinnkonzeptionen und Erfolgsdarstellung nach IFRS, S. 22 und 27.

969 Vgl. stellvertretend SCHREIBER, S., Asset-Liability-Approach, S. 572–577.

970 Vgl. CF.4.68 f. Vgl. so bereits in Bezug auf das *Framework* (1989) ANTONAKOPOULOS, N., Gewinnkonzeptionen und Erfolgsdarstellung nach IFRS, S. 26 f. Dabei ist indes zu beachten, dass der Bilanz keine Vorrangstellung zugesprochen wird. Vielmehr sind sämtliche Berichtsinstrumente des Abschlusses gleichbedeutend. Vgl. CF.4.71. Darüber hinaus wird die konsequente Ausrichtung der IFRS-Rechnungslegung am *asset liability approach* (bislang) an zahlreichen Stellen durch spezifische Ansatz- und Bewertungsvorschriften durchbrochen. Vgl. HALLER, A./SCHLOẞGANGL, M., Neugestaltung des Performance Reporting, S. 317; ANTONAKOPOULOS, N., Gewinnkonzeptionen und Erfolgsdarstellung nach IFRS, S. 241.

971 Vgl. CF.4.68.

972 Vgl. QIN, S., Bilanzierung des Excess nach IFRS 3, S. 182; OPPERMANN, M./PILHOFER, J./MÜLLER, R., Zweifelsfragen bei negativen Unterschiedsbeträgen nach IFRS, S. 291.

973 Mit einer Erfolgs- bzw. Ergebniswirkung ist in dieser Arbeit jeder Effekt auf das Gesamtergebnis des Konzerns gemeint, während unter einer erfolgsneutralen Erfassung stets eine Buchung in der Konzernbilanz zu verstehen ist.

974 Vgl. KASPERZAK, R./LIECK, H., Bedeutung des Reassessment, S. 1015; HAAKER, A., Goodwill-Bilanzierung nach IFRS, S. 406.

975 Vgl. so auch im Kontext der Erfassung eines Erfolgs aus der Neubewertung der Altanteile bei einem sukzessiven

Liegt eine den anteiligen Substanzwert des mittelbaren Tochterunternehmens unterschreitende Gegenleistung allerdings (zum Teil) darin begründet, dass künftige Aufwendungen respektive Verluste aus dem Engagement beim Beteiligungsunternehmen erwartet werden, kann der negative Unterschiedsbetrag soweit nicht als wirtschaftlicher Vorteil in Form einer Zunahme des Konzernvermögens interpretiert werden.[976] Vielmehr bekundet er einen ***badwill***, dessen ertragswirksame Erfassung zum Erwerbszeitpunkt einen nicht vorliegenden günstigen Gelegenheitskauf signalisieren würde.[977] Die gemäß der multiplikativen Methode (implizit) vorgesehene erfolgsneutrale Behandlung des auf die indirekten nicht beherrschenden Anteile entfallenden negativen Unterschiedsbetrages ist daher vor dem Hintergrund einer glaubwürdigen Abbildung der Unternehmensakquisition zumindest mit Blick auf die Erfolgswirkungen zum Erwerbszeitpunkt konzeptionell überlegen.

Das Konzerneigenkapital, in dem der negative Unterschiedsbetrag der indirekten nicht beherrschenden Gesellschafter schließlich erfasst wird, umfasst gleichwohl grundsätzlich nur Mittel, die dem Konzern von seinen Anteilseignern dauerhaft durch eine Kapitalzuführung oder den Verzicht auf eine etwaige Gewinnausschüttung überlassen werden.[978] Zwar dient der *badwill* wie auch die von den Investoren bereitgestellten Mittel dem Ausgleich künftiger wirtschaftlicher Belastungen.[979] Allerdings stellt er kein von den Anteilseignern zugeführtes Kapital, sondern eher einen vom Veräußerer gewährten „Zuschuß [sic!] zur Verbesserung der Ertragslage“[980] des Konzerns dar.[981] Dem *badwill* ist daher kein Eigenkapitalcharakter zuzusprechen. Vielmehr würden sich die durch ihn repräsentierten künftigen Aufwendungen bzw. Verluste bei einem hypothetischen Ansatz in zusätzlichen oder höheren Schuldposten manifestieren, sodass dem *badwill* Fremdkapitalcharakter zuzusprechen ist.[982] Um indes auch als Schuld passiviert werden zu können, müsste dem negativen Unterschiedsbetrag eine in der Vergangenheit begründete, gegenwärtige rechtliche oder faktische Verpflichtung zur Übertragung wirtschaftlicher Ressourcen an Dritte zugrunde liegen.[983] Erwartete Aufwendungen bspw. für

---

Anteilserwerb HÖBENER, J./DUST, Y./GIMPEL-HENNING, N., Sukzessive Unternehmenserwerbe im Lichte des Conceptual Framework, S. 338 f.

976 Vgl. BAETGE, J./KIRSCH, H.-J./THIELE, S., Konzernbilanzen, S. 232; KÜTING, K./DUSEMOND, M./NARDMANN, B., Ausgewählte Probleme der Kapitalkonsolidierung, S. 15 f.; HOMMEL, M., Bilanzierung von Goodwill und Badwill, S. 804 f. sowie Abschnitt 522.31.

977 Vgl. GROS, S., Bilanzierung eines bargain purchase, S. 1957; HAAKER, A., Goodwill-Bilanzierung nach IFRS, S. 407 f. sowie Abschnitt 522.321.

978 Vgl. COENENBERG, A. G./HALLER, A./SCHULTZE, W., Jahresabschluss und Jahresabschlussanalyse, S. 331.

979 Vgl. PELLENS, B. U. A., Internationale Rechnungslegung, S. 570; BAETGE, J., Negativer Unterschiedsbetrag aus der Kapitalkonsolidierung, S. 356 f.

980 BAETGE, J., Negativer Unterschiedsbetrag aus der Kapitalkonsolidierung, S. 356 f.

981 Vgl. SAUTHOFF, J.-P., Charakter negativer Firmenwerte im Konzernabschluss, S. 621.

982 Vgl. KÜTING, K./WEBER, C.-P., Konzernabschluss, S. 375; TETTENBORN, M./ROHLEDER, S., Passiver Unterschiedsbetrag aus der Kapitalkonsolidierung, S. 421 f. Ähnlich auch KÜTING, K./WIRTH, J., Bilanzierung eines negativen Unterschiedsbetrags, S. 146. Der negative Unterschiedsbetrag kann zwar auch auf die in IFRS 3 kodifizierten Ausnahmen von der Bewertung bestimmter Vermögenswerte und Schulden zum beizulegenden Zeitwert zurückzuführen sein. Vgl. IFRS 3.BC379 i. V. m. IFRS 3.22–31. Diese Ausnahmetatbestände werden i. d. R. indes nur geringe Teile eines negativen Unterschiedsbetrages begründen können. Vgl. LÜDENBACH, N./VÖLKNER, B., Abgrenzung des Kaufpreises von sonstigen Vergütungen, S. 1440; HAAKER, A./FREIBERG, J., Sofortige Vereinnahmung eines negativen goodwill, S. 325.

983 Vgl. CF.4.26–4.47; IAS 37.10 sowie SENGER, T./BRUNE, J. W., in: Hennrichs/Kleindiek/Watrin, MüKo Bilanzrecht Bd. 1, IAS 37, Rn. 4.

die (freiwillige) künftige Restrukturierung des Erwerbsobjektes oder antizipierte operative Verluste aufgrund des Unternehmenszusammenschlusses substanziieren jedoch keine Außenverpflichtungen.[984] Neben dem fehlenden Verpflichtungscharakter gegenüber Konzernaußenstehenden sind drohende künftige betriebliche Verluste außerdem zum Erwerbszeitpunkt nicht durch ein in der Vergangenheit liegendes Ereignis wirtschaftlich verursacht.[985] Der *badwill* ist dementsprechend weder allgemein i. S. d. *Conceptual Framework* noch entsprechend den Vorschriften des IAS 37 als Schuld passivierungsfähig und kann daher lediglich als ein fremdkapitalähnlicher Korrekturbetrag zum erworbenen Reinvermögen charakterisiert werden.[986] Eine wie von der multiplikativen Methode vorgesehene implizite erfolgsneutrale Erfassung im Konzerneigenkapital wird seinem Charakter indes ebenso wenig gerecht.

Darüber hinaus bleibt die Gesamtergebnisrechnung angesichts der endgültigen erfolgsneutralen Verrechnung des den indirekten nicht beherrschenden Gesellschaftern zuzurechnenden negativen Unterschiedsbetrages nicht nur zum Erwerbszeitpunkt, sondern auch in **Folgeperioden** von etwaigen Erfolgswirkungen unberührt, die nicht auf Wertänderungen des Reinvermögens zurückgehen.[987] Im Fall eines günstigen Gelegenheitskaufs können Erfolge aus der Akquisition eines mittelbaren Tochterunternehmens damit auch nicht zum Zeitpunkt ihrer tatsächlichen Realisation ertragswirksam erfasst werden. Ebenso ist es nicht möglich, zum Erwerbszeitpunkt in Form eines *badwill* antizipierte negative Erfolgsbeiträge bei ihrem späteren tatsächlichen Eintritt durch eine entsprechende Ertragserfassung zu neutralisieren.[988] Spiegelbildlich zur erfolgsneutralen Verrechnung eines Geschäfts- oder Firmenwertes wird die Ertragslage des Konzerns daher dauerhaft zu negativ abgebildet.[989] Mithin würde im Konzernabschluss zu keinem Zeitpunkt das auf das erworbene Reinvermögen bezogene Verhandlungsgeschick des Managements deutlich.

Gleichwohl wird zumindest mit Blick auf die **Ergebnisverteilung** vermieden, einen stets als Erfolg zu vereinnahmenden negativen Unterschiedsbetrag vollständig – d. h. einschließlich des den indirekten nicht beherrschenden Gesellschaftern zuzurechnenden Anteils – zugunsten der Konzernobergesellschaft zu erfassen.[990] Eine solche Allokation wäre indes im Fall einer ertragswirksamen Vereinnahmung des auf die nicht beherrschenden Gesellschafter entfallenden negativen Unterschiedsbetra-

---

984 Vgl. IFRS 3.BC114; IFRS 3.BC132–BC143 sowie HOFMANN, U./TRILTZSCH, J., Bilanzieller Ausweis negativer Unterschiedsbeträge, S. 730 f.; SAUTHOFF, J.-P., Charakter negativer Firmenwerte im Konzernabschluss, S. 621.

985 Vgl. CF.4.47 sowie HOFMANN, U./TRILTZSCH, J., Bilanzieller Ausweis negativer Unterschiedsbeträge, S. 731. Vgl. hierzu auch IAS 37.19 f.; IAS 37.63 f. sowie VON KEITZ, I. U. A., in: Baetge u. a., Rechnungslegung nach IFRS, 2. Aufl., IAS 37, Rn. 71.

986 Vgl. EPSTEIN, B./MIRZA, A. A., Wiley IAS 2002, S. 485; HOFMANN, U./TRILTZSCH, J., Bilanzieller Ausweis negativer Unterschiedsbeträge, S. 733; VELTE, P., Intangible Assets und Goodwill, S. 223.

987 Vgl. analog zur erfolgsneutralen Verrechnung eines Geschäfts- oder Firmenwertes mit dem Konzerneigenkapital Vgl. OHMS, V., Bilanzierung des Goodwill im Konzernabschluss, S. 202; EBELING, R. M., Einheitsfiktion, S. 317; DUSEMOND, M., Endkonsolidierung und erfolgsneutrale Verrechnung des Geschäfts- oder Firmenwerts, S. 54; KÜTING, K., Der Geschäfts- oder Firmenwert als Schlüsselgröße der Analyse, S. 170 sowie Abschnitt 522.222.2.

988 Vgl., wenn auch im handelsrechtlichen Kontext, BAETGE, J./KIRSCH, H.-J./THIELE, S., Konzernbilanzen, S. 232; TETTENBORN, M./ROHLEDER, S., Passiver Unterschiedsbetrag aus der Kapitalkonsolidierung, S. 421 f.

989 Vgl. Abschnitt 522.222.2.

990 Mit Blick auf den einstufigen Konzern bei Anwendung der *full goodwill method* so aber IFRS 3.34 i. V. m. IFRS 3.IE46–IE48 sowie LÜDENBACH, N./HOFFMANN, W.-D./FREIBERG, J., in: Lüdenbach/Hoffmann/Freiberg,

ges nach IFRS 3 angezeigt. Schließlich sind dem Konzernmutterunternehmen als Erwerber i. S. d. multiplikativen Methode entsprechend den Regelungen zur Behandlung eines negativen Unterschiedsbetrages sämtliche Erfolgswirkungen aus dem vom IASB unterstellten günstigen Gelegenheitskauf zuzuordnen.[991] Da der Anteil der nicht beherrschenden Gesellschafter an der negativen Residualgröße allerdings erfolgsneutral und nicht ergebniswirksam erfasst wird, ist er nicht dem anteiligen Periodenergebnis des Konzernmutterunternehmens zuzuschreiben. Eine Fehlallokation des Konzernergebnisses auf die Gesellschafterstämme wird somit verhindert.

Insgesamt wird dennoch deutlich, dass die Behandlung eines negativen Unterschiedsbetrages nach der multiplikativen Methode die Relevanz und Glaubwürdigkeit der vermittelten Informationen überwiegend und bisweilen erheblich einschränkt. Ob und wieweit jedoch die alternative Behandlung einer solchen Residualgröße nach der additiven Methode vergleichsweise relevantere sowie glaubwürdigere Informationen vermitteln kann, soll im nachfolgenden Abschnitt untersucht werden.

### 522.33 Behandlung eines negativen Unterschiedsbetrages nach der additiven Methode

Im Unterschied zur multiplikativen Methode wird der Ermittlung des negativen Unterschiedsbetrages nach der additiven Methode nicht nur der Anteil der Konzernobergesellschaft, sondern die gesamte unterhalb des anteiligen Substanzwertes liegende Gegenleistung zugrunde gelegt.[992] Ihr wird zwar gemäß der Systematik zur Ermittlung eines Unterschiedsbetrages nach IFRS 3 noch der Wert der Anteile hinzugerechnet, die auf die direkt an dem mittelbaren Tochterunternehmen beteiligten nicht beherrschenden Gesellschafter entfallen.[993] Allerdings werden diese Anteile im Rahmen der *partial goodwill method* mit dem beizulegenden Zeitwert des auf sie entfallenden Reinvermögens des Erwerbsobjektes bewertet,[994] sodass sie dem Saldo der anteiligen beizulegenden Zeitwerte der erworbenen Vermögenswerte und übernommenen Schulden in gleicher Höhe gegenüberstehen. Aus der (impliziten) Verrechnung der direkten nicht beherrschenden Anteile mit dem ihnen zuzuordnenden Anteil am Reinvermögen kann daher kein Unterschiedsbetrag entstehen.[995] Ein etwaig aus der Akquisition resultierender negativer Unterschiedsbetrag ist nach der additiven Methode mithin ausschließlich dem **Konzernmutterunternehmen und** den indirekt am mittelbaren Tochterunternehmen beteiligten **nicht beherrschenden Gesellschaftern des Teilkonzernmutterunternehmens** zuzurechnen.

Da somit nicht nur die negative Differenz zwischen der anteiligen, der Konzernobergesellschaft zuzurechnenden Gegenleistung und dem korrespondierenden Reinvermögen ertragswirksam vereinnahmt wird, wird den Adressaten des Konzernabschlusses bei einer **günstigen Akquisitionsgelegenheit** der **Verhandlungserfolg** des Managements umfassender in der Konzerngewinn- und -verlustrechnung

Haufe IFRS-Kommentar, 16. Aufl., § 31, Rn. 140 f.

991 Vgl. IFRS 3.34.

992 Vgl. spiegelbildlich im Kontext der Ermittlung eines Geschäfts- oder Firmenwertes nach der additiven Methode Abschnitt 522.231.1.

993 Vgl. IFRS 3.32.

994 Vgl. IFRS 3.19 (b).

995 Vgl. hierzu und im Folgenden bereits Abschnitt 522.1.

transparent gemacht als im Rahmen der multiplikativen Methode.[996] Gleichwohl ist dabei zu beachten, dass auch bei Anwendung der additiven Methode die Erfolgswirkung aufgrund der Vorschriften des IFRS 3 durch den Zeitwert des (anteiligen) Reinvermögens begrenzt ist.[997] Darüber hinausgehende Wertpotenziale bleiben bei der Ermittlung des negativen Unterschiedsbetrages damit regelungsbedingt unberücksichtigt, sodass die Höhe des tatsächlichen Verhandlungserfolgs aus dem Konzernabschluss nicht ersichtlich wird.[998] Auf der einen Seite sind infolgedessen die vermittelten Informationen in Abhängigkeit von den das Reinvermögen übersteigenden Wertpotenzialen nur dem Grunde nach relevant. Auf der anderen Seite gehen in die zu erfassende Erfolgswirkung keine subjektiven Einschätzungen des Bilanzierenden mit Blick auf etwaige Synergieeffekte und Restrukturierungsmehrwerte ein, die die Glaubwürdigkeit beeinträchtigen könnten.

Vor dem Hintergrund des Leitbildes des einstufigen Konzerns scheint eine anteilige **Zuordnung** des nach der additiven Methode ermittelten negativen Unterschiedsbetrages zu den indirekt am mittelbaren Tochterunternehmen beteiligten nicht beherrschenden Gesellschaftern allerdings fraglich. Der Entstehung eines **einstufigen Konzerns** liegt der direkte Erwerb eines Tochterunternehmens durch die Konzernobergesellschaft zugrunde, bei dem ein als Erfolg aus einem günstigen Gelegenheitskauf zu erfassender negativer Unterschiedsbetrag ausschließlich dem Mutterunternehmen zuzurechnen ist.[999] Auf die (direkten) nicht beherrschenden Gesellschafter entfällt in einer solchen Erwerbskonstellation nach der *partial goodwill method* hingegen kein Unterschiedsbetrag, da sie definitionsgemäß nicht an der erwerbenden Konzernobergesellschaft beteiligt sein können.[1000] Dabei ist allerdings zu beachten, dass aus diesem Grund für die nicht beherrschenden Anteile – im Unterschied zur Akquisition eines mittelbaren Tochterunternehmens – zum Erwerbszeitpunkt auch keine den (anteiligen) Substanzwert unterschreitende Gegenleistung vorliegen kann, die einen den nicht beherrschenden Gesellschaftern zuzuordnenden negativen Unterschiedsbetrag begründen könnte. Daher ist es nicht möglich, aus einer der *partial goodwill method* entsprechenden Abbildung der Akquisition eines Tochterunternehmens direkt durch die Konzernobergesellschaft eindeutige Rückschlüsse auf die Zuordnung eines negativen Unterschiedsbetrages zu mehreren unterschiedlichen Gesellschaftergruppen zu ziehen.

Gleichwohl bietet die wahlweise anwendbare ***full goodwill method*** Hinweise für diese im mehrstufigen Konzern gegebene Allokationsproblematik. Im Rahmen dieser Methode sind schließlich die nicht beherrschenden Anteile an einem direkt durch die Konzernobergesellschaft erworbenen Tochterunternehmen mit ihrem beizulegenden Zeitwert zu bewerten,[1001] der den Wert des anteiligen Reinver-

996 Von Bewertungsfehlern bei der Ermittlung des beizulegenden Zeitwertes des erworbenen Reinvermögens wird an dieser Stelle abstrahiert.

997 Vgl. IFRS 3.BC376.

998 Vgl. HAAKER, A., Goodwill-Bilanzierung nach IFRS, S. 405 f.; MA, R./HOPKINS, R., Goodwill, S. 80.

999 Vgl. IFRS 3.34 i. V. m. IFRS 3.IE46–IE48.

1000 Vgl. IFRS 3.A; IFRS 10.A sowie KUNATH, O., Bilanzierung erworbener immaterieller Vermögenswerte, S. 111; GLAUM, M./VOGEL, S., Bilanzierung von Unternehmenszusammenschlüssen, S. 47.

1001 Vgl. IFRS 3.19 (a).

mögens der Tochtergesellschaft unterschreiten kann.[1002] Da nach der Ermittlungssystematik allerdings nur ein Gesamtunterschiedsbetrag ermittelt wird, ist dem Wert der nicht beherrschenden Anteile die vom Erwerber erbrachte Gegenleistung hinzuzurechnen und anschließend dem erworbenen Reinvermögen gegenüberzustellen.[1003] Für den Fall eines die Gegenleistung und die mit dem beizulegenden Zeitwert bewerteten nicht beherrschenden Anteile übersteigenden Reinvermögens zeigen die *illustrative examples* zu IFRS 3, dass der insgesamt entstehende negative Unterschiedsbetrag ausschließlich zugunsten der Konzernobergesellschaft ertragswirksam vereinnahmt wird.[1004] Ein etwaiger auf die Differenz zwischen dem beizulegenden Zeitwert der nicht beherrschenden Anteile und dem höheren auf diese Anteile entfallenden Reinvermögen zurückgehender negativer Unterschiedsbetrag ist somit nicht zugunsten der nicht beherrschenden Gesellschafter zu erfassen.[1005]

Dies deutet zwar zunächst darauf hin, dass auch beim Erwerb eines mittelbaren Tochterunternehmens ein auf die indirekte Beteiligung der nicht beherrschenden Gesellschafter des Teilkonzernmutterunternehmens entfallender negativer Unterschiedsbetrag dem Konzernmutterunternehmen zugeordnet werden müsste. Allerdings zeigen die Inhalte der vom Mitarbeiterstab des IASB erstellten *staff papers*, dass der Standardsetzer mit der Allokation eines negativen Unterschiedsbetrages auf die Gesellschafterstämme im Rahmen der *full goodwill method* wohl in erster Linie die **Bewertung der nicht beherrschenden Anteile** im Blick hat.[1006] Würde eine negative Differenz zwischen dem beizulegenden Zeitwert der nicht beherrschenden Anteile und dem anteiligen Reinvermögen nämlich als (vermeintlicher[1007]) Erfolg aus einem günstigen Gelegenheitskauf den nicht beherrschenden Gesellschaftern zugerechnet, zöge dies – ungeachtet bereits im Konzernabschluss erfasster nicht beherrschender Anteile – einen über dem beizulegenden Zeitwert liegenden Wertansatz des Eigenkapitalpostens für die Anteile nicht beherrschender Gesellschafter zum Erwerbszeitpunkt nach sich. Mithin würde die von der *full goodwill method* für die nicht beherrschenden Anteile vorgesehene Bewertungskonzeption durchbrochen.

Bei der günstigen Gelegenheitsakquisition eines mittelbaren Tochterunternehmens würde die vollständige Zuordnung der nach der additiven Methode ermittelten Erfolgswirkung zum Konzernmutterunternehmen die Bewertung der nicht beherrschenden Anteile nach der *partial goodwill method* zum

[1002] Vgl. KÜHNBERGER, M., Full Goodwill Methode, S. 453.

[1003] Vgl. IFRS 3.32 sowie PAWELZIK, K. U., Full goodwill und bargain purchase, S. 278.

[1004] Vgl. IFRS 3.34 i. V. m. IFRS 3.IE46–IE48. Hierzu kritisch HAEGLER, O., Bilanzierung nicht beherrschender Anteile im mehrstufigen Konzern, S. 194.

[1005] Vgl. hierzu kritisch KÜHNBERGER, M., Full Goodwill Methode, S. 452 f. Vgl. die Behandlung eines solchen Unterschiedsbetrages insofern für berechtigt erachtend, als die nicht beherrschenden Gesellschafter beim Erwerb eines Tochterunternehmens direkt durch das Konzernmutterunternehmen nicht an der Transaktion beteiligt sind, OPPERMANN, M./PILHOFER, J./MÜLLER, R., Zweifelsfragen bei negativen Unterschiedsbeträgen nach IFRS, S. 293; LÜDENBACH, N./HOFFMANN, W.-D./FREIBERG, J., in: Lüdenbach/Hoffmann/Freiberg, Haufe IFRS-Kommentar, 16. Aufl., § 31, Rn. 140.

[1006] Vgl. IASB (Hrsg.), Staff Paper 2C (March 2007), Rn. 10 und 12; IASB (Hrsg.), Staff Paper 2A (December 2006), Rn. 36 und 103–111 sowie LÜDENBACH, N./HOFFMANN, W.-D./FREIBERG, J., in: Lüdenbach/Hoffmann/Freiberg, Haufe IFRS-Kommentar, 16. Aufl., § 31, Rn. 140; OHMS, V., Bilanzierung des Goodwill im Konzernabschluss, S. 312; HAAKER, A., Einheitstheorie und Fair Value-Orientierung, S. 454.

[1007] Vgl. zur Kritik an der ertragswirksamen Erfassung einer negativen Differenz zwischen einer zum beizulegenden Zeitwert bewerteten Beteiligung und dem auf diese Beteiligung entfallenden Reinvermögen Abschnitt 532.422.2.

beizulegenden Zeitwert des anteiligen erworbenen Reinvermögens nicht wahren.[1008] Die indirekten Anteile der nicht beherrschenden Gesellschafter der Teilkonzernobergesellschaft am Reinvermögen des mittelbaren Tochterunternehmens würden zwar mit dem Wert der anteiligen Gegenleistung bewertet. Dieser Wert kann angesichts der einem günstigen Gelegenheitskauf zugrunde liegenden ungewöhnlichen Transaktionsumstände indes nicht als bestmöglicher Nachweis für den Zeitwert des zugegangenen Reinvermögens dienen, das auf die indirekten nicht beherrschenden Anteile entfällt.[1009] Vielmehr spiegelt eine solche Bewertung lediglich das auf die nicht beherrschenden Gesellschafter entfallende (Rein-)Vermögen des Teilkonzernmutterunternehmens vor der Akquisition wider.[1010] Der aus dem Gelegenheitskauf resultierende Vermögenszuwachs in Höhe der Differenz zwischen der Gegenleistung und dem beizulegenden Zeitwert des erworbenen Reinvermögens würde für die indirekten nicht beherrschenden Gesellschafter damit nicht anteilig nachgezeichnet.[1011] Allerdings sind diese nicht beherrschenden Gesellschafter zum einen an der akquirierenden Einheit beteiligt.[1012] Zum anderen partizipieren sie grundsätzlich in Höhe ihrer effektiven Beteiligungsquote an den mit dem erworbenen Reinvermögen verbundenen Nutzenpotenzialen, da diese Potenziale nach der impliziten Annahme der Neubewertungsmethode ausschließlich im mittelbaren Tochterunternehmen realisiert werden.[1013] Um also einerseits eine der Nutzenziehung entsprechende Zuordnung des Erfolgs zu den Gesellschafterstämmen und andererseits eine glaubwürdige Abbildung der gesellschaftergruppenspezifischen Vermögensverhältnisse zum Erwerbszeitpunkt zu gewährleisten, sind den indirekten nicht beherrschenden Gesellschaftern insofern ein aus dem Unternehmenszusammenschluss resultierender Reinvermögenszuwachs und die daran geknüpfte Erfolgswirkung anteilig zuzurechnen.[1014]

---

1008 Vgl. zu den Implikationen der Bilanzierung bzw. Erfassung eines Unterschiedsbetrages aus einem Unternehmenszusammenschluss auf den Wertansatz des Eigenkapitalpostens für nicht beherrschende Anteile im Allgemeinen Abschnitt 523. und im Speziellen für die Erfassung eines negativen Unterschiedsbetrages Abschnitt 523.3.

1009 Vgl. KASPERZAK, R./LIECK, H., Bedeutung des Reassessment, S. 1017 sowie zur Ausgeglichenheitsvermutung von Leistung und Gegenleistung unter gewöhnlichen Umständen Abschnitt 522.221.1 und 522.231.1.

1010 Zwar kann sich im Zuge des Unternehmenszusammenschlusses auch auf dieser Bewertungsgrundalge eine für die nicht beherrschenden Anteile zu erfassende (positive) Erfolgswirkung ergeben. Diese geht dann allerdings auf die Neubewertung eines als Gegenleistung hingegebenen nicht monetären Vermögenswertes und nicht auf den darüber hinausgehenden Wert des zugegangenen (anteiligen) Reinvermögens zurück. Vgl. zur Neubewertung nicht monetärer Gegenleistungen bereits Abschnitt 522.231.2.

1011 Vgl. ähnlich PAWELZIK, K. U., Full goodwill and bargain purchase, S. 278.

1012 Vgl. HAEGLER, O., Bilanzierung nicht beherrschender Anteile im mehrstufigen Konzern, S. 192 und 194. Im Unterschied zu den nicht beherrschenden Gesellschaftern der Teilkonzernobergesellschaft sind die direkt an dem mittelbaren Tochterunternehmen beteiligten nicht beherrschenden Gesellschafter nicht an der Unternehmensakquisition beteiligt, sodass die Erfassung eines auf ihre Anteile entfallenden (fiktiven) Erfolgs aus einem günstigen Gelegenheitskauf nicht gerechtfertigt wäre.

1013 Vgl. HAAKER, A., Goodwill-Bilanzierung nach IFRS, S. 263 f. und 370; WIRTH, J./DUSEMOND, M./KÜTING, P., Kapitalkonsolidierung im mehrstufigen Konzern, S. 2494; EBELING, R. M., Anteile fremder Gesellschafter, S. 334 sowie bereits implizit IFRS 3.BC125 (2004). Sofern allerdings zwischen dem Teilkonzernmutterunternehmen und der Konzernobergesellschaft ein Ergebnisabführungsvertrag geschlossen wurde, steht den nicht beherrschenden Gesellschaftern zumindest im deutschen Rechtsraum nur eine Ausgleichszahlung nach § 304 AktG zu, die allerdings von dem der Beteiligungsquote entsprechenden Ergebnisanteil abweichen kann. Vgl., wenn auch im handelsrechtlichen Kontext, EBELING, R. M., Anteile fremder Gesellschafter, S. 325 sowie ausführlich SCHOLZ, S., Bilanzierung von Minderheitsanteilen bei Ergebnisabführungsverträgen, S. 1003–1007.

1014 Vgl. so im Ergebnis wohl auch LÜDENBACH, N./HOFFMANN, W.-D./FREIBERG, J., in: Lüdenbach/Hoffmann/Freiberg, Haufe IFRS-Kommentar, 16. Aufl., § 31, Rn. 141; HAEGLER, O., Bilanzierung nicht beherrschender Anteile im mehrstufigen Konzern, S. 194; HAYN, S./STRÖHER, T., in: Baetge u. a., Rechnungslegung nach IFRS, 2. Aufl.,

Analog ist auch eine beteiligungsproportionale Aufteilung des negativen Unterschiedsbetrages auf die Gesellschafterstämme angezeigt, wenn die Residualgröße einen ***badwill*** repräsentiert. Gleichwohl signalisiert dessen ertragswirksame Erfassung einerseits einen nicht gegebenen günstigen Gelegenheitskauf zum Erwerbszeitpunkt.[1015] Andererseits können die negativen Erfolgsbeiträge bei Eintritt der zum Akquisitionszeitpunkt antizipierten Aufwendungen als vermeintliche Fehlinvestition interpretiert werden, obgleich sie nur das (technische) Ergebnis einer verfrühten Ertragserfassung sind.[1016] Sofern also ein *badwill* bereits zum Erwerbszeitpunkt ertragswirksam vereinnahmt wird, werden weder bei der Erstkonsolidierung noch in den Folgeperioden die tatsächlichen wirtschaftlichen Gegebenheiten glaubwürdig und relevant abgebildet.

## 523. Bilanzieller Wertansatz nicht beherrschender Anteile

### 523.1 Charakter und Bilanzierung nicht beherrschender Anteile

Sowohl die Erfassung eines negativen Unterschiedsbetrages als auch die Bilanzierung eines Geschäfts- oder Firmenwertes der indirekt an einem mittelbaren Tochterunternehmen beteiligten nicht beherrschenden Gesellschafter wirken sich nach der multiplikativen und additiven Methode unterschiedlich auf die nicht beherrschenden Anteile am Konzerneigenkapital[1017] aus.[1018] Grundsätzlich sind nicht beherrschende Anteile immer dann in den Konzernabschluss aufzunehmen, wenn das Konzernmutterunternehmen weder mittel- noch unmittelbar sämtliche Anteile an einer Tochtergesellschaft hält.[1019] Schließlich sind die einzelnen, identifizierbaren Vermögenswerte und Schulden sowie die Eigenkapitalien der Tochterunternehmen nicht nur entsprechend dem Anteil der Konzernobergesellschaft, sondern vollständig anzusetzen (sog. Vollkonsolidierung).[1020] Die Anteile nicht beherrschender Gesellschafter am Eigenkapital eines vollkonsolidierten Beteiligungsunternehmens werden nicht nur im Einzel-,[1021] sondern auch im Konzernabschluss als **Eigenkapital** klassifiziert und sind

---

IFRS 3, Rn. 271; SENGER, T./BRUNE, J. W., in: Driesch u. a., Beck IFRS HB, 5. Aufl., § 34, Rn. 227 sowie im handelsrechtlichen Kontext BUSSE VON COLBE, W. U. A., Konzernabschlüsse, S. 307; LEINEN, M., Kapitalkonsolidierung im mehrstufigen Konzern, S. 143.

1015 Vgl. GROS, S., Bilanzierung eines bargain purchase, S. 1957; HAAKER, A., Goodwill-Bilanzierung nach IFRS, S. 407 f. sowie bereits Abschnitt 522.321.

1016 Vgl. HAAKER, A., Goodwill-Bilanzierung nach IFRS, S. 408.

1017 Seit Abschluss der zweiten Phase des *Business Combinations*–Projektes im Jahr 2008 werden die Anteile nicht beherrschender Gesellschafter nicht mehr als „Minderheitenanteile" (*minority interests*) bezeichnet. Diese Bezeichnung kann in den Fällen missverständlich sein, in denen die nicht beherrschenden Gesellschafter trotz einer Mehrheitsbeteiligung keinen beherrschenden Einfluss i. S. d. IFRS 10 auf das Beteiligungsunternehmen ausüben können. Vgl. IFRS 10.BCZ155 sowie KIRSCH, H.-J./HENDLER, M./FABER, M., in: Baetge/Kirsch/Thiele, Bilanzrecht, § 301 HGB, Rn. 502; BAETGE, J./HAYN, S./STRÖHER, T., in: Baetge u. a., Rechnungslegung nach IFRS, 2. Aufl., IFRS 10, Rn. 34.

1018 Vgl. hierzu bereits Abschnitt 344.

1019 Vgl. PAWELZIK, K. U., Prüfung des Konzerneigenkapitals, S. 102; GIMPEL-HENNING, N., Sukzessive Anteilserwerbe, S. 73; MÜLLER, S./KREIPL, M., Behandlung indirekter Anteile anderer Gesellschafter, S. 282.

1020 Vgl. IFRS 3.10. Augenscheinlich deutet die Technik der Kapitalkonsolidierung darauf hin, dass lediglich der Anteil der nicht beherrschenden Gesellschafter am Eigenkapital eines Tochterunternehmens in das Konzerneigenkapital aufgenommen wird. Dabei ist allerdings zu beachten, dass die der Konzernobergesellschaft direkt oder indirekt zuzuordnenden Eigenkapitalien der Tochterunternehmen impliziter Bestandteil des Eigenkapitals des Konzernmutterunternehmens sind.

1021 Vgl. PAWELZIK, K. U., Konsolidierung von Minderheiten, S. 680.

daher innerhalb des Konzerneigenkapitals,[1022] indes getrennt vom Anteil des Konzernmutterunternehmens auszuweisen.[1023] Dabei dient der separate Ausweis vor allem zur Information der Gesellschafterstämme über ihren jeweiligen Kapitalbeitrag, der sich angesichts einer möglichen Vielzahl konsolidierter Tochterunternehmen mit unterschiedlicher (relativer) Beteiligungshöhe der Gesellschaftergruppen nicht durch eine einfache Multiplikation mit einer einzigen Beteiligungsquote bestimmen lässt.[1024]

Implizit wird durch die Vollkonsolidierung i .V. m. dem Ausweis im Konzerneigenkapital eine Sacheinlage der nicht beherrschenden Gesellschafter in den Konzern fingiert.[1025] Diese Einlage ist entsprechend der *partial goodwill method* zum **Erwerbszeitpunkt** eines Tochterunternehmens mit dem beizulegenden Zeitwert des den Eigenkapitalinstrumenten der nicht beherrschenden Gesellschafter zuzuordnenden, identifizierten und angesetzten Reinvermögens zu bewerten.[1026] **Nach der Akquisition** wird der Wertansatz der nicht beherrschenden Eigenkapitalanteile indes nicht an jedem Abschlussstichtag mit diesem Bewertungsmaßstab neu bestimmt.[1027] Stattdessen ist er um die anteiligen Änderungen des in den Konzernabschluss eingehenden Eigenkapitals der Tochtergesellschaft fortzuschreiben.[1028]

Unter diese Änderungen sind die Auswirkungen von **Eigenkapitaltransaktionen** sowohl zwischen den nicht beherrschenden Gesellschaftern und ihrem Beteiligungsunternehmen als auch zwischen den Gesellschafterstämmen zu subsumieren. Eigenkapitaltransaktionen zwischen den nicht beherrschen-

---

1022 Vgl. IFRS 3.A; IFRS 10.A. Der IASB begründet die Klassifizierung der nicht beherrschenden Anteile als Eigenkapital vor allem damit, dass diese Anteile die Definition einer Schuld nicht erfüllen. Vgl. IFRS 10.BCZ156–BCZ159.

1023 Vgl. IFRS 10.22 i. V. m. IAS 1.54 (q) sowie HAEGLER, O., Bilanzierung nicht beherrschender Anteile im mehrstufigen Konzern, S. 192; SENGER, T., in: Hennrichs/Kleindiek/Watrin, MüKo Bilanzrecht Bd. 2, § 307 HGB, Rn. 4.

1024 Vgl. PAWELZIK, K. U., Konsolidierung von Minderheiten, S. 680; BAETGE, J./HAYN, S./STRÖHER, T., in: Baetge u. a., Rechnungslegung nach IFRS, 2. Aufl., IFRS 10, Rn. 432. Neben dem separaten konzernbilanziellen Ausweis sind die nicht beherrschenden Anteile außerdem im Konzernanhang für die einzelnen Tochterunternehmen differenziert anzugeben. Vgl. IFRS 12.12 sowie KÜTING, K./WEBER, C.-P., Konzernabschluss, S. 151.

1025 Vgl. THEILE, C., Kapitalkonsolidierung im mehrstufigen Konzern, S. 532; BUSSE VON COLBE, W. U. A., Konzernabschlüsse, S. 207; HACHMEISTER, D., Unternehmenszusammenschlüsse, S. 120; HOMMEL, M./FRANKE, F./RÖßLER, B., Minderheitengoodwill, S. 159; THEILE, C./PAWELZIK, K. U., in: Heuser/Theile, IFRS-Handbuch, 5. Aufl., D VI, Rn. 5832; PAWELZIK, K. U., Konsolidierung von Minderheiten, S. 678.

1026 Vgl. IFRS 3.19 (b) sowie HAAKER, A., Wahlrecht zur Anwendung der full goodwill method, S. 190; WIRTH, J./DUSEMOND, M./KÜTING, P., Kapitalkonsolidierung im mehrstufigen Konzern, S. 2496; HACHMEISTER, D., Unternehmenszusammenschlüsse, S. 120. Dieser Bewertungsmaßstab ist allerdings auf die hier ausschließlich betrachteten Eigenkapitalinstrumente beschränkt, die gegenwärtig Eigentumsansprüche repräsentieren und dem Anteilseigner im Fall einer Liquidation des Beteiligungsunternehmens das Recht auf einen proportionalen Anteil am Nettovermögen gewähren. Vgl. IFRS 3.19 sowie SENGER, T./BRUNE, J. W., in: Driesch u. a., Beck IFRS HB, 5. Aufl., § 34, Rn. 210. Andere nicht beherrschende Anteile sind hingegen mit ihrem beizulegenden Zeitwert zu bewerten, soweit kein anderer Standard eine abweichende Regelung vorsieht. Vgl. HAYN, S./STRÖHER, T., in: Baetge u. a., Rechnungslegung nach IFRS, 2. Aufl., IFRS 3, Rn. 79a und 253.

1027 Vgl. PwC (Hrsg.), Manual of Accounting 2017, Rn. 26.190; DELOITTE (Hrsg.), iGAAP 2018, S. 2097 sowie kritisch FRÖHLICH, C., Non-Controlling Interest im IFRS-Abschluss, S. 419.

1028 Vgl. IFRS 10.B94–B96; CF.5.3 (b); CF.5.4 sowie WIRTH, J., Firmenwertbilanzierung nach IFRS, S. 178; PELLENS, B. U. A., Internationale Rechnungslegung, S. 573 f.; ähnlich auch KAJÜTER, P., Eigenkapitalveränderungsrechnung, S. 109.

den Gesellschaftern und dem Beteiligungsunternehmen sind grundsätzlich als Kapitalerhöhung oder -herabsetzung zu charakterisieren.[1029] Zwar steigt oder sinkt durch solche Kapitalmaßnahmen in jedem Fall der (absolute) Kapitalbeitrag und bei einer überproportionalen Teilnahme auch gleichgerichtet die Beteiligungsquote der nicht beherrschenden Gesellschafter.[1030] Letztere kann allerdings auch unverändert bleiben, wenn die Gesellschaftergruppen proportional an der Kapitalerhöhung oder -herabsetzung partizipieren oder sich infolge einer unterproportionalen Teilhabe der nicht beherrschenden Anteile gar entgegengesetzt zum Kapitalbeitrag entwickeln. Überdies sind Auf- und (statuswahrende) Abstockungen als Eigenkapitaltransaktionen zwischen den nicht beherrschenden Gesellschaftern und dem Konzernmutterunternehmen abzubilden.[1031] Während sich dabei die gesellschafterstammspezifischen Anteile am Konzerneigenkapital aufgrund veränderter Beteiligungsquoten erhöhen bzw. mindern, bleiben die (fortgeführten) konzernbilanziellen Wertansätze der Vermögenswerte und Schulden von der Transaktion unberührt.[1032] Ein etwaiger Unterschiedsbetrag zwischen dem übertragenen Vermögen zu Konzernbuchwerten und der von dem „erwerbenden" Gesellschafterstamm entrichteten Gegenleistung wird unmittelbar erfolgsneutral mit dem Eigenkapitalanteil des Konzernmutterunternehmens verrechnet.[1033]

Ferner sind die nicht beherrschenden Eigenkapitalanteile um den **Anteil** der nicht beherrschenden Gesellschafter am **Gesamtergebnis des Konzerns** fortzuschreiben.[1034] Dazu zählen u. a. die anteiligen Erfolgswirkungen aus der Fortführung des zum Erwerbszeitpunkt einer Tochtergesellschaft angesetzten Reinvermögens, eines bspw. im Zuge einer Abstockung auf die nicht beherrschenden Gesellschafter übergegangenen Geschäfts- oder Firmenwertes sowie bei einer derivativen Konzernabschlusserstellung die Eliminierung der anteiligen Erfolgswirkungen aus konzerninternen Transaktionen.[1035] Dabei kann der Eigenkapitalposten für die Anteile der nicht beherrschenden Gesellschafter

---

1029 Vgl. BAETGE, J./HAYN, S./STRÖHER, T., in: Baetge u. a., Rechnungslegung nach IFRS, 2. Aufl., IFRS 10, Rn. 414.

1030 Vgl. hierzu und im Folgenden, wenn auch im handelsrechtlichen Kontext, WINKELJOHANN, N./DEUBERT, M., in: Grottel u. a., Beck Bilanzkomm., 11. Aufl., § 301 HGB, Rn. 265 und 285 f.; HOFFMANN, W.-D./LÜDENBACH, N., NWB Kommentar Bilanzierung, 9. Aufl., § 301 HGB, Rn. 120 f.

1031 Vgl. KLOSE, N.-C., Kapitalkonsolidierungs- und Bewertungsmethoden, S. 191 f. und 195; KÜTING, K./SEEL, C./STRAUß, M., Änderung der Beteiligungshöhe, S. 182; KÜTING, K./WIRTH, J., Firmenwertberücksichtigung bei einer Endkonsolidierung, S. 424; MILLA, A./BUTOLLO, B., Sonderfälle der Übergangskonsolidierung nach IFRS, S. 180 f. Sofern das Konzernmutterunternehmen im Rahmen einer Anteilsveräußerung seinen beherrschenden Einfluss über ein Tochterunternehmen verliert, sind nicht nur die veräußerten Anteile des Mutterunternehmens, sondern auch die entsprechenden nicht beherrschenden Anteile auszubuchen. Dies liegt darin begründet, dass das (ehemalige) Tochterunternehmen dann nicht länger im Wege der Vollkonsolidierung in den Konzernabschluss einbezogen wird und somit keine nicht beherrschenden Anteile mehr auszuweisen sind. Vgl. IFRS 10.B98 (a) (ii) i. V. m. IFRS 10.25 f. sowie, wenn auch im handelsrechtlichen Kontext, KIRSCH, H.-J./ENGELKE, F., in: Baetge/Kirsch/Thiele, Bilanzrecht, § 307 HGB, Rn. 34.15–34.19.

1032 Vgl. IFRS 10.B96 i. V. m. IFRS 10.23 sowie HOMMEL, M./FRANKE, F./RÖßLER, B., Minderheitengoodwill, S. 164.

1033 Vgl. IFRS 10.B96 sowie, wenn auch nur im Zusammenhang mit Aufstockungen, KLOSE, N.-C., Kapitalkonsolidierungs- und Bewertungsmethoden, S. 192; LÜDENBACH, N., Transaktionskosten bei Aufstockung von Mehrheitsbeteiligungen, S. 379 f.

1034 Vgl. IFRS 10.B94 sowie WIRTH, J., Firmenwertbilanzierung nach IFRS, S. 178; KLOSE, N.-C., Kapitalkonsolidierungs- und Bewertungsmethoden, S. 191.

1035 Vgl. BAETGE, J./HAYN, S./STRÖHER, T., in: Baetge u. a., Rechnungslegung nach IFRS, 2. Aufl., IFRS 10, Rn. 414; WIRTH, J., Firmenwertbilanzierung nach IFRS, S. 179 f. Vgl. im handelsrechtlichen Kontext auch HACHMEISTER, D./BEYER, B., in: Böcking u. a., Beck HdR, C 401, Rn. 18.

im Saldo auch einen negativen Wert annehmen.[1036] Inwieweit die beiden Methoden zur Abbildung der Akquisition eines mittelbaren Tochterunternehmens dem beschriebenen Charakter und der im IFRS-Regelungskanon vorgesehenen Bilanzierung nicht beherrschender Eigenkapitalanteile gerecht werden können, wird im Folgenden erörtert.

### 523.2 Bilanzierung nicht beherrschender Anteile im Fall eines positiven Unterschiedsbetrages

#### 523.21 Wertansatz nicht beherrschender Anteile nach der multiplikativen Methode

##### 523.211. Minderung des Wertansatzes nicht beherrschender Anteile

Neben den nicht beherrschenden Anteilen an anderen Konzerntochterunternehmen wird nach der multiplikativen Methode zum Erwerbszeitpunkt eines mittelbaren Tochterunternehmens einerseits das Eigenkapital dieser Tochtergesellschaft in Höhe der zum beizulegenden Zeitwert des (anteiligen) Reinvermögens bewerteten direkten und indirekten Anteile der nicht beherrschenden Gesellschafter in den Eigenkapitalposten für nicht beherrschende Anteile eingestellt.[1037] Andererseits wird auch das der (effektiven) Beteiligungsquote der nicht beherrschenden Gesellschafter entsprechende Eigenkapital des Teilkonzernmutterunternehmens in diesem Posten erfasst.[1038] Da sich das Eigenkapital der Teilkonzernobergesellschaft als Residualgröße nach Abzug der Schulden von den Unternehmensbeteiligungen und den sonstigen Vermögenswerten ergibt,[1039] gehen in dessen Ermittlung auch die Eigenkapitalansprüche ein, die durch die Beteiligung am mittelbaren Tochterunternehmen repräsentiert werden. Diese Ansprüche wurden indes bereits auf der Ebene der mittelbaren Tochtergesellschaft anteilig den nicht beherrschenden Gesellschaftern zugerechnet.[1040] Um eine **Mehrfacherfassung zu vermeiden**, sind nach Maßgabe der multiplikativen Methode die nicht beherrschenden Anteile am Eigenkapital der Teilkonzernobergesellschaft und damit schließlich der korrespondierende Eigenkapitalposten um die indirekte Beteiligung der nicht beherrschenden Gesellschafter an der mittelbaren Tochtergesellschaft zu kürzen.[1041] Die Höhe der nicht beherrschenden Anteile am Konzerneigenkapital entspricht schließlich der Summe der anteilig den nicht beherrschenden Gesellschaftern zuzurechnenden Eigenkapitalien der Konzerntochterunternehmen abzüglich der indirekten Beteiligungen dieser Gesellschafter an vollkonsolidierten (mittelbaren) Tochtergesellschaften.

---

[1036] Vgl. SENGER, T., in: Hennrichs/Kleindiek/Watrin, MüKo Bilanzrecht Bd. 2, § 307 HGB, Rn. 4; PELLENS, B./AMSHOFF, H./SELLHORN, T., Einheitstheorie in der M&A-Bilanzierung, S. 604.

[1037] Vgl. SENGER, T./DIERSCH, U., in: Driesch u. a., Beck IFRS HB, 5. Aufl., § 35, Rn. 74; KÜTING, K./WEBER, C.-P./WIRTH, J., Kapitalkonsolidierung im mehrstufigen Konzern, S. 46; BAETGE, J./KIRSCH, H.-J./THIELE, S., Konzernbilanzen, S. 399; LÜHRMANN, V./SCHRUFF, L., Minderheitenanteile im Konzernabschluss, S. 262.

[1038] Vgl. KÜTING, K./WEBER, C.-P./WIRTH, J., Kapitalkonsolidierung im mehrstufigen Konzern, S. 45 f.

[1039] Vgl. CF.4.63 sowie PELLENS, B. U. A., Internationale Rechnungslegung, S. 571; FRÖHLICH, C., Non-Controlling Interest im IFRS-Abschluss, S. 418.

[1040] Vgl. PEFFEKOVEN, F. P., Reform der Kapitalkonsolidierung, S. 190.

[1041] Vgl. MANDL, G./KÖNIGSMAIER, H., Behandlung von Minderheitsanteilen im mehrstufigen Konzern, S. 251; BAETGE, J./KIRSCH, H.-J./THIELE, S., Konzernbilanzen, S. 404. Die in Abschnitt 342. vorgestellte konsolidierungstechnische Variante der multiplikativen Methode eliminiert die drohende Doppelerfassung hingegen bereits auf der niedrigeren Konsolidierungsstufe von Teilkonzernmutterunternehmen und mittelbarer Tochtergesellschaft. Vgl. auch LEINEN, M., Kapitalkonsolidierung im mehrstufigen Konzern, S. 125 und 128.

Allerdings ist in diesem Kontext zu berücksichtigen, dass die indirekte Beteiligung nicht beherrschender Gesellschafter an einem mittelbaren Tochterunternehmen zum Erwerbszeitpunkt das anteilige mit dem beizulegenden Zeitwert des Reinvermögens neubewertete Eigenkapital übersteigen und damit einen Geschäfts- oder Firmenwert umfassen kann.[1042] Entsprechend der Grundidee der multiplikativen Methode wird dieser Unterschiedsbetrag bei der Konsolidierung des mittelbaren Tochterunternehmens indes nicht aktiviert, sondern als Bestandteil der indirekten Beteiligung erfolgsneutral mit dem Eigenkapitalposten für die Anteile nicht beherrschender Gesellschafter verrechnet.[1043] Sofern ein vollständiger Erwerb des mittelbaren Tochterunternehmens unterstellt wird und somit keine Eigenkapitalanteile direkt an dem Erwerbsobjekt beteiligter nicht beherrschender Gesellschafter in den konzernbilanziellen Wertansatz der nicht beherrschenden Anteile eingehen, zeigt sich, dass die Verrechnung der Beteiligung nicht nur eine drohende Doppel- bzw. Mehrerfassung von Eigenkapitalansprüchen verhindert.[1044] Vielmehr werden c. p. auch die Anteile der nicht beherrschenden Gesellschafter am Eigenkapital des Teilkonzernmutterunternehmens und infolgedessen die in der Konzernbilanz ausgewiesenen **nicht beherrschenden Anteile** in Höhe des auf die indirekte Beteiligung entfallenden Geschäfts- oder Firmenwertes **gemindert**.[1045] Die Eigenkapitalanteile der am Teilkonzernmutterunternehmen beteiligten nicht beherrschenden Gesellschafter wurden gemäß der *partial good-*

---

1042 Es ist zwar potenziell möglich, dass bei der in Abschnitt 522.221. beschriebenen Zuordnung der für die gesamte Kapitalbeteiligung am mittelbaren Tochterunternehmen entrichteten Gegenleistung zu den Gesellschaftergruppen der indirekten Beteiligung der nicht beherrschenden Gesellschafter kein über das anteilige Reinvermögen des mittelbaren Tochterunternehmens hinausgehendes vergütetes Wertpotenzial zugerechnet wird. In der Regel werden die nicht beherrschenden Gesellschafter des Teilkonzernmutterunternehmens indes zumindest an den Wertpotenzialen partizipieren, die erwartungsgemäß innerhalb des Teilkonzernverbundes realisiert werden. Vgl. Abschnitt 522.232.22. Die Verrechnung der indirekten Beteiligung der nicht beherrschenden Gesellschafter an der mittelbaren Tochtergesellschaft mit den nicht beherrschenden Anteilen am Konzerneigenkapital wird daher regelmäßig auch mit der Saldierung eines dieser Beteiligung zuzurechnenden Geschäfts- oder Firmenwertes verbunden sein. Zugleich kann die von den (effektiven) Beteiligungsquoten der Gesellschaftergruppen abweichende Allokation der entrichteten Gegenleistung dazu führen, dass im Rahmen der multiplikativen Methode konzernbilanziell ein Geschäfts- oder Firmenwert angesetzt wird, der mit den vonseiten der nicht beherrschenden Gesellschafter des Teilkonzernmutterunternehmens bereitgestellten Ressourcen vergütet wurde. Infolgedessen zieht die in Abschnitt 522.221. beschriebene Allokationssystematik i. V. m. der Verrechnung der indirekten Beteiligung der nicht beherrschenden Gesellschafter gegenüber einer beteiligungsproportionalen Verteilung der das Reinvermögen des mittelbaren Tochterunternehmens überschießenden, vergüteten Wertpotenziale wertmäßig vergleichsweise höhere Anteile der nicht beherrschenden Gesellschafter am Konzerneigenkapital nach sich. Der Wertansatz dieser Anteile entspricht mithin nicht dem anteiligen Wert des sog. Nettokapitals, das sich nach Kürzung des konsolidierungspflichtigen Eigenkapitals eines Konzerntochterunternehmens um die Wertansätze seiner Unternehmensbeteiligungen ergibt. Vgl. hierzu im handelsrechtlichen Kontext LEINEN, M., Kapitalkonsolidierung im mehrstufigen Konzern, S. 106 und 129 m. w. N. Nach hier vertretener Auffassung ist darin gleichwohl keine Inkompatibilität der in Abschnitt 522.221. beschriebenen Allokationssystematik und der Konzeption der multiplikativen Methode zu sehen, da dem Leitgedanken dieser Methode Rechnung getragen wird, keine über das separat bilanzierungsfähige Reinvermögen hinausgehenden Wertpotenziale für die indirekten nicht beherrschenden Gesellschafter anzusetzen.

1043 Vgl. KÜTING, K./WEBER, C.-P., Konzernabschluss, S. 418; LEINEN, M., Kapitalkonsolidierung im mehrstufigen Konzern, S. 79 f.; BAETGE, J./KIRSCH, H.-J./THIELE, S., Konzernbilanzen, S. 400; KÜTING, K./WEBER, C.-P./WIRTH, J., Kapitalkonsolidierung im mehrstufigen Konzern, S. 46; EWERT, R./SCHENK, G., Kapitalkonsolidierung im mehrstufigen Konzern, S. 9.

1044 Vgl. GÖTH, P., Eigenkapital im Konzernabschluss, S. 459.

1045 Vgl. LÜHRMANN, V./SCHRUFF, L., Minderheitenanteile im Konzernabschluss, S. 264; GÖTH, P., Eigenkapital im Konzernabschluss, S. 459; PAWELZIK, K. U./THEILE, C., Eigenkapitalvernichtung im mehrstufigen Konzern, S. 2385 f.; LÜDENBACH, N., Vernichtung von Eigenkapital im Konzernabschluss, S. 849 sowie, wenn auch nicht im Kontext des mehrstufigen Konzerns, KÜTING, K., Geschäfts- oder Firmenwert als Schlüsselgröße der Analyse von Bilanzen, S. 2762. Die Minderung der nicht beherrschenden Anteile und infolgedessen des Konzerneigenkapitals ist

*will method* zum Zeitpunkt ihres ursprünglichen Zugangs mit dem beizulegenden Zeitwert des damaligen anteiligen Reinvermögens der Teilkonzernobergesellschaft bewertet und bis zur Akquisition des mittelbaren Tochterunternehmens fortgeführt.[1046] Da die Anteile dementsprechend zum Erwerbszeitpunkt der in Rede stehenden Tochtergesellschaft nicht erstmalig in den Konzernabschluss einbezogen werden, kann eine Veränderung ihres Wertansatzes im Zuge des Unternehmenszusammenschlusses nur auf eine den nicht beherrschenden Gesellschaftern der Teilkonzernobergesellschaft zuzurechnende Erfolgswirkung oder eine Kapitalmaßnahme des Teilkonzernmutterunternehmens zurückgehen.[1047]

Eine Erfolgswirkung, die eine Minderung des konzernbilanziellen Wertansatzes der nicht beherrschenden Anteile in der zuvor beschriebenen Höhe nach sich zieht, ergäbe sich zwar aus der vollständigen Abschreibung des auf die indirekte Beteiligung der nicht beherrschenden Gesellschafter entfallenden Geschäfts- oder Firmenwertes zum Erwerbszeitpunkt des mittelbaren Tochterunternehmens.[1048] Allerdings geht der pauschalen Saldierung nach der multiplikativen Methode einerseits kein Wertminderungstest nach IAS 36 voraus, um die Werthaltigkeit des Geschäfts- oder Firmenwertes zu prüfen. Andererseits wird aufgrund der erfolgsneutralen Verrechnung kein den nicht beherrschenden Gesellschaftern zuzurechnender Verlust erfasst.[1049] Der Unterschied zwischen einer Wertminderung und der erfolgsneutralen Verrechnung des Geschäfts- oder Firmenwertes ist daher nicht nur „rein optischer Natur"[1050], sondern deutet **(vermeintlich)** auf eine **Kapitalveränderung** beim Teilkonzernmutterunternehmen hin. Schließlich zeigt ein ohne Erfolgswirkung geminderter Wertansatz der nicht beherrschenden Anteile i. V. m. einem insgesamt niedrigeren Konzerneigenkapital einen Rückkauf eigener Anteile respektive eine effektive[1051] Kapitalherabsetzung der Teilkonzernobergesellschaft an.[1052] Gleichwohl müsste damit nicht zwingend eine geringere Beteiligungsquote der nicht

umso größer, je höher die Beteiligungsquote der nicht beherrschenden Gesellschafter an der Teilkonzernobergesellschaft ist. Vgl. PAWELZIK, K. U./THEILE, C., Eigenkapitalvernichtung im mehrstufigen Konzern, S. 2386; LEINEN, M., Kapitalkonsolidierung im mehrstufigen Konzern, S. 133. Sofern die Teilkonzernobergesellschaft nicht sämtliche Anteile an einem (bilanziell nicht überschuldeten) mittelbaren Tochterunternehmen erwirbt, wird die beschriebene Minderung der nicht beherrschenden Anteile am Konzerneigenkapital durch den erstmaligen Ansatz der Anteile direkt am Akquisitionsobjekt beteiligter nicht beherrschender Gesellschafter zum Teil bzw. vollständig kompensiert oder gar überkompensiert und ist für die Abschlussadressaten aus der Konzernbilanz nur eingeschränkt ersichtlich.

1046 Vgl. IFRS 3.19 (b); IFRS 10.B94–B96 sowie HAEGLER, O., Bilanzierung nicht beherrschender Anteile im mehrstufigen Konzern, S. 192 f.

1047 Vgl. IFRS 10.B94–B96; CF.5.3 (b); CF.5.4 sowie PELLENS, B. U. A., Internationale Rechnungslegung, S. 573 f.; BAETGE, J./HAYN, S./STRÖHER, T., in: Baetge u. a., Rechnungslegung nach IFRS, 2. Aufl., IFRS 10, Rn. 414; wenn auch noch mit Bezug zu IAS 27 (*rev.* 1999) FRÖHLICH, C., Tochterunternehmen mit Minderheitsgesellschaftern, S. 359 f. Vgl. auch Abschnitt 523.1.

1048 Vgl., wenn auch nicht im Kontext der Kapitalkonsolidierung im mehrstufigen Konzern, SAUTHOFF, J.-P., Firmenwert im Konzernabschluss, S. 202.

1049 Vgl. SCHILDBACH, T., Externe Rechnungslegung und Kongruenz, S. 1816. Ähnlich EFRAG/ASBJ/OIC (Hrsg.), Goodwill amortization, Rn. 71.

1050 SAUTHOFF, J.-P., Firmenwert im Konzernabschluss, S. 202.

1051 Im Unterschied zu einer effektiven Kapitalherabsetzung bleibt die Höhe des Konzerneigenkapitals bei einer nominellen Kapitalherabsetzung unberührt. Dies ist darauf zurückzuführen, dass das vonseiten der Anteilseigner bereitgestellte Eigenkapital nicht zurückgezahlt wird, sondern zur „erfolgsneutralen Beseitigung von im Eigenkapital gezeigten Verlusten dient" (BAETGE, J./GRAUPE, F./HÖBENER, J., in: Baetge u. a., Rechnungslegung nach IFRS, 2. Aufl., IAS 28, Rn. 189).

1052 Vgl. EFRAG/ASBJ/OIC (Hrsg.), Goodwill amortization, Rn. 71.

beherrschenden Gesellschafter am Teilkonzernmutterunternehmen verbunden sein. Zwar bliebe bei einer überproportionalen Teilnahme nicht beherrschender Gesellschafter an einem Rückkauf bzw. Einzug von Anteilen in Höhe des auf den jeweiligen Anteilsschein entfallenden Eigenkapitals zu Konzernbuchwerten die Höhe des dem Konzernmutterunternehmen zuzurechnenden Konzerneigenkapitals wie auch bei der Kapitalkonsolidierung nach der multiplikativen Methode unberührt.[1053] Dies wäre jedoch bspw. ebenso bei einem proportionalen, mithin die Beteiligungsquoten wahrenden Rückkauf eigener Anteile bzw. einer dementsprechenden Kapitalherabsetzung gegeben.[1054] Dies liegt darin begründet, dass sich aus dem Blickwinkel des Konzernmutterunternehmens der Wertansatz seiner (ggf. indirekten) Beteiligung an dem zurückerwerbenden bzw. einziehenden Tochterunternehmen in Höhe des ihm zufließenden Kapitals mindert und damit lediglich ein Aktivtausch zu verzeichnen ist, der die Höhe des in den Konzernabschluss zu übernehmenden Eigenkapitals nicht beeinflusst.[1055]

Allerdings ist im Zusammenhang mit der Akquisition des mittelbaren Tochterunternehmens **keine Kapitalrückzahlung** vom Teilkonzernmutterunternehmen an dessen Anteilseigner festzustellen.[1056] Vielmehr findet ausschließlich ein Leistungsaustausch zwischen der (formalrechtlich) erwerbenden Teilkonzernobergesellschaft und den (ehemaligen) Anteilseignern des mittelbaren Tochterunternehmens statt.[1057] Sowohl der Kapitalbeitrag als auch die Beteiligungsquote der nicht beherrschenden Gesellschafter des Teilkonzernmutterunternehmens bleiben davon unberührt.[1058] Wenngleich die multiplikative Methode zumindest nicht zwingend den irreführenden Eindruck veränderter Beteiligungsquoten und damit ggf. verbundener Einflussmöglichkeiten vermittelt, gibt die ihr entsprechende konzernbilanzielle Abbildung einer Unternehmensakquisition gleichwohl eine vom Sachverhalt abweichende wirtschaftliche Substanz der Transaktion vor.[1059] Die vermittelten Informationen schränken damit auf der einen Seite die Glaubwürdigkeit der Berichterstattung signifikant ein. Auf der anderen Seite haben sie das Potenzial die wirtschaftlichen Entscheidungen der Konzernabschlussadressaten infolge einer Fehlinterpretation der Transaktion zu beeinflussen. Aktienrückkäufe können dem

1053 Sofern die Teilkonzernobergesellschaft die nicht beherrschenden Anteile zu einem von dem anteiligen Konzernbuchwert des Eigenkapitals abweichenden Preis zurückerwürbe, würde sich infolgedessen der Anteil des Konzernmutterunternehmens am Konzerneigenkapital verändern. Vgl. mit beispielhafter Darstellung im spiegelbildlichen Fall einer Kapitalerhöhung ähnlich HOFFMANN, W.-D./LÜDENBACH, N., NWB Kommentar Bilanzierung, 9. Aufl., § 301 HGB, Rn. 120.

1054 Vgl. im Kontext einer effektiven Kapitalerhöhung BAETGE, J./GRAUPE, F./HÖBENER, J., in: Baetge u. a., Rechnungslegung nach IFRS, 2. Aufl., IAS 28, Rn. 191.

1055 Vgl., wenn auch im Zusammenhang mit der Bewertung einer Beteiligung nach der Equity-Methode, BAETGE, J./GRAUPE, F./HÖBENER, J., in: Baetge u. a., Rechnungslegung nach IFRS, 2. Aufl., IAS 28, Rn. 196 sowie im handelsrechtlichen Kontext HOFFMANN, W.-D./LÜDENBACH, N., NWB Kommentar Bilanzierung, 9. Aufl., § 301 HGB, Rn. 121.

1056 Vgl. SCHILDBACH, T., Externe Rechnungslegung und Kongruenz, S. 1816; EFRAG/ASBJ/OIC (Hrsg.), Goodwill amortization, Rn. 71.

1057 Vgl. EFRAG/ASBJ/OIC (Hrsg.), Goodwill amortization, Rn. 71.

1058 Vgl. PAWELZIK, K. U., Prüfung des Konzerneigenkapitals, S. 218 f.; LEINEN, M., Kapitalkonsolidierung im mehrstufigen Konzern, S. 142; EISELE, W./KRATZ, N., Ausweis von Anteilen außenstehender Gesellschafter, S. 303 sowie implizit auch RÖMGENS, T., Goodwill im mehrstufigen Konzernabschluss, S. 21.

1059 Vgl., wenn auch nur allgemein zur erfolgsneutralen Verrechnung eines Geschäfts- oder Firmenwertes mit dem Konzerneigenkapital, EFRAG/ASBJ/OIC (Hrsg.), Goodwill amortization, Rn. 71; ALKEMEIER, M., Konzerninterne Unternehmenszusammenschlüsse, S. 93; GLINKEMANN, S., Pooling-of-Interests-Methode, S. 2478.

Kapitalmarkt bspw. signalisieren, dass die Anteile nach Auffassung des Managements unterbewertet sind.[1060] Daher ist ebenso die Relevanz erheblich beeinträchtigt.

#### 523.212. Negativer Wertansatz nicht beherrschender Anteile

Neben dem geminderten konzernbilanziellen Wertansatz nicht beherrschender Anteile kann die Verrechnung der indirekten Beteiligung nicht beherrschender Gesellschafter im Zuge eines nach der multiplikativen Methode abgebildeten Unternehmenszusammenschlusses auch einen negativen Eigenkapitalposten für die nicht beherrschenden Anteile im Konzernabschluss nach sich ziehen, obgleich die (gedanklichen) Eigenkapitalanteile der nicht beherrschenden Gesellschafter gemäß den Einzelabschlüssen der Tochterunternehmen durchgängig positiv sind.[1061] Im Extremfall kann der negative Posten für die Anteile nicht beherrschender Gesellschafter betragsmäßig über den dem Konzernmutterunternehmen zuzuordnenden Eigenkapitalanteil hinausgehen, sodass das Konzerneigenkapital insgesamt negativ wird.[1062] Diese „etwas überraschende Tatsache"[1063] negativer nicht beherrschender Anteile am Konzerneigenkapital ist auch bei der Kapitalkonsolidierung im einstufigen Konzern möglich und gründet dort regelmäßig auf einer **überschuldeten Tochtergesellschaft**.[1064] Dabei kann das betreffende Tochterunternehmen bereits im Einzelabschluss zu Buchwerten bilanziell überschuldet sein,[1065] wenngleich dies im Rahmen der Neubewertungsmethode keine hinreichende Voraussetzung ist. Vielmehr ist es in diesem Zusammenhang erforderlich, dass das Eigenkapital eines vollkonsolidierten Unternehmens auf der Grundlage der (fortgeführten) Neubewertungsbilanz – mithin zum Erwerbszeitpunkt nach der Aufdeckung bzw. in anschließenden Perioden der Konzernzugehörigkeit nach der Fortführung stiller Reserven und stiller Lasten des Reinvermögens – einen negativen Saldo hat.[1066] Sofern ein einstufiger Konzern mehr als ein nicht vollständig in seinem Besitz befindliches Tochterunternehmen in den konsolidierten Abschluss einbezieht, kann der Wertansatz für die Anteile nicht beherrschender Gesellschafter im Rahmen der Kapitalkonsolidierung nur negativ sein, wenn die nicht beherrschenden Anteile an negativen Eigenkapitalien die positiven nicht beherrschenden

---

1060 Vgl. ZINDEL, G. G., Aktienrückkaufe und Kapitalherabsetzungen, S. 574.

1061 Vgl. EWERT, R./SCHENK, G., Kapitalkonsolidierung im mehrstufigen Konzern, S. 7; PAWELZIK, K. U./THEILE, C., Eigenkapitalvernichtung im mehrstufigen Konzern, S. 2386.

1062 Vgl. LÜDENBACH, N., Vernichtung von Eigenkapital im Konzernabschluss, S. 849; PAWELZIK, K. U./THEILE, C., Eigenkapitalvernichtung im mehrstufigen Konzern, S. 2385 f.; BEYER, B., Goodwill nach IFRS, S. 169.

1063 EWERT, R./SCHENK, G., Kapitalkonsolidierung im mehrstufigen Konzern, S. 7.

1064 Vgl. LÜHRMANN, V./SCHRUFF, L., Minderheitenanteile im Konzernabschluss, S. 261.

1065 Vgl. LEINEN, M., Kapitalkonsolidierung im mehrstufigen Konzern, S. 129; OECHSLE, E./SCHIPPER, C., Negative Fremdanteile im Konzernabschluss, S. 345; KÜTING, K./GÖTH, P., Negatives Eigenkapital in der Kapitalkonsolidierung, S. 2451.

1066 Vgl., wenn auch im handelsrechtlichen Kontext, OECHSLE, E./SCHIPPER, C., Negative Fremdanteile im Konzernabschluss, S. 345; SCHENK, G., Negative Minderheitenanteile, S. 443. Darüber hinaus könnte das (positive) Eigenkapital der fortgeführten Neubewertungsbilanz erst durch die Korrektur der Erfolgswirkungen aus konzerninternen Liefer- und Leistungs- sowie Schuldbeziehungen negativ werden. Der (positive) Anteil des Konzernmutterunternehmens am Konzerneigenkapital kann zum Erwerbszeitpunkt eines auf Basis der Neubewertungsbilanz überschuldeten Tochterunternehmens hingegen keinen negativen Wert annehmen, da ein nicht durch Eigenkapital gedeckter Fehlbetrag im entsprechend höheren Unterschiedsbetrag aus der Kapitalkonsolidierung aufgeht. Vgl. KÜTING, K./GÖTH, P., Negatives Eigenkapital in der Kapitalkonsolidierung, S. 2449.

Anteile an anderen in den Konzernabschluss einbezogenen Tochterunternehmen betragsmäßig übersteigen.[1067]

In einem mehrstufigen Konzern ist ein negativer Eigenkapitalposten für die Anteile nicht beherrschender Gesellschafter indes einerseits nicht zwingend auf überschuldete Tochtergesellschaften zurückzuführen, sondern kann – wie zuvor angedeutet – bei Anwendung der multiplikativen Methode auch entstehen, wenn sämtliche in den Konzernabschluss einbezogenen Tochterunternehmen über positive Eigenkapitalien verfügen.[1068] Beim Erwerb eines mittelbaren Tochterunternehmens übersteigt dann der durch die zu verrechnende indirekte Beteiligung repräsentierte Geschäfts- oder Firmenwert die Summe der bis zum Akquisitionszeitpunkt fortgeführten (positiven) nicht beherrschenden Anteile am Konzerneigenkapital und der Anteile nicht beherrschender Gesellschafter am Erwerbsobjekt.[1069] Andererseits wird ein bereits vor der Akquisition bestehender negativer Saldo der nicht beherrschenden Konzerneigenkapitalanteile im Zuge des Unternehmenszusammenschlusses betragsmäßig erhöht, sofern der auf die nicht beherrschenden Gesellschafter des Teilkonzernmutterunternehmens entfallende Geschäfts- oder Firmenwert die direkten nicht beherrschenden Anteile am (positiven) Eigenkapital der mittelbaren Tochtergesellschaft überschießt.[1070] Angesichts der Ursache negativer nicht beherrschender Anteile im einstufigen Konzern suggeriert der Vergleich der Konzernbilanzen vor und nach dem Unternehmenszusammenschluss c. p. in beiden Fallkonstellationen, dass das einen mehrstufigen Konzern konstituierende oder erweiternde Tochterunternehmen auf der Grundlage der Neubewertungsbilanz zum Erwerbszeitpunkt überschuldet ist, obgleich dies nicht zwangsläufig gegeben sein muss.[1071] Ähnlich zum geminderten, aber weiterhin positiven Wertansatz nicht beherrschender Anteile im Konzernabschluss würde die aus der multiplikativen Methode folgende konzernbilanzielle Abbildung einer Unternehmensakquisition damit Transaktionsumstände vorgeben, die nicht den tatsächlichen wirtschaftlichen Verhältnissen entsprechen (müssen).[1072]

Im Ergebnis wird deutlich, dass der bilanzielle Wertansatz der nicht beherrschenden Anteile am Konzerneigenkapital infolge der bei der multiplikativen Methode vorgesehenen erfolgsneutralen Verrechnung eines den nicht beherrschenden Gesellschaftern zuzurechnenden Geschäfts- oder Firmenwertes Informationen mit zum Teil erheblich eingeschränkter Glaubwürdigkeit und Relevanz bereitstellt. Ob

[1067] Vgl. LEINEN, M., Kapitalkonsolidierung im mehrstufigen Konzern, S. 129; EWERT, R./SCHENK, G., Kapitalkonsolidierung im mehrstufigen Konzern, S. 9.

[1068] Vgl. EWERT, R./SCHENK, G., Kapitalkonsolidierung im mehrstufigen Konzern, S. 7; LÜHRMANN, V./SCHRUFF, L., Minderheitenanteile im Konzernabschluss, S. 261 und 266; PAWELZIK, K. U./THEILE, C., Eigenkapitalvernichtung im mehrstufigen Konzern, S. 2386.

[1069] Vgl. PAWELZIK, K. U., Konsolidierung von Minderheiten, S. 682; LEINEN, M., Kapitalkonsolidierung im mehrstufigen Konzern, S. 131.

[1070] Denkbar wäre in dieser Fallkonstellation auch eine Kapitalherabsetzung bzw. ein Rückkauf nicht beherrschender Anteile. Allerdings wurde bereits in Abschnitt 523.211. herausgearbeitet, dass diese mögliche Interpretation nicht der wirtschaftlichen Substanz des Unternehmenszusammenschlusses entspricht. Auf eine erneute Diskussion sei daher an dieser Stelle verzichtet.

[1071] Vgl. LÜHRMANN, V./SCHRUFF, L., Minderheitenanteile im Konzernabschluss, S. 261 f. und 268.

[1072] Vgl. im Ergebnis ähnlich PAWELZIK, K. U./THEILE, C., Eigenkapitalvernichtung im mehrstufigen Konzern, S. 2389; LÜDENBACH, N., Vernichtung von Eigenkapital im Konzernabschluss, S. 850.

die additive Methode den Konzernabschlussadressaten in diesen Hinsichten vergleichsweise bessere Informationen vermitteln kann, wird im nachfolgenden Abschnitt untersucht.

### 523.22 Wertansatz nicht beherrschender Anteile nach der additiven Methode

Bei der additiven Ermittlung des Unterschiedsbetrages aus der Akquisition eines mittelbaren Tochterunternehmens wird der den nicht beherrschenden Gesellschaftern der (formalrechtlich) erwerbenden Teilkonzernobergesellschaft zuzurechnende Geschäfts- oder Firmenwert im Unterschied zur multiplikativen Methode nicht erfolgsneutral mit den nicht beherrschenden Anteilen am Konzerneigenkapital verrechnet, sondern gemeinsam mit der auf die indirekte Beteiligung des Konzernmutterunternehmens entfallenden Residualgröße in der Konzernbilanz zum Erwerbszeitpunkt angesetzt.[1073] Damit wird der Unternehmenszusammenschluss im Konzernabschluss als (reiner) Aktivtausch bzw. als Bilanzverlängerung infolge eines laufenden Geschäftsvorfalls der wirtschaftlichen Einheit abgebildet.[1074] An die Stelle der als Gegenleistung entrichteten Vermögenswerte treten im Zuge der Vollkonsolidierung nach der Einzelerwerbsfiktion die erworbenen Vermögenswerte und übernommenen Schulden sowie der aus der Akquisition resultierende Geschäfts- oder Firmenwert.[1075] Da somit bereits vorhandenes Konzernvermögen lediglich umgeschichtet wird,[1076] bleiben – vorbehaltlich erstmalig in den Konzernabschluss aufzunehmender direkter nicht beherrschender Anteile am Erwerbsobjekt – die Höhe des Konzerneigenkapitals insgesamt und die **Eigenkapitalanteile** der Gesellschafterstämme nach der additiven Methode von der Akquisition **unberührt**.[1077]

Die Höhe des Konzerneigenkapitals bzw. der den Gesellschafterstämmen jeweils zuzuordnende Anteil kann sich nur infolge einer in der Gesamtergebnisrechnung zu erfassenden Erfolgswirkung und durch Eigenkapitaltransaktionen der Gesellschafter untereinander oder mit dem jeweiligen vollkonsolidierten Beteiligungsunternehmen ändern.[1078] Zwar wird für etwaige Anteile unmittelbar am Erwerbsobjekt beteiligter nicht beherrschender Gesellschafter eine Sacheinlage zum Erwerbszeitpunkt fingiert, die die Höhe des Konzerneigenkapitals beeinflusst.[1079] Davon abstrahiert gehen der wirtschaftlichen Einheit allerdings aufgrund der Ausgeglichenheitsvermutung von Leistung und Gegenleistung lediglich (anteilige) Vermögenswerte und Schulden im Zuge des Unternehmenszusammen-

---

1073 Vgl. Abschnitt 522.232.1.

1074 Vgl. LEINEN, M., Kapitalkonsolidierung im mehrstufigen Konzern, S. 142.

1075 Vgl. THEILE, C./PAWELZIK, K. U., in: Heuser/Theile, IFRS-Handbuch, 5. Aufl., D VI, Rn. 5832; MANDL, G./KÖNIGSMAIER, H., Behandlung von Minderheitsanteilen im mehrstufigen Konzern, S. 259. Soweit die Gegenleistung durch die Übernahme von Schulden erbracht wird, wird die Konzernbilanz im Zuge des Unternehmenszusammenschlusses verlängert. Die Höhe des Konzerneigenkapitals wird mithin nicht beeinflusst.

1076 Vgl. THEILE, C./PAWELZIK, K. U., in: Heuser/Theile, IFRS-Handbuch, 5. Aufl., D VI, Rn. 5831.

1077 Vgl. LEINEN, M., Kapitalkonsolidierung im mehrstufigen Konzern, S. 142; PAWELZIK, K. U., Konsolidierung von Minderheiten, S. 685; implizit auch THEILE, C., Kapitalkonsolidierung im mehrstufigen Konzern, S. 533 f.

1078 Vgl. IFRS 10.B94–B96; CF.5.3 (b); CF.5.4 sowie PELLENS, B. U. A., Internationale Rechnungslegung, S. 573 f.; wenn auch noch mit Bezug zu IAS 27 (*rev.* 1999) FRÖHLICH, C., Tochterunternehmen mit Minderheitsgesellschaftern, S. 359 f. Vgl. auch Abschnitt 523.1.

1079 Vgl. BUSSE VON COLBE, W. U. A., Konzernabschlüsse, S. 207; HACHMEISTER, D., Unternehmenszusammenschlüsse, S. 120; HOMMEL, M./FRANKE, F./RÖßLER, B., Minderheitengoodwill, S. 159; THEILE, C./PAWELZIK, K. U., in: Heuser/Theile, IFRS-Handbuch, 5. Aufl., D VI, Rn. 5832; PAWELZIK, K. U., Konsolidierung von Minderheiten, S. 678.

schlusses zu, die im Saldo dem Wert der hingegebenen Vermögenswerte entsprechen.[1080] Eine Zu- oder Abnahme des Nettovermögens[1081], die gemäß der Erfolgskonzeption der IFRS eine Ergebniswirkung nach sich ziehen würde,[1082] ist mithin nicht festzustellen. Zudem findet im Rahmen des Erwerbsvorgangs auch keine Kapitaltransaktion der (bisherigen) Gesellschaftergruppen untereinander oder mit dem Beteiligungsunternehmen, sondern des Teilkonzernmutterunternehmens mit den (ehemaligen) Anteilseignern der mittelbaren Tochtergesellschaft statt.[1083] Die absoluten Kapitalbeiträge und die jeweilige Beteiligungsquote des Konzernmutterunternehmens und der nicht beherrschenden Gesellschafter an der Teilkonzernobergesellschaft ändern sich infolgedessen nicht.[1084] Wie die wirtschaftliche Einheit das ihr seitens der Gesellschafter bereitgestellte Kapital investiert, hat daher – wie bei der Abbildung nach der additiven Methode – zum Erwerbszeitpunkt grundsätzlich keinen Einfluss auf die Höhe und Zuordnung des Konzerneigenkapitals zu den Gesellschaftergruppen.[1085]

Allerdings wird somit eine mögliche von den Beteiligungsquoten der Gesellschafterstämme abweichende **Verteilung des Geschäfts- oder Firmenwertes** aus der Akquisition eines mittelbaren Tochterunternehmens zum Erwerbszeitpunkt im Konzerneigenkapital bilanziell nicht nachgezeichnet.[1086] Anhand der Konzerneigenkapitalverteilung ist somit nicht ersichtlich, zu welchen Anteilen die durch den Geschäfts- oder Firmenwert repräsentierten Einzahlungspotenziale erwartungsgemäß auf die Gesellschafterstämme entfallen. Dementsprechend kann die Konzernbilanz den primären Konzernabschlussadressaten und den nicht beherrschenden Gesellschaftern relevante Informationen nicht zeitnah bereitstellen. Dies ist gleichwohl insofern gerechtfertigt, als weder der Anteil des Konzernmutterunternehmens am Konzerneigenkapital noch der Eigenkapitalposten für die Anteile nicht beherrschender Gesellschafter den Saldo der Anteile des jeweiligen Gesellschafterstamms an einzelnen Vermögenswerten und einzelnen Schulden repräsentiert. Vielmehr spiegelt der Wertansatz der beherrschenden und nicht beherrschenden Konzerneigenkapitalanteile den mit den Eigenkapitalinstrumenten der Gesellschaftergruppen verbundenen Anspruch am Nettovermögen der vollkonsolidierten Konzernunternehmen und damit implizit eine beteiligungsproportionale Aufteilung der Vermögenswerte und Schulden des jeweiligen Beteiligungsunternehmens wider.[1087]

---

1080 Vgl. IFRS 3.BC331 sowie CASSEL, J., Unternehmensbewertung im IFRS-Abschluss, S. 232 f.

1081 Das Nettovermögen ergibt sich als Residualgröße nach dem von sämtlichen Vermögenswerten alle Schulden abgezogen wurden. Vgl. SCHREIBER, S./SIMONS, D., in: Baetge u. a., Rechnungslegung nach IFRS, 2. Aufl., IFRS 2, Rn. 29.

1082 Vgl.CF.4.68 f. sowie bereits in Bezug auf das *Framework* (1989) ANTONAKOPOULOS, N., Gewinnkonzeptionen und Erfolgsdarstellung nach IFRS, S. 26 f.

1083 Vgl. EFRAG/ASBJ/OIC (Hrsg.), Goodwill amortization, Rn. 71.

1084 Vgl. LEINEN, M., Kapitalkonsolidierung im mehrstufigen Konzern, S. 142; PAWELZIK, K. U./THEILE, C., Eigenkapitalvernichtung im mehrstufigen Konzern, S. 2388.

1085 Vgl. PAWELZIK, K. U., Konsolidierung von Minderheiten, S. 679; RÖMGENS, T., Goodwill im mehrstufigen Konzernabschluss, S. 22; PAWELZIK, K. U./THEILE, C., Eigenkapitalvernichtung im mehrstufigen Konzern, S. 2388; implizit auch THEILE, C., Kapitalkonsolidierung im mehrstufigen Konzern, S. 533 f.

1086 Vgl. zu einer von den Beteiligungsquoten abweichenden Verteilung des Geschäfts- oder Firmenwertes zwischen den Gesellschafterstämmen vor allem Abschnitt 522.232.22 sowie KLOSE, N.-C., Kapitalkonsolidierungs- und Bewertungsmethoden, S. 354; HAAKER, A., Goodwill-Bilanzierung nach IFRS, S. 264 m. w. N.

1087 Vgl. IAS 32.11 sowie, wenn auch nur mit Bezug zu den nicht beherrschenden Anteilen, IFRS 10.BCZ159. Vgl. ähnlich im handelsrechtlichen Kontext GÖTH, P., Eigenkapital im Konzernabschluss, S. 450.

Erst sobald die Erfolgswirkungen aus der Realisation bzw. einer nicht länger gegebenen Werthaltigkeit der das Reinvermögen überschießenden Wertpotenziale und der (dann zumindest konzeptionell angezeigten)[1088] Wertminderung des in Rede stehenden Geschäfts- oder Firmenwertes erfasst werden, ist eine erwartungsgemäß von den Beteiligungsquoten abweichende Verteilung des positiven Unterschiedsbetrages im Konzernabschluss abzubilden.[1089] Während nämlich eine Wertminderung des Geschäfts- oder Firmenwertes den Gesellschafterstämmen entsprechend der Ergebnisverteilung proportional zuzurechnen ist,[1090] dürfte das Konzernmutterunternehmen bei einer nicht beteiligungsproportionalen Verteilung überproportional und die nicht beherrschenden Gesellschafter der Teilkonzernobergesellschaft unterproportional an den realisierten Wertpotenzialen aus der Akquisition eines mittelbaren Tochterunternehmens partizipieren.[1091] Infolgedessen können die nicht beherrschenden Anteile am Konzerneigenkapital zwar wie nach der multiplikativen Methode sinken oder einen negativen Wert annehmen.[1092] Allerdings geht ihr Wertansatz dann c. p. tatsächlich auf einen aus der Wertminderung des Geschäfts- oder Firmenwertes resultierenden, den nicht beherrschenden Gesellschaftern zuzurechnenden Verlust und nicht auf eine (anteilig) pauschale Verrechnung der aus dem Unternehmenszusammenschluss hervorgehenden Residualgröße zurück.[1093] Wenngleich die Relevanz der konzernbilanziellen Informationen angesichts des fehlenden Zukunftsbezugs in gewissem Maß eingeschränkt sein kann, gibt die additive Methode damit im Ergebnis die Auswirkungen des Unternehmenszusammenschlusses auf die Höhe und Aufteilung des Konzerneigenkapitals zum Erwerbszeitpunkt entsprechend der wirtschaftlichen Substanz der Akquisition glaubwürdig wieder.

### 523.3 Bilanzierung nicht beherrschender Anteile im Fall eines negativen Unterschiedsbetrages

Während sich die Höhe der nicht beherrschenden Anteile am Konzerneigenkapital infolge der unterschiedlichen Behandlung eines den indirekt an einem mittelbaren Tochterunternehmen beteiligten nicht beherrschenden Gesellschaftern zuzurechnenden Geschäfts- oder Firmenwertes nach der multiplikativen und additiven Methode unterscheidet,[1094] führen beide Methoden bei einem auf diese Ge-

---

1088 Da im Rahmen des Wertminderungstests eines Geschäfts- oder Firmenwertes bei der Bestimmung des erzielbaren Betrages immaterielle nicht bilanzierungsfähige, selbstgeschaffene Werttreiber berücksichtigt werden, kann trotz eines tatsächlich bestehenden Abschreibungsbedarfs des derivativen Geschäfts- oder Firmenwertes eine Wertminderung verhindert werden (sog. *backdoor capitalization*). Vgl. IAS 36.BC131E; SAELZLE, R./KRONNER, M., Informationsfunktion des Jahresabschlusses, S. 161; POTTGIEßER, G./VELTE, P./WEBER, S. C., Ermessensspielräume des Impairment-Only-Approach, S. 1751; HOMMEL, M., Neue Goodwillbilanzierung, S. 1948 sowie Abschnitt 533.223.

1089 Dabei ist zu beachten, dass die Wertminderung eines Geschäfts- oder Firmenwertes den einzelnen Tochterunternehmen und damit den Gesellschafterstämmen nach dem Erwerbszeitpunkt nicht mehr willkürfrei zugeordnet werden kann. Vgl. KÜTING, K./WEBER, C.-P./WIRTH, J., Kapitalkonsolidierung im mehrstufigen Konzern, S. 52; KÜTING, K./WEBER, C.-P./WIRTH, J., Goodwillbilanzierung, S. 147; implizit IAS 36.BC155 sowie Abschnitt 522.232.22.

1090 Vgl. IAS 36.C6 sowie KÜTING, K./WEBER, C.-P./WIRTH, J., Kapitalkonsolidierung im mehrstufigen Konzern, S. 52.

1091 Vgl. HOMMEL, M./FRANKE, F./RÖßLER, B., Minderheitengoodwill, S. 160 sowie Abschnitt 522.232.22. Auch im umgekehrten Fall würde die von den Beteiligungsquoten abweichende Verteilung erst nach dem Erwerbszeitpunkt im Konzernabschluss erfasst.

1092 Vgl. LÜHRMANN, V./SCHRUFF, L., Minderheitenanteile im Konzernabschluss, S. 265.

1093 Vgl. KESSLER, H./LEINEN, M./STRICKMANN, M., Rechte für Minderheiten, S. 329 f.; LEINEN, M., Kapitalkonsolidierung im mehrstufigen Konzern, S. 134.

1094 Vgl. Abschnitt 523.2.

sellschafter entfallenden negativen Unterschiedsbetrag zu **übereinstimmenden Wertansätzen in der Konzernbilanz**. Neben dem Wert etwaiger Anteile nicht beherrschender Gesellschafter, die direkt an der mittelbaren Tochtergesellschaft beteiligt sind, erhöhen sich die nicht beherrschenden Eigenkapitalanteile methodenunabhängig in Höhe des Betrages der negativen Residualgröße. Bei Anwendung der multiplikativen Methode wird der negative Unterschiedsbetrag dabei erfolgsneutral erfasst, indem in den Eigenkapitalposten für die Anteile nicht beherrschender Gesellschafter die neubewerteten indirekten nicht beherrschenden Anteile eingestellt und die (gedanklich) für diese Anteile entrichtete Gegenleistung verrechnet werden.[1095] Nach der additiven Methode wird den nicht beherrschenden Eigenkapitalanteilen ein negativer Unterschiedsbetrag dahingegen i. V. m. den Regelungen des IFRS 3 erfolgswirksam über die Gesamtergebnisrechnung gutgeschrieben.[1096] Angesichts der **unterschiedlichen Erfolgswirkungen** beider Methoden kann im Fall einer negativen Residualgröße jeweils auf einen anderen Transaktionscharakter geschlossen werden.

Sofern sich der Wertansatz der nicht beherrschenden Anteile und das Konzerneigenkapital insgesamt erfolgsneutral erhöhen, deutet dies – spiegelbildlich zur erfolgsneutralen Verrechnung eines Geschäfts- oder Firmenwertes –[1097] auf eine **Einlage** der nicht beherrschenden Gesellschafter im Zuge einer effektiven[1098] Kapitalerhöhung oder eine Veräußerung eigener Anteile des Teilkonzernmutterunternehmens hin.[1099] Allerdings treten im Rahmen der Akquisition eines mittelbaren Tochterunternehmens nicht die nicht beherrschenden Gesellschafter, sondern die (ehemaligen) Anteilseigner des Tochterunternehmens als Transaktionspartner der Teilkonzernobergesellschaft auf.[1100] Vorbehaltlich der Eigenkapitalanteile der direkt am Erwerbsobjekt beteiligten nicht beherrschenden Gesellschafter kann der höhere Wertansatz der nicht beherrschenden Anteile dementsprechend nicht auf eine Kapitaleinlage zurückgeführt werden.[1101]

Vielmehr gründet der höhere Wertansatz zumindest im Fall einer **günstigen Akquisitionsgelegenheit** auf einem die Gegenleistung überschießenden (anteiligen) Reinvermögen des Erwerbsobjektes.[1102] Der negative Unterschiedsbetrag ist dann Ausdruck einer nicht eigentümerinduzierten Zunahme des Konzernvermögens und der damit verbundenen wirtschaftlichen Nutzenpotenziale.[1103] Da einerseits die Regelungen des IFRS 3 und andererseits die im *Conceptual Framework* verankerte Erfolgskonzeption die Ertragserfassung u. a. an einen solchen Vermögenszuwachs knüpfen, ist der ne-

---

1095 Vgl. Abschnitt 522.322.
1096 Vgl. Abschnitt 522.33.
1097 Vgl. Abschnitt 523.211.
1098 Bei einer effektiven Kapitalerhöhung wird dem betreffenden Unternehmen von außerhalb Kapital zugeführt, während bei einer Kapitalerhöhung aus Gesellschaftsmitteln das Eigenkapital der Höhe nach unberührt bleibt und sich nur in seiner Struktur verändert. Vgl. BAETGE, J./GRAUPE, F./HÖBENER, J., in: Baetge u. a., Rechnungslegung nach IFRS, 2. Aufl., IAS 28, Rn. 189–194.
1099 Vgl. GLINKEMANN, S., Pooling-of-Interests-Methode, S. 2478 sowie, wenn auch im Zusammenhang mit statuswahrenden Aufstockungen, KLEIN, I., Full-Goodwill-Methode, S. 54 f.
1100 Vgl. EFRAG/ASBJ/OIC (Hrsg.), Goodwill amortization, Rn. 71.
1101 Vgl. EFRAG/ASBJ/OIC (Hrsg.), Goodwill amortization, Rn. 71.
1102 Vgl. IFRS 3.34 sowie KASPERZAK, R./LIECK, H., Bedeutung des Reassessment, S. 1017.
1103 Vgl. IFRS 3.BC372.

gative Unterschiedsbetrag ertragswirksam zu vereinnahmen.[1104] Entsprechend ihrer Kapitalanteile partizipieren auch die nicht beherrschenden Gesellschafter grundsätzlich an der Zunahme der wirtschaftlichen Nutzenpotenziale.[1105] Der anteilig den nicht beherrschenden Gesellschaftern zuzurechnende negative Unterschiedsbetrag sollte daher den Wertansatz der nicht beherrschenden Anteile gemäß der Konzeption der additiven Methode im Zusammenspiel mit den Vorschriften des IFRS 3 ertragswirksam und nicht wie (implizit) von der multiplikativen Methode vorgesehen erfolgsneutral erhöhen.

Sofern allerdings (zum Teil) künftig erwartete Aufwendungen respektive Verluste aus dem Engagement beim Beteiligungsunternehmen ursächlich für eine den (anteiligen) Saldo der erworbenen Vermögenswerte und übernommenen Schulden der mittelbaren Tochtergesellschaft unterschreitende Gegenleistung sind, kann der negative Unterschiedsbetrag soweit nicht als wirtschaftlicher Vorteil in Form einer Vermögenszunahme interpretiert werden.[1106] Vielmehr repräsentiert ein derartig begründeter negativer Unterschiedsbetrag einen ***badwill***, der als fremdkapitalähnlicher Korrekturbetrag zum erworbenen Reinvermögen charakterisiert werden kann.[1107] Weder eine erfolgswirksame noch eine – zumindest mit Blick auf die Ergebniswirkung zum Erwerbszeitpunkt konzeptionell überlegene – erfolgsneutrale Erfassung im Konzerneigenkapital werden diesem Charakter gerecht.[1108]

### 524. Kritische Würdigung der Methoden zur Behandlung indirekter Beteiligungsverhältnisse beim Erwerb eines einzelnen mittelbaren Tochterunternehmens

In den vorangehenden Abschnitten 521. bis 523. wurden die unterschiedlichen Implikationen der multiplikativen und der additiven Methode für die konzernbilanzielle Abbildung der Akquisition eines einzelnen, aus Sicht der Konzernobergesellschaft mittelbaren Tochterunternehmens anhand der qualitativen Anforderungen an eine für die Konzernabschlussadressaten entscheidungsnützliche Finanzberichterstattung kritisch diskutiert. Aufgrund der durch die beiden Methoden bedingten verschiedenen Blickwinkel, aus denen die Parameter für die Kapitalkonsolidierung in einem mehrstufigen Konzern ermittelt werden, ist für die Anwendung der Erwerbsmethode zunächst zu bestimmen, welche Perspektive der des **Erwerbers i. S. d. IFRS 3** entspricht. Die Auslegung der diesbezüglichen Vorschriften zeigt, dass zwar das unmittelbare Teilkonzernmutterunternehmen der erworbenen Tochtergesellschaft formalrechtlich die Möglichkeit zur Beherrschung des Akquisitionsobjektes erlangt. Da die Teilkonzernobergesellschaft allerdings als sog. *de-facto-agent* des Konzernmutterunternehmens handeln wird und die Beherrschungsmacht über ein Tochterunternehmen letztlich nur von einer Partei ausgeübt werden kann, beherrscht das oberste Mutterunternehmen des Konzerns das erworbene

[1104] Vgl. IFRS 3.34; CF.4.68 sowie HENDLER, M./ZÜLCH, H., Beteiligungsverhältnisse bei Tochterunternehmen, S. 489.

[1105] Vgl. HAAKER, A., Goodwill-Bilanzierung nach IFRS, S. 263 f. und 370; EBELING, R. M., Anteile fremder Gesellschafter, S. 334 sowie Abschnitt 522.33.

[1106] Vgl. BAETGE, J./KIRSCH, H.-J./THIELE, S., Konzernbilanzen, S. 232; KÜTING, K./DUSEMOND, M./NARDMANN, B., Ausgewählte Probleme der Kapitalkonsolidierung, S. 15 f.; HOMMEL, M., Bilanzierung von Goodwill und Badwill, S. 804 f. sowie Abschnitt 522.31.

[1107] Vgl. EPSTEIN, B./MIRZA, A. A., Wiley IAS 2002, S. 485; HOFMANN, U./TRILTZSCH, J., Bilanzieller Ausweis negativer Unterschiedsbeträge, S. 733; VELTE, P., Intangible Assets und Goodwill, S. 223.

[1108] Vgl. Abschnitt 522.321. und 522.322.

Tochterunternehmen mittelbar über das Teilkonzernmutterunternehmen und ist daher als Erwerber zu identifizieren. Da dieses Ergebnis mit der Konsolidierungsperspektive der multiplikativen Methode übereinstimmt, scheint damit zunächst die Anwendung dieser Methode geboten.

Für eine entscheidungsnützliche Konzernfinanzberichterstattung kann die Identifizierung des Erwerbers allein gleichwohl kein hinreichendes Kriterium sein. Vielmehr sind die konzernbilanziellen Abbildungen der multiplikativen und additiven Methode einerseits daran zu messen, inwieweit sie es den Adressaten ermöglichen, die Höhe, die zeitliche Struktur und die Unsicherheit künftiger Zahlungsströme aus der neu begründeten Unternehmensverbindung einzuschätzen. Andererseits hängt die Güte der Berichterstattung auch davon ab, in welchem Maß sich auf Basis des Konzernabschlusses die Leistung des Managements, d. h. ein effizienter und angemessener Einsatz des überlassenen Kapitals, beurteilen lässt. Mithin muss die schließlich zu präferierende Konsolidierungsmethode vergleichsweise bewertungsnützlichere und rechenschaftsförderndere Informationen bereitstellen. Vor diesem Hintergrund sind daher die in der bisherigen Analyse gewonnenen Erkenntnisse in einem Vergleich der zentralen Unterschiede der beiden Methoden zu würdigen.

Den Ausgangspunkt stellt dabei die der **Unterschiedsbetragsermittlung zugrunde zu legende Beteiligung** dar. Nach der **multiplikativen Methode** ist in diesem Zusammenhang ausschließlich die indirekte Beteiligung des Konzernmutterunternehmens maßgebend – also der dem obersten Mutterunternehmen kapitalanteilig zuzurechnende Teil der Beteiligung des unmittelbaren (Teilkonzern-)Mutterunternehmens an der mittelbaren Tochtergesellschaft. Der beteiligungsproportionale Anteil am Kaufpreis für die gesamte Beteiligung am mittelbaren Tochterunternehmen entspricht allerdings nicht zwangsläufig der für diese indirekten Anteile erbrachten Gegenleistung. Schließlich bezieht sich der Kaufpreis auf die Gesamtbeteiligung, sodass eine derartige Interpolation nicht zwingend den wertrelevanten Eigenschaften der isoliert betrachteten gesellschafterstammspezifischen Beteiligungsanteile gerecht wird. In Analogie zur Unterschiedsbetragsermittlung bei sukzessiven und unentgeltlichen Unternehmenserwerben ist vor diesem Hintergrund auf den beizulegenden Zeitwert der indirekten Beteiligung selbst abzustellen, der den Gesamtkaufpreis abzüglich des auf die indirekten nicht beherrschenden Anteile entfallenden Reinvermögens indes nicht übersteigen darf. Bei näherer Untersuchung der einschlägigen Regelungen des IFRS 13 zur Bestimmung dieses Wertmaßstabes wird deutlich, dass angesichts der zwingend einzunehmenden Marktperspektive konzernindividuelle Ertragspotenziale, die bspw. aus der Integration der mittelbaren Tochtergesellschaft in den Wertschöpfungsprozess des Konzerns erwachsen, nicht im Beteiligungswert und infolgedessen ebenso wenig im daraus abzuleitenden Geschäfts- oder Firmenwert berücksichtigt werden können. Die Beurteilung künftiger Zahlungsströme aus der Unternehmensverbindung wird folglich beeinträchtigt. Darüber hinaus bieten die gemäß den Regelungen des IFRS 13 anwendbaren Bewertungsverfahren zahlreiche und weitreichende Ermessensspielräume, die die Glaubwürdigkeit der vermittelten Informationen bisweilen erheblich einschränken können. Selbst wenn eine börsenpreisgestützte Bewertung möglich ist, kann eine glaubwürdige Ermittlung des Beteiligungswertes keineswegs gewährleistet werden, da eine auf die anteilige Marktkapitalisierung aufzuschlagende Kontrollprämie maßgeblich durch subjektive Einschätzungen und Annahmen des Bilanzierenden geprägt ist.

Diese konzeptionellen Schwächen der Regelungen des IFRS 13 wirken sich indessen nur auf die Bewertung der für die Unterschiedsbetragsermittlung heranzuziehenden Beteiligung nach der multiplikativen Methode aus. Denn im Rahmen der **additiven Methode** basiert die Bestimmung der Residualgröße aus der Kapitalkonsolidierung auf der gesamten Beteiligung des Teilkonzernmutterunternehmens an der mittelbaren Tochtergesellschaft, die entsprechend den Regelungen des IFRS 3 nicht mit einem hypothetischen Veräußerungspreis, sondern mit dem Wert der erbrachten Gegenleistung zu bewerten ist. Dies liegt zum einen darin begründet, dass sich der (Gesamt-)Kaufpreis unmittelbar auf die zu bewertende Beteiligung bezieht. Zum anderen ist die erbrachte Gegenleistung grundsätzlich das Ergebnis der Verhandlung zweier unabhängiger, sachverständiger Parteien, die in Bezug auf den Kaufpreis entgegengerichtete Interessen haben. Aufgrund dessen nimmt der Standardsetzer an, dass die Verhandlungspartner Werte in gleicher Höhe tauschen und der Kaufpreis damit hinreichend objektiviert wird. Zwar hängt die Glaubwürdigkeit des Beteiligungswertes letztlich von der Art der hingegebenen Gegenleistung ab. Schließlich kann bei einer Akquisition in bar bzw. gegen Bargeldäquivalente der Nominalwert des entrichteten Betrages direkt intersubjektiv nachvollzogen werden, während bei einer etwaigen Übertragung von nicht monetären Vermögenswerten an die (ehemaligen) Anteilseigner des mittelbaren Tochterunternehmens auf die Ermessen erfordernden Vorschriften des IFRS 13 zur Bewertung der erbrachten Gegenleistung zu rekurrieren ist. Allerdings sind die dabei entstehenden Bewertungsspielräume kleiner als bei einer direkten Bewertung des erworbenen Anteilspakets zum beizulegenden Zeitwert. Insgesamt ist der Beteiligungswert zur Ermittlung des Unterschiedsbetrages nach der additiven Methode daher widerstandsfähiger gegenüber gezielten, ggf. bilanzpolitisch motivierten Einflüssen und damit tendenziell rechenschaftsfördernder als der im Rahmen der multiplikativen Methode zu bestimmende Beteiligungszeitwert.[1109] Zudem können im Unterschied zu einer marktwertbasierten Beteiligungsbewertung konzernindividuelle Ertragspotenziale berücksichtigt werden, soweit diese mit der erbrachten Gegenleistung vergütet werden. Vor dem Hintergrund der unterschiedlichen Bewertungsmaßstäbe ist es auf der Grundlage der sich ergebenden konzernbilanziellen Abbildungen damit nach der additiven Methoden vergleichsweise besser möglich, die Höhe sowie ggf. auch den zeitlichen Anfall und das Risiko künftiger Zahlungsmittel(zu)flüsse des Konzerns zu beurteilen.

Darüber hinaus gehen in den Wert der Gesamtbeteiligung an der mittelbaren Tochtergesellschaft (konzernspezifische) Wertpotenziale ein, die den nicht beherrschenden Gesellschaftern des Teilkonzernmutterunternehmens zuzurechnen sind und sich dementsprechend nicht im beizulegenden Zeitwert der indirekten Beteiligung des Konzernmutterunternehmens widerspiegeln. Der nach der multiplikativen Methode aus der indirekten Beteiligung **abgeleitete Unterschiedsbetrag** ist folglich als **„Mehrheiten-Goodwill"** zu interpretieren. Mithin bringt dessen Wertansatz den (vermeintlichen) Vorteil mit sich, dass die Kapitalgeber der Konzernobergesellschaft die ihnen erwartungsgemäß zufließenden, das Reinvermögen übersteigenden Ertragspotenziale direkt in der Konzernbilanz erkennen können. In diesem Zusammenhang ist gleichwohl darauf hinzuweisen, dass diesem Unterschieds-

---

1109 Vgl., wenn auch nicht im Kontext der Kapitalkonsolidierung im mehrstufigen Konzern, BAETGE, J., Objektivierung des Jahreserfolges, S. 21; COENENBERG, A. G./STRAUB, B., Rechenschaft versus Entscheidungsunterstützung, S. 18.

betrag angesichts des für die indirekte Beteiligung herangezogenen Bewertungsmaßstabes lediglich marktorientierte geschäftswertbildende Faktoren zugrunde liegen. Im Unterschied dazu umfasst der Geschäfts- oder Firmenwert nach der additiven Methode neben den auf die indirekte Beteiligung der Konzernobergesellschaft entfallenden vergüteten Ertragspotenzialen auch jene, die exklusiv den indirekten nicht beherrschenden Gesellschaftern zuzuordnen sind. Da dabei auf den Kaufpreis für die Beteiligung an der mittelbaren Tochtergesellschaft abzustellen ist, repräsentiert der Unterschiedsbetrag einen **gesellschafterstammübergreifenden *purchased goodwill***.

Bei Anwendung der multiplikativen Methode wird der für die **indirekte Beteiligung der nicht beherrschenden Gesellschafter** des Teilkonzernmutterunternehmens entrichtete Kaufpreis dahingegen im Zuge der Kapitalkonsolidierung erfolgsneutral mit den nicht beherrschenden Anteilen am Konzerneigenkapital verrechnet. Da infolgedessen implizit auch ein ggf. mit dieser Beteiligung verbundener Geschäfts- oder Firmenwert untergeht, gibt die Konzernbilanz das der wirtschaftlichen Einheit zugegangene Vermögen nicht vollständig wieder. Den Adressaten wird damit nicht abschließend ersichtlich, für welche Vermögenswerte und Schulden der Kaufpreis im Einzelnen entrichtet wurde. Überdies spiegelt sich die erfolgsneutrale Verrechnung des Geschäfts- oder Firmenwertes der indirekten nicht beherrschenden Gesellschafter in vergleichsweise vorteilhaften eigenkapitalbasierten Rentabilitätskennzahlen wider. Auf der einen Seite wird schließlich unmittelbar die Nennergröße dieser Kennzahlen gemindert. Auf der anderen Seite wirken die geschäftswertbildenden Faktoren unabhängig von der Verrechnung positiv auf das Konzernergebnis, während die korrespondierenden ergebnisverringernden Wertminderungen des Geschäfts- oder Firmenwertes zum Teil nicht erfasst werden können. Dadurch wird die Ertragslage im Vergleich zu den tatsächlichen wirtschaftlichen Verhältnissen nachhaltig zu positiv abgebildet. Es besteht daher potenziell die Gefahr, dass die Abschlussadressaten einerseits einen zu hohen Kaufpreis für angemessen erachten und andererseits die Leistung des Managements überschätzen. Daneben wird durch die erfolgsneutrale Minderung der nicht beherrschenden Eigenkapitalanteile auch die Bewertungsnützlichkeit der vermittelten Informationen erheblich eingeschränkt. So kann aus der konzernbilanziellen Abbildung fälschlicherweise auf einen Rückkauf eigener Anteile durch die Teilkonzernobergesellschaft geschlossen werden, die den Adressaten möglicherweise signalisiert, dass die gehandelten Unternehmensanteile nach Auffassung des Managements unterbewertet sind. Sofern die Firmenwertverrechnung sogar einen negativen Eigenkapitalposten für die Anteile nicht beherrschender Gesellschafter nach sich zieht und damit auf eine nicht unbedingt gegebene Krisensituation des Akquisitionsobjektes in Form einer bilanziellen Überschuldung hindeutet, könnten die Konzernabschlussadressaten das Risiko überbewerten, dass die durch den angesetzten Teil des Geschäfts- oder Firmenwertes repräsentierten Ertragspotenziale künftig nicht realisiert werden.

Derartige Schlussfolgerungen können aus einer der additiven Methode entsprechenden konzernbilanziellen Abbildung nicht gezogen werden. Diese gibt den Unternehmenszusammenschluss zutreffend als Aktivtausch respektive Bilanzverlängerung wieder, bei dem bzw. der in der Konzernbilanz an die Stelle der hingegebenen Gegenleistung die erworbenen Vermögenswerte und übernommenen Schulden sowie der aus der Akquisition resultierende Geschäfts- oder Firmenwert treten. Da Letzterer auch die vergüteten Ertragspotenziale der indirekten nicht beherrschenden Gesellschafter einschließt, trägt sein Wertansatz maßgeblich dazu bei, dass das erworbene und durch das Konzernmutterunternehmen beherrschte Vermögen umfassender in der Konzernbilanz erfasst wird als bei einer alleinigen Abbildung des „Mehrheiten-Goodwill". Die infolgedessen stärker an den tatsächlichen wirtschaftlichen Verhältnissen orientierte Abbildung der Vermögenslage ermöglicht es den Adressaten, die wirtschaftliche Lage des Konzerns sowie die davon abhängige Risikoposition ihres Investments zum Erwerbszeitpunkt vergleichsweise besser zu beurteilen. Mit Blick auf die Ertragslage in Folgeperioden können ferner etwaige Wertminderungen des den indirekten nicht beherrschenden Gesellschaftern zuzurechnenden Geschäfts- oder Firmenwertes den korrespondierenden Erfolgswirkungen aus der Realisation der im Rahmen des Unternehmenszusammenschlusses vergüteten Ertragspotenziale gegenübergestellt werden. Mithin wird nicht nur der Abbildung einer zu positiven Ertragslage entgegengewirkt, sondern es besteht einerseits für das Management der Anreiz, die antizipierten und vergüteten Ertragspotenziale tatsächlich zu erwirtschaften. Andererseits können die Konzernabschlussadressaten auf der Grundlage des Konzernergebnisses c. p. vergleichsweise besser einschätzen, wie rentabel die Investition in das mittelbare Tochterunternehmen ist bzw. wie angemessen die für die Kapitalbeteiligung erbrachte Gegenleistung war.

Nahezu analoge Implikationen für die Bewertungsnützlichkeit und Rechenschaftsfunktion der vermittelten Informationen zeigen sich beim Vergleich der konzernbilanziellen Abbildungen nach den beiden betrachteten Methoden, soweit aus der Kapitalkonsolidierung des erworbenen mittelbaren Tochterunternehmens ein negativer Unterschiedsbetrag resultiert, der auf dem **Erfolg aus einer günstigen Akquisitionsgelegenheit** gründet. Denn nach der multiplikativen Methode wird lediglich ein Verhandlungserfolg für die indirekten Anteile des Konzernmutterunternehmens in der Gesamtergebnisrechnung erfasst, während der den indirekten nicht beherrschenden Anteilen zuzurechnende Reinvermögenszuwachs wiederum (implizit) erfolgsneutral in die nicht beherrschenden Eigenkapitalanteile einzustellen ist. Im Unterschied dazu vermag die additive Methode den Verhandlungserfolg in Bezug auf die Zunahme der identifizierbaren Vermögenswerte und Schulden umfassender abzubilden, indem auch der auf die Anteile der indirekten nicht beherrschenden Gesellschafter entfallende Reinvermögenszuwachs ertragswirksam vereinnahmt wird. Angesichts der glaubwürdigkeitsfördernden Begrenzung des zu erfassenden Gewinns auf die Differenz zwischen der niedrigeren entrichteten Gegenleistung und dem höheren Zeitwert des (anteiligen) Reinvermögens darf nach den Regelungen des IFRS 3 allerdings kein Erfolg für etwaig erworbene, nicht separat bilanzierungsfähige geschäftswertbildende Faktoren ausgewiesen werden. Die durch die additive Methode vermittelten Informationen zeigen daher – ähnlich wie die der multiplikativen Methode – die Verhandlungsleistung des Managements nur dem Grunde, nicht aber der Höhe nach an. Dennoch ist eine anteilige erfolgswirksame Vereinnahmung des negativen Unterschiedsbetrages zugunsten der indirekt am mittelbaren Tochterunternehmen beteiligten nicht beherrschenden Gesellschafter erforderlich, um zum einen den Vermögensanspruch der Anteilstitel dieser Gesellschafter und die damit verbundene Nutzenziehung konzernbilanziell nachzuzeichnen sowie eine Fehlallokation zu den beherrschenden Eigenkapitalanteilen und eine daraus folgende Verzerrung der gesellschaftergruppenspezifischen Vermögensverhältnisse zu vermeiden. Zum anderen wird den Adressaten durch die erfolgswirksame Erfassung deutlich gemacht, dass die Zunahme des Konzernvermögens nicht zum Teil auf einer Kapitaleinlage der nicht beherrschenden Gesellschafter respektive auf einer Veräußerung eigener Anteile des Teilkonzernmutterunternehmens an diese Gesellschaftergruppe basiert – wie es die konzernbilanzielle Abbildung der multiplikativen Methode nahelegt –, sondern vollumfänglich aus dem Unternehmenszusammenschluss hervorgeht.

Ein negativer Unterschiedsbetrag zwischen der erbrachten Gegenleistung und dem Zeitwert des (anteiligen) Reinvermögens des Akquisitionsobjektes muss indessen nicht zwingend auf einen ökonomischen Vorteil des Erwerbers zurückzuführen sein, sondern kann auch in antizipierten künftigen Aufwendungen begründet liegen. Die Residualgröße hätte insofern den Charakter eines ***badwill***, der zum Erwerbszeitpunkt jedoch nicht passiviert werden darf. Sowohl im Rahmen der multiplikativen als auch bei Anwendung der additiven Methode wird ein solcher Unterschiedsbetrag daher i. V. m. den Vorschriften des IFRS 3 zumindest teilweise ertragswirksam erfasst, sodass ein tatsächlich nicht gegebener günstiger Gelegenheitskauf suggeriert wird. Die erfolgsneutrale Verrechnung des den indirekten nicht beherrschenden Anteilen zuzurechnenden negativen Unterschiedsbetrages mit den nicht beherrschenden Anteilen am Konzerneigenkapital gemäß der multiplikativen Methode ist einer ertragswirksamen Vereinnahmung mit Blick auf die Erfolgswirkung zum Akquisitionszeitpunkt indessen konzeptionell überlegen. Gleichwohl wird der *badwill* trotz seines fremdkapitalähnlichen Wesens in einen Eigenkapitalposten eingestellt.

Damit durch die konzernbilanzielle Abbildung auch in dieser Fallkonstellation entscheidungsnützliche Informationen vermittelt werden können, müssten die Regelungen des IFRS 3 im Allgemeinen zum Erwerbszeitpunkt einen gegenwärtig nicht vorgesehenen erfolgsneutralen Ansatz der negativen Residualgröße außerhalb des Konzerneigenkapitals als Sonderposten in der Bilanz zulassen.[1110] Die regelungssystematische Gestaltung könnte sich in diesem Zusammenhang an den vor Inkrafttreten des IFRS 3 (2004) anzuwendenden Vorschriften des IAS 22 orientieren, gemäß denen ein *badwill* als Korrekturbetrag auf der Aktivseite offen von einem etwaig bilanzierten Geschäfts- oder Firmenwert abzusetzen war.[1111] Analog zu den handelsrechtlichen Vorschriften wäre es ebenso denkbar, die einer Schuld ähnliche negative Residualgröße passivisch zwischen dem Eigen- und Fremdkapital des Konzerns auszuweisen.[1112] In Folgeperioden wäre der negative Unterschiedsbetrag dann ertragswirksam aufzulösen, sobald die antizipierten Aufwendungen entweder in der Gesamtergebnisrechnung erfasst werden, um deren negative Erfolgswirkung letztlich auszugleichen, oder ihr Eintritt nicht länger erwartet wird.[1113] Die mit der Bestimmung des Auflösungszeitpunktes verbundenen Ermessensspiel-

---

[1110] Vgl. so auch im Rahmen des *post implementation review* zu IFRS 3 IDW (Hrsg.), Comment Letter (PIR IFRS 3), S. 5.

[1111] Vgl. IAS 22.65 sowie THEILE, C./PAWELZIK, K. U., Erfolgswirksamkeit des Anschaffungsvorgang beim Unternehmenserwerb, S. 318; HOFMANN, U./TRILTZSCH, J., Bilanzieller Ausweis negativer Unterschiedsbeträge, S. 733.

[1112] Vgl. § 301 Abs. 3 Satz 1 HGB sowie WINKELJOHANN, N./DEUBERT, M., in: Grottel u. a., Beck Bilanzkomm., 11. Aufl., § 301 HGB, Rn. 150 und 155 f.

[1113] Vgl. IAS 22.62; QIN, S., Bilanzierung des Excess nach IFRS 3, S. 20 f.; KÜTING, K./HARTH, H.-J., Behandlung negativer Aufrechnungsdifferenzen, S. 496.

räume ließen sich dabei weitestgehend begrenzen, indem es bereits zum Akquisitionszeitpunkt zwingend erforderlich wäre, die Ursachen für die erwarteten Aufwendungen hinreichend detailliert zu dokumentieren.[1114] Im Ergebnis würde der Bilanzierungsvorschlag so dazu beitragen, im Gegensatz zu einer pauschalen ertragswirksamen Vereinnahmung i. S. d. IFRS 3 die Vermögens- und Ertragslage in der Erst-, aber auch in der Folgekonsolidierung stärker an den tatsächlichen wirtschaftlichen Verhältnissen auszurichten.[1115]

Trotz der verbesserungsfähigen Regelungen des IFRS 3 zur Bilanzierung einer negativen Residualgröße mit dem Charakter eines *badwill* machen die vorstehenden Ausführungen deutlich, dass unabhängig vom Vorzeichen des aus der Kapitalkonsolidierung resultierenden Unterschiedsbetrages die additive Methode gegenüber der multiplikativen Methode sowohl bewertungsnützlichere als auch rechenschaftsförderndere Informationen vermittelt. Um eine möglichst entscheidungsnützliche (Konzern-)Finanzberichterstattung zu gewährleisten, sollte daher für die Abbildung indirekter nicht beherrschender Anteile im Rahmen der Akquisition eines einzelnen mittelbaren Tochterunternehmens die additive Methode angewendet werden. Inwieweit dieses Resultat auch für die Bilanzierung einer Teilkonzernakquisition im Konzernabschluss gilt, ist im nachfolgenden Abschnitt zu untersuchen.

## 53 Kapitalkonsolidierung beim Erwerb eines Teilkonzerns

### 531. Wesentliche Unterschiede im Vergleich zum Erwerb eines einzelnen mittelbaren Tochterunternehmens

Neben der zuvor betrachteten Akquisition eines einzelnen mittelbaren Tochterunternehmens kann ein mehrstufiger Konzern auch entstehen bzw. erweitert werden, sofern ein vollzukonsolidierendes Konzernunternehmen durch den Erwerb einer Kapitalbeteiligung die Beherrschung über ein Unternehmen erlangt, das seinerseits Anteile an hierarchisch nachgeordneten Tochterunternehmen hält.[1116] Die im vorangehenden Abschnitt 524. gewürdigten Erkenntnisse zur Abbildung der Akquisition eines einzelnen mittelbaren Tochterunternehmens sind allerdings nicht ohne Weiteres auf den Erwerb einer Beteiligung an einer Teilkonzernobergesellschaft übertragbar. **Wirtschaftlich betrachtet** handelt es sich schließlich um einen **Teilkonzernerwerb,**[1117] der die Beteiligungsstruktur nicht nur um eine, sondern um mindestens zwei Hierarchiestufen erweitert. Dementsprechend kann sowohl auf der Konzernstufe von der Obergesellschaft des Teilkonzerns zum erwerbenden Konzernunternehmen als auch auf der Stufe von einer hierarchisch nachgeordneten Tochtergesellschaft zu dessen (Teilkonzern-)Mutterunternehmen (gedanklich) ein Unterschiedsbetrag entstehen. Für die Akquisition eines Teilkonzerns mit (lediglich) einem Tochterunternehmen zeigt Abbildung 5-2 diese denkbaren Residualgrößen.

[1114] Vgl. BAETGE, J./KIRSCH, H.-J./THIELE, S., Konzernbilanzen, S. 233.

[1115] Vgl. ALKEMEIER, M., Konzerninterne Unternehmenszusammenschlüsse, S. 154; ähnlich bereits auch QIN, S., Bilanzierung des Excess nach IFRS 3, S. 22 f.

[1116] Vgl. hierzu bereits Abschnitt 222.

[1117] Vgl. MANDL, G./KÖNIGSMAIER, H., Behandlung von Minderheitsanteilen im mehrstufigen Konzern, S. 264.

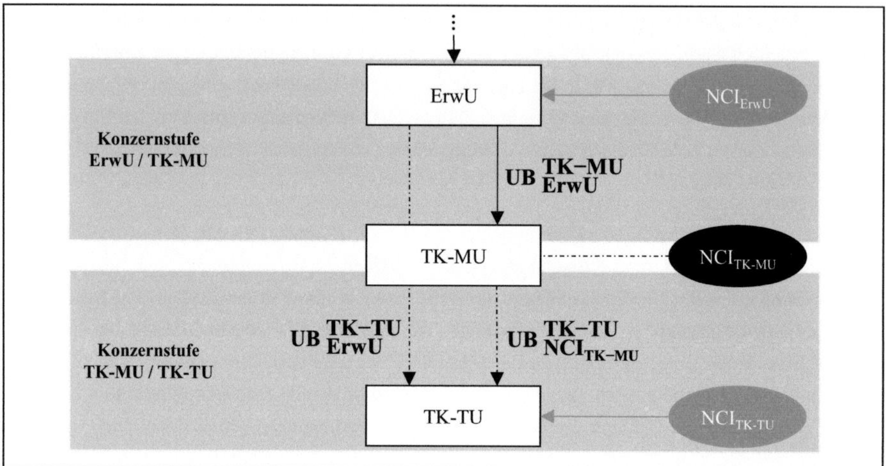


**Legende**: ErwU ≙ Erwerbendes Unternehmen | MU ≙ Mutterunternehmen | NCI ≙ Nicht beherrschende Gesellschafter bzw. *non-controlling interests* | TK ≙ Teilkonzern | TU ≙ Tochterunternehmen | UB ≙ Unterschiedsbetrag | -·-· ≙ Indirekte Beteiligung | — ≙ Direkte Beteiligung

**Abbildung 5-2: Mögliche Unterschiedsbeträge beim Erwerb eines Teilkonzerns mit nur einem Tochterunternehmen**[1118]

Aufgrund der zum Akquisitionszeitpunkt **fehlenden (expliziten) Anschaffungskosten** für die Beteiligung der Teilkonzernobergesellschaft an ihrem Tochterunternehmen sind im Vergleich zum Erwerb einer einzelnen mittelbaren Tochtergesellschaft in der nun zu betrachtenden Erwerbskonstellation ggf. zusätzliche Problemstellungen zu beachten. So hängt aus dem Blickwinkel des erwerbenden Konzernunternehmens nicht nur der Unterschiedsbetrag $^{\text{TK-TU}}_{\text{ErwU}}$, sondern auch der Unterschiedsbetrag $^{\text{TK-MU}}_{\text{ErwU}}$ von der anteiligen Gegenleistung für die (indirekte) Beteiligung an dem nachgeordneten Tochterunternehmen ab, da sich letztere Residualgröße aus den verbleibenden Anschaffungskosten nach Abzug der anteiligen Gegenleistung für die indirekte Beteiligung vom Gesamtkaufpreis ableitet.[1119] Dies scheint zwar dann unproblematisch, wenn die Teilkonzernakquisition als **einheitlicher Unternehmenszusammenschluss** interpretiert wird, aus der letztlich nur eine einzige, die beiden Teilunterschiedsbeträge umfassende Gesamtresidualgröße hervorgeht.[1120] Falls in dem Erwerb eines Teilkonzerns allerdings **mehrere Unternehmenszusammenschlüsse** gesehen werden, die in einer Transaktion abgewickelt werden, ist die Ermittlung mehrerer (stufenweiser) Unterschiedsbeträge an-

1118 Im Unterschied zur dargestellten Erwerbskonstellation kann das den Teilkonzern akquirierende Unternehmen auch wirtschaftlich unabhängig sein, sodass die oberhalb dieses Unternehmens angedeutete Konzernstruktur nicht besteht. In diesem Fall würden die Eigenkapitalanteile der $NCI_{ErwU}$ im Konzernabschluss des erwerbenden Unternehmens nicht unter den nicht beherrschenden Anteilen ausgewiesen, sondern den Anteilen der Gesellschafter des Konzernmutterunternehmens am Eigenkapital des Konzerns zugerechnet.

1119 Vgl., wenn auch im handelsrechtlichen Kontext, DUSEMOND, M./WEBER, C.-P./ZÜNDORF, H., in: Küting/Weber, HdK, 2. Aufl., § 301 HGB, Rn. 332.

1120 Vgl. SENGER, T./BRUNE, J. W., in: Driesch u. a., Beck IFRS HB, 5. Aufl., § 34, Rn. 32.

gezeigt.[1121] Um diese Residualgrößen zum Akquisitionszeitpunkt ermitteln zu können, ist es im Unterschied zum Erwerb eines einzelnen mittelbaren Tochterunternehmens zwingend erforderlich, den Kaufpreis auf die Beteiligungen an den Teilkonzernunternehmen aufzuteilen.

Sofern das erwerbende Konzernunternehmen darüber hinaus nicht sämtliche Anteile an der Teilkonzernobergesellschaft erwirbt, sind nach dem Unternehmenszusammenschluss aus Gesamtkonzernsicht nicht beherrschende Gesellschafter am Teilkonzernmutterunternehmen beteiligt.[1122] Diese Gesellschafter halten über das Mutterunternehmen des Teilkonzerns indirekte Anteile an dem hierarchisch nachgeordneten mittelbaren Tochterunternehmen,[1123] für die zum Zeitpunkt der Teilkonzernakquisition indes keine (neuerliche) Gegenleistung vorliegt.[1124] Schließlich sind die nicht beherrschenden Gesellschafter abweichend von der Akquisition eines einzelnen mittelbaren Tochterunternehmens nicht am Erwerbssubjekt, sondern am Akquisitionsobjekt beteiligt.[1125] Zudem ist davon auszugehen, dass das erwerbende Konzernunternehmen lediglich die auf seine Beteiligung an der Teilkonzernobergesellschaft entfallenden Vermögenswerte und Schulden und nicht die der nicht beherrschenden Gesellschafter vergütet.[1126] Infolgedessen stellt sich die Frage, ob und ggf. auf welcher Grundlage ein den **indirekten nicht beherrschenden Gesellschaftern zuzurechnender Unterschiedsbetrag** (Unterschiedsbetrag $^{TK\text{-}TU}_{NCI_{TK\text{-}MU}}$ in Abbildung 5-2) zu bestimmen ist. Bevor jedoch dieser Problemstellung in Abschnitt 533. nachgegangen wird, soll nachfolgend zunächst untersucht werden, ob im Rahmen der konzernbilanziellen Abbildung einer Teilkonzernakquisition eine Gesamtresidualgröße oder mehrere Teilunterschiedsbeträge zu ermitteln und zu bilanzieren sind.

### 532. Ermittlung und Bilanzierung von Unterschiedsbeträgen bei indirekten Beteiligungen des Erwerbers

#### 532.1 Charakteristikum bei Teilkonzernerwerben

Charakteristisch für die Ermittlung von Unterschiedsbeträgen bei Teilkonzernakquisitionen ist es, dass die vom erwerbenden (Konzern-)Unternehmen entrichtete Gegenleistung nicht ausschließlich die (anteiligen) identifizierbaren Vermögenswerte, Schulden und exklusiven Ertragspotenziale der Obergesellschaft des Teilkonzerns vergütet. Der Kaufpreis wird sich auch auf die vom Teilkonzernmutterunternehmen gehaltene Beteiligung an einer hierarchisch nachgeordneten Tochtergesellschaft

1121 Vgl. SENGER, T./BRUNE, J. W., in: Driesch u. a., Beck IFRS HB, 5. Aufl., § 34, Rn. 31.

1122 Vgl. WINKELJOHANN, N./HOFFMANN, K., in: Grottel u. a., Beck Bilanzkomm., 11. Aufl., § 301 HGB, Rn. 377. Die nachfolgenden Ausführungen gelten analog für solche nicht beherrschenden Gesellschafter, die bei der Akquisition eines bereits mehrstufigen Teilkonzerns an Tochterunternehmen auf den hierarchischen Zwischenstufen des Verbundes beteiligt sind.

1123 Vgl. KÜTING, K./WEBER, C.-P./WIRTH, J., Kapitalkonsolidierung im mehrstufigen Konzern, S. 44; KÜTING, K./WEBER, C.-P., Konzernabschluss, S. 417; FORSTER, K.-H./HAVERMANN, H., Anteile konzernfremder Gesellschafter, S. 3.

1124 Vgl. LEINEN, M., Kapitalkonsolidierung im mehrstufigen Konzern, S. 195 und 198.

1125 Denkbar wäre darüber hinaus auch, dass an der erwerbenden (Konzern-)Gesellschaft nicht beherrschende Gesellschafter beteiligt sind, die infolge der Teilkonzernakquisition indirekt Anteile an den Unternehmen des Teilkonzerns halten. Da sich bei der konzernbilanziellen Abbildung dieser Anteile grundsätzlich die gleichen Problemstellungen wie beim Erwerb eines einzelnen mittelbaren Tochterunternehmens ergeben, an dem nicht beherrschende Gesellschafter indirekt beteiligt sind, sei auf die Diskussion in Abschnitt 52 verwiesen.

1126 Vgl. KÜTING, K./LEINEN, M., Kapitalkonsolidierung bei Erwerb eines Teilkonzerns, S. 1208.

beziehen und damit das durch diese repräsentierte (anteilige) Reinvermögen sowie die mit dem Tochterunternehmen verbundenen Ertragserwartungen entgelten.[1127] Der **gesamtheitliche Unterschiedsbetrag** aus einem Teilkonzernerwerb, der sich aus der Verrechnung der insgesamt entrichteten Gegenleistung mit dem Saldo der (anteiligen) konzernbilanziell anzusetzenden, neubewerteten Vermögenswerte und Schulden des Teilkonzerns ergibt, spiegelt mithin die nicht separat bilanzierungsfähigen Wertpotenziale der einzelnen Teilkonzernunternehmen wider. Im Fall der hier betrachteten Akquisition eines einstufigen Teilkonzerns mit nur einem Tochterunternehmen kann der Gesamtunterschiedsbetrag – wie Abbildung 5-3 zeigt – daher zumindest gedanklich in zwei **(Teil-)Unterschiedsbeträge** unterteilt werden.[1128]

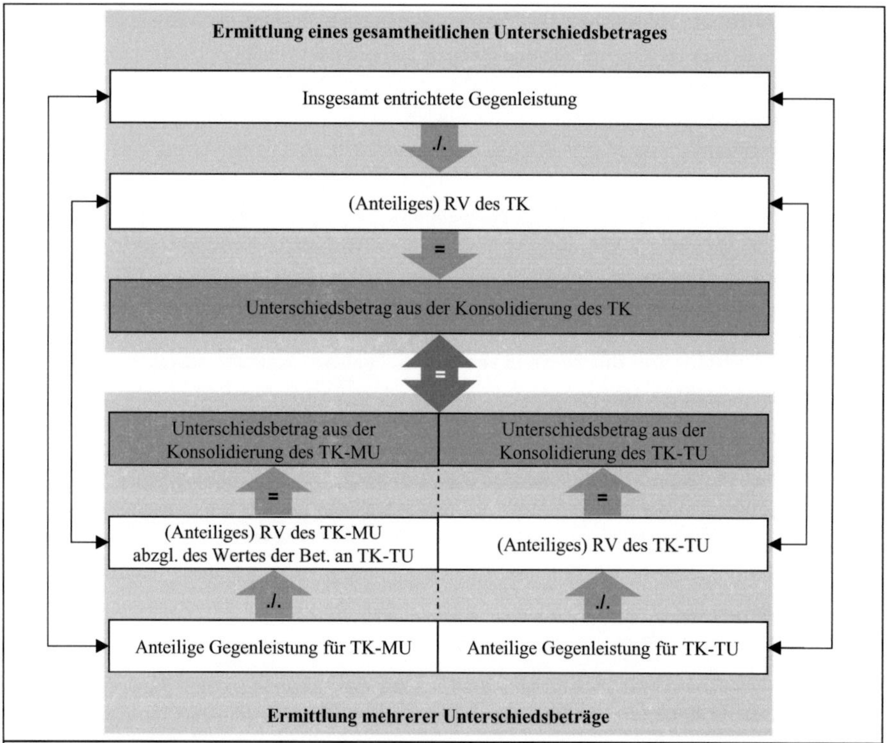


**Legende**: abzgl. ≙ abzüglich | Bet. ≙ Beteiligung | MU ≙ Mutterunternehmen | RV ≙ Reinvermögen | TK ≙ Teilkonzern | TU ≙ Tochterunternehmen

**Abbildung 5-3: Unterteilung des Unterschiedsbetrages beim Erwerb eines Teilkonzerns mit nur einem Tochterunternehmen**

1127 Vgl. DUSEMOND, M./WEBER, C.-P./ZÜNDORF, H., in: Küting/Weber, HdK, 2. Aufl., § 301 HGB, Rn. 332.

1128 Von einem Unterschiedsbetrag, der auf etwaige nicht beherrschende Gesellschafter entfällt, sei zunächst abstrahiert. Vgl. hierzu Abschnitt 533.

Die Regelungen des IFRS 3 knüpfen die Anwendung der Erwerbsmethode und somit die Ermittlung eines Geschäfts- oder Firmenwertes bzw. Erfolgs aus einem günstigen Gelegenheitskauf an die Geschäftsbetriebseigenschaft des Akquisitionsobjektes.[1129] Die Konstellation eines Unternehmenszusammenschlusses, in dem das Erwerbsobjekt mehrere in ggf. verschiedenen rechtlichen Einheiten organisierte Geschäftsbetriebe umfasst, wird indes nicht explizit problematisiert.[1130] Sofern zunächst vernachlässigt wird, dass nach dem Zusammenschluss aus dem Blickwinkel des Gesamtkonzerns nicht beherrschende Gesellschafter am Teilkonzernmutterunternehmen beteiligt sein können,[1131] stellt sich daher die Frage, ob für die konzernbilanzielle Abbildung der Teilkonzernakquisition nur **eine Residualgröße** für den gesamten Teilkonzern oder ggf. mehrere **teileinheitenspezifische Unterschiedsbeträge** zu ermitteln sind.[1132] Für die Lösung dieser Problemstellung ist es förderlich, zunächst die in Abbildung 5-4 gezeigten Fallkonstellationen bei der Akquisition eines Teilkonzerns mit nur einem Tochterunternehmen zu unterscheiden, die maßgeblich von den Vorzeichen und der Höhe der den einzelnen Teilkonzernunternehmen zuzurechnenden Unterschiedsbeträge abhängen.

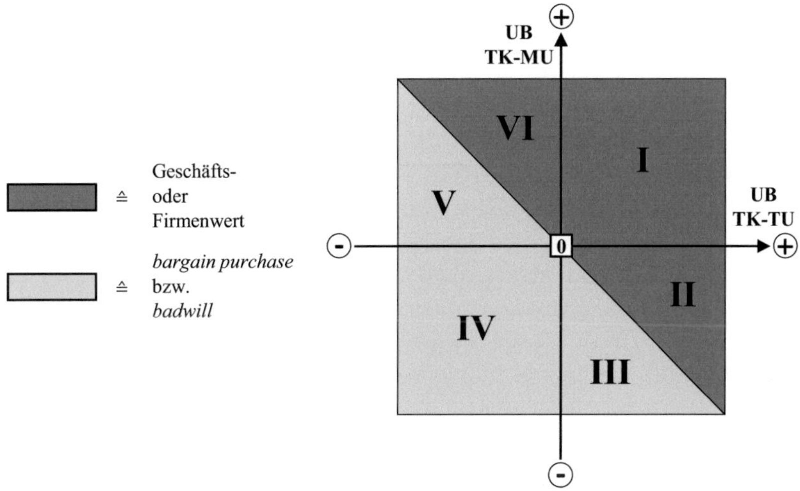


**Legende**: MU ≙ Mutterunternehmen | TK ≙ Teilkonzern | TU ≙ Tochterunternehmen | UB ≙ Unterschiedsbetrag

**Abbildung 5-4: Fallunterscheidungen der Unterschiedsbetragsermittlung beim Erwerb eines Teilkonzerns mit nur einem Tochterunternehmen**[1133]

[1129] Vgl. IFRS 3.3 i. V. m. IFRS 3.B5–B12. Hier und im Folgenden sei angenommen, dass der Teilkonzern respektive die in diesem zusammengeschlossenen Unternehmen die Eigenschaften eines Geschäftsbetriebs erfüllen.

[1130] Vgl. RIEDL, F./BORGWARDT, L., Konsolidierung in der internationalen Rechnungslegung, S. 18.

[1131] Vgl. hierzu Abschnitt 533. Beim Erwerb eines mehrstufigen Teilkonzerns wäre an dieser Stelle darüber hinaus ebenso von Anteilen nicht beherrschender Gesellschafter zu abstrahieren, die an Tochterunternehmen auf den Zwischenstufen des erworbenen Teilkonzerns beteiligt sind.

[1132] Vgl. RIEDL, F./BORGWARDT, L., Konsolidierung in der internationalen Rechnungslegung, S. 18.

[1133] In enger Anlehnung an GIMPEL-HENNING, N., Sukzessive Anteilserwerbe, S. 133, der im Kontext sukzessiver Anteilserwerbe einen Gesamtunterschiedsbetrag gedanklich auf die Neu- und Altanteile an einem Tochterunternehmen

Soweit sich zum Erwerbszeitpunkt bei einer isolierten Betrachtung der einzelnen Teilkonzernunternehmen **Unterschiedsbeträge mit gleichem Vorzeichen** ergeben (Fälle I und IV), ziehen die beiden Alternativen zur Unterschiedsbetragsermittlung i. V. m. den Regelungen des IFRS 3 weder dem Grunde noch der Höhe nach unterschiedliche Bilanzierungskonsequenzen nach sich.[1134] Schließlich wären ein positiver Differenzbetrag für den gesamten Teilkonzern und mehrere positive Unterschiedsbeträge für die jeweiligen Teilkonzernunternehmen gleichermaßen als Geschäfts- oder Firmenwert(e) in der Konzernbilanz zu aktivieren bzw. eine gesamtheitlich ermittelte negative Residualgröße und mehrere einzelne negative Unterschiedsbeträge als Erfolg(e) aus einer günstigen Akquisitionsgelegenheit ertragswirksam zu vereinnahmen.[1135] Insofern scheinen die verschiedenen Vorgehensweisen der Unterschiedsbetragsermittlung keine abweichenden Implikationen für die Abbildung der Teilkonzernakquisition im Konzernabschluss zum Erwerbszeitpunkt zu haben. Allerdings sind auch Sachverhalte denkbar, in denen für die einzelnen Teilkonzernunternehmen isoliert betrachtet **Unterschiedsbeträge mit voneinander abweichenden Vorzeichen** entstehen (Fälle II, III, V und VI). So könnte der Erwerber auf der einen Seite lediglich an einem einzelnen, wirtschaftlich prosperierenden Unternehmen eines (Teil-)Konzerns interessiert sein, während die veräußernde Partei auf der anderen Seite den (Teil-)Konzern ggf. nur in dessen Gesamtheit und damit auch einschließlich solcher Unternehmen bereit ist abzugeben, die evtl. nachhaltig Verluste erwirtschaften bzw. für die aus Sicht des Erwerbers ein wesentlicher Restrukturierungsbedarf besteht.[1136] Losgelöst von den Umständen der konkreten Verhandlungssituation würden im Rahmen einer differenzierten Unterschiedsbetragsermittlung in einem derartigen Fall zum einen ein Geschäfts- oder Firmenwert für das Teilkonzernunternehmen ermittelt, dem das Erwerbsinteresse primär gilt, und zum anderen in Abhängigkeit von den im jeweiligen Beteiligungswert der anderen Gesellschaften antizipierten künftigen Aufwendungen ggf. negative Unterschiedsbeträge bestimmt. Bei der Ermittlung einer einzigen Residualgröße für den gesamten Teilkonzern würden diese Unterschiedsbeträge dahingegen miteinander verrechnet. Angesichts dieser in der überwiegenden Zahl der konzeptionell denkbaren Fallkonstellationen abweichenden Bilanzierungskonsequenzen ist im nachfolgenden Abschnitt daher zu erörtern, ob die beiden möglichen Alternativen der Unterschiedsbetragsermittlung beim Erwerb eines Teilkonzerns mit den Vorschriften des IFRS 3 vereinbar sind.

### 532.2 Zulässigkeit einer gesamtheitlichen und einer differenzierten Unterschiedsbetragsermittlung nach den Regelungen des IFRS 3

Die Bestimmung einer gesamtheitlichen Residualgröße für den erworbenen Teilkonzern impliziert – wie in Abschnitt 532.1 beschrieben – eine Saldierung von Unterschiedsbeträgen, die (gedanklich) auf verschiedenen Hierarchiestufen des Teilkonzernverbundes entstehen. Eine solche Unterschiedsbetragsermittlung wird vor allem im Zusammenhang mit den technischen Verfahren zur Kapitalkonsoli-

aufteilt.

1134 Vgl. WIRTH, J./ALPER, R./NEIS, T., Abbildung eines Teilkonzernerwerbs, S. 443.

1135 Vgl. IFRS 3.32; IFRS 3.34.

1136 Vgl. hierzu und im Folgenden KESSLER, H. U. A., Identifizierung des Unterschiedsbetrags nach IFRS 3, S. 126 und 129; WIRTH, J./ALPER, R./NEIS, T., Abbildung eines Teilkonzernerwerbs, S. 443.

dierung im mehrstufigen Konzern kritisiert.[1137] So ist es bei Anwendung der Simultankonsolidierung nach dem Gleichungsverfahren bspw. möglich, dass der Erfolg aus einer günstigen Akquisitionsgelegenheit mit Geschäfts- oder Firmenwerten anderer Konzernstufen verrechnet wird.[1138] Dabei lässt das Gleichungsverfahren die Entstehungs- bzw. Erwerbshistorie des Konzerns unberücksichtigt, sodass insgesamt nur eine einzige Residualgröße über alle Konzernstufen hinweg ermittelt wird und damit ggf. Unterschiedsbeträge aus verschiedenen Erwerbsvorgängen gegeneinander aufgerechnet werden. Da die Erwerbsmethode einschließlich der Ermittlung eines Unterschiedsbetrages indes auf jeden einzelnen Unternehmenszusammenschluss anzuwenden ist,[1139] steht das Gleichungsverfahren nicht mit den Regelungen des IFRS 3 im Einklang.[1140] Die für einen Teilkonzern in seiner Gesamtheit bestimmte Residualgröße umfasst hingegen Unterschiedsbeträge einzelner Teilkonzerneinheiten, die nicht in mehreren, sondern in einer einzigen Transaktion erworben werden. Entsprechend der Definition eines Unternehmenszusammenschlusses als „***transaction*** *or other event in which an acquirer obtains control of one or* ***more businesses*** [abweichende Hervorhebungen im Original]“[1141] könnte der Akquisition eines aus mehreren geschäftsbetriebsgleichen Einheiten (*businesses*) bestehenden Teilkonzerns daher die Interpretation eines **einheitlichen Erwerbsvorgangs**, aus dem insgesamt nur eine Residualgröße hervorgeht, zugrunde gelegt werden.[1142] Gestützt wird diese Hypothese durch das in IFRS 3 kodifizierte Ermittlungsschema eines Unterschiedsbetrages, demgemäß den Anteilen des Erwerbers und etwaiger nicht beherrschender Gesellschafter das Reinvermögen des Akquisitionsobjektes (*acquiree*) gegenüberzustellen ist.[1143] Dabei kann sich das Akquisitionsobjekt aus einem oder aber auch mehreren Geschäftsbetrieben zusammensetzen.[1144] Der Wortlaut des Standards steht der Ermittlung eines einzigen Unterschiedsbetrages für sämtliche in einer Transaktion erworbene Teilkonzerneinheiten damit zumindest nicht entgegen.[1145]

Die Kontrollerlangung über „*one or more businesses* [mit Hervorhebungen im Original]“[1146] kann allerdings auch derart verstanden werden, dass ein Unternehmenszusammenschluss die Akquisition

1137 Vgl. hierzu Abschnitt 331.

1138 Vgl. FORSTER, K.-H./HAVERMANN, H., Anteile konzernfremder Gesellschafter, S. 4; VON WYSOCKI, K./WOHLGEMUTH, M./BRÖSEL, G., Konzernrechnungslegung, S. 161; LEINEN, M., Kapitalkonsolidierung im mehrstufigen Konzern, S. 86; EBELING, R. M., Einheitsfiktion, S. 331.

1139 Vgl. IFRS 3.4 f. sowie FIECHTER, P./MEYER, C., Full Goodwill Accounting, S. 216.

1140 Vgl. KÜTING, K./WEBER, C.-P., Konzernabschluss, S. 421. So auch im handelsrechtlichen Kontext LEINEN, M., Kapitalkonsolidierung im mehrstufigen Konzern, S. 82. A. A. VON WYSOCKI, K./WOHLGEMUTH, M./BRÖSEL, G., Konzernrechnungslegung, S. 161.

1141 IFRS 3.A.

1142 Vgl. HAEGLER, O., Bilanzierung nicht beherrschender Anteile im mehrstufigen Konzern, S. 193; KESSLER, H. U. A., Identifizierung des Unterschiedsbetrags nach IFRS 3, S. 128. Vgl. ebenso, wenn auch implizit, THEILE, C./PAWELZIK, K. U., in: Heuser/Theile, IFRS-Handbuch, 5. Aufl., D VI, Rn. 5835 sowie im handelsrechtlichen Kontext WINKELJOHANN, N./HOFFMANN, K., in: Grottel u. a., Beck Bilanzkomm., 11. Aufl., § 301 HGB, Rn. 375.

1143 Vgl. IFRS 3.32 sowie KESSLER, H. U. A., Identifizierung des Unterschiedsbetrags nach IFRS 3, S. 128; WIRTH, J./ALPER, R./NEIS, T., Abbildung eines Teilkonzernerwerbs, S. 443.

1144 Vgl. IFRS 3.A.

1145 Vgl. so auch KESSLER, H. U. A., Identifizierung des Unterschiedsbetrags nach IFRS 3, S. 128. Im handelsrechtlichen Kontext werden diese Auffassung eines einheitlichen Erwerbsvorgangs und die Ermittlung eines einzigen Unterschiedsbetrages für den gesamten Teilkonzern sogar explizit herausgestellt. Vgl. DRS 23.203.

1146 IFRS 3.A.

**mindestens eines Geschäftsbetriebs** voraussetzt. Der Erwerb eines Teilkonzerns, der aus mehreren geschäftsbetriebsgleichen Einheiten besteht, ließe sich demzufolge als ein Zusammenschluss werten, der **mehrere einzelne Unternehmensakquisitionen** umfasst. Dieser Interpretation folgend kann für jeden dieser Unternehmenszusammenschlüsse ein gesonderter Unterschiedsbetrag bestimmt werden.[1147] Neben der Ermittlung einer einzigen Residualgröße für den gesamten Teilkonzern wird daher auch die Bestimmung mehrerer (Teil-)Unterschiedsbeträge vom Wortlaut des IFRS 3 getragen.

Im Folgenden wird daher untersucht, welche Besonderheiten und Probleme sich bei der Ermittlung einer einzigen Residualgröße sowie mehrerer Unterschiedsbeträge im Zusammenhang mit der konzernbilanziellen Abbildung einer Teilkonzernakquisition ergeben können. Zugleich ist auf dieser Grundlage entsprechend den auch für Auslegungsfragen heranziehbaren Regelungen des IAS 8 zu beurteilen, welche der beiden Alternativen zur Unterschiedsbetragsermittlung den qualitativen Anforderungen an eine entscheidungsnützliche Finanzberichterstattung vergleichsweise besser entspricht.

### 532.3 Ermittlung und Bilanzierung eines einzigen Unterschiedsbetrages beim Erwerb eines Teilkonzerns

#### 532.31 Gesamtheitlich positiver Unterschiedsbetrag

##### 532.311. Bilanzierung im Rahmen der Erstkonsolidierung

Auf den ersten Blick scheint die gesamtheitliche Unterschiedsbetragsermittlung die einer glaubwürdigen Darstellung immanente wirtschaftliche Betrachtungsweise zu fördern. Schließlich wird die Residualgröße losgelöst von der rechtlichen (Beteiligungs-)Struktur der Teilkonzerneinheiten bestimmt. Bei näherer Betrachtung zeigt sich indessen, dass die konzernbilanzielle Abbildung der Teilkonzernakquisition gerade bei einer gesamtheitlichen Ermittlung des Unterschiedsbetrages von der **rechtlichen Gestaltung des Erwerbsvorgangs** abhängt.[1148] Dies wird vor allem im Fall eines heterogenen Teilkonzerns deutlich, der sowohl aus wirtschaftlich prosperierenden als auch aus restrukturierungsbedürftigen bzw. nachhaltig verlustträchtigen Einheiten besteht, deren Beteiligungswerte einerseits ober- und andererseits unterhalb des (anteiligen) neubewerteten Reinvermögens liegen. Würden diese Teilkonzerneinheiten separat erworben, ergäben sich aus den jeweiligen Zusammenschlüssen ggf. Unterschiedsbeträge mit voneinander abweichenden Vorzeichen (**Fälle II, III, V und VI**),[1149] die den Regelungen des IFRS 3 entsprechend zum einen als Geschäfts- oder Firmenwert(e) und zum anderen als Erfolg(e) aus einem günstigen Gelegenheitskauf zu erfassen wären.[1150] Sofern der gesamte Teilkonzern in einer Transaktion akquiriert wird, entsteht hingegen nur ein einziger positiver oder negati-

---

1147 Vgl. KESSLER, H. U. A., Identifizierung des Unterschiedsbetrags nach IFRS 3, S. 128.

1148 Vgl. hierzu und im Folgenden KESSLER, H. U. A., Identifizierung des Unterschiedsbetrags nach IFRS 3, S. 126 und 129; WIRTH, J./ALPER, R./NEIS, T., Abbildung eines Teilkonzernerwerbs, S. 443.

1149 Vgl. zu der Unterscheidung der Fallkonstellationen Abschnitt 532.1.

1150 Vgl. IFRS 3.32; IFRS 3.34. Vgl. kritisch zur umgehenden ertragswirksamen Erfassung eines auf künftigen Restrukturierungsaufwendungen bzw. Verlustbeiträgen basierenden negativen Unterschiedsbetrages Abschnitt 522.321. und 532.32.

ver Unterschiedsbetrag,[1151] in dem sich die etwaig gegenläufigen Ertragserwartungen saldieren.[1152] Da somit die rechtliche Strukturierung der Teilkonzernakquisition maßgebend für die Bilanzierung des Erwerbs der Teilkonzerneinheiten im Konzernabschluss sein kann, wird die gesamtheitliche Unterschiedsbetragsermittlung einer den tatsächlichen wirtschaftlichen Verhältnissen entsprechenden Abbildung nicht unbedingt gerecht.[1153]

Dennoch bleibt ein gesamtheitlich positiver Unterschiedsbetrag der ökonomischen Interpretation eines **Geschäfts- oder Firmenwertes** zugänglich, da er konzeptionell auf dem Geschäfts- oder Firmenwert einer Teilkonzerneinheit gründet, der den einer anderen Teilkonzerneinheit zuzurechnenden negativen Unterschiedsbetrag im Saldo überschießt (**Fälle II und VI**).[1154] Auch die mögliche wertmäßige Kompensation gegenläufiger wertbildender Faktoren, die den jeweiligen Unterschiedsbeträgen der einzelnen Einheiten zugrunde liegen können, widerstrebt dem Wesen eines nach IFRS 3 zu aktivierenden positiven Unterschiedsbetrages in diesem Zusammenhang nicht, sondern ist sogar eine immanente Eigenschaft dieses Vermögenswertes. Dies liegt darin begründet, dass der Geschäfts- oder Firmenwert angesichts seiner mangelnden selbständigen Bewertbarkeit grundsätzlich aus der für die Unternehmensanteile entrichteten Gegenleistung abzuleiten ist,[1155] die maßgeblich durch das (Grenz-)Kaufpreiskalkül des Erwerbers geprägt ist.[1156] Obgleich es regelmäßig ein Akquisitionsziel sein wird, die potenziellen positiven Wertbeiträge des Unternehmenszusammenschlusses möglichst vollumfassend zu erschließen, bringt die „Nutzung jeglicher Synergiepotentiale meistens nicht nur Vorteile"[1157] mit sich.[1158] Der Grenzpreis eines (rationalen) Erwerbers wird mithin neben den erwarteten positiven Ertragspotenzialen gleichfalls durch **künftige Verlustbeiträge** des Beteiligungsunternehmens – wie z. B. die Kosten der Integration des Erwerbsobjektes in den Wertschöpfungsprozess – beeinflusst sein. Insofern kann der in der Konzernbilanz anzusetzende Geschäfts- oder Firmenwert lediglich die über das identifizierbare neubewertete Reinvermögen hinausgehenden **Nettonutzenpotenziale** widerspiegeln.[1159] Aus diesem Blickwinkel vermittelt zwar auch ein gesamtheitlich bestimmter Unterschiedsbetrag die vergüteten Nettoertragserwartungen des Managements aus der Akquisition des Teilkonzerns. Da die sich gegenseitig kompensierenden Wertpotenziale der einzelnen

---

1151 Vgl. zum gesamtheitlich negativen Unterschiedsbetrag Abschnitt 532.32.

1152 Vgl. WIRTH, J./ALPER, R./NEIS, T., Abbildung eines Teilkonzernerwerbs, S. 443.

1153 Vgl. KESSLER, H. U. A., Identifizierung des Unterschiedsbetrags nach IFRS 3, S. 129.

1154 Von Überzahlungen, die zwar kein Bestandteil des *core goodwill* sind, aber zum Akquisitionszeitpunkt dennoch aktiviert werden, sei an dieser Stelle abstrahiert. Vgl. hierzu IFRS 3.BC314 f. i. V. m. IFRS 3.BC313; IFRS 3.BC382 sowie kritisch EBERT, M./SIMONS, D., Bilanzpolitisches Potenzial der Goodwillbilanzierung, S. 623; STREIM, H. U. A., Regelungen zur Goodwill-Bilanzierung nach IFRS, S. 23; HAAKER, A., Zweckadäquanz der Goodwill-Bilanzierung, S. 133.

1155 Vgl. IFRS 3.BC328 sowie MUJKANOVIC, R., Abschreibung des Geschäfts- oder Firmenwerts, S. 293; GELHAUSEN, H. F./FEY, G./KÄMPFER, G., Rechnungslegung nach dem BilMoG, Abschnitt Q, Rn. 422.

1156 Vgl. BRÖSEL, G./ZWIRNER, C., Goodwill aus Sicht des Abschlussprüfers, S. 192; BRÖSEL, G./KLASSEN, T., Auswirkungen des IFRS 3 und des IAS 36, S. 449 f.; KLOSE, N.-C., Kapitalkonsolidierungs- und Bewertungsmethoden, S. 265 m. w. N.

1157 GÄLWEILER, A., Synergiepotentiale, Sp. 1937.

1158 Vgl. HAAKER, A., Goodwill-Bilanzierung nach IFRS, S. 347; HAAKER, A., Zuordnung des Goodwill auf Cash Generating Units, S. 431. Ähnlich bereits KÄFER, K., Probleme der Unternehmungsbewertung, S. 154.

1159 Vgl. SELLHORN, T., Bilanzielle Behandlung des Goodwill, S. 889; HAAKER, A., Goodwill-Bilanzierung nach IFRS, S. 347; THOMASCHEWSKI, D., Synergien im Akquisitionsmanagement, S. 230.

Teilkonzerneinheiten i. d. R. nicht zeitgleich realisiert bzw. anfallen werden, gehen allerdings einerseits zum Erwerbszeitpunkt potenziell relevante Informationen zur Beurteilung der zeitlichen Struktur künftiger Ein- und Auszahlungen verloren. Andererseits werden eine periodengerechte Erfolgsermittlung und damit eine den wirtschaftlichen Verhältnissen entsprechende Abbildung der Ertragslage des Konzerns in den Folgeperioden beeinträchtigt.

Soweit der negative Unterschiedsbetrag einer Teilkonzerneinheit nicht auf antizipierte künftige Aufwendungen, sondern auf einen **Erfolg aus einem günstigen Gelegenheitskauf** zurückgeht,[1160] kann der um diesen Erfolg gekürzte Geschäfts- oder Firmenwert einer anderen Einheit als Ergebnis einer **unter dem Grenzpreis** des Erwerbers liegenden Gegenleistung für den gesamten Teilkonzern gewertet werden.[1161] Auch bei der Akquisition eines einzelnen Geschäftsbetriebs, deren konzernbilanzielle Abbildung die Aktivierung eines Geschäfts- oder Firmenwertes erfordert, wird die erwerbende Partei i. d. R. einen Kaufpreis verhandeln, der ihre maximale Zahlungsbereitschaft unterschreitet.[1162] Maßgebend für den Wertansatz nicht separat bilanzierungsfähiger Wertpotenziale aus einem Unternehmenszusammenschluss ist schließlich nicht der Grenzpreis des Käufers, sondern grundsätzlich eine den Zeitwert des (anteiligen) Reinvermögens übersteigende Gegenleistung.[1163] Da sich Letzteres im positiven Saldo der Teilunterschiedsbeträge zeigt,[1164] ist dem Gesamtunterschiedsbetrag ebenso in dieser Verrechnungskonstellation der Charakter eines Geschäfts- oder Firmenwertes i. S. d. IFRS 3 zuzusprechen. Gleichwohl wird er in Höhe des verrechneten Erfolgs zu niedrig bewertet und gibt folglich nicht sämtliche aus dem Blickwinkel des Erwerbers vergüteten Ertragspotenziale wieder.[1165] Überdies werden aufgrund der erfolgsneutralen Verrechnung des Erfolgs im positiven Gesamtunterschiedsbetrag das Konzernergebnis und somit das Konzerneigenkapital zum Akquisitionszeitpunkt zu niedrig ausgewiesen.

Wenngleich die gesamtheitliche Unterschiedsbetragsermittlung in den Fällen der Verrechnung von Teilunterschiedsbeträgen mit abweichenden Vorzeichen negative Auswirkungen auf die Abbildung der Vermögens- und Ertragslage hat, ist in diesem Kontext zu berücksichtigen, dass ein für den erworbenen Teilkonzern insgesamt bestimmter Geschäfts- oder Firmenwert **(Fälle I, II und VI) un-**

---

1160 Dabei ist zu beachten, dass ein solcher Charakter des negativen Unterschiedsbetrages nicht aus dem Wert- bzw. Kaufpreiskalkül des Erwerbers resultiert, sondern auf den konkreten Umständen der Verhandlungssituation fußt. So kann der Wert der Beteiligung an einer Teilkonzerneinheit (aus Sicht des Käufers) das anteilige Reinvermögen zu Zeitwerten übersteigen. Die anteilig für diese Beteiligung entrichtete Gegenleistung, die sich aus dem von den Verhandlungspartnern für den gesamten Teilkonzern vereinbarten Kaufpreis ableitet, liegt indes unterhalb des neubewerteten (anteiligen) Reinvermögens der in Rede stehenden Teilkonzerneinheit. Vgl. hierzu auch Abschnitt 532.423.

1161 Unabhängig von den Regelungen des IFRS 3 handelt es sich in ökonomischer Hinsicht bereits um eine für den Erwerber günstige Akquisition, sofern die entrichtete Gegenleistung unterhalb des Käufergrenzpreises liegt. Vgl. HAAKER, A., Goodwill-Bilanzierung nach IFRS, S. 406.

1162 Vgl. MA, R./HOPKINS, R., Puzzle-Solving in Accounting, S. 114; MA, R./HOPKINS, R., Goodwill, S. 80–82; HAAKER, A., Wahlrecht zur Anwendung der full goodwill method, S. 191; HAAKER, A., Zuordnung des Goodwill auf Cash Generating Units, S. 431.

1163 Vgl. IFRS 3.32 sowie ESSER, M., Goodwillbilanzierung, S. 161 f.; HAAKER, A., Full goodwill method nach ED IFRS 3, S. 27; STREIM, H. U. A., Regelungen zur Goodwill-Bilanzierung nach IFRS, S. 22.

1164 Vgl. zur (gedanklichen) Ermittlung der Teilunterschiedsbeträge Abschnitt 532.1.

1165 Vgl. KLOSE, N.-C., Kapitalkonsolidierungs- und Bewertungsmethoden, S. 267.

**mittelbar** aus einer i. d. R. vom Erwerber an die veräußernde Partei **übertragenen Gegenleistung** abgeleitet wird. Die Höhe der entrichteten Gegenleistung ist nicht nur direkt zu beobachten, sondern auch das Ergebnis einer Markttransaktion zwischen unabhängigen Verhandlungspartnern. Eine Übereinkunft der Transaktionsparteien zum Austausch von Leistung und Gegenleistung ist dabei unter gewöhnlichen Umständen nur in einer gewissen Wertspanne möglich.[1166] Diese Spanne ist zwar durch die subjektiven Wertvorstellungen in Form der Grenzpreise des Erwerbers und Veräußerers determiniert. Gleichwohl ist das (wirtschaftlich rational handelnde) akquirierende Konzernunternehmen im Rahmen der Preisverhandlung an einem möglichst niedrigen Kaufpreis interessiert, während die (ehemaligen) Anteilseigner der Teilkonzernobergesellschaft versuchen, einen möglichst hohen Verkaufspreis zu erzielen.[1167] Angesichts dieser entgegengesetzten Interessen der Verhandlungspartner gilt der beizulegende Zeitwert der erbrachten Gegenleistung unter gewöhnlichen Transaktionsumständen als bestmöglicher Nachweis (*best evidence*) für den beizulegenden Zeitwert der erworbenen Kapitalbeteiligung am Teilkonzernverbund.[1168] Der daraus abgeleitete positive Gesamtunterschiedsbetrag ist daher zum Erwerbszeitpunkt des Teilkonzerns (hinreichend) objektiviert.[1169]

#### 532.312. Bilanzierung im Rahmen der Folgekonsolidierung

Eine differenzierte Beurteilung der Bilanzierung eines positiven Gesamtunterschiedsbetrages erfordert neben der Betrachtung des Akquisitionszeitpunktes auch, die Geschäfts- oder Firmenwertbilanzierung in den Folgeperioden zu berücksichtigen. So ist ein nach dem Erwerbszeitpunkt des Teilkonzerns in die Struktur der zahlungsmittelgenerierenden Einheiten[1170] integrierter Geschäfts- oder Firmenwert jährlich oder bei Vorliegen bestimmter Indikatoren auf seine Werthaltigkeit zu prüfen.[1171] Im Zuge des obligatorischen **Wertminderungstests** ist dieser Geschäfts- oder Firmenwert bei der *partial goodwill method* (außerbilanziell) auf einen Wertansatz hochzurechnen, der sich bei einem 100 %igen Anteilsbesitz ergeben würde,[1172] um den Buchwert der zu testenden zahlungsmittelgenerierenden Einheit auf eine mit ihrem erzielbaren Betrag vergleichbare Wertbasis zu stellen.[1173] Sofern mehreren Teilkonzerneinheiten gedanklich ein Teil des gesamtheitlichen Geschäfts- oder Firmenwer-

---

1166 Vgl. hierzu und im Folgenden KÜTING, K./WEBER, C.-P./KEßLER, M., Bilanzielle Auswirkungen des Übernahmeangebots, S. 634; MA, R./HOPKINS, R., Goodwill, S. 80 f.

1167 Vgl. LÖCKE, J., Konzernintern erworbene immaterielle Vermögensgegenstände, S. 416; ALKEMEIER, M., Konzerninterne Unternehmenszusammenschlüsse, S. 130.

1168 Vgl. IFRS 3.BC330 f. i. V. m. IFRS 13.77 sowie HAAS, C., Goodwill-Bilanzierung nach IFRS, S. 164; HOEHNE, F., Veräußerung von Anteilen an Tochterunternehmen im IFRS-Konzernabschluss, S. 198.

1169 Vgl. HAAKER, A., Goodwill-Bilanzierung nach IFRS, S. 123; LÖCKE, J., Konzernintern erworbene immaterielle Vermögensgegenstände, S. 416. Die Objektivität des beizulegenden Zeitwertes hängt in diesem Kontext im Besonderen von der Art der übertragenen Gegenleistung ab. Vgl. hierzu Abschnitt 522.231.2.

1170 „Eine zahlungsmittelgenerierende Einheit ist die kleinste identifizierbare Gruppe von Vermögenswerten, die Mittelzuflüsse erzeugt, die weitgehend unabhängig von den Mittelzuflüssen anderer Vermögenswerte oder anderer Gruppen von Vermögenswerten sind" (IAS 36.6).

1171 Vgl. IAS 36.9 f.; IAS 36.80 sowie KÜTING, K./WEBER, C.-P./WIRTH, J., Goodwillbilanzierung, S. 144–146.

1172 Vgl. IAS 36.C4 sowie WIRTH, J., Firmenwertbilanzierung nach IFRS, S. 266; PELLENS, B./SELLHORN, T., Minderheitenproblematik beim Goodwill Impairment Test, S. 403; mit beispielhafter Darstellung KÜTING, K./DAWO, S./WIRTH, J., Konzeption der außerplanmäßigen Abschreibung, S. 188–190.

1173 Vgl. KÜTING, K./WEBER, C.-P./WIRTH, J., Goodwillbilanzierung, S. 146; WIRTH, J., Firmenwertbilanzierung nach IFRS, S. 226.

tes zuzurechnen wäre (**Fall I**) und die Beteiligungsquoten der nicht beherrschenden Gesellschafter an diesen Einheiten unterschiedlich hoch sind,[1174] ist es für die Hochrechnung erforderlich, den positiven Gesamtunterschiedsbetrag nunmehr doch den jeweiligen Teilkonzerneinheiten zuzuteilen.[1175] Dafür bedarf es eines Verteilungsschlüssels, dessen Auswahl und ggf. Bestimmung mit neutralitätsbeeinträchtigenden Unsicherheiten verbunden sein können.[1176] Die zugleich eröffneten Ermessensspielräume ließen sich gar gezielt nutzen, um den konzernbilanziellen Wertansatz des Geschäfts- oder Firmenwertes im Interesse des Bilanzierenden zu beeinflussen. Schließlich könnte mit Blick auf die von den Beteiligungsquoten abhängige Hochrechnung des Geschäfts- oder Firmenwertes eine entsprechende Zuordnung des (positiven) Gesamtunterschiedsbetrages zu den Teilkonzerneinheiten einen höheren oder niedrigeren Buchwert der geschäftswerttragenden zahlungsmittelgenerierenden Einheit zur Folge haben. Mithin könnte der Buchwert derart manipuliert werden, dass eine Wertminderung des bilanzierten Geschäfts- oder Firmenwertes unter Berücksichtigung des erzielbaren Betrages der zahlungsmittelgenerierenden Einheit ggf. herbeigeführt oder vermieden wird. Eine derartige Problematik tritt zwar nicht auf, soweit der positive Gesamtunterschiedsbetrag einer einzigen Teilkonzerneinheit zugeordnet werden kann (**Fälle II und VI**). Dafür müsste die Aufteilung des Unterschiedsbetrages indes auch in diesen Konstellationen bekannt sein oder unter Rückgriff auf einen geeigneten Verteilungsschlüssel ermittelt werden.

Eine solch differenzierte Betrachtung ist ebenso zu erwägen, wenn der erworbene Teilkonzern in mehreren Währungsräumen tätig ist und die funktionalen Währungen[1177] der Teilkonzerneinheiten sowohl untereinander als auch (zum Teil) von der Konzernberichtswährung abweichen.[1178] Jedenfalls[1179] für Zwecke der **Fremdwährungsumrechnung** gilt ein Geschäfts- oder Firmenwert dann als Vermögenswert der jeweiligen geschäftsbetriebsgleichen Teilkonzerneinheit und ist bei einer von der Konzernberichtswährung abweichenden funktionalen Währung dieser Einheit an jedem Abschlussstichtag mit dem Stichtagskurs in die Konzernberichtswährung zu transformieren.[1180] Vor diesem

1174 Die diesbezüglich relevante Beteiligungsquote der nicht beherrschenden Gesellschafter würde sich bei Anwendung der additiven Methode ausschließlich nach der Beteiligungsquote der jeweils direkt an den Teilkonzerneinheiten beteiligten nicht beherrschenden Gesellschafter richten. Im Unterschied dazu müsste bei einer der multiplikativen Methode entsprechenden Abbildung zusätzlich die effektive Beteiligungsquote der nicht beherrschenden Gesellschafter berücksichtigt werden, die indirekt Anteile an der jeweiligen Teilkonzerneinheit halten. Vgl. hierzu auch WIRTH, J., Firmenwertbilanzierung nach IFRS, S. 266–276.

1175 Vgl. WIRTH, J./ALPER, R./NEIS, T., Abbildung eines Teilkonzernerwerbs, S. 444.

1176 Vgl. hierzu Abschnitt 532.421. und 532.423.1.

1177 Die funktionale Währung eines Unternehmens ist die Währung des wirtschaftlichen Umfeldes, in dem dieses Unternehmen seine Geschäftstätigkeiten primär abwickelt. Vgl. IAS 21.8. Zur Unterstützung der Bestimmung der funktionalen Währung hält der Standard einige Indikatoren bereit. Vgl. hierzu IAS 21.9–11.

1178 Vgl. KESSLER, H. U. A., Identifizierung des Unterschiedsbetrags nach IFRS 3, S. 131; WIRTH, J./ALPER, R./NEIS, T., Abbildung eines Teilkonzernerwerbs, S. 444.

1179 KESSLER/BECK/CAPPELL/MOHR sehen in der Zuordnung des Geschäfts- oder Firmenwertes auf der Ebene der Geschäftsbetriebe nicht nur eine für Zwecke der Währungsumrechnung einschlägige Regelung, sondern eine grundsätzliche Wertungsentscheidung des IASB. Vgl. KESSLER, H. U. A., Identifizierung des Unterschiedsbetrags nach IFRS 3, S. 131. Diese Auffassung ist allerdings vor dem Hintergrund der durch einen Geschäfts- oder Firmenwert repräsentierten Wertpotenziale, die nicht zwingend vollumfassend im einzelnen Geschäftsbetrieb realisiert werden müssen, kritisch zu hinterfragen. Vgl. HOLZWARTH, J./WENDLANDT, G., in: Baetge u. a., Rechnungslegung nach IFRS, 2. Aufl., IAS 21, Rn. 122.

1180 Vgl. IAS 21.47; IAS 21.BC32 sowie ZWIRNER, C./BUSCH, J./FROSCHHAMMER, M., Fremdwährungsumrechnung im

Hintergrund scheint eine Aufteilung der positiven Gesamtresidualgröße auf die Teilkonzerneinheiten empfehlenswert, wenngleich dieser Unterschiedsbetrag den Währungsräumen auch auf der Ebene der zahlungsmittelgenerierenden Einheiten zugeordnet werden könnte.[1181] Beiden Varianten ist jedoch gemein, dass die gesamtheitliche Residualgröße (gedanklich) mithilfe eines in IAS 21 indes nicht festgelegten Verteilungsschlüssels in mehrere Teilunterschiedsbeträge zu zerlegen ist.[1182] Diese Disaggregation ist mit Gestaltungsspielräumen verbunden,[1183] die dazu eingesetzt werden könnten, den Wertansatz des Geschäfts- oder Firmenwertes vor währungsbedingten Schwankungen zu bewahren oder diesen gezielt auszusetzen.[1184] Die Neutralität des für den gesamten Teilkonzern ermittelten Geschäfts- oder Firmenwertes ist daher auch infolge der Fremdwährungsumrechnung kritisch zu hinterfragen.

Neben der Disaggregation im Kontext des Wertminderungstests und der Fremdwährungsumrechnung kann es einer Aufteilung des Gesamtunterschiedsbetrages außerdem im Zuge einer **statuswahrenden Abstockung** der Beteiligung an einer der Teilkonzerneinheiten bedürfen.[1185] Eine Änderung der Beteiligungsverhältnisse in dieser Form ist nach den Regelungen des IFRS 10 als Eigenkapitaltransaktion zwischen den Gesellschafterstämmen abzubilden, von der die Wertansätze der im Konzernabschluss erfassten Vermögenswerte und Schulden unberührt bleiben.[1186] Zwar ist der Geschäfts- oder Firmenwert daher explizit nicht auszubuchen.[1187] Gleichwohl entfällt er nunmehr auf Anteile, die nicht länger (direkt oder indirekt) dem Konzernmutterunternehmen, sondern den nicht beherrschenden Gesellschaftern zuzurechnen sind. Dementsprechend ist mit den auf die übergegangenen Anteile entfallenden Vermögenswerten und Schulden zugleich ein Teil des bilanzierten Geschäfts- oder Firmenwertes zwischen den Gesellschaftergruppen zu reallokieren.[1188] Sofern dafür auf die aus dem Erwerbsvorgang eines Tochterunternehmens stammende(n) und auf der Ebene der zahlungsmittelgenerierenden Einheiten fortgeschriebene(n) Tranche(n) eines Geschäfts- oder Firmenwertes zurückge-

IFRS-Abschluss, S. 594; DRIESCH, D. U. A., in: Driesch u. a., Beck IFRS HB, 5. Aufl., § 33, Rn. 29; WIRTH, J., Firmenwertbilanzierung nach IFRS, S. 253.

1181 Vgl. WIRTH, J./ALPER, R./NEIS, T., Abbildung eines Teilkonzernerwerbs, S. 444. Vgl. ähnlich ERNST & YOUNG (Hrsg.), International GAAP 2018, S. 1116 f.

1182 Vgl. ähnlich BRENDLE, M., Währungsumrechnung des Goodwill nach IAS 21, S. 220; HOLZWARTH, J./WENDLANDT, G., in: Baetge u. a., Rechnungslegung nach IFRS, 2. Aufl., IAS 21, Rn. 123.

1183 Neben der Disaggregation des Gesamtunterschiedsbetrages ist bereits die Bestimmung der funktionalen Währung einer Teilkonzerneinheit ermessensbehaftet und kann daher ebenso bilanzpolitisch genutzt werden. Vgl. IAS 21.12.

1184 Dabei ist zu berücksichtigen, dass die aus der Währungsumrechnung resultierenden Änderungen des Wertansatzes im *other comprehensive income* und nicht in der Gewinn- und Verlustrechnung zu erfassen sind. Vgl. IAS 21.39 (c). Die Wertänderungen spiegeln sich mithin korrespondierend in der Eigenkapitaldifferenz aus der Währungsumrechnung wider. Vgl. HOLZWARTH, J./WENDLANDT, G., in: Baetge u. a., Rechnungslegung nach IFRS, 2. Aufl., IAS 21, Rn. 124.

1185 Vgl. WIRTH, J./ALPER, R./NEIS, T., Abbildung eines Teilkonzernerwerbs, S. 445.

1186 Vgl. IFRS 10.23; IFRS 10.BCZ168 sowie KLEIN, I., Full-Goodwill-Methode, S. 54; HOMMEL, M./FRANKE, F./RÖßLER, B., Minderheitengoodwill, S. 162; SCHWARZKOPF, A.-S., Anteile nicht beherrschender Gesellschafter, S. 88 f.

1187 Vgl. IFRS 10.B96 i. V. m. IFRS 10.23 f.; IFRS 10.BCZ168. Vgl. so aber noch in Zusammenhang mit den Regelungen des IFRS 3 (2004) MILLA, A./BUTOLLO, B., Sonderfälle der Übergangskonsolidierung nach IFRS, S. 176.

1188 Vgl. SENGER, T./DIERSCH, U., in: Driesch u. a., Beck IFRS HB, 5. Aufl., § 35, Rn. 45; HOMMEL, M./FRANKE, F./RÖßLER, B., Minderheitengoodwill, S. 164; KESSLER, H./LEINEN, M./STRICKMANN, M., Rechte für Minderheiten, S. 337.

griffen wird,[1189] ist es für Zwecke der Abbildung einer statuswahrenden Beteiligungsabstockung erforderlich, den Gesamtunterschiedsbetrag den Teilkonzerneinheiten zum Akquisitionszeitpunkt zuzuteilen. Auch in diesem Zusammenhang ließen sich die damit verbundenen Ermessensspielräume z. B. im Hinblick auf die gesellschafterstammspezifische Ergebnisverteilung, die u. a. maßgebend für das nach IAS 33 zu bestimmende Ergebnis je Aktie ist,[1190] bilanzpolitisch nutzen. Denn während die Reallokation des durch die Anteile repräsentierten Vermögens aufgrund der erfolgsneutralen Umbuchung im Konzerneigenkapital keine Ergebniswirkungen nach sich zieht,[1191] könnte den übergehenden Anteilen ein möglichst großer Teil des Geschäfts- oder Firmenwertes zugeordnet werden, um potenzielle Wertminderungen zulasten der nicht beherrschenden Gesellschafter zu verschieben.

Die vergleichsweise hohe Objektivierung des Wertansatzes eines gesamtheitlichen Geschäfts- oder Firmenwertes zum Erwerbszeitpunkt des Teilkonzerns wird damit vor dem Hintergrund der Anforderungen an die Firmenwertbilanzierung in Folgeperioden relativiert bzw. ist zumindest kritisch zu hinterfragen.[1192] Nur unter sehr restriktiven Voraussetzungen wird das Glaubwürdigkeitsniveau des Bilanzpostens aus der Erstkonsolidierung nicht beeinträchtigt. So wäre zunächst zweifelsfrei festzustellen, dass sich bei einer differenzierten Betrachtung für die einzelnen Teilkonzerneinheiten keine Unterschiedsbeträge mit abweichenden Vorzeichen ergeben würden. Ferner müssten sich die Beteiligungsquoten der nicht beherrschenden Gesellschafter an den Teilkonzerneinheiten entsprechen, der gesamte Teilkonzernverbund im selben Währungsraum agieren und die Beteiligungen an den Teilkonzerneinheiten dürften nachträglich nicht abgestockt werden.

### 532.32 Gesamtheitlich negativer Unterschiedsbetrag

Neben einer positiven Residualgröße kann sich im Rahmen der gesamtheitlichen Unterschiedsbetragsermittlung auch eine negative Residualgröße ergeben. Soweit diese unter der Prämisse von Teilunterschiedsbeträgen mit gleichem Vorzeichen entsteht, kann der negative Gesamtunterschiedsbetrag vor dem Hintergrund ungewöhnlicher Transaktionsumstände als **Gewinn aus einem günstigen Gelegenheitskauf** oder bei antizipierten künftigen Verlustbeiträgen des Teilkonzerns als ***badwill*** interpretiert werden (**Fall IV**).[1193]

Darüber hinaus kann ein gesamtheitlich negativer Unterschiedsbetrag auch aus der Kapitalaufrechnung resultieren, wenn ein negativer Teilunterschiedsbetrag einer Teilkonzerneinheit die positive

---

[1189] Vgl. ERNST & YOUNG (Hrsg.), International GAAP 2018, S. 458 f. In dem dort angeführten Beispiel wird indes davon abstrahiert, dass der Geschäfts- oder Firmenwert einer zahlungsmittelgenerierenden Einheit zugeordnet sein kann, in der auch Geschäfts- oder Firmenwerte aus anderen Unternehmenszusammenschlüssen erfasst sind. Eine Reallokation auf der Grundlage der Geschäfts- oder Firmenwerttranchen ist insofern fraglich, als sich der positive Unterschiedsbetrag nach dem Akquisitionszeitpunkt von der Kapitalbeteiligung löst. Gleichwohl zeigt die tranchenweise Hochrechnung des Geschäfts- oder Firmenwertes für Zwecke des Wertminderungstests, dass den IFRS eine solche Vorgehensweise nicht fremd wäre. Vgl. zu einer diesbezüglich kritischen Diskussion WEBER, C.-P./WIRTH, J., Goodwillbehandlung einer teilweisen Endkonsolidierung, S. 20 f.

[1190] Vgl. IAS 33.9–18 sowie PAWELZIK, K. U., Konsolidierung von Minderheiten, S. 681.

[1191] Vgl. SENGER, T./DIERSCH, U., in: Driesch u. a., Beck IFRS HB, 5. Aufl., § 35, Rn. 45.

[1192] Vgl. ähnlich in anderem Kontext KLOSE, N.-C., Kapitalkonsolidierungs- und Bewertungsmethoden, S. 265.

[1193] Vgl. Abschnitt 522.31.

Teilresidualgröße einer anderen Einheit betragsmäßig übersteigt (**Fälle III und V**). Geht ein solcher Gesamtunterschiedsbetrag auf den überschießenden Teil einer negativen Teilresidualgröße zurück, der ein (gedanklich) günstiger Gelegenheitskauf einer Teilkonzerneinheit zugrunde liegt,[1194] ist er angesichts der Natur des ihn bedingenden negativen Teilunterschiedsbetrages als **Gewinn aus der Teilkonzernakquisition** zu charakterisieren und wird entsprechend den Regelungen des IFRS 3 sachgerecht ertragswirksam vereinnahmt.[1195] Dabei trägt die Kürzung des negativen Unterschiedsbetrages einer Teilkonzerneinheit um den Geschäfts- oder Firmenwert einer anderen Einheit der Intention des Standardsetzers Rechnung, die aus einem Gelegenheitskauf resultierende Ertragswirkung nicht durch den Ansatz eines Geschäfts- oder Firmenwertes aus demselben Unternehmenszusammenschluss zu erhöhen, sondern auf die Differenz zwischen der niedrigeren entrichteten Gegenleistung und dem höheren (anteiligen) Reinvermögen zu begrenzen.[1196] Aufgrund dessen wird im Rahmen eines Teilkonzernerwerbs jedoch ein etwaiger Geschäfts- oder Firmenwert implizit mit dem Konzerneigenkapital verrechnet. Dies zeigt sich offenkundig im Vergleich mit einer jeweils gesonderten Behandlung der Teilunterschiedsbeträge, aus der ein um den sodann anzusetzenden Geschäfts- oder Firmenwert höherer Erfolg und ein dementsprechend höheres Konzerneigenkapital hervorgehen würden. Mithin wird zum Erwerbszeitpunkt die tatsächliche Höhe des vom Management erzielten Verhandlungserfolgs in Bezug auf die Anteile am Teilkonzern nicht deutlich, sodass die Konzernabschlussadressaten einen günstigen Gelegenheitskauf zwar dem Grunde, nicht aber der Höhe nach beurteilen können.[1197] In der Folgekonsolidierung können den vergüteten Ertragspotenzialen zum Zeitpunkt ihrer Realisation zudem keine entsprechenden Aufwendungen aus der dann konzeptionell angezeigten Wertminderung des derivativen Geschäfts- oder Firmenwertes gegenübergestellt werden.[1198] Die Abbildung der Vermögens- und Ertragslage des Konzerns wird daher nachhaltig verzerrt.

Sofern ein negativer Gesamtunterschiedsbetrag auf antizipierte künftige Aufwendungen zurückzuführen ist und damit den Charakter eines ***badwill*** hat, zeigt die von IFRS 3 vorgesehene ertragswirksame Erfassung zum Erwerbszeitpunkt eine mit der wirtschaftlichen Substanz nicht übereinstimmende Akquisition des Teilkonzerns unter Marktwert an.[1199] In den Folgeperioden ist es bei tatsächlichem Eintritt der negativen Erfolgsbeiträge aufgrund der verfrühten Ertragsrealisation technisch nicht möglich, die Aufwendungen – soweit sie antizipiert wurden – durch entsprechende Erträge zu

[1194] Dabei ist zu beachten, dass ein solcher Charakter des negativen Unterschiedsbetrages nicht aus dem Wert- bzw. Kaufpreiskalkül des Erwerbers resultiert, sondern auf den konkreten Umständen der Verhandlungssituation fußt. So kann der Wert der Beteiligung an einer Teilkonzerneinheit (aus Sicht des Käufers) das anteilige Reinvermögen zu Zeitwerten übersteigen. Die anteilig für diese Beteiligung entrichtete Gegenleistung, die sich aus dem von den Verhandlungspartnern für den gesamten Teilkonzern vereinbarten Kaufpreis ableitet, liegt indes unterhalb des neubewerteten (anteiligen) Reinvermögens der in Rede stehenden Teilkonzerneinheit. Vgl. hierzu auch Abschnitt 532.423.

[1195] Vgl. IFRS 3.34; IFRS 3.BC372 sowie HENDLER, M./ZÜLCH, H., Beteiligungsverhältnisse bei Tochterunternehmen, S. 489.

[1196] Vgl. IFRS 3.BC376.

[1197] Vgl. HAAKER, A., Goodwill-Bilanzierung nach IFRS, S. 405 f. und 408.

[1198] Vgl. in ähnlichem Kontext PAWELZIK, K. U./THEILE, C., Eigenkapitalvernichtung im mehrstufigen Konzern, S. 2389; KLEIN, I., Full-Goodwill-Methode, S. 144 f.; KÜTING, K., Geschäfts- oder Firmenwert, S. 1801.

[1199] Vgl. GROS, S., Bilanzierung eines bargain purchase, S. 1957; HAAKER, A., Goodwill-Bilanzierung nach IFRS, S. 407 f.

neutralisieren.[1200] Daraus könnte irrtümlich auf eine Fehlinvestition des Managements geschlossen werden.[1201] Daher wäre auch im hier betrachteten Zusammenhang die bereits allgemein und im Kontext des Erwerbs eines einzelnen mittelbaren Tochterunternehmens vorgeschlagene Passivierung eines *badwill* zum Akquisitionszeitpunkt und dessen ertragswirksame Auflösung bei (nicht mehr erwartetem) Eintritt der antizipierten Verlustbeiträge zu präferieren.[1202] Wenngleich die von der gesamtheitlichen Unterschiedsbetragsermittlung ausgelöste Saldierung des negativen Teilunterschiedsbetrages mit dem Geschäfts- oder Firmenwert die ggf. irreführende Ertragsrealisation, die durch die Regelungen des IFRS 3 bedingt ist, der Höhe nach abmildert, wird dem Grunde nach dennoch ein nicht den tatsächlichen Verhältnissen entsprechender *bargain purchase* angezeigt. Überdies kommt erschwerend hinzu, dass sich den positiven Erfolgsbeiträgen der verrechneten Ertragspotenziale bei ihrer Realisation wiederum nicht die zugehörigen Wertminderungen des Geschäfts- oder Firmenwertes gegenüberstellen lassen. Zwar könnten die negativen Wertbeiträge, die in Höhe des mit dem Geschäfts- oder Firmenwert saldierten Teilunterschiedsbetrages antizipiert wurden, eine entsprechend entgegengerichtete Ergebniswirkung zeitigen. Da die erwarteten künftigen Aufwendungen und Erträge allerdings (in zeitlicher Hinsicht) nicht zwingend miteinander korrelieren, ist eine periodengerechte Erfolgsermittlung dadurch keineswegs gewährleistet.

Insgesamt zeigt sich, dass die gesamtheitliche Unterschiedsbetragsermittlung unter bestimmten Umständen nicht nur die durch die Vorschriften des IFRS 3 bedingten Verzerrungen der Vermögens- und Ertragslage verstärkt, sondern auch in der überwiegenden Zahl der konzeptionell denkbaren Fallkonstellationen die wirtschaftliche Lage des Konzerns nicht realitätsgetreu wiedergibt. Mithin wird sowohl die Glaubwürdigkeit der konzernbilanziellen Abbildung der Teilkonzernakquisition als auch die Relevanz der den Adressaten vermittelten Informationen erheblich beeinträchtigt. Inwieweit eine differenzierte Ermittlung von Unterschiedsbeträgen für die einzelnen Teilkonzerneinheiten diesen Einschränkungen zu begegnen vermag, ist Gegenstand der Untersuchung im anschließenden Abschnitt.

### 532.4 Ermittlung und Bilanzierung mehrerer Unterschiedsbeträge beim Erwerb eines Teilkonzerns

#### 532.41 Unterschiede einer differenzierten gegenüber einer gesamtheitlichen Unterschiedsbetragsermittlung

Im Unterschied zur Erfassung einer Gesamtresidualgröße bietet die Bilanzierung von Teilunterschiedsbeträgen die Möglichkeit, die verschiedenen wertbildenden Faktoren der Teilkonzerneinheiten bei der Abbildung der Teilkonzernakquisition im Konzernabschluss hinreichend differenziert zu berücksichtigen.[1203] Dies zeigt sich vor allem beim Erwerb eines heterogenen Teilkonzerns, der sowohl aus wirtschaftlich prosperierenden als auch restrukturierungsbedürftigen bzw. nachhaltig ver-

---

1200 Vgl. TETTENBORN, M./ROHLEDER, S., Passiver Unterschiedsbetrag aus der Kapitalkonsolidierung, S. 421 f.

1201 Vgl. HAAKER, A., Goodwill-Bilanzierung nach IFRS, S. 408.

1202 Vgl. Abschnitt 524.

1203 Vgl. hierzu und im Folgenden WIRTH, J./ALPER, R./NEIS, T., Abbildung eines Teilkonzernerwerbs, S. 443 und 449.

lustträchtigen Einheiten besteht. Während die gesamtheitliche Unterschiedsbetragsermittlung eine Saldierung der unterschiedlichen, etwaig gegenläufigen Ertragserwartungen in einer einzigen positiven oder negativen Residualgröße bewirkt, ergeben sich bei einer differenzierten Ermittlung je Teilkonzerneinheit ggf. Teilunterschiedsbeträge mit voneinander abweichenden Vorzeichen (**Fälle II, III, V und VI**). Sofern diese Unterschiedsbeträge bilanziell entsprechend ihrem Charakter behandelt werden, ist im Konzernabschluss nicht nur eine Abbildung möglich, die sich vergleichsweise stärker an den **tatsächlichen wirtschaftlichen Verhältnissen** orientiert. Vielmehr können auch die in Abschnitt 532.3 erläuterten **Verzerrungen** der Vermögens- und Ertragslage, die durch die Saldierung unterschiedlich wirkender Werttreiber bedingt sind, **vermieden** werden.

Infolge der unterbleibenden Saldierung können die kumulierten positiven Teilunterschiedsbeträge damit eine positive Residualgröße für den gesamten Teilkonzern naturgemäß überschießen. Umgekehrt kann ebenso die Summe der negativen Teilunterschiedsbeträge eine negative Gesamtresidualgröße betragsmäßig übersteigen. In letzterem Fall wird aufgrund der von IFRS 3 vorgesehenen ertragswirksamen Vereinnahmung negativer Unterschiedsbeträge ein Gewinn erfasst, der nicht auf die Differenz zwischen der insgesamt für den Teilkonzern entrichteten Gegenleistung und den (anteiligen) neubewerteten Reinvermögen der Teilkonzerneinheiten beschränkt ist.[1204] Der IASB stuft eine solche Ergebniswirkung zwar grundsätzlich als unangemessene Gewinnrealisation ein.[1205] Da der Ermittlung von Teilunterschiedsbeträgen indes keine gesamtheitliche Betrachtung der Teilkonzernakquisition, sondern das Verständnis mehrerer in einer einzigen Transaktion abgewickelter Unternehmenszusammenschlüsse zugrunde liegt, kann die Begrenzung des zu erfassenden Ertrags auf die Differenz zwischen der Gesamtgegenleistung und dem Reinvermögen des Teilkonzerns gleichwohl nicht maßgebend sein. Stattdessen wird diese Restriktion für jeden (Teil-)Unternehmenszusammenschluss gesondert beachtet, weil die in IFRS 3 kodifizierte Ermittlungssystematik auf die einzelne Teilkonzerneinheit angewendet wird und ein negativer Teilunterschiedsbetrag daher lediglich in Höhe des die anteilige Gegenleistung übersteigenden Reinvermögens der jeweiligen betrieblichen Einheit entstehen kann.[1206]

Im Zuge der Aufteilung der insgesamt entrichteten Gegenleistung ließe sich dieser negative Teilunterschiedsbetrag allerdings erhöhen, indem der betreffenden Teilkonzerneinheit ein vergleichsweise geringerer Anteil des Kaufpreises zugeordnet wird (*et vice versa*). Gleiches gilt analog auch für etwaig entstehende positive Teilunterschiedsbeträge. Mithin kann der Bilanzierende über die Kaufpreisaufteilung die Höhe der zu aktivierenden Ertragspotenziale respektive die Ergebniswirkung aus der ertragswirksamen Vereinnahmung negativer Unterschiedsbeträge bestimmen und damit die Vermögens- und Ertragslage gezielt beeinflussen. Obgleich derartige **Gestaltungsspielräume** bei einer ge-

Ähnlich auch KESSLER, H. U. A., Identifizierung des Unterschiedsbetrags nach IFRS 3, S. 129.

1204 Vgl. zur Einhaltung dieser Restriktion bei einer gesamtheitlichen Unterschiedsbetragsermittlung Abschnitt 532.32.

1205 Vgl. IFRS 3.BC376 f. Vgl. zu diesbezüglichen Bedenken im Rahmen einer differenzierten Unterschiedsbetragsermittlung für die erworbenen Beteiligungen an den Teilkonzerneinheiten KESSLER, H. U. A., Identifizierung des Unterschiedsbetrags nach IFRS 3, S. 129.

1206 Vgl. zur Ermittlung eines Teilunterschiedsbetrages Abschnitt 532.1.

samtheitlichen Unterschiedsbetragsermittlung zum Akquisitionszeitpunkt nicht bestehen, ist bei der Bestimmung einer einzigen Residualgröße die Folgekonsolidierung mit Blick auf den obligatorischen Wertminderungstest, die Fremdwährungsumrechnung oder aber auch die Abbildung einer statuswahrenden Abstockung der Beteiligung an einer der Teilkonzerneinheiten in vergleichbarer Form ermessensbehaftet und mit bilanzpolitischem Potenzial versehen.[1207] Insofern ist die zur Ermittlung einheitenspezifischer Teilunterschiedsbeträge gebotene Kaufpreisaufteilung nicht zwingend nachteilig für die Glaubwürdigkeit der Berichterstattung über den Teilkonzernerwerb. Vielmehr beeinträchtigen sowohl die gesamtheitliche als auch die differenzierte Unterschiedsbetragsermittlung diese qualitative Anforderung – wenn auch zu unterschiedlichen Zeitpunkten – in ähnlicher Weise. Wie zuvor herausgearbeitet wurde, können mithilfe einheitenspezifischer Teilunterschiedsbeträge jedoch zumindest das Kaufpreiskalkül des Erwerbers und die wirtschaftlichen Verhältnisse vergleichsweise besser wiedergegeben und damit relevantere Informationen bereitgestellt werden.

Um dieses Potenzial einer differenzierten Unterschiedsbetragsermittlung zu nutzen, wird im Folgenden diskutiert, auf welcher Grundlage dabei die erbrachte Gegenleistung den Beteiligungen an den Teilkonzernunternehmen zuzuschlüsseln ist. Schließlich sind die Anschaffungskosten für die Anteile an den einzelnen Teilkonzerneinheiten in ihrer Höhe regelmäßig nicht bekannt. Dafür ist es losgelöst von der Verteilungsproblematik zunächst erforderlich, einen geeigneten und mit den Regelungen des IFRS 3 zu vereinbarenden Wertmaßstab für die Beteiligungen zu bestimmen, der der Unterschiedsbetragsermittlung grundsätzlich zugrunde gelegt werden kann, sofern die Residualgröße nicht unmittelbar aus dem Kaufpreis ableitbar ist (Abschnitt 532.421.). Die sich daraus ergebenden Implikationen für die Charakterisierung der entstehenden Unterschiedsbeträge sind Gegenstand der Untersuchung in Abschnitt 532.422. Jedoch müssen die auf dem zu wählenden Wertmaßstab basierenden Beteiligungswerte in der Summe nicht zwangsläufig der für den Teilkonzern entrichteten Gegenleistung entsprechen, obgleich diese grundsätzlich maßgebend für die Unterschiedsbetragsermittlung ist.[1208] Um zu gewährleisten, dass die kumulierten Beteiligungswerte die insgesamt erbrachte Gegenleistung weder über- noch unterschreitet,[1209] wird daher anschließend die Verteilung eines etwaigen Differenzbetrages zwischen diesen Größen problematisiert und hinsichtlich der Auswirkungen auf die Unterschiedsbeträge betrachtet (Abschnitt 532.423.).

---

1207 Vgl. Abschnitt 532.312.

1208 Dabei ist darauf hinzuweisen, dass für Zwecke der Kaufpreisaufteilung vom Wert der Beteiligung an einem Teilkonzernmutterunternehmen der Wert seiner Beteiligung an einem hierarchisch nachgeordneten Tochterunternehmen zu subtrahieren ist. Für die spätere Kapitalaufrechnung ist es in technischer Hinsicht wahlweise möglich, das aufzurechnende Eigenkapital ebenfalls um den Wert der Beteiligung am Tochterunternehmen zu kürzen oder aber für die Ermittlung des Unterschiedsbetrages sowohl den Wert der Beteiligung als auch den des Eigenkapitals ungekürzt zu belassen.

1209 So wohl auch DUSEMOND, M./WEBER, C.-P./ZÜNDORF, H., in: Küting/Weber, HdK, 2. Aufl., § 301 HGB, Rn. 332.

### 532.42 Verteilung der entrichteten Gegenleistung auf die Teilkonzerneinheiten

#### 532.421. Wahl eines Bewertungsmaßstabes

Vor allem im Rahmen einer derivativen Konzernabschlusserstellung wäre es denkbar, zumindest für die Bewertung der Beteiligungen an den hierarchisch nachgeordneten Tochterunternehmen der Teilkonzernobergesellschaft auf eine **buchwertbasierte** Ermittlung der **Beteiligungswerte** abzustellen.[1210] Allerdings gründen die Beteiligungsbuchwerte[1211] zum einen in sachlicher Hinsicht auf Ertragserwartungen an die hierarchisch nachgeordneten Tochterunternehmen, die nicht mit den aus den erwerberspezifischen Verwendungs- und Nutzungsabsichten erwachsenden Ertragspotenzialen übereinstimmen müssen.[1212] Zum anderen gibt der Beteiligungsbuchwert in zeitlicher Hinsicht nicht vorbehaltlos die tatsächlichen wirtschaftlichen Gegebenheiten zum Akquisitionszeitpunkt des Teilkonzerns wieder, da er maßgeblich auf den historischen Wertverhältnissen zum Erwerbszeitpunkt der jeweiligen Tochtergesellschaft basiert, soweit keine im Einzelabschluss des (jeweiligen) Teilkonzernmutterunternehmens zum beizulegenden Zeitwert bewertete Beteiligung herangezogen wird.[1213] Vor dem Hintergrund der erstmaligen Konsolidierung der Teilkonzernunternehmen auf Basis der Neubewertungsmethode und der Existenz einer Gegenleistung, die in einer Markttransaktion zwischen dem erwerbenden Konzernunternehmen und den ehemaligen Anteilseignern des Teilkonzerns bestätigt wurde, können buchwertbasierte Beteiligungswerte folglich keinen Maßstab zur Aufteilung der Anschaffungskosten auf die Beteiligungen an den Teilkonzerneinheiten darstellen.[1214]

Um den Beteiligungen die Gegenleistung dennoch i. S. d. Kaufpreiskalküls des Erwerbers zuzuordnen, bestünde die Möglichkeit, auf bisweilen **vertraglich fixierte Kaufpreise** für die einzelnen Teilkonzerneinheiten zurückzugreifen.[1215] Dabei ist jedoch zu berücksichtigen, dass die rechtliche Kaufpreisgestaltung regelmäßig auch durch steuerliche Überlegungen geprägt ist.[1216] So ist es im Fall der Akquisition eines international agierenden Teilkonzerns ggf. möglich, steuerliche Vorteile durch eine

1210 Im handelsrechtlichen Kontext sieht DRS 23 vor, grundsätzlich die Beteiligungsbuchwerte aus den Einzelabschlüssen der entsprechenden Teilkonzernunternehmen heranzuziehen. Vgl. DRS 23.202. Dabei ist in diesem Zusammenhang allerdings darauf hinzuweisen, dass gemäß diesem Standard der Teilkonzernerwerb als einheitlicher Erwerbsvorgang behandelt wird, aus dem nur ein einziger Unterschiedsbetrag hervorgeht. Vgl. DRS 23.203. Die Bewertung der Beteiligungen auf den Zwischenstufen des erworbenen Teilkonzerns hat damit keinen Einfluss auf die Unterschiedsbetragsermittlung, da sich lediglich die Höhe der Residualgrößen auf den einzelnen Konzernstufen, nicht aber der Gesamtunterschiedsbetrag ändert.

1211 Dabei ist es allerdings nicht nur vorstellbar, der Bewertung den Beteiligungsbuchwert aus den entsprechenden Einzelabschlüssen zugrunde zu legen, sondern auch auf die teilkonzernbilanziellen Wertverhältnisse zurückzugreifen.

1212 Vgl. so im Kontext der Übernahme eines aus einem *asset deal* stammenden Geschäfts- oder Firmenwertes in den Konzernabschluss WIRTH, J., Firmenwertbilanzierung nach IFRS, S. 158; HACHMEISTER, D./BEYER, B., in: Böcking u. a., Beck HdR, C 401, Rn. 108.

1213 Vgl. ähnlich im Kontext konzerninterner Unternehmenszusammenschlüsse ALKEMEIER, M., Konzerninterne Unternehmenszusammenschlüsse, S. 185. Gemäß IAS 27.10 ist es im Unterschied zu den handelsrechtlichen Regelungen möglich, die Beteiligung an einem Tochterunternehmen im Einzelabschluss nicht nur zu Anschaffungskosten, sondern wahlweise auch zum beizulegenden Zeitwert oder entsprechend der Equity-Methode nach IAS 28 zu bewerten.

1214 Vgl. LEINEN, M., Kapitalkonsolidierung im mehrstufigen Konzern, S. 197 f. und 223 f.; DUSEMOND, M./WEBER, C.-P./ZÜNDORF, H., in: Küting/Weber, HdK, 2. Aufl., § 301 HGB, Rn. 332.

1215 Vgl. KESSLER, H. U. A., Identifizierung des Unterschiedsbetrags nach IFRS 3, S. 129; SENGER, T./BRUNE, J. W., in: Driesch u. a., Beck IFRS HB, 5. Aufl., § 34, Rn. 32.

1216 Vgl. hierzu und im Folgenden SENGER, T./BRUNE, J. W., in: Driesch u. a., Beck IFRS HB, 5. Aufl., § 34, Rn. 201.

vertragliche Zuordnung der Anschaffungskosten zu den erworbenen Tochterunternehmen zu nutzen. Eine derartige Kaufpreisaufteilung spiegelt daher nicht zwingend die wirtschaftliche Substanz, d. h. die aus Erwerbersicht mit der jeweiligen Teilkonzerneinheit verbundenen und vergüteten Wertpotenziale, wider und hat bestenfalls eine Indikatorfunktion.[1217]

Angesichts der Unzulänglichkeiten buchwertbasierter Beteiligungswerte und vertraglich vereinbarter Kaufpreisaufteilungen im hier betrachteten Kontext wird deutlich, dass sich ein geeigneter Wertmaßstab zur Aufteilung der Gegenleistung einerseits an den Wertverhältnissen zum Akquisitionszeitpunkt des Teilkonzerns und andererseits möglichst am Kaufpreiskalkül des Erwerbers orientieren sollte.[1218] Insofern ist zunächst eine **Zeitwertbewertung** der Beteiligungen an den Teilkonzernunternehmen angezeigt, damit der schließlich zu ermittelnde Unterschiedsbetrag die wirtschaftlichen Gegebenheiten zum Erwerbszeitpunkt widerspiegeln kann.[1219] Obgleich eine solche Bewertung naturgemäß mit zahlreichen Ermessensspielräumen verbunden ist und durch den Bilanzierenden gezielt für eine bilanzpolitisch motivierte Kaufpreisaufteilung genutzt werden kann,[1220] sei an dieser Stelle nochmals darauf hingewiesen, dass sich dieses Gestaltungspotenzial bei einer gesamtheitlichen Unterschiedsbetragsermittlung in vergleichbarer Form im Rahmen der Folgekonsolidierung zeigt.[1221] Eine auf den Zeitwerten der Beteiligungen gründende Kaufpreisaufteilung ist damit nicht per se nachteilig für die Glaubwürdigkeit einer differenzierten Ermittlung und Bilanzierung von Teilunterschiedsbeträgen gegenüber der konzernbilanziellen Abbildung einer Gesamtresidualgröße für den Teilkonzern.

Ein in diesem Rahmen **regelungskonformer Zeitwert** kann aus den Vorschriften des IFRS 3 zu sukzessiven Anteilserwerben mit Aufwärtswechsel zum Tochterunternehmen abgeleitet werden. Wie auch bei einer Teilkonzernakquisition bezieht sich die entrichtete Gegenleistung bei derartigen Unternehmenserwerben schließlich nicht unmittelbar auf die für Zwecke der Unterschiedsbetragsermittlung zu bewertende (gesamte) Beteiligung. Vielmehr liegen zum Zeitpunkt der Beherrschungserlangung bei einem sukzessiven Anteilserwerb lediglich Anschaffungskosten für die zuletzt erworbene Anteilstranche vor,[1222] sodass sich die Frage stellt, wie zu diesem Zeitpunkt die bereits zuvor am Beteiligungsunternehmen gehaltenen Anteile zu bewerten sind. Gemäß IFRS 3 sind diese Altanteile im Wege einer Neubewertung zum **beizulegenden Zeitwert nach IFRS 13** zu bewerten,[1223] da der IASB zum einen eine einheitliche Wertbasis der in der Kapitalaufrechnung gegenüberzustellenden Größen zu schaffen beabsichtigt und zum anderen im Übergang der Beherrschung ein sog. *significant*

[1217] Ähnlich KESSLER, H. U. A., Identifizierung des Unterschiedsbetrags nach IFRS 3, S. 129; SENGER, T./BRUNE, J. W., in: Driesch u. a., Beck IFRS HB, 5. Aufl., § 34, Rn. 32.

[1218] Vgl. WIRTH, J./ALPER, R./NEIS, T., Abbildung eines Teilkonzernerwerbs, S. 445.

[1219] Vgl. WIRTH, J./ALPER, R./NEIS, T., Abbildung eines Teilkonzernerwerbs, S. 445.

[1220] Vgl. so auch GIMPEL-HENNING, N., Sukzessive Anteilserwerbe, S. 155 und 157. Im Kontext einer unternehmenswertorientierten Steuerungsrechnung HAAKER, A., Eignung des value in use zur wertorientierten Bereichssteuerung, S. 693.

[1221] Vgl. Abschnitt 532.312. und 532.41.

[1222] Vgl. GIMPEL-HENNING, N., Sukzessive Anteilserwerbe, S. 80–82 m. w. N.

[1223] Vgl. IFRS 3.41 f.

*economic event* sieht.[1224] Bestätigt wird die Präferenz des Standardsetzers für diesen Wertmaßstab bei der Ermittlung des Unterschiedsbetrages aus einem Unternehmenszusammenschluss auch in anderen Konstellationen, in denen nicht unbedingt auf eine erbrachte Gegenleistung bei der Begründung eines Beherrschungsverhältnisses abgestellt werden kann. So ist bei unentgeltlichen Unternehmenserwerben unter der Voraussetzung einer bestehenden Kapitalbeteiligung ebenfalls der beizulegende Zeitwert zur Bewertung der Anteile an einem Tochterunternehmen im Zeitpunkt der Beherrschungserlangung heranzuziehen.[1225] Gleiches gilt auch für die Beherrschungserlangung im Zuge eines Anteilstausches, sofern der beizulegende Zeitwert der erhaltenen Beteiligung verlässlicher bestimmt werden kann als der der ausgegebenen eigenen Anteile.[1226] Das Kaufpreiskalkül des Erwerbers wird durch die Verwendung dieses Bewertungsmaßstabes im Vergleich zu einem unternehmensspezifischen Nutzungswert i. S. e. *value in use*[1227] allerdings vergleichsweise schlechter approximiert, da lediglich die Ertragserwartungen eines typischen Marktteilnehmers maßgebend sind und von unternehmens- und transaktionsspezifischen Umständen zu abstrahieren ist. Sofern die Regelungen des IFRS 3 für die genannten Sachverhalte auf die Akquisition eines Teilkonzerns übertragen werden, sind der Kaufpreisaufteilung in regelungssystematischer Hinsicht gleichwohl die beizulegenden Zeitwerte der Beteiligungen verpflichtend zugrunde zu legen, um die Unterschiedsbeträge für die einzelnen Teilkonzerneinheiten zu bestimmen.[1228]

### 532.422. Implikationen des Bewertungsmaßstabes für die Interpretation der entstehenden Unterschiedsbeträge

#### 532.422.1 Positiver (Teil-)Unterschiedsbetrag

Sofern die mit dem beizulegenden Zeitwert bewertete Beteiligung das (anteilige) neubewertete Reinvermögen eines Teilkonzernunternehmens übersteigt, ergibt sich ein positiver (Teil-)Unterschiedsbetrag, der auf dem überschießenden Teil eines fiktiven marktorientierten Veräußerungspreises der Beteiligung gründet. Die Residualgröße spiegelt damit solche Wertpotenziale wider, die ein typischer Marktteilnehmer im Rahmen eines hypothetischen Unternehmenszusammenschlusses bereit wäre zu vergüten.[1229] Zu diesen Potenzialen sind zum einen die konzernbilanziell nicht gesondert ansetzbaren immateriellen Werttreiber des Beteiligungsunternehmens und zum anderen die erst aus der Akquisition erwachsenden Ertragspotenziale zu zählen, soweit sie durch einen beliebigen markttypischen Er-

[1224] Vgl. IFRS 3.BC384; IFRS 3.BC386 i. V. m. IFRS 3.BC198–BC202. Zwar unterscheidet sich der sukzessive Anteilserwerb von der betrachteten Teilkonzernakquisition insoweit, als die Altanteile bereits im konsolidierten Abschluss des Konzernmutterunternehmens abgebildet wurden, während die Teilkonzernunternehmen erstmalig in den Konzernabschluss einzubeziehen sind. Allerdings wird dadurch deutlich, dass der Aufteilung des Kaufpreises gerade bei einem Teilkonzernerwerb eine Bewertung der Beteiligungen zum beizulegenden Zeitwert zugrunde gelegt werden kann.

[1225] Vgl. IFRS 3.B46 i. V. m. IFRS 3.33 und IFRS 3.43 f. sowie LÜDENBACH, N., Erlangung von Kontrolle ohne Erwerb (weiterer) Anteile, S. 70 f.

[1226] Vgl. IFRS 3.33.

[1227] Der *value in use* repräsentiert grundsätzlich den Barwert der künftig aus der unternehmensindividuellen Nutzung eines Vermögenswertes erwarteten Zahlungsmittelzuflüsse. Vgl. IAS 36.6 i. V. m. IAS 36.30.

[1228] Vgl. im Ergebnis so auch WIRTH, J./ALPER, R./NEIS, T., Abbildung eines Teilkonzernerwerbs, S. 445–447.

[1229] Vgl. GIMPEL-HENNING, N., Goodwill aus stufenweisen Unternehmenserwerben, S. 219.

werber realisiert werden könnten.[1230] Angesichts der strengen Marktorientierung gehen in die Ermittlung der Residualgröße allerdings keine konzern- und transaktionsspezifischen Gegebenheiten ein.[1231] Dementsprechend gibt der (Teil-)Unterschiedsbetrag die Ertragserwartungen des den Teilkonzern erwerbenden Unternehmens nicht unbedingt vollständig wieder.[1232] Gleichwohl lässt er auf Wertpotenziale schließen, die sich nicht im Saldo der identifizierbaren neubewerteten Vermögenswerte und Schulden manifestieren, und ist daher als – wenn auch marktorientierter – **Geschäfts- oder Firmenwert** zu interpretieren.[1233]

#### 532.422.2 Negativer (Teil-)Unterschiedsbetrag

Der beizulegende Zeitwert der Beteiligung könnte das (anteilige) neubewertete Reinvermögen auch unterschreiten, sodass sich ein negativer (Teil-)Unterschiedsbetrag ergibt.[1234] Obgleich der IASB eine solche Residualgröße auf eine Zwangssituation oder einen Notverkauf zurückführt, in der die veräußernde Partei ggf. bereit ist, ihre Unternehmensbeteiligung unterhalb des Substanzwertes abzugeben,[1235] können der hier betrachteten Fallkonstellation keine derartigen Transaktionsumstände zugrunde liegen. Dies liegt in der Ermittlungskonzeption des beizulegenden Zeitwertes begründet, der zufolge ein gewöhnlicher und kein erzwungener Erwerbsvorgang anzunehmen ist.[1236] Unter Beachtung dieser Prämisse würde ein sachverständiger, vom Erwerber unabhängiger und vor allem ökonomisch rational handelnder Investor seine Unternehmensbeteiligung grundsätzlich nicht unter deren beizulegendem Zeitwert veräußern.[1237] Der Unterschiedsbetrag ist der Interpretation eines Erfolgs aus einer günstigen Gelegenheitsakquisition daher nicht zugänglich.[1238] Seine Ursache muss vielmehr auf die zwingende Geschäftsfortführung des Beteiligungsunternehmens zurückgehen.[1239] Schließlich würde der beizulegende Zeitwert der Unternehmensanteile den Zeitwert des Reinvermögens aufgrund des nach IFRS 13 anzunehmenden *highest and best use* des durch die Beteiligung repräsentierten (nicht monetären) Vermögens nicht unterschreiten,[1240] sofern eine Liquidation des Beteiligungsunter-

---

1230 Vgl. hierzu bereits Abschnitt 522.221.22.

1231 Vgl. KIRSCH, H.-J. U. A., in: Baetge u. a., Rechnungslegung nach IFRS, 2. Aufl., IFRS 13, Rn. 17–19a sowie Abschnitt 522.221.21.

1232 Vgl., wenn auch im Kontext sukzessiver Anteilserwerbe, GIMPEL-HENNING, N., Sukzessive Anteilserwerbe, S. 99.

1233 Vgl. so auch ALKEMEIER, M., Konzerninterne Unternehmenszusammenschlüsse, S. 145 sowie im Zusammenhang mit der Akquisition eines einzelnen mittelbaren Tochterunternehmens Abschnitt 522.222.1.

1234 Vgl. PwC (Hrsg.), Manual of Accounting 2017, Rn. FAQ 29.176.1.

1235 Vgl. IFRS 3.35; IFRS 3.BC371.

1236 Vgl. IFRS 13.9 i. V. m. IFRS 13.15; IFRS 13.B43 f. sowie BÄTHE-GUSKI, M. U. A., Fair-Value-Ermittlung von Derivaten nach IFRS 13, S. 742.

1237 Vgl. IFRS 3.BC371 sowie LÜDENBACH, N./VÖLKNER, B., Abgrenzung des Kaufpreises von sonstigen Vergütungen, S. 1440; SIEGEL, T./BAREIS, P., Negativer Geschäftswert, S. 1478.

1238 Vgl. ALKEMEIER, M., Konzerninterne Unternehmenszusammenschlüsse, S. 151 f.; ähnlich LÜDENBACH, N./VÖLKNER, B., Abgrenzung des Kaufpreises von sonstigen Vergütungen, S. 1440.

1239 Der negative Unterschiedsbetrag kann zwar auch auf die in IFRS 3 kodifizierten Ausnahmen von der Bewertung bestimmter Vermögenswerte und Schulden zum beizulegenden Zeitwert zurückzuführen sein. Vgl. IFRS 3.BC379 i. V. m. IFRS 3.22–31. Diese Ausnahmetatbestände werden i. d. R. indes nur geringe Teile eines negativen Unterschiedsbetrages begründen können. Vgl. LÜDENBACH, N./VÖLKNER, B., Abgrenzung des Kaufpreises von sonstigen Vergütungen, S. 1440; HAAKER, A./FREIBERG, J., Sofortige Vereinnahmung eines negativen goodwill, S. 325.

1240 Vgl. zur Annahme des *highest and best use* IFRS 13.27–30 sowie BLEISCH, A./FEUSI, M./WEINERT, R., Auswirkungen des Highest and Best Use, S. 409–412; RICHTER, F., Highest and best use, S. 88–90.

nehmens möglich wäre.[1241] Eine negative Differenz zwischen dem Beteiligungszeitwert und dem neubewerteten Reinvermögen wird damit vor allem bei restrukturierungsbedürftigen bzw. (künftig) verlustträchtigen Unternehmen entstehen. Denn auf der einen Seite werden der (aus Marktsicht) erwartete Restrukturierungsbedarf und die antizipierten künftigen Verlustbeiträge einen vergleichsweise niedrigeren beizulegenden Zeitwert der Beteiligung bedingen.[1242] Auf der anderen Seite dürfen die mit den zum Erwerbszeitpunkt (noch) nicht verpflichtenden Restrukturierungen verbundenen Aufwendungen sowie künftig erwartete Verluste des Beteiligungsunternehmens nicht passiviert werden.[1243] Der auf diese Weise entstehende negative (Teil-)Unterschiedsbetrag hat daher den Charakter eines ***badwill***.[1244] Die Kritik an dessen regelungsbedingter ertragswirksamer Erfassung zum Erwerbszeitpunkt ist an dieser Stelle uneingeschränkt zu wiederholen.[1245]

### 532.423. Verteilung der von den kumulierten beizulegenden Beteiligungszeitwerten abweichenden Gegenleistung

#### 532.423.1 Systematik der Verteilung

Angesichts der Vernachlässigung konzernindividueller Wertpotenziale und den spezifischen Umständen der Verhandlungssituation bei der Ermittlung des beizulegenden Zeitwertes nach IFRS 13 entspricht die Summe der mit diesem Wertmaßstab bewerteten Beteiligungen an den Teilkonzernunternehmen bestenfalls zufällig der Gegenleistung, die für den gesamten Teilkonzern erbracht wird.[1246] Abbildung 5-5 zeigt daher die ebenso denkbaren Fallkonstellationen einer Gegenleistung, die die Summe der Beteiligungszeitwerte einerseits übersteigt und andererseits unterschreitet.

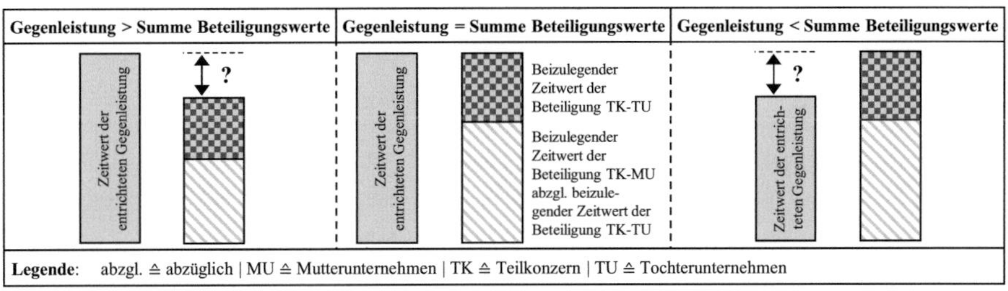


**Abbildung 5-5: Differenzbeträge zwischen der Gegenleistung und der Summe der Beteiligungszeitwerte**

---

1241 Dabei wird angenommen, dass das neubewertete Reinvermögen näherungsweise dem Substanzwert des Unternehmens entspricht. Vgl. HAAKER, A., Goodwill-Bilanzierung nach IFRS, S. 407.

1242 Vgl. ALKEMEIER, M., Konzerninterne Unternehmenszusammenschlüsse, S. 152.

1243 Vgl. IFRS 3.BC380 i. V. m. IFRS 3.11 sowie PwC (Hrsg.), Manual of Accounting 2017, Rn. 29.149, FAQ 29.149.1 und FAQ 29.176.1; LÜDENBACH, N./HOFFMANN, W.-D./FREIBERG, J., in: Lüdenbach/Hoffmann/Freiberg, Haufe IFRS-Kommentar, 16. Aufl., § 31, Rn. 144; KASPERZAK, R./LIECK, H., Bedeutung des Reassessment, S. 1018; BRÜCKS, M./WIEDERHOLD, P., Business Combinations, S. 180.

1244 Vgl. so auch GIMPEL-HENNING, N., Sukzessive Anteilserwerbe, S. 139; ALKEMEIER, M., Konzerninterne Unternehmenszusammenschlüsse, S. 152 f.

1245 Vgl. Abschnitt 532.32 sowie bereits Abschnitt 522.321.

1246 An dieser Stelle sei nochmals angemerkt, dass für Zwecke der Kaufpreisaufteilung vom beizulegenden Zeitwert der Beteiligung an einem Teilkonzernmutterunternehmen der beizulegende Zeitwert seiner Beteiligung an einem hierarchisch nachgeordneten Tochterunternehmen zu subtrahieren ist. Vgl. hierzu bereits Fn. 1208 in dieser Arbeit.

Fraglich ist in diesem Zusammenhang, wie die jeweiligen **Differenzbeträge** zwischen der erbrachten Gegenleistung und der Summe der Beteiligungszeitwerte behandelt werden sollten, da die schließlich zu ermittelnden Teilunterschiedsbeträge im Saldo der aus der Gegenleistung abgeleiteten Gesamtresidualgröße entsprechen müssen (Prinzip der Maßgeblichkeit der Gegenleistung)[1247].[1248] Eine Möglichkeit bestünde darin, die Differenzen entsprechend ihren Vorzeichen als **eigenständige Unterschiedsbeträge** nach den Regelungen des IFRS 3 zu bilanzieren. Vor allem im Fall einer überschießenden Gegenleistung und ausschließlich (marktwertbasierter) positiver Unterschiedsbeträge für sämtliche Teilkonzernunternehmen (Fall I)[1249] kann in der positiven Differenz ein konzernindividueller Geschäfts- oder Firmenwert gesehen werden, der sich in den Beteiligungszeitwerten der Teilkonzerneinheiten aufgrund der konzeptionellen Schwächen des IFRS 13 in Bezug auf die Beteiligungsbewertung nicht widerspiegelt. Da der positive Unterschiedsbetrag indes keiner Teilkonzerneinheit zugeordnet wird, bliebe z. B. für Zwecke des Wertminderungstests unklar, welche Beteiligungsquote der Hochrechnung des Geschäfts- oder Firmenwertes auf einen fiktiven 100 %igen Anteilsbesitz zugrunde zu legen wäre.[1250] Ferner muss die positive Differenz in den Fallkonstellationen, in denen sich für mindestens eine der Teilkonzerneinheiten ein negativer Unterschiedsbetrag ergibt (Fälle II, III, IV, V und VI), nicht zwingend einen Firmenwert repräsentieren. Stattdessen könnte die über die Beteiligungszeitwerte hinausgehende Gegenleistung (zum Teil) darauf zurückzuführen sein, dass der Erwerber im Vergleich zum typischen Marktteilnehmer einen geringeren Restrukturierungsbedarf oder vergleichsweise niedrigere künftige Verlustbeiträge erwartet und sich dementsprechend betragsmäßig niedrigere negative Unterschiedsbeträge für einzelne Teilkonzerneinheiten ergäben.

Im Unterschied dazu deutet der spiegelbildliche Fall einer unter den kumulierten Beteiligungszeitwerten liegenden Gegenleistung auf eine Zwangssituation der ehemaligen Anteilseigner hin, da ein rational handelnder Investor unter gewöhnlichen Transaktionsumständen nicht bereit wäre, seine Unternehmensbeteiligungen unterhalb des Marktwertes zu veräußern.[1251] Eine ertragswirksame Erfassung des negativen Differenzbetrages als Erfolg aus einem Gelegenheitskauf scheint daher auf den ersten Blick plausibel. Allerdings kann im Zuge eines Notverkaufs ggf. eine Partei den Zuschlag für das Anteilspaket erhalten, die aufgrund niedrigerer Ertragserwartungen respektive höherer antizipierter Aufwendungen im Vergleich zu anderen (typischen) potenziellen Erwerbern eine unter dem Marktwert liegende Gegenleistung für das Akquisitionsobjekt entrichtet. Zumindest die vollständige ertragswirksame Vereinnahmung des negativen Differenzbetrages entspräche sodann nicht dessen Charakter und würde sowohl die Abbildung der Vermögens- als auch der Ertragslage verzerren.

---

1247 Vgl. WOHLGEMUTH, M./RADDE, J., Anschaffungskosten nach HGB und IAS, S. 906.

1248 Vgl., wenn auch im handelsrechtlichen Kontext, DUSEMOND, M./WEBER, C.-P./ZÜNDORF, H., in: Küting/Weber, HdK, 2. Aufl., § 301 HGB, Rn. 332.

1249 Vgl. zur Unterscheidung der Fallkonstellationen Abschnitt 532.1.

1250 Vgl. zum diesbezüglichen Erfordernis im Rahmen der Kritik an einer gesamtheitlichen Unterschiedsbetragsermittlung Abschnitt 532.312.

1251 Vgl. IFRS 3.35; IFRS 3.BC371 sowie LÜDENBACH, N./VÖLKNER, B., Abgrenzung des Kaufpreises von sonstigen Vergütungen, S. 1440; SIEGEL, T./BAREIS, P., Negativer Geschäftswert, S. 1478.

Damit wird deutlich, dass die Differenz zwischen der Gegenleistung und den kumulierten Beteiligungszeitwerten nicht undifferenziert als eigenständiger Unterschiedsbetrag behandelt werden kann. Vielmehr ist eine **Zuordnung zu den einzelnen Teilkonzerneinheiten** und infolgedessen eine Anpassung der jeweiligen Residualgrößen erforderlich, die aus den marktorientierten Beteiligungszeitwerten abgeleitet werden. Sofern substanzielle und auch intersubjektiv nachprüfbare Hinweise für eine Zuordnung des Differenzbetrages zu einem einzigen Teilkonzernunternehmen vorliegen, ist allein der aus dem beizulegenden Beteiligungszeitwert abgeleitete Teilunterschiedsbetrag dieser Einheit zu adjustieren, um das Kaufpreiskalkül und die Ertragserwartungen des Erwerbers möglichst glaubwürdig im Konzernabschluss abbilden zu können (sog. **Residualwertmethode**[1252]).[1253] Da der Differenzbetrag allerdings u. a. auf unternehmens- bzw. konzernindividuellen Wertpotenzialen sämtlicher Teilkonzernunternehmen gründen kann, wird er nur in Ausnahmefällen einer einzigen Einheit des erworbenen Teilkonzerns objektiv zugerechnet werden können.[1254] In der Regel ist eine der Residualwertmethode entsprechende Allokation daher willkürlich und zieht als Ergebnis der Kapitalaufrechnung einen Teilunterschiedsbetrag nach sich, der weder ein markt- noch erwerberspezifisches Preiskalkül widerspiegelt, während die Teilunterschiedsbeträge der übrigen Teilkonzerneinheiten lediglich die Ertragserwartungen eines typischen Marktteilnehmers bekunden. Zudem ließe sich die pauschale Zuordnungsregel der Methode z. B. mit Blick auf den Erwerbszeitpunkt gezielt dazu nutzen, die (zu kritisierende)[1255] ertragswirksame Erfassung eines aus dem Beteiligungszeitwert abgeleiteten negativen Teilunterschiedsbetrages zu verstärken bzw. abzumildern oder ggf. gänzlich zu vermeiden, obgleich ein gegenüber den Markterwartungen geringerer respektive höherer Geschäfts- oder Firmenwert eines anderen Teilkonzernunternehmens (zum Teil) ursächlich für den Differenzbetrag ist. Aus diesen Gründen sollte die Differenz zwischen der erbrachten Gegenleistung und den kumulierten Beteiligungszeitwerten nicht ohne substanzielle Hinweise einer einzigen Teilkonzerneinheit zugeordnet, sondern auf sämtliche Teilkonzernunternehmen aufgeteilt werden.

Dabei ist unter dem Rückgriff auf zeitwertbasierte Wertmaßstäbe vor allem eine **proportionale Verteilungssystematik** denkbar,[1256] wie sie IFRS 3 in vergleichbarer Form bei der Zuordnung eines Unterschiedsbetrages zu den Vermögenswerten einer erworbenen Vermögensgesamtheit ohne Geschäftsbetriebseigenschaft vorsieht.[1257] Der in Rede stehende Differenzbetrag wird entsprechend einer solchen Systematik in relativ gleicher Höhe auf die Beteiligungen an den Teilkonzernunterneh-

1252 Die Bezeichnung dieser Vorgehensweise entspringt dem Umstand, dass sich der Beteiligungswert respektive der sich daraus abgeleitete Unterschiedsbetrag eines Teilkonzernunternehmens erst nach der Ermittlung aller übrigen Beteiligungswerte bzw. Teilresidualgrößen ergibt. Vgl. hierzu auch IFRS 15.79 (c).

1253 Vgl. so auch im Zusammenhang mit der Verteilung einer unter den Einzelveräußerungspreisen liegenden Gegenleistung im Rahmen eines Mehrkomponentengeschäfts IFRS 15.81 i. V. m. IFRS 15.73; IFRS 15.BC278. Zwar ist auch die Zuordnung des Differenzbetrages zu mehreren, aber nicht allen Beteiligungen an den Teilkonzerneinheiten denkbar. Allerdings wäre es sodann wiederum erforderlich, den Differenzbetrag zwischen den betreffenden Beteiligungen anhand eines Verteilungsschlüssels aufzuteilen.

1254 Vgl. so auch der IASB im Kontext der Umsatzrealisation bei Mehrkomponentengeschäften IFRS 15.BC283.

1255 Vgl. hierzu Abschnitt 532.422.2.

1256 Vgl. zum grundsätzlich erforderlichen Rückgriff auf Zeitwerte zur Bestimmung der Teilunterschiedsbeträge beim Teilkonzernerwerb Abschnitt 532.421.

1257 Vgl. IFRS 3.2 (b).

men geschlüsselt, sodass sich im Vergleich zur Residualwertmethode grundsätzlich ein geringerer Spielraum für eine willkürliche Zuordnung bietet. Angesichts der konzernindividuellen Ertragserwartungen, die den Differenzbetrag bedingen können, kommt für eine Verteilung insbesondere das Verhältnis der **Differenzen** zwischen dem **unternehmensspezifischen Zeitwert** i. S. e. (anteiligen) *value in use* und dem **marktorientierten beizulegenden Zeitwert** der jeweiligen Beteiligung infrage.[1258] So würde ein positiver Differenzbetrag zu größeren Teilen den Teilkonzernunternehmen zugerechnet, denen der Erwerber vergleichsweise höhere unternehmensspezifische Ertragspotenziale gegenüber anderen Einheiten des erworbenen Teilkonzerns beimisst (*et vice versa*).[1259] Die Relevanz der schließlich vermittelten Informationen wird allerdings insofern beeinträchtigt, als bei der Ermittlung des *value in use* keine Wertbeiträge aus künftigen Wertsteigerungs- oder aus zum Erwerbszeitpunkt (noch) nicht verpflichtenden Restrukturierungsmaßnahmen berücksichtigt werden dürfen,[1260] auch wenn die daraus erwachsenden Nutzenpotenziale die Höhe der für den Teilkonzern erbrachten Gegenleistung beeinflusst haben werden. Dies schränkt zwar zugleich Ermessensspielräume im Rahmen der Wertermittlung ein, gleichwohl ist der Nutzungswert ob der erforderlichen Schätzung künftiger unternehmensindividueller Zahlungsströme maßgeblich durch subjektive Annahmen und Wertungen geprägt.[1261] Damit besteht potenziell die Möglichkeit, dass der Bilanzierende die Verteilung des Differenzbetrages im Sinne seiner bilanzpolitischen Interessen beeinflusst.[1262] Sofern die Wertermittlung den daraus resultierenden hohen Anforderungen an die Objektivierung der Beteiligungswerte nicht gerecht wird, können die für die Teilkonzernunternehmen zu bestimmenden Teilunterschiedsbeträge kaum intersubjektiv nachprüfbar sein.[1263] Überdies führt die Verteilung der Differenz zwischen der erbrachten Gegenleistung und den kumulierten Beteiligungszeitwerten zu ökonomisch sinnwidrigen Ergebnissen, sofern der *value in use* den beizulegenden Zeitwert für einzelne Teilkonzernunternehmen übersteigt und für andere Teilkonzerneinheiten unterschreitet. Um derartige Resultate zu verhindern, könnte der Differenzbetrag zwar ausschließlich anhand der relativen *value in use* aufgeteilt werden, die Bedenken an der Glaubwürdigkeit der Verteilung würden aufgrund der mit diesem Wertmaßstab verbundenen Gestaltungspotenziale dennoch fortbestehen.

Auch die Ermittlung der beizulegenden Beteiligungszeitwerte nach IFRS 13 ist mit diversen Ermessensentscheidungen des Bilanzierenden verbunden.[1264] Indem jedoch konsequent auf diesen Wert-

---

1258 Vgl. zum konzeptionellen Unterschied zwischen dem *value in use* und dem beizulegenden Zeitwert LÜDENBACH, N./FREIBERG, J., Zweifelhafter Objektivierungsbeitrag des Fair Value, S. 440. Dabei ist zu beachten, dass die Einflüsse der konkreten Verhandlungssituation auf den vereinbarten Kaufpreis damit ebenfalls auf der Grundlage der individuellen Ertragserwartungen des erwerbenden Konzernunternehmens allokiert werden, obgleich diese beiden Einflussfaktoren nicht miteinander korrelieren.

1259 Vgl. DUSEMOND, M./WEBER, C.-P./ZÜNDORF, H., in: Küting/Weber, HdK, 2. Aufl., § 301 HGB, Rn. 114, wenn auch mit Blick auf die Aufdeckung stiller Reserven bei der Erstkonsolidierung nach der ehemals handelsrechtlich zulässigen Buchwertmethode entsprechend dem Verhältnis der bestehenden stillen Reserven zueinander.

1260 Vgl. IAS 36.33 (b); IAS 36.44 f. sowie LIENAU, A./ZÜLCH, H., Ermittlung des value in use, S. 323.

1261 Vgl. IAS 36.33 i. V. m. IAS 36.30 f. sowie TRÜTZSCHLER, K. U. A., Rechnungslegung von Akquisitionen, S. 394 f.; LIENAU, A./ZÜLCH, H., Ermittlung des value in use, S. 319 und 321.

1262 Vgl. HAAKER, A., Eignung des value in use zur wertorientierten Bereichssteuerung, S. 693 sowie bereits GEBHARDT, G., Beurteilungsgrößen für die wertorientierte Unternehmensführung, S. 81.

1263 Vgl. so auch HACHMEISTER, D., Impairment-Test nach IFRS, S. 218.

1264 Vgl. Abschnitt 522.221.2.

maßstab im Rahmen der Kaufpreisaufteilung abgestellt und der Differenzbetrag damit auf Grundlage der **relativen beizulegenden Zeitwerte** der Beteiligungen an den Teilkonzerneinheiten allokiert wird, eröffnen sich zumindest keine neuerlichen bilanzpolitisch nutzbaren Gestaltungsspielräume.[1265] Gleichwohl darf in diesem Zusammenhang nicht vernachlässigt werden, dass die erwerberspezifische Gegenleistung für den Teilkonzern somit marktpreisinduziert auf die Beteiligungen an den Teilkonzernunternehmen zu verteilen ist. So wird den Beteiligungen mit einem vergleichsweise höheren Marktwert auch ein größerer Teil des Differenzbetrages zugeordnet (*et vice versa*) und zwar unabhängig davon, welche Wertpotenziale das erwerbende Konzernunternehmen der jeweiligen Teilkonzerneinheit zuschreibt.[1266] Das Kaufpreiskalkül des Erwerbers kann daher bestenfalls näherungsweise wiedergegeben werden. Die daraus resultierenden Einschränkungen der Relevanz werden nach hier vertretener Auffassung vor dem Hintergrund der Implikationen alternativ denkbarer Verteilungssystematiken für die konzernbilanzielle Abbildung der Teilkonzernakquisition indes durch die Vorteile hinsichtlich der Glaubwürdigkeit der vermittelten Informationen überwogen. Zudem fördert die Aufteilung des Differenzbetrages anhand der relativen beizulegenden Zeitwerte die innere Konsistenz der IFRS-Rechnungslegung, da diese Verteilungssystematik gemäß den Regelungen des IFRS 3 auch bei der Akquisition einer Vermögensgesamtheit ohne Geschäftsbetriebseigenschaft heranzuziehen ist.[1267]

### 532.423.2 Implikationen für die Interpretation der entstehenden Unterschiedsbeträge

Infolge der Verteilung des Differenzbetrages zwischen der für den Teilkonzern erbrachten Gegenleistung und den kumulierten beizulegenden Beteiligungszeitwerten auf die Anteile an den einzelnen Teilkonzerneinheiten wird schließlich auch die Höhe der jeweiligen Teilunterschiedsbeträge beeinflusst. Dabei kann sich ein positiver oder negativer Teilunterschiedsbetrag, der (gedanklich) aus dem beizulegenden Zeitwert einer Beteiligung abgeleitet wurde, betragsmäßig erhöhen, vermindern oder im Vorzeichen ändern.[1268]

Ausgehend von einem **positiven Teilunterschiedsbetrag erhöht** die Schlüsselung eines **positiven Differenzbetrages** die entstehende Residualgröße. In diesem Zuge wandelt sich ein marktorientierter in einen erwerberspezifischen (Teil-)Geschäfts- oder Firmenwert, sofern bspw. ein gegenüber anderen Marktteilnehmern höherer Restrukturierungsmehrwert oder exklusive Synergiepotenziale aus der Integration der Teilkonzerneinheit in den Wertschöpfungsprozess des Konzerns, d. h. konzernindividuelle Ertragspotenziale ursächlich für den Differenzbetrag sind.[1269] Die anteilige Zuordnung eines

---

1265 Ähnlich im Kontext von Mehrkomponentengeschäften, bei denen für Zwecke der Umsatzrealisation auf die relativen Einzelveräußerungspreise abzustellen ist, IFRS 15.BC280.

1266 Vgl., wenn auch im Kontext der Aufdeckung stiller Reserven im Rahmen der Buchwertmethode, DUSEMOND, M./WEBER, C.-P./ZÜNDORF, H., in: Küting/Weber, HdK, 2. Aufl., § 301 HGB, Rn. 115.

1267 Vgl. IFRS 3.2 (b) sowie FREIBERG, J., Erwerb einer Vermögensgesamtheit, S. 295; DELOITTE (Hrsg.), Business combinations and changes in ownership interests, Rn. 5.4; ERNST & YOUNG (Hrsg.), Business combinations, Rn. 2.1.2.

1268 Vgl. zur Charakterisierung dieser Unterschiedsbeträge vor der Allokation eines etwaigen Differenzbetrages Abschnitt 532.422.

1269 Von Überzahlungen, die zwar kein Bestandteil des *core goodwill* sind, aber zum Akquisitionszeitpunkt dennoch aktiviert werden, sei an dieser Stelle abstrahiert. Vgl. hierzu IFRS 3.BC314 f. i. V. m. IFRS 3.BC313;

etwaigen negativen Differenzbetrages zieht dahingegen eine Verminderung des marktwertbasierten Geschäfts- oder Firmenwertes oder gar eine Umkehr der positiven in eine negative Residualgröße nach sich. In diesem Zusammenhang hängt die Interpretation des resultierenden Teilunterschiedsbetrages maßgeblich von der Ursache ab, die eine den Marktwert unterschreitende Gegenleistung bedingt.

Soweit der **negative Differenzbetrag** auf das **Verhandlungsgeschick** des Erwerbers zurückgeführt werden kann, liegt zwar ein ökonomischer Erfolg, allerdings nicht zwingend ein zu erfassender Gewinn aus einer günstigen Akquisitionsgelegenheit i. S. d. IFRS 3 vor. Schließlich ist ein nach der anteiligen Zuordnung des Differenzbetrages **noch verbleibender positiver Teilunterschiedsbetrag** den Regelungen des IFRS 3 entsprechend erfolgsneutral als Geschäfts- oder Firmenwert zu aktivieren.[1270] Dies ist insofern gerechtfertigt, als der Unterschiedsbetrag einen Teil der über das (anteilige) Reinvermögen der Teilkonzerneinheit hinausgehenden Wertpotenziale repräsentiert.[1271] Gleichwohl wird er nicht sämtliche der vom erwerbenden Konzernunternehmen erwarteten Ertragspotenziale wiedergeben und kann dementsprechend lediglich i. S. e. *purchased goodwill* verstanden werden.[1272] Da ein Erwerber allerdings im Rahmen der einem Unternehmenszusammenschluss vorangehenden Kaufpreisverhandlung regelmäßig einen Preis unterhalb seines Grenzpreises durchsetzen wird,[1273] ist darin keine Besonderheit der differenzierten Unterschiedsbetragsermittlung bei der Abbildung einer Teilkonzernakquisition zu sehen. Vielmehr ist dies der Tatsache geschuldet, dass für die Ermittlung eines Unterschiedsbetrages grundsätzlich die in einer Markttransaktion entrichtete Gegenleistung maßgebend ist.[1274] Wird dahingegen die auf der Grundlage eines beizulegenden Beteiligungszeitwertes ermittelte positive Residualgröße durch den anteiligen negativen Differenzbetrag nicht nur gemindert, sondern überkompensiert, **ändert** sich ihr **Vorzeichen**. Der nunmehr negative Teilunterschiedsbetrag ist angesichts des der Akquisition unter Marktwert zugrunde liegenden Verhandlungserfolgs der Interpretation als Gewinn aus einem günstigen Gelegenheitskauf i. S. d. IFRS 3 zugänglich.[1275]

Dies gilt allerdings nicht, falls der negative Differenzbetrag auf **konzernspezifischen künftigen Aufwendungen** oder **niedrigeren Ertragserwartungen** des akquirierenden Konzernunternehmens gegenüber dem Markt gründet. So ist es z. B. in einer Notsituation der veräußernden Partei denkbar, dass ein Investor den Zuschlag für das Anteilspaket erhält, dessen Restrukturierungskompetenzen bzw. Möglichkeiten zur Integration der Teilkonzerneinheit in die konzernindividuelle Wertschöp-

---

IFRS 3.BC382 sowie kritisch EBERT, M./SIMONS, D., Bilanzpolitisches Potenzial der Goodwillbilanzierung, S. 623; STREIM, H. U. A., Regelungen zur Goodwill-Bilanzierung nach IFRS, S. 23; HAAKER, A., Zweckadäquanz der Goodwill-Bilanzierung, S. 133.

1270 Vgl. IFRS 3.32.

1271 Vgl. zu den konzeptionellen Bestandteilen eines Geschäfts- oder Firmenwertes Abschnitt 522.212.

1272 Vgl. MA, R./HOPKINS, R., Puzzle-Solving in Accounting, S. 114; BURL, D., Goodwill Shunting, S. 31 sowie HAAKER, A., Goodwill-Bilanzierung nach IFRS, S. 125.

1273 Vgl. MA, R./HOPKINS, R., Puzzle-Solving in Accounting, S. 114; MA, R./HOPKINS, R., Goodwill, S. 80–82; HAAKER, A., Wahlrecht zur Anwendung der full goodwill method, S. 191; HAAKER, A., Zuordnung des Goodwill auf Cash Generating Units, S. 431.

1274 Vgl. IFRS 3.32 (a) (i) sowie zu den diesbezüglichen Gründen Abschnitt 522.221.1 und 522.231.1.

1275 Vgl. zur diesbezüglichen Diskussion um die Begrenzung des ertragswirksam zu vereinnahmenden Erfolgs auf den Zeitwert des (anteiligen) Reinvermögens Abschnitt 522.321.

fungskette im Vergleich zum typischen Marktteilnehmer höhere Restrukturierungsaufwendungen oder geringere Synergieeffekte bewirken. Ein nach der Zuordnung des Differenzbetrages **verbleibender positiver Teilunterschiedsbetrag** ist vor diesem Hintergrund als erwerberspezifischer Geschäfts- oder Firmenwert anzusehen, der bei gegenläufigen wertbildenden Faktoren die über das identifizierbare neubewertete Reinvermögen hinausgehenden Nettonutzenpotenziale widerspiegelt.[1276] Sofern ein zunächst marktwertbasierter (Teil-)Geschäfts- oder Firmenwert jedoch in einen **negativen Unterschiedsbetrag umschlägt**, ist diese Residualgröße aufgrund der ursächlichen negativen Wertpotenziale als *badwill* zu interpretieren, dessen ertragswirksame Erfassung im Erwerbszeitpunkt zum einen seinem Charakter nicht gerecht wird und zum anderen die Ertragslage sowohl im Rahmen der Erstkonsolidierung als auch in Folgeperioden verzerrt.[1277]

Diese Kritik an den Regelungen des IFRS 3 ist gleichermaßen vorzubringen, soweit sich der aus dem Marktwert einer Beteiligung abgeleitete **negative Teilunterschiedsbetrag** infolge der Verteilung eines **negativen Differenzbetrages**, dem **künftige Aufwendungen bzw. niedrigere Ertragserwartungen** zugrunde liegen, **betragsmäßig erhöht**. Schließlich wird in dieser Fallkonstellation ein marktorientierter um einen konzernindividuellen *badwill* erweitert.[1278] Liegt die den Marktwert unterschreitende Gegenleistung allerdings im **Verhandlungsgeschick** des Erwerbers begründet, ist konzeptionell eine differenzierte Betrachtung des entstehenden negativen Teilunterschiedsbetrages angezeigt. So hat die Residualgröße in Höhe der Differenz zwischen dem beizulegenden Zeitwert der Beteiligung und des (anteiligen) Reinvermögens der Teilkonzerneinheit den Charakter eines *badwill*, während die betragsmäßige Erhöhung um den anteiligen Differenzbetrag einen Erfolg aus einer günstigen Akquisitionsgelegenheit repräsentiert. Die ertragswirksame Erfassung des gesamten negativen Teilunterschiedsbetrages zum Erwerbszeitpunkt spiegelt damit zumindest anteilig nicht das wider, was sie vorgibt widerzuspiegeln. Die Glaubwürdigkeit der konzernbilanziellen Abbildung ist damit auch in diesem Fall beeinträchtigt.[1279]

Im Unterschied zur Verteilung eines negativen Differenzbetrages zieht die Allokation der den **Marktwert überschießenden Gegenleistung** für den Teilkonzern zumindest eine betragsmäßige Minderung eines marktwertbasierten negativen Teilunterschiedsbetrages nach sich. Eine solche Konstellation kann bspw. bei Teilkonzerneinheiten auftreten, deren Geschäftsprozesse ineffizient, mithin restrukturierungsbedürftig sind bzw. die nachhaltig Verluste erwirtschaften.[1280] Angesichts der daher künftig zu erwartenden Aufwendungen unterschreitet der Zeitwert der Beteiligung ggf. den anteiligen Substanzwert, während das erwerbende Konzernunternehmen aufgrund konzernindividueller Wert-

---

[1276] Vgl. ähnlich SELLHORN, T., Bilanzielle Behandlung des Goodwill, S. 889; HAAKER, A., Goodwill-Bilanzierung nach IFRS, S. 347; THOMASCHEWSKI, D., Synergien im Akquisitionsmanagement, S. 230. Vgl. hierzu bereits im Kontext der Charakterisierung eines gesamtheitlichen Unterschiedsbetrages Abschnitt 532.311.

[1277] Vgl. so bereits im Zusammenhang der gesamtheitlichen Unterschiedsbetragsermittlung Abschnitt 532.32 und im Kontext der Akquisition eines einzelnen mittelbaren Tochterunternehmens Abschnitt 522.321.

[1278] Vgl. zur Charakterisierung eines aus dem beizulegenden Beteiligungszeitwert abgeleiteten negativen Unterschiedsbetrages Abschnitt 532.422.2.

[1279] Vgl. so auch im Kontext sukzessiver Anteilserwerbe GIMPEL-HENNING, N., Sukzessive Anteilserwerbe, S. 138 f.

[1280] Vgl. hierzu ebenso GIMPEL-HENNING, N., Goodwill aus stufenweisen Unternehmenserwerben, S. 220.

steigerungsmaßnahmen künftig einen gegenüber anderen (typischen) Marktteilnehmern höheren Restrukturierungsmehrwert realisieren kann und aufgrund dessen eine über dem Marktwert liegende Gegenleistung erbringt. Gleichwohl ist in diesem Zusammenhang zu beachten, dass eine – wenn auch **betragsmäßig gekürzte** – negative Residualgröße aufgrund der Ausgangsbasis vor der Verteilung des Differenzbetrages weiterhin als *badwill* zu charakterisieren ist. Erst ein anteiliger positiver Differenzbetrag, der den auf Grundlage des beizulegenden Beteiligungszeitwertes ermittelten negativen Teilunterschiedsbetrag überkompensiert, führt zu einer Residualgröße mit **umgekehrten Vorzeichen**. Dem nunmehr positiven Teilunterschiedsbetrag sind Geschäfts- oder Firmenwerteigenschaften zuzusprechen.

Im Ergebnis wird deutlich, dass die differenzierte Unterschiedsbetragsermittlung zwar mit Ermessensspielräumen verbunden ist, die bilanzpolitisch gezielt eingesetzt werden können. Dies gilt allerdings mit Blick auf die Folgekonsolidierung in ähnlicher Form auch für die gesamtheitliche Unterschiedsbetragsermittlung. Im Vergleich zur Ermittlung einer einzigen Gesamtresidualgröße für den Teilkonzern führt die Bestimmung von Teilunterschiedsbeträgen auf der Grundlage der relativen beizulegenden Zeitwerte zu einer konzernbilanziellen Abbildung der Teilkonzernakquisition, die – wie u. a. in diesem Abschnitt herausgearbeitet wurde – weitestgehend an die tatsächlichen ökonomischen Gegebenheiten anknüpft und damit einer vergleichsweise glaubwürdigeren und relevanteren Konzernberichterstattung zuträglich ist.

### 533. Ermittlung und Bilanzierung von Unterschiedsbeträgen bei indirekten Beteiligungen nicht beherrschender Gesellschafter

#### 533.1 Abgrenzung des Bewertungsobjektes

Sofern das erwerbende Konzernunternehmen nicht sämtliche Anteile an dem Mutterunternehmen des Teilkonzerns erwirbt, sind nach dem Unternehmenszusammenschluss aus Gesamtkonzernsicht nicht beherrschende Gesellschafter an dem Teilkonzernmutterunternehmen beteiligt.[1281] Deren Anteile sind neben etwaigen nicht beherrschenden Anteilen an den Teilkonzerntochterunternehmen bei der Bestimmung des Unterschiedsbetrages aus der Akquisition des Teilkonzerns zu berücksichtigen. Abbildung 5-6 zeigt für den Fall des Erwerbs eines Teilkonzerns mit einem Tochterunternehmen, wie die Anteile nicht beherrschender Gesellschafter am Teilkonzernmutterunternehmen (TK-MU) und an der hierarchisch nachgeordneten, aus Konzernsicht mittelbaren Tochtergesellschaft (TK-TU) in die **Ermittlungssystematik** eines Unterschiedsbetrages nach IFRS 3 einzuordnen sind.[1282]

---

1281 Vgl. WINKELJOHANN, N./HOFFMANN, K., in: Grottel u. a., Beck Bilanzkomm., 11. Aufl., § 301 HGB, Rn. 377. Die nachfolgenden Ausführungen gelten analog für solche nicht beherrschenden Gesellschafter, die bei der Akquisition eines bereits mehrstufigen Teilkonzerns an Tochterunternehmen auf den hierarchischen Zwischenstufen des Verbundes beteiligt sind. Denkbar wäre darüber hinaus auch, dass an der erwerbenden (Konzern-)Gesellschaft nicht beherrschende Gesellschafter beteiligt sind, die infolge der Teilkonzernakquisition indirekt Anteile an den Unternehmen des Teilkonzerns halten. Da sich bei der konzernbilanziellen Abbildung dieser Anteile grundsätzlich die gleichen Problemstellungen wie beim Erwerb eines einzelnen mittelbaren Tochterunternehmens ergeben, an dem nicht beherrschende Gesellschafter indirekt beteiligt sind, sei auf die Diskussion in Abschnitt 52 verwiesen.

1282 Vgl. hierzu im Kontext der Akquisition eines einzelnen mittelbaren Tochterunternehmens Abschnitt 522.1.

**Grundsätzliche Ermittlungssystematik und Wertmaßstäbe gemäß der *partial goodwill method***

**Anteilig für das TK-TU entrichtete Gegenleistung des Erwerbers**

- (Relativer) Beizulegender Zeitwert

\+ **Nicht beherrschende Anteile**

- $NCI_{TK\text{-}MU}$: Verschiedene mögliche Wertmaßstäbe
- $NCI_{TK\text{-}TU}$: Beizulegender Zeitwert des anteiligen Reinvermögens

./. **Erworbenes Reinvermögen**

- Beizulegender Zeitwert

= **Unterschiedsbetrag aus der Akquisition des TK-TU**

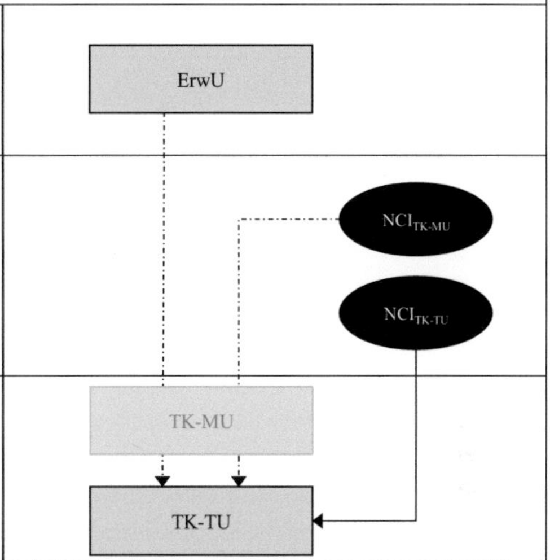


**Legende**: ErwU ≙ Erwerbendes Unternehmen | MU ≙ Mutterunternehmen | NCI ≙ Nicht beherrschende Gesellschafter bzw. *non-controlling interests* | TK ≙ Teilkonzern | TU ≙ Tochterunternehmen | -·-· ≙ Indirekte Beteiligung | — ≙ Direkte Beteiligung

**Abbildung 5-6: Ermittlung des Unterschiedsbetrages für ein mittelbares Tochterunternehmen nach IFRS 3.32 unter Berücksichtigung indirekter nicht beherrschender Anteile beim Erwerb eines Teilkonzerns mit nur einem Tochterunternehmen**

Da die nicht beherrschenden Gesellschafter des Teilkonzerns ($NCI_{TK\text{-}MU}$ und $NCI_{TK\text{-}TU}$) am Akquisitionsobjekt und nicht am Erwerbssubjekt beteiligt sind, können sie im Unterschied zum Erwerb eines einzelnen mittelbaren Tochterunternehmens nicht als erwerbende Partei identifiziert werden. Ihre Anteile am jeweiligen Teilkonzernunternehmen sind daher nach Maßgabe der *partial goodwill method* gemäß IFRS 3 zum Zeitpunkt der Teilkonzernakquisition mit dem beizulegenden Zeitwert des anteiligen Reinvermögens zu bewerten.[1283] Der Wertansatz der direkten nicht beherrschenden Anteile am mittelbaren Tochterunternehmen ($NCI_{TK\text{-}TU}$) richtet sich dementsprechend nach dem anteiligen Saldo der im Konzernabschluss anzusetzenden, neubewerteten Vermögenswerte und Schulden der Tochtergesellschaft.

Im Unterschied dazu sind den nicht beherrschenden Gesellschaftern des Teilkonzernmutterunternehmens ($NCI_{TK\text{-}MU}$) nicht nur die identifizierbaren, konzernbilanziell zu erfassenden Vermögenswerte und Schulden ihres Beteiligungsunternehmens, sondern auch die Beteiligung an der hierarchisch

1283 Vgl. IFRS 3.19 (b) sowie HAAKER, A., Wahlrecht zur Anwendung der full goodwill method, S. 190; HACHMEISTER, D., Unternehmenszusammenschlüsse, S. 120.

nachgeordneten Tochtergesellschaft anteilig zuzurechnen.[1284] Für diese anteilige Beteiligung, über die die nicht beherrschenden Gesellschafter indirekt am mittelbaren Tochterunternehmen beteiligt sind,[1285] liegt jedoch zum Zeitpunkt der Teilkonzernakquisition keine (neuerliche) Gegenleistung vor.[1286] Schließlich ist davon auszugehen, dass das erwerbende Konzernunternehmen lediglich die auf seine Beteiligung an der Teilkonzernobergesellschaft entfallenden Vermögenswerte und Schulden und nicht die der nicht beherrschenden Gesellschafter vergütet.[1287] Dies ist zwar insofern unproblematisch, als die indirekte Beteiligung lediglich ein „aggregierter Platzhalter“[1288] für einen Teil der identifizierbaren Vermögenswerte und Schulden des mittelbaren Tochterunternehmens ist, die ohnehin unabhängig von der Beteiligung im Wege der Vollkonsolidierung mit ihrem beizulegenden Zeitwert zum Erwerbszeitpunkt in der Konzernbilanz anzusetzen sind.[1289] Allerdings kann die Beteiligung auch einen Geschäfts- oder Firmenwert umfassen, der nicht selbständig bewertbar ist, sondern nur als Residualgröße aus dem Beteiligungswert abgeleitet werden kann.[1290] Daher ist es erforderlich, die Anschaffungskosten der **indirekten Beteiligung der nicht beherrschenden Gesellschafter des Teilkonzerns** im Zuge der Abbildung des Teilkonzernerwerbs zu fingieren (sog. *deemed cost*[1291]).[1292] IFRS 3 enthält indes keine Vorgaben zur Bewertung der im Vermögen eines akquirierten Tochterunternehmens befindlichen, den nicht beherrschenden Gesellschaftern zuzuordnenden Beteiligung an einer anderen Tochtergesellschaft. Im Rahmen der Unterschiedsbetragsermittlung besteht damit die zentrale Herausforderung, einen geeigneten Bewertungsmaßstab für die indirekte Beteiligung zu bestimmen.[1293]

Dabei können zum einen **Wertmaßstäbe** in Betracht gezogen werden, die auf den Wertverhältnissen zum Akquisitionszeitpunkt des Teilkonzerns basieren. Darunter sind sowohl der Zeitwert des auf die indirekte Beteiligung entfallenden Reinvermögens als auch der beizulegende Zeitwert der indirekten nicht beherrschenden Anteile zu subsumieren.[1294] Zum anderen ist es aber auch denkbar, die Bewertung der indirekten nicht beherrschenden Anteile an historische Wertverhältnisse zu knüpfen, da auf-

1284 Vgl. LEINEN, M., Kapitalkonsolidierung im mehrstufigen Konzern, S. 78 sowie im Kontext der multiplikativen Methode JANSCHEK, O., Konzernrechnungslegung, S. 246.

1285 Vgl. KÜTING, K./WEBER, C.-P./WIRTH, J., Kapitalkonsolidierung im mehrstufigen Konzern, S. 44; KÜTING, K./WEBER, C.-P., Konzernabschluss, S. 417; FORSTER, K.-H./HAVERMANN, H., Anteile konzernfremder Gesellschafter, S. 3.

1286 Vgl. LEINEN, M., Kapitalkonsolidierung im mehrstufigen Konzern, S. 195 und 198.

1287 Vgl. KÜTING, K./LEINEN, M., Kapitalkonsolidierung bei Erwerb eines Teilkonzerns, S. 1208.

1288 LEINEN, M., Kapitalkonsolidierung im mehrstufigen Konzern, S. 210.

1289 Vgl. IFRS 3.18 i. V. m. IFRS 3.10 sowie PAWELZIK, K. U., Konsolidierung von Minderheiten, S. 677; WIRTH, J./ALPER, R./NEIS, T., Abbildung eines Teilkonzernerwerbs, S. 442; im handelsrechtlichen Kontext LEINEN, M., Kapitalkonsolidierung im mehrstufigen Konzern, S. 198. Vgl. hierzu auch Abschnitt 31.

1290 Vgl. IFRS 3.BC328 sowie MUJKANOVIC, R., Abschreibung des Geschäfts- oder Firmenwerts, S. 293; GELHAUSEN, H. F./FEY, G./KÄMPFER, G., Rechnungslegung nach dem BilMoG, Abschnitt Q, Rn. 422.

1291 Vgl. zu diesem Begriff bspw. CF.6.6.

1292 Vgl. LEINEN, M., Kapitalkonsolidierung im mehrstufigen Konzern, S. 195.

1293 Vgl. so auch im handelsrechtlichen Kontext KÜTING, K./LEINEN, M., Kapitalkonsolidierung bei Erwerb eines Teilkonzerns, S. 1211.

1294 Vgl. IFRS 3.19. Dabei ist die Bewertung der indirekten Beteiligung zum beizulegenden Zeitwert nicht mit der Anwendung der *full goodwill method* gleichzusetzen. Schließlich repräsentiert die Beteiligung lediglich einen Teil des im Rahmen der *partial goodwill method* neu zu bewertenden Reinvermögens, das den nicht beherrschenden Gesellschaftern des Teilkonzernmutterunternehmens anteilig zuzurechnen ist. Die Ermittlung eines *full goodwill* würde

grund der dem Teilkonzernerwerb vorangehenden Akquisition des mittelbaren Tochterunternehmens durch die Teilkonzernobergesellschaft für die indirekte Beteiligung und ggf. für das durch sie repräsentierte Vermögen Buchwerte aus dem Einzel- respektive Teilkonzernabschluss bekannt sind.[1295] Wenngleich nicht zuletzt durch die Hinwendung zur Neubewertungsmethode oder die Bewertung von Altanteilen bei sukzessiven Anteilserwerben mit Aufwärtswechsel zum Tochterunternehmen eine Präferenz des Standardsetzers für eine Zeitwertbewertung im Rahmen von Unternehmenszusammenschlüssen zu erkennen ist,[1296] kann dennoch nicht zwingend darauf geschlossen werden, dass der Wert der indirekten Beteiligung nicht auf historischen Wertverhältnissen gründen darf. Vielmehr ist die Wahl eines geeigneten Bewertungsmaßstabes an den qualitativen Anforderungen der IFRS-Finanzberichterstattung zu orientieren.[1297] In dieser Hinsicht werden daher im Folgenden sowohl die in IFRS 3 für die Bewertung direkter nicht beherrschender Anteile kodifizierten als auch auf (fortgeführten) Buchwerten basierende Bewertungsalternativen untersucht und zugleich mit den Methoden der Kapitalkonsolidierung im mehrstufigen Konzern assoziiert.

### 533.2 Ermittlung und Bilanzierung eines positiven Unterschiedsbetrages indirekter nicht beherrschender Gesellschafter

#### 533.21 Behandlung eines positiven Unterschiedsbetrages nach der multiplikativen Methode

Gemäß der den Regelungen des IFRS 3 entsprechenden *partial goodwill method* kann die indirekte Beteiligung der nicht beherrschenden Gesellschafter der Teilkonzernobergesellschaft an einem hierarchisch nachgeordneten, aus Sicht des Konzernmutterunternehmens mittelbaren Tochterunternehmen mit dem **beizulegenden Zeitwert des anteiligen Reinvermögens** bewertet werden, um den aus der Akquisition resultierenden Unterschiedsbetrag für dieses Tochterunternehmen zu ermitteln.[1298] Da bei der erstmaligen Vollkonsolidierung eines Beteiligungsunternehmens nach der Neubewertungsmethode ohnehin die in den Konzernabschluss zu übernehmenden beizulegenden Zeitwerte der identifizierbaren Vermögenswerte und Schulden zu bestimmen sind, sind für die Bewertung der indirekten Beteiligung mit dem anteiligen Saldo dieser Wertansätze keine weiteren Informationen zu erheben, auszuwerten oder zu verarbeiten. Dem Bilanzierenden entstehen daher grundsätzlich keine zusätzlichen Kosten. Obgleich die in Rede stehende Bewertungsalternative demzufolge eine wirtschaftliche Finanzberichterstattung fördert,[1299] können die mit ihr verbundenen Kosten gleichwohl kein

hingegen erfordern, dass einerseits die direkten nicht beherrschenden Anteile an der mittelbaren Tochtergesellschaft und andererseits die Anteile der nicht beherrschenden Gesellschafter am Teilkonzernmutterunternehmen nicht zum Zeitwert des anteiligen Reinvermögens, sondern zu ihrem jeweiligen beizulegenden Zeitwert bewertet werden. Vgl. IFRS 3.32 i. V. m. IFRS 3.19 (a).

1295 Vgl. LEINEN, M., Kapitalkonsolidierung im mehrstufigen Konzern, S. 208–210.

1296 Vgl. IFRS 3.BC198–BC204 sowie GIMPEL-HENNING, N., Sukzessive Anteilserwerbe, S. 72 f. m. w. N.

1297 Vgl. CF.6.43–6.76 sowie in Bezug auf das CF (2010) KIRSCH, H.-J. U. A., Bedeutung der Verlässlichkeit, S. 769.

1298 Vgl. IFRS 3.32 i. V. m. IFRS 3.19 (b) sowie THEILE, C./PAWELZIK, K. U., in: Heuser/Theile, IFRS-Handbuch, 5. Aufl., D VI, Rn. 5835; KÜTING, K./WEBER, C.-P./WIRTH, J., Goodwillbilanzierung, S. 142 f.; HACHMEISTER, D., Unternehmenszusammenschlüsse, S. 120; LÜDENBACH, N./HOFFMANN, W.-D./FREIBERG, J., in: Lüdenbach/Hoffmann/Freiberg, Haufe IFRS-Kommentar, 16. Aufl., § 31, Rn. 136 sowie bereits Abschnitt 522.1.

1299 Vgl. WINKELJOHANN, N./HOFFMANN, K., in: Grottel u. a., Beck Bilanzkomm., 11. Aufl., § 301 HGB, Rn. 378.

Maßstab für die Güte der konzernbilanziellen Abbildung des letztlich zu ermittelnden Unterschiedsbetrages sein. Vielmehr sind dafür die qualitativen Anforderungen der IFRS-Berichterstattung maßgebend.

Vor diesem Hintergrund hängt vor allem die Glaubwürdigkeit des Beteiligungswertes von einem möglichst vollständigen Ansatz und einer hinreichend neutralen Bewertung der erworbenen Vermögenswerte und übernommenen Schulden des mittelbaren Tochterunternehmens ab.[1300] Während dabei materielle Vermögenswerte angesichts ihrer physischen Substanz i. d. R. problemlos erfasst werden können, sind insbesondere bislang im Abschluss des Erwerbsobjektes nicht angesetzte, aber aufgrund ihres derivativen Charakters nunmehr zu bilanzierende immaterielle Vermögenswerte schwieriger zu identifizieren.[1301] Im Rahmen der Bewertung der identifizierten einzelnen Vermögenswerte und Schulden zum beizulegenden Zeitwert sind die in die angewendeten Verfahren eingegangenen Parameter von besonderer Bedeutung. So ist der beizulegende Zeitwert eines Vermögenswertes bzw. einer Schuld, der anhand des Preises für ein identisches Bewertungsobjekt an einem aktiven Markt bestimmt wird *(Level 1 input)*, nicht von subjektiven Einschätzungen des Bilanzierenden beeinflusst.[1302] Sofern jedoch z. B. auf Preise für ähnliche Vermögenswerte bzw. Schulden *(Level 2 inputs)* oder auf konzerninterne Bewertungsparameter *(Level 3 inputs)* im Rahmen eines einkommens- oder kostenorientierten Bewertungsverfahrens zurückgegriffen werden muss,[1303] sind mit der Ermittlung des jeweiligen Wertansatzes gewisse **Freiheitsgrade** und ggf. auch **Bewertungsunsicherheiten** verbunden.[1304] Gleichwohl eröffnen sich bei der Bewertung der indirekten Beteiligung mit dem anteiligen Saldo der so bestimmten Wertansätze zumindest keine neuerlichen Ermessensspielräume, die sich negativ auf die Objektivität des Beteiligungswertes auswirken könnten.

Die Beseitigung potenziell zusätzlicher Ermessensspielräume mündet schließlich darin, dass aus der (impliziten) Aufrechnung des Beteiligungswertes und des ihm in gleicher Höhe gegenüberstehenden anteiligen Reinvermögens **kein Unterschiedsbetrag** für die nicht beherrschenden Gesellschafter des Teilkonzerns entsteht.[1305] Damit fördert die in Rede stehende Bewertungsalternative den Leitgedanken der multiplikativen Methode, lediglich eine dem Konzernmutterunternehmen zuzurechnende Residualgröße zu ermitteln.[1306] Insgesamt kann aus der Akquisition des Teilkonzerns ein solcher gesellschafterstammspezifischer Unterschiedsbetrag indes nur hervorgehen, sofern die indirekte Beteili-

---

1300 Vgl. CF.2.13 sowie Abschnitt 432.2.

1301 Vgl. ALKEMEIER, M., Konzerninterne Unternehmenszusammenschlüsse, S. 111 f.; GLAUM, M./VOGEL, S., Bilanzierung von Unternehmenszusammenschlüssen, S. 46; ZELGER, H., Purchase Price Allocation nach IFRS und HGB, S. 154. Vgl. zum derivativen Charakter solcher in einem Unternehmenszusammenschluss erworbener Vermögenswerte IFRS 3.13 sowie KÜTING, K./WEBER, C.-P., Konzernabschluss, S. 354.

1302 Vgl. IFRS 13.69; IFRS 13.77 sowie GROßE, J.-V., Fair Value Measurement, S. 290; THEILE, C., in: Heuser/Theile, IFRS-Handbuch, 5. Aufl., B IV, Rn. 476.Vgl. zur Bewertungskonzeption des IFRS 13 Abschnitt 522.221.21.

1303 Vgl. FREIBERG, J., Gewinnrealisation bei Tauschgeschäften, S. 173.

1304 Vgl. LÜDENBACH, N./HOFFMANN, W.-D./FREIBERG, J., in: Lüdenbach/Hoffmann/Freiberg, Haufe IFRS-Kommentar, 16. Aufl., § 8a, Rn. 32; KALANTARY, A., Fair Value-Bewertung immaterieller Vermögenswerte nach IFRS, S. 88; PFAFF, D./KUKULE, W., Fair Value, S. 546–548; KRIMPMANN, A., Konsolidierung nach IFRS/HGB, S. 74.

1305 Vgl. FRÖHLICH, C., Kapitalkonsolidierung bei Erwerb eines Teilkonzerns, S. 65.

1306 Vgl. KESSLER, H./LEINEN, M./STRICKMANN, M., Rechte für Minderheiten, S. 338; KÜTING, K./LEINEN, M., Kapital-

gung etwaiger an dem formalrechtlich erwerbenden Konzerntochterunternehmen (direkt oder indirekt) beteiligter nicht beherrschender Gesellschafter ebenso gemäß der multiplikativen Methode behandelt und dementsprechend erfolgsneutral mit den nicht beherrschenden Konzerneigenkapitalanteilen verrechnet wird.[1307] Falls diese indirekte Beteiligung der am Erwerbssubjekt beteiligten nicht beherrschenden Gesellschafter dahingegen entsprechend der additiven Methode in die Ermittlung des Unterschiedsbetrages einbezogen wird,[1308] ergibt sich i. V. m. der hier diskutierten Bewertung der indirekten Beteiligung der nicht beherrschenden Gesellschafter des Teilkonzernmutterunternehmens eine Residualgröße, die ausschließlich auf der anteiligen[1309] für das mittelbare Tochterunternehmen entrichteten Gegenleistung gründet.[1310] Wie beim Erwerb eines einzelnen mittelbaren Tochterunternehmens lässt sich eine positive Differenz daher als ein in der Konzernbilanz anzusetzender *purchased goodwill* und ein negativer Unterschiedsbetrag entweder als Erfolg aus einem günstigen Gelegenheitskauf oder aber als *badwill* interpretieren.[1311] Mithin ist die Bewertung der indirekten nicht beherrschenden Anteile des erworbenen Teilkonzerns zum Zeitwert des anteiligen Reinvermögens nicht nur mit der multiplikativen, sondern auch mit der additiven Methode kompatibel.

Auf den ersten Blick scheint die Bewertung damit unter dem Gesichtspunkt einer zum Erwerbszeitpunkt nicht vorhandenen Gegenleistung für die indirekte Beteiligung der nicht beherrschenden Gesellschafter des erworbenen Teilkonzerns den wirtschaftlichen Gegebenheiten der Akquisition Rechnung zu tragen.[1312] Bei näherer Betrachtung der **Erwerbshistorie** wird indes deutlich, dass der Wert der indirekten Beteiligung im Zuge des ursprünglichen Zusammenschlusses des Teilkonzernmutterunternehmens und der mittelbaren Tochtergesellschaft bspw. auf der Grundlage einer entrichteten Gegenleistung für Zwecke der Unterschiedsbetragsermittlung zu bestimmen war.[1313] Etwaige durch diesen Wert repräsentierte, über das damalige Reinvermögen hinausgehende und zwischenzeitlich

konsolidierung bei Erwerb eines Teilkonzerns, S. 1211 und 1216; LEINEN, M., Kapitalkonsolidierung im mehrstufigen Konzern, S. 204 und 210. Sofern ein von der hier diskutierten Bewertungsalternative abweichender Wertmaßstab zur Bewertung der indirekten nicht beherrschenden Anteile herangezogen wird, würde sich bei Anwendung der multiplikativen Methode dennoch kein zu bilanzierender Unterschiedsbetrag für die indirekt am mittelbaren Tochterunternehmen beteiligten nicht beherrschenden Gesellschafter ergeben, da ein solcher stets mit den Eigenkapitalanteilen dieser Gesellschafter zu verrechnen ist.

1307 Vgl. zu den Implikationen für die konzernbilanzielle Abbildung im Fall eines auf die indirekte Beteiligung der nicht beherrschenden Gesellschafter entfallenden Geschäfts- oder Firmenwertes im Rahmen der Akquisition eines einzelnen mittelbaren Tochterunternehmens Abschnitt 522.222.2 und 523.21 sowie im Fall eines negativen Unterschiedsbetrages Abschnitt 522.322. und 523.3.

1308 Vgl. hierzu Abschnitt 522.23 und 522.33.

1309 Gemeint ist an dieser Stelle die auf der Grundlage der relativen beizulegenden Beteiligungszeitwerte ermittelte anteilige Gegenleistung, die für die Beteiligung des erwerbenden Konzernunternehmens an der mittelbaren Tochtergesellschaft erbracht wurde. Diese umfasst bei Anwendung der additiven Methode sowohl den gesellschafterstammspezifischen Anteil des Konzernmutterunternehmens als auch den Anteil etwaig am erwerbenden Konzernunternehmen beteiligter nicht beherrschender Gesellschafter.

1310 Vgl. ähnlich KESSLER, H./LEINEN, M./STRICKMANN, M., Rechte für Minderheiten, S. 338.

1311 Vgl. zur Interpretation der Unterschiedsbeträge im Rahmen der Akquisition eines einzelnen mittelbaren Tochterunternehmens nach der additiven Methode Abschnitt 522.232.1 sowie Abschnitt 522.33 i. V. m. Abschnitt 522.31.

1312 Vgl. LEINEN, M., Kapitalkonsolidierung im mehrstufigen Konzern, S. 197 f. und 218; ADS, 6. Aufl., § 307 HGB, Rn. 47.

1313 Vgl. KÜTING, K./LEINEN, M., Kapitalkonsolidierung bei Erwerb eines Teilkonzerns, S. 1205 f.; LEINEN, M., Kapitalkonsolidierung im mehrstufigen Konzern, S. 222 f.

nicht im Reinvermögen manifestierte Ertragspotenziale können zumindest teilweise auch noch zum Akquisitionszeitpunkt des Teilkonzerns bestehen. Diese dem Bilanzierenden ggf. zur Verfügung stehende Information wird allerdings bei der Bewertung der indirekten Beteiligung zum Zeitwert des anteiligen Reinvermögens vernachlässigt, sodass infolgedessen hinreichend objektivierte Wertpotenziale konzernbilanziell nicht vollumfassend abgebildet und den Adressaten für die Prognose künftiger Zahlungsmittelzuflüsse des Konzerns vorenthalten würden.[1314]

Damit ist nach dem Erwerbszeitpunkt ausschließlich ein auf den Erwerber entfallender Geschäfts- oder Firmenwert gemäß IAS 36 den jeweils nutzenziehenden zahlungsmittelgenerierenden Einheiten[1315] zuzuordnen.[1316] Im Rahmen des jährlichen **Wertminderungstests** ist der Geschäfts- oder Firmenwert in der Struktur dieser Einheiten gleichwohl (u. a.) um die Anteile der nicht beherrschenden Gesellschafter des Teilkonzernmutterunternehmens auf eine fiktive 100 %-Beteiligung hochzurechnen,[1317] um den so zu bestimmenden Buchwert und den erzielbaren Betrag einer zahlungsmittelgenerierenden Einheit eine einheitliche Wertbasis zugrunde zu legen.[1318] Die *illustrative examples* zu IAS 36 zeigen, dass dabei eine einfache lineare Extrapolation auf Grundlage der dem Geschäfts- oder Firmenwert zugrunde liegenden Beteiligungsquote ausreichend ist.[1319] Ein ggf. festgestellter Abschreibungsbedarf ist den hochgerechneten nicht beherrschenden Anteilen allerdings nicht zuzurechnen, da sich die zu erfassende Wertminderung lediglich auf den bilanzierten Geschäfts- oder Firmenwert beziehen kann.[1320] Sind auch an evtl. weiteren der zahlungsmittelgenerierenden Einheit zugeordneten Firmenwerttranchen keine nicht beherrschenden Gesellschafter beteiligt,[1321] entfällt eine differenzierte Allokation der Wertminderung auf die einzelnen Tranchen und Gesellschafterstämme gänzlich.[1322] Dadurch wird zum einen deutlich, dass die Bewertung der indirekten Beteiligung der nicht beherrschenden Gesellschafter des Teilkonzerns zum Zeitwert des anteiligen Reinvermögens nicht nur im Rahmen der Erst-, sondern auch der Folgekonsolidierung eine wirtschaftliche Berichter-

[1314] Vgl. KESSLER, H./LEINEN, M./STRICKMANN, M., Rechte für Minderheiten, S. 339; WINKELJOHANN, N./HOFFMANN, K., in: Grottel u. a., Beck Bilanzkomm., 11. Aufl., § 301 HGB, Rn. 378.

[1315] „Eine zahlungsmittelgenerierende Einheit ist die kleinste identifizierbare Gruppe von Vermögenswerten, die Mittelzuflüsse erzeugt, die weitgehend unabhängig von den Mittelzuflüssen anderer Vermögenswerte oder anderer Gruppen von Vermögenswerten sind" (IAS 36.6).

[1316] Vgl. IAS 36.80 sowie KÜTING, K./WEBER, C.-P./WIRTH, J., Kapitalkonsolidierung im mehrstufigen Konzern, S. 52.

[1317] Vgl. IAS 36.C4 sowie WIRTH, J., Firmenwertbilanzierung nach IFRS, S. 266; PELLENS, B./SELLHORN, T., Minderheitenproblematik beim Goodwill Impairment Test, S. 403; mit beispielhafter Darstellung KÜTING, K./DAWO, S./WIRTH, J., Konzeption der außerplanmäßigen Abschreibung, S. 188–190.

[1318] Vgl. KÜTING, K./WEBER, C.-P./WIRTH, J., Goodwillbilanzierung, S. 146; WIRTH, J., Firmenwertbilanzierung nach IFRS, S. 226.

[1319] Vgl. IAS 36.IE65. Vgl. hierzu kritisch WIRTH, J., Firmenwertbilanzierung nach IFRS, S. 227 f.; PELLENS, B./SELLHORN, T., Minderheitenproblematik beim Goodwill Impairment Test, S. 404 sowie im Kontext der Bewertung nicht beherrschender Anteile zum beizulegenden Zeitwert Abschnitt 533.222. Maßgebend für die Hochrechnung ist dabei die Beteiligungsquote zum Erwerbszeitpunkt. Schließlich wird der Geschäfts- oder Firmenwert z. B. bei einer nachträglichen Beteiligungsaufstockung nicht erhöht, sodass dessen Wertansatz weiterhin auf den zum Akquisitionszeitpunkt erworbenen Anteilen basiert.

[1320] Vgl. IAS 36.C8 sowie WIRTH, J., Firmenwertbilanzierung nach IFRS, S. 228 f.

[1321] Dies ist u. a. denkbar, wenn die in der zahlungsmittelgenerierenden Einheit erfassten Firmenwerttranchen nur aus Akquisitionen von Tochtergesellschaften stammen, die unmittelbar durch das Konzernmutterunternehmen erworben und nach der *partial goodwill method* abgebildet wurden.

[1322] Vgl. IAS 36.C8.

stattung fördert.[1323] Zum anderen kann sie im Rahmen der Ergebnisverteilung dazu beitragen, eine nach der Integration des Geschäfts- oder Firmenwertes in die Struktur der zahlungsmittelgenerierenden Einheiten nur noch willkürlich mögliche Zuordnung eines Abschreibungsbedarfs zu den Gesellschaftergruppen zu vermeiden.[1324]

Im Hinblick auf die Ergebnisentstehung in den der Akquisition des Teilkonzerns nachfolgenden Berichtsperioden zeigen sich indessen Auswirkungen auf dic **Ertragslage des Konzerns**, die mit den Schwächen der multiplikativen Methode beim Erwerb eines einzelnen mittelbaren Tochterunternehmens vergleichbar sind.[1325] Zwar werden die vergüteten, über das Reinvermögen hinausgehenden Ertragspotenziale, die den ggf. am erwerbenden Konzernunternehmen beteiligten nicht beherrschenden Gesellschaftern zuzurechnen sind, in Abhängigkeit von der gewählten Methode nicht zwingend erfolgsneutral mit den nicht beherrschenden Konzerneigenkapitalanteilen verrechnet.[1326] Während allerdings die auf die indirekte Beteiligung der nicht beherrschenden Gesellschafter des Teilkonzerns entfallenden, aber zum Erwerbszeitpunkt nicht bilanzierten immateriellen wertbildenden Faktoren im Rahmen des Wertschöpfungsprozesses positiv auf das Konzernergebnis wirken können, werden nicht einmal die korrespondierenden Aufwendungen aus dem Kapitalverzehr der zum Erwerbszeitpunkt noch aus dem ursprünglichen Zusammenschluss des Teilkonzerns bestehenden und damalig vergüteten Werttreiber in der Gesamtergebnisrechnung erfasst.[1327]

Dies gilt auch, wenn im Zuge einer (späteren) Aufstockung der Beteiligung am Teilkonzernmutterunternehmen die indirekte Beteiligung der nicht beherrschenden Gesellschafter zum Teil oder vollständig „erworben" wird.[1328] Denn obgleich zu diesem Zeitpunkt bspw. ein noch aus dem ursprünglichen Zusammenschluss der Teilkonzernobergesellschaft und des mittelbaren Tochterunternehmens bestehender Geschäfts- oder Firmenwert (teilweise) mit dem Kaufpreis für die zusätzlichen Anteile vergütet worden sein kann,[1329] darf dieser nicht aktiviert werden, sondern ist mit dem über das übertragene Reinvermögen zu Konzernbuchwerten hinausgehenden Kaufpreis erfolgsneutral mit dem

---

1323 Vgl. WINKELJOHANN, N./HOFFMANN, K., in: Grottel u. a., Beck Bilanzkomm., 11. Aufl., § 301 HGB, Rn. 378 sowie implizit KÜTING, K./DAWO, S./WIRTH, J., Konzeption der außerplanmäßigen Abschreibung, S. 189.

1324 Vgl. zur Willkür der Zuordnung einer für den Geschäfts- oder Firmenwert ermittelten Wertminderung zu den Gesellschafterstämmen KÜTING, K./WEBER, C.-P./WIRTH, J., Kapitalkonsolidierung im mehrstufigen Konzern, S. 45 und 52; KÜTING, K./WEBER, C.-P./WIRTH, J., Goodwillbilanzierung, S. 147 sowie Abschnitt 522.232.22.

1325 Vgl. hierzu Abschnitt 522.222.2.

1326 So wird eine etwaige indirekte Beteiligung der nicht beherrschenden Gesellschafter des erwerbenden Konzernunternehmens nach der additiven Methode in die Ermittlung des Unterschiedsbetrages einbezogen und nicht entsprechend der multiplikativen Methode erfolgsneutral mit den nicht beherrschenden Konzerneigenkapitalanteilen verrechnet. Vgl. zur analogen Behandlung einer solchen indirekten Beteiligung beim Erwerb eines einzelnen mittelbaren Tochterunternehmens Abschnitt 522.222.2 und 522.232.2.

1327 Vgl. ERDMANN, M.-K./WÜNSCH, M./MEYER, U., Auswirkungen ausgewählter IFRS-Änderungen, S. 387. In der Konzernbilanz wird durch den daraus resultierenden höheren Ergebnisbeitrag die Unterbewertung der nicht beherrschenden Anteile in Bezug auf die tatsächlichen wirtschaftlichen Verhältnisse im Erwerbszeitpunkt (sukzessive) aufgeholt.

1328 Vgl. implizit KLEIN, I., Full-Goodwill-Methode, S. 55; ANDREJEWSKI, K. C./FLADUNG, H.-D./KÜHN, S., Abbildung von Unternehmenszusammenschlüssen, S. 87; BRÜCKS, M./RICHTER, M., Business Combinations, S. 411 f.

1329 Vgl. KLOSE, N.-C., Kapitalkonsolidierungs- und Bewertungsmethoden, S. 321; PAWELZIK, K. U., Konsolidierung von Minderheiten, S. 686.

Konzerneigenkapital zu verrechnen.[1330] Diese Abbildung einer statuswahrenden Veränderung der Beteiligungsverhältnisse als Eigenkapitaltransaktion zwischen den Gesellschafterstämmen ist zwar u. a. insofern gerechtfertigt, als sich ein noch bestehender, ursprünglich vergüteter positiver Unterschiedsbetrag seit dem Erwerbszeitpunkt des Teilkonzerns mit einem zwischenzeitlich entstandenen, nicht bilanzierungsfähigen originären Geschäfts- oder Firmenwert untrennbar verbunden haben kann.[1331] Allerdings werden damit zwangsläufig auch Ausgaben für künftig erwartete Erträge erfolgsneutral verrechnet, die z. B. zum Realisationszeitpunkt der erworbenen Ertragspotenziale nicht aufwandswirksam erfasst werden können. Während der Konzernzugehörigkeit der Teilkonzernunternehmen werden daher das Konzernergebnis und der Ergebnisanteil der nicht beherrschenden Gesellschafter zu positiv dargestellt.[1332] Der vom Konzern erwirtschaftete Wertbeitrag ist mithin der Höhe nach nur vergleichsweise eingeschränkt aus der Gesamtergebnisrechnung ersichtlich und ggf. sogar dem Grunde nach unzutreffend wiedergegeben.[1333] Da auch bei der Endkonsolidierung eines Beteiligungsunternehmens ein zuvor mit dem Eigenkapital verrechneter derivativer Geschäfts- oder Firmenwert nicht erfolgsmindernd in die Ermittlung des Veräußerungserfolgs eingeht, würde schließlich auch zum Abgangszeitpunkt des mittelbaren Tochterunternehmens bzw. des Teilkonzerns keine den zuvor erfassten zu positiven Erfolgsbeiträgen entgegengerichtete Erfolgswirkung erfasst.[1334] Die Ertragslage wäre damit dauerhaft einseitig verzerrt.[1335] Angesichts dieser mit der Bewertung der indirekten Beteiligung zum beizulegenden Zeitwert des anteiligen Reinvermögens einer mittelbaren Tochtergesellschaft verbundenen negativen Implikationen für die Abbildung der Vermögens- und Ertragslage des Konzerns ist zu hinterfragen, ob und wieweit andere Bewertungsalternativen, die die Ermittlung eines auf die indirekte Beteiligung entfallenden Unterschiedsbetrages nach sich ziehen, vergleichsweise relevantere und glaubwürdigere Finanzinformationen bereitstellen können.

### 533.22 Behandlung eines positiven Unterschiedsbetrages nach der additiven Methode

#### 533.221. Implikationen des Ansatzes eines Geschäfts- oder Firmenwertes indirekter nicht beherrschender Gesellschafter für die Vermögens- und Ertragslage

Der Ansatz eines Geschäfts- oder Firmenwertes, der der indirekten Beteiligung der nicht beherrschenden Gesellschafter des Teilkonzernmutterunternehmens zuzurechnen ist, fördert grundsätzlich das

[1330] Vgl. IFRS 10.B96 i. V. m. IFRS 10.BCZ168 sowie ERDMANN, M.-K./ZÜLCH, H., Wertorientierte Unternehmenssteuerung nach IFRS, S. 409; KLEIN, I., Full-Goodwill-Methode, S. 54; HOMMEL, M./FRANKE, F./RÖßLER, B., Minderheitengoodwill, S. 162; HUSMANN, R./HETTICH, S., Aufkauf von Minderheitenanteilen, S. 154.

[1331] Vgl. HOMMEL, M./FRANKE, F./RÖßLER, B., Minderheitengoodwill, S. 163 und 165; PAWELZIK, K. U., Konsolidierung von Minderheiten, S. 686 f.

[1332] Vgl. ERDMANN, M.-K./WÜNSCH, M./MEYER, U., Auswirkungen ausgewählter IFRS-Änderungen, S. 387 sowie, wenn auch im Kontext des Erwerbs eines einzelnen mittelbaren Tochterunternehmens, EBELING, R. M., Einheitsfiktion, S. 317.

[1333] Dies ist zwar ein grundsätzliches Problem, das aber noch stärker ausgeprägt ist, sofern hinreichend objektivierte Wertpotenziale nicht angesetzt werden. Vgl. HAAKER, A., Goodwill-Bilanzierung nach IFRS, S. 431–434 m. w. N.

[1334] Vgl. IFRS 3.B69 sowie KÜTING, K./WIRTH, J., Bilanzierung von Unternehmenszusammenschlüssen, S. 176; PAWELZIK, K. U., Konsolidierung von Minderheiten, S. 689; WIRTH, J., Firmenwertbilanzierung nach IFRS, S. 304; OSER, P., Auf- und Abstockung von Mehrheitsbeteiligungen, S. 66 f.

[1335] Vgl., wenn auch im handelsrechtlichen Kontext, KÜTING, K./GÖTH, P., Minderheitenanteile im Konzernabschluss, S. 308 f.; GÖTH, P., Eigenkapital im Konzernabschluss, S. 461; wohl auch ADS, 6. Aufl., § 301 HGB, Rn. 263.

Leitmotiv der additiven Methode, nicht nur einen gesellschafterstammspezifischen Unterschiedsbetrag der Konzernobergesellschaft zu ermitteln. Wenngleich dieser Geschäfts- oder Firmenwert zum Erwerbszeitpunkt des Teilkonzerns nicht vergütet wird, ist er dennoch keine selbstgeschaffene, mithin originäre, nicht bilanzierungsfähige Residualgröße.[1336] Vielmehr zeigen die Regelungen des IFRS 3 zu unentgeltlichen Unternehmensakquisitionen oder auch die Möglichkeit, zur *full goodwill method* zu optieren,[1337] dass ihm bereits angesichts des Zugangs im Rahmen eines Erwerbsvorgangs **derivativer Charakter** zu eigen ist.[1338] Damit ist der Ansatz eines den indirekten nicht beherrschenden Gesellschaftern zuzuordnenden Geschäfts- oder Firmenwertes nicht per se ausgeschlossen.

Dabei ist indes zu beachten, dass seine Aktivierung erhöhend auf den aus der Akquisition resultierenden Unterschiedsbetrag wirkt und korrespondierend zu einem vergleichsweise höheren Wertansatz der nicht beherrschenden Eigenkapitalanteile sowie des Konzerneigenkapitals insgesamt führt.[1339] Auf die höhere (Eigen-)Kapitalbasis muss das verantwortliche Management schließlich eine zusätzliche (Mindest-)Verzinsung erwirtschaften, obgleich es für den der indirekten Beteiligung zuzuordnenden Geschäfts- oder Firmenwert **keine Gegenleistung** erbracht und sich somit grundsätzlich für kein über den Kaufpreis hinausgehendes, im Erwerbsobjekt gebundenes Kapital gegenüber den (Eigen-)Kapitalgebern zu verantworten hat.[1340] Dem ersten Anschein nach besteht damit potenziell die Gefahr, die Leistung des Managements auf der Grundlage des Konzernabschlusses systematisch zu unterschätzen.[1341]

Bei eingehenderer Untersuchung wird allerdings deutlich, dass die der Leistung des Managements zugrunde zu legende Verzinsungsbasis erst durch den Ansatz der nicht separat bilanzierungsfähigen

1336 Vgl. KLEIN, I., Full-Goodwill-Methode, S. 165.

1337 Vgl. so auch ALKEMEIER, M., Konzerninterne Unternehmenszusammenschlüsse, S. 126; PELLENS, B./SELLHORN, T./AMSHOFF, H., Reform der Konzernbilanzierung, S. 1750 f.

1338 Vgl. LÜCKE, W., Unternehmenswachstum, S. 14 f.; HAAKER, A., Goodwill-Bilanzierung nach IFRS, S. 66 f.; BUSSE VON COLBE, W. U. A., Konzernabschlüsse, S. 239. A. A. BRÖSEL, G./MÜLLER, S., Goodwillbilanzierung nach IFRS, S. 35; TEITLER, E., Aktivierung des Minderheits-Goodwills, S. 629.

1339 Vgl., wenn auch im Kontext der *full goodwill method*, ERDMANN, M.-K./WÜNSCH, M./MEYER, U., Auswirkungen ausgewählter IFRS-Änderungen, S. 387; BLOME, M./REUTER, M., Auswirkungen von Unternehmenserwerben auf die Unternehmenssteuerung, S. 629. Vgl. zum Wertansatz der nicht beherrschenden Anteile im Rahmen des Teilkonzernerwerbs auch Abschnitt 535.

1340 Vgl. BLOME, M./REUTER, M., Auswirkungen von Unternehmenserwerben auf die Unternehmenssteuerung, S. 630; PELLENS, B./SELLHORN, T./AMSHOFF, H., Reform der Konzernbilanzierung, S. 1754 f.; HAAKER, A., Wahlrecht zur Anwendung der full goodwill method, S. 193; BEYER, B., Goodwill nach IFRS, S. 227.

1341 Vgl. KLOSE, N.-C., Kapitalkonsolidierungs- und Bewertungsmethoden, S. 277. Konsequent zu Ende geführt würde eine solche Argumentation allerdings in einer lediglich anteilmäßigen Konsolidierung münden, da neben einem auf die nicht beherrschenden Gesellschafter des Teilkonzerns entfallenden Geschäfts- oder Firmenwert auch die Anteile dieser Gesellschafter am vollständig in die Konzernbilanz zu übernehmenden Reinvermögen nicht mit der erbrachten Gegenleistung vergütet werden. Vgl. HAAKER, A., Wahlrecht zur Anwendung der full goodwill method, S. 193; KLOSE, N.-C., Kapitalkonsolidierungs- und Bewertungsmethoden, S. 276. Die anteilmäßige Konsolidierung gibt indes mit Blick auf die Einbeziehung von Tochtergesellschaften in den Konzernabschluss zum einen nicht die tatsächlichen Beherrschungsverhältnisse wieder und ist damit nicht mit dem Grundgedanken der wirtschaftlichen Einheit vereinbar. Vgl. EBELING, R. M., Einheitsfiktion, S. 196–199 m. w. N. Zum anderen ist sie aufgrund von Vermögensverschiebungen innerhalb des Konzernverbundes besonders anfällig für einen bilanzpolitisch motivierten Vermögens- und Ergebnisausweis. Vgl. HENDLER, M., Abbildung des Erwerbs und der Veräußerung von Anteilen an Tochterunternehmen, S. 48 f.

wertbildenden Faktoren angenähert wird, die auf die indirekte Beteiligung der nicht beherrschenden Gesellschafter entfallen.[1342] Während diese Werttreiber nämlich beim Einsatz im Wertschöpfungsprozess des Konzerns grundsätzlich positiv auf das (vom Management erwirtschaftete) Konzernergebnis wirken, kann den Ergebnisbeiträgen der entsprechende Kapitalverzehr in Form von Wertminderungen nur dann gegenübergestellt werden, sofern der die in Rede stehenden wertbildenden Faktoren repräsentierende Geschäfts- oder Firmenwert im Erwerbszeitpunkt aktiviert wird.[1343] Bedingt durch den Ansatz des Unterschiedsbetrages kann mithin die „systemimmanente Inkongruenz zwischen Ergebnisbeitrag und Kapitalbelastung“[1344] der *partial goodwill method* zumindest begrenzt und in Teilen einer zu positiven **Abbildung der Ertragslage** entgegengewirkt werden.[1345] Infolgedessen wird auch der mit dem Konzernergebnis indizierte Wertbeitrag des Konzerns im Vergleich zum unterlassenen Ansatz des (Teil-)Geschäfts- oder Firmenwertes sowohl dem Grunde als auch der Höhe nach geringer beeinträchtigt.[1346] Die Abschlussadressaten können daher auf Basis der Konzernfinanzberichterstattung vergleichsweise besser beurteilen, wie effizient das Management die ihm zur Verfügung stehenden Ressourcen einsetzt.[1347]

Zugleich trägt der Ansatz eines den indirekt am mittelbaren Tochterunternehmen beteiligten nicht beherrschenden Gesellschaftern des Teilkonzerns zuzurechnenden Geschäfts- oder Firmenwertes den mit der Akquisition konstituierten **Beherrschungsverhältnissen** Rechnung. So stehen einerseits die in der Residualgröße aufgehenden nicht bilanzierungsfähigen immateriellen Werttreiber in der Verfügungsmacht der Konzernobergesellschaft und andererseits sind die sonstigen im Geschäfts- oder Firmenwert erfassten Wertpotenziale – wie ein etwaiger Restrukturierungsmehrwert oder Synergiepotenziale – untrennbar mit dem vom Konzernmutterunternehmen beherrschten Reinvermögen der mittelbaren Tochtergesellschaft verbunden.[1348] Durch konzerninterne Transaktionen, die vom Konzernmutterunternehmen kraft seines beherrschenden Einflusses veranlasst oder von den Konzernunternehmen in seinem Interesse durchgeführt werden, können somit auch die zum Erwerbszeitpunkt den nicht beherrschenden Gesellschaftern zuzurechnenden Wertpotenziale (in einem bestimmten Umfang) innerhalb des Konzernverbundes auf eine andere rechtliche Ebene verlagert werden.[1349] Auf

---

1342 Vgl. KLOSE, N.-C., Kapitalkonsolidierungs- und Bewertungsmethoden, S. 277.

1343 Vgl. ERDMANN, M.-K./WÜNSCH, M./MEYER, U., Auswirkungen ausgewählter IFRS-Änderungen, S. 387; KLEIN, I., Full-Goodwill-Methode, S. 143 f. Da die hier thematisierten Erfolgswirkungen ausschließlich die Anteile der nicht beherrschenden Gesellschafter am Konzernergebnis betreffen, bleibt der dem Konzernmutterunternehmen zuzurechnende Ergebnisanteil von der zusätzlichen Aktivierung eines auf die indirekte Beteiligung der nicht beherrschenden Gesellschafter entfallenden Geschäfts- oder Firmenwertes unberührt. Vgl. KÜTING, K./WEBER, C.-P., Konzernabschluss, S. 419 f.

1344 ERDMANN, M.-K./WÜNSCH, M./MEYER, U., Auswirkungen ausgewählter IFRS-Änderungen, S. 387.

1345 Vgl. implizit auch HAAKER, A., Wahlrecht zur Anwendung der full goodwill method, S. 193.

1346 Vgl. zu den diesbezüglichen Einschränkungen bei einem unterlassenen Ansatz des den indirekten nicht beherrschenden Gesellschaftern zuzuordnenden Geschäfts- oder Firmenwertes Abschnitt 533.21.

1347 Vgl. KLEIN, I., Full-Goodwill-Methode, S. 144.

1348 Vgl. KERNER, M., Full-Goodwill-Methode, S. 104 und 126; HAAKER, A., Goodwill-Bilanzierung nach IFRS, S. 73; TEITLER, E., Aktivierung des Minderheits-Goodwills, S. 629; GÖDDE, D., Goodwill-Bilanzierung, S. 38; BUSSE VON COLBE, W./FALKENHAHN, G., Methoden der Kapitalkonsolidierung, S. 23; KLEIN, I., Full-Goodwill-Methode, S. 136.

1349 Vgl. PELLENS, B./NEUHAUS, S./NÖLTE, U., Konzernergebnis und Earnings per Share; PELLENS, B./NEUHAUS,

dieser Ebene kann in erster Linie oder gar ausschließlich die Konzernobergesellschaft von den erwarteten Zahlungsmittelzuflüssen profitieren.[1350] Für die Kapitalgeber des Konzernmutterunternehmens als primäre Adressaten des Konzernabschlusses dürften daher auch Informationen zu den Wertpotenzialen relevant sein, die auf die indirekte Beteiligung der nicht beherrschenden Gesellschafter entfallen.[1351]

Dies wird vor allem dann gelten, wenn ein der indirekten Beteiligung zuzuordnender derivativer Geschäfts- oder Firmenwert im Zuge einer (späteren) **Aufstockung der Beteiligung** an der Teilkonzernobergesellschaft (zum Teil) auf das Konzernmutterunternehmen übergeht. Da dabei nach den Regelungen des IFRS 10 sowohl der Ansatz als auch die Bewertung der Vermögenswerte und Schulden im Konzernabschluss unberührt bleibt,[1352] könnte diese Reallokation des Geschäfts- oder Firmenwertes konzernbilanziell indes nicht nachgezeichnet werden, sofern der Unterschiedsbetrag zum Erwerbszeitpunkt des Teilkonzerns nicht angesetzt wird.[1353] Den Adressaten würden dementsprechend potenziell relevante Informationen zu künftigen Zahlungsmittelzuflüssen vorenthalten. Überdies könnte der Bilanzierende die Höhe des zu bilanzierenden Geschäfts- oder Firmenwertes gezielt beeinflussen,[1354] indem er die Akquisition des Teilkonzerns in mehrere Transaktionen aufteilt.[1355] Schließlich bestimmt der mit der ersten, das Beherrschungsverhältnis begründenden Beteiligungstranche anzusetzende Unterschiedsbetrag den Wertansatz des Geschäfts- oder Firmenwertes in der Konzernbilanz.[1356] Dahingegen ist ein im Rahmen der sich anschließenden Beteiligungsaufstockung etwaig vergüteter derivativer, zum Zeitpunkt der Beherrschungserlangung indes nicht aktivierter Geschäfts- oder Firmenwert erfolgsneutral mit den Eigenkapitalanteilen des Konzernmutterunternehmens zu verrechnen.[1357] Durch den Ansatz des Geschäfts- oder Firmenwertes der indirekten nicht beherrschenden Gesellschafter zum Zeitpunkt des Teilkonzernerwerbs kann dieser bilanzpolitisch nutzbare Gestaltungsspielraum mit Blick auf das mittelbare Tochterunternehmen allerdings begrenzt wer-

S./NÖLTE, U., Konzernergebnis und Earnings per Share, S. 45 f.; HINZ, M., Informationsvermittlung und Ausschüttungsbemessung, S. 69–74.

1350 Vgl. PwC (Hrsg.), Manual of Accounting 2017, Rn. 5.129; KLEIN, I., Full-Goodwill-Methode, S. 136. A. A. wohl IASB (Hrsg.), Staff Paper 4 (March 2013), Rn. 35 (b).

1351 Vgl. so wohl auch HAAKER, A., Goodwill-Bilanzierung nach IFRS, S. 76 sowie, wenn auch im Kontext der *full goodwill method*, KLEIN, I., Full-Goodwill-Methode, S. 136; HAAKER, A., Einheitstheorie und Fair Value-Orientierung, S. 453 f. A. A. wohl PAWELZIK, K. U., Konsolidierung von Minderheiten, S. 684.

1352 Vgl. IFRS 10.B96 i. V. m. IFRS 10.23; IFRS 10.BCZ168 sowie HAYN, S./GRÜNE, M., Konzernabschluss nach IFRS, S. 91 f.

1353 Vgl. HOMMEL, M./FRANKE, F./RÖßLER, B., Minderheitengoodwill, S. 162; WIRTH, J., Bilanzierung von sukzessiven Anteilserwerben, S. 379 f.

1354 Vgl. KLOSE, N.-C., Kapitalkonsolidierungs- und Bewertungsmethoden, S. 317. Vgl. zu denkbaren bilanzpolitischen Motiven EBERT, M./SIMONS, D., Bilanzpolitisches Potenzial der Goodwillbilanzierung, S. 629 f. sowie Abschnitt 522.222.2 und 533.21 zu den allgemein möglichen Folgen eines unterlassenen Ansatzes des Geschäfts- oder Firmenwertes der indirekt an der mittelbaren Tochtergesellschaft beteiligten nicht beherrschenden Gesellschafter im Erwerbszeitpunkt.

1355 Vgl. PAWELZIK, K. U., Konsolidierung von Minderheiten, S. 686; BRÜCKS, M./RICHTER, M., Business Combinations, S. 411 f.; EBERT, M./SIMONS, D., Bilanzpolitisches Potenzial der Goodwillbilanzierung, S. 623 f.; BUSSE VON COLBE, W. U. A., Konzernabschlüsse, S. 329; HACHMEISTER, D./HERMENS, A.-S., Bilanzpolitik durch Goodwillbilanzierung, S. 47.

1356 Vgl. KLOSE, N.-C., Kapitalkonsolidierungs- und Bewertungsmethoden, S. 317.

1357 Vgl. KLOSE, N.-C., Kapitalkonsolidierungs- und Bewertungsmethoden, S. 315 und 323.

den.[1358] Zudem wird damit für die Fälle statuswahrender Beteiligungsänderungen ebenso die Grundlage geschaffen, eine veränderte Verteilung der derivativen Ertragspotenziale zwischen den Gesellschafterstämmen zumindest teilweise[1359] in den anzupassenden beherrschenden und nicht beherrschenden Eigenkapitalanteilen deutlich machen zu können.[1360]

Die Kapitalgeber des obersten Mutterunternehmens dürften in diesem Zusammenhang zwar vor allem ein besonderes Interesse an den voraussichtlich der Konzernobergesellschaft zufließenden Wertpotenzialen haben.[1361] Gleichwohl trägt der (zusätzliche) Ansatz eines nicht zu verlagernden, **exklusiv den nicht beherrschenden Gesellschaftern zuzuordnenden Geschäfts- oder Firmenwertes** dazu bei, die Vermögenslage des Konzerns zum Erwerbszeitpunkt und – wie bereits gezeigt – die Ertragslage in Folgeperioden möglichst vollständig abzubilden.[1362] Auf dieser Basis können sowohl die Kapitalgeber der Konzernobergesellschaft als auch die nicht beherrschenden Gesellschafter die Auswirkungen der Akquisition auf die gegenwärtige und künftige wirtschaftliche Lage des Konzerns sowie die einhergehenden Implikationen für die mit ihrem Investment jeweils verbundene Risikoposition[1363] vergleichsweise besser beurteilen.[1364]

Im Allgemeinen vermittelt der auf die indirekte Beteiligung der nicht beherrschenden Gesellschafter des Teilkonzerns entfallende Geschäfts- oder Firmenwert daher relevante Informationen. Da er zum Erwerbszeitpunkt des Teilkonzerns indes nicht vergütet wird, ist darüber hinaus zu untersuchen, ob und wie glaubwürdig diese Informationen sein können. Dabei dürfte weniger der Ansatz des Geschäfts- oder Firmenwertes infrage stehen, sofern auf dessen Existenz ein positiver Unterschiedsbetrag hindeutet, der durch das erwerbende Konzernunternehmen für die mittelbare Tochtergesellschaft

[1358] Vgl. im Umkehrschluss EBERT, M., Konzernabschluss, S. 31. Für den spiegelbildlichen Fall einer Beteiligungsabstockung in mehreren einzelnen Transaktionen schränkt der IASB den bilanzpolitischen Gestaltungsspielraum insofern ein, als rechtlich separate, aber wirtschaftlich zusammenhängende Anteilsveräußerungen zusammen zu betrachten und als einheitliche Transaktion abzubilden sind. Vgl. IFRS 10.B97 sowie KLOSE, N.-C., Kapitalkonsolidierungs- und Bewertungsmethoden, S. 198. Derartige Regelungen bestehen für den sukzessiven Anteilserwerb i. V. m. einer statuswahrenden Beteiligungsaufstockung hingegen nicht. Während KLOSE die analoge Anwendung der Regelungen für statuswahrende Abstockungen vor dem Hintergrund einer wirtschaftlichen Betrachtungsweise für möglich hält, sehen HEUSER/THEILE dies nicht gegeben. Vgl. KLOSE, N.-C., Kapitalkonsolidierungs- und Bewertungsmethoden, S. 320; THEILE, C./PAWELZIK, K. U., in: Heuser/Theile, IFRS-Handbuch, 5. Aufl., D IX, Rn. 6283.

[1359] Um eine vollständige Reallokation der derivativen Ertragspotenziale, die auf die im Zuge der Beteiligungsaufstockung erworbenen nicht beherrschenden Anteile entfallen, zu ermöglichen, müssten die nicht beherrschenden Anteile des Teilkonzernmutterunternehmens zum Akquisitionszeitpunkt des Teilkonzerns zum beizulegenden Zeitwert bewertet, mithin die *full goodwill method* angewendet werden.

[1360] Vgl. implizit im Kontext der *full goodwill method* HOMMEL, M./FRANKE, F./RÖßLER, B., Minderheitengoodwill, S. 163; KLEIN, I., Full-Goodwill-Methode, S. 163.

[1361] Vgl. HAAKER, A., Wahlrecht zur Anwendung der full goodwill method, S. 192.

[1362] Vgl. KLEIN, I., Full-Goodwill-Methode, S. 136; IASB (Hrsg.), Staff Paper 2A (December 2006), Rn. A5. Vgl. auch, wenngleich nur mit Blick auf die nach der Neubewertungsmethode auch für die nicht beherrschenden Gesellschafter aufzudeckenden stillen Reserven und stillen Lasten, OHMS, V., Bilanzierung des Goodwill im Konzernabschluss, S. 211.

[1363] Vgl. hierzu Abschnitt 422.

[1364] Vgl. ähnlich HAAKER, A., Einheitstheorie und Fair Value-Orientierung, S. 453; HINZ, M., Informationsvermittlung und Ausschüttungsbemessung, S. 94 und 96–99; KLEIN, I., Full-Goodwill-Methode, S. 138. So wohl auch im Kontext der im Allgemeinen bei der Konzernfinanzberichterstattung einzunehmenden Perspektive IASB (Hrsg.), DP/2006/July: Preliminary Views on the Conceptual Framework, Rn. BC1.11. A. A. FRÖHLICH, C., Non-Controlling Interest im IFRS-Abschluss, S. 420; KÜTING, P., Konzerninterne Umstrukturierungen, S. 148.

bezahlte wurde.[1365] Vielmehr ist angesichts der fehlenden Gegenleistung zum Zeitpunkt der Akquisition und der dadurch bedingten Bewertungsunsicherheiten die **Wertermittlung der indirekten Beteiligung** in den Mittelpunkt zu stellen.[1366] In diesem Zusammenhang sind grundsätzlich die folgenden Bewertungsalternativen denkbar, die in den sich anschließenden Abschnitten näher betrachtet werden sollen:[1367]

1. die Bewertung der indirekten Beteiligung zum beizulegenden Zeitwert,[1368]
2. die Fortführung des teilkonzernbilanziellen Wertansatzes eines etwaig auf die indirekten nicht beherrschenden Gesellschafter des Teilkonzerns entfallenden Geschäfts- oder Firmenwertes aus der ursprünglichen Akquisition der mittelbaren Tochtergesellschaft durch das Teilkonzernmutterunternehmen,[1369] sowie
3. die Bewertung der indirekten Beteiligung zum anteiligen Saldo der Vermögenswerte und Schulden des mittelbaren Tochterunternehmens zu Teilkonzernbuchwerten zuzüglich eines anteiligen, aus dem ursprünglichen Erwerbsvorgang dieser Tochtergesellschaft stammenden Geschäfts- oder Firmenwertes im Teilkonzernabschluss.[1370]

---

1365 Vgl. LEINEN, M., Kapitalkonsolidierung im mehrstufigen Konzern, S. 206 f.; HAAKER, A., Goodwill-Bilanzierung nach IFRS, S. 67. Sofern sich aus der (gedanklichen) Kapitalaufrechnung des Wertes der indirekten Beteiligung des erwerbenden Konzernunternehmens mit dem auf diese Beteiligung entfallenden Reinvermögen der mittelbaren Tochtergesellschaft indes ein negativer Unterschiedsbetrag ergibt, kann dies auf einen Wertminderungsbedarf des den indirekten nicht beherrschenden Gesellschaftern zuzurechnenden Geschäfts- oder Firmenwertes hindeuten. Daher sollte dieser Geschäfts- oder Firmenwert unter den beschriebenen Umständen auf seine Werthaltigkeit überprüft werden. Vgl. so auch im Kontext der Übernahme eines aus einem *asset deal* stammenden Geschäfts- oder Firmenwertes in den handelsrechtlichen Konzernabschluss HACHMEISTER, D./BEYER, B., in: Böcking u. a., Beck HdR, C 401, Rn. 108.

1366 Vgl. hierzu bereits Abschnitt 522.232.21.

1367 Vgl. ähnlich im handelsrechtlichen Kontext WINKELJOHANN, N./HOFFMANN, K., in: Grottel u. a., Beck Bilanzkomm., 11. Aufl., § 301 HGB, Rn. 378; LEINEN, M., Kapitalkonsolidierung im mehrstufigen Konzern, S. 208–210.

1368 Vgl. hierzu Abschnitt 533.222.

1369 Vgl. hierzu Abschnitt 533.223.

1370 Vgl. hierzu Abschnitt 533.224. Neben der Bewertung der indirekten nicht beherrschenden Anteile zu ihrem teilkonzernbilanziellen Buchwert wäre es für die Ermittlung eines positiven Unterschiedsbetrages auch denkbar, auf den entsprechend anteiligen Wertansatz der Beteiligung am mittelbaren Tochterunternehmen aus dem an die konzerneinheitlichen Bilanzierungs- und Bewertungsmethoden angepassten Einzelabschluss des Teilkonzernmutterunternehmens zurückzugreifen. Vgl., wenn auch im handelsrechtlichen Kontext, WINKELJOHANN, N./HOFFMANN, K., in: Grottel u. a., Beck Bilanzkomm., 11. Aufl., § 301 HGB, Rn. 378. Gemäß IAS 27.10 kann – neben dem in Abschnitt 533.222. noch separat zu diskutierenden beizulegenden Zeitwert – zur Bilanzierung der Beteiligung an einem Tochterunternehmen im Einzelabschluss wahlweise auf die Equity-Methode nach IAS 28 oder die fortgeführten Anschaffungskosten der Beteiligung zurückgegriffen werden. Im Unterschied zu den Wertansätzen der Vermögenswerte und Schulden im Teilkonzernabschluss, die als Bewertungsgrundlage für den teilkonzernbilanziellen Buchwert der indirekten nicht beherrschenden Anteile dienen, ist der den indirekten nicht beherrschenden Gesellschaftern zuzuordnende Teil des Equity-Wertes der Beteiligung an der mittelbaren Tochtergesellschaft nicht unbedingt um sämtliche konzerninternen Einflüsse bereinigt. Beispielsweise wird im Schrifttum kontrovers diskutiert, ob im Rahmen der Equity-Methode nach den Regelungen des IAS 28 eine Schuldenkonsolidierung erforderlich ist. Vgl. hierzu stellvertretend BAETGE, J./GRAUPE, F./HÖBENER, J., in: Baetge u. a., Rechnungslegung nach IFRS, 2. Aufl., IAS 28, Rn. 165. Mithin bestünde auf der Grundlage des Equity-Wertes der indirekten Beteiligung potenziell die Gefahr, dass die schließlich ermittelte Residualgröße durch (teil-)konzerninterne Einflüsse geprägt ist. Aus diesem Grund vermag ein aus dem teilkonzernbilanziellen Buchwert der indirekten nicht beherrschenden Anteile abgeleiteter positiver Unterschiedsbetrag der Einheitsfiktion vergleichsweise besser zu entsprechen. Sofern die Beteiligung am

#### 533.222. Beizulegender Zeitwert der indirekten nicht beherrschenden Anteile

Analog zum Anteil der nicht beherrschenden Gesellschafter an den übrigen Vermögenswerten des Reinvermögens der erworbenen Teilkonzernobergesellschaft könnte auch die indirekte Beteiligung dieser Gesellschafter an der mittelbaren Tochtergesellschaft als weiterer Bestandteil dieses (Rein-)Vermögens zum Erwerbszeitpunkt des Teilkonzerns mit ihrem beizulegenden Zeitwert neubewertet werden.[1371] Sofern es sich bei dem Tochterunternehmen um eine börsennotierte Gesellschaft handelt, ist entsprechend den Regelungen des IFRS 3 dafür auf die **anteilige Marktkapitalisierung** als Produkt aus dem Börsenkurs und dem Volumen der indirekten nicht beherrschenden Anteile abzustellen.[1372] Dies ist insoweit naheliegend, als an der Börse einzelne nicht beherrschende Anteile gehandelt werden und der dort notierte Kurs einen beobachtbaren Preis repräsentiert, der gemäß der Bewertungskonzeption des IFRS 13 vorzugsweise heranzuziehen ist.[1373]

---

mittelbaren Tochterunternehmen im (angepassten) Einzelabschluss der Teilkonzernobergesellschaft nicht gemäß der Equity-Methode, sondern mit ihren fortgeführten Anschaffungskosten bewertet wird und dieser Wert zur Bestimmung des auf die indirekten nicht beherrschenden Gesellschafter entfallenden Unterschiedsbetrages herangezogen würde, könnte ein letztlich (gedanklich für diese Gesellschafter) anzusetzender Geschäfts- oder Firmenwert außerdem der Höhe nach zu niedrig bewertet sein. Schließlich spiegeln sich z. B. stille Reserven oder thesaurierte Gewinne, die während der Zugehörigkeit der mittelbaren Tochtergesellschaft zum Teilkonzern entstanden sind, im neubewerteten Reinvermögen dieser Tochtergesellschaft wider, während der Beteiligungswert aus dem Einzelabschluss des Teilkonzernmutterunternehmens diese Wertentwicklungen nicht berücksichtigt, sofern damit ein über die ursprünglichen Anschaffungskosten hinausgehender Wertansatz der Beteiligung verbunden wäre. Vgl., wenn auch im handelsrechtlichen Kontext zu rein technischen Unterschiedsbeträgen, BAETGE, J./KIRSCH, H.-J./THIELE, S., Konzernbilanzen, S. 233 f. Der aus der Verrechnung dieser beiden Größen resultierende Unterschiedsbetrag ist dann im Vergleich zu einem etwaigen Geschäfts- oder Firmenwert, der implizit mit den ursprünglich vom Teilkonzernmutterunternehmen entrichteten Anschaffungskosten der Beteiligung vergütet wurde, geringer, obgleich dieser vergleichsweise geringere Wertansatz nicht zwingend auf einer Realisation der durch den ursprünglich vergüteten Geschäfts- oder Firmenwert repräsentierten Wertpotenziale in Form der entstandenen stillen Reserven im Reinvermögen oder thesaurierter Gewinne gründen muss. Da der teilkonzernbilanzielle Buchwert der indirekten nicht beherrschenden Anteile die genannten Wertentwicklungen nachzeichnen und damit der skizzierten Bilanzierungskonsequenz entgegenwirken kann, ist er unter Relevanzgesichtspunkten auch den fortgeführten Anschaffungskosten als Ausgangspunkt für die Unterschiedsbetragsermittlung konzeptionell überlegen. Auch wenn die Glaubwürdigkeit des teilkonzernbilanziellen Buchwertes im Vergleich zum Equity-Wert und zu den fortgeführten Anschaffungskosten der indirekten Beteiligung maßgeblich davon abhängt, wie groß die mit der Bilanzierung einzelner Vermögenswerte und Schulden im Teilkonzernabschluss verbundenen Ansatz- und Bewertungsunsicherheiten sind und wie Ermessensspielräume bei der Zuordnung dieser Bilanzpositionen zu den indirekten nicht beherrschenden Gesellschaftern genutzt werden, so ist nach hier vertretener Auffassung der Informationsnutzen des aus dem teilkonzernbilanziellen Buchwert der indirekten nicht beherrschenden Anteile abgeleiteten positiven Unterschiedsbetrages aufgrund der zuvor erläuterten Argumente insgesamt größer einzuschätzen als der einer Residualgröße, die auf einem Wertansatz aus dem Einzelabschluss des Teilkonzernmutterunternehmens basiert. Vgl. ähnlich im Kontext konzerninterner Unternehmenszusammenschlüsse ALKEMEIER, M., Konzerninterne Unternehmenszusammenschlüsse, S. 84–87. Dementsprechend sollen der Equity-Wert und die fortgeführten Anschaffungskosten in der sich anschließenden Diskussion potenzieller Bewertungsmaßstäbe für die indirekten nicht beherrschenden Anteile nicht weiter betrachtet werden. Die in Abschnitt 533.224. im Zusammenhang mit dem teilkonzernbilanziellen Buchwert erörterten Aspekte gelten gleichwohl in vergleichbarer Form auch für diese beiden Wertmaßstäbe.

[1371] Vgl. WINKELJOHANN, N./HOFFMANN, K., in: Grottel u. a., Beck Bilanzkomm., 11. Aufl., § 301 HGB, Rn. 378; ähnlich LEINEN, M., Kapitalkonsolidierung im mehrstufigen Konzern, S. 236 f.

[1372] Vgl. IFRS 3.B44 i. V. m. IFRS 13.80 sowie PANZER, A., Statusändernde Anteilsveräußerungen im IFRS-Konzernabschluss, S. 143.

[1373] Vgl. KÜTING, K./CASSEL, J., Anteilige Marktkapitalisierung, S. 2636; WIEDMANN, H./ADERS, C./WAGNER, M., Bewertung von Unternehmen und Unternehmensanteilen, S. 725; CHERIDITO, Y./HADEWICZ, T., Marktorientierte Unternehmensbewertung, S. 322; GIMPEL-HENNING, N., Sukzessive Anteilserwerbe, S. 129.

Dabei ist zu beachten, dass der Börsenpreis zum Erwerbszeitpunkt wesentlich durch die Übernahme und die beabsichtigte Nutzung des Beteiligungsunternehmens beeinflusst sein kann.[1374] Aus diesem Grund auf den davon unberührten Kurs der mittelbaren Tochtergesellschaft vor Bekanntgabe der Übernahme zurückzugreifen, wird den Charakteristika der nicht beherrschenden Anteile indes nicht gerecht.[1375] Schließlich wird der Börsenpreis prinzipiell erst zum Akquisitionszeitpunkt u. a. die durch die Übernahme des Teilkonzerns begründeten Restrukturierungs- und Synergiepotenziale reflektieren, an denen auch die nicht beherrschenden Gesellschafter des mittelbaren Tochterunternehmens erwartungsgemäß anteilig partizipieren werden.[1376] Um den veränderten Eigentums- respektive Beherrschungsverhältnissen und den daraus erwachsenden Wertpotenzialen im Beteiligungswert Rechnung zu tragen sowie den Adressaten aktuelle, potenziell wertrelevante Informationen nicht vorzuenthalten, sollte der Wertermittlung daher grundsätzlich der Börsenpreis zum Erwerbszeitpunkt zugrunde gelegt werden.[1377]

Unabhängig vom Zeitbezug richtet sich dieser Preis indes lediglich auf direkte nicht beherrschende Anteile an der mittelbaren Tochtergesellschaft. Solche aus Wertsteigerungsmaßnahmen resultierenden Ertragspotenziale, an denen die nicht beherrschenden Gesellschafter der Teilkonzernobergesellschaft im Vergleich zu den direkt am Tochterunternehmen beteiligten nicht beherrschenden Gesellschaftern – bspw. auf einer der Tochtergesellschaft übergeordneten Ebene – voraussichtlich zusätzlich teilhaben, spiegeln sich in der anteiligen Marktkapitalisierung des mittelbaren Tochterunternehmens daher nicht wider. Dies steht zwar im Einklang mit der Bewertungskonzeption des IFRS 13, nur die den Anteilen unmittelbar anhaftenden Eigenschaften in die Bewertung einzubeziehen und von unternehmens- bzw. konzernspezifischen Umständen zu abstrahieren.[1378] Gleichwohl wird der aus dem anteiligen Börsenwert abgeleitete Geschäfts- oder Firmenwert der indirekten nicht beherrschenden Gesellschafter im Ergebnis nicht sämtliche diesen Gesellschaftern zuzurechnenden Einzahlungspotenziale wiedergeben und damit wertrelevante Informationen nicht vollumfassend bereitstellen können.[1379]

Ein **Wertaufschlag** auf den anteiligen Börsenwert und infolgedessen eine umfassendere Berücksichtigung von Wertpotenzialen im Unterschiedsbetrag sind aber dann möglich, sofern im Zuge einer nach IFRS 13 für Bewertungszwecke fiktiv anzunehmenden Veräußerung der indirekten Beteiligung wesentliche Einflussmöglichkeiten auf die maßgeblichen Tätigkeiten des Beteiligungsunternehmens

1374 Vgl. Senger, T./Brune, J. W., in: Driesch u. a., Beck IFRS HB, 5. Aufl., § 34, Rn. 214.

1375 Vgl. so aber Senger, T./Brune, J. W., in: Driesch u. a., Beck IFRS HB, 5. Aufl., § 34, Rn. 214; Bader, A./Schreder, M., Goodwill-Methoden nach IFRS 3, S. 277.

1376 Vgl. Gimpel-Henning, N., Sukzessive Anteilserwerbe, S. 129.

1377 Vgl. so bereits auch Gimpel-Henning, N., Sukzessive Anteilserwerbe, S. 129.

1378 Vgl. Lüdenbach, N./Hoffmann, W.-D./Freiberg, J., in: Lüdenbach/Hoffmann/Freiberg, Haufe IFRS-Kommentar, 16. Aufl., § 8a, Rn. 17 f.; Zwirner, C./Boecker, C., Fair Value Measurement, S. 8 sowie bereits Abschnitt 522.221.21.

1379 Vgl. ähnlich, wenn auch in anderem Kontext, Streim, H./Bieker, M./Leippe, B., Theoretische Fundierung der IAS, S. 202; Streim, H./Bieker, M./Esser, M., Fair Value Accounting, S. 100 sowie Abschnitt 522.221.22. Die den nicht beherrschenden Gesellschaftern der Teilkonzernobergesellschaft voraussichtlich zufließenden Wertpotenziale könnten im Konzernabschluss nur (nahezu) vollständig erfasst werden, wenn ihre Anteile zum beizulegenden Zeitwert bewertet und damit zur *full goodwill method* optiert würde.

an einen hypothetischen Erwerber übertragen würden.[1380] Zwar macht IFRS 13 lediglich in Bezug auf Beteiligungen, durch die der Anteilseigner einen beherrschenden Einfluss auf ein Unternehmen ausüben kann, explizit eine volumeninduzierte Anpassung beobachtbarer Preise um einen Aufschlag für die Beherrschungsmöglichkeit deutlich (sog. Kontrollprämie).[1381] Allerdings ist der genannte Sachverhalt nicht als einziger Anwendungsfall in diesem Kontext zu verstehen. Vielmehr macht er beispielhaft deutlich, dass grundsätzlich Wertaufschläge erforderlich sein können, sofern mit einer Kapitalbeteiligung wesentliche Einflussmöglichkeiten i. S. d. IFRS-Konzernrechnungslegung verbunden sind.[1382] Der Wert der Einflussrechte besteht dabei allgemein darin, die Höhe, die zeitliche Struktur und die Unsicherheit künftiger Zahlungsströme aus dem Investment durch mögliche Eingriffe in die Unternehmenssteuerung i. S. d. Anteilseigners zu beeinflussen.[1383] Der Börsenkurs repräsentiert indes nur den Preis eines einzelnen Anteilsscheins, der die mit einem Anteilspaket verbundenen Einflussrechte und die sich daraus ergebenden Wertpotenziale nicht berücksichtigt.[1384] Demzufolge müsste die der indirekten Beteiligung entsprechende anteilige Marktkapitalisierung um einen Paketzuschlag angepasst werden, jedoch nur soweit auch ein typischer Marktteilnehmer die mit der Beteiligung einhergehenden Einflussmöglichkeiten vergüten würde.[1385]

Wenngleich damit die Wertfindung objektiviert werden soll, ist die konkrete Ermittlung des Zuschlags ermessensbehaftet und zwangsläufig subjektiv durch den Bilanzierenden beeinflusst.[1386] Zwar könnten beobachtbare Übernahmeprämien aus vergleichbaren Transaktionen derselben Branche herangezogen werden.[1387] Gleichwohl sind diese i. d. R. von einer Vielzahl teilweise gegenläufiger Faktoren beeinflusst und geben damit nicht nur die erwartungsgemäß aus den Einflussrechten erwachsenden Wertpotenziale wieder.[1388] Letztlich wird das mit der börsenpreisgestützten Bewertung angestrebte Maß einer neutralen Finanzberichterstattung nicht erreicht werden können. In Abhängigkeit von den zur Ermittlung des Aufschlages verwendeten Parametern ist dieses Bewertungsverfahren schließlich der zweiten oder dritten Hierarchiestufe nach IFRS 13 zuzuordnen.[1389]

Sofern die mittelbare Tochtergesellschaft nicht börsennotiert ist, verweist IFRS 3 allgemein auf andere Bewertungsverfahren zur Ermittlung des beizulegenden Zeitwertes der nicht beherrschenden An-

---

[1380] Vgl. KÜTING, K./CASSEL, J., Anteilige Marktkapitalisierung, S. 2637.

[1381] Vgl. IFRS 3.B45 i. V. m. IFRS 13.69.

[1382] Vgl. IFRS 13.BC159 sowie im Allgemeinen LÜDENBACH, N./HOFFMANN, W.-D./FREIBERG, J., in: Lüdenbach/Hoffmann/Freiberg, Haufe IFRS-Kommentar, 16. Aufl., § 8a, Rn. 72.

[1383] Vgl. GIMPEL-HENNING, N., Sukzessive Anteilserwerbe, S. 115 f.

[1384] Vgl. CASSEL, J., Unternehmensbewertung im IFRS-Abschluss, S. 334 und 336; TRÜTZSCHLER, K. U. A., Rechnungslegung von Akquisitionen, S. 387; CHERIDITO, Y./HADEWICZ, T., Marktorientierte Unternehmensbewertung, S. 322; BALLWIESER, W./HACHMEISTER, D., Unternehmensbewertung, S. 213.

[1385] Vgl. KÜTING, K./CASSEL, J., Anteilige Marktkapitalisierung, S. 2637 sowie bereits Abschnitt 522.221.21 und 522.221.22.

[1386] Vgl. hierzu und im Folgenden PFAUTH, A., Goodwillbilanzierung nach US-GAAP, S. 130.

[1387] Vgl. KPMG (Hrsg.), Insights into IFRS 2017/2018, Rn. 2.4.840.20. Pauschale Wertaufschläge sind indes nicht zulässig. Vgl. KPMG (Hrsg.), Insights into IFRS 2017/2018, Rn. 2.4.840.30.

[1388] Vgl. PANZER, A., Statusändernde Anteilsveräußerungen im IFRS-Konzernabschluss, S. 145.

[1389] Vgl. ALKEMEIER, M., Konzerninterne Unternehmenszusammenschlüsse, S. 142; PANZER, A., Statusändernde Anteilsveräußerungen im IFRS-Konzernabschluss, S. 145; GIMPEL-HENNING, N., Sukzessive Anteilserwerbe, S. 116 f.

teile.[1390] Dabei kann z. B. im Wege einer **kaufpreisgestützten Bewertung** auf die Gegenleistung für die indirekte Beteiligung der erwerbenden Konzerngesellschaft am Tochterunternehmen zurückgegriffen werden.[1391] Dies scheint zunächst insoweit angezeigt, als die (anteilige) Gegenleistung einen aktuellen Preis für einen den indirekten nicht beherrschenden Anteilen ähnlichen Vermögenswert repräsentiert (*Level 2 input*).[1392] Allerdings ist dabei zu bedenken, dass der Transaktionspreis einen unternehmensspezifischen Zugangswert darstellt, der zum einen maßgeblich durch konzernspezifische Wertvorstellungen und zum anderen durch die spezifische Verhandlungssituation – wie das Verhandlungsgeschick und die Kompromissbereitschaft der Verhandlungspartner – geprägt ist.[1393] Nach Maßgabe des IFRS 13 ist die (anteilige) Gegenleistung in diesen Hinsichten an die Annahmen und Einschätzungen eines typischen Marktteilnehmers sowie an die Umstände einer gewöhnlichen Markttransaktion anzupassen.[1394]

Zudem wird der Kaufpreis(-anteil) regelmäßig eine **Kontrollprämie** umfassen, da das den Teilkonzern erwerbende Konzernunternehmen in seiner Zahlungsbereitschaft auch die aufgrund der Beherrschungsmöglichkeit erwartungsgemäß realisierbaren Wertpotenziale anteilig berücksichtigen wird.[1395] An diesen Potenzialen müssen die indirekten nicht beherrschenden Gesellschafter indes nicht zwingend kapitalanteilig partizipieren, wenn die Einzahlungsströme bspw. (zum Teil) allein der Konzernobergesellschaft zufließen werden.[1396] Eine ausschließlich volumenbasierte lineare Rückrechnung der entrichteten Gegenleistung kann daher eine Überbewertung der indirekten nicht beherrschenden Anteile nach sich ziehen und ist grundsätzlich zu undifferenziert.[1397] Dies gilt umgekehrt jedoch auch für eine pauschale Vernachlässigung sämtlicher aus der Beherrschungserlangung resultierender Wertsteigerungsmaßnahmen bei der Bewertung der indirekten nicht beherrschenden Antei-

---

1390 Vgl. IFRS 3.B44.

1391 Vgl. PwC (Hrsg.), Manual of Accounting 2017, Rn. 5.128. Weiterhin können auch kapitalwertgestützte Bewertungsverfahren – wie Ertragswert- oder *Discounted Cash-Flow*-Verfahren – zur Bewertung der nicht beherrschenden Anteile herangezogen werden. Vgl. bspw. PwC (Hrsg.), Manual of Accounting 2017, Rn. FAQ 5.129.2; ZELGER, H., Purchase Price Allocation nach IFRS und HGB, S. 170. Angesichts des oftmals erforderlichen Rückgriffs auf interne Datengrundlagen sind diese Verfahren besonders anfällig für subjektive Einflüsse des Bilanzierenden. Vgl. hierzu bereits Abschnitt 522.221.25.

1392 Vgl., wenn auch im Kontext sukzessiver Anteilserwerbe, GIMPEL-HENNING, N., Sukzessive Anteilserwerbe, S. 120.

1393 Vgl. BALLWIESER, W., Bewertung von Unternehmen und Kaufpreisgestaltung, S. 98; KÜTING, K./WEBER, C.-P./KEẞLER, M., Bilanzielle Auswirkungen des Übernahmeangebots, S. 634 f.; KLOSE, N.-C., Kapitalkonsolidierungs- und Bewertungsmethoden, S. 178.

1394 Vgl. so auch im Zusammenhang statusändernder Anteilsveräußerungen PANZER, A., Statusändernde Anteilsveräußerungen im IFRS-Konzernabschluss, S. 141.

1395 Vgl. PwC (Hrsg.), Manual of Accounting 2017, Rn. 29.161.

1396 Vgl. HECKER, R., Regulierung von Unternehmensübernahmen und Konzernrecht, S. 96 f.; HANOUNA, P./SARIN, A./SHAPIRO, A. C., Value of corporate control, S. 8 sowie Abschnitt 522.232.22 und 533.221. Zu der dahinter stehenden Konzeption der sog. Enteignungsthese vgl. KUSTNER, C., Beteiligungsbewertung im Konzernabschluss, S. 195–197; BARCLAY, M. J./HOLDERNESS, C. G., Private Benefits from Control, S. 373 f.

1397 Vgl. LEINEN, M., Kapitalkonsolidierung im mehrstufigen Konzern, S. 237 sowie mit Blick auf die *full goodwill method* ebenso HOMMEL, M./FRANKE, F./RÖẞLER, B., Minderheitengoodwill, S. 160; HAAKER, A., Wahlrecht zur Anwendung der full goodwill method, S. 191; HAAKER, A., Zweckadäquanz der Goodwill-Bilanzierung, S. 134. Sofern in einem äußerst unwahrscheinlichen Fall hingegen keine Kontrollprämie entrichtet wird, ist auch eine lineare Rückrechnung des Beteiligungswertes der nicht beherrschenden Gesellschafter auf der Grundlage des (anteiligen) Kaufpreises möglich. Vgl. so im Kontext der *full goodwill method* KLEIN, I., Full-Goodwill-Methode, S. 152.

le.[1398] Schließlich können auch die nicht beherrschenden Gesellschafter in einem gewissen Maß von den Ertragspotenzialen profitieren, die den Absichten und Möglichkeiten der Nutzung des Beteiligungsunternehmens – z. B. in Form von in der Tochtergesellschaft anfallenden Restrukturierungs- und Synergieeffekten – entspringen.[1399] Daher sollte sachverhaltsspezifisch geprüft werden, ob und ggf. um welche Teile eine volumengerecht extrapolierte Gegenleistung anzupassen ist.[1400] Maßgebend ist dafür, welche Wertpotenziale ein typischer Marktteilnehmer bei einer hypothetischen Veräußerung der indirekten Beteiligung der nicht beherrschenden Gesellschafter in sein Preiskalkül einbeziehen würde.

Praktisch dürfte es indes kaum möglich sein, die in der Gegenleistung enthaltenen ausschließlich konzernspezifischen Potenziale zu identifizieren und aus der Wertfindung der indirekten Beteiligung zu eliminieren.[1401] In Anbetracht der daraus resultierenden **Bewertungsunsicherheiten** und zum Teil erheblichen **Ermessensspielräume** dürfte eine kaufpreisgestützte Bewertung der indirekten nicht beherrschenden Anteile kaum objektiv und neutral möglich sein. Dementsprechend wird dieses Bewertungsverfahren der dritten Hierarchiestufe in der Bewertungskonzeption des IFRS 13 zuzurechnen sein.[1402]

Im Ergebnis vermittelt der aus dem beizulegenden Zeitwert der indirekten Beteiligung der nicht beherrschenden Gesellschafter abgeleitete Geschäfts- oder Firmenwert lediglich eingeschränkt relevante Informationen, da aufgrund der strengen Marktobjektivierung in das Bewertungskalkül keine den nicht beherrschenden Gesellschaftern anteilig zufließenden konzernspezifischen Restrukturierungs- und Synergieeffekte eingehen dürfen. Darüber hinaus sind mit der Auswahl und der Anwendung eines geeigneten Bewertungsverfahrens Freiheitsgerade und Ermessensspielräume verbunden, die zum einen das bilanzpolitische Potenzial im Vergleich zu einer Bewertung der indirekten Beteiligung mit dem beizulegenden Zeitwert des anteiligen Reinvermögens signifikant ausweiten und zum anderen die Glaubwürdigkeit der vermittelten Informationen wesentlich beeinträchtigen können.[1403]

#### 533.223. Fortführung des Buchwertes eines anteiligen Geschäfts- oder Firmenwertes aus dem Teilkonzernabschluss

Um der potenziellen Gefahr eines nicht hinreichend objektivierten Geschäfts- oder Firmenwertes der indirekt am mittelbaren Tochterunternehmen beteiligten nicht beherrschenden Gesellschafter des

---

1398 Vgl. PwC (Hrsg.), Business combinations and noncontrolling interests, Rn. 5.4.4.

1399 Vgl. PwC (Hrsg.), Manual of Accounting 2017, Rn. FAQ 29.161.1; HAAKER, A., Goodwill-Bilanzierung nach IFRS, S. 370; GIMPEL-HENNING, N., Sukzessive Anteilserwerbe, S. 104 und 121; PwC (Hrsg.), Business combinations and noncontrolling interests, Rn. 5.4.4; KLOSE, N.-C., Kapitalkonsolidierungs- und Bewertungsmethoden, S. 26 f.; EPPINGER, C. T. G., Bewertung von Beteiligungen, S. 202; IASB (Hrsg.), Staff Paper 4 (March 2013), Rn. 35 (c); IASB (Hrsg.), Staff Paper 2A (December 2006), Rn. A3 f. A. A. wohl BADER, A./SCHREDER, M., Goodwill-Methoden nach IFRS 3, S. 278.

1400 Vgl. PwC (Hrsg.), Manual of Accounting 2017, Rn. FAQ 29.161.1.

1401 Vgl. HOEHNE, F., Veräußerung von Anteilen an Tochterunternehmen im IFRS-Konzernabschluss, S. 205 f.; PANZER, A., Statusändernde Anteilsveräußerungen im IFRS-Konzernabschluss, S. 142 f.

1402 Vgl. so auch im Kontext sukzessiver Anteilserwerbe GIMPEL-HENNING, N., Sukzessive Anteilserwerbe, S. 121.

1403 Vgl. allgemein so auch BRINKMANN, J., Zweckadäquanz der Rechnungslegung nach IFRS, S. 55.

Teilkonzerns entgegen zu wirken, ohne dabei indes auf die grundsätzlich relevanten Informationen dieser positiven Residualgröße verzichten zu müssen,[1404] könnte auf den in einem etwaigen Teilkonzernabschluss ausgewiesenen und auf den Erwerbszeitpunkt des Teilkonzerns fortgeführten Geschäfts- oder Firmenwert aus der ursprünglichen Akquisition der mittelbaren Tochtergesellschaft zurückgegriffen werden.[1405] Damit der den nicht beherrschenden Gesellschaftern der Teilkonzernobergesellschaft zuzurechnende Teil dieses Geschäfts- oder Firmenwertes schließlich aus der (impliziten) Kapitalaufrechnung mit dem anteiligen neubewerteten Reinvermögen entsteht, ist die indirekte Beteiligung der nicht beherrschenden Gesellschafter am Tochterunternehmen in Höhe des beizulegenden Zeitwertes des auf sie entfallenden Reinvermögens zuzüglich des entsprechenden Anteils am in Rede stehenden Unterschiedsbetrag zu bewerten.[1406]

Der auf die nicht beherrschenden Gesellschafter des Teilkonzerns entfallende Geschäfts- oder Firmenwert hat dann zumindest zum Akquisitionszeitpunkt nicht (mehr) den Charakter einer reinen konsolidierungstechnischen Residualgröße.[1407] Vielmehr tritt die ihm vom Standardsetzer zugesprochene Eigenschaft eines im Zuge des Unternehmenszusammenschlusses **erworbenen Vermögenswertes** in den Vordergrund.[1408] Da der Wertansatz dieses Vermögenswertes ausgehend von einer i. d. R. tatsächlich verhandelten und entrichteten Gegenleistung aus der dem Teilkonzernerwerb zeitlich vorgelagerten Akquisition des mittelbaren Tochterunternehmens durch die Teilkonzernobergesellschaft ermittelt wird, ist er im Vergleich zu einem Unterschiedsbetrag, der auf der Grundlage des beizulegenden Zeitwertes der indirekten Beteiligung bestimmt würde, vergleichsweise stärker objektiviert.[1409]

Zudem können im Unterschied zu der nach IFRS 13 maßgeblichen Marktperspektive auch den indirekten nicht beherrschenden Gesellschaftern erwartungsgemäß zufließende unternehmens- bzw. **konzernspezifische Wertpotenziale** – wie z. B. aus erwerberindividuelle Wertsteigerungsmaßnahmen resultierende Synergieeffekte auf einer der Tochtergesellschaft übergeordneten Ebene – im Konzernabschluss erfasst werden.[1410] Dabei ist allerdings in sachlicher Hinsicht zu berücksichtigen, dass diese Ertragspotenziale auf den (historischen) **Erwartungen des Teilkonzernmutterunternehmens** aus dem Erwerb des Tochterunternehmens gründen und nicht mit den Potenzialen übereinstimmen müssen, die das den Teilkonzern erwerbende Konzernunternehmen durch eine etwaige Integration der

---

1404 Vgl. hierzu Abschnitt 533.221.

1405 Vgl., wenn auch im handelsrechtlichen Kontext, KÜTING, K./LEINEN, M., Kapitalkonsolidierung bei Erwerb eines Teilkonzerns, S. 1214 f.; LEINEN, M., Kapitalkonsolidierung im mehrstufigen Konzern, S. 208 f.

1406 Vgl. WINKELJOHANN, N./HOFFMANN, K., in: Grottel u. a., Beck Bilanzkomm., 11. Aufl., § 301 HGB, Rn. 378.

1407 Vgl. ALKEMEIER, M., Konzerninterne Unternehmenszusammenschlüsse, S. 188 f.

1408 Vgl. WIRTH, J., Firmenwertbilanzierung nach IFRS, S. 158 sowie allgemein zur Vermögenswerteigenschaft eines Geschäfts- oder Firmenwertes IFRS 3.A; IFRS 3.BC313; WIRTH, J., Firmenwertbilanzierung nach IFRS, S. 181; SCHEREN, M./SCHEREN, T., Geschäfts- oder Firmenwert nach IFRS, S. 87.

1409 Vgl. ähnlich LEINEN, M., Kapitalkonsolidierung im mehrstufigen Konzern, S. 211. Die Glaubwürdigkeit des Wertansatzes hängt dabei vor allem von den als Gegenleistung hingegebenen Vermögenswerten ab. Vgl. Abschnitt 522.231.2.

1410 Vgl. ALKEMEIER, M., Konzerninterne Unternehmenszusammenschlüsse, S. 185 sowie bereits Abschnitt 522.231.1 im Kontext der Akquisition eines einzelnen mittelbaren Tochterunternehmens. Vgl. zu den diesbezüglichen Einschränkungen der Bewertungskonzeption des IFRS 13 im Allgemeinen Abschnitt 522.221.22 und im Zusammenhang mit dem Erwerb eines Teilkonzerns Abschnitt 533.222.

mittelbaren Tochtergesellschaft in den Wertschöpfungsprozess des Konzerns auch zugunsten der indirekten nicht beherrschenden Gesellschafter beabsichtigt zu realisieren.[1411]

Ebenso kann der anteilige Geschäfts- oder Firmenwert der Tochtergesellschaft aus dem Teilkonzernabschluss in zeitlicher Hinsicht von den tatsächlichen wirtschaftlichen Verhältnissen zum Akquisitionszeitpunkt des Teilkonzerns abweichen, da dieser maßgeblich durch die **historischen Wertverhältnisse** des zeitlich vorgelagerten Unternehmenszusammenschlusses von Teilkonzernmutter- und Tochterunternehmen geprägt ist. Die Wertansätze der im Wege der Einzelerwerbsfiktion gesondert in die Konzernbilanz zu übernehmenden Vermögenswerte und Schulden basieren hingegen auf den Wertverhältnissen zum Zeitpunkt der Teilkonzernakquisition,[1412] sodass in den Konzernabschluss schließlich zeitlich inkonsistente Bilanzgrößen eingehen (würden).[1413] Damit wird zwar die Relevanz der vermittelten Informationen beeinträchtigt. Allerdings wird die aus den unterschiedlichen zeitlichen Bezugspunkten hervorgehende Beeinträchtigung zum einen umso geringer sein, je näher der Teilkonzernerwerb und der vorangehende Zusammenschluss des Teilkonzernmutterunternehmens und der mittelbaren Tochtergesellschaft zeitlich beieinander liegen. Zum anderen werden die Einschränkungen dadurch vermindert, dass nicht der zum Zeitpunkt des ursprünglichen Unternehmenszusammenschlusses bestimmte Unterschiedsbetrag, sondern der auf den Erwerbszeitpunkt des Teilkonzerns fortgeführte Geschäfts- oder Firmenwert herangezogen wird.

In diesem Zusammenhang erfordert eine fundierte Beurteilung der Übernahme des den indirekten nicht beherrschenden Gesellschaftern zuzuordnenden teilkonzernbilanziellen Geschäfts- oder Firmenwertes in den Konzernabschluss aber auch, die für die Fortführung positiver Unterschiedsbeträge maßgeblichen Regelungen des IAS 36 zu berücksichtigen. Gemäß diesen Vorschriften ist ein Geschäfts- oder Firmenwert nicht planmäßig abzuschreiben, sondern lediglich im Zuge eines jährlichen Wertminderungstests oder bei Vorliegen entsprechender Indikatoren auf seine Werthaltigkeit zu prüfen (sog. ***impairment only approach***).[1414] Dabei wird ein Abschreibungsbedarf immer dann festgestellt, sofern der Buchwert den erzielbaren Betrag der firmenwerttragenden zahlungsmittelgenerierenden Einheit übersteigt.[1415] Die Ermittlung des erzielbaren Betrages ist indes mit zahlreichen bilanzpolitisch nutzbaren **Ermessensspielräumen** verbunden, die ein wesentlicher Gegenstand der im Schrifttum vorgebrachten Kritik an der Konzeption des Wertminderungstests nach IAS 36 sind.[1416]

---

1411 Vgl. so im Kontext der Übernahme eines aus einem *asset deal* stammenden Geschäfts- oder Firmenwertes in den Konzernabschluss WIRTH, J., Firmenwertbilanzierung nach IFRS, S. 158; HACHMEISTER, D./BEYER, B., in: Böcking u. a., Beck HdR, C 401, Rn. 108.

1412 Vgl. IFRS 3.18.

1413 Vgl. hierzu und im Folgenden, wenn auch im Kontext konzerninterner Unternehmensakquisitionen, ALKEMEIER, M., Konzerninterne Unternehmenszusammenschlüsse, S. 185 f.

1414 Vgl. IAS 36.9 f. sowie HAAKER, A., Goodwill-Bilanzierung nach IFRS und impairment-literatur, S. 409. Vgl. hierzu auch ausführlich und kritisch GUNDEL, T./MÖHLMANN-MAHLAU, T./SÜNDERMANN, F., Wider dem Impairment-Only-Approach, S. 130–137; BRÖSEL, G., „Impairment Only Approach" nach IFRS, S. 229–250.

1415 Vgl. IAS 36.90 sowie KIRSCH, H.-J./KOELEN, P./TINZ, O., impairment only approach des IASB (Teil 1), S. 89; BIEKER, M./ESSER, M., Impairment-Only-Ansatz des IASB, S. 451.

1416 Vgl. stellvertretend POTTGIEßER, G./VELTE, P./WEBER, S. C., Ermessensspielräume des Impairment-Only-Approach, S. 1748–1752; SCHEREN, M./SCHEREN, T., Geschäfts- oder Firmenwert nach IFRS, S. 89 f.; GUNDEL, T./MÖHLMANN-MAHLAU, T./SÜNDERMANN, F., Wider dem Impairment-Only-Approach, S. 132 sowie im Rahmen

Obgleich der aus der Akquisition der mittelbaren Tochtergesellschaft stammende Geschäfts- oder Firmenwert im Teilkonzernabschluss durch diese Ermessensspielräume beeinflusst worden sein kann, ergibt sich daraus zumindest kein neuerliches, auf die konzernbilanzielle Abbildung des Teilkonzernerwerbs ausrichtbares Gestaltungspotenzial, wie es bei der Bewertung der indirekten Beteiligung mit dem beizulegenden Zeitwert nach IFRS 13 besteht.[1417]

In ähnlicher Form ist auch die grundsätzlich berechtigte Kritik an den in den erzielbaren Betrag eingehenden, nicht bilanzierungsfähigen und während der Teilkonzernzugehörigkeit des Tochterunternehmens selbstgeschaffenen Werttreibern zu relativieren. Diese Werttreiber können zwar die (gedanklich) erforderliche Abschreibung eines derivativen Geschäfts- oder Firmenwertes zum Teil oder vollständig kompensieren und führen damit aus Sicht der Teilkonzernobergesellschaft zu einer sukzessiven Substitution der ursprünglich derivativen Residualgröße durch einen originären Geschäfts- oder Firmenwert (sog. ***backdoor capitalization***).[1418] Aus dem Blickwinkel des den Teilkonzern erwerbenden Unternehmens sind die originären Firmenwertbestandteile indes nicht selbsterstellt, sondern erlangen durch die Unternehmensakquisition im Konzernabschluss derivativen Charakter.[1419] Mithin verstößt der etwaige konzernbilanzielle Ansatz des anteiligen fortgeführten Geschäfts- oder Firmenwertes aus dem Teilkonzernabschluss nicht gegen das grundsätzliche Aktivierungsverbot originärer geschäftswertbildender Faktoren.[1420] Neben einem originären Firmenwert aus Sicht des Teilkonzernmutterunternehmens werden allerdings auch die Nutzenpotenziale der nicht ansetzbaren selbstgeschaffenen immateriellen Vermögenswerte und der stillen Reserven des angesetzten Reinvermögens im erzielbaren Betrag der firmenwerttragenden zahlungsmittelgenerierenden Einheit berücksichtigt und unter dem Deckmantel des Wertminderungstests ggf. implizit nachaktiviert.[1421] Da diese Wertpotenziale angesichts ihres derivativen Charakters bzw. aufgrund der Neubewertung der erworbenen Vermögenswerte und übernommenen Schulden mit dem beizulegenden Zeitwert im Rahmen der Abbildung des Teilkonzernerwerbs gesondert in der Konzernbilanz anzusetzen sein können, besteht potenziell das **Risiko einer Doppelerfassung** von Nutzenpotenzialen im konsolidierten Abschluss der Konzernobergesellschaft.

Inwieweit dieser Gefahr begegnet, zugleich aber auch der wesentliche Vorteil einer möglichst objektivierten Wertfindung erhalten werden kann, soll nachfolgend erörtert werden. Dabei wird zur Bewer-

---

des *post implementation review* zu IFRS 3 MEYER, M., Business Combinations, S. 389–391.

1417 Vgl. zu den Ermessensspielräumen im Rahmen der Bewertung der indirekten Beteiligung der nicht beherrschenden Gesellschafter zum beizulegenden Zeitwert Abschnitt 533.222.

1418 Vgl. allgemein IAS 36.BC134 f. sowie statt vieler POTTGIEßER, G./VELTE, P./WEBER, S. C., Ermessensspielräume des Impairment-Only-Approach, S. 1751; SAELZLE, R./KRONNER, M., Informationsfunktion des Jahresabschlusses, S. 161; BRÖSEL, G./KLASSEN, T., Auswirkungen des IFRS 3 und des IAS 36, S. 463-466; HOMMEL, M., Neue Goodwillbilanzierung, S. 1948.

1419 Vgl. zur Abgrenzung von derivativem und originärem Geschäfts- oder Firmenwert Abschnitt 522.211.

1420 Vgl. zum Aktivierungsverbot originärer firmenwertbildender Faktoren IAS 38.48 f. sowie KAHLE, H., Goodwill-Bilanzierung nach US-GAAP, S. 849; LOPATTA, K., Goodwillbilanzierung und Informationsvermittlung, S. 92. Diese Auffassung bestätigt der IASB implizit im *Conceptual Framework* mit der Begründung, dass es nicht das Ziel der IFRS-Finanzberichterstattung sei, den Wert eines Unternehmens wiederzugeben. Vgl. CF.1.7; CF.BC2.44 (a) sowie DEHMEL, I., Definitions- und Ansatzkriterien für Vermögenswerte, S. 1774.

1421 Vgl. hierzu und im Folgenden ALKEMEIER, M., Konzerninterne Unternehmenszusammenschlüsse, S. 189.

tung der indirekten Beteiligung nicht nur auf den anteilig den indirekten nicht beherrschenden Gesellschaftern zuzurechnenden Geschäfts- oder Firmenwert aus dem Teilkonzernabschluss, sondern in Gänze auf die anteiligen teilkonzernbilanziellen Wertverhältnisse zurückgegriffen.

#### 533.224. Fortgeführter teilkonzernbilanzieller Buchwert der indirekten nicht beherrschenden Anteile

Als fiktiver Anschaffungswert der indirekten Beteiligung der nicht beherrschenden Gesellschafter des Teilkonzerns ist auch der auf den Akquisitionszeitpunkt fortgeschriebene teilkonzernbilanzielle Buchwert der indirekten nicht beherrschenden Anteile denkbar. Dieser Wert ergibt sich aus dem entsprechend fortgeführten, anteiligen Saldo der Vermögenswerte und Schulden des mittelbaren Tochterunternehmens zu Teilkonzernbuchwerten zuzüglich des im vorangegangenen Abschnitt 533.223. erörterten Geschäfts- oder Firmenwertes der nicht beherrschenden Gesellschafter aus dem Teilkonzernabschluss.[1422] Im Rahmen der Ermittlung des Unterschiedsbetrages wird der Beteiligungswert dann gedanklich dem anteiligen neubewerteten Reinvermögen der mittelbaren Tochtergesellschaft gegenübergestellt. Da die seit dem ursprünglichen Erwerb der Tochtergesellschaft durch das Teilkonzernmutterunternehmen entstandenen stillen Reserven sowie die im Teilkonzernabschluss nicht (separat) bilanzierungsfähigen selbstgeschaffenen immateriellen Vermögenswerte i. d. R. die aufzudeckenden stillen Lasten des Reinvermögens betragsmäßig übersteigen, wird der teilkonzernbilanzielle Wertansatz des anteiligen (fortgeschriebenen) Geschäfts- oder Firmenwertes in Höhe des überschießenden Betrages reduziert.[1423] Im Unterschied zur unveränderten Fortführung des anteiligen Geschäfts- oder Firmenwertes aus dem konsolidierten Abschluss des Teilkonzerns hat der aus der beschriebenen impliziten Kapitalaufrechnung resultierende Unterschiedsbetrag den Charakter einer **konsolidierungstechnischen Residualgröße**.[1424]

Aufgrund dessen ist ihm gleichwohl nicht die Eigenschaft eines Vermögenswertes abzusprechen. Vielmehr wird der fortgeführte teilkonzernbilanzielle Wertansatz des anteiligen Geschäfts- oder Firmenwertes auf diese Weise um Bestandteile korrigiert, die aus Konzernsicht nicht unter den sog. Kern-Geschäfts- oder Firmenwert (*core goodwill*) zu subsumieren sind.[1425] Denn wirtschaftlich betrachtet wird der Wertansatz um solche Nutzenpotenziale gekürzt, die im Teilkonzernabschluss nicht separat bilanziert werden können, sich jedoch bis zum Akquisitionszeitpunkt des Teilkonzerns hinreichend konkretisiert haben und insofern für einen separaten konzernbilanziellen Ansatz als Vermögenswert qualifizieren respektive im beizulegenden Zeitwert eines anzusetzenden Vermögenswertes

---

1422 Vgl. zu einer vergleichbaren Beteiligungsbewertung in einem jeweils anderen Kontext GIMPEL-HENNING, N., Sukzessive Anteilserwerbe, S. 231 f.; ALKEMEIER, M., Konzerninterne Unternehmenszusammenschlüsse, S. 184 und 192 f. Sofern der erworbene Teilkonzern eine mehrstufige Beteiligungsstruktur aufweist, sollten angesichts des vergleichsweise umfassenderen und aktuelleren Vermögensausweises vorzugsweise die Wertansätze des konsolidierten Abschlusses des hierarchisch höchsten Unternehmens des Teilkonzerns zur Ermittlung des teilkonzernbilanziellen Buchwertes der indirekten nicht beherrschenden Anteile herangezogen werden. Vgl. hierzu im Kontext konzerninterner Unternehmenszusammenschlüsse ALKEMEIER, M., Konzerninterne Unternehmenszusammenschlüsse, S. 84–87.

1423 Vgl. GIMPEL-HENNING, N., Sukzessive Anteilserwerbe, S. 231 f.

1424 Vgl. ALKEMEIER, M., Konzerninterne Unternehmenszusammenschlüsse, S. 192.

1425 Vgl. zu den Bestandteilen des Kern-Geschäfts- oder Firmenwertes Abschnitt 522.212.

manifestieren.[1426] Der damit verbundene **Substitutionseffekt** des auf den Akquisitionszeitpunkt fortgeschriebenen (anteiligen) teilkonzernbilanziellen Geschäfts- oder Firmenwertes hat gegenüber der betragsmäßig unveränderten Übernahme dieses Vermögenswertes in den Konzernabschluss den grundlegenden Vorteil, das Risiko einer Doppelerfassung von Wertpotenzialen einzuschränken.[1427] Mithin ist die aus den indirekten nicht beherrschenden Anteilen zu Teilkonzernbuchwerten abgeleitete Residualgröße in dieser Hinsicht sowohl unter Glaubwürdigkeits- als auch Relevanzgesichtspunkten einer Fortführung des anteiligen Geschäfts- oder Firmenwertes aus dem Teilkonzernabschluss konzeptionell überlegen.

Dabei ist zu beachten, dass der gekürzte Geschäfts- oder Firmenwert der indirekten nicht beherrschenden Gesellschafter trotz der grundsätzlich vermiedenen Doppelerfassung den Unterschiedsbetrag übersteigen kann, der sich aus dem beizulegenden Zeitwert der indirekten Beteiligung ableiten würde. Daraus kann indes nicht zwingend auf eine Überbewertung der Residualgröße geschlossen werden. Schließlich ist die Werthaltigkeit des Teilkonzernvermögens im Rahmen der Fortführung der Wertansätze auf den Erwerbszeitpunkt zu prüfen. Dementsprechend gehen in die Unterschiedsbetragsermittlung prinzipiell keine Ertragspotenziale ein, die aus Sicht des Teilkonzerns voraussichtlich nicht (länger) realisiert werden können. Vielmehr wird der überschießende Betrag auf unternehmens- bzw. **konzernspezifische Wertpotenziale** zurückgehen, die im beizulegenden Zeitwert nach IFRS 13 nicht berücksichtigt werden dürfen.[1428]

Gleichwohl wird der auf dem Teilkonzernbuchwert der indirekten nicht beherrschenden Anteile basierende Geschäfts- oder Firmenwert nicht zwangsläufig sämtliche (konzernindividuellen) Ertragspotenziale wiedergeben können, die den indirekten nicht beherrschenden Gesellschaftern des Teilkonzerns erwartungsgemäß zufließen. Dies liegt vor allem in der imparitätischen Bewertungskonzeption des IAS 36 begründet,[1429] die einen Wertansatz des Geschäfts- oder Firmenwertes im Teilkonzernabschluss oberhalb seines bilanziellen Buchwertes nicht zulässt.[1430] Wenngleich dieser Aspekt einschränkend auf die Relevanz der vermittelten Informationen wirkt, eröffnet die Bestimmung des Teilkonzernbuchwertes der indirekten nicht beherrschenden Anteile im Vergleich zu deren Zeitwertbewertung weniger bilanzpolitisch nutzbare Ermessensspielräume. Die Ermittlung des Geschäfts- oder Firmenwertes ist daher **vergleichsweise stärker objektiviert** und damit der in Rede stehende Bewertungsmaßstab nach hier vertretener Auffassung zu präferieren. Da das anteilige neubewertete Reinvermögen der mittelbaren Tochtergesellschaft im Unterschied zur bislang betrachteten Fallkonstellation die indirekten nicht beherrschenden Anteile zu Teilkonzernbuchwerten auch übersteigen kann, ist im nachfolgenden Abschnitt zu untersuchen, wie ein in diesem Kontext (gedanklich) entstehender negativer Unterschiedsbetrag bilanziell zu behandeln ist.

---

1426 Vgl. hierzu und im Folgenden ähnlich ALKEMEIER, M., Konzerninterne Unternehmenszusammenschlüsse, S. 193 f.

1427 Vgl. Abschnitt 533.223.

1428 Vgl. Abschnitt 533.222.

1429 Vgl. PANZER, A., Statusändernde Anteilsveräußerungen im IFRS-Konzernabschluss, S. 211.

1430 Vgl. IAS 36.124 f. sowie ARNSFELD, T./SCHREMPER, R., Konsequenzen des Goodwill-Impairment nach IFRS 3, S. 500.

### 533.3 Ermittlung und Bilanzierung eines negativen Unterschiedsbetrages indirekter nicht beherrschender Gesellschafter

Sofern die indirekte Beteiligung der nicht beherrschenden Gesellschafter des Teilkonzerns mit dem anteiligen Reinvermögen zuzüglich eines den indirekten nicht beherrschenden Gesellschaftern zuzurechnenden Geschäfts- oder Firmenwertes zu Teilkonzernbuchwerten bewertet wird, entsteht ein negativer Unterschiedsbetrag immer dann, wenn der anteilige Saldo der neubewerteten Vermögenswerte und Schulden des mittelbaren Tochterunternehmens diesen Beteiligungswert übersteigt. Dies ist vor allem bei einem großen zeitlichen Abstand der Teilkonzernakquisition zu dem vorgelagerten Zusammenschluss des Teilkonzernmutterunternehmens und der Tochtergesellschaft denkbar.[1431] Zwischenzeitlich können schließlich im Teilkonzernabschluss nicht bilanzierungsfähige, zum Erwerbszeitpunkt des Teilkonzerns gleichwohl identifizierbare **immaterielle Vermögenswerte** im mittelbaren Tochterunternehmen selbst geschaffen worden und **wesentliche stille Reserven** im teilkonzernbilanziell angesetzten Reinvermögen der Tochtergesellschaft entstanden sein, die entsprechend dem Anteil der indirekten nicht beherrschenden Gesellschafter auch noch nach Abzug der aufzudeckenden stillen Lasten den Geschäfts- oder Firmenwert aus dem konsolidierten Abschluss des Teilkonzerns übersteigen.

Der IASB sieht einen negativen Unterschiedsbetrag grundsätzlich in einer Zunahme des Konzernvermögens substanziiert, da dem Erwerber im Zuge eines Unternehmenszusammenschlusses wertmäßig mehr Nettovermögenswerte zugehen als er dem Veräußerer überträgt.[1432] Der damit aus der Akquisition erwachsende wirtschaftliche Gewinn ist entsprechend den Regelungen des IFRS 3 nach einem obligatorischen *reassessment* des Ansatzes sowie der Bewertung der einzelnen Vermögenswerte und Schulden des Beteiligungsunternehmens vollständig ertragswirksam zugunsten des Erwerbers zu erfassen.[1433] Die an dem erworbenen Teilkonzern beteiligten nicht beherrschenden Gesellschafter sind indes nicht als erwerbende Partei zu identifizieren. Dies liegt unabhängig von den diesbezüglichen Leitlinien[1434] bereits darin begründet, dass sie ihre indirekte Beteiligung an der mittelbaren Tochtergesellschaft nicht zum Zeitpunkt der Teilkonzernakquisition erwerben.[1435] Der (gedanklich) aus den indirekten nicht beherrschenden Anteilen zu Teilkonzernbuchwerten abgeleitete negative Unterschiedsbetrag ist daher der Interpretation als Erfolg aus einem günstigen Gelegenheitskauf nicht zugänglich. Da er zudem nicht auf künftig erwartete Verlustbeiträge, sondern auf stille Ansatz- und Bewertungsreserven im teilkonzernbilanziellen Reinvermögen des mittelbaren Tochterunternehmens zurückgeht, ist ebenso eine Charakterisierung als *badwill* nicht ohne Weiteres möglich.[1436] Vielmehr müssten sich die miteinander zu verrechnenden Wertgrößen auf die wirtschaftlichen Verhältnisse

---

1431 Vgl. hierzu und im Folgenden GIMPEL-HENNING, N., Sukzessive Anteilserwerbe, S. 232; ALKEMEIER, M., Konzerninterne Unternehmenszusammenschlüsse, S. 194 f.

1432 Vgl. IFRS 3.34; IFRS 3.BC372 sowie HENDLER, M./ZÜLCH, H., Beteiligungsverhältnisse bei Tochterunternehmen, S. 489. Vgl. hierzu auch Abschnitt 522.31.

1433 Vgl. IFRS 3.34–36.

1434 Vgl. Abschnitt 521.1.

1435 Vgl. LEINEN, M., Kapitalkonsolidierung im mehrstufigen Konzern, S. 195.

1436 Vgl. hierzu auch Abschnitt 522.31.

zum selben Zeitpunkt beziehen, damit dem Unterschiedsbetrag einer der zuvor erörterten Charaktere zugesprochen werden könnte.[1437] Dem anteiligen neubewerteten Reinvermögen der Tochtergesellschaft wird mit dem (fortgeführten) Teilkonzernbuchwert der indirekten nicht beherrschenden Anteile allerdings eine maßgeblich auf historischen Wertverhältnissen basierender Beteiligungswert gegenübergestellt. Insofern werden zeitlich inkonsistente Größen in einem „Vergleich von Äpfeln mit Birnen“[1438] gegeneinander aufgerechnet und ein sog. **(rein) technischer Unterschiedsbetrag** ermittelt.[1439]

Derartige Unterschiedsbeträge sind aus der handelsrechtlichen Konzernrechnungslegung bekannt und können dort u. a. entstehen, wenn der Bilanzierende ein Tochterunternehmen gemäß einem der Einbeziehungswahlrechte des § 296 HGB nicht zum Erwerbs-, sondern erst zu einem späteren Zeitpunkt erstmalig vollkonsolidiert.[1440] Im Rahmen der Erstkonsolidierung sind die Vermögensgegenstände und Schulden dann grundsätzlich mit ihrem beizulegenden Zeitwert, d. h. auch einschließlich solcher stillen Reserven im Konzernabschluss anzusetzen, die zwischen dem Akquisitions- und dem Erstkonsolidierungszeitpunkt entstanden sind.[1441] Obgleich diese stillen Reserven aus Konzernsicht nicht erworben wurden, dürfen die betreffenden Bilanzposten angesichts der gesetzlich verpflichtend anzuwendenden Neubewertungsmethode wertmäßig nicht „abgestockt“[1442] werden. Vielmehr gehen sie c. p. in einem vergleichsweise niedrigeren Unterschiedsbetrag aus der Kapitalkonsolidierung auf, da der dem neubewerteten Reinvermögen gegenüberzustellende Beteiligungsbuchwert die historischen Anschaffungskosten nicht übersteigen darf und somit eine etwaige Wertsteigerung nicht widerspiegeln kann.[1443] Sofern die Residualgröße ein negatives Vorzeichen hat, ist diese nach den Regelungen des DRS 23[1444] zunächst zwischen dem Eigen- und Fremdkapital des Konzerns zu passivieren.[1445] Ökonomisch betrachtet repräsentiert der negative Unterschiedsbetrag damit (zumindest teilweise) einen **Korrekturposten zum neubewerteten Reinvermögen**, der die nicht erworbenen Wertbestandteile der Vermögensgegenstände und Schulden verkörpert.[1446] Die Auflösung dieses Korrekturpos-

1437 Vgl. GIMPEL-HENNING, N., Sukzessive Anteilserwerbe, S. 68; WIRTH, J./ALPER, R./NEIS, T., Abbildung eines Teilkonzernerwerbs, S. 444 f. sowie ähnlich CF.6.58.

1438 KLAHOLZ, E./STIBI, B., Sukzessiver Anteilserwerb, S. 300 in Bezug auf eine zur hier betrachteten Konstellation ähnlichen Problematik der Unterschiedsbetragsermittlung bei der handelsrechtlichen Übergangskonsolidierung mit Aufwärtswechsel zum Tochterunternehmen.

1439 Vgl. zu einer vergleichbaren Problemstellung im Kontext sukzessiver Anteilserwerbe GIMPEL-HENNING, N., Sukzessive Anteilserwerbe, S. 68; KLAHOLZ, E./STIBI, B., Sukzessiver Anteilserwerb, S. 300 f.; THEILE, C./STAHNKE, M., Erstkonsolidierungszeitpunkt im Konzernabschluss, S. 580.

1440 Vgl. DRS 23.113; DRS 23.147 a) und b) sowie BAETGE, J./KIRSCH, H.-J./THIELE, S., Konzernbilanzen, S. 233 f.; ROß, N., Der technische aktive Unterschiedsbetrag, S. 1417–1419; LEINEN, M., Kapitalkonsolidierung im mehrstufigen Konzern, S. 232 f.

1441 Vgl. hierzu und im Folgenden § 301 Abs. 1 Satz 2 HGB sowie DRS 23.B34.

1442 PREIßER, M./PREIßER, M., Negativer Geschäftswert beim Asset Deal, S. 136, wenn auch im Kontext der Behandlung eines negativen Unterschiedsbetrages im handelsrechtlichen Jahresabschluss.

1443 Vgl. zum handelsrechtlichen Anschaffungskostenprinzip § 253 Abs. 1 Satz 1 HGB sowie BAETGE, J./KIRSCH, H.-J./THIELE, S., Bilanzen, S. 104; LEFFSON, U., Grundsätze ordnungsmäßiger Buchführung, S. 252–257.

1444 DRS 23 konkretisiert u. a. die handelsrechtlichen Kapitalkonsolidierungsvorschriften, um diesbezügliche Zweifelsfragen zu klären und die einheitliche Anwendung der gesetzlichen Regelungen zu fördern. Vgl. DRS 23.1.

1445 Vgl. DRS 23.149 sowie WINKELJOHANN, N./DEUBERT, M., in: Grottel u. a., Beck Bilanzkomm., 11. Aufl., § 301 HGB, Rn. 156; BAETGE, J./KIRSCH, H.-J./THIELE, S., Konzernbilanzen, S. 234.

1446 Vgl. WIRTH, J. U. A., Handelsrechtliche Kapitalkonsolidierung (Teil 1), S. 1062.

tens in nachfolgenden Berichtsperioden ist nach Möglichkeit an der individuellen Fortschreibung der zwischen Akquisitions- und Erstkonsolidierungszeitpunkt entstandenen stillen Reserven zu orientieren,[1447] um die vergleichsweise höheren Abschreibungen zu neutralisieren und die Ertragslage möglichst so darzustellen, wie sie sich bei einer erstmaligen Konsolidierung des Tochterunternehmens zum Erwerbszeitpunkt ergeben hätte.[1448]

Obgleich der den indirekten nicht beherrschenden Gesellschaftern des Teilkonzerns zuzurechnende negative Unterschiedsbetrag auf eine vergleichbare Entstehungsursache zurückzuführen ist, scheint dessen Behandlung analog zu den erläuterten handelsrechtlichen Regelungen für eine ggf. aus der verzögerten Erstkonsolidierung hervorgehende negative Residualgröße nicht sachgerecht. Schließlich werden die teilkonzernbilanziell nicht ansetzbaren **immateriellen Vermögenswerte und stillen Reserven**, die zwischen der ursprünglichen Akquisition des mittelbaren Tochterunternehmens durch die Teilkonzernobergesellschaft und dem Erwerb des Teilkonzerns selbst geschaffen wurden bzw. entstanden sind, aus dem Blickwinkel des akquirierenden Konzernunternehmens bzw. des berichterstattenden Gesamtkonzerns **miterworben**. Ein Korrekturposten zu den im Konzernabschluss angesetzten, neubewerteten Vermögenswerten und Schulden des Tochterunternehmens ist insofern nicht angezeigt. Die Passivierung und spätere erfolgswirksame Auflösung eines negativen technischen Unterschiedsbetrages der indirekten nicht beherrschenden Gesellschafter würde daher die Wertverhältnisse zum Akquisitionszeitpunkt des Teilkonzerns nicht angemessen wiedergeben sowie in Folgeperioden zusätzlich die Ertragslage des Konzerns verzerren. Um diese Beeinträchtigungen der konzernbilanziellen Abbildung des Teilkonzernerwerbs zu vermeiden, sollte die indirekte Beteiligung stattdessen soweit **erfolgsneutral aufgewertet** werden, dass aus der (gedanklichen) Aufrechnung des Beteiligungswertes mit dem anteiligen neubewerteten Reinvermögen kein (negativer) Unterschiedsbetrag entsteht.[1449] Als Bewertungsmaßstab wäre mithin der Zeitwert des anteiligen Reinvermögens heranzuziehen.[1450]

Daraus kann zwar **potenziell** eine **Überbewertung** der indirekten nicht beherrschenden Anteile resultieren.[1451] Wieweit diese Anteile auf der Grundlage des anteiligen neubewerteten Reinvermögens zu hoch bewertet sind, wäre jedoch bestenfalls im Zuge einer Zeitwertermittlung der indirekten Beteiligung festzustellen. Allerdings wird zum einen mit Blick auf die Akquisition eines einzelnen Tochter-

---

1447 Vgl. DRS 23.149 sowie WINKELJOHANN, N./HOFFMANN, K., in: Grottel u. a., Beck Bilanzkomm., 11. Aufl., § 309 HGB, Rn. 27.

1448 Vgl. WIRTH, J. U. A., Handelsrechtliche Kapitalkonsolidierung (Teil 1), S. 1062.

1449 Vgl. im Ergebnis ähnlich WINKELJOHANN, N./HOFFMANN, K., in: Grottel u. a., Beck Bilanzkomm., 11. Aufl., § 301 HGB, Rn. 378.

1450 Vgl. hierzu bereits im Kontext der Ermittlung eines Geschäfts- oder Firmenwertes der indirekten nicht beherrschenden Gesellschafter des Teilkonzerns Abschnitt 533.21.

1451 Dies kann u. a. auf künftige Restrukturierungsaufwendungen zurückgehen, die zum Erwerbszeitpunkt (noch) keine Verpflichtung gegenüber Dritten begründen und damit nicht passivierungsfähig sind, oder aber auch in künftig erwarteten Verlusten des Beteiligungsunternehmens begründet liegen, die ebenfalls nicht passiviert werden dürfen. Vgl. IFRS 3.BC380 i. V. m. IFRS 3.11 sowie PwC (Hrsg.), Manual of Accounting 2017, Rn. FAQ 29.176.1; LÜDENBACH, N./HOFFMANN, W.-D./FREIBERG, J., in: Lüdenbach/Hoffmann/Freiberg, Haufe IFRS-Kommentar, 16. Aufl., § 31, Rn. 144; KASPERZAK, R./LIECK, H., Bedeutung des Reassessment, S. 1018; BRÜCKS, M./WIEDERHOLD, P., Business Combinations, S. 180. Vgl. hierzu bereits Abschnitt 522.31.

unternehmens unmittelbar durch die Konzernobergesellschaft deutlich, dass die nicht beherrschenden Anteile nach der *partial goodwill method* gemäß IFRS 3 auch im Fall eines niedrigeren beizulegenden Zeitwertes mit dem höheren anteiligen neubewerteten Reinvermögen zu bewerten sind.[1452] Zum anderen ist es angesichts der Ermessensspielräume und Bewertungsunsicherheiten bei der Ermittlung des beizulegenden Zeitwertes einer Unternehmensbeteiligung äußerst fraglich, ob eine Überbewertung der indirekten nicht beherrschenden Anteile hinreichend glaubwürdig quantifiziert werden könnte.[1453] Ungeachtet dieser Schwierigkeiten hätte der Unterschiedsbetrag aus der Aufrechnung des beizulegenden Zeitwertes der Beteiligung mit dem anteiligen neubewerteten Reinvermögen den Charakter eines *badwill* und würde nur dann glaubwürdige Informationen vermitteln können, wenn er zunächst passiviert und bei (nicht mehr zu erwartendem) Eintritt der antizipierten Aufwendungen erfolgswirksam aufgelöst wird.[1454] Nach den Regelungen des IFRS 3 wäre der *badwill* indes i. S. e. Erfolgs aus einem günstigen Gelegenheitskauf ertragswirksam zu vereinnahmen und sogar zugunsten des erwerbenden Konzernunternehmens zu erfassen,[1455] obgleich er auf die indirekte Beteiligung der nicht beherrschenden Gesellschafter des Teilkonzerns entfällt. Die (erfolgsneutrale) Aufwertung der indirekten Beteiligung, die einen negativen Unterschiedsbetrag umgehend eliminiert, **verhindert** somit letztlich unabhängig vom Charakter der Residualgröße sowohl eine „**irreführende** [im Original nicht hervorgehoben]"[1456] **Ertragsrealisation** als auch eine **Fehlallokation** der Ergebniswirkungen.

### 534. Implikationen der Ermittlungssystematik für die Bilanzierung der Unterschiedsbeträge des Erwerbers und der indirekten nicht beherrschenden Gesellschafter

Die Abbildung der in den vorherigen Abschnitten 532. und 533. untersuchten Bestimmung der Unterschiedsbeträge für den Erwerber eines Teilkonzerns und die an dem Teilkonzernmutterunternehmen beteiligten nicht beherrschenden Gesellschafter im Konzernabschluss kann zumindest vor dem Hintergrund der in IFRS 3 kodifizierten Ermittlungssystematik nicht isoliert betrachtet werden.[1457] Schließlich ist nach dieser Systematik nur **eine einzige Residualgröße** im Rahmen eines Unternehmenszusammenschlusses zu ermitteln,[1458] in der die gesellschafterstammspezifischen Unterschiedsbeträge aus der Akquisition des dem Teilkonzern zugehörigen mittelbaren Tochterunternehmens im Zuge einer impliziten Saldierung aufgehen.[1459] Lediglich in den Fällen, in denen das den indirekten nicht beherrschenden Gesellschaftern zuzurechnende neubewertete Reinvermögen der mittelbaren Tochtergesellschaft den teilkonzernbilanziellen Buchwert der indirekten nicht beherrschenden Antei-

---

1452 Vgl. IFRS 3.19 (b).

1453 Vgl. hierzu bereits Abschnitt 533.222. und 522.221.2.

1454 Vgl. zur Charakterisierung eines solchen negativen Unterschiedsbetrages Abschnitt 532.422.2 sowie zu dessen vorzugswürdiger Behandlung Abschnitt 524.

1455 Vgl. IFRS 3.34.

1456 HAAKER, A., Goodwill-Bilanzierung nach IFRS, S. 346.

1457 Vgl. zur Systematik der Ermittlung eines Unterschiedsbetrages Abschnitt 522.1.

1458 Der Unterschied zur Ermittlung mehrerer teilkonzerneinheitenspezifischer Unterschiedsbeträge für den Erwerber eines Teilkonzerns liegt dabei darin, dass der Akquisitionsvorgang eines Teilkonzerns als mehrere einzelne Unternehmenszusammenschlüsse interpretiert werden kann. Vgl. Abschnitt 532.2. Demgegenüber qualifiziert sich die Akquisition eines mittelbaren Tochterunternehmens in diesem Rahmen lediglich als ein einziger Unternehmenszusammenschluss, für den nach den Regelungen des IFRS 3.32 nur ein einziger Unterschiedsbetrag zu ermitteln ist.

1459 Vgl., wenn auch im Kontext sukzessiver Anteilserwerbe, GIMPEL-HENNING, N., Sukzessive Anteilserwerbe, S. 132.

le übersteigt, sind damit keine besonderen Auswirkungen auf die Abbildung des Erwerbsvorgangs im Konzernabschluss verbunden. Denn aufgrund seines technischen Charakters sollte ein in dieser Konstellation entstehender negativer Unterschiedsbetrag zum Erwerbszeitpunkt unmittelbar erfolgsneutral eliminiert werden, indem die indirekten nicht beherrschenden Anteile zum anteiligen neubewerteten Reinvermögen des mittelbaren Tochterunternehmens bewertet werden, sodass sich aus der Kapitalkonsolidierung **keine den indirekten nicht beherrschenden Anteilen zuzuordnende Residualgröße** ergibt.[1460] Insofern zieht die Ermittlungssystematik des IFRS 3 in diesem Fall keine Verrechnung von Unterschiedsbeträgen des Erwerbers und der (indirekten) nicht beherrschenden Gesellschafter nach sich.

Soweit den **indirekten nicht beherrschenden Anteilen** auf Basis ihres teilkonzernbilanziellen Buchwerts ein **Geschäfts- oder Firmenwert** zuzurechnen ist,[1461] gehen in der nach IFRS 3 für den Unternehmenszusammenschluss insgesamt zu ermittelnden Residualgröße sowohl dieser Geschäfts- oder Firmenwert als auch der für den Erwerber ermittelte Unterschiedsbetrag auf. Dementsprechend ist es möglich, dass ein auf die indirekte Beteiligung des Erwerbers entfallender positiver Unterschiedsbetrag um den Geschäfts- oder Firmenwert der indirekten nicht beherrschenden Gesellschafter erhöht und korrespondierend ein negativer Unterschiedsbetrag des Erwerbers um diesen Geschäfts- oder Firmenwert betragsmäßig gekürzt oder überkompensiert wird.[1462] Diese Fallkonstellationen sollen nachfolgend mit Blick auf die Interpretation des resultierenden Gesamtunterschiedsbetrages und die Implikationen für die Vermögens- und Ertragslage des Konzerns untersucht werden.

Entfällt auf die Beteiligungen beider Gesellschafterstämme **jeweils ein Geschäfts- oder Firmenwert**, unterscheidet sich die Bilanzierungskonsequenz des insgesamt zu ermittelnden Unterschiedsbetrages weder dem Grunde noch der Höhe nach von der für die gesellschafterstammspezifischen Unterschiedsbeträge. Schließlich sind ein insgesamt positiver Unterschiedsbetrag für beide Gesellschaftergruppen und mehrere positive gesellschafterstammspezifische Unterschiedsbeträge gleichermaßen als Geschäfts- oder Firmenwert(e) in der Konzernbilanz zu aktivieren.[1463] Gleichwohl ist zu berücksichtigen, dass die beiden Geschäfts- oder Firmenwerte sowohl in zeitlicher als auch in sachlicher Hinsicht verschiedene Ausgangspunkte haben. So gründet der positive Unterschiedsbetrag des Erwerbers auf einer zum Zeitpunkt des Teilkonzernerwerbs erbrachten (marktpreisinduzierten verteilten) Gegenleistung und ist damit maßgebend durch die erwerberspezifischen Erwartungen und Annahmen geprägt.[1464] Der Geschäfts- oder Firmenwert der indirekten nicht beherrschenden Gesellschafter hingegen basiert in sachlicher Hinsicht auf den (historischen) Ertragserwartungen des Teilkonzernmutterunternehmens aus dem Erwerb des (mittelbaren) Tochterunternehmens.[1465] Diese Erwartungen müssen nicht mit den Potenzialen übereinstimmen, die das den Teilkonzern erwerbende

[1460] Vgl. Abschnitt 533.3.
[1461] Vgl. Abschnitt 533.224.
[1462] Vgl. HENDLER, M./ZÜLCH, H., Beteiligungsverhältnisse bei Tochterunternehmen, S. 489; HAAS, C., Goodwill-Bilanzierung nach IFRS, S. 168.
[1463] Vgl. IFRS 3.32 sowie KÜHNBERGER, M., Full Goodwill Methode, S. 451 f.
[1464] Vgl. Abschnitt 532.423.2.
[1465] Vgl. hierzu und im Folgenden Abschnitt 533.224. i. V. m. Abschnitt 533.223.

Konzernunternehmen durch eine etwaige Integration der mittelbaren Tochtergesellschaft in den Wertschöpfungsprozess des Konzerns auch zugunsten der indirekten nicht beherrschenden Gesellschafter beabsichtigt zu realisieren. Darüber hinaus geht der den indirekten nicht beherrschenden Anteilen zuzurechnende Geschäfts- oder Firmenwert – im Unterschied zum positiven Unterschiedsbetrag des Erwerbers – in zeitlicher Hinsicht nicht zwingend auf den tatsächlichen wirtschaftlichen Verhältnissen zum Akquisitionszeitpunkt des Teilkonzerns zurück, sondern kann zum Teil durch die historischen Wertverhältnisse des zeitlich vorgelagerten Unternehmenszusammenschlusses von Teilkonzernmutter- und Tochterunternehmen beeinflusst sein.[1466] Da die in sachlicher und zeitlicher Hinsicht unterschiedlichen gesellschafterstammspezifischen Geschäfts- oder Firmenwerte nicht separat gezeigt werden, können durch die Konzernbilanz nicht unmittelbar alle Informationen über die verschiedenen Charaktere der durch den anzusetzenden (Gesamt-)Geschäfts- oder Firmenwert repräsentierten Ertragspotenziale vermittelt werden.[1467] Gleichwohl besteht für die Abschlussadressaten i. V. m. den gemäß IFRS 3 erforderlichen Anhangangaben zu den Faktoren, die die Erfassung eines Geschäfts- oder Firmenwertes bedingen, zum beizulegenden Zeitwert der vom Erwerber erbrachten Gegenleistung und dem Betrag sowie der Bewertungsgrundlage der nicht beherrschenden Anteile bei einer regelungskonformen Anhangberichterstattung zumindest die Möglichkeit, sich diese Informationen über die konzernbilanziell abzubildenden, das Reinvermögen übersteigenden Ertragspotenziale abzuleiten.[1468] Überdies werden beide gesellschafterstammspezifischen Geschäfts- oder Firmenwerte ausgehend von einer i. d. R. erbrachten Gegenleistung bestimmt.[1469] Mithin kann sowohl der auf der Grundlage des teilkonzernbilanziellen Buchwertes der indirekten nicht beherrschenden Anteile ermittelte positive Unterschiedsbetrag als auch die Residualgröße, die aus der anteilig für das mittelbare Tochterunternehmen entrichteten Gegenleistung des Erwerbers abgeleitet wird, und damit letztlich auch der resultierende Gesamtunterschiedsbetrag als *purchased goodwill* i. w. S. interpretiert werden. Die durch die Ermittlungssystematik des IFRS 3 bedingte Verrechnung und der undifferenzierte Ausweis der beiden positiven gesellschafterstammspezifischen Unterschiedsbeträge in einem einzigen Geschäfts- oder Firmenwert schränkt eine glaubwürdige und relevante Abbildung der Akquisition des mittelbaren Tochterunternehmens im Konzernabschluss daher – wenn überhaupt – nicht wesentlich ein.

Sofern sich aus der (gedanklichen) Kapitalaufrechnung der indirekten Beteiligung des **erwerbenden Konzernunternehmens** mit dem auf diese Beteiligung entfallenden Reinvermögen der mittelbaren

[1466] Allerdings wird die aus den unterschiedlichen zeitlichen Bezugspunkten hervorgehende Beeinträchtigung zum einen umso geringer sein, je näher der Teilkonzernerwerb und der vorangehende Zusammenschluss des Teilkonzernmutterunternehmens und der mittelbaren Tochtergesellschaft zeitlich beieinander liegen. Zum anderen werden die Einschränkungen dadurch vermindert, dass nicht der zum Zeitpunkt des ursprünglichen Unternehmenszusammenschlusses bestimmte Unterschiedsbetrag, sondern der auf den Erwerbszeitpunkt des Teilkonzerns fortgeführte Geschäfts- oder Firmenwert herangezogen wird. Vgl. hierzu insgesamt, wenn auch im Kontext konzerninterner Unternehmensakquisitionen, ALKEMEIER, M., Konzerninterne Unternehmenszusammenschlüsse, S. 185 f.

[1467] Vgl. ähnlich zur Verrechnung der auf die Neu- und Altanteile entfallenden Unterschiedsbeträge im Kontext sukzessiver Anteilserwerbe GIMPEL-HENNING, N., Sukzessive Anteilserwerbe, S. 135.

[1468] Vgl. zu den erforderlichen Anhangangaben IFRS 3.B64 (e), (f) und (o).

[1469] Vgl. diesbezüglich zum Geschäfts- oder Firmenwert des Erwerbers Abschnitt 532.423.2 sowie zum Geschäfts- oder Firmenwert der indirekten nicht beherrschenden Gesellschafter Abschnitt 533.224. i. V. m. Abschnitt 533.223.

Tochtergesellschaft indes ein **negativer Unterschiedsbetrag** ergibt, der auf zum Erwerbszeitpunkt des Teilkonzerns antizipierten künftigen Aufwendungen gründet (sog. ***badwill***[1470]), kann dies auf einen Wertminderungsbedarf des den indirekten nicht beherrschenden Gesellschaftern zuzurechnenden Geschäfts- oder Firmenwertes hindeuten.[1471] Daher sollte der Geschäfts- oder Firmenwert unter diesen Umständen auf seine Werthaltigkeit geprüft werden. Stellt sich in diesem Rahmen heraus, dass die durch den Geschäfts- oder Firmenwert repräsentierten Ertragspotenziale nicht mehr werthaltig sind, zieht die Ermittlungssystematik des IFRS 3 keine Saldierung der gesellschafterstammspezifischen Unterschiedsbeträge mit unterschiedlichen Vorzeichen nach sich.[1472]

Ein der indirekten Beteiligung des Erwerbers zuzurechnender negativer Unterschiedsbetrag kann aber auch auf einen **Erfolg aus einem günstigen Gelegenheitskauf** zurückgehen. In dieser Fallkonstellation deutet zumindest der Charakter der dem Erwerber zuzuordnenden Residualgröße nicht auf eine Wertminderung des Geschäfts- oder Firmenwertes der indirekten nicht beherrschenden Gesellschafter hin, sodass nach dem Ermittlungsschema des IFRS 3 die beiden gesellschafterstammspezifischen Unterschiedsbeträge mit unterschiedlichen Vorzeichen saldiert werden.[1473] Soweit sich infolgedessen insgesamt eine negative Residualgröße ergibt, ist sie angesichts der Natur des bedingenden negativen Unterschiedsbetrages des Erwerbers als Gewinn aus der Akquisition des mittelbaren Tochterunternehmens zu charakterisieren und wird entsprechend den Regelungen des IFRS 3 sachgerecht zum Erwerbszeitpunkt ertragswirksam vereinnahmt.[1474] Die **Kürzung** des für den Erwerber zu erfassenden Erfolgs um den Geschäfts- oder Firmenwert der indirekten nicht beherrschenden Gesellschafter folgt dem Bestreben des Standardsetzers, die aus einem Gelegenheitskauf resultierende Ertragswirkung nicht durch den zusätzlichen Ansatz eines Geschäfts- oder Firmenwertes aus demselben Unternehmenszusammenschluss zu erhöhen, sondern auf die Differenz zwischen der niedrigeren entrichteten Gegenleistung zuzüglich des Wertes der nicht beherrschenden Anteile und dem höheren Reinvermögen zu begrenzen.[1475] Aufgrund dessen wird jedoch der den indirekten nicht beherrschenden Anteilen zuzurechnende Geschäfts- oder Firmenwert implizit mit den Anteilen des Konzernmutterunternehmens am Eigenkapital verrechnet.[1476] Dies zeigt sich offenkundig im Vergleich mit einer jeweils gesonderten Behandlung der gesellschafterstammspezifischen Unterschiedsbeträge, aus der ein um den sodann anzusetzenden Geschäfts- oder Firmenwert höherer Erfolg und dementsprechend höhere Anteile der Konzernobergesellschaft am Eigenkapital hervorgehen würden. Mithin wird zum Erwerbs-

1470 Vgl. hierzu Abschnitt 522.31.

1471 Vgl. hierzu und im folgenden Satz, wenn auch im Kontext der Übernahme eines aus einem *asset deal* stammenden Geschäfts- oder Firmenwertes in den handelsrechtlichen Konzernabschluss, HACHMEISTER, D./BEYER, B., in: Böcking u. a., Beck HdR, C 401, Rn. 108.

1472 In dem Fall, dass die Ertragspotenziale dennoch werthaltig sein sollten, hätte die Verrechnung der gesellschafterstammspezifischen Unterschiedsbeträge analoge Implikationen für die Vermögens- und Ertragslage wie die Verrechnung des Geschäfts- oder Firmenwertes einer Teilkonzerneinheit mit dem einer anderen Teilkonzerneinheit zuzurechnenden *badwill* im Rahmen einer gesamtheitlichen Unterschiedsbetragsermittlung zur Abbildung einer Teilkonzernakquisition. Vgl. hierzu Abschnitt 532.311. und Abschnitt 532.32.

1473 Vgl., wenn auch im Kontext der *full goodwill method*, KÜHNBERGER, M., Full Goodwill Methode, S. 452.

1474 Vgl. IFRS 3.34; IFRS 3.BC372 sowie HENDLER, M./ZÜLCH, H., Beteiligungsverhältnisse bei Tochterunternehmen, S. 489.

1475 Vgl. IFRS 3.BC376.

1476 Vgl. so wohl auch KÜHNBERGER, M., Full Goodwill Methode, S. 452.

zeitpunkt die tatsächliche Höhe des vom Management erzielten Verhandlungserfolgs in Bezug auf die indirekten Anteile des Erwerbers am mittelbaren Tochterunternehmen nicht deutlich, sodass die Konzernabschlussadressaten einen günstigen Gelegenheitskauf zwar dem Grunde, nicht aber der Höhe nach beurteilen können.[1477] In der Folgekonsolidierung können den durch den Geschäfts- oder Firmenwert der indirekten nicht beherrschenden Gesellschafter repräsentierten Ertragspotenzialen zum Zeitpunkt ihrer Realisation zudem keine entsprechenden Aufwendungen aus der dann konzeptionell angezeigten Wertminderung des derivativen Geschäfts- oder Firmenwertes gegenübergestellt werden.[1478] Die Abbildung der Vermögens- und Ertragslage des Konzerns wird daher nachhaltig verzerrt.

Ähnliche Bedenken bestehen auch dann, wenn der Geschäfts- oder Firmenwert der indirekten nicht beherrschenden Gesellschafter den Erfolg des Erwerbers aus einem günstigen Gelegenheitskauf der mittelbaren Tochtergesellschaft betragsmäßig **überkompensiert** und sich infolge der Verrechnung eine insgesamt positive Residualgröße ergibt.[1479] Zwar ist aufgrund des Charakters des auf die indirekten nicht beherrschenden Anteile entfallenden positiven Unterschiedsbetrages auch dem Gesamtunterschiedsbetrag die Eigenschaft eines Geschäfts- oder Firmenwertes i. S. d. IFRS 3 zuzusprechen. Allerdings wird der Geschäfts- oder Firmenwert der indirekten nicht beherrschenden Gesellschafter in Höhe des verrechneten Erfolgs zu niedrig bewertet, sodass sich die zuvor beschriebenen Auswirkungen auf die Vermögens- und Ertragslage in vergleichbarer Form zeigen. Überdies werden aufgrund der erfolgsneutralen Verrechnung des Erfolgs im positiven Gesamtunterschiedsbetrag das Konzernergebnis und somit das Konzerneigenkapital zum Akquisitionszeitpunkt zu niedrig ausgewiesen. Der Verhandlungserfolg des Managements bleibt den Konzernabschlussadressaten in dieser Fallkonstellation mithin konzernbilanziell gänzlich verborgen.

Obgleich die Addition gesellschafterstammspezifischer Geschäfts- oder Firmenwerte vergleichsweise geringe Einschränkungen der Glaubwürdigkeit und Relevanz der letztlich durch den Konzernabschluss vermittelten Informationen nach sich zieht, macht das konzernbilanzielle Resultat der Verrechnung von gesellschafterstammspezifischen Unterschiedsbeträgen mit abweichenden Vorzeichen deutlich, dass die Ermittlungssystematik des IFRS 3 im Rahmen eines Teilkonzernerwerbs diese beiden qualitativen Anforderungen an die IFRS-Finanzberichterstattung erheblich beeinträchtigen kann.[1480] Schließlich werden den Abschlussadressaten zumindest in der Konzernbilanz und in der Konzerngesamtergebnisrechnung keine Informationen dazu bereitgestellt, wie sich der ermittelte Gesamtunterschiedsbetrag zusammensetzt. Im Ergebnis ist damit eine differenzierte Analyse der Implikationen der Akquisition des mittelbaren Tochterunternehmens im Rahmen des Teilkonzernerwerbs für die Vermögens- und Ertragslage nur äußerst eingeschränkt möglich.

---

[1477] Vgl. HAAKER, A., Goodwill-Bilanzierung nach IFRS, S. 405 f. und 408.

[1478] Vgl. in ähnlichem Kontext PAWELZIK, K. U./THEILE, C., Eigenkapitalvernichtung im mehrstufigen Konzern, S. 2389; KLEIN, I., Full-Goodwill-Methode, S. 144 f.; KÜTING, K., Geschäfts- oder Firmenwert, S. 1801.

[1479] Vgl. zu der Möglichkeit dieser Fallkonstellation HAEGLER, O., Bilanzierung nicht beherrschender Anteile im mehrstufigen Konzern, S. 194.

[1480] Vgl. hierzu und im Folgenden ähnlich im Kontext der Verrechnung von Unterschiedsbeträgen mit abweichenden Vorzeichen im Zuge sukzessiver Anteilserwerbe GIMPEL-HENNING, N., Sukzessive Anteilserwerbe, S. 136 und 139.

## 535. Bilanzieller Wertansatz nicht beherrschender Anteile

Die in Abschnitt 533. diskutierte Bewertung der indirekten Anteile, die die direkt an den Teilkonzern(mutter)unternehmen beteiligten nicht beherrschenden Gesellschafter an der mittelbaren Tochtergesellschaft halten, wirkt sich nicht nur auf die Höhe eines aus der Kapitalkonsolidierung verbleibenden Unterschiedsbetrages, sondern auch auf den konzernbilanziellen Wertansatz der nicht beherrschenden Eigenkapitalanteile aus. Soweit sich bei Anwendung der additiven Methode aus dem teilkonzernbilanziellen Buchwert der indirekten nicht beherrschenden Anteile gedanklich ein (technischer) negativer Unterschiedsbetrag ergeben würde, ist dieser bereits im Akquisitionszeitpunkt zu eliminieren, indem die indirekten nicht beherrschenden Anteile zum Zeitwert des anteiligen Reinvermögens der mittelbaren Tochtergesellschaft bewertet werden.[1481] Da die multiplikative Methode grundsätzlich auf diesen Wertmaßstab zur Bewertung der indirekten Anteile der nicht beherrschenden Gesellschafter zurückgreift,[1482] unterscheidet sich nach den beiden Methoden in dieser Fallkonstellation weder die Höhe des aus der Kapitalkonsolidierung hervorgehenden Unterschiedsbetrages noch der Wertansatz der nicht beherrschenden Anteile am Konzerneigenkapital.[1483] **Abweichungen in der konzernbilanziellen Abbildung** des Erwerbsvorgangs ergeben sich jedoch, wenn der teilkonzernbilanzielle Buchwert der indirekten nicht beherrschenden Anteile das neubewertete anteilige Reinvermögen des mittelbaren Tochterunternehmens übersteigt, mithin ein positiver Unterschiedsbetrag aus der Aufrechnung des Beteiligungswertes und dem anteiligen Eigenkapital resultiert. Die additive Methode würde im Vergleich zur multiplikativen Methode in diesem Fall c. p. auf der einen Seite zu einem höheren Geschäfts- oder Firmenwert in der Konzernbilanz führen und auf der anderen Seite einen entsprechend höheren Wertansatz der nicht beherrschenden Anteile am Konzerneigenkapital nach sich ziehen.[1484]

Obgleich erstmalig in die Konzernbilanz aufzunehmende nicht beherrschende Anteile zum Akquisitionszeitpunkt nach der *partial goodwill method* gemäß IFRS 3 mit dem beizulegenden Zeitwert des auf sie entfallenden Reinvermögens zu bewerten sind,[1485] ist daraus nicht auf einen Verstoß der additiven Methode gegen diese Bewertungskonzeption zu schließen. Das diesbezügliche Bewertungsobjekt ist schließlich nicht die indirekte Beteiligung der nicht beherrschenden Gesellschafter an der mittelbaren Tochtergesellschaft selbst, sondern das Anteilspaket dieser Gesellschafter am Teilkonzernmutterunternehmen der Tochtergesellschaft.[1486] Die **indirekte Beteiligung** repräsentiert in diesem Zusammenhang neben den identifizierbaren, konzernbilanziell zu erfassenden Vermögenswerten und

---

[1481] Vgl. hierzu Abschnitt 533.3.

[1482] Vgl. Abschnitt 533.21.

[1483] Dies steht indessen unter dem Vorbehalt, dass an dem akquirierenden Unternehmen keine nicht beherrschenden Gesellschafter beteiligt sind. Anderenfalls sind die Auswirkungen der beiden Methoden auf diese Größen mit den bereits in Abschnitt 52 diskutierten Implikationen vergleichbar.

[1484] Vgl. hierzu im Allgemeinen bereits Abschnitt 344.

[1485] Vgl. IFRS 3.19 (b) sowie HAAKER, A., Wahlrecht zur Anwendung der full goodwill method, S. 190; HACHMEISTER, D., Unternehmenszusammenschlüsse, S. 120.

[1486] Vgl. Abschnitt 533.1.

Schulden einen weiteren **Vermögenswert des Reinvermögens** der Teilkonzernobergesellschaft.[1487] IFRS 3 enthält indes keine expliziten Vorschriften zur Bewertung einer solchen Unternehmensbeteiligung im Rahmen der Erstkonsolidierung, sodass die Höhe des den nicht beherrschenden Anteilen am Teilkonzernmutterunternehmen zuzuordnenden Reinvermögens i. S. d. *partial goodwill method* von dem Bewertungsmaßstab abhängt, der für diese Beteiligung gewählt wird.

Insgesamt bestehen im Unterschied zur Akquisition eines einzelnen mittelbaren Tochterunternehmens zum einen keine Bedenken an der regelungssystematischen Zulässigkeit beider Methoden, um die in Rede stehenden indirekten nicht beherrschenden Anteile beim Erwerb eines Teilkonzerns zu bewerten.[1488] Zum anderen unterscheiden sich die durch den Wertansatz der nicht beherrschenden Eigenkapitalanteile in der Konzernbilanz vermittelten Informationen lediglich der Höhe nach. Vorbehaltlich einer bilanziellen Überschuldung eines oder mehrerer der erworbenen Teilkonzernunternehmen auf Basis der Neubewertungsbilanz(en) liegt dies darin begründet, dass sich die Anteile der nicht beherrschenden Gesellschafter am Konzerneigenkapital im Vergleich zu ihrem konzernbilanziellen Wertansatz vor der Akquisition sowohl nach der multiplikativen als auch nach der der additiven Methode **erfolgsneutral erhöhen**. Implizit wird damit bei beiden Methoden i. V. m. den Regelungen des IFRS 3 dem Grunde nach eine **Sacheinlage** der nicht beherrschenden Gesellschafter in den Konzern **fingiert**.[1489]

### 536. Kritische Würdigung der Behandlung indirekter Beteiligungsverhältnisse sowie der Ermittlung und Bilanzierung von Unterschiedsbeträgen beim Erwerb eines Teilkonzerns

Nachdem vorangehend die Möglichkeiten zur konzernbilanziellen Abbildung der Akquisition eines Teilkonzerns anhand der qualitativen Anforderungen an eine für die wirtschaftlichen Entscheidungen der Konzernabschlussadressaten nützliche Finanzberichterstattung konkretisiert wurden, ist es für eine abschließende Beurteilung der Entscheidungsnützlichkeit der im Konzernabschluss bereitgestellten Informationen darüber hinaus erforderlich, die gewonnenen Erkenntnisse verdichtet vor dem Hintergrund der Rechenschaft und Bewertungsnützlichkeit zu würdigen. Dabei ist zu beachten, dass die Ergebnisse zur Abbildung indirekter Beteiligungsverhältnisse beim Erwerb eines einzelnen mittelbaren Tochterunternehmens nicht direkt auf den Erwerb eines Teilkonzerns übertragen werden können,[1490] da die Beteiligungsstruktur des Konzerns nicht nur um eine, sondern um mindestens zwei Hierarchiestufen erweitert wird.

---

[1487] Vgl. LEINEN, M., Kapitalkonsolidierung im mehrstufigen Konzern, S. 78 sowie im Kontext der multiplikativen Methode JANSCHEK, O., Konzernrechnungslegung, S. 246.

[1488] Vgl. im handelsrechtlichen Kontext so auch WINKELJOHANN, N./HOFFMANN, K., in: Grottel u. a., Beck Bilanzkomm., 11. Aufl., § 301 HGB, Rn. 378.

[1489] Vgl. BUSSE VON COLBE, W. U. A., Konzernabschlüsse, S. 207; HOMMEL, M./FRANKE, F./RÖßLER, B., Minderheitengoodwill, S. 159; PAWELZIK, K. U., Konsolidierung von Minderheiten, S. 678. Vgl. zu den unterschiedlichen Interpretationen des bilanziellen Wertansatzes der nicht beherrschenden Eigenkapitalanteile im Rahmen der Akquisition eines einzelnen mittelbaren Tochterunternehmens Abschnitt 523.

[1490] Vgl. zu den aggregierten Ergebnissen der Behandlung indirekter Beteiligungsverhältnisse beim Erwerb eines einzelnen mittelbaren Tochterunternehmens Abschnitt 524.

So stellt sich im Unterschied zur Akquisition eines einzelnen Tochterunternehmens zunächst die Frage, ob die Unterschiedsbeträge im Zuge der Kapitalkonsolidierung auf den einzelnen Hierarchiestufen des Erwerbsobjektes gesondert zu ermitteln und ggf. zu bilanzieren sind oder in einer einzigen Residualgröße für den gesamten Teilkonzern aufgehen. Während beide Alternativen nach dem Wortlaut der Regelungen des IFRS 3 zulässig sind, ist bei der Beantwortung dieser Fragestellung zu berücksichtigen, dass den Teilkonzerneinheiten unterschiedliche wertbildende Faktoren zugrunde liegen können. Die **Ermittlung und Bilanzierung eines einzigen Unterschiedsbetrages** als Differenz zwischen der insgesamt erbrachten Gegenleistung und den kumulierten neubewerteten (anteiligen) Reinvermögen der Teilkonzerneinheiten birgt damit potenziell die Gefahr, gegenläufige Wertpotenziale miteinander zu saldieren bzw. die Umstände der Verhandlungssituation nicht hinreichend differenziert durch die konzernbilanzielle Abbildung wiederzugeben. Dies wird im Rahmen der Erstkonsolidierung u. a. in einem nicht vollständigen Ausweis der vergüteten Ertragspotenziale und einem in der Gesamtergebnisrechnung nicht erfassten Ertrag aus einem günstigen Gelegenheitskauf deutlich, wenn der Geschäfts- oder Firmenwert einer Teilkonzerneinheit mit dem in einem Verhandlungserfolg begründet liegenden negativen Unterschiedsbetrag einer anderen Einheit verrechnet wird. Mithin würde der zu bilanzierende Unterschiedsbetrag auf der einen Seite ein schwer zu interpretierendes Wertekonglomerat repräsentieren und auf der anderen Seite die Vermögens- und Ertragslage des Konzerns zum Erwerbszeitpunkt sowie in Folgeperioden verzerren. Infolgedessen gehen für die Konzernabschlussadressaten relevante Informationen über das Kaufpreiskalkül des Erwerbers verloren, sodass sie auf der Grundlage einer gesamtheitlichen Residualgröße für den erworbenen Teilkonzern in der überwiegenden Zahl der konzeptionell denkbaren Fallkonstellationen weder die künftig aus der Akquisition resultierenden (zusätzlichen) Zahlungsströme noch die Angemessenheit der erbrachten Gegenleistung und damit die Akquisitionsentscheidung des verantwortlichen Managements angemessen beurteilen können.

Diesen Einschränkungen der Entscheidungsnützlichkeit kann eine differenzierte **Bilanzierung der Unterschiedsbeträge für die einzelnen Teilkonzerneinheiten** zumindest teilweise begegnen. Schließlich ist es möglich, die vergüteten Geschäfts- oder Firmenwerte einzelner Teilkonzerneinheiten in der Konzernbilanz anzusetzen, während negative Unterschiedsbeträge anderer Teilkonzernunternehmen separiert und somit etwaig erzielte Verhandlungserfolge ertragswirksam vereinnahmt werden können. Potenziell irreführende Signalwirkungen in der Erst- und Folgekonsolidierung gehen allerdings von der ertragswirksamen Erfassung einer negativen Residualgröße im Erwerbszeitpunkt aus, die einen günstigen Gelegenheitskauf suggeriert, sofern der den Substanzwert der Teilkonzerneinheit unterschreitende (anteilige) Kaufpreis auf künftig erwarteten negativen Wertbeiträgen basiert. Darin ist indessen keine besondere Schwäche einer differenzierten Unterschiedsbetragsermittlung im Rahmen eines Teilkonzernerwerbs, sondern ein Mangel der ursachenunspezifischen Behandlung negativer Residualgrößen nach IFRS 3 zu sehen. Die Forderung, einen auf künftigen Aufwendungen gründenden Unterschiedsbetrag aus der Kapitalkonsolidierung zum Akquisitionszeitpunkt erfolgsneutral anzusetzen und erst bei (nicht mehr erwartetem) Eintritt der antizipierten Verlustbeiträge ertragswirksam aufzulösen, ist daher erneut vorzubringen.[1491] Gleichwohl bietet die Ermittlung von (Teil-)Unterschiedsbeträgen für die einzelnen Teilkonzerneinheiten gegenüber der Bilanzierung eines Gesamtunterschiedsbetrages das Potenzial, die konzernbilanzielle Abbildung vergleichsweise stärker an den tatsächlichen wirtschaftlichen Verhältnissen zu orientieren.

Ausgehend von der Auslegung der Vorschriften des IFRS 3 sollte die für den gesamten Teilkonzern erbrachte Gegenleistung dafür grundsätzlich auf Basis der relativen beizulegenden Beteiligungszeitwerte aufgeteilt werden. Die unternehmens- bzw. konzernspezifische Gegenleistung wird den einzelnen (indirekten) Beteiligungen an den Teilkonzernunternehmen dadurch zwar marktwertinduziert zugeordnet und das individuelle Kaufpreiskalkül des Erwerbers nicht zwingend realitätsgetreu wiedergegeben. Dennoch ist die Nützlichkeit der vermittelten Informationen für die Beurteilung der Angemessenheit der Gegenleistung und der künftigen Zahlungsströme aus den neu begründeten Unternehmensverbindungen immer noch höher einzuschätzen als bei einer pauschalen Verrechnung der Wertkalküle im Rahmen einer gesamtheitlichen Unterschiedsbetragsermittlung. Auch die tendenziell rechenschaftsschwächenden Ermessensspielräume bei der Bestimmung des beizulegenden Zeitwertes sind in diesem Zusammenhang zu relativieren. Diese können mit Blick auf die letztlich entstehenden Teilunterschiedsbeträge zweifellos gezielt dazu genutzt werden, eine bilanzpolitisch motivierte Abbildung der Vermögens- und Ertragslage herbeizuführen. Indes wären diese Spielräume ungleich größer, wenn neben dem beizulegenden Zeitwert noch auf einen weiteren Bewertungsmaßstab zurückgegriffen würde, um den Differenzbetrag zwischen der insgesamt erbrachten Gegenleistung und den kumulierten beizulegenden Beteiligungszeitwerten zu verteilen. Zudem besteht ein solches für bilanzpolitische Zwecke nutzbares Gestaltungspotenzial in vergleichbarer Form auch bei der Fortführung einer Gesamtresidualgröße – bspw. beim obligatorischen Wertminderungstest, der Fremdwährungsumrechnung oder der statuswahrenden Abstockung von Beteiligungen an den Teilkonzernunternehmen. Wenngleich damit sowohl die Ermittlung einer einzigen Residualgröße als auch die Bestimmung mehrerer Unterschiedsbeträge die Rechenschaft und Bewertungsnützlichkeit zum Teil einschränken, stellt die differenzierte Unterschiedsbetragsermittlung in der Gesamtschau vergleichsweise entscheidungsnützlichere Informationen bereit.

Sofern nicht beherrschende Gesellschafter an dem erwerbenden Unternehmen oder aber an den erworbenen Teilkonzerngesellschaften beteiligt sind, stellt sich darüber hinaus die Frage, wie etwaige **indirekte nicht beherrschende Anteile** im Rahmen der Kapitalkonsolidierung zu behandeln sind. Während sich zur Lösung dieser Problemstellung die Ergebnisse aus der Akquisition eines einzelnen mittelbaren Tochterunternehmens auf die indirekten Anteile der an der akquirierenden Gesellschaft beteiligten nicht beherrschenden Gesellschafter übertragen lassen, ist dies für die indirekten Beteiligungen der nicht beherrschenden Gesellschafter der erworbenen Teilkonzernunternehmen nicht ohne Weiteres möglich. Für deren (ideelle) Anteile, über die sie indirekt an einem aus Sicht der Konzern-

[1491] Vgl. hierzu bereits Abschnitt 524.

obergesellschaft mittelbaren Tochterunternehmen des Teilkonzerns beteiligt sind, liegen zum Erwerbszeitpunkt schließlich keine (neuerlichen) Anschaffungskosten vor.

Daher ist bspw. eine analoge Bewertung der direkten und indirekten nicht beherrschenden Anteile an einem mittelbaren Tochterunternehmen zum **beizulegenden Zeitwert des (anteiligen) Reinvermögens** denkbar. Dem Leitgedanken der multiplikativen Methode folgend würde für diese Anteile aus der Kapitalkonsolidierung dann **kein Unterschiedsbetrag** entstehen. Wie herausgearbeitet wurde, ist dieses Bilanzierungsergebnis zwar sowohl mit der Behandlung der indirekten Beteiligung der nicht beherrschenden Gesellschafter des akquirierenden Unternehmens nach der multiplikativen als auch nach der additiven Methode kompatibel. Gleichwohl werden die auf die indirekten nicht beherrschenden Anteile entfallenden Ertragspotenziale, die über das identifizierbare neubewertete Reinvermögen hinausgehen, pauschal vernachlässigt, obgleich diese durch den der Teilkonzernakquisition zeitlich vorgelagerten Unternehmenszusammenschluss des Teilkonzernmutterunternehmens und der mittelbaren Tochtergesellschaft zumindest teilweise hinreichend objektiviert sein können.

Im Unterschied dazu trägt der **Ansatz eines Geschäfts- oder Firmenwertes** für die indirekt am mittelbaren Tochterunternehmen beteiligten nicht beherrschenden Gesellschafter i. S. d. additiven Methode den mit der Akquisition konstituierten Beherrschungsverhältnissen Rechnung. Dies ist insofern von Bedeutung, als angesichts des beherrschenden Einflusses des Konzernmutterunternehmens Wertpotenziale, die zum Erwerbszeitpunkt den indirekten nicht beherrschenden Gesellschaftern zuzurechnen sind, in einem gewissen Umfang innerhalb des Konzernverbundes zugunsten der Kapitalgeber der Konzernobergesellschaft verlagert werden können. Aus dem Blickwinkel der primären Konzernabschlussadressaten sind daher auch die den indirekten nicht beherrschenden Anteilen zuzurechnenden Ertragspotenziale für die Prognose künftiger Zahlungsströme relevant. Zudem können die Kapitalgeber des Konzerns auf der Grundlage eines umfassenderen Vermögensausweises die gegenwärtige und künftige wirtschaftliche Lage der ökonomischen Einheit der Konzernunternehmen vergleichsweise besser beurteilen, um bspw. entsprechende Rückschlüsse auf die mit ihrem Investment verbundenen Chancen und Risiken zu ziehen.

Dem zusätzlichen Ansatz des Geschäfts- oder Firmenwertes für die indirekten nicht beherrschenden Gesellschafter scheint allerdings auf den ersten Blick eine rechenschaftsschwächende Wirkung inhärent. Auf die durch den Ansatz dieses Vermögenswertes zugleich erhöhte (Eigen-)Kapitalbasis muss das verantwortliche Management nämlich eine zusätzliche Verzinsung erwirtschaften, obgleich es für den in Rede stehenden Geschäfts- oder Firmenwert keine Gegenleistung erbracht und sich somit grundsätzlich für kein über den Kaufpreis hinausgehendes, im Erwerbsobjekt gebundenes Kapital zu verantworten hat. Da infolgedessen die Leistung des Managements offenbar tendenziell unterschätzt wird, schiene eine Bewertung der indirekten nicht beherrschenden Anteile i. S. d. multiplikativen Methode angezeigt. Dabei ist in Bezug auf die durch diese Methode bedingte Abbildung der Konzernertragslage indes zu berücksichtigen, dass die den indirekten nicht beherrschenden Anteilen zuzurechnenden, aber nicht bilanzierten immateriellen Werttreiber im Rahmen des Wertschöpfungsprozesses positiv auf das Konzernergebnis wirken, während nicht einmal die korrespondierenden Aufwendungen aus dem Kapitalverzehr der zum Erwerbszeitpunkt noch aus dem ursprünglichen Zusammenschluss des Teilkonzerns bestehenden und damalig vergüteten geschäftswertbildenden Faktoren in der Gesamtergebnisrechnung erfasst werden können. Bei näherer Betrachtung zeigt sich damit, dass das Konzernergebnis bei einem unterbleibenden Ansatz des Geschäfts- oder Firmenwertes der indirekten nicht beherrschenden Gesellschafter zu positiv dargestellt wird. Im Umkehrschluss leistet dessen Ansatz einen Beitrag dazu, die „systemimmanente Inkongruenz zwischen Ergebnisbeitrag und Kapitalbelastung“[1492] zu vermindern und den vom verantwortlichen Management erwirtschafteten Wertbeitrag auf Basis der Gesamtergebnisrechnung vergleichsweise besser beurteilen zu können.

Trotz der grundsätzlich höheren Entscheidungsnützlichkeit einer solchen Finanzberichterstattung, die auch Informationen über einen Geschäfts- oder Firmenwert der indirekten nicht beherrschenden Gesellschafter vermittelt, steht infrage, wie diese auch möglichst objektiv gestaltet werden kann. Angesichts der weitgehenden Ermessensspielräume bei der Wertfindung ist vor diesem Hintergrund ein Rückgriff auf den beizulegenden Zeitwert der indirekten nicht beherrschenden Anteile für nachteilig gegenüber einer Bewertung zum Zeitwert des auf diese Anteile entfallenden Reinvermögens zu befinden. Um dennoch nicht aus Objektivitätsgründen auf den Ansatz des Geschäfts- oder Firmenwertes der indirekten nicht beherrschenden Gesellschafter verzichten zu müssen, sollte zur Unterschiedsbetragsermittlung der **teilkonzernbilanzielle Buchwert der indirekten nicht beherrschenden Anteile** herangezogen werden, soweit dieser das auf die Anteile entfallende Reinvermögen übersteigt. Denn der Buchwert fußt auf einem historischen Anschaffungsvorgang und bietet keine neuerlichen Freiheitsgrade, die auf die Bestimmung der Residualgröße aus der Kapitalkonsolidierung ausgerichtet werden könnten.

Allerdings ist in diesem Kontext zu beachten, dass eine buchwertbasierte Bewertung der Beteiligung im Vergleich zu einer zukunftsgerichteten Zeitwertbewertung eher vergangenheitsorientierte Informationen vermittelt. So spiegeln sich im **Geschäfts- oder Firmenwert** grundsätzlich nur die Ertragspotenziale wider, die im Zusammenschluss der Teilkonzernobergesellschaft und des mittelbaren Tochterunternehmens vergütet und bis zum Erwerb des Teilkonzerns nicht realisiert worden sind. Vorbehaltlich der durch den Wertminderungstest nach IAS 36 implizit nachaktivierten Wertpotenziale gehen geschäftswertbildende Faktoren, die während der Teilkonzernzugehörigkeit des Tochterunternehmens neu entstanden sind, sowie erst aus den erwerberindividuellen Verwendungs- und Nutzungsabsichten des mittelbaren Tochterunternehmens erwachsende Ertragserwartungen hingegen nicht in den Unterschiedsbetrag aus der Kapitalkonsolidierung ein. Der damit verbundene unvollständige Vermögensausweis und die Verzerrungen der Ertragslage in Folgeperioden werden zugunsten einer möglichst objektivierten Ermittlung des Geschäfts- oder Firmenwertes – ohne dabei dessen entscheidungsnützlichen Ansatz entsagen zu müssen – bewusst akzeptiert. Schließlich ist die derart geförderte intersubjektive Nachprüfbarkeit eine tragende Säule rechenschaftsfördernder Informationen.

1492 ERDMANN, M.-K./WÜNSCH, M./MEYER, U., Auswirkungen ausgewählter IFRS-Änderungen, S. 387.

Das Dilemma zwischen einer ermessensbehafteten zukunftsgerichteten und einer objektiveren, tendenziell vergangenheitsorientierten buchwertbasierten Ermittlung des Beteiligungswertes wird überdies dadurch entschärft, dass der Unterschiedsbetragsermittlung nicht der Wertansatz zum ursprünglichen Zeitpunkt des Erwerbs der mittelbaren Tochtergesellschaft durch das Teilkonzernmutterunternehmen, sondern der auf den Akquisitionszeitpunkt des Teilkonzerns fortgeführte Buchwert der indirekten nicht beherrschenden Anteile zugrunde gelegt wird. Die Einschränkungen sind daher umso geringer, je näher der vorgelagerte Zusammenschluss der Teilkonzernunternehmen und die Teilkonzernakquisition zeitlich beieinander liegen. Mithin stellt der aus dem teilkonzernbilanziellen Buchwert der indirekten nicht beherrschenden Anteile abgeleitete (zusätzliche) Wertansatz des Geschäfts- oder Firmenwertes Informationen bereit, die gegenüber denen der diskutierten alternativen Bewertungsmöglichkeiten nützlicher für die wirtschaftlichen Entscheidungen der Konzernabschlussadressaten sind.

Sofern der teilkonzernbilanzielle Buchwert der indirekten nicht beherrschenden Anteile das anteilige Reinvermögen unterschreitet, ergäbe sich aus der (gedanklichen) Kapitalaufrechnung ein rein konsolidierungstechnisch bedingter **negativer Unterschiedsbetrag**. Aufgrund der verschiedenen zeitlichen Bezugspunkte der zu verrechnenden Größen scheidet nämlich eine Interpretation als Erfolg aus einem günstigen Gelegenheitskauf aus, sodass die grundsätzlich von IFRS 3 vorgesehene erfolgswirksame Erfassung einer negativen Residualgröße die Ertragslage verzerren würde. Auch die aus dem handelsrechtlichen Kontext bekannte Passivierung und anschließend in Folgeperioden erfolgswirksame Auflösung technischer Residualgrößen ist einer entscheidungsnützlichen Finanzberichterstattung nicht zuträglich, da für den betrachteten negativen Unterschiedsbetrag regelmäßig die im Teilkonzernabschluss nicht ansetzbaren immateriellen Vermögenswerte und stillen Reserven ursächlich sind, die i. S. d. Erwerbsmethode miterworben werden und daher keines Korrekturpostens bedürfen. Stattdessen ist ein technischer negativer Unterschiedsbetrag durch eine erfolgsneutrale Aufwertung der indirekten nicht beherrschenden Anteile zum Erwerbszeitpunkt aufzuholen. Dabei sollte im Rahmen der *partial goodwill method* auf den Zeitwert des anteiligen Reinvermögens – auch im Fall einer potenziellen Überbewertung der Anteile – abgestellt werden, um Verzerrungen der Vermögens- und Ertragslage des Konzerns weitestgehend zu vermeiden sowie infolgedessen vergleichsweise bewertungsnützlichere und rechenschaftsfördernde Informationen zu vermitteln.

Wenngleich damit in dem nach der **Ermittlungssystematik des IFRS 3** schließlich zu bestimmenden (Gesamt-)Unterschiedsbetrag keine negative Residualgröße der indirekten nicht beherrschenden Gesellschafter aufgeht, wird ein den indirekten nicht beherrschenden Anteilen zuzurechnender Geschäfts- oder Firmenwert aufgrund eben dieser Ermittlungssystematik mit dem Unterschiedsbetrag saldiert, der auf die indirekte Beteiligung des Erwerbers am mittelbaren Tochterunternehmen entfällt. Infolgedessen ist es für die Abschlussadressaten – vor allem wenn Unterschiedsbeträge mit unterschiedlichen Vorzeichen verrechnet werden – nicht mehr möglich, unmittelbar aus der Konzernbilanz und der Gesamtergebnisrechnung des Konzerns auf die wirtschaftliche Lage des Konzerns und das

Verhandlungsgeschick des Managements zu schließen.[1493] Mithin werden Informationen vermittelt, deren Bewertungsnützlichkeit und Rechenschaftsfunktion potenziell stark beeinträchtigt sind. Die Ermittlung und letztlich die Bilanzierung gesellschafterstammspezifischer Unterschiedsbeträge in mehreren voneinander isolierten Kapitalaufrechnungen könnte diesen Einschränkungen entgegenwirken, da die nicht sachgerechte Saldierung von sich sachlich, zeitlich und ggf. dem Grunde nach unterscheidenden Residualgrößen vermieden würde. Eine entsprechende Anpassung der in IFRS 3 verankerten Ermittlungssystematik ist daher sehr zu empfehlen.

## 54 Vergleichende Gegenüberstellung der Kapitalkonsolidierung beim Erwerb eines einzelnen mittelbaren Tochterunternehmens und eines Teilkonzerns

Die vorangehende Analyse und die Würdigung der dabei gewonnenen Erkenntnisse zeigen, dass – obgleich das Konzernmutterunternehmen stets als Erwerber i. S. d. IFRS 3 zu identifizieren sein wird – sowohl beim Erwerb eines einzelnen, aus Sicht des Konzernmutterunternehmens mittelbaren Tochterunternehmens als auch bei der Akquisition eines Teilkonzerns die **additive Methode** gegenüber der multiplikativen Methode zu einer konzernbilanziellen Abbildung führen kann, die vergleichsweise nützlichere Informationen für die wirtschaftlichen Entscheidungen der Konzernabschlussadressaten bereitstellt. Gleichwohl ergeben sich in den genannten Fällen bei der konkreten Anwendung der additiven Methode bestimmte, **zu beachtende Besonderheiten**. Diese liegen darin begründet, dass beim Erwerb eines einzelnen mittelbaren Tochterunternehmens und den dabei in dieser Arbeit unterstellten Beteiligungsverhältnissen die (indirekten) nicht beherrschenden Gesellschafter Anteile an der formalrechtlich erwerbenden Konzerngesellschaft halten, die infolgedessen zum Teilkonzernmutterunternehmen der erworbenen Tochtergesellschaft wird, während eine solche Beteiligung der nicht beherrschenden Gesellschafter beim Teilkonzernerwerb nicht zwingend gegeben sein muss. Soweit das Konzernmutterunternehmen nicht selbst die formal erwerbende Partei ist, können zwar auch bei der Akquisition eines Teilkonzerns nicht beherrschende Gesellschafter Anteile am formalrechtlich erwerbenden Unternehmen halten und sich damit die gleichen Bilanzierungsfragestellungen wie für die indirekten nicht beherrschenden Anteile beim Erwerb eines mittelbaren Tochterunternehmens ergeben. Allerdings besteht darüber hinaus die Möglichkeit, dass nach der Akquisition nicht beherrschende Gesellschafter am Teilkonzernmutterunternehmen oder an einem auf einer Zwischenstufe des Teilkonzerns verorteten Tochterunternehmen beteiligt sind. Mithin sind diese nicht beherrschenden Gesellschafter nicht am Erwerbssubjekt, sondern am Akquisitionsobjekt beteiligt. Die beiden betrachteten Erwerbskonstellationen können sich daher insofern unterscheiden, als für die indirekten nicht beherrschenden Anteile zum Erwerbszeitpunkt entweder eine Gegenleistung vorliegt oder keine Anschaffungskosten angefallen sind. Überdies beziehen sich die Anschaffungskosten beim Erwerb eines einzelnen mittelbaren Tochterunternehmens direkt auf die erworbene Beteiligung an diesem Unternehmen, während die von der formal erwerbenden Gesellschaft erbrachte Gegenleistung bei einer Teilkonzernakquisition sowohl die Beteiligung am Teilkonzernmutterunter-

[1493] Vgl. hierzu und im Folgenden ähnlich, wenn auch im Kontext sukzessiver Anteilserwerbe, GIMPEL-HENNING, N., Sukzessive Anteilserwerbe, S. 232–234.

nehmen als auch deren Beteiligung an mindestens einer hierarchisch nachgeordneten, mittelbaren Tochtergesellschaft vergütet.

Diese Unterschiede wirken sich schließlich auf die Ermittlung des nach der additiven Methode zu bestimmenden **Unterschiedsbetrages** aus. Während beim Erwerb eines einzelnen mittelbaren Tochterunternehmens die aus der Kapitalkonsolidierung hervorgehende Residualgröße unmittelbar aus der für die Kapitalbeteiligung erbrachten Gegenleistung abzuleiten ist, liegen bei der Akquisition eines Teilkonzerns für die indirekte Beteiligung des formal erwerbenden Konzernunternehmens am mittelbaren Tochterunternehmen keine expliziten Anschaffungskosten vor. Aufgrund dessen ist zunächst der Teil der insgesamt für den Teilkonzern erbrachten Gegenleistung zu bestimmen, der die indirekte Beteiligung des formal erwerbenden Konzernunternehmens vergütet. Dafür ist nach regelungssystematischer Auslegung und vor dem Hintergrund der qualitativen Anforderungen an eine entscheidungsnützliche Finanzberichterstattung der relative beizulegende Beteiligungszeitwert als Verteilungsschlüssel heranzuziehen. In beiden Erwerbsfällen liegt der Unterschiedsbetragsermittlung damit eine Gegenleistung zugrunde, sodass sich eine positive Residualgröße als (ggf. gesellschafterstammübergreifender) *purchased goodwill* und eine negative Residualgröße als Erfolg aus einem günstigen Gelegenheitskauf oder *badwill* interpretieren lässt. Gleichwohl ist dabei zu beachten, dass der Unterschiedsbetrag für das mittelbare Tochterunternehmen bei der Akquisition eines Teilkonzerns angesichts des Rückgriffs auf den marktorientierten beizulegenden Zeitwert eine marktpreisinduzierte Residualgröße repräsentiert.

Im Sinne der additiven Methode ist beim Teilkonzernerwerb darüber hinaus auch ein Geschäfts- oder Firmenwert für die nicht beherrschenden Gesellschafter des Teilkonzerns zu ermitteln, die indirekt an der mittelbaren Tochtergesellschaft beteiligt sind. Jedoch liegen für die indirekten Anteile dieser Gesellschafter an dem Tochterunternehmen zum Akquisitionszeitpunkt des Teilkonzerns keine Anschaffungskosten vor. Um nicht aus Gründen der Glaubwürdigkeit auf den relevanten Wertansatz des diesen Anteilen zuzurechnenden Geschäfts- oder Firmenwertes verzichten zu müssen, sollte nach hier vertretener Auffassung auf den teilkonzernbilanziellen Buchwert der indirekten nicht beherrschenden Anteile zurückgegriffen werden. Da dieser Wert ausgehend von der Gegenleistung bestimmt wird, die das Teilkonzernmutterunternehmen i. d. R. im Rahmen des zeitlich vorgelagerten Zusammenschlusses mit dem mittelbaren Tochterunternehmen erbringt, kann ein resultierender positiver Unterschiedsbetrag als *purchased goodwill* i. w. S. verstanden werden. Sofern der teilkonzernbilanzielle Buchwert indes das anteilige neubewertete Reinvermögen der mittelbaren Tochtergesellschaft unterschreitet, ist es angezeigt, die indirekten nicht beherrschenden Anteile zum Zeitwert des auf sie entfallenden Reinvermögens zu bewerten, um die Entstehung eines (rein) konsolidierungstechnisch bedingten negativen Unterschiedsbetrages zu vermeiden.

Die damit verbundene Bewertung der indirekten Anteile nicht beherrschender Gesellschafter eines der erworbenen Teilkonzern(mutter)unternehmen zum höheren Wert aus dem teilkonzernbilanziellen Buchwert der indirekten nicht beherrschenden Anteile und dem beizulegenden Zeitwert des anteiligen Reinvermögens führt in jedem Fall zu einem höheren **Wertansatz der nicht beherrschenden**

**Anteile am Konzerneigenkapital.** Dies geht im Zuge einer Teilkonzernakquisition auf die erstmalige Einbeziehung der indirekten nicht beherrschenden (Eigenkapital-)Anteile in den Konzernabschluss zurück. Beim Erwerb eines einzelnen mittelbaren Tochterunternehmens befinden sich die Anteile der nicht beherrschenden Gesellschafter des formalrechtlich erwerbenden, späteren Teilkonzernmutterunternehmens hingegen in der Folgekonsolidierung. Sie sind daher um die anteiligen Änderungen des Konzerneigenkapitals fortzuschreiben, die ihren Ursprung auf der Ebene der Teilkonzernobergesellschaft haben. Der Erwerb der Beteiligung am mittelbaren Tochterunternehmen zieht im Konzernabschluss indes lediglich einen (erfolgsneutralen) Aktivtausch bei der ausschließlichen Hingabe und konzernbilanziellen Aufnahme von Vermögenswerten bzw. eine (erfolgsneutrale) Bilanzverlängerung bei der Übernahme von Schulden nach sich, sofern die erbrachte Gegenleistung den Zeitwert des auf die Beteiligung entfallenden Reinvermögens übersteigt und sich daraufhin ein positiver Unterschiedsbetrag aus der Kapitalaufrechnung ergibt. Der Wertansatz der Anteile nicht beherrschender Gesellschafter am Konzerneigenkapital bleibt zum Akquisitionszeitpunkt – vorbehaltlich erstmalig in den Konzernabschluss aufzunehmender direkter nicht beherrschender Anteile am Erwerbsobjekt – dadurch unverändert. Implizit werden die indirekten nicht beherrschenden Anteile damit zum Zeitwert der anteiligen Gegenleistung bewertet. Unterschreitet die erbrachte Gegenleistung des Teilkonzernmutterunternehmens allerdings den Saldo der in der Konzernbilanz anzusetzenden, neubewerteten Vermögenswerte und Schulden des mittelbaren Tochterunternehmens, ist der so entstehende negative Unterschiedsbetrag gemäß den Vorschriften des IFRS 3 ertragswirksam zu vereinnahmen und anteilig auch den nicht beherrschenden Gesellschaftern des Teilkonzernmutterunternehmens zuzuordnen. Infolgedessen erhöht sich zum einen der konzernbilanzielle Wertansatz der nicht beherrschenden Anteile am Konzerneigenkapital betragsmäßig in Höhe der anteiligen negativen Residualgröße und zum anderen werden die indirekten Anteile der nicht beherrschenden Gesellschafter der Teilkonzernobergesellschaft zum Zeitwert des anteiligen Reinvermögens bewertet. Die nachfolgende Tabelle 5-1 fasst die vorstehenden Ergebnisse des Vergleichs der beiden Erwerbskonstellationen abschließend zusammen.[1494]

[1494] Da weder die Bestimmung des Erwerbszeitpunktes noch der Ansatz und die Bewertung der separat identifizierbaren Vermögenswerte und Schulden des Akquisitionsobjektes Besonderheiten der betrachteten Erwerbskonstellationen bzw. der Methoden zur Kapitalkonsolidierung im mehrstufigen Konzern darstellen, werden diese Schritte der Erwerbsmethode nicht betrachtet.

<table>
<tr><th rowspan="2">Anwendungsschritt</th><th colspan="2">Erwerb eines mittelbaren TU</th><th colspan="2">Erwerb eines Teilkonzerns</th></tr>
<tr><th>Konzern-MU</th><th>Indirekte NCI</th><th>Konzern-MU</th><th>Indirekte NCI</th></tr>
<tr><td>Identifizierung des Erwerbers</td><td>▪ Beteiligung am formalrechtlich erwerbenden Konzernunternehmen<br>▪ Erwerbende Partei i. S. d. IFRS 3</td><td>▪ Beteiligung am formalrechtlich erwerbenden Konzernunternehmen</td><td>▪ Beteiligung am formalrechtlich erwerbenden Konzernunternehmen oder selbst formalrechtlicher Erwerber<br>▪ Erwerbende Partei i. S. d. IFRS 3</td><td>▪ Ggf. Beteiligung am formalrechtlich erwerbenden Konzernunternehmen (siehe Spalte Konzern-MU zur UB-Ermittlung)<br>▪ Beteiligung am Akquisitionsobjekt</td></tr>
<tr><td>Ermittlung des UB für ein mittelbares TU nach der additiven Methode</td><td colspan="2">▪ Ableitung aus der erbrachten Gegenleistung<br>▪ Positiver UB als gesellschafterstammübergreifender purchased goodwill<br>▪ Negativer UB als Erfolg aus einem günstigen Gelegenheitskauf bzw. badwill</td><td>▪ Ableitung aus der nach den relativen beizulegenden Beteiligungszeitwerten bestimmten anteiligen Gegenleistung<br>▪ Positiver UB als marktinduzierter purchased goodwill<br>▪ Negativer UB als marktinduzierter Erfolg aus einem günstigen Gelegenheitskauf und bzw. oder badwill</td><td>▪ Aufgrund fehlender Gegenleistung zum Erwerbszeitpunkt grds. Rückgriff auf den teilkonzernbilanziellen Buchwert der indirekten NCI<br>▪ Positiver UB als purchased goodwill i. w. S.<br>▪ Kein negativer UB aufgrund der Bewertung der indirekten NCI zum Zeitwert des anteiligen RV, um technische UB zu vermeiden</td></tr>
<tr><td>Wertansatz der NCI</td><td colspan="2">▪ NCI am TK-MU sind in der Folgekonsolidierung zum fortgeführten anteiligen RV zu bewerten.<br>▪ Indirekte NCI sind als Teil des RV des TK-MU zum höheren Wert aus dem<br>  ▪ Zeitwert der anteiligen Gegenleistung<br>  und<br>  ▪ dem Zeitwert des anteiligen RV zu bewerten.<br>▪ Konzernbilanzieller Wertansatz der NCI<br>  ▪ bleibt bei einer Bewertung der indirekten NCI zum Zeitwert der anteiligen Gegenleistung vorbehaltlich neu zu konsolidierender direkter NCI unberührt;<br>  ▪ erhöht sich bei einer Bewertung zum Zeitwert des anteiligen RV i. H. d. ertragswirksam zu erfassenden Differenz zwischen anteiliger Gegenleistung und entsprechendem Anteil am RV.</td><td colspan="2">▪ NCI am TK-MU sind erstmalig zum beizulegenden Zeitwert des anteiligen RV zu konsolidieren.<br>▪ Indirekte NCI sind als Teil des RV des TK-MU zum höheren Wert aus dem<br>  ▪ teilkonzernbilanziellen Buchwert der NCI<br>  und<br>  ▪ dem Zeitwert des anteiligen RV zu bewerten.<br>▪ Konzernbilanzieller Wertansatz der NCI erhöht sich in jedem Fall i. H. d. zu wählenden Wertmaßstabes.</td></tr>
<tr><td colspan="5">Legende: grds. ≙ grundsätzlich | i. H. d. ≙ in Höhe der/des | MU ≙ Mutterunternehmen | NCI ≙ nicht beherrschende Gesellschafter bzw. non-controlling interests | RV ≙ Reinvermögen | TK ≙ Teilkonzern | TU ≙ Tochterunternehmen | UB ≙ Unterschiedsbetrag</td></tr>
</table>

**Tabelle 5-1: Vergleichende Gegenüberstellung der additiven Methode beim Erwerb eines mittelbaren Tochterunternehmens und eines Teilkonzerns**

# 6 Zusammenfassung

Unternehmenszusammenschlüsse sind im Konzernabschluss nach Maßgabe der Regelungen des IFRS 3 abzubilden. Das Hauptaugenmerk dieser Vorschriften liegt vor allem auf solchen Erwerbsvorgängen, die ein direktes Beteiligungsverhältnis zwischen dem Konzernmutterunternehmen und einem Tochterunternehmen begründen. Die Abbildung **indirekter Beteiligungsverhältnisse** zwischen dem obersten Mutterunternehmen und mittelbaren Tochtergesellschaften im mehrstufigen Konzern ist hingegen nicht explizit geregelt. Aufgrund dessen wird insbesondere die Behandlung solcher indirekten Beteiligungen an einem mittelbaren Tochterunternehmen kontrovers diskutiert, die den nicht beherrschenden Gesellschaftern eines zwischengeschalteten Teilkonzernmutterunternehmens zuzuordnen sind. Den Schwerpunkt dieser Diskussion bildet der Meinungsstreit um die Anwendung der **multiplikativen** und der **additiven Methode**.

Angesichts dieser Problemstellung bestand das **Ziel der vorliegenden Arbeit** darin, zu untersuchen, welche der beiden Methoden zu einer konzernbilanziellen Abbildung indirekter Beteiligungsverhältnisse führt, die dem Ziel der IFRS-Finanzberichterstattung, entscheidungsnützliche Informationen bereitzustellen, bestmöglich entspricht. Dafür waren zunächst die durch die alternativen Abbildungsmöglichkeiten bedingten Unterschiede zu identifizieren, um die Untersuchungsschwerpunkte festzulegen. Dabei zeigte sich, dass im Kontext der *partial goodwill method* gemäß IFRS 3 die Bilanzierung des Unterschiedsbetrages und der nicht beherrschenden Anteile am Konzerneigenkapital abweichen kann. Diese spezifischen Unterschiede der Methoden lassen sich einerseits beim Erwerb eines einzelnen, erstmalig im Konzernabschluss abzubildenden mittelbaren Tochterunternehmens und andererseits im Rahmen einer Teilkonzernakquisition isoliert betrachten. In der sich anschließenden Analyse wurde daher nach diesen beiden Erwerbswegen differenziert. Als **konzeptioneller Bezugspunkt** dienten dabei das *Conceptual Framework* und die darin formulierten qualitativen Anforderungen an eine für die wirtschaftlichen Entscheidungen der Adressaten nützliche Finanzberichterstattung. Mithin wurden die Implikationen der beiden Methoden für die konzernbilanzielle Abbildung insbesondere mit Blick auf die Relevanz und Glaubwürdigkeit der vermittelten Informationen kritisch analysiert und gewürdigt. Die in diesem Zuge gewonnenen zentralen Erkenntnisse werden im Folgenden aggregiert wiedergegeben.

Bei der **Akquisition eines mittelbaren Tochterunternehmens** durch eine bereits vollkonsolidierte Tochtergesellschaft des Konzernmutterunternehmens wäre wirtschaftlich betrachtet die bereits zuvor bestehende ökonomische Einheit der Konzernunternehmen als Erwerber zu identifizieren. Allerdings handelt das vollkonsolidierte Tochterunternehmen, das infolge des Erwerbsvorgangs den Status eines Teilkonzernmutterunternehmens erlangt, aufgrund des bestehenden Beherrschungsverhältnisses als sog. *de-facto-agent* i. S. d. obersten Mutterunternehmens des Konzerns. Indirekt wird die mittelbare Tochtergesellschaft damit durch das Konzernmutterunternehmen beherrscht, sodass sich die Konzernobergesellschaft nach den Regelungen des IFRS 3 als **Erwerber** qualifiziert. Mithin sind sämtliche konsolidierungstechnischen Parameter aus dem Blickwinkel des obersten Konzernunternehmens zu bestimmen. Da dieses Ergebnis der bei der multiplikativen Methode einzunehmenden Perspektive entspricht, schien zunächst die Anwendung dieser Methode angezeigt, um die aus dem Unternehmenszusammenschluss hervorgehende Residualgröße zu ermitteln.

Die **multiplikative Methode** sieht zur Bestimmung des Unterschiedsbetrages aus der Kapitalkonsolidierung vor, nicht die gesamte, sondern lediglich den Teil der Beteiligung heranzuziehen, der dem Konzernmutterunternehmen zuzurechnen ist. Da der beteiligungsproportionale Kaufpreisanteil nicht zwingend den bestmöglichen Nachweis für den Wert dieser indirekten Beteiligung der Konzernobergesellschaft repräsentiert, ist unter regelungssystematischen Gesichtspunkten auf den beizulegenden Zeitwert der Beteiligung abzustellen, der die insgesamt erbrachte Gegenleistung abzüglich des auf die nicht beherrschenden Anteile entfallenden Reinvermögens jedoch nicht übersteigen darf.

- Bei näherer Betrachtung dieses nach den Vorschriften des IFRS 13 zu ermittelnden Wertmaßstabes wurde deutlich, dass sich konzernindividuelle Ertragspotenziale aufgrund der einzunehmenden Bewertungsperspektive eines typischen Marktteilnehmers nicht im Beteiligungswert und auch nicht im daraus abgeleiteten Geschäfts- oder Firmenwert widerspiegeln werden. Darüber hinaus zeigte sich, dass die möglichen Bewertungsverfahren zahlreiche und weitreichende Ermessensspielräume bieten, die die Glaubwürdigkeit des Beteiligungswertes erheblich beeinträchtigen können.

- Der schließlich aus der indirekten Beteiligung des Konzernmutterunternehmens abgeleitete Geschäfts- oder Firmenwert ist als „Mehrheiten-Goodwill“ zu interpretieren. Dabei ist allerdings zu beachten, dass es sich angesichts des zugrunde liegenden Bewertungsmaßstabes um einen marktorientierten und nicht um einen konzernspezifischen Unterschiedsbetrag handelt. Der den indirekten nicht beherrschenden Gesellschaftern des mittelbaren Tochterunternehmens zuzurechnende Geschäfts- oder Firmenwert wird demgegenüber nicht aktiviert, sondern entgegen den Vorschriften des IFRS 3 (implizit) erfolgsneutral mit den nicht beherrschenden Eigenkapitalanteilen verrechnet. Daraus resultiert zum einen ein unvollständiger Vermögensausweis des Konzerns, der den Konzernabschlussadressaten vorenthält, für welche Vermögenswerte und Schulden die Gegenleistung entrichtet wurde. Zum anderen wird die Ertragslage in den Folgeperioden nachhaltig zu positiv wiedergegeben, da den grundsätzlich vergüteten Wertpotenzialen u. a. bei ihrer Realisation zum Teil kein entsprechender Aufwand aus der Wertminderung eines Geschäfts- oder Firmenwertes gegenübergestellt werden kann. Die Adressaten können daher weder die Angemessenheit der Gegenleistung noch die Leistung des verantwortlichen Managements angemessen beurteilen.

- Vergleichbare Beeinträchtigungen ergeben sich auch bei der Erfassung eines negativen Unterschiedsbetrages nach der multiplikativen Methode, da ein etwaiger Verhandlungserfolg des Managements i. V. m. den Vorschriften des IFRS 3 lediglich für die indirekten Anteile des Konzernmutterunternehmens ausgewiesen wird. Der auf die indirekten nicht beherrschenden Anteile entfallende Reinvermögenszuwachs wird aufgrund der multiplikativen Methode wiederum nicht regelungskonform (implizit) erfolgsneutral in die nicht beherrschenden Eigenkapitalanteile eingestellt. Soweit der negative Unterschiedsbetrag den Charakter eines *badwill* hat, wird die durch IFRS 3 ausgelöste Ertragswirkung aufgrund dessen zwar der Höhe nach begrenzt. Dennoch werden ein allgemein am gegenwärtigen Regelungskanon zu kritisierender nicht gegebener Erfolg aus einer günstigen Akquisitionsgelegenheit signalisiert und methodenbedingt die den indirekten nicht beherrschenden Anteilen zuzuordnenden antizipierten künftigen Aufwendungen trotz ihres fremdkapitalähnlichen Wesens im Konzerneigenkapital erfasst.

- Die von der multiplikativen Methode vorgesehene erfolgsneutrale Einstellung eines negativen Unterschiedsbetrages in den Eigenkapitalposten für die Anteile nicht beherrschender Gesellschafter ist allerdings nicht nur im Fall eines *badwill*, sondern im Allgemeinen nicht sachgerecht. Denn der auf diese Weise erhöhte Wertansatz der nicht beherrschenden Eigenkapitalanteile deutet auf eine Kapitaleinlage der nicht beherrschenden Gesellschafter oder auf eine Veräußerung eigener Anteile des Teilkonzernmutterunternehmens an diese Gesellschaftergruppe hin, obgleich im Zuge der Unternehmensakquisition keine Transaktion zwischen dem Teilkonzernmutterunternehmen und dessen Gesellschaftern stattgefunden hat. Spiegelbildlich suggeriert der durch den Geschäfts- oder Firmenwert der indirekten nicht beherrschenden Gesellschafter geminderte Wertansatz der nicht beherrschenden Eigenkapitalanteile eine Kapitalherabsetzung bzw. einen Rückkauf nicht beherrschender Eigenkapitaltitel. Sofern die Firmenwertverrechnung sogar einen negativen Eigenkapitalposten für die Anteile nicht beherrschender Gesellschafter nach sich zieht, könnte daraus auf eine Überschuldung des Erwerbsobjektes geschlossen werden, die jedoch tatsächlich nicht gegeben sein muss.

Die **additive Methode** kann den Einschränkungen der konzernbilanziellen Abbildung der multiplikativen Methode indes begegnen. Dies liegt bereits darin begründet, dass sowohl auf die indirekte Beteiligung des Konzernmutterunternehmens als auch auf die indirekten Anteile der nicht beherrschenden Gesellschafter, also auf die gesamte Beteiligung des Teilkonzernmutterunternehmens an der mittelbaren Tochtergesellschaft abgestellt wird.

- Da sich der i. d. R. erbrachte Kaufpreis unmittelbar auf diese (gesamte) Beteiligung bezieht und durch eine Markttransaktion zwischen fremden Dritten hinreichend objektiviert wird, stellt er i. S. d. IFRS 3 den bestmöglichen Nachweis für den Wert der Beteiligung und daher den Ausgangspunkt der Unterschiedsbetragsermittlung dar. Dadurch bieten sich in Abhängigkeit von der Art der hingegebenen Gegenleistung einerseits vergleichsweise geringere Bewertungsspielräume als bei der Ermittlung des beizulegenden Zeitwertes der Kapitalbeteiligung selbst. Andererseits können konzernindividuelle Ertragspotenziale im Beteiligungswert berücksichtigt werden.

- Der nach den Regelungen des IFRS 3 auf der Grundlage dieses Beteiligungswertes ermittelte Geschäfts- oder Firmenwert repräsentiert damit einen konzernspezifischen *purchased goodwill*, der die bezahlten Ertragspotenziale des Konzernmutterunternehmens wie auch der indirekten nicht beherrschenden Gesellschafter widerspiegelt. In diesem Zusammenhang konnte zum einen unter Berücksichtigung des gegenwärtigen Regelungskanons herausgearbeitet werden, dass im Rahmen der *partial goodwill method* auch ein vergüteter Geschäfts- oder Firmenwert angesetzt werden kann, der auf nicht beherrschende Gesellschafter entfällt. Zum anderen wurde deutlich, dass der (zusätzliche) Wertansatz dieses Unterschiedsbetrages gegenüber der korrespondierenden Abbildung der multiplikativen Methode insofern relevantere Informationen vermittelt, als die Konzernabschlussadressaten angesichts einer umfassenderen Abbildung der Vermögensverhältnisse und einer stärker an den tatsächlichen Verhältnissen orientierten Erfolgsermittlung letztlich die wirtschaftliche Lage des Konzerns, die Angemessenheit des Kaufpreises und die Leistung des Managements besser beurteilen können.

- Im spiegelbildlichen Fall eines negativen Unterschiedsbetrages wird i. V. m. den Vorschriften des IFRS 3 zwar auch bei einer günstigen Akquisitionsgelegenheit der Verhandlungserfolg nach der additiven Methode umfassender erfasst. Gleichwohl kann das Potenzial, der Höhe nach relevante Informationen bereitzustellen, durch die von den gegenwärtigen Vorschriften vorgesehene glaubwürdigkeitsfördernde Begrenzung der Ertragswirkung beeinträchtigt sein. Dennoch ist eine anteilige erfolgswirksame Vereinnahmung des negativen Unterschiedsbetrages zugunsten der nicht beherrschenden Gesellschafter des Teilkonzernmutterunternehmens nach der Auslegung des aktuellen Regelungskanons nicht nur zulässig, sondern mit Blick auf die Entscheidungsnützlichkeit der abgebildeten Vermögens- und Ertragslage auch angezeigt, um einerseits eine den Eigenschaften der indirekten nicht beherrschenden Anteilstitel entsprechende Nutzenziehung nachzuzeichnen sowie andererseits eine Fehlallokation zu den beherrschenden Eigenkapitalanteilen und die damit verbundene Verzerrung der gesellschaftergruppenspezifischen Vermögensverhältnisse zu vermeiden. Sofern der negative Unterschiedsbetrag allerdings auf antizipierten Verlustbeiträgen gründet, zieht auch die additive Methode bedingt durch die Regelungen des IFRS 3 eine nicht gerechtfertigte Ertragserfassung zum Erwerbszeitpunkt und ebenso eine verzerrte Wiedergabe der Ertragslage in den Folgeperioden nach sich.

- Im Hinblick auf die Eigenkapitalanteile der Gesellschafterstämme weichen die Abbildungen nach den beiden Methoden im Fall eines negativen Unterschiedsbetrages nicht voneinander ab. Bedingt durch die allgemein von IFRS 3 vorgesehene erfolgswirksame Erfassung eines negativen Unterschiedsbetrages wird bei Anwendung der additiven Methode auch der den indirekten nicht beherrschenden Gesellschaftern zuzurechnende Teil der Residualgröße ertragswirksam vereinnahmt und damit im Unterschied zur multiplikativen Methode deutlich, dass sich die nicht beherrschenden Eigenkapitalanteile infolge einer nicht eigentümerinduzierten Zunahme des Konzernvermögens erhöhen. Im umgekehrten Fall eines auf diese Gesellschafter entfallenden Geschäfts- oder Firmenwertes bleiben die Eigenkapitalbestandteile – vorbehaltlich erstmalig in den Konzernabschluss aufzunehmender direkter nicht beherrschender Anteile am Erwerbsobjekt –

hingegen unberührt, weil der Unternehmenszusammenschluss entsprechend der additiven Methode im Zusammenspiel mit den Vorschriften des IFRS 3 als (reiner) Aktivtausch bzw. als Bilanzverlängerung abgebildet wird. Da in dieser Fallkonstellation vorhandenes Konzernvermögen lediglich umgeschichtet wird und weder eine Erfolgswirkung noch eine Eigentümertransaktion im Zuge der Akquisition zu beobachten ist, wird die Transaktion sachgerecht im Konzernabschluss wiedergegeben.

In der sich anschließenden Untersuchung des **Erwerbs eines Teilkonzerns** war im Unterschied zur Akquisition eines einzelnen mittelbaren Tochterunternehmens zunächst vor dem Hintergrund der qualitativen Anforderungen an eine entscheidungsnützliche Finanzberichterstattung zu erörtern, ob eine einzige Residualgröße für den gesamten Teilkonzern oder mehrere Unterschiedsbeträge für die einzelnen Teilkonzerneinheiten zu ermitteln sind, da nach dem Wortlaut des IFRS 3 beide Alternativen zulässig sein werden. Dabei zeigte sich, dass die Bilanzierung **eines Gesamtunterschiedsbetrages** potenziell eine Saldierung gegenläufiger wertbildender Faktoren und damit Verzerrungen der Vermögens- und Ertragslage nach sich ziehen kann, die sowohl die glaubwürdige Darstellung der Akquisition als auch die Relevanz der bereitgestellten Informationen zum Teil erheblich beeinträchtigen. Eine differenzierte Ermittlung von **Unterschiedsbeträgen für die einzelnen Teilkonzerneinheiten** vermag diesen Einschränkungen zu begegnen und kann das Kaufpreiskalkül des Erwerbers sowie die wirtschaftlichen Verhältnisse vergleichsweise besser wiedergeben. Die dafür erforderliche Aufteilung des Gesamtkaufpreises auf die Beteiligungen an den Teilkonzerneinheiten sollte ausgehend von den Regelungen des IFRS 3 i. d. R. auf den relativen beizulegenden Beteiligungszeitwerten gründen. Zwar bieten sich dadurch zugleich bilanzpolitisch nutzbare Ermessensspielräume, allerdings konnte gezeigt werden, dass ein derartiges Gestaltungspotenzial in vergleichbarer Form auch bei der regelungskonformen Fortführung des Wertansatzes einer Gesamtresidualgröße – z. B. nach den Vorschriften des IAS 36 – bestehen kann. Nach hier vertretener Auffassung ist angesichts der vorteilhafteren Abbildung der Vermögens- und Ertragslage daher eine differenzierte Unterschiedsbetragsermittlung zu präferieren.

Darüber hinaus wurde die Behandlung etwaiger **indirekter nicht beherrschender Anteile** untersucht. Während die Ergebnisse aus der Analyse des Erwerbs eines einzelnen mittelbaren Tochterunternehmens unmittelbar auf ggf. am erwerbenden Konzernunternehmen beteiligte nicht beherrschende Gesellschafter zu übertragen sind, ist dies nicht ohne Weiteres für die Anteile solcher nicht beherrschender Gesellschafter möglich, die an der erworbenen Teilkonzernobergesellschaft oder an einem Teilkonzernmutterunternehmen auf einer Zwischenstufe eines mehrstufigen Teilkonzerns beteiligt sind. Schließlich liegt für diese Anteile zum Akquisitionszeitpunkt keine (neuerliche) Gegenleistung vor. Dementsprechend stand infrage, ob und ggf. auf welcher **Bewertungsgrundlage** ein den indirekten nicht beherrschenden Gesellschaftern des Teilkonzerns zuzurechnender Unterschiedsbetrag zu bestimmen ist.

- Eine mit der **multiplikativen Methode** zu assoziierende Möglichkeit besteht darin, die indirekte Beteiligung dieser Gesellschafter – wie die direkten nicht beherrschenden Anteile nach IFRS 3 –

zum Zeitwert des anteiligen Reinvermögens zu bewerten, sodass sich letztlich kein Unterschiedsbetrag für diese Gesellschaftergruppe ergibt. Wie herausgearbeitet wurde, ist diese Bewertungsmöglichkeit sowohl mit Blick auf die Erst- als auch die Folgekonsolidierung die einfachste Bilanzierungsalternative. Jedoch werden nicht einmal ggf. verfügbare Informationen über noch bestehende, das anteilige Reinvermögen übersteigende Ertragspotenziale aus dem zeitlich vorangegangenen Zusammenschluss der Teilkonzernobergesellschaft und des mittelbaren Tochterunternehmens genutzt. Infolgedessen werden nicht nur hinreichend objektivierte Wertpotenziale konzernbilanziell nicht vollumfassend abgebildet, sondern auch die Ertragslage und der Ergebnisanteil der nicht beherrschenden Gesellschafter nachhaltig zu positiv dargestellt.

- Der Ansatz eines auf die indirekten nicht beherrschenden Anteile entfallenden Geschäfts- oder Firmenwertes i. S. d. **additiven Methode** kann diesen Defiziten der konzernbilanziellen Abbildung begegnen. Denn angesichts des umfassenderen Vermögensausweises wird es den Adressaten ermöglicht, die wirtschaftliche Lage des Konzerns vergleichsweise besser einzuschätzen. Zugleich mindert die höhere, zu verzinsende Vermögensbasis die mangelnde Übereinstimmung von Ergebnisbeiträgen und Kapitalverzehr der *partial goodwill method*, sodass anhand des berichteten Konzernergebnisses auch die Leistung des Managements vergleichsweise besser beurteilt werden kann. Um diese Potenziale für eine relevantere Berichterstattung zu nutzen, aber auch die glaubwürdige Darstellung zu fördern, sollte unter Rückgriff auf die Vorschriften des IAS 8 als fiktiver Anschaffungswert der indirekten Beteiligung der nicht beherrschenden Gesellschafter der teilkonzernbilanzielle Buchwert der indirekten nicht beherrschenden Anteile herangezogen werden. Während der auf der Ebene des Teilkonzerns fortgeführte Geschäfts- oder Firmenwert im Zuge der Kapitalaufrechnung regelmäßig gekürzt werden dürfte, der Interpretation als Geschäfts- oder Firmenwert dennoch zugänglich bleibt, repräsentiert ein auf der Grundlage des teilkonzernbilanziellen Buchwertes ermittelter negativer Unterschiedsbetrag eine technische Residualgröße. Letztere sollte im Akquisitionszeitpunkt des Teilkonzerns durch eine Bewertung der indirekten Beteiligung zum Zeitwert des anteiligen Reinvermögens eliminiert werden.

In der Gesamtschau zeigen die vorstehenden Ergebnisse der Analyse und Würdigung, dass sowohl beim Erwerb eines einzelnen mittelbaren Tochterunternehmens als auch bei der Akquisition eines Teilkonzerns die additive Methode vergleichsweise entscheidungsnützlichere Informationen für die Konzernabschlussadressaten bereitstellt. Dabei ist zu beachten, dass im Rahmen eines Teilkonzernerwerbs auch die multiplikative Methode mit den Regelungen des IFRS 3 vereinbar ist. Die buchwertbasierte Ermittlung eines auf die indirekten nicht beherrschenden Anteile entfallenden Geschäfts- oder Firmenwertes nach der additiven Methode ist allerdings aufgrund der Glaubwürdigkeits- und Relevanzvorteile nicht nur eine weitere zulässige Bilanzierungsalternative i. S. d. IAS 8, sondern angesichts der höheren Entscheidungsnützlichkeit der konzernbilanziellen Abbildung auch zu bevorzugen. Dahingegen bestehen beim Erwerb eines einzelnen mittelbaren Tochterunternehmens nicht nur Zweifel an der Entscheidungsnützlichkeit der mit der multiplikativen Methode vermittelten Informationen, sondern auch in regelungssystematischer Hinsicht erhebliche Bedenken an der Zulässigkeit dieser Methode, die durch die Fehlerfeststellung der BaFin am Konzernabschluss der Axel Springer AG (gegenwärtig Axel Springer SE) zum 31.12.2012 im Januar 2016 bestätigt werden.[1495] Vor diesem Hintergrund ist es dem Standardsetzer nachdrücklich zu empfehlen, der Gefahr einer nicht regelungskonformen und divergierenden Bilanzierungspraxis mit expliziten sowie konzeptionell überzeugenden Regelungen zur Abbildung indirekter Beteiligungsverhältnisse i. S. d. vorangehend zusammengefassten Ergebnisse zu begegnen.

[1495] Vgl. Axel Springer SE (Hrsg.), Veröffentlichung nach § 37q Abs. 2 Satz 1 WpHG, S. 6.

# Quellenverzeichnis

## Verzeichnis der Kommentare und Handbücher zur Bilanzierung


ADLER, HANS/DÜRING, WALTHER/SCHMALTZ, KURT, Rechnungslegung und Prüfung der Unternehmen. Kommentar zum HGB, AktG, GmbHG, PublG nach den Vorschriften des Bilanzrichtlinien-Gesetzes, 6. Aufl., Stuttgart 1994/2001 (zitiert: ADS, 6. Aufl.).

BAETGE, JÖRG/KIRSCH, HANS-JÜRGEN/THIELE, STEFAN (Hrsg.), Bilanzrecht, Loseblatt, Bonn/Berlin 2002 ff. (Stand: Juni 2018) (zitiert: BEARBEITER, in: Baetge/Kirsch/Thiele, Bilanzrecht).

BAETGE, JÖRG/WOLLMERT, PETER/KIRSCH, HANS-JÜRGEN/OSER, PETER/BISCHOF, STEFAN (Hrsg.), Rechnungslegung nach IFRS. Kommentar auf der Grundlage des deutschen Bilanzrechts, Loseblatt, 2. Aufl., Stuttgart 2003 ff. (Stand: Juni 2018) (zitiert: BEARBEITER, in: Baetge u. a., Rechnungslegung nach IFRS, 2. Aufl.).

BALLWIESER, WOLFGANG/BEINE, FRANK/HAYN, SVEN/PEEMÖLLER, VOLKER H./SCHRUFF, LOTHAR/WEBER, CLAUS-PETER (Hrsg.), Handbuch International Financial Reporting Standards 2011, 7. Aufl., Weinheim 2011 (zitiert: BEARBEITER, in: Ballwieser u. a., Handbuch IFRS, 7. Aufl.).

BÖCKING, HANS-JOACHIM/CASTAN, EDGAR/HEYMANN, GERD/PFITZER, NORBERT/SCHEFFLER, EBERHARD (Hrsg.), Beck'sches Handbuch der Rechnungslegung, Loseblatt, München 1987 ff. (Stand: April 2018) (zitiert: BEARBEITER, in: Böcking u. a., Beck HdR).

BRÖNNER, HERBERT/BAREIS, PETER/HAHN, KLAUS/MAURER, TORSTEN/POLL, JENS/SCHRAMM, UWE (Hrsg.), Die Bilanz nach Handels- und Steuerrecht. Einzel- und Konzernabschluss nach HGB und IFRS, 11. Aufl., Stuttgart 2016 (zitiert: BEARBEITER, in: Brönner u. a., Bilanz nach Handels- und Steuerrecht, 11. Aufl.).

DELOITTE (Hrsg.), iGAAP 2018. A guide to IFRS reporting (Volume A), Manchester 2018 (iGAAP 2018).

DRIESCH, DIRK/RIESE, JOACHIM/SCHLÜTER, JÖRG/SENGER, THOMAS (Hrsg.), Beck'sches IFRS-Handbuch. Kommentierung der IFRS/IAS, 5. Aufl., München 2016 (zitiert: BEARBEITER, in: Driesch u. a., Beck IFRS HB, 5. Aufl.).

EPSTEIN, BARRY/MIRZA, ABBAS ALI, Wiley IAS 2002. Interpretation and Application of International Accounting Standards, New York 2002 (Wiley IAS 2002).

ERNST & YOUNG (Hrsg.), International GAAP 2018. Generally Accepted Accounting Principles under International Financial Reporting Standards, Chichester 2018 (International GAAP 2018).

GELHAUSEN, HANS FRIEDRICH/FEY, GERD/KÄMPFER, GEORG, Rechnungslegung und Prüfung nach dem Bilanzrechtsmodernisierungsgesetz, Düsseldorf 2009 (Rechnungslegung nach dem BilMoG).

GROTTEL, BERND/SCHMIDT, STEFAN/SCHUBERT, WOLFGANG J./WINKELJOHANN, NORBERT (Hrsg.), Beck'scher Bilanz-Kommentar. Handels- und Steuerbilanz, §§ 238 bis 339, 342 bis 342e HGB, 11. Aufl., München 2018 (zitiert: BEARBEITER, in: Grottel u. a., Beck Bilanzkomm., 11. Aufl.).

HENNRICHS, JOACHIM/KLEINDIEK, DETLEF/WATRIN, CHRISTOPH (Hrsg.), Münchener Kommentar zum Bilanzrecht. Band 1 IFRS, Loseblatt, München 2009 ff. (Stand: September 2014) (zitiert: BEARBEITER, in: Hennrichs/Kleindiek/Watrin, MüKo Bilanzrecht Bd. 1).

HENNRICHS, JOACHIM/KLEINDIEK, DETLEF/WATRIN, CHRISTOPH (Hrsg.), Münchener Kommentar zum Bilanzrecht. Band 2 Bilanzrecht §§ 238–342e HGB, München 2013 (zitiert: BEARBEITER, in: Hennrichs/Kleindiek/Watrin, MüKo Bilanzrecht Bd. 2).

HEUSER, PAUL J./THEILE, CARSTEN (Hrsg.), IFRS-Handbuch. Einzel- und Konzernabschluss, 5. Aufl., Köln 2012 (zitiert: BEARBEITER, in: Heuser/Theile, IFRS-Handbuch, 5. Aufl.).

HOFFMANN, WOLF-DIETER/LÜDENBACH, NORBERT, NWB Kommentar Bilanzierung. Handels- und Steuerrecht, 9. Aufl., Herne 2018 (NWB Kommentar Bilanzierung, 9. Aufl.).

KPMG (Hrsg.), Insights into IFRS. KPMG's practical guide to International Financial Reporting Standards, 14. Aufl., London 2017 (Insights into IFRS 2017/2018).

KÜTING, KARLHEINZ/WEBER, CLAUS-PETER (Hrsg.), Handbuch der Konzernrechnungslegung. Kommentar zur Bilanzierung und Prüfung, 2. Aufl., Stuttgart 1998 (zitiert: BEARBEITER, in: Küting/Weber, HdK, 2. Aufl.).

LÜDENBACH, NORBERT/HOFFMANN, WOLF-DIETER/FREIBERG, JENS (Hrsg.), Haufe IFRS-Kommentar. Das Standardwerk, 16. Aufl., Freiburg 2018 (zitiert: BEARBEITER, in: Lüdenbach/Hoffmann/Freiberg, Haufe IFRS-Kommentar, 16. Aufl.).

PETERSEN, KARL/BANSBACH, FLORIAN/DORNBACH, EIKE, IFRS Praxishandbuch. Ein Leitfaden für die Rechnungslegung mit Fallbeispielen, 12. Aufl., München 2018 (IFRS Praxishandbuch).

PICKER, RUTH/CLARK, KERRY/DUNN, JOHN/KOLITZ, DAVID/LIVNE, GILAD/LOFTUS, JANICE/VAN DER TAS, LEO, Applying IFRS Standards, 4. Aufl., New York 2016 (Applying IFRS Standards).

PWC (Hrsg.), Manual of Accounting. IFRS 2017, Haywards Heath 2016 (Manual of Accounting 2017).

SAGASSER, BERND/BULA, THOMAS/BRÜNGER, THOMAS R. (Hrsg.), Umwandlungen. Verschmelzung, Spaltung, Formwechsel, Vermögensübertragung, 5. Aufl., München 2017 (zitiert: BEARBEITER, in: Sagasser/Bula/Brünger, Umwandlungen, 5. Aufl.).

THIELE, STEFAN/VON KEITZ, ISABEL/BRÜCKS, MICHAEL (Hrsg.), Internationales Bilanzrecht. Rechnungslegung nach IFRS, Loseblatt, Bonn/Berlin 2008 ff. (Stand: April 2018) (zitiert: BEARBEITER, in: Thiele/von Keitz/Brücks, Internationales Bilanzrecht).

WINKELJOHANN, NORBERT, Rechnungslegung nach IFRS. Ein Handbuch für mittelständische Unternehmen, 2. Aufl., Herne 2006 (Rechnungslegung nach IFRS).

## Verzeichnis der Aufsätze, Monographien und sonstigen Fachbeiträge

ACHLEITNER, ANN-KRISTIN/BASSEN, ALEXANDER/WAHL, SIMON, Corporate Restructuring: Instrumente und deren Anwendung in Deutschland, in: FB 2003, S. 432–447 (Corporate Restructuring).

ALKEMEIER, MICHAEL, Konzerninterne Unternehmenszusammenschlüsse. Die Bilanzierung von Business Combinations under Common Control im IFRS-Teilkonzernabschluss, Lohmar/Köln 2017 (Konzerninterne Unternehmenszusammenschlüsse).

ALVAREZ, MANUEL/BIBERACHER, JOHANNES, Goodwill-Bilanzierung nach US-GAAP – Anforderungen an Unternehmenssteuerung und -berichterstattung, in: BB 2002, S. 346–353 (Goodwill-Bilanzierung nach US-GAAP).

ANDERS, GEORG, Strittige Fragen der Konsolidierung. Regelungslücken in der IFRS-Konzernrechnungslegung, in: PiR 2011, S. 39–42 (Strittige Fragen der Konsolidierung).

ANDREJEWSKI, KAI C./FLADUNG, HANS-DIETER/KÜHN, SIGRID, Abbildung von Unternehmenszusammenschlüssen nach ED IFRS 3, in: WPg 2006, S. 80–88 (Abbildung von Unternehmenszusammenschlüssen).

ANTONAKOPOULOS, NADINE, Gewinnkonzeptionen und Erfolgsdarstellung nach IFRS. Analyse der direkt im Eigenkapital erfassten Erfolgsbestandteile, Wiesbaden 2007 (Gewinnkonzeptionen und Erfolgsdarstellung nach IFRS).

ARBEITSKREIS „EXTERNE UNTERNEHMENSRECHNUNG" DER SCHMALENBACH-GESELLSCHAFT (Hrsg.), Aufstellung von Konzernabschlüssen, in: zfbf Sonderheft 21/1987, S. 1–212 (Aufstellung von Konzernabschlüssen).

ARNSFELD, TORSTEN/SCHREMPER, RALF, Konsequenzen des Goodwill-Impairment nach IFRS 3 für die wertorientierte Unternehmenssteuerung, in: KoR 2005, S. 498–503 (Konsequenzen des Goodwill-Impairment nach IFRS 3).

AXEL SPRINGER SE (Hrsg.), Veröffentlichung nach § 37q Abs. 2 Satz 1 WpHG, in: Börsen-Zeitung 15.01.2016, S. 6 (Veröffentlichung nach § 37q Abs. 2 Satz 1 WpHG).

BACHEM, ROLF GEORG, Berücksichtigung negativer Geschäftswerte in Handels-, Steuer- und Ergänzungsbilanz, in: BB 1993, S. 967–973 (Negative Geschäftswerte).

BADER, AXEL/SCHREDER, MAX, Full goodwill-Methode vs. partial goodwill-Methode nach IFRS 3. Bilanzpolitische Spielräume und Akzeptanz in der Bilanzierungspraxis, in: PiR 2012, S. 276–282 (Goodwill-Methoden nach IFRS 3).

BAETGE, JÖRG, Möglichkeiten der Objektivierung des Jahreserfolges, Düsseldorf 1970 (Objektivierung des Jahreserfolges).

BAETGE, JÖRG, Kapitalkonsolidierung nach der Erwerbsmethode im mehrstufigen Konzern, in: Rechenschaftslegung im Wandel. Festschrift für Wolfgang Dieter Budde, hrsg. v. Förschle, Gerhart/Kaiser, Klaus/Moxter, Adolf, München 1995, S. 19–42 (Erwerbsmethode im mehrstufigen Konzern).

BAETGE, JÖRG, Der negative Unterschiedsbetrag aus der Kapitalkonsolidierung nach HGB, IAS und US-GAAP, in: Festschrift für Bruno Kropff. Aktien- und Bilanzrecht, hrsg. v. Forster, Karl-Heinz/Grunewald, Barbara/Lutter, Marcus/Semler, Johannes, Düsseldorf 1997, S. 349–370 (Negativer Unterschiedsbetrag aus der Kapitalkonsolidierung).

BAETGE, JÖRG, Akquisitionscontrolling: Wie ist der Erfolg einer Akquisition zu ermitteln?, in: Umbruch und Wandel. Herausforderungen zur Jahrhundertwende. Festschrift für Prof. Dr. Carl Zimmerer zum 70. Geburtstag, hrsg. v. Claussen, Carsten P./Hahn, Oswald/Kraus, Willy, München 1997, S. 448–468 (Akquisitionscontrolling).

BAETGE, JÖRG, Verwendung von DCF-Kalkülen bei der Bilanzierung nach IFRS, in: WPg 2009, S. 13–23 (Verwendung von Discounted Cash-Flow-Kalkülen).

BAETGE, JÖRG/KIRSCH, HANS-JÜRGEN/THIELE, STEFAN, Konzernbilanzen, 12. Aufl., Düsseldorf 2017 (Konzernbilanzen).

BAETGE, JÖRG/KIRSCH, HANS-JÜRGEN/THIELE, STEFAN, Bilanzen, 14. Aufl., Düsseldorf 2017 (Bilanzen).

BAETGE, JÖRG/THIELE, STEFAN, Gesellschafterschutz versus Gläubigerschutz. Rechenschaft versus Kapitalerhaltung, in: Handelsbilanzen und Steuerbilanzen. Festschrift zum 70. Geburtstag von Prof. Dr. h. c. Heinrich Beisse, hrsg. v. Budde, Wolfgang Dieter/Moxter, Adolf/Offerhaus, Klaus, Düsseldorf 1997, S. 11–24 (Gesellschafterschutz versus Gläubigerschutz).

BALLWIESER, WOLFGANG, Informations-GoB – auch im Lichte von IAS und US-GAAP, in: KoR 2002, S. 115–121 (Informations-GoB).

BALLWIESER, WOLFGANG, Bewertung von Unternehmen und Kaufpreisgestaltung, in: Unternehmenskauf nach IFRS und HGB. Purchase Price Allocation, Goodwill und Impairment-Test, hrsg. v. Ballwieser, Wolfgang/Beyer, Sven/Zelger, Hansjörg, 3. Aufl., Stuttgart 2014, S. 97–114 (Bewertung von Unternehmen und Kaufpreisgestaltung).

BALLWIESER, WOLFGANG, Ansätze und Ergebnisse einer ökonomischen Analyse des Rahmenkonzepts zur Rechnungslegung, in: zfbf 2014, S. 451–476 (Ökonomische Analyse des Rahmenkonzepts).

BALLWIESER, WOLFGANG, Verbindungen von Ertragswert- und Discounted-Cashflow-Verfahren, in: Praxishandbuch der Unternehmensbewertung. Grundlagen und Methoden; Bewertungsverfahren; Besonderheiten bei der Bewertung, hrsg. v. Peemöller, Volker H., 6. Aufl., Herne 2015, S. 509–520 (Ertragswert- und Discounted Cash-Flow-Verfahren).

BALLWIESER, WOLFGANG/HACHMEISTER, DIRK, Unternehmensbewertung. Prozess, Methoden und Probleme, 5. Aufl., Stuttgart 2016 (Unternehmensbewertung).

BALLWIESER, WOLFGANG/KÜTING, KARLHEINZ/SCHILDBACH, THOMAS, Fair value – erstrebenswerter Wertansatz im Rahmen einer Reform der handelsrechtlichen Rechnungslegung?, in: BFuP 2004, S. 529–549 (Fair value im Handelsrecht).

BALZER, ANDRÉ, Auswirkungen eines Unternehmenszusammenschlusses auf den IFRS-Abschluss, in: KoR 2013, S. 129–135 (Auswirkungen eines Unternehmenszusammenschlusses auf den IFRS-Abschluss).

BARCLAY, MICHAEL J./HOLDERNESS, CLIFFORD G., Private Benefits from Control of Public Corporations, in: Journal of Financial Economics 1989, S. 371–395 (Private Benefits from Control).

BÄTHE-GUSKI, MARTINA/DEBUS, CHRISTIAN/EBERHARDT, KERSTIN/KUHN, STEFFEN, Besonderheiten bei der Fair-Value-Ermittlung von Derivaten nach IFRS 13 – unter besonderer Berücksichtigung von IDW ERS HFA 47, in: WPg 2013, S. 741–752 (Fair-Value-Ermittlung von Derivaten nach IFRS 13).

BAUMANN, KIRSTEN FRIEDERIKE, Konsolidierung mehrstufiger Konzerne, Wiesbaden 2000 (Konsolidierung mehrstufiger Konzerne).

BECK, RALF/KLAR, MICHAEL, Asset Deal versus Share Deal – Eine Gesamtbetrachtung unter expliziter Berücksichtigung des Risikoaspekts, in: DB 2007, S. 2819–2826 (Asset Deal versus Share Deal).

BEINSEN, BIRGIT/WAGENHOFER, ALFRED, Das ambivalente Verhältnis des IASB zum Vorsichtsprinzip, in: IRZ 2013, S. 413–419 (Verhältnis des IASB zum Vorsichtsprinzip).

BEISEL, DANIEL, § 6 Umstrukturierungen durch Unternehmensübertragungen, in: Der Unternehmenskauf. Gesamtdarstellung der zivil- und steuerrechtlichen Vorgänge einschließlich gesellschafts-, arbeits-, und kartellrechtlicher Fragen bei der Übertragung eines Unternehmens, hrsg. v. Beisel, Wilhelm/Klumpp, Hans-Hermann, 7. Aufl., München 2016, S. 164–209 (§ 6 Umstrukturierungen durch Unternehmensübertragungen).

BERENS, WOLFGANG/MERTES, MARTIN/STRAUCH, JOACHIM, Unternehmensakquisitionen, in: Due Diligence bei Unternehmensakquisitionen, hrsg. v. Berens, Wolfgang/Brauner, Hans U./Strauch, Joachim/Knauer, Thorsten, 7. Aufl., Stuttgart 2013, S. 21–62 (Unternehmensakquisitionen).

BEYER, BETTINA, Die Bilanzierung des Goodwills nach IFRS. Eine konzeptionelle Betrachtung von Ansatz, Erst- und Folgebewertung, Wiesbaden 2015 (Goodwill nach IFRS).

BEYHS, OLIVER/BUSCHHÜTER, MICHAEL/SCHURBOHM, ANNE, IFRS 10 und IFRS 12: Die neuen IFRS zum Konsolidierungskreis, in: WPg 2011, S. 662–671 (Neue IFRS zum Konsolidierungskreis).

BEYHS, OLIVER/WAGNER, BERNADETTE, Die neuen Vorschriften des IASB zur Abbildung von Unternehmenszusammenschlüssen. Darstellung der wichtigsten Änderungen in IFRS 3, in: DB 2008, S. 73–83 (Abbildung von Unternehmenszusammenschlüssen).

BIEKER, MARCUS/ESSER, MAIK, Der Impairment-Only-Ansatz des IASB: Goodwillbilanzierung nach IFRS 3 „Business Combinations“, in: StuB 2004, S. 449–458 (Impairment-Only-Ansatz des IASB).

BITTERLI, CHRISTIAN/GISLER, MARKUS G./WENGER, ROBERT, IFRS 3: Partial-Goodwill- oder Full-Goodwill-Methode? Eine Untersuchung bei kotierten Unternehmen in der Schweiz, in: Expert Focus 2016, S. 536–541 (Partial- oder Full-Goodwill-Methode).

BLEISCH, ANDREAS/FEUSI, MARCO/WEINERT, ROBERT, IFRS 13 – Auswirkungen des „Highest and Best Use“-Konzepts auf die Bewertung von Liegenschaften, in: IRZ 2016, S. 409–412 (Auswirkungen des Highest and Best Use).

BLOME, MARCUS/REUTER, MICHAEL, Auswirkungen von IFRS-Neuerungen zu Unternehmenserwerben auf die Unternehmenssteuerung mit dem EVA. Akquisitionen im IFRS-basierten Controlling nach Änderung von IFRS 3 und IAS 27, in: FB 2009, S. 625–634 (Auswirkungen von Unternehmenserwerben auf die Unternehmenssteuerung).

BÖCKEM, HANNE/ISMAR, MICHAEL, Die Bilanzierung von Joint Arrangements nach IFRS 11, in: WPg 2011, S. 820–828 (Joint Arrangements nach IFRS 11).

BÖCKEM, HANNE/STIBI, BERND/ZOEGER, OLIVER, IFRS 10 „Consolidated Financial Statements“: Droht eine grundlegende Revision des Konsolidierungskreises?, in: KoR 2011, S. 399–409 (Consolidated Financial Statements).

BORES, WILHELM, Konsolidierte Erfolgsbilanzen und andere Bilanzierungsmethoden für Konzerne und Kontrollgesellschaften, Leipzig 1935 (Konsolidierte Erfolgsbilanzen).

BREIDENBACH, KARIN, DRS 23: Kapitalkonsolidierung im mehrstufigen Konzern bei Erwerb eines Teilkonzerns, in: BBK 2017, S. 1119–1125 (Kapitalkonsolidierung bei Erwerb eines Teilkonzerns).

BRENDLE, MARTIN, Währungsumrechnung des Goodwill aus der Kapitalkonsolidierung nach IAS 21, in: IRZ 2010, S. 215–220 (Währungsumrechnung des Goodwill nach IAS 21).

BRINKMANN, JÜRGEN, Zweckadäquanz der Rechnungslegung nach IFRS. Eine Untersuchung aus deutscher Sicht, Berlin 2006 (Zweckadäquanz der Rechnungslegung nach IFRS).

BRÖSEL, GERRIT, „Impairment Only Approach" nach IFRS – Probleme und Lösungsansätze, in: Unternehmungswert und Rechnungswesen. Festschrift für Univ.-Prof. Dr. Manfred Jürgen Matschke zum 65. Geburtstag, hrsg. v. Hering, Thomas/Klingelhöfer, Heinz Eckart/Koch, Wolfgang, Wiesbaden 2008, S. 229–250 („Impairment Only Approach" nach IFRS).

BRÖSEL, GERRIT/KLASSEN, THOMAS, Zu möglichen Auswirkungen des IFRS 3 und des IAS 36 auf das M&A-Management, in: Der M&A-Prozess. Konzepte, Ansätze und Strategien für die Pre- und Post-Phase, hrsg. v. Keuper, Frank/Häfner, Michael/von Glahn, Carsten, Wiesbaden 2006, S. 446–476 (Auswirkungen des IFRS 3 und des IAS 36).

BRÖSEL, GERRIT/MÜLLER, SVEN, Goodwillbilanzierung nach IFRS aus Sicht des Beteiligungscontrollings, in: KoR 2007, S. 34–42 (Goodwillbilanzierung nach IFRS).

BRÖSEL, GERRIT/ZWIRNER, CHRISTIAN, Zum Goodwill nach IFRS aus Sicht des Abschlußprüfers, in: BFuP 2009, S. 190–206 (Goodwill aus Sicht des Abschlussprüfers).

BRÜCKS, MICHAEL/RICHTER, MICHAEL, Business Combinations (Phase II). Kritische Würdigung ausgewählter Vorschläge des IASB aus Sicht eines Anwenders, in: KoR 2005, S. 407–415 (Business Combinations).

BRÜCKS, MICHAEL/WIEDERHOLD, PHILIPP, IFRS 3 Business Combinations. Darstellung der neuen Regelungen des IASB und Vergleich mit SFAS 141 und SFAS 142, in: KoR 2004, S. 177–185 (Business Combinations).

BUCHHEIM, REGINE/KNORR, LIESEL/SCHMIDT, MARTIN, Anwendung der IFRS in Europa: Das neue Endorsement-Verfahren, in: KoR 2008, S. 334–341 (Endorsement-Verfahren).

BUCHNER, ROBERT/ENGLERT, JOACHIM, Die Bewertung von Unternehmen auf der Basis des Unternehmensvergleichs, in: BB 1994, S. 1573–1580 (Bewertung von Unternehmen).

BURL, DAVID, Goodwill Shunting, in: Financial Management 2003, S. 30–31 (Goodwill Shunting).

BUSCH, JULIA/BOECKER, CORINNA, ED/2015/3: Conceptual Framework for Financial Reporting – ein erster Überblick zur vorgeschlagenen Neufassung, in: IRZ 2015, S. 270–272 (Conceptual Framework for Financial Reporting).

BUSSE VON COLBE, WALTHER, Berücksichtigung von Synergien versus Stand-alone-Prinzip bei der Unternehmensbewertung, in: ZGR 1994, S. 595–609 (Synergien versus Stand-alone-Prinzip).

BUSSE VON COLBE, WALTHER, Internationale Entwicklungstendenzen zur Einheitstheorie für den Konzernabschluss, in: Unternehmensrechnung. Konzeptionen und praktische Umsetzung, hrsg. v. Göbel, Stefan/Heni, Bernhard, München 2004, S. 41–63 (Einheitstheorie für den Konzernabschluss).

BUSSE VON COLBE, WALTHER/FALKENHAHN, GUNTHER, Neuere Entwicklung der Methoden der Kapitalkonsolidierung, in: Betriebliches Rechnungswesen und Controlling im Spannungsfeld von Theorie und Praxis. Festschrift für Prof. Dr. Jürgen Graßhoff zum 65. Geburtstag, hrsg. v. Jander, Heidrun/Krey, Antje, Hamburg 2005, S. 3–29 (Methoden der Kapitalkonsolidierung).

BUSSE VON COLBE, WALTHER/ORDELHEIDE, DIETER/GEBHARDT, GÜNTHER/PELLENS, BERNHARD, Konzernabschlüsse. Rechnungslegung nach betriebswirtschaftlichen Grundsätzen sowie nach Vorschriften des HGB und der IAS/IFRS, 9. Aufl., Wiesbaden 2010 (Konzernabschlüsse).

CASSEL, JOCHEN, Unternehmensbewertung im IFRS-Abschluss. Fair Value-Bewertung von Unternehmen und Sachgesamtheiten, Berlin 2012 (Unternehmensbewertung im IFRS-Abschluss).

CASTEDELLO, MARC/KLINGBEIL, CHRISTIAN, IFRS 13: Anwendungsfragen bei nicht-finanziellen Vermögenswerten in der Praxis, in: WPg 2012, S. 482–488 (Anwendungsfragen zu IFRS 13).

CHANDLER, ALFRED DUPONT, Strategy and Structure. Chapters in the History of the American Industrial Enterprise, 4. Aufl., Cambridge, Massachusetts, London 1973 (Strategy and Structure).

CHERIDITO, YVES/HADEWICZ, TOMMY, Marktorientierte Unternehmensbewertung. Die wichtigsten Aspekte der immer stärker verbreiteten Bewertungsmethode mittels Market Multiples, in: ST 2001, S. 321–330 (Marktorientierte Unternehmensbewertung).

CHERIDITO, YVES/SCHNELLER, THOMAS, Discounts und Premia in der Unternehmensbewertung. Sorgfältige Analyse und Anwendungshinweise unerlässlich, in: ST 2008, S. 416–421 (Discounts und Premia).

CHRIST, ANDREAS D., Verbriefungsplattformen nach IFRS. Konsolidierungsprüfung von Zweckgesellschaften, Wiesbaden 2014 (Verbriefungsplattformen nach IFRS).

COENENBERG, ADOLF G./STRAUB, BARBARA, Rechenschaft versus Entscheidungsunterstützung: Harmonie oder Disharmonie der Rechnungszwecke?, in: KoR 2008, S. 17–26 (Rechenschaft versus Entscheidungsunterstützung).

COENENBERG, ADOLF GERHARD/HALLER, AXEL/SCHULTZE, WOLFGANG, Jahresabschluss und Jahresabschlussanalyse. Betriebswirtschaftliche, handelsrechtliche, steuerrechtliche und internationale Grundlagen – HGB, IAS/ IFRS, US-GAAP, DRS, 24. Aufl., Stuttgart 2016 (Jahresabschluss und Jahresabschlussanalyse).

CORNELL, BRADFORD, Guideline Public Company Valuation and Control Premiums: An Economic Analysis, verfügbar unter: http://people.hss.caltech.edu/~bcornell/PUBLICATIONS/2013%20Cornell%20-%20Control%20Premiums.pdf (Stand: 07.10.2018) (Company Valuation and Control Premiums).

DAMODARAN, ASWATH, Damodaran on Valuation. Security Analysis for Investment and Corporate Finance, 2. Aufl., Hoboken, New Jersey 2006 (Damodaran on Valuation).

DEHMEL, INGA, Aktuelle Entwicklungen bei den Definitions- und Ansatzkriterien für Vermögenswerte im Conceptual-Framework-Projekt des IASB, in: BB 2015, S. 1770–1775 (Definitions- und Ansatzkriterien für Vermögenswerte).

DELOITTE (Hrsg.), Business combinations and changes in ownership interests. A guide to the revised IFRS 3 and IAS 27, verfügbar unter: http://www.iasplus.com/en/publications/global/guides/pub2690/at_download/file/ (Stand: 07.10.2018) (Business combinations and changes in ownership interests).

DETTENRIEDER, DOMINIK, Hedge Accounting in Industrieunternehmen nach IFRS 9, Lohmar/Köln 2014 (Hedge Accounting nach IFRS 9).

DIETRICH, ANITA/KRAKUHN, JOACHIM/SIERLEJA, LUKAS, Berücksichtigung von Prinzipal-Agenten-Beziehungen im Rahmen der Abgrenzung des Konsolidierungskreises nach IFRS 10, in: IRZ 2011, S. 519–524 (Prinzipal-Agenten-Beziehungen nach IFRS 10).

DOBLER, MICHAEL/HETTICH, SILVIA, Geplante Änderungen der Rahmenkonzepte von IASB und FASB. Konzeption, Vergleich, Würdigung, in: IRZ 2007, S. 29–36 (Geplante Änderungen der Rahmenkonzepte).

DUHR, ANDREAS, Grundsätze ordnungsmäßiger Geschäftswertbilanzierung. Objektivierungskonzeptionen des Geschäftswertes nach HGB, IFRS und U.S. GAAP, Düsseldorf 2006 (Grundsätze ordnungsmäßiger Geschäftswertbilanzierung).

DUSEMOND, MICHAEL, Mehrstufige Konsolidierung – Grundlagen und Beispielfälle, in: BBK 1995, Fach 14, S. 8101–8114 (Mehrstufige Konsolidierung).

DUSEMOND, MICHAEL, Endkonsolidierung und erfolgsneutrale Verrechnung des Geschäfts- oder Firmenwerts, in: DB 1997, S. 53–57 (Endkonsolidierung und erfolgsneutrale Verrechnung des Geschäfts- oder Firmenwerts).

DYCK, ALEXANDER/ZINGALES, LUIGI, Private Benefits of Control: An International Comparison, in: The Journal of Finance 2004, S. 537–600 (Private Benefits of Control).

EBELING, RALF MICHAEL, Die Einheitsfiktion als Grundlage der Konzernrechnungslegung. Aussagegehalt und Ansätze zur Weiterentwicklung des Konzernabschlusses nach deutschem HGB unter Berücksichtigung konsolidierungstechnischer Fragen, Stuttgart 1995 (Einheitsfiktion).

EBELING, RALF MICHAEL, Die zweckgemäße Abbildung der Anteile fremder Gesellschafter im Konzernabschluß nach deutschem HGB, in: DBW 1995, S. 323–346 (Anteile fremder Gesellschafter).

EBELING, RALF MICHAEL, Fallstudien zur Konzernrechnungslegung, Stuttgart 1996 (Fallstudien zur Konzernrechnungslegung).

EBELING, RALF MICHAEL/BAUMANN, KIRSTEN FRIEDERIKE, Konsolidierung mehrstufiger Konzerne nach der Methode der Integrierten Konsolidierungstechnik, Halle (Saale) 1999 (Konsolidierung mehrstufiger Konzerne).

EBERT, MICHAEL, Der Konzernabschluss als Element der Corporate Governance, Wiesbaden 2010 (Konzernabschluss).

EBERT, MICHAEL/SIMONS, DIRK, Bilanzpolitisches Potenzial im Rahmen der Goodwillbilanzierung. Transaktionsgestaltung beim Unternehmenserwerb, in: KoR 2009, S. 622–630 (Bilanzpolitisches Potenzial der Goodwillbilanzierung).

EFRAG/ASBJ/OIC (Hrsg.), Should Goodwill still not be amortised? Accounting and Disclosure for Goodwill, verfügbar unter: http://www.efrag.org/Assets/Download?assetUrl=%2Fsites%2Fwebpublishing%2FSiteAssets%2F140725_Should_goodwill_still_not_be_amortised_Research_Group_paper.pdf (Stand: 07.10.2018) (Goodwill amortization).

EHSEN-RÜHL, JUDITH/ALTHOFF, FRANK, Konsolidierungspflicht ohne Stimmrechtsmehrheit? Beherrschungsmöglichkeit durch potenzielle Stimmrechte nach HGB mit einem Vergleich zu IFRS, in: WPg 2016, S. 497–506 (Konsolidierungspflicht ohne Stimmrechtsmehrheit).

EISELE, WOLFGANG/KRATZ, NORBERT, Der Ausweis von Anteilen außenstehender Gesellschafter im mehrstufigen Konzern, in: zfbf 1997, S. 291–310 (Ausweis von Anteilen außenstehender Gesellschafter).

ENGISCH, KARL, Einführung in das juristische Denken, 12. Aufl., Stuttgart 2018 (Einführung in das juristische Denken).

EPPINGER, CHRISTOPH T. G., Die Bewertung von Beteiligungen in der Handelsbilanz. Konzeption informationsorientierter Bewertungsgrundsätze de lege lata und de lege ferenda, Hamburg 2008 (Bewertung von Beteiligungen).

ERDMANN, MARK-KEN/WÜNSCH, MARTIN/MEYER, ULF, Auswirkungen ausgewählter IFRS-Änderungen auf die Unternehmenssteuerung (Teil 2). ED IFRS 3 (2007), ED IAS 27 (2007) und ED IAS 37 (2007), in: KoR 2006, S. 385–395 (Auswirkungen ausgewählter IFRS-Änderungen).

ERDMANN, MARK-KEN/ZÜLCH, HENNING, Wertorientierte Unternehmenssteuerung auf Basis von IFRS – Eine „dynamische" Herausforderung, in: ZfCM 2007, S. 407–411 (Wertorientierte Unternehmenssteuerung nach IFRS).

ERNST & YOUNG (Hrsg.), Business combinations, verfügbar unter: http://www.ey.com/publication/vwluassetsdld/financialreportingdevelopments_bb1616_businesscombinations_7february2018-v2/$file/financialreportingdevelopments_bb1616_businesscombinations_7february2018-v2.pdf (Stand: 07.10.2018) (Business combinations).

ESMA (Hrsg.), ESMA Report. Review on the application of accounting requirements for business combinations in IFRS financial statements, verfügbar unter: http://eifrs.ifrs.org/eifrs/comment_letters/34/34_3810_StevenMaijoorEuropeanSecuritiesandMarketsAuthorityESMA_1_ESMAreportJun2014.pdf (Stand: 07.10.2018) (Report on the application of IFRS 3).

ESSER, MAIK, Goodwillbilanzierung nach SFAS 141/142. Eine ökonomische Analyse, Frankfurt am Main 2005 (Goodwillbilanzierung).

EVERLING, WOLFGANG, Betriebsabteilung oder Beteiligungsgesellschaft?, in: BFuP 1977, S. 281–287 (Betriebsabteilung oder Beteiligungsgesellschaft).

EWELT-KNAUER, CORINNA, Der Konzernabschluss als Berichtsinstrument der wirtschaftlichen Einheit. Zur Abgrenzung des Vollkonsolidierungskreises sowie zur bilanziellen Abbildung von Transaktionen mit Dritten, Lohmar/Köln 2010 (Konzernabschluss als Berichtsinstrument der wirtschaftlichen Einheit).

EWERT, RALF/SCHENK, GERALD, Offene Probleme bei der Kapitalkonsolidierung im mehrstufigen Konzern, in: BB 1993, S. 1–14 (Kapitalkonsolidierung im mehrstufigen Konzern).

FAß, JOACHIM, Indirekte Beteiligungsverhältnisse bei der Kapitalkonsolidierung. Indirekte Konzern- und Fremdanteile bei der Erstkonsolidierung im mehrstufigen Konzern, in: BB 1989, S. 1161–1166 (Indirekte Beteiligungsverhältnisse bei der Kapitalkonsolidierung).

FEY, GERD/SCHRUFF, WIENAND, Das Standing Interpretations Committee (SIC) des International Accounting Standards Committee, in: WPg 1997, S. 585–595 (Standing Interpretations Committee).

FIECHTER, PETER/MEYER, CONRAD, Full Goodwill Accounting. Umstrittene Behandlung des Goodwills, in: ST 2008, S. 215–220 (Full Goodwill Accounting).

FINK, CHRISTIAN, Bilanzierung von Unternehmenszusammenschlüssen nach der Überarbeitung von IFRS 3, in: PiR 2008, S. 114–119 (Unternehmenszusammenschlüsse).

FISCHER, DANIEL T., IFRS 13 – Fair Value Measurement, in: PiR 2011, S. 235–238 (Fair Value Measurement).

FISCHER, DANIEL T., Entwurf eines neugefassten Rahmenkonzepts (ED/2015/3), in: PiR 2015, S. 224–226 (Entwurf eines neugefassten Rahmenkonzepts).

FLICK, PETER/GEHRER, JUDITH/MEYER, SVEN, Neue Vorschriften für die Fair Value-Ermittlung von Finanzinstrumenten durch IFRS 13, in: IRZ 2011, S. 387–393 (Fair Value-Ermittlung von Finanzinstrumenten).

FLOWER, JOHN/EBBERS, GABI, Global Financial Reporting, Basingstoke 2002 (Global Financial Reporting).

FOCKEN, ELKE MAREN THALKE, Die Bilanzierung des Goodwill nach SFAS 141/142. Eine sinnvolle Konzeption zur Steigerung der Informationsqualität?, Frankfurt am Main 2006 (Bilanzierung des Goodwill nach SFAS 141/142).

FORSTER, KARL-HEINZ/HAVERMANN, HANS, Zur Ermittlung der konzernfremden Gesellschaftern zustehenden Kapital- und Gewinnanteile, in: WPg 1969, S. 1–6 (Anteile konzernfremder Gesellschafter).

FRANKE, FLORIAN, Synergien in Rechtsprechung und Rechnungslegung. Behandlung von Synergiepotenzialen im Gesellschafts- und Handelsrecht, Wiesbaden 2009 (Behandlung von Synergiepotenzialen).

FREIBERG, JENS, Gewinnrealisation bei Tauschgeschäften nach IFRS, in: PiR 2007, S. 171–173 (Gewinnrealisation bei Tauschgeschäften).

FREIBERG, JENS, Die fair value-Bewertung im Spannungsverhältnis von relevance und reliability. Bewertung der Beteiligung als Ganzes oder über Preis x Anzahl, in: PiR 2015, S. 42–47 (Fair Value-Bewertung im Spannungsverhältnis).

FREIBERG, JENS, Erwerb einer Vermögensgesamtheit, in: PiR 2016, S. 295–297 (Erwerb einer Vermögensgesamtheit).

FREIBERG, JENS/TEUFEL, CRISPIN, Neue Herausforderungen in der Abgrenzung des Konsolidierungskreises – Anwendung des IFRS 10 und IFRS 11, in: DK 2013, S. 9–16 (Herausforderungen in der Abgrenzung des Konsolidierungskreises).

FRÖHLICH, CHRISTOPH, Nochmals: Die Kapitalkonsolidierung bei Erwerb eines Teilkonzerns, in: WPg 2004, S. 65–70 (Kapitalkonsolidierung bei Erwerb eines Teilkonzerns).

FRÖHLICH, CHRISTOPH, Zwischengewinne bei Geschäften mit Tochterunternehmen mit Minderheitsgesellschaftern, in: IRZ 2007, S. 357–360 (Tochterunternehmen mit Minderheitsgesellschaftern).

FRÖHLICH, CHRISTOPH, Non-Controlling Interest im IFRS-Abschluss, in: IRZ 2008, S. 417–421 (Non-Controlling Interest im IFRS-Abschluss).

FUCHS, MARKUS/STIBI, BERND, IFRS 11 „Joint Arrangements" – lange erwartet und doch noch mit (kleinen) Überraschungen?, in: BB 2011, S. 1451–1455 (Joint Arrangements).

FÜLBIER, ROLF UWE/GASSEN, JOACHIM, Bilanzrechtsregulierung: Auf der ewigen Suche nach der eierlegenden Wollmichsau, in: Private und öffentliche Rechnungslegung. Festschrift für Hannes Streim zum 65. Geburtstag, hrsg. v. Wagner, Franz W./Schildbach, Thomas/Schneider, Dieter, Wiesbaden 2009, S. 135–155 (Bilanzrechtsregulierung).

GALLASCH, FLORIAN, Die Bilanzierung von Versicherungsverträgen nach IFRS 4 Phase II. Das Bewertungsmodell für Erst- und passive Rückversicherungsverträge im Schaden- und Unfallbereich, Lohmar/Köln 2014 (Bilanzierung von Versicherungsverträgen).

GÄLWEILER, ALOYS, Synergiepotentiale, in: Handwörterbuch der Planung, hrsg. v. Szyperski, Norbert, Stuttgart 1989, S. 1935–1943 (Synergiepotentiale).

GASSEN, JOACHIM, Are stewardship and valuation usefulness compatible or alternative objectives of financial accounting?, verfügbar unter: https://edoc.hu-berlin.de/bitstream/handle/18452/4772/28.pdf?sequence=1&isAllowed=y (Stand: 07.10.2018) (Stewardship and valuation usefulness).

GASSEN, JOACHIM/FISCHKIN, MICHAEL/HILL, VERENA, Das Rahmenkonzept-Projekt des IASB und des FASB: Eine normendeskriptive Analyse des aktuellen Stands, in: WPg 2008, S. 874–882 (Rahmenkonzept-Projekt des IASB und des FASB).

GEBHARDT, GÜNTHER, Formulierung konsistenter periodischer Beurteilungsgrößen für die wertorientierte Unternehmensführung, in: Finanzwirtschaft, Kapitalmarkt und Banken. Festschrift für Professor Dr. Manfred Steiner zum 60. Geburtstag, hrsg. v. Rathgeber, Andreas/Tebroke, Hermann-Josef/Wallmeier, Martin, Stuttgart 2003, S. 67–83 (Beurteilungsgrößen für die wertorientierte Unternehmensführung).

GIMPEL-HENNING, NILS, Sukzessive Anteilserwerbe im IFRS-Konzernabschluss. Bilanzielle Auswirkungen des Statuswechsels von Unternehmensbeteiligungen, Lohmar/Köln 2015 (Sukzessive Anteilserwerbe).

GIMPEL-HENNING, NILS, Bilanzierung der Altanteile bei sukzessiven Unternehmenserwerben. Implikationen aus der Anwendung der Bewertungsleitlinien des IFRS 13, in: PiR 2016, S. 37–44 (Altanteile bei sukzessiven Unternehmenserwerben).

GIMPEL-HENNING, NILS, Die Interpretation eines Goodwill aus stufenweisen Unternehmenserwerben nach IFRS 3. Eine zu Unrecht vernachlässigte Thematik, in: KoR 2016, S. 217–222 (Goodwill aus stufenweisen Unternehmenserwerben).

GIMPEL-HENNING, NILS/EWELT-KNAUER, CORINNA, Die handelsrechtliche Bilanzierung des Geschäfts- oder Firmenwerts im Rahmen der Abstockung von Mehrheitsbeteiligungen – Eine interessentheoretische Untersuchung, in: WPg 2014, S. 944–952 (Bilanzierung des Geschäfts- oder Firmenwerts im Rahmen der Abstockung).

GJESDAL, FROYSTEIN, Accounting for Stewardship, in: Journal of Accounting Research 1981, S. 208–231 (Accounting for Stewardship).

GLAUM, MARTIN/VOGEL, SILVIA, Bilanzierung von Unternehmenszusammenschlüssen nach IFRS 3, in: ZfCM 2004, S. 43–53 (Bilanzierung von Unternehmenszusammenschlüssen).

GLINKEMANN, STEFAN, Konsolidierung nach der „Pooling-of-Interests"-Methode, in: BB 1991, S. 2477–2489 (Pooling-of-Interests-Methode).

GÖDDE, DOMINIKA, Integration von Goodwill-Bilanzierung und wertorientierter Unternehmenssteuerung. Empirische Analyse der Einflussfaktoren und Performance-Auswirkungen, Wiesbaden 2010 (Goodwill-Bilanzierung).

GÖRLING, HELMUT, Die Verbreitung zwei- und mehrstufiger Unternehmensverbindungen. Ergebnisse einer empirischen Untersuchung, in: AG 1993, S. 538–547 (Verbreitung zwei- und mehrstufiger Unternehmensverbindungen).

GÖTH, PETER, Das Eigenkapital im Konzernabschluß. Bilanzielle Darstellung, Ergebnisverwendungsrechnung, Konsolidierungstechnik, Stuttgart 1997 (Eigenkapital im Konzernabschluss).

GROH, THOMAS, Methodenrelevante Normtexte im Gemeinschaftsrecht, in: Rechtssprache Europas. Reflexion der Praxis von Sprache und Mehrsprachigkeit im supranationalen Recht, hrsg. v. Müller, Friedrich/Burr, Isolde, Berlin 2004, S. 263–285 (Methodenrelevante Normtexte im Gemeinschaftsrecht).

GROS, STEFAN, Bilanzierung eines „bargain purchase" nach IFRS 3. Sofortige erfolgswirksame Erfassung eines negativen Unterschiedsbetrages aus der Kapitalkonsolidierung im Konzernabschluss, in: DStR 2005, S. 1954–1960 (Bilanzierung eines bargain purchase).

GROẞE, JAN-VELTEN, IFRS 13 „Fair Value Measurement" – Was sich (nicht) ändert, in: KoR 2011, S. 286–296 (Fair Value Measurement).

GROẞFELD, BERNHARD/LUTTERMANN, CLAUS, Bilanzrecht. Die Rechnungslegung in Jahresabschluß und Konzernabschluß nach Handelsrecht und Steuerrecht, Europarecht und IAS/IFRS, 4. Aufl., Heidelberg 2005 (Bilanzrecht).

GUNDEL, TOBIAS/MÖHLMANN-MAHLAU, THOMAS/SÜNDERMANN, FRANK, Wider dem Impairment-Only-Approach oder die Goodwillblase wächst, in: KoR 2014, S. 130–137 (Wider dem Impairment-Only-Approach).

GUTSCHE, ROBERT, Goodwill in der Bilanz: Zum fragwürdigen Ansatz von Anschaffungskosten einer Investition, die sich schlussendlich „amortisieren" muss – Ein Plädoyer, Spekulation wieder Anlegern zu überlassen, in: IRZ 2016, S. 371–377 (Goodwill in der Bilanz).

HAAKER, ANDREAS, Die Zuordnung des Goodwill auf Cash Generating Units zum Zweck des Impairment-Tests nach IFRS. Zur Notwendigkeit der Berücksichtigung eines „negativen Goodwill" auf Ebene der Cash Generating Units, in: KoR 2005, S. 426–434 (Zuordnung des Goodwill auf Cash Generating Units).

HAAKER, ANDREAS, Einheitstheorie und Fair Value-Orientierung: Informationsnutzen der full goodwill method nach ED IFRS 3 und mögliche Auswirkungen auf die investororientierte Bilanzanalyse. Grundgedanken zum bilanzanalytischen Umgang mit den geplanten Regelungen des ED IFRS 3, in: KoR 2006, S. 451–458 (Einheitstheorie und Fair Value-Orientierung).

HAAKER, ANDREAS, Da capo: Zur Eignung des value in use einer cash generating unit gemäß IAS 36 als Basis einer wertorientierten Bereichssteuerung. Replik zum Beitrag von Klingelhöfer, KoR 2006 S. 590 und zugleich ein erneutes Plädoyer für eine Nutzung des Goodwill-Impairment-Tests nach IFRS im internen Rechnungswesen, in: KoR 2006, S. 687–695 (Eignung des value in use zur wertorientierten Bereichssteuerung).

HAAKER, ANDREAS, Die full goodwill method nach ED IFRS 3. Anwendungsprobleme und Informationsnutzen, in: PiR 2006, S. 22–27 (Full goodwill method nach ED IFRS 3).

HAAKER, ANDREAS, Potential der Goodwill-Bilanzierung nach IFRS für eine Konvergenz im wertorientierten Rechnungswesen. Eine messtheoretische Analyse, Wiesbaden 2008 (Goodwill-Bilanzierung nach IFRS).

HAAKER, ANDREAS, Zur Ausübung des Full-Goodwill-Wahlrechts nach IFRS 3 (2008). Beteiligungsproportionale oder Full-Goodwill-Bilanzierung?, in: CFO aktuell 2008, S. 238–241 (Full-Goodwill-Wahlrecht nach IFRS 3).

HAAKER, ANDREAS, Das Wahlrecht zur Anwendung der full goodwill method nach IFRS 3 (2008), in: PiR 2008, S. 188–194 (Wahlrecht zur Anwendung der full goodwill method).

HAAKER, ANDREAS, Zur Zweckadäquanz der „neuen" Goodwill-Bilanzierung nach IFRS. Eine messtheoretische Analyse der Erst- und Folgebilanzierung, in: Jahrbuch für Controlling und Rechnungswesen 2009, hrsg. v. Seicht, Gerhard, Wien 2009, S. 119–147 (Zweckadäquanz der Goodwill-Bilanzierung).

HAAKER, ANDREAS/FREIBERG, JENS, Sofortige Vereinnahmung eines „negativen goodwill“ als Ertrag?, in: PiR 2011, S. 324–325 (Sofortige Vereinnahmung eines negativen goodwill).

HAAKER, ANDREAS/FREIBERG, JENS, Lucky-Buy-Fiktion für einen negativen Unterschiedsbetrag aus der Kapitalkonsolidierung?, in: PiR 2014, S. 344–345 (Lucky-Buy-Fiktion).

HAAS, CORNELIA, Goodwill-Bilanzierung nach IFRS und Implikationen für das Controlling, Lohmar/Köln 2009 (Goodwill-Bilanzierung nach IFRS).

HAASE, KLAUS DITTMAR, Kapitalkonsolidierung bei mehrstufiger oder/und wechselseitiger Konzernverflechtung – mit Hilfe der Matrizenrechnung (I), in: DB 1969, S. 713–718 (Mehrstufige Konzernverflechtung (Teil 1)).

HAASE, KLAUS DITTMAR, Kapitalkonsolidierung bei mehrstufiger oder/und wechselseitiger Konzernverflechtung – mit Hilfe der Matrizenrechnung (II), in: DB 1969, S. 760–763 (Mehrstufige Konzernverflechtung (Teil 2)).

HACHMEISTER, DIRK, Impairment-Test nach IFRS und US-GAAP, in: Unternehmenskauf nach IFRS und US-GAAP. Purchase price allocation, Goodwill und Impairment-Test, hrsg. v. Ballwieser, Wolfgang, 1. Aufl., Stuttgart 2005, S. 191–223 (Impairment-Test nach IFRS).

HACHMEISTER, DIRK, Auswirkungen der Goodwill-Bilanzierung auf das Controlling, in: Controlling 2006, S. 425–432 (Auswirkungen der Goodwill-Bilanzierung).

HACHMEISTER, DIRK, Neuregelung der Bilanzierung von Unternehmenszusammenschlüssen nach IFRS 3 (2008), in: IRZ 2008, S. 115–122 (Unternehmenszusammenschlüsse).

HACHMEISTER, DIRK/HERMENS, ANN-SOPHIE, Möglichkeiten und Grenzen der Bilanzpolitik durch veränderte Einflussnahme und Goodwillbilanzierung, in: BFuP 2011, S. 37–52 (Bilanzpolitik durch Goodwillbilanzierung).

HACHMEISTER, DIRK/KUNATH, OLIVER, Die Bilanzierung des Geschäfts- oder Firmenwerts im Übergang auf IFRS 3, in: KoR 2005, S. 62–75 (Bilanzierung des Geschäfts- oder Firmenwerts).

HACHMEISTER, DIRK/RUTHARDT, FREDERIK, Vom Unternehmenswert zum Anteilswert: Vorzugs- und Stammaktien im Ertragswertkalkül, in: BB 2014, S. 427–431 (Vom Unternehmenswert zum Anteilswert).

HAEGLER, OLAF, Bilanzierung von Anteilen nicht-beherrschender Gesellschafter in mehrstufigen Konzern nach IFRS, in: PiR 2009, S. 191–194 (Bilanzierung nicht beherrschender Anteile im mehrstufigen Konzern).

HAIL, LUZI, Pooling of Interests als Alternative zum Purchase Accounting? Neu entfachte Debatte um die Verbuchung von Unternehmenszusammenschlüssen, in: ST 1999, S. 701–712 (Pooling of Interests als Alternative zum Purchase Accounting?).

HALLER, AXEL/SCHLOßGANGL, MARIA, Notwendigkeit einer Neugestaltung des Performance Reporting nach International Accounting (Financial Reporting) Standards. Konzeptionelle und empirische Evidenzen, in: KoR 2003, S. 317–327 (Neugestaltung des Performance Reporting).

HANOUNA, PAUL/SARIN, ATULYA/SHAPIRO, ALAN C., Value of corporate control: Some international evidence, verfügbar unter: https://poseidon01.ssrn.com/delivery.php?ID=480102116097123107121093073104099030095059060050007025029031115025114023101033101106045034110007079119101103125029008089005060086086116007105117064107064028005089035094016097009069098116091124000064026006089089006125116094003071115019099115097&EXT=pdf (Stand: 07.10.2018) (Value of corporate control).

HARTUNG, SVEN, Anhang und Lagebericht im Spannungsfeld zwischen Bilanztheorie und Bilanzpolitik. Eine theoretische und empirische Analyse, Aachen 2002 (Bilanztheorie und Bilanzpolitik).

HAUCK, ANTON/PRINZ, ULRICH, Zur Auslegung von (europarechtlich übernommenen) IAS/IFRS, in: DK 2005, S. 635–641 (Auslegung von IAS/IFRS).

HAX, HERBERT, Der Bilanzgewinn als Erfolgsmaßstab, in: ZfB 1964, S. 642–651 (Bilanzgewinn als Erfolgsmaßstab).

HAYN, BENITA, Konsolidierungstechnik bei Erwerb und Veräußerung von Anteilen. Ein Leitfaden zur praktischen Umsetzung der Erst-, Übergangs- und Endkonsolidierung, Herne 1999 (Konsolidierungstechnik).

HAYN, SVEN/GRÜNE, MICHAEL, Konzernabschluss nach IFRS. Konsolidierung und Bilanzierung, München 2006 (Konzernabschluss nach IFRS).

HECKER, RENATE, Regulierung von Unternehmensübernahmen und Konzernrecht. Teil I: Empirische Analyse des aktienrechtlichen Minderheitenschutzes im Vertragskonzern, Wiesbaden 2000 (Regulierung von Unternehmensübernahmen und Konzernrecht).

HENDLER, MATTHIAS, Abbildung des Erwerbs und der Veräußerung von Anteilen an Tochterunternehmen nach der Interessentheorie und der Einheitstheorie, Lohmar/Köln 2002 (Abbildung des Erwerbs und der Veräußerung von Anteilen an Tochterunternehmen).

HENDLER, MATTHIAS/ZÜLCH, HENNING, Unternehmenszusammenschlüsse und Änderung von Beteiligungsverhältnissen bei Tochterunternehmen – die neuen Regelungen des IFRS 3 und IAS 27, in: WPg 2008, S. 484–493 (Beteiligungsverhältnisse bei Tochterunternehmen).

HENDRIKSEN, ELDON S./VAN BREDA, MICHAEL F., Accounting Theory, 5. Aufl., Boston 1992 (Accounting Theory).

HETTICH, SILVIA, Zweckadäquate Gewinnermittlungsregeln, Frankfurt am Main 2006 (Zweckadäquate Gewinnermittlungsregeln).

HINZ, MICHAEL, Der Konzernabschluss als Instrument zur Informationsvermittlung und Ausschüttungsbemessung, Wiesbaden 2002 (Informationsvermittlung und Ausschüttungsbemessung).

HINZ, MICHAEL, Goodwillbilanzierung, in: IFRS-Rechnungslegung. Grundlagen Aufgaben Fallstudien, hrsg. v. Brösel, Gerrit/Zwirner, Christian, 2. Aufl., München 2009, S. 349–366 (Goodwillbilanzierung).

HITZ, JÖRG-MARKUS, Das Diskussionspapier „Fair Value Measurements" des IASB – Inhalt und Bedeutung, in: WPg 2007, S. 361–367 (Diskussionspapier Fair Value Measurements).

HITZ, JÖRG-MARKUS/ZACHOW, JANNIS, Vereinheitlichung des Wertmaßstabs „beizulegender Zeitwert" durch IFRS 13 „Fair Value Measurement", in: WPg 2011, S. 964–972 (Beizulegender Zeitwert nach IFRS 13).

HÖBENER, JULIAN/DUST, YANNIC/GIMPEL-HENNING, NILS, Die Bilanzierung sukzessiver Unternehmenserwerbe im Lichte des Conceptual Framework-Projekts. Erfolgswirkungen aus der Neubewertung der Altanteile, in: PiR 2016,
S. 337–344 (Sukzessive Unternehmenserwerbe im Lichte des Conceptual Framework).

HOEHNE, FELIX, Veräußerung von Anteilen an Tochterunternehmen im IFRS-Konzernabschluss. End- und Übergangskonsolidierung, Wiesbaden 2009 (Veräußerung von Anteilen an Tochterunternehmen im IFRS-Konzernabschluss).

HOFFMANN, SEBASTIAN/DETZEN, DOMINIC, Das Joint Conceptual Framework von IASB und FASB – Praktische Implikationen aus dem Abschluss der Phase A für kapitalmarktorientierte Unternehmen, in: KoR 2012, S. 53–55 (Joint Conceptual Framework).

HOFMANN, UWE/TRILTZSCH, JANA, Bilanzieller Ausweis negativer Unterschiedsbeträge aus der Kapitalkonsolidierung nach HGB und IFRS, in: StuB 2003, S. 729–735 (Bilanzieller Ausweis negativer Unterschiedsbeträge).

HOLZMEIER, MAXIMILIAN/HACHMEISTER, DIRK, Anteile nicht-beherrschender Gesellschafter im mehrstufigen Konzern nach IFRS, in: IRZ 2018, S. 19–25 (Anteile nicht beherrschender Gesellschafter im mehrstufigen Konzern).

HOMMEL, MICHAEL, Neue Goodwillbilanzierung – das FASB auf dem Weg zur entobjektivierten Bilanz?, in: BB 2001, S. 1943–1949 (Neue Goodwillbilanzierung).

HOMMEL, MICHAEL, Bilanzierung von Goodwill und Badwill im internationalen Vergleich, in: RIW 2001, S. 801–809 (Bilanzierung von Goodwill und Badwill).

HOMMEL, MICHAEL/FRANKE, FLORIAN/RÖßLER, BETTINA, Die bilanzielle Behandlung des Minderheitengoodwill gemäß Bilanzrechtsmodernisierungsgesetz, IAS 27 und IFRS 3, in: DK 2008, S. 157–166 (Minderheitengoodwill).

HOMMEL, MICHAEL/RAMMERT, STEFAN/WÜSTEMANN, JENS, Konzernbilanzierung case by case. Lösungen nach HGB und IFRS, 6. Aufl., Frankfurt am Main 2018 (Konzernbilanzierung nach HGB und IFRS).

HÜNING, MICHAEL, Kongruenzprinzip und Rechnungslegung von Sachanlagen nach IFRS, Lohmar/Köln 2007 (Kongruenzprinzip und Rechnungslegung von Sachanlagen).

HUSMANN, RAINER/HETTICH, SILVIA, Aufkauf von Minderheitenanteilen im IFRS-Konzernabschluss, in: PiR 2008, S. 150–155 (Aufkauf von Minderheitenanteilen).

IDW (Hrsg.), IDW Stellungnahme zur Rechnungslegung: Einzelfragen zur Ermittlung des Fair Value nach IFRS 13 (IDW RS HFA 47), in: IDW FN 2014, S. 84–100 (IDW RS HFA 47).

IJIRI, YUJI/JAEDICKE, ROBERT K., Reliability and Objectivity of Accounting Measurements, in: The Accounting Review 1966, S. 474–483 (Reliability and Objectivity).

JÄGER, RAINER/HIMMEL, HOLGER, Die Fair Value-Bewertung immaterieller Vermögenswerte vor dem Hintergrund der Umsetzung internationaler Rechnungslegungsstandards, in: BFuP 2003, S. 417–440 (Fair Value-Bewertung immaterieller Vermögenswerte).

JANSCHEK, OTTO, Konzernrechnungslegung, 2. Aufl., Wien 1996 (Konzernrechnungslegung).

JENSEN, MICHAEL/MECKLING, WILLIAM H., Theory of the Firm: Managerial Behavior, Agency Costs and Ownership Structure, in: Journal of Financial Economics 1976, S. 305–360 (Theory of the Firm).

JOHNSON, TODD/PETRONE, KIMBERLEY, Is Goodwill an Asset?, in: Accounting Horizons 1998, S. 293–303 (Is Goodwill an Asset).

KÄFER, KARL, Probleme der Unternehmungsbewertung. Bemerkungen zu einem Werke von Hans Münstermann, in: Die Unternehmung 1967, S. 148–156 (Probleme der Unternehmungsbewertung).

KAHLE, HOLGER, Die neue Goodwill-Bilanzierung nach US-GAAP. Bilanzierung nach Belieben? (Teil A), in: StuB 2002, S. 849–858 (Goodwill-Bilanzierung nach US-GAAP).

KAHLE, HOLGER/HILLER, MATTHIAS, Anschaffungs- und Herstellungskosten nach HGB, EStG und IFRS, in: DStZ 2013, S. 462–473 (Anschaffungs- und Herstellungskosten).

KAHLING, DIETER, Bilanzierung bei konzerninternen Verschmelzungen, Düsseldorf 1999 (Bilanzierung bei konzerninternen Verschmelzungen).

KAJÜTER, PETER, Eigenkapitalveränderungsrechnung, in: DBW 2003, S. 109–113 (Eigenkapitalveränderungsrechnung).

KAJÜTER, PETER, Möglichkeiten und Grenzen der Bilanzierung von Kundenbeziehungen, in: Kundenwert. Grundlagen – Innovative Konzepte – Praktische Umsetzungen, hrsg. v. Helm, Sabrina/Günter, Bernd/Eggert, Andreas, 4. Aufl., Wiesbaden 2017, S. 471–496 (Bilanzierung von Kundenbeziehungen).

KALANTARY, ASHKAN, Fair Value-Bewertung immaterieller Vermögenswerte nach IFRS. Objektivierungsmöglichkeiten und -grenzen, Frankfurt am Main 2012 (Fair Value-Bewertung immaterieller Vermögenswerte nach IFRS).

KAMPMANN, HELGA/SCHWEDLER, KRISTINA, Zum Entwurf eines gemeinsamen Rahmenkonzepts von FASB und IASB. Rechnungslegungsziele und qualitative Anforderungen, in: KoR 2006, S. 521–530 (Gemeinsames Rahmenkonzept von FASB und IASB).

KASPERZAK, RAINER/LIECK, HANS, Die Darstellung von Unternehmenszusammenschlüssen unter gemeinsamer Beherrschung im IFRS-Teilkonzernabschluss einer börsennotierten AG. Predecessor Accounting oder Separate Reporting Entity Approach zum Schutz der Minderheitsgesellschafter?, in: DB 2008, S. 769–777 (Unternehmenszusammenschlüssen unter gemeinsamer Beherrschung).

KASPERZAK, RAINER/LIECK, HANS, Nicht jeder vermeintlich günstige Kauf (bargain purchase) ist auch ein sofortiger Gewinn für das Unternehmen. Die Bedeutung des Reassessment bei einem negativen Unterschiedsbetrag nach IFRS 3 (rev. 2008), in: WPg 2009, S. 1015–1021 (Bedeutung des Reassessment).

KERNER, MELANIE, Full-Goodwill-Methode. Auswirkungen auf die Informationsvermittlung von IFRS-Konzernabschlüssen, Wien 2008 (Full-Goodwill-Methode).

KESSLER, HARALD/BECK, HELMUT/CAPPELL, JÜRGEN/MOHR, MARTIN, Identifizierung des Unterschiedsbetrags nach IFRS 3.51 ff. beim Erwerb mehrerer businesses in einer einheitlichen Transaktion. Zugleich ein Beitrag zur Auslegung der endorsed IFRS, in: PiR 2007, S. 125–132 (Identifizierung des Unterschiedsbetrags nach IFRS 3).

KESSLER, HARALD/LEINEN, MARKUS/STRICKMANN, MICHAEL, Mehr Rechte für Minderheiten – Wieviel Goodwill hat ein Konzern?, in: Berichterstattung für den Kapitalmarkt. Festschrift für Karlheinz Küting zum 65. Geburtstag, hrsg. v. Weber, Claus-Peter/Lorson, Peter/Pfitzer, Norbert/Kessler, Harald/Wirth, Johannes, Stuttgart 2009, S. 319–343 (Rechte für Minderheiten).

KIRSCH, HANS-JÜRGEN, Fair Value – quo vadis?, in: WPg 2009, S. I (Fair Value – quo vadis).

KIRSCH, HANS-JÜRGEN/EWELT-KNAUER, CORINNA, Abgrenzung des Vollkonsolidierungskreises nach IFRS 10 und IFRS 12 – Update zu BB 2009, 1574ff., in: BB 2011, S. 1641–1645 (Abgrenzung des Vollkonsolidierungskreises).

KIRSCH, HANS-JÜRGEN/KOELEN, PETER/OLBRICH, ALEXANDER/DETTENRIEDER, DOMINIK, Die Bedeutung der Verlässlichkeit der Berichterstattung im Conceptual Framework des IASB und des FASB, in: WPg 2012, S. 762–771 (Bedeutung der Verlässlichkeit).

KIRSCH, HANS-JÜRGEN/KOELEN, PETER/TINZ, OLIVER, Die Berichterstattung der DAX-30-Unternehmen in Bezug auf die Neuregelung des impairment only approach des IASB (Teil 1), in: KoR 2008, S. 88–97 (impairment only approach des IASB (Teil 1)).

KLAHOLZ, EVA/STIBI, BERND, Sukzessiver Anteilserwerb nach altem und neuem Handelsrecht. Eine Fallstudie zum Übergang von der Equity-Methode auf die Vollkonsolidierung, in: KoR 2009, S. 297–301 (Sukzessiver Anteilserwerb).

KLEIN, INA, Die Full-Goodwill-Methode nach IFRS 3 (2008). Vorurteile und Wirklichkeiten einer Bilanzierungsalternative, Bremen 2011 (Full-Goodwill-Methode).

KLEINMANNS, HERMANN, Die „offene Gesellschaft der IFRS-Interpreten". Über Akteure, Kompetenzen und Bindungswirkungen beim Fehlen ausdrücklich zutreffender IFRS, in: DB 2014, S. 1325–1333 (Offene Gesellschaft der IFRS-Interpreten).

KLOOCK, JOSEF/SABEL, HERMANN, Verfahren zur Kapitalkonsolidierung mehrstufiger Konzerne nach § 331 Aktiengesetz, in: WPg 1969, S. 190–202 (Kapitalkonsolidierung mehrstufiger Konzerne).

KLOSE, NILS-CHRISTIAN, Kapitalkonsolidierungs- und Bewertungsmethoden in der Konzernrechnungslegung nach IFRS. Bestandsaufnahme und ökonomische Analyse mit Reformvorschlag anhand der Darstellung der Übergangskonsolidierung mit speziellem Fokus auf der Goodwill-Bilanzierung, Aachen 2014 (Kapitalkonsolidierungs- und Bewertungsmethoden).

KOELEN, PETER, Investitionstheoretische Bewertungskalküle in der IFRS-Rechnungslegung. Möglichkeiten und Grenzen einer unternehmenswertorientierten Berichterstattung, Lohmar/Köln 2009 (Investitionstheoretische Bewertungskalküle).

KPMG (Hrsg.), First Impressions: Consolidated financial statements, verfügbar unter: https://home.kpmg.com/content/dam/kpmg/pdf/2011/05/First-Impressions-O-1105-Consolidated-financial-statements.pdf (Stand: 02.09.2011) (Consolidated financial statements).

KRAFT, ARIANE, Extractive Activities in der IFRS-Rechnungslegung. Die Bilanzierung investiver Aktivitäten des Upstream-Geschäfts rohstofffördernder Unternehmen, Lohmar/Köln 2016 (Extractive Activities).

KRIMPMANN, ANDREAS, Konsolidierung nach IFRS/HGB. Vom Einzel- zum Konzernabschluss, Freiburg im Breisgau 2009 (Konsolidierung nach IFRS/HGB).

KÜHNBERGER, MANFRED, Firmenwerte in der Bilanz, GuV und Kapitalflussrechnung nach HGB, IFRS und US-GAAP. Abbildung und Aussagekraft, in: DB 2005, S. 677–683 (Firmenwerte in der Bilanz).

KÜHNBERGER, MANFRED, Die Full Goodwill Methode: Ein zu Recht vernachlässigtes Thema?, in: DK 2012, S. 449–455 (Full Goodwill Methode).

KUHNER, CHRISTOPH/MALTRY, HELMUT, Unternehmensbewertung, 2. Aufl., Berlin 2017 (Unternehmensbewertung).

KUNATH, OLIVER, Kaufpreisallokation: Bilanzierung erworbener immaterieller Vermögenswerte nach IFRS 3 (2004)/IAS 38 (rev. 2004) und ED IFRS 3 (amend. 2005), in: ZfCM 2005, S. 107–120 (Bilanzierung erworbener immaterieller Vermögenswerte).

KUSTNER, CLEMENS, Beteiligungsbewertung im Konzernabschluss. Plädoyer für den Ersatz der Equity Methode durch die Fair Value-Bewertung, Bamberg 2002 (Beteiligungsbewertung im Konzernabschluss).

KÜTING, KARLHEINZ, Zur Bedeutung und Analyse von Verbundeffekten im Rahmen der Unternehmungsbewertung, in: BFuP 1981, S. 175–189 (Bedeutung und Analyse von Verbundeffekten bei Unternehmungsbewertungen).

KÜTING, KARLHEINZ, Grundlagen der unternehmerischen Zusammenarbeit, in: DStR 1990, S. 1–20 (Unternehmerische Zusammenarbeit).

KÜTING, KARLHEINZ, Aktuelle Fragen der Kapitalkonsolidierung (Teil I), in: DStR 1995, S. 192–196 (Aktuelle Fragen der Kapitalkonsolidierung (Teil I)).

KÜTING, KARLHEINZ, Der Geschäfts- oder Firmenwert als Schlüsselgröße der Analyse von Bilanzen deutscher Konzerne. Eine empirische Analyse zur HGB-, IFRS- und US-GAAP-Bilanzierung, in: DB 2005, S. 2757–2765 (Geschäfts- oder Firmenwert als Schlüsselgröße der Analyse von Bilanzen).

KÜTING, KARLHEINZ, Der Geschäfts- oder Firmenwert als Schlüsselgröße der Analyse von Bilanzen deutscher Konzerne – eine empirische Analyse, in: Internationale Rechnungslegung: Standortbestimmung und Zukunftsperspektiven. Kapitalmarktorientierte Rechnungslegung und integrierte Unternehmenssteuerung, hrsg. v. Küting, Karlheinz/Pfitzer, Norbert/Weber, Claus-Peter, Stuttgart 2006, S. 159–182 (Der Geschäfts- oder Firmenwert als Schlüsselgröße der Analyse).

KÜTING, KARLHEINZ, Der Geschäfts- oder Firmenwert in der deutschen Konsolidierungspraxis 2007. Ein Beitrag zur empirischen Rechnungslegungsforschung, in: DStR 2008, S. 1795–1802 (Geschäfts- oder Firmenwert).

KÜTING, KARLHEINZ, Der Objektivierungsgrundsatz im HGB- und IFRS-System. Eine vergleichende Darstellung und Würdigung, in: DB 2011, S. 1404–1410 (Objektivierungsgrundsatz).

KÜTING, KARLHEINZ, Der Geschäfts- oder Firmenwert in der deutschen Konsolidierungspraxis 2012. Ein Beitrag zur empirischen Rechnungslegungsforschung, in: DStR 2013, S. 1794–1803 (Geschäfts- oder Firmenwert in der deutschen Konsolidierungspraxis).

KÜTING, KARLHEINZ/CASSEL, JOCHEN, Anschaffungs- und Herstellungskosten nach HGB und IFRS, in: StuB 2011, S. 283–289 (Anschaffungs- und Herstellungskosten nach HGB und IFRS).

KÜTING, KARLHEINZ/CASSEL, JOCHEN, Zur Hierarchie der Unternehmensbewertungsverfahren bei der Fair Value-Bewertung, in: KoR 2012, S. 322–328 (Unternehmensbewertungsverfahren bei der Fair Value-Bewertung).

KÜTING, KARLHEINZ/CASSEL, JOCHEN, Anteilige Marktkapitalisierung = fair value? Zu kurz oder zu Ende gedacht?, in: DB 2013, S. 2633–2640 (Anteilige Marktkapitalisierung).

KÜTING, KARLHEINZ/DAWO, SASCHA, Bilanzpolitische Gestaltungspotenziale im Rahmen der International Financial Reporting Standards (IFRS). Bewertungsfragen insbesondere bei immateriellen Werten, in: StuB 2002, S. 1205–1213 (Gestaltungspotenziale im Rahmen der IFRS).

KÜTING, KARLHEINZ/DAWO, SASCHA/WIRTH, JOHANNES, Konzeption der außerplanmäßigen Abschreibung im Reformprojekt des IASB, in: KoR 2003, S. 177–190 (Konzeption der außerplanmäßigen Abschreibung).

KÜTING, KARLHEINZ/DUSEMOND, MICHAEL/NARDMANN, BENITA, Ausgewählte Probleme der Kapitalkonsolidierung in Theorie und Praxis. Ergebnisse einer empirischen Erhebung des Instituts für Wirtschaftsprüfung an der Universität des Saarlandes, in: BB 1994, S. 1–18 (Ausgewählte Probleme der Kapitalkonsolidierung).

KÜTING, KARLHEINZ/GATTUNG, ANDREAS, Der Principle Override nach IFRS – vom Mythos einer fairen Rechnungslegung (Teil A), in: PiR 2006, S. 33–37 (Principle Override nach IFRS).

KÜTING, KARLHEINZ/GATTUNG, ANDREAS/KEßLER, MARCO, Zweifelsfragen zur Konzernrechnungslegungspflicht in Deutschland (Teil I), in: DStR 2006, S. 529–532 (Konzernrechnungslegungspflicht (Teil I)).

KÜTING, KARLHEINZ/GÖTH, PETER, Negatives Eigenkapital in der Kapitalkonsolidierung und die Auswirkungen auf den Konzernabschluß, in: BB 1994, S. 2446–2456 (Negatives Eigenkapital in der Kapitalkonsolidierung).

KÜTING, KARLHEINZ/GÖTH, PETER, Minderheitenanteile im Konzernabschluß eines mehrstufigen Konzerns. Sachgerechte Ermittlung und Lösungen zur Konsolidierungstechnik, in: WPg 1997, S. 305–320 (Minderheitenanteile im Konzernabschluss).

KÜTING, KARLHEINZ/HARTH, HANS-JÖRG, Die Behandlung einer negativen Aufrechnungsdifferenz im Rahmen der Purchase-Methode nach ABP 16 und nach IAS 22. Vergleich und beispielhafte Darstellung, in: WPg 1999, S. 489–500 (Behandlung negativer Aufrechnungsdifferenzen).

KÜTING, KARLHEINZ/HAYN, BENITA, Erst- und Endkonsolidierung nach der Erwerbsmethode. Definition, Systematisierung und Stichtag, in: DStR 1997, S. 1941–1948 (Erst- und Endkonsolidierung).

KÜTING, KARLHEINZ/HAYN, BENITA/HÜTTEN, CHRISTOPH, Die Abbildung konzerninterner Spaltungen im Einzel- und Konzernabschluß. Dargestellt am Beispiel der Ausgliederung, in: BB 1997, S. 565–574 (Abbildung konzerninterner Spaltungen).

KÜTING, KARLHEINZ/LEINEN, MARKUS, Die Kapitalkonsolidierung bei Erwerb eines Teilkonzerns, in: WPg 2002, S. 1201–1217 (Kapitalkonsolidierung bei Erwerb eines Teilkonzerns).

KÜTING, KARLHEINZ/MOJADADR, MANA, Das neue Control-Konzept nach IFRS 10. IFRS 10 „Consolidated Financial Statements" stellt die Konzerne bereits jetzt vor enorme Herausforderungen, in: KoR 2011, S. 273–285 (Control-Konzept nach IFRS 10).

KÜTING, KARLHEINZ/RANKER, DANIEL, Tendenzen zur Auslegung der endorsed IFRS als sekundäres Gemeinschaftsrecht, in: BB 2004, S. 2510–2515 (Auslegung der endorsed IFRS).

KÜTING, KARLHEINZ/SEEL, CHRISTOPH/STRAUß, MARC, Die Änderung der Beteiligungshöhe als konsolidierungstechnisches Problem. Zum Wirrwarr der Konsolidierungsbegriffe nach HGB und IFRS, in: IRZ 2011, S. 175–183 (Änderung der Beteiligungshöhe).

KÜTING, KARLHEINZ/WEBER, CLAUS-PETER, Der Konzernabschluss. Praxis der Konzernrechnungslegung nach HGB und IFRS, 13. Aufl., Stuttgart 2012 (Konzernabschluss).

KÜTING, KARLHEINZ/WEBER, CLAUS-PETER/DUSEMOND, MICHAEL, Kapitalkonsolidierung im mehrstufigen Konzern, in: BB 1991, S. 1082–1090 (Kapitalkonsolidierung im mehrstufigen Konzern).

KÜTING, KARLHEINZ/WEBER, CLAUS-PETER/KEßLER, MARCO, Betriebswirtschaftliche Grundlagen und bilanzielle Auswirkungen des (freiwilligen) Übernahmeangebots, in: FB 2003, S. 625–641 (Bilanzielle Auswirkungen des Übernahmeangebots).

KÜTING, KARLHEINZ/WEBER, CLAUS-PETER/WIRTH, JOHANNES, Die Goodwillbilanzierung im finalisierten Business Combinations Project Phase II. Erstkonsolidierung, Werthaltigkeitstest und Endkonsolidierung, in: KoR 2008, S. 139–152 (Goodwillbilanzierung).

KÜTING, KARLHEINZ/WEBER, CLAUS-PETER/WIRTH, JOHANNES, Kapitalkonsolidierung im mehrstufigen Konzern. Fallstudie zur Kapitalkonsolidierung von Enkelkapitalgesellschaften unter Berücksichtigung indirekter Fremdanteile, in: KoR 2013, S. 43–52 (Kapitalkonsolidierung im mehrstufigen Konzern).

KÜTING, KARLHEINZ/WIRTH, JOHANNES, Bilanzierung von Unternehmenszusammenschlüssen nach IFRS 3, in: KoR 2004, S. 167–177 (Bilanzierung von Unternehmenszusammenschlüssen).

KÜTING, KARLHEINZ/WIRTH, JOHANNES, Implikationen von IAS 36 (rev. 2004) auf die Firmenwertberücksichtigung bei einer teilweisen Endkonsolidierung ohne Wechsel der Konsolidierungsmethode, in: KoR 2005, S. 415–426 (Firmenwertberücksichtigung bei einer Endkonsolidierung).

KÜTING, KARLHEINZ/WIRTH, JOHANNES, Bilanzierung eines negativen Unterschiedsbetrags nach IFRS 3 und die Bedeutung der Erfassung von Eventualschulden in der Kaufpreisallokation, in: IRZ 2006, S. 143–151 (Bilanzierung eines negativen Unterschiedsbetrags).

KÜTING, PETER, Quo vadis? – Common Control vs. Separate Reporting Entity Approach: zum Teilkonzern-(miss-)verständnis nach IFRS, in: IRZ 2012, S. 151–156 (Common Control vs. Separate Reporting Entity Approach).

KÜTING, PETER, Konzerninterne Umstrukturierungen. Beteiligungspolitische Grundlagen – Konsolidierungspraxis (HGB/IFRS) – Firmenwertbilanzierung, Stuttgart 2012 (Konzerninterne Umstrukturierungen).

KÜTING, PETER/WEBER, CLAUS-PETER, Die Bilanzanalyse. Beurteilung von Abschlüssen nach HGB und IFRS, 11. Aufl., Stuttgart 2015 (Bilanzanalyse).

LARENZ, KARL/CANARIS, CLAUS-WILHELM, Methodenlehre der Rechtswissenschaft, 3. Aufl., Berlin 1995 (Methodenlehre der Rechtswissenschaft).

LEFFSON, ULRICH, Die Grundsätze ordnungsmäßiger Buchführung, 7. Aufl., Düsseldorf 1987 (Grundsätze ordnungsmäßiger Buchführung).

LEINEN, MARKUS, Die Kapitalkonsolidierung im mehrstufigen Konzern. Konzeptionelle Grundlagen und praxisnahe Konsolidierungsbeispiele, Herne/Berlin 2002 (Kapitalkonsolidierung im mehrstufigen Konzern).

LEITNER-HANETSEDER, SUSANNE/REBHAN, ELISABETH, Praxis der Goodwill-Bilanzierung der DAX-30-Unternehmen, in: IRZ 2012, S. 157–162 (Goodwill-Bilanzierung der DAX-30-Unternehmen).

LENNARD, ANDREW, Stewardship and the Objectives of Financial Statements: A Comment on IASB's Preliminary Views on an Improved Conceptual Framework for Financial Reporting: The Objective of Financial Reporting and Qualitative Characteristics of Decision-Useful Financial Reporting Information, in: Accounting in Europe 2007, S. 51–66 (Stewardship and the Objectives of Financial Statements).

LIENAU, ACHIM/ZÜLCH, HENNING, Die Ermittlung des value in use nach IFRS. Eine Betrachtung der Einflussfaktoren des value in use vor dem Hintergrund der Vermittlung entscheidungsnützlicher Abschlussinformationen, in: KoR 2006, S. 319–329 (Ermittlung des value in use).

LÖCKE, JÜRGEN, Aktivierung konzernintern erworbener immaterieller Vermögensgegenstände des Anlagevermögens?, in: BB 1998, S. 415–419 (Konzernintern erworbene immaterielle Vermögensgegenstände).

LOPATTA, KERSTIN, Goodwillbilanzierung und Informationsvermittlung nach internationalen Rechnungslegungsstandards. Business Combinations (IFRS, US-GAAP), Kaufpreisallokation, Impairment Test, Konvergenzbestrebungen, Wiesbaden 2006 (Goodwillbilanzierung und Informationsvermittlung).

LOPATTA, KERSTIN/MÜßIG, ANKE, Die Bilanzierung von Business Combinations – Standardsetzung als politischer Prozess?, in: PiR 2007, S. 15–20 (Bilanzierung von Business Combinations).

LORSON, PETER/FUHRMANN, CHRISTIANE/HANDTRAG, JENNIFER/HORN, CHRISTIAN/POLLER, JÖRG, Konzernrechnungslegung nach EU-IFRS 2012. Fallstudie zur Erstellung eines IFRS-Konzernabschlusses (Teil 6: Konsolidierung von assoziierten Unternehmen und Zweckgesellschaften), in: KoR 2012, S. 606–619 (Konzernrechnungslegung nach EU-IFRS 2012 (Teil 6)).

LORSON, PETER/GATTUNG, ANDREAS, Die Forderung nach einer „faithful representation". Quantitative und qualitative Schranken des Grundsatzes „Wahrheitsgemäßer Darstellung der IFRS", in: KoR 2007, S. 657–665 (Faithful Representation).

LORSON, PETER/GATTUNG, ANDREAS, Die Forderung nach einer „faithful representation". Verhältnis zur Objektivität, Neutralität und Nachprüfbarkeit, in: KoR 2008, S. 556–565 (Faithful representation).

LORSON, PETER C./HEIDEN, MATTHIAS, Intellectual Capital Statement und Goodwill-Impairment, in: Jahrbuch für Controlling und Rechnungswesen 2002, hrsg. v. Seicht, Gerhard, Wien 2002, S. 369–403 (Intellectual Capital Statement und Goodwill-Impairment).

LÜCKE, WOLFGANG, Unternehmenswachstum in der Investitionsrechnung, in: Branchenübergreifende Erfolgsfaktoren. Controlling, Organisation, Logistik, Wachstum, hrsg. v. Sierke, Bernt R. A./Albe, Frank, Wiesbaden 1995, S. 1–26 (Unternehmenswachstum).

LÜDENBACH, NORBERT, Die Vernichtung von Eigenkapital im (befreienden) Konzernabschluß der GmbH & Co. KG. Bilanzpolitische Kuriositäten des KapCoRiLiG, in: GmbHR 2000, S. 847–850 (Vernichtung von Eigenkapital im Konzernabschluss).

LÜDENBACH, NORBERT, Erlangung von Kontrolle ohne Erwerb (weiterer) Anteile?, in: PiR 2008, S. 70–72 (Erlangung von Kontrolle ohne Erwerb (weiterer) Anteile).

LÜDENBACH, NORBERT, Transaktionskosten bei Aufstockung von Mehrheitsbeteiligungen, in: PiR 2009, S. 378–380 (Transaktionskosten bei Aufstockung von Mehrheitsbeteiligungen).

LÜDENBACH, NORBERT, Combined statements bei Einbringung zweier operativer Gesellschaften in eine NewCo, in: PiR 2011, S. 209–210 (Combined statements).

LÜDENBACH, NORBERT/FREIBERG, JENS, Zweifelhafter Objektivierungsbeitrag des Fair Value Measurements-Projekts für die IFRS-Bilanz, in: KoR 2006, S. 437–445 (Zweifelhafter Objektivierungsbeitrag des Fair Value).

LÜDENBACH, NORBERT/FREIBERG, JENS, Der Beherrschungsbegriff des IFRS 10. Anwendung auf normale vs. strukturierte Unternehmen, in: PiR 2012, S. 41–50 (Beherrschungsbegriff des IFRS 10).

LÜDENBACH, NORBERT/VÖLKNER, BURKHARD, Abgrenzung des Kaufpreises von sonstigen Vergütungen bei der Erst- und Entkonsolidierung. Unternehmenskaufverträge als Mehrkomponentengeschäfte, in: BB 2006, S. 1435–1441 (Abgrenzung des Kaufpreises von sonstigen Vergütungen).

LÜHRMANN, VOLKER/SCHRUFF, LOTHAR, Negative Minderheitenanteile im Konzernabschluß eines mehrstufigen Konzerns, in: WPg 1996, S. 261–269 (Minderheitenanteile im Konzernabschluss).

MA, RONALD/HOPKINS, ROGER, Goodwill – An Example of Puzzle-Solving in Accounting, in: Abacus 1988, S. 75–85 (Goodwill).

MA, RONALD/HOPKINS, ROGER, Goodwill – An Example of Puzzle-Solving in Accounting – a Reply, in: Abacus 1992, S. 113–115 (Puzzle-Solving in Accounting).

MAIER, ANDREAS, Rahmenkonzept zur Abwägung von Kosten und Nutzen im Standardsetzungsprozess der internationalen Rechnungslegung, Bamberg 2008 (Abwägung von Kosten und Nutzen im Standardsetzungsprozess).

MANDL, GERWALD/KÖNIGSMAIER, HEINZ, Kapitalkonsolidierung nach der Erwerbsmethode und die Behandlung von Minderheitsanteilen im mehrstufigen Konzern, in: Jahresabschluss und Jahresabschlussprüfung. Probleme, Perspektiven, internationale Einflüsse. Festschrift zum 60. Geburtstag von Jörg Baetge, hrsg. v. Fischer, Thomas R./Hömberg, Reinhold, Düsseldorf 1997, S. 239–277 (Behandlung von Minderheitsanteilen im mehrstufigen Konzern).

MARTENS, STEPHAN/OLDEWURTEL, CHRISTOPH/KÜMPEL, KATHARINA, Neuerungen der Konzernrechnungslegung nach IFRS 10 und IFRS 12. Zentrale Änderungen und ihre Auswirkungen auf die Praxis, in: PiR 2013, S. 41–46 (Neuerungen der Konzernrechnungslegung).

MATSCHKE, MANFRED JÜRGEN/BRÖSEL, GERRIT, Unternehmensbewertung. Funktionen – Methoden – Grundsätze, 4. Aufl., Wiesbaden 2013 (Unternehmensbewertung).

MEICHELBECK, ANDREA, Unternehmensbewertung im Konzern, in: Praxishandbuch der Unternehmensbewertung. Grundlagen und Methoden; Bewertungsverfahren; Besonderheiten bei der Bewertung, hrsg. v. Peemöller, Volker H., 6. Aufl., Herne 2015, S. 831–854 (Unternehmensbewertung im Konzern).

MERKT, HANNO, Das IFRS Conceptual Framework aus regelungsmethodischer Sicht, in: zfbf 2014, S. 477–504 (Das IFRS Conceptual Framework aus regelungsmethodischer Sicht).

METZ, CHRISTIAN, Unternehmenskauf und internationale Rechnungslegung. Kaufpreisklauseln in M&A-Verträgen und ihre bilanzielle Abbildung, Berlin 2012 (Unternehmenskauf).

MEYER, MARCO, Abgrenzung von substanziellen Rechten und Schutzrechten auf der Grundlage von IFRS 10. Einzelfragen zu IFRS 10, in: PiR 2012, S. 269–275 (Abgrenzung von Schutz- und substanziellen Rechten).

MEYER, MARCO, Business Combinations auf dem Prüfstand. Ergebnisse und Folgen des Post-implementation Reviews zu IFRS 3, in: WPg 2016, S. 388–393 (Business Combinations).

MILLA, ASLAN/BUTOLLO, BEATE, Sonderfälle der Übergangskonsolidierung nach IFRS und die Wechselwirkung zu IFRS 5, in: IRZ 2007, S. 173–181 (Sonderfälle der Übergangskonsolidierung nach IFRS).

MIßLER, PETER/DUHR, ANDREAS, Neufassung der Regelungen zum Konsolidierungskreis gemäß IFRS 10, IFRS 11 und IFRS 12, in: Brennpunkte der Bilanzierungspraxis nach IFRS und HGB, hrsg. v. Küting, Karlheinz/Pfitzer, Norbert/Weber, Claus-Peter, Stuttgart 2012, S. 9–36 (Konsolidierungskreis gemäß IFRS).

MÖLLER, HANS PETER/HÜFNER, BERND/KELLER, ERICH/KETTENIß, HOLGER/VIETHEN, HEINZ W., Konzern-Finanzberichte. Ökonomische Grundlagen, regulatorische Vorgaben und Informationskonsequenzen, 3. Aufl., Wiesbaden 2018 (Konzern-Finanzberichte).

MOXTER, ADOLF, Bilanzlehre, Wiesbaden 1974 (Bilanzlehre).

MOXTER, ADOLF, Fundamentalgrundsätze ordnungsmäßiger Rechenschaft, in: Bilanzfragen. Festschrift zum 65. Geburtstag von Prof. Dr. Ulrich Leffson, hrsg. v. Baetge, Jörg/Moxter, Adolf/Schneider, Dieter, Düsseldorf 1976, S. 87–100 (Fundamentalgrundsätze).

MOXTER, ADOLF, Die Geschäftswertbilanzierung in der Rechtsprechung des Bundesfinanzhofs und nach EG-Bilanzrecht, in: BB 1979, S. 741–747 (Geschäftswertbilanzierung).

MUJKANOVIC, ROBIN, Abschreibung des Geschäfts- oder Firmenwerts: Aufgabe des Vorsichtsprinzips und normierter Rechtsbruch? Geplante Änderungen durch BilRUG und E-DRS 30, in: StuB 2015, S. 292–293 (Abschreibung des Geschäfts- oder Firmenwerts).

MÜLLER, STEFAN/KREIPL, MARKUS, Quantitative Analyse der Behandlung indirekter Anteile anderer Gesellschafter im mehrstufigen Konzern. Eine Fallstudie zur Kapitalkonsolidierung nach HGB und IFRS, in: KoR 2010, S. 280–284 (Behandlung indirekter Anteile anderer Gesellschafter).

NERLICH, CHRISTOPH, Entwicklung einer Auslegungsmethodik für IFRS im EU-Kontext, Düsseldorf 2007 (Auslegungsmethodik für IFRS).

OECHSLE, EBERHARD/SCHIPPER, CHRISTOPH, Negative Fremdanteile im Konzernabschluß, in: WPg 1994, S. 344–347 (Negative Fremdanteile im Konzernabschluss).

OHMS, VERENA, Die Bilanzierung des Goodwill im Konzernabschluss nach HGB und IFRS. Eine Untersuchung aus der Perspektive von Bilanzierungszwecken und Bilanzierungsgrundsätzen, Frankfurt am Main 2010 (Bilanzierung des Goodwill im Konzernabschluss).

OLBRICH, MICHAEL, Zur Bedeutung des Börsenkurses für die Bewertung von Unternehmungen und Unternehmungsanteilen, in: BFuP 2000, S. 454–465 (Bedeutung des Börsenkurses für Unternehmensbewertungen).

OPPERMANN, MICHAEL/PILHOFER, JOCHEN/MÜLLER, RONJA, Zweifelsfragen bei negativen Unterschiedsbeträgen nach IFRS, in: M&A REVIEW 2014, S. 289–294 (Zweifelsfragen bei negativen Unterschiedsbeträgen nach IFRS).

ORDELHEIDE, DIETER, Kapitalkonsolidierung nach der Erwerbsmethode (Teil I). Zur Umsetzung der 7. EG-Richtlinie in deutsches Recht, in: WPg 1984, S. 237–245 (Kapitalkonsolidierung nach der Erwerbsmethode).

ORDELHEIDE, DIETER, Der Konzern als Gegenstand betriebswirtschaftlicher Forschung, in: BFuP 1986, S. 293–312 (Konzern als Forschungsgegenstand).

OSER, PETER, Auf- und Abstockung von Mehrheitsbeteiligungen im Konzernabschluss nach BilMoG. Grenzen der Annäherung des HGB an die IFRS, in: DB 2010, S. 65–68 (Auf- und Abstockung von Mehrheitsbeteiligungen).

OSER, PETER, DRS 23 „Kapitalkonsolidierung" – Konvergenz zwischen HGB und IFRS? Dargestellt am Beispiel der Bilanzierung sukzessiver Unternehmenszusammenschlüsse und der Auf- und Abstockung einer Mehrheitsbeteiligung, in: PiR 2015, S. 278–283 (Kapitalkonsolidierung nach DRS 23).

OSER, PETER/MILANOVA, ELITSA, Aufstellungspflicht und Abgrenzung des Konsolidierungskreises. Rechtsvergleich zwischen HGB/DRS 19 und dem neuen IFRS 10, in: BB 2011, S. 2027–2032 (Aufstellungspflicht und Abgrenzung des Konsolidierungskreises).

PANZER, ALOIS, Statusändernde Anteilsveräußerungen im IFRS-Konzernabschluss. Eine fallübergreifende Untersuchung der Regelungen zur Übergangskonsolidierung, Lohmar/Köln 2016 (Statusändernde Anteilsveräußerungen im IFRS-Konzernabschluss).

PAWELZIK, KAI UDO, Die Prüfung des Konzerneigenkapitals. HGB, IAS/IFRS, US-GAAP. Konsolidierung. Ausweis. Eigenkapitalspiegel, Düsseldorf 2003 (Prüfung des Konzerneigenkapitals).

PAWELZIK, KAI UDO, Die Konsolidierung von Minderheiten nach IAS/IFRS der Phase II („business combinations"), in: WPg 2004, S. 677–694 (Konsolidierung von Minderheiten).

PAWELZIK, KAI UDO, Kombination von full goodwill und bargain purchase, in: PiR 2009, S. 277–279 (Full goodwill und bargain purchase).

PAWELZIK, KAI UDO, Die Bilanzierung von Interessenzusammenschlüssen im Konzernabschluss nach BilMoG und IFRS, in: DB 2010, S. 2569–2575 (Bilanzierung von Interessenzusammenschlüssen).

PAWELZIK, KAI UDO/THEILE, CARSTEN, Eigenkapitalvernichtung im GmbH & Co. KG-Konzernabschluss? Über eine vermeintliche Kuriosität bei der Kapitalkonsolidierung im mehrstufigen Konzern, in: DB 2000, S. 2385–2389 (Eigenkapitalvernichtung im mehrstufigen Konzern).

PEFFEKOVEN, FRANK PETER, Geht die Reform der Kapitalkonsolidierung in eine falsche Richtung?, in: WPg 2001, S. 187–204 (Reform der Kapitalkonsolidierung).

PELGER, CHRISTOPH, Entscheidungsnützlichkeit in neuem Gewand: Der Exposure Draft zur Phase A des Conceptual Framework-Projekts, in: KoR 2009, S. 156–163 (Entscheidungsnützlichkeit in neuem Gewand).

PELGER, CHRISTOPH, Rechnungslegungszweck und qualitative Anforderungen im Conceptual Framework for Financial Reporting (2010) – Der erste Stein im neuen Fundament der internationalen Rechnungslegung, in: WPg 2011, S. 908–916 (Rechnungslegungszweck und qualitative Anforderungen).

PELLENS, BERNHARD, Der Informationswert von Konzernabschlüssen. Eine empirische Untersuchung deutscher Börsengesellschaften, Wiesbaden 1989 (Der Informationswert von Konzernabschlüssen).

PELLENS, BERNHARD/AMSHOFF, HOLGER/SELLHORN, THORSTEN, IFRS 3 (rev. 2008): Einheitstheorie in der M&A-Bilanzierung, in: BB 2008, S. 602–606 (Einheitstheorie in der M&A-Bilanzierung).

PELLENS, BERNHARD/BASCHE, KERSTIN/SELLHORN, THORSTEN, Full Goodwill Method. Renaissance der reinen Einheitstheorie in der Konzernrechnungslegung?, in: KoR 2003, S. 1–4 (Full Goodwill Method).

PELLENS, BERNHARD/FÜLBIER, ROLF UWE/GASSEN, JOACHIM/SELLHORN, THORSTEN, Internationale Rechnungslegung. IFRS 1 bis 16, IAS 1 bis 41, IFRIC-Interpretationen, Standardentwürfe, 10. Aufl., Stuttgart 2017 (Internationale Rechnungslegung).

PELLENS, BERNHARD/NEUHAUS, STEFAN/NÖLTE, UWE, Konzernergebnis und Earnings per Share, in: Betriebliches Rechnungswesen und Controlling im Spannungsfeld von Theorie und Praxis. Festschrift für Prof. Dr. Jürgen Graßhoff zum 65. Geburtstag, hrsg. v. Jander, Heidrun/Krey, Antje, Hamburg 2005, S. 31–51 (Konzernergebnis und Earnings per Share).

PELLENS, BERNHARD/SELLHORN, THORSTEN, Kapitalkonsolidierung nach der Fresh-Start-Methode, in: BB 1999, S. 2125–2132 (Kapitalkonsolidierung nach der Fresh-Start-Methode).

PELLENS, BERNHARD/SELLHORN, THORSTEN, Minderheitenproblematik beim Goodwill lmpairment Test nach geplanten IFRS und geltenden US-GAAP, in: DB 2003, S. 401–408 (Minderheitenproblematik beim Goodwill lmpairment Test).

PELLENS, BERNHARD/SELLHORN, THORSTEN/AMSHOFF, HOLGER, Reform der Konzernbilanzierung – Neufassung von IFRS 3 „Business Combinations“, in: DB 2005, S. 1749–1755 (Reform der Konzernbilanzierung).

PFAFF, DIETER/KUKULE, WILFRIED, Wie fair ist der Fair Value?, in: KoR 2006, S. 542–549 (Fair Value).

PFAUTH, ANDREAS, Goodwillbilanzierung nach US-GAAP. Kapitalmarktreaktionen auf die Abschaffung der planmäßigen Abschreibung, Wiesbaden 2008 (Goodwillbilanzierung nach US-GAAP).

PFINGSTEN, ANDREAS/KAMP, ANDREAS, Die Bewertung von Beteiligungen aus kapitalmarkttheoretischer bzw. informationsökonomischer Sicht, in: Beteiligungen in Rechnungswesen und Besteuerung. Gestaltungsmöglichkeiten in der Praxis, hrsg. v. Bertl, Romuald/Eberhartinger, Eva/Egger, Anton/Gassner, Wolfgang/Lang, Michael/Nowotny, Christian/Riegler, Christian/Schuch, Josef/Staringer, Claus, Wien 2004, S. 13–30 (Bewertung von Beteiligungen).

PHILIPPI, BJÖRN, Die Ermittlung des goodwill nach IFRS 3 in einem mehrstufigen Konzern, in: PiR 2009, S. 61–66 (Ermittlung des goodwill).

POTTGIEßER, GABY/VELTE, PATRICK/WEBER, STEFAN C., Ermessensspielräume im Rahmen des Impairment-Only-Approach. Eine kritische Analyse zur Folgebewertung des derivativen Geschäfts- oder Firmenwertes (Goodwill) nach IFRS 3 und IAS 36 (rev. 2004), in: DStR 2005, S. 1748–1752 (Ermessensspielräume des Impairment-Only-Approach).

PRATT, SHANNON P., Business Valuation. Discounts and Premiums, 2. Aufl., Hoboken 2009 (Business Valuation).

PREIßER, MICHAEL/PREIßER, MAXIMILIAN, Negativer Geschäftswert beim Asset Deal – Handelsrechtliche Überlegungen unter Einbeziehung der Steuersituation der Beteiligten, in: DStR 2011, S. 133–138 (Negativer Geschäftswert beim Asset Deal).

PWC (Hrsg.), Business combinations and noncontrolling interests, verfügbar unter: https://www.pwc.com/us/en/cfodirect/assets/pdf/accounting-guides/pwc-guide-business-combinations-noncontrolling-interests.pdf (Stand: 07.10.2018) (Business combinations and noncontrolling interests).

QIN, SIGANG, Bilanzierung des Excess nach IFRS 3, Düsseldorf 2005 (Bilanzierung des Excess nach IFRS 3).

REICHELT, DIRK, Unternehmenszusammenschlüsse durch Anteilstausch. Zur zweckmäßigen Erfassung im Konzernabschluss nach HGB und IFRS, Baden-Baden 2008 (Unternehmenszusammenschluss durch Anteilstausch).

REILAND, MICHAEL, Consolidation: Identifying Subsidiaries under IFRS 10. Abgrenzung des Konsolidierungskreises nach IFRS 10, verfügbar unter: https://poseidon01.ssrn.com/delivery.php?ID=516000122122107084090098106107112092099021067011054023110070075000095114091113026009053037096016037002029028108116085031082090051043087083034005119070027081108104010046045029080026007107091009119126105015116090082121111084028116103068065110027031067&EXT=pdf (Stand: 07.10.2018) (Abgrenzung des Konsolidierungskreises).

REILAND, MICHAEL, IFRS 10: Sachgerechte Abgrenzung des Konsolidierungskreises oder Spielwiese für Bilanzpolitiker?, in: DB 2011, S. 2729–2736 (Abgrenzung des Konsolidierungskreises).

RICHTER, FRANK, Highest and best use-Annahme nach IFRS 13. Der Fall – die Lösung, in: IRZ 2013, S. 88–90 (Highest and best use).

RICHTER, HORST/SÄGLITZ, HANS-JÜRGEN, Von der Nachschau zur Konzernsteuerung durch die Einrichtung der originären Konzernbuchführung in der Versicherungswirtschaft, in: Rechnungslegung – warum und wie. Festschrift für Hermann Clemm zum 70. Geburtstag, hrsg. v. Ballwieser, Wolfgang/Moxter, Adolf/Nonnenmacher, Rolf, München 1996, S. 311–336 (Originäre Konzernbuchführung).

RICHTER, MICHAEL, Die Bewertung des Goodwill nach SFAS No. 141 und SFAS No. 142. Eine kritische Würdigung des impairment only-Ansatzes, Düsseldorf 2004 (Bewertung des Goodwill).

RICHTER, RUDOLF/FURUBOTN, EIRIK GRUNDTVIG, Neue Institutionenökonomik. Eine Einführung und kritische Würdigung, 4. Aufl., Tübingen 2010 (Neue Institutionenökonomik).

RIEDL, FLORIAN/BORGWARDT, LENA, Konsolidierung in der internationalen Rechnungslegung nach IFRS. Ausgewählte Fragestellungen anhand von Praxisbeispielen, in: PiR 2017, S. 13–20 (Konsolidierung in der internationalen Rechnungslegung).

RÖMGENS, THORSTEN, Behandlung des auf Minderheiten entfallenden Goodwill im mehrstufigen Konzernabschluss nach IFRS 3, in: BB 2005, S. 19–22 (Goodwill im mehrstufigen Konzernabschluss).

ROß, NORBERT, E-DRS 30: Der „technische aktive Unterschiedsbetrag" – ein hilfreiches Konstrukt?, in: DB 2015, S. 1417–1419 (Der technische aktive Unterschiedsbetrag).

RÜHL, JUDITH/ALTHOFF, FRANK, Faktische Beherrschung durch Präsenzmehrheit im Konzernabschluss nach HGB und IFRS, in: KoR 2012, S. 553–562 (Faktische Beherrschung durch Präsenzmehrheit).

RUHNKE, KLAUS, Konzernbuchführung, Düsseldorf 1995 (Konzernbuchführung).

RUHNKE, KLAUS/NERLICH, CHRISTOPH, Behandlung von Regelungslücken innerhalb der IFRS, in: DB 2004, S. 389–395 (Behandlung von Regelungslücken innerhalb der IFRS).

RUHNKE, KLAUS/SIMONS, DIRK, Rechnungslegung nach IFRS und HGB. Lehrbuch zur Theorie und Praxis der Unternehmenspublizität mit Beispielen und Übungen, 4. Aufl., Stuttgart 2018 (Rechnungslegung nach IFRS und HGB).

RÜTHERS, BERND/FISCHER, CHRISTIAN/BIRK, AXEL, Rechtstheorie. Mit Juristischer Methodenlehre, 10. Aufl., München 2018 (Rechtstheorie).

SAELZLE, RAINER/KRONNER, MARKUS, Die Informationsfunktion des Jahresabschlusses – dargestellt am sog. „impairment-only-Ansatz", in: WPg 2004, S. 154–165 (Informationsfunktion des Jahresabschlusses).

SAUTHOFF, JAN-PHILIPP, Der Firmenwert im Konzernabschluß. Probleme der Bilanzierung und Aussagefähigkeit, Wiesbaden 1996 (Firmenwert im Konzernabschluss).

SAUTHOFF, JAN-PHILIPP, Zum bilanziellen Charakter negativer Firmenwerte im Konzernabschluß, in: BB 1997, S. 619–623 (Charakter negativer Firmenwerte im Konzernabschluss).

SCHENK, GERALD, Zur Diskussion um negative Minderheitenanteile im Konzernabschluß. Der Fall des mehrstufigen Konzerns, in: WPg 1995, S. 441–444 (Negative Minderheitenanteile).

SCHEREN, MICHAEL/SCHEREN, THOMAS, Der Geschäfts- oder Firmenwert nach IFRS – Plädoyer für eine typisierte planmäßige Abschreibung, in: WPg 2014, S. 86–93 (Geschäfts- oder Firmenwert nach IFRS).

SCHERRER, GERHARD, Konzernrechnungslegung nach HGB, 3. Aufl., München 2012 (Konzernrechnungslegung).

SCHILDBACH, THOMAS, Externe Rechnungslegung und Kongruenz – Ursache für die Unterlegenheit deutscher verglichen mit angelsächsischer Bilanzierung?, in: DB 1999, S. 1813–1820 (Externe Rechnungslegung und Kongruenz).

SCHILDBACH, THOMAS, Fair Value – Wunsch und Wirklichkeit, in: Internationale Rechnungslegung: Standortbestimmung und Zukunftsperspektiven. Kapitalmarktorientierte Rechnungslegung und integrierte Unternehmenssteuerung, hrsg. v. Küting, Karlheinz/Pfitzer, Norbert/Weber, Claus-Peter, Stuttgart 2006, S. 7–32 (Fair Value).

SCHILDBACH, THOMAS, Fair Value Accounting. Konzeptionelle Inkonsistenzen und Schlussfolgerungen für die Rechnungslegung, München 2015 (Fair Value Accounting).

SCHILDBACH, THOMAS/FELDHOFF, PATRICIA, Der Konzernabschluss nach HGB und IFRS, 8. Aufl., Berlin/Boston 2018 (Konzernabschluss).

SCHMIDT, INGO M., Ansätze für eine umfassende Rechnungslegung zur Zahlungsbemessung und Informationsvermittlung. Eine Analyse am Beispiel der Goodwill-Bilanzierung, Wiesbaden 2007 (Rechnungslegung zur Zahlungsbemessung und Informationsvermittlung).

SCHÖLLHORN, THOMAS/MÜLLER, MARTIN, Bedeutung und praktische Relevanz des Rahmenkonzepts (framework) bei Erstellung von IFRS-Abschlüssen nach zukünftigem „deutschen Recht" (Teil 1). Darstellung unter Berücksichtigung der IAS-VO und des BilReG, in: DStR 2004, S. 1623–1628 (Relevanz des Rahmenkonzepts).

SCHOLZ, STEPHAN, Bilanzierung von Minderheitsanteilen im HGB-Konzernabschluss bei Bestehen eines Ergebnisabführungsvertrags, in: BB 2014, S. 1003–1007 (Bilanzierung von Minderheitsanteilen bei Ergebnisabführungsverträgen).

SCHÖN, WOLFGANG, Kompetenzen der Gerichte zur Auslegung von IAS/IFRS, in: BB 2004, S. 763–768 (Kompetenzen der Gerichte zur Auslegung von IAS/IFRS).

SCHOO, LENA, Umsatzrealisierung nach IFRS. Entscheidungsnützlichkeit der Regelungen des Revenue-Recognition-Projektes versus der geltenden Regelungen, Lohmar/Köln 2013 (Umsatzrealisierung nach IFRS).

SCHREIBER, SUSANNE, Der Asset-Liability-Approach. Zum Einfluss dieser bilanztheoretischen Konzeption auf den Ansatz von immateriellen Gütern nach US-GAAP, in: WiSt 2007, S. 572–577 (Asset-Liability-Approach).

SCHRUFF, WIENAND, Die IFRS-Rechnungslegung im Spannungsfeld zwischen Cashflow-Prognose und Rechenschaft, in: WPg 2011, S. 855–860 (Spannungsfeld zwischen Cash-Flow-Prognose und Rechenschaft).

SCHULTZE, WOLFGANG/KAFADAR, KALINA/THIERICKE, SANDRA, Die Kaufpreisallokation bei Unternehmenszusammenschlüssen nach IFRS 3 (a. F.) und IFRS 3 (rev. 2008). Eine kritische Analyse ausgewählter Aspekte, in: DStR 2008, S. 1348–1354 (Kaufpreisallokation).

SCHWARZKOPF, ANN-SOPHIE, Anteile nicht beherrschender Gesellschafter: Bilanzierung nach betriebswirtschaftlichen Grundsätzen und Vorschriften der IFRS, Hamburg 2013 (Anteile nicht beherrschender Gesellschafter).

SELLHORN, THORSTEN, Ansätze zur bilanziellen Behandlung des Goodwill im Rahmen einer kapitalmarktorientierten Rechnungslegung, in: DB 2000, S. 885–892 (Bilanzielle Behandlung des Goodwill).

SIEGEL, THEODOR/BAREIS, PETER, Der „negative Geschäftswert" – eine Schimäre als Steuersparmodell?, in: BB 1993, S. 1477–1485 (Negativer Geschäftswert).

SIGLE, HERMANN/FREIBERG, JENS, Ausweis von Goodwill für Minderheitenanteile im Konzern?, in: PiR 2008, S. 300–301 (Goodwill für Minderheitenanteile).

SIMONS, DIRK, Bestimmung der effektiven Anteilsquoten für die Kapitalkonsolidierung bei wechselseitigen Beteiligungen mittels des Matrixverfahrens, in: WPg 1999, S. 773–780 (Bestimmung der effektiven Anteilsquoten für die Kapitalkonsolidierung).

SOLOMONS, DAVID, Guidelines for Financial Reporting Standards, 2. Aufl., London 1997 (Guidelines for Financial Reporting Standards).

STIBI, BERND/KIRSCH, HANS-JÜRGEN/ENGELKE, FREDERIK, Der Standardentwurf E-DRS 30 – Ein Überblick über ausgewählte Vorschläge zur Neuregelung der Kapitalkonsolidierung, in: WPg 2015, S. 405–412 (Der Standardentwurf E-DRS 30).

STOREY, REED K./STOREY, SYLVIA, The Framework of Financial Accounting Concepts and Standards, Norwalk 1998 (Framework of Financial Accounting).

STREIM, HANNES, Die Vermittlung von entscheidungsnützlichen Informationen durch Bilanz und GuV. Ein nicht einlösbares Versprechen der internationalen Standardsetter, in: BFuP 2000, S. 111–131 (Vermittlung von entscheidungsnützlichen Informationen).

STREIM, HANNES/BIEKER, MARCUS/ESSER, MAIK, Fair Value Accounting in der IFRS-Rechnungslegung – eine Zweckmäßigkeitsanalyse, in: Kritisches zu Rechnungslegung und Unternehmensbesteuerung. Festschrift zur Vollendung des 65. Lebensjahres von Theodor Siegel, hrsg. v. Schneider, Dieter/Rückle, Dieter/Küpper, Hans-Ulrich/Wagner, Franz W., Berlin 2005, S. 87–109 (Fair Value Accounting).

STREIM, HANNES/BIEKER, MARCUS/HACKENBERGER, JENS/LENZ, THOMAS, Ökonomische Analyse der gegenwärtigen und geplanten Regelungen zur Goodwill-Bilanzierung nach IFRS, in: IRZ 2007, S. 17–27 (Regelungen zur Goodwill-Bilanzierung nach IFRS).

STREIM, HANNES/BIEKER, MARCUS/LEIPPE, BRITTA, Anmerkungen zur theoretischen Fundierung der Rechnungslegung nach Internationalen Accounting Standards, in: Wolfgang Stützel – Moderne Konzepte für Finanzmärkte, Beschäftigung und Wirtschaftsverfassung, hrsg. v. Schmidt, Hartmut/Ketzel, Eberhart/Prigge, Stefan, Tübingen 2001, S. 177–206 (Theoretische Fundierung der IAS).

STREIM, HANNES/ESSER, MAIK, Rechnungslegung nach IAS/IFRS – Ein geeignetes Instrument zur Informationsvermittlung?, in: StuB 2003, S. 836–840 (IAS/IFRS als Instrument zur Informationsvermittlung).

STRÖHER, THOMAS, Die Bilanzierung von Unternehmenszusammenschlüssen unter Common Control nach IFRS, Düsseldorf 2008 (Unternehmenszusammenschlüsse unter Common Control).

TEITLER, EVELYN, Soll die Aktivierung des Minderheits-Goodwills erlaubt werden?, in: ST 2003, S. 629–630 (Aktivierung des Minderheits-Goodwills).

TETTENBORN, MARTIN/ROHLEDER, STEPHAN, Der passive Unterschiedsbetrag aus der Kapitalkonsolidierung. Bilanzierung und Begründung nach IFRS und HGB, in: StuB 2016, S. 418–423 (Passiver Unterschiedsbetrag aus der Kapitalkonsolidierung).

THEILE, CARSTEN, DRS 23: Kapitalkonsolidierung im mehrstufigen Konzern, in: BBK 2017, S. 530–534 (Kapitalkonsolidierung im mehrstufigen Konzern).

THEILE, CARSTEN, Anschaffungskosten und Grundsatz der Pagatorik bei der handelsrechtlichen Kapitalkonsolidierung. Anmerkung zu Wirth/Dusemond/Küting, DB 2017 S. 2493-2498, in: DB 2018, S. 528 (Anschaffungskosten und Grundsatz der Pagatorik).

THEILE, CARSTEN/GOY, KARIN, Entwurf ED/2015/3: Conceptual Framework for Financial Reporting, in: BBK 2015, S. 617–622 (Entwurf ED/2015/3).

THEILE, CARSTEN/PAWELZIK, KAI UDO, Erfolgswirksamkeit des Anschaffungsvorgangs nach ED 3 beim Unternehmenserwerb im Konzern. Zur Bilanzierung eines excess (vormals negativer Goodwill), in: WPg 2003, S. 316–324 (Erfolgswirksamkeit des Anschaffungsvorgang beim Unternehmenserwerb).

THEILE, CARSTEN/STAHNKE, MELANIE, Zum Erstkonsolidierungszeitpunkt im Konzernabschluss nach dem BilMoG-RegE, in: StuB 2008, S. 578–582 (Erstkonsolidierungszeitpunkt im Konzernabschluss).

THEISEN, MANUEL RENÉ, Der Konzern. Betriebswirtschaftliche und rechtliche Grundlagen der Konzernunternehmung, 2. Aufl., Stuttgart 2000 (Der Konzern).

THOMASCHEWSKI, DIETER, Synergien im Akquisitionsmanagement, Lohmar/Köln 2004 (Synergien im Akquisitionsmanagement).

TINNER, HANSPETER, Konzernstruktur und Steuerplanung. Strukturierung und Umstrukturierung von schweizerischen internationalen Konzernen aus steuerlicher Sicht, Bern u. a. 1984 (Konzernstruktur und Steuerplanung).

TRÜTZSCHLER, KLAUS/DAVID, ULRICH/STRAUCH, JOACHIM/TOMASZEWSKI, CLAUDE, Unternehmensbewertung und Rechnungslegung von Akquisitionen: Die Vorschriften nach IFRS und HGB vs. betriebswirtschaftliche Rationalität, in: Zeitschrift für Planung & Unternehmenssteuerung 2005, S. 383–406 (Rechnungslegung von Akquisitionen).

VELTE, PATRICK, Intangible Assets und Goodwill im Spannungsfeld zwischen Entscheidungsrelevanz und Verlässlichkeit, Wiesbaden 2008 (Intangible Assets und Goodwill).

VON WYSOCKI, KLAUS/WOHLGEMUTH, MICHAEL/BRÖSEL, GERRIT, Konzernrechnungslegung, 5. Aufl., Konstanz/München 2014 (Konzernrechnungslegung).

WAGENHOFER, ALFRED/EWERT, RALF, Externe Unternehmensrechnung, 3. Aufl., Berlin/Heidelberg 2015 (Externe Unternehmensrechnung).

WANK, ROLF, Die Auslegung von Gesetzen, 6. Aufl., München 2015 (Die Auslegung von Gesetzen).

WANNER, SIBYLLE, Konzernrechtliche Probleme mehrstufiger Unternehmensverbindungen nach Aktienrecht, Konstanz 1998 (Konzernrechtliche Probleme mehrstufiger Unternehmensverbindungen).

WEBER, CLAUS-PETER/WIRTH, JOHANNES, Goodwillbehandlung einer teilweisen Endkonsolidierung ohne Wechsel der Konsolidierungsmethode (Teilabgang), in: KoR 2014, S. 18–24 (Goodwillbehandlung einer teilweisen Endkonsolidierung).

WHITTINGTON, GEOFFREY, Fair Value and the IASB/FASB Conceptual Framework Project: An Alternative View, in: Abacus 2008, S. 139–168 (Fair Value and the Conceptual Framework).

WIECHERS, KLAUS, Besonderheiten bei der Bewertung von Anteilen an Unternehmen, in: Praxishandbuch der Unternehmensbewertung. Grundlagen und Methoden; Bewertungsverfahren; Besonderheiten bei der Bewertung, hrsg. v. Peemöller, Volker H., 6. Aufl., Herne 2015, S. 911–920 (Bewertung von Anteilen an Unternehmen).

WIEDMANN, HARALD/ADERS, CHRISTIAN/WAGNER, MARC, Bewertung von Unternehmen und Unternehmensanteilen, in: Handbuch Finanzierung, hrsg. v. Breuer, Rolf-Ernst, 3. Aufl., Wiesbaden 2001, S. 707–743 (Bewertung von Unternehmen und Unternehmensanteilen).

WIRTH, JOHANNES, Firmenwertbilanzierung nach IFRS. Unternehmenszusammenschlüsse, Werthaltigkeitstests, Endkonsolidierung, Stuttgart 2005 (Firmenwertbilanzierung nach IFRS).

WIRTH, JOHANNES, Die Bilanzierung von sukzessiven Anteilserwerben nach Control-Erlangung unter Geltung von Business Combinations Phase II – Ein Informationsgewinn für den Konzernabschluss?, in: Berichterstattung für den Kapitalmarkt. Festschrift für Karlheinz Küting zum 65. Geburtstag, hrsg. v. Weber, Claus-Peter/Lorson, Peter/Pfitzer, Norbert/Kessler, Harald/Wirth, Johannes, Stuttgart 2009, S. 369–401 (Bilanzierung von sukzessiven Anteilserwerben).

WIRTH, JOHANNES/ALPER, ROLF/NEIS, THOMAS, Konzepte zur Abbildung eines Teilkonzernerwerbs nach IFRS, in: KoR 2014, S. 441–450 (Abbildung eines Teilkonzernerwerbs).

WIRTH, JOHANNES/DUSEMOND, MICHAEL/KÜTING, PETER, Kapitalkonsolidierung im mehrstufigen Konzern in der handelsrechtlichen Rechnungslegung unter Beachtung von DRS 23, in: DB 2017, S. 2493–2498 (Kapitalkonsolidierung im mehrstufigen Konzern).

WIRTH, JOHANNES/WEBER, CLAUS-PETER/DUSEMOND, MICHAEL/KÜTING, PETER, Praxis der handelsrechtlichen Kapitalkonsolidierung (Teil 1). E-DRS 30: ein wichtiger Schritt, aber nicht der erwartet große Wurf, in: DB 2015, S. 1053–1062 (Handelsrechtliche Kapitalkonsolidierung (Teil 1)).

WÖHE, GÜNTER, Zur Bilanzierung und Bewertung des Firmenwertes, in: StuW 1980, S. 89–108 (Bilanzierung und Bewertung des Firmenwertes).

WOHLGEMUTH, MICHAEL/RADDE, JENS, Der Bewertungsmaßstab „Anschaffungskosten" nach HGB und IAS. Darstellung der Besonderheiten und kritische Gegenüberstellung, in: WPg 2000, S. 903–911 (Anschaffungskosten nach HGB und IAS).

WOJCIK, KARL-PHILIPP, Die internationalen Rechnungslegungsstandards IAS/IFRS als europäisches Recht, Berlin 2008 (IAS/IFRS als europäisches Recht).

WOLLMERT, PETER/ACHLEITNER, ANN-KRISTIN, Konzeptionelle Grundlagen der IAS-Rechnungslegung (Teil I), in: WPg 1997, S. 209–222 (Grundlagen der IAS-Rechnungslegung).

ZELGER, HANSJÖRG, Purchase Price Allocation nach IFRS und HGB, in: Unternehmenskauf nach IFRS und HGB. Purchase Price Allocation, Goodwill und Impairment-Test, hrsg. v. Ballwieser, Wolfgang/Beyer, Sven/Zelger, Hansjörg, 3. Aufl., Stuttgart 2014, S. 139–186 (Purchase Price Allocation nach IFRS und HGB).

ZIMMERMANN, JOCHEN, Widersprüchliche Signale des DSR zur Goodwillbilanzierung?, in: DB 2002, S. 385–390 (Goodwillbilanzierung).

ZINDEL, GAUDENZ G., Aktienrückkaufe und Kapitalherabsetzungen. Flexibilisierung für die Praxis, in: Neuere Tendenzen im Gesellschaftsrecht. Festschrift für Peter Forstmoser zum 60. Geburtstag, hrsg. v. von der Crone, Hans Caspar/Weber, Rolf H./Zäch, Roger/Zobl, Dieter, Zürich 2003, S. 571–596 (Aktienrückkaufe und Kapitalherabsetzungen).

ZÜLCH, HENNING, Die Rechnungslegungsnormen des IASB. Hierarchie, Lücken und Inkonsistenzen, in: PiR 2005, S. 1–7 (Die Rechnungslegungsnormen des IASB).

ZÜLCH, HENNING, Der Badwill – Eine unterschätzte Größe in der deutschen Bilanzierungspraxis, in: KoR 2016, S. 313–314 (Badwill).

ZÜLCH, HENNING/ERDMANN, MARK-KEN/POPP, MARCO, Kritische Würdigung der Neuregelungen des IFRS 10 im Vergleich zu den bisherigen Vorschriften des IAS 27 sowie SIC-12, in: KoR 2011, S. 585–593 (IFRS 10 im Vergleich zu IAS 27 sowie SIC-12).

ZWIRNER, CHRISTIAN/BOECKER, CORINNA, Fair Value Measurement nach IFRS 13. Praxishinweise zur Anwendung dieses Bewertungsmaßstabs, in: IRZ 2014, S. 7–10 (Fair Value Measurement).

ZWIRNER, CHRISTIAN/BUSCH, JULIA/FROSCHHAMMER, MATTHIAS, Fremdwährungsumrechnung im IFRS-Abschluss. Fallbeispiele zur Anwendung des IAS 21, in: KoR 2012, S. 590–595 (Fremdwährungsumrechnung im IFRS-Abschluss).

## Verzeichnis der Geschäftsberichte

AXEL SPRINGER AG (Hrsg.), Geschäftsbericht 2012, Berlin 2013 (Geschäftsbericht 2012).

## Verzeichnis der Gesetze und Rechtsquellen der EG/EU

Aktiengesetz (AktG) vom 06.09.1965, BGBl. I 1965, S. 1089–1184, zuletzt geändert durch Gesetz vom 17.07.2017, BGBl. I 2017, S. 2446.

Handelsgesetzbuch (HGB) vom 10.05.1897, RGBl. 1897, S. 21–436, zuletzt geändert durch Gesetz vom 10.07.2018, BGBl. I 2018, S. 1102.

Umwandlungsgesetz (UmwG) vom 28.10.1994, BGBl. I 1994, S. 3210, zuletzt geändert durch Gesetz vom 17.07.2017, BGBl. I 2017, S. 2434.

Verordnung (EG) Nr. 1606/2002 des Europäischen Parlaments und des Rates vom 19. Juli 2002 betreffend die Anwendung internationaler Rechnungslegungsstandards, in: Amtsblatt der EG Nr. L 243 vom 11.09.2002, S. 1–4.

## Verzeichnis der Materialien aus dem Gesetzgebungs- oder Standardsetzungsprozess

### Nationale und internationale Rechnungslegungsstandards und Rahmenkonzepte

DRSC (Hrsg.), Deutsche Rechnungslegungs Standards (DRS) – DRSC Interpretationen (IFRS) – DRSC Anwendungshinweise, Loseblatt, Berlin 2000 ff., (Stand: Juni 2018) (zitiert: DRS).

IASB (Hrsg.), Preface to International Financial Reporting Standards, London 2002 (Stand: 2010) (Preface to IFRS).

IASB (Hrsg.), International Accounting Standard 27. Consolidated and Separate Financial Statements, London 2003 (Stand: 2008) (zitiert: IAS 27 (*rev.* 2008)).

IASB (Hrsg.), International Financial Reporting Standard 3. Business Combinations, London 2004 (Stand: 2004) (zitiert: IFRS 3 (2004)).

IASB (Hrsg.), IFRS Standards (Red Book). Issued at 1 January 2018, London 2018 (zitiert: IFRS/IAS).

IASB (Hrsg.), Conceptual Framework for Financial Reporting, London 2018 (zitiert: CF).

IASC (Hrsg.), International Accounting Standard 22. Business Combinations, London 1983 (Stand: 1999) (zitiert: IAS 22).

IASC (Hrsg.), Framework for the Preparation and Presentation of Financial Statements, London 1989 (zitiert: F (1989)).

### Exposure Drafts und Discussion Paper

IASB (Hrsg.), Exposure Draft: Amendments to IFRS 3 Business Combinations, London 2005 (ED/2005/June: Amendments to IFRS 3).

IASB (Hrsg.), Discussion Paper: Preliminary Views on an improved Conceptual Framework for Financial Reporting. The Objective of Financial Reporting and Qualitative Characteristics of Decision-useful Financial Reporting Information, London 2006 (DP/2006/July: Preliminary Views on the Conceptual Framework).

IASB (Hrsg.), Exposure Draft: Conceptual Framework for Financial Reporting (ED/2015/3), London 2015 (zitiert: ED.CF).

**Sonstige Materialien aus dem Gesetzgebungs- und Standardsetzungsprozess**

IASB (Hrsg.), Business Combinations II. Non-controlling Interests and Goodwill: Questions and Answers (Staff Paper 2A, IASB Meeting December 2006), verfügbar unter: http://archive.ifrs.org/Meetings/MeetingDocs/IASB/2006/December/14th/BC-0612-AP2-AP2C-Zip-File.zip (Stand: 07.10.2018) (Staff Paper 2A (December 2006)).

IASB (Hrsg.), Discussion Paper: Preliminary Views on an improved Conceptual Framework for Financial Reporting. The Objective of Financial Reporting and Qualitative Characteristics of Decision-useful Financial Reporting Information, London 2006 (DP/2006/July: Preliminary Views on the Conceptual Framework).

IASB (Hrsg.), Business Combinations II. Accounting for Bargain Purchases (Staff Paper 2C, IASB Meeting March 2007), verfügbar unter: http://archive.ifrs.org/Meetings/MeetingDocs/IASB/2007/March/21st/AP2C-Business-combinations-II-Accounting-for-bargain-purchases.pdf (Stand: 07.10.2018) (Staff Paper 2C (March 2007)).

IASB (Hrsg.), Business Combinations Phase II. Project summary, feedback and effect analysis, verfügbar unter: http://archive.ifrs.org/Current-Projects/IASB-Projects/Business-Combinations/Documents/BusComb_Effects.pdf (Stand: 07.10.2018) (Project Summary Business Combinations Phase II).

IASB (Hrsg.), Fair Value Measurement. Unit of account (Staff Paper 5, IASB Meeting February 2013), verfügbar unter: http://archive.ifrs.org/Meetings/MeetingDocs/IASB/2013/February/05-Fair-Value.zip (Stand: 07.10.2018) (Staff Paper 5 (February 2013)).

IASB (Hrsg.), Fair Value Measurement. Unit of account (Staff Paper 4, IASB Meeting March 2013), verfügbar unter: http://archive.ifrs.org/Meetings/MeetingDocs/IASB/2013/March/04-Fair-Value-Measurement.pdf (Stand: 07.10.2018) (Staff Paper 4 (March 2013)).

IASB (Hrsg.), Conceptual Framework. Proposed amendments – IAS 1 and IAS 8 (Staff Paper 10G, IASB Meeting October 2014), verfügbar unter: http://www.ifrs.org/-/media/feature/meetings/2014/october/iasb/conceptual-framework/ap10g-proposed-amendments-ias-1-and-ias-8.pdf (Stand: 07.10.2018) (Staff Paper 10G (October 2014)).

IASB (Hrsg.), Conceptual Framework. Reporting entity – Perspective (Staff Paper 10E, IASB Meeting May 2014), verfügbar unter: http://www.ifrs.org/-/media/feature/meetings/2014/may/iasb/conceptual-framework/ap10e-reporting-entity-perspective.pdf (Stand: 07.10.2018) (Staff Paper 10E (May 2014)).

IASB (Hrsg.), Post-implementation review IFRS 3 Business Combinations. Summary of comments received (Staff Paper 12F, IASB Meeting September 2014), verfügbar unter: http://www.ifrs.org/-/media/feature/meetings/2014/september/iasb/ifrs-ic-issues/ap12f-pir-ifrs-3-business-combinations-summary.pdf (Stand: 07.10.2018) (Staff Paper 12F (September 2014)).

IASB (Hrsg.), Conceptual Framework. Review of the existing Standards for potential inconsistencies with the Conceptual Framework Exposure Draft – Cover paper (Staff Paper 10C, IASB Meeting October 2014), verfügbar unter: http://www.ifrs.org/-/media/feature/meetings/2014/october/iasb/conceptual-framework/ap10c-review-of-the-existing-ifrss-and-cf-exposure-draft.pdf (Stand: 07.10.2018) (Staff Paper 10C (October 2014)).

IASB (Hrsg.), Conceptual Framework. Measurement uncertainty (Staff Paper 10E, IASB Meeting May 2016), verfügbar unter: http://www.ifrs.org/-/media/feature/meetings/2016/may/iasb/conceptual-framework/ap10e-measurement-uncertainty.pdf (Stand: 07.10.2018) (Staff Paper 10E (May 2016)).

IASB (Hrsg.), Conceptual Framework. The reporting entity (Staff Paper 10B, IASB Meeting September 2016), verfügbar unter: http://www.ifrs.org/-/media/feature/meetings/2016/september/iasb/conceptual-framework/ap10b-reporting-entity.pdf (Stand: 07.10.2018) (Staff Paper 10B (September 2016)).

IASB (Hrsg.), Conceptual Framework. Updating References Exposure Draft (Staff Paper 10E, IASB Meeting January 2017), verfügbar unter: https://www.ifrs.org/-/media/feature/meetings/2017/january/iasb/conceptual-framework/ap10e-updating-references-exposure-draft-proposed-amendments.pdf (Stand: 07.10.2018) (Staff Paper 10E (January 2017)).

IASB (Hrsg.), Conceptual Framework. Review of existing Standards for potential inconsistencies with the revised Conceptual Framework (Staff Paper 10C, IASB Meeting February 2017), verfügbar unter: https://www.ifrs.org/-/media/feature/meetings/2017/february/iasb/conceptual-framework/ap10c-cf.pdf (Stand: 07.10.2018) (Staff Paper 10C (February 2017)).

IASB (Hrsg.), Conceptual Framework for Financial Reporting. Summary of tentative decisions, verfügbar unter: http://www.ifrs.org/-/media/project/conceptual-framework/current-stage/summary-of-tentative-decisions-june-2017.pdf (Stand: 07.10.2018) (Summary of tentative decisions).

IDW (Hrsg.), Request for Information – Post-implementation Review: IFRS 3 Business Combinations. Comment Letter, verfügbar unter: https://www.idw.de/blob/42432/a1d345de2b05f316135dfb6ffe2f738b/down-bilanzierung-ifrs-3-data.pdf (Stand: 07.10.2018) (Comment Letter (PIR IFRS 3)).

SINGAPORE MANAGEMENT UNIVERSITY (Hrsg.), IASB Exposure Draft ED/2015/3 Conceptual Framework for Financial Reporting. Comment Letter, verfügbar unter: http://eifrs.ifrs.org/eifrs/comment_letters/50/50_5254_PearlTanSingaporeManagementUniversity_0_PearlTanCommentstoEDConceptualFramework.pdf (Stand: 07.10.2018) (Comment Letter (ED/2015/3)).

## Rechnungslegung und Wirtschaftsprüfung

Herausgegeben von Prof. (em.) Dr. Dr. h. c. Jörg Baetge, Münster, Prof. Dr. Hans-Jürgen Kirsch, Münster, und Prof. Dr. Stefan Thiele, Wuppertal

Band 63
Alexander Flügel
**Die Bilanzierung von Lebensversicherungsgeschäften nach IFRS –** Eine Analyse unter besonderer Berücksichtigung des Asset-Liability-Managements
Lohmar – Köln 2018 • 284 S. • € 64,- (D) • ISBN 978-3-8441-0537-7

Band 64
Christoph König
**Umsatzrealisierung in der Airline-Industrie nach IFRS 15 –** Analyse und Konkretisierung der Vorschriften für Beförderungs- und Zusatzleistungen
Siegburg 2018 • 328 S. • € 68,- (D) • ISBN 978-3-8441-0552-0

Band 65
Philipp Dollereder
**Die bilanzielle Abbildung von Leasingverhältnissen beim Leasingnehmer nach IFRS 16 –** Kritische Analyse und Konkretisierung der Vorschriften zur Definition, zum Zeitraum und zur Bewertung
Siegburg 2018 • 320 S. • € 68,- (D) • ISBN 978-3-8441-0557-5

Band 66
Markus May
**Die Solvabilitätspublizität von Versicherungsunternehmen nach Solvency II –** Analyse und Würdigung der Berichtsvorschriften sowie inhaltliche Gestaltungsempfehlungen für ausgewählte Kapitel des Berichts über die Solvabilität und Finanzlage
Siegburg 2018 • 312 S. • € 68,- (D) • ISBN 978-3-8441-0563-6

Band 67
Frederik Engelke
**Kapitalkonsolidierung im mehrstufigen Konzern –** Die Behandlung indirekter Beteiligungsverhältnisse im IFRS-Konzernabschluss
Siegburg 2018 • 324 S. • € 68,- (D) • ISBN 978-3-8441-0564-3

JOSEF EUL VERLAG